煤炭院校特色应用型本科系列教材

MEITAN YUANXIAO TESE YINGYONGXING BENKE XILIE JIAOCAI

选煤厂设计

徐　岩　彭德强／主编

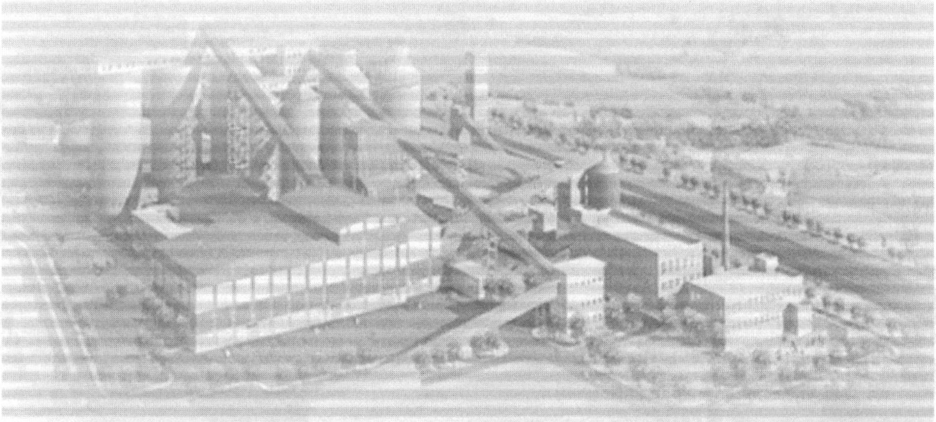

中国矿业大学出版社

·徐州·

内 容 提 要

本教材系统阐述了选煤厂设计用基础资料的整理与计算，选煤厂工艺流程的设计、计算与方案比较，选煤厂工艺设备的选型与计算，选煤厂工业场地总平面设计，选煤厂车间的工艺布置，选煤厂绘图规范，选煤厂工程的技术经济等内容，全面系统地介绍了选煤厂设计的相关内容，涵盖和突出了目前选煤工业主要的新工艺、新技术、新设备。全书内容丰富、层次清晰、论述有据、图文并茂，具理论性和实用性。

本书可作为煤炭高等院校矿物加工工程专业的教学用书。

图书在版编目(CIP)数据

选煤厂设计 / 徐岩，彭德强主编. —徐州 ：中国矿业大学出版社，2023.6

ISBN 978 - 7 - 5646 - 5866 - 3

Ⅰ. ①选… Ⅱ. ①徐… ②彭… Ⅲ. ①选煤厂—设计—高等学校—教材 Ⅳ. ①TD942.81

中国国家版本馆 CIP 数据核字(2023)第 108436 号

书　　名 选煤厂设计
主　　编 徐　岩　彭德强
责任编辑 王美柱
出版发行 中国矿业大学出版社有限责任公司
(江苏省徐州市解放南路　邮编 221008)
营销热线 (0516)83884103　83885105
出版服务 (0516)83995789　83884920
网　　址 http://www.cumtp.com　**E-mail**:cumtpvip@cumtp.com
印　　刷 江苏淮阴新华印务有限公司
开　　本 787 mm×1092 mm　1/16　**印张** 26　**字数** 665 千字
版次印次 2023 年 6 月第 1 版　2023 年 6 月第 1 次印刷
定　　价 48.00 元
(图书出现印装质量问题，本社负责调换)

《选煤厂设计》编写人员名单

主　编　徐　岩　彭德强

副主编　刘　扬　张　贺　李光岩

徐德永　王校风

前　言

本教材为煤炭院校特色应用型本科系列教材之一，系统阐述了选煤厂设计的主要内容，主要包括选煤厂设计用基础资料的整理与计算，选煤厂工艺流程的设计与方案比较，选煤厂工艺流程的计算，选煤厂工艺设备的选型与计算，选煤厂工业场地总平面设计，选煤厂车间的工艺布置，选煤厂绘图规范，选煤厂工程的技术经济等内容。教材中还简要介绍了工程项目的基本建设程序和选煤厂设计用到的土建、节能、安全、职业病防护等相关专业知识。为了方便学习，在相应的知识环节增加一部分计算案例、厂房总体设计实例图等相关内容。教材在编写过程中收集了大量的工程设计的实际资料和数据。

本教材由徐岩、彭德强担任主编，刘扬、张贺、李光岩、徐德永、王校风担任副主编。具体编写分工为：第 1 章、第 6 章由黑龙江科技大学张贺编写；第 2 章由黑龙江科技大学徐岩和黑龙江龙煤七台河矿业有限责任公司刘扬编写；第 3 章、第 4 章、第 8 章由黑龙江科技大学彭德强编写；第 5 章、第 7 章由黑龙江科技大学徐岩编写；第 9 章由鹤岗师范高等专科学校王校风编写；第 10 章由黑龙江科技大学徐岩、李光岩编写；第 11 章由黑龙江科技大学李光岩编写；第 12 章由黑龙江科技大学徐德永编写。黑龙江龙煤鹤岗矿业有限责任公司张激涛、耿万春和黑龙江龙煤双鸭山矿业有限责任公司柳海军参与了部分内容的整理工作。全书由黑龙江科技大学徐岩教授统一协调和统稿。

本教材在编写过程中得到了多家设计院、选煤厂、工程公司的大力支持。匡亚莉教授主编的 2016 年版《选煤工艺设计与管理（设计篇）》，为本教材提供了很好的参考。在此，编者一并表示感谢。

本书所引用的有关教材、著作和学术论文等文献一并列于参考文献之中，如有遗漏，当属编者疏忽，敬请指正。

编　者

2023 年 3 月

目　　录

第 1 章　选煤厂设计的基本原则和依据 …… 1
1.1　选煤厂设计的基本原则 …… 1
1.2　选煤厂的类型和厂型 …… 3
1.3　煤炭的用途及用户对煤炭质量的要求 …… 4

第 2 章　选煤厂基本建设程序 …… 15
2.1　概述 …… 15
2.2　选煤厂可行性研究与厂址选择 …… 20
2.3　选煤厂工程建设项目的招标与投标 …… 23
2.4　选煤厂工程建设项目的设计 …… 25
2.5　选煤厂工程建设项目的环境影响评价 …… 29
2.6　选煤厂工程建设项目的后评价 …… 32

第 3 章　选煤厂设计煤质资料 …… 35
3.1　设计用基础资料 …… 35
3.2　煤质资料分析 …… 37
3.3　煤质资料的综合 …… 45

第 4 章　选煤厂工艺流程设计 …… 61
4.1　选煤方法的确定 …… 61
4.2　方案的技术经济比较 …… 74
4.3　工艺流程结构设计 …… 80

第 5 章　选煤厂工艺流程的计算 …… 99
5.1　工艺流程计划的目的、依据和原则 …… 99
5.2　准备作业的计算 …… 101
5.3　分选作业的计算 …… 103
5.4　选后产品和煤泥水处理作业的计算 …… 110
5.5　水量流程的计算 …… 118
5.6　介质流程的计算 …… 121
5.7　选煤最终产品平衡表的编制 …… 130

第 6 章　选煤厂工艺设备的选型与计算 …… 134
6.1　工艺设备选型与计算的原则和规定 …… 134

6.2 筛分设备的选型与计算 …… 136
6.3 破碎设备的选型与计算 …… 139
6.4 分选设备的选型与计算 …… 143
6.5 介质系统设备的选型与计算 …… 157
6.6 末煤及煤泥水设备的选型与计算 …… 160
6.7 水力分级和浓缩设备的选型与计算 …… 165
6.8 干燥设备的选型与计算 …… 169
6.9 辅助设备的选型与计算 …… 171

第 7 章 选煤厂工业场地总平面设计 …… 189
7.1 总平面设计的原则和内容 …… 189
7.2 工业场地的建筑物与构筑物 …… 191
7.3 工业场地的环境要求 …… 198
7.4 总平面设计的具体步骤和实例 …… 201

第 8 章 选煤厂车间工艺布置 …… 212
8.1 车间工艺布置的要求 …… 212
8.2 原煤受储车间的工艺布置 …… 216
8.3 原煤准备车间的工艺布置 …… 231
8.4 跳汰选煤车间的工艺布置 …… 241
8.5 重介车间的工艺布置 …… 257
8.6 其他重选系统布置 …… 275
8.7 浮选车间的工艺布置 …… 282
8.8 干燥车间的工艺布置 …… 299
8.9 沉淀浓缩车间的工艺布置 …… 300
8.10 产品装车仓的工艺布置 …… 305
8.11 带式输送机及走廊布置 …… 308
8.12 安装、检修用起重设备布置 …… 318
8.13 自动控制设备布置的空间要求 …… 322
8.14 选煤厂主厂房布置实例 …… 325

第 9 章 选煤厂绘图规范 …… 331
9.1 一般规定 …… 331
9.2 流程图绘制 …… 334
9.3 设备流程图 …… 335

第 10 章 选煤厂工程的技术经济 …… 340
10.1 选煤厂劳动定员 …… 340
10.2 设计成本计算 …… 342

10.3　工程概算…… 344
10.4　经济评价和技术经济指标…… 350

第 11 章　选煤厂设计的相关知识 …… 354
11.1　土建基本知识…… 354
11.2　溜槽及生产管道…… 365
11.3　选煤厂供配电及综合自动化…… 376
11.4　矿物加工工程专业委托有关专业的资料提纲…… 382

第 12 章　选煤厂节能安全职业病防护 …… 390
12.1　节能评估…… 390
12.2　安全评价…… 392
12.3　职业安全与劳动卫生…… 394

附录　t-$F(t)$说明 …… 399

参考文献…… 402

第 1 章　选煤厂设计的基本原则和依据

1.1　选煤厂设计的基本原则

我国是煤炭生产和煤炭消费的大国。2020 年我国原煤产量为 39 亿 t，比上年增长 1.4%；煤炭消费量为 40.49 亿 t，比上年增长 0.6%。煤炭工业作为我国国民经济的基础产业，为了适应国民经济和社会主义市场经济的发展，以及适合环境保护的要求，按照安全、绿色、集约、高效的原则，积极推进煤炭分级分质梯级利用，加大煤炭分选比例。

煤炭分选加工是发展洁净煤技术的基础，要大力推广应用先进技术改造和建设选煤厂，扩大选煤厂入选能力，提高煤炭入选比例。而选煤厂设计工作是选煤工程基本建设的重要环节。选煤厂设计的目的是有计划地解决新建厂或扩建厂的建筑、设备安装和进行生产时所需要的原材料供应、劳动力配备等一系列重大问题，并给出和保证投产后可能达到的最佳技术经济指标。

煤炭分选工程的新建、改建和扩建的工程设计和工程咨询，应遵循以下基本原则：

① 应从我国的国情出发，顺应国际发展趋势，及时采取国内外先进技术、实践经验和成熟可靠的新工艺、新设备、新材料，不断提高选煤厂建设的现代化水平和经济效益。

② 应合理利用资源，推广洁净煤技术，实现可持续发展。动力煤应加工后销售，稀缺煤种必须实行保护性加工利用。

③ 认真贯彻党和国家有关工程设计方面的方针、政策，遵守基本建设程序，执行煤炭分选工程设计规范和有关的其他规程、规范、法令、规定，严格遵照设计任务书的要求。

矿物加工与选煤厂设计的过程是一个复杂的系统工程（见图 1-1），包括多级子系统。各子系统之间相互依赖、相互关联，需要高度协同，任何一个环节出了差错，都会严重影响整个设计的质量。各子系统又涉及不同的知识领域，从图 1-1 中可以看出，整个过程涉及二十几个知识领域和学科，表现出多学科交叉、知识密集、内容庞杂的特点。由于该领域知识密集，设计质量高度依赖于设计人员的知识和经验，难免会出现由于设计人员经验不足而造成的失误。另外，设计中还有人工操作力所不能及的范围，如在方案选择和过程优化环节，理论上的可选方案有无数种，靠人工计算很难穷尽。综上所述，要想提高矿物加工与选煤厂设计的质量和可靠性，应采用计算机技术和人工智能技术。

选煤厂设计工作的具体要求如下：

① 设计时应首先考虑煤炭资源特点、条件及市场的要求，其次考虑原煤和产品运输距离。必须有足够的煤炭资源且经过勘察落实，方具备设计的前提条件。在有足够的煤质资料和其他设计资料的基础上，确定适当的工艺流程和设备，同时还要考虑产品在市场中的竞争力，以保证获得经济效益。工艺流程应具备一定的灵活性以适应市场变化和多种用户的要求。在一般情况下，原煤和产品运输距离越短越好，以保证经济效益和产品的竞争力。

② 矿井选煤厂应与矿井同时设计、同时施工、同时投产。其他类型选煤厂必须保证煤

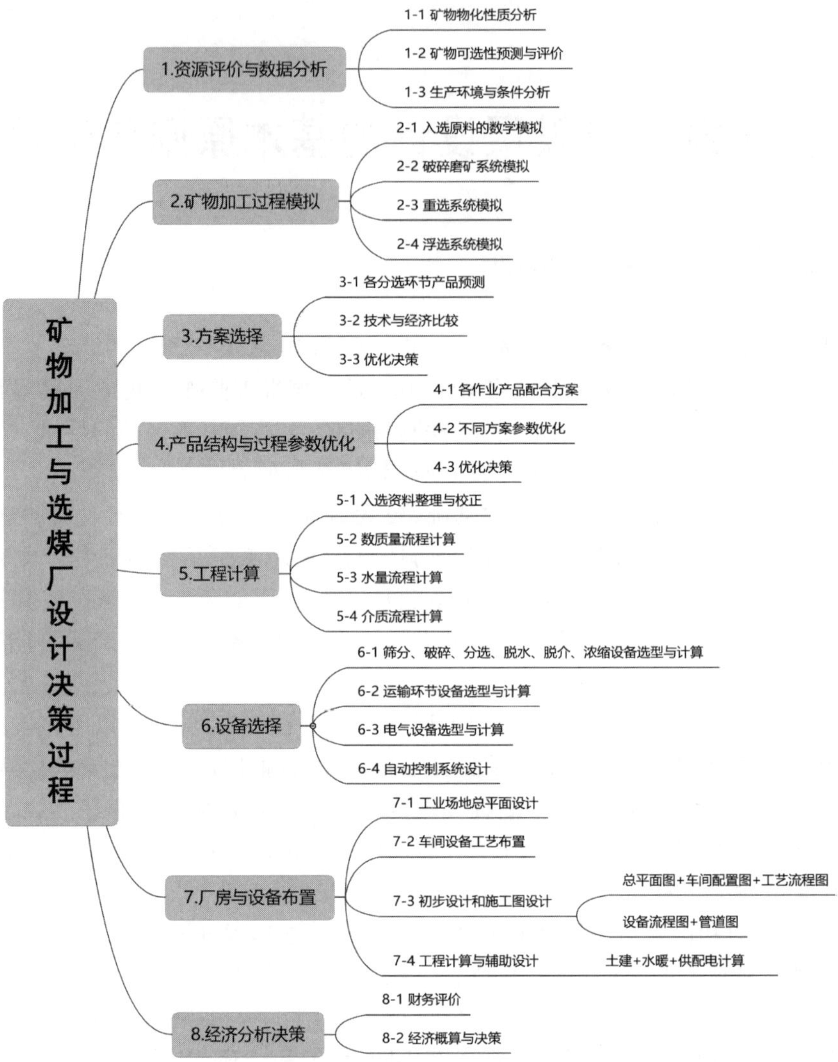

图 1-1　矿物加工与选煤厂设计过程的相关内容

源供应，以及在不影响有关矿井正常投产的前提下，适当安排工期。

③ 在设计中因地制宜地采用经济效益高的工艺、技术和设备。工艺流程与设备力求简单、可靠和高效率。在技术经济条件允许的情况下提高机械化、自动化水平。应该优先采用国内外先进设备。

④ 在条件适合的情况下，尽量套用或局部套用经过生产考验的定型设计或比较成功的设计。必要时进行局部修改，或以此为参考重新设计。在设计中要考虑标准化、系列化、通用化的问题，这样不仅可以节约人力、物力，缩短设计周期，提高设计质量，同时也可以为将来选煤厂生产创造有利条件。

⑤ 重视回收利用煤中共生和伴生矿物，以及选煤厂的多种经营问题，特别要在设计中考虑中煤、矸石、煤泥等副产品的利用和多种经营。

⑥ 设计要为安全生产创造必要的条件，要认真考虑消防及预防火灾的问题。

⑦ 设计要符合环境保护与职业病防护的要求。煤泥尽可能地在厂内回收，并实现洗水闭路循环。如果排放生产废水，则必须符合环保要求。废渣、废气和煤尘要合理处置，要有一定措施减少或隔离噪声。环境保护工程与选煤厂同时设计、同时施工、同时投产。要考虑厂区、生活区的绿化和美化设计，使选煤厂有良好的生产、生活环境。

⑧ 设计中要统筹考虑节能与安全问题。在生产工艺、动力、建筑、给排水、暖通与空调、照明、控制、电气等方面采取具体节能措施，包括节能新技术、新工艺、新设备应用，能源的回收利用等。对可能产生的危险源提前采取安全措施。

⑨ 为了避免重复设计、重复投资以及防止漏项，选煤厂设计必须与有关设计严格分工和划分设计范围，特别是矿井选煤厂或群矿选煤厂多与矿井在同一工业场地，许多附属设施和福利设施必须共用和同时设计。因此，设计方面的分工和投资的分摊是很重要的，在开始下达设计任务时就必须明确。

⑩ 现有设计应为选煤厂将来进一步发展或改、扩建留有余地并为施工创造条件。

1.2　选煤厂的类型和厂型

选煤厂由于入选原煤的来源、性质和用途不同，以及处于矿井或用户的工业场地位置的不同，会有不同类型。不同类型的选煤厂具有不同的特点，在设计中应根据不同情况采取不同的技术措施。

根据所处理原煤性质和用途不同，选煤厂可分为炼焦煤选煤厂、动力煤选煤厂或炼焦煤和动力煤兼选的选煤厂以及只要求按粒度分级的筛选厂。

根据拟建选煤厂位置(即选煤厂建厂地点)和原煤来源的不同，选煤厂可分为矿井选煤厂、群矿选煤厂、矿区选煤厂、中心选煤厂和用户选煤厂五种类型。

1.2.1　矿井选煤厂

矿井选煤厂是单独服务于某一矿井、厂址位于该矿工业场地内、只选该矿所产毛(原)煤的选煤厂。它的处理能力、年工作日数、日工作班数等工作制度一般应与矿井相同。选煤厂的一些附属设施如机修、供暖、供电以及行政管理和职工生活福利设施尽可能与矿井共用。在考虑大型选煤厂的建设时，应首先考虑建设此类型的选煤厂。

1.2.2　群矿选煤厂

群矿选煤厂同时服务于产量较小的几个矿井，一般处理几个矿井煤质相近的毛煤和原煤。其厂址设在几个矿井中产量最大的一个矿井的地面工业场地上。附属设施与公共福利设施尽可能与该矿井共用。

1.2.3　矿区选煤厂

矿区选煤厂是同时服务于几个矿井、入选矿区内几个矿井原煤的大型选煤厂。它与上述两种选煤厂的不同之处在于：厂址位于本矿区范围内与几个矿井有联系的单独的工业场地上，通常设在几个矿井所产原煤的运输流向的交点上；入选若干矿井的来煤；有独立的辅助车间、生活福利设施及铁路运输线。

1.2.4 中心选煤厂

中心选煤厂的厂址设在矿区范围外独立的工业场地上，入选多个矿区的来煤，其他特点与矿区选煤厂相同。

1.2.5 用户选煤厂

用户选煤厂是附属于某一个用煤企业的一个厂(车间)，其行政管理、辅助设施、生活福利等均由所属企业统一管理。一般附属于钢铁公司、煤气公司及焦化厂，厂址设在这些企业的工业场地上。该类型的选煤厂一般入选多种牌号的外来煤。

根据处理能力不同，选煤厂包含四种厂型，见表 1-1。

表 1-1 选煤厂厂型及设计生产能力

厂型	设计生产能力/(Mt/a)
特大型	10.00、12.00、15.00 及以上
大型	1.20、1.50、1.80、2.40、3.00、4.00、5.00、6.00、8.00
中型	0.45、0.60、0.90
小型	0.30 及以下

1.3 煤炭的用途及用户对煤炭质量的要求

1.3.1 煤炭的用途

煤炭既是燃料，也是工业原料，广泛地用于冶金、电力、化工、城市煤气、铁路、建材等国民经济各部门。不同的行业、不同的用煤设备对煤炭的质量均有不同的要求。选煤厂设计工作者不仅要了解入选原煤的性质，而且要了解用户对煤炭产品质量的要求，根据用户对产品质量、数量的要求确定产品结构和工艺流程。

1.3.2 炼焦用煤的质量要求

冶炼焦是高炉炼铁必不可少的燃料和原料。据统计，70%焦炭用于冶金行业，主要用于高炉炼铁。在我国新的煤炭分类国标《中国煤炭分类》(GB/T 5751—2009)中，1/2 中黏煤、气煤、气肥煤、1/3 焦煤、肥煤、焦煤、瘦煤和贫瘦煤均属炼焦煤范畴，都可作为炼焦(配)煤使用。

我国焦炭生产始终是与钢铁生产同步发展的。尽管各种非高炉炼铁技术(不用焦炭炼铁)将会得到进一步开发和应用，但无论从技术上、生产规模上还是从经济上分析，我国现有大量高炉仍是我国炼铁生产的最主要的装备，高炉用焦仍将是焦炭消费的主渠道。我国 2020 年炼焦精煤的产量在 4.8 亿 t 左右，炼出的焦炭主要供炼铁、铸造和化工等部门使用。

1.3.2.1 炼焦用煤的质量指标

在炼铁过程中，焦炭既作为燃料为冶炼过程提供热源，又是主要的还原剂。为维持炉内料柱的透气性，使高炉能够正常运行，焦炭还需要有一定的块度和强度。随着高炉大型化和强化冶炼技术的发展，对焦炭强度的要求也日益提高。

焦炭的强度主要取决于煤的结焦性和黏结性，因此，炼焦用煤要有较好的结焦性和黏结性。此外，对煤的其他指标也有相应的规定。

在炼焦生产中，为了获得符合质量标准的焦炭，必须控制影响焦炭性能的各种因素。从不同种类的炼焦用煤的结焦性原理可以看出，提高焦炭质量的关键是科学合理的配煤方案以及一些工艺因素。合理的配煤指标还直接影响整个焦化厂的经济效益，因为原料煤的费用是整个焦化厂最主要的成本指标。因此在制定配煤方案时要综合考虑资源概况，做到优势互补，努力降低原料的费用，结合资源配置和焦炭质量的要求，提出合理的配煤控制指标。配煤质量指标主要有以下几种。

(1) 灰分 A_d(%)

在炼焦过程中，煤中的灰分几乎全部转入焦炭之中。煤的灰分高，焦炭的灰分必然也高。由于灰分的主要成分是 SiO_2、Al_2O_3 等酸性氧化物，熔点较高，在炼铁过程中只能靠加入石灰石等熔剂与它们生成低熔点化合物，才能以熔渣形式由高炉排出，因而会使炉渣量增加。焦炭在高炉内被加热到高于炼焦温度时，由于焦炭与灰分的热膨胀性不同，焦炭沿灰分颗粒周围产生裂纹并逐渐扩大，进而碎裂或粉化。此外，焦炭灰分高，则要求适当提高高炉炉渣碱度，高炉气中的钾、钠蒸气含量也相应增加，而这些均加速焦炭与 CO_2 反应而消耗大量焦炭。

一般焦炭灰分每升高 1%，高炉熔剂消耗量约增加 4%，炉渣量约增加 3%，每吨生铁消耗焦炭量增加 1.7%～2.0%，生铁产量一般降低 2.2%～3.0%。因此，对炼焦用煤而言，灰分应尽可能低些。炼焦精煤的灰分一般控制在 10.00%以下，最高不应超过 12.50%。

(2) 硫分 $S_{t,d}$(%)

焦炭中的硫全部来自煤，存在的形式主要有以下几种：

① 煤中矿物质转变而来的硫化物，如 FeS、CaS 以及 Fe 与 S 固溶产生的 Fe_nS_m；

② 炼焦过程中部分硫化物被氧化生成的少量硫酸盐，如 $FeSO_4$、$CaSO_4$；

③ 炼焦过程中生成的气态含硫化合物在析出过程中与高温焦炭作用而生成碳硫复合物。

高炉内由炉料带入的硫分，仅 5%～20%随高炉煤气逸出，其余的参加炉内硫循环，只能靠炉渣排出。焦炭硫分高会使生铁硫含量高，增大其热脆性，同时还会增加炉渣碱度，使高炉运行指标下降。通常焦炭硫分每增加 0.1%，煤炭消耗量增加 1.2%～2.0%，生铁产量减少 2%以上。此外，焦炭中的硫含量高还会使冶炼过程的环境污染加剧。

配煤中的硫 70%～80%将进入焦炭，我国规定一级冶金焦硫分不大于 0.60%，根据装炉煤硫分估算公式计算出配煤的硫含量不应大于 0.66%。

(3) 全水分 M_t(%)

煤中水分的高低对于焦炭的质量没有直接影响。但水分过高，除了增加不必要的运输量之外，还会给实际生产带来一系列的问题。炼焦配煤的水分过高，会使炼焦过程的能耗有所增加，也会给严寒地区装卸车等带来一定的困难。一般规定炼焦配煤的全水分应在 8%以下。

(4) 磷含量

煤中所含的磷几乎全部残留在焦炭中，焦炭中的磷又全部转入生铁，会增大其冷脆性。

转炉炼钢不易除磷，要求生铁磷含量低于 0.01%～0.015%。我国炼焦精煤的磷含量普遍较低，一般都能满足要求。

(5) 结焦性或黏结性

在生产实践中，大多采取配煤炼焦。在保证焦炭质量的前提下，对配煤中的单煤，特别是结焦性和黏结性均较好的焦煤和肥煤，要求可适当放宽些，以解决炼焦煤源不足的问题。煤的结焦过程是一个由很多环节构成的极其复杂的过程。黏结性和结焦性是煤极为重要的性质。煤的黏结性是煤在隔绝空气受热后黏结其本身和其他惰性物质(无黏结能力的煤)成焦块的性质；煤的结焦性是煤隔绝空气受热后生成焦炭(焦炭的强度和块度等性能符合铸造焦或冶金焦的要求)的性质。煤的黏结性强是煤的结焦性好的必要条件。弱黏结性的煤，其结焦性能一定很低；没有黏结性的煤也就不存在结焦性。

(6) 其他配煤指标

其他配煤指标有：挥发分应保持在 22%～25%；胶质层最大厚度 Y 值为 17～25 mm；黏结指数 G 在 65 以上；配煤的粉碎细度即 0～3 mm 粒度的煤的质量占全部煤料质量的百分数为 80%～85%。

铸造焦配煤应符合的指标是二级铸造焦相当于一级冶金焦的配煤，一级铸造焦相当于特级冶金焦的配煤。另外，气孔率应符合铸造焦要求。

1.3.2.2 煤种对焦炭质量的影响

煤分为褐煤、烟煤和无烟煤三种。由于炼焦时很少采用单种煤为原料，所以烟煤按采取比例的不同都能被用于配煤炼焦。用多种煤配合炼焦时只需一半以上是强结焦性或强黏结性的煤，其余的用结焦性较低的弱黏结煤。在炼焦过程中，炼焦煤分别有着不同的结焦特性和作用，是原料煤(配煤)影响焦炭质量的主要因素之一。其他工艺条件，如加热速度、煤料细度等也会影响焦炭的质量。

(1) 气煤(QM)对焦炭质量的影响

气煤是一种变质程度较低的炼焦煤，在我国的炼焦煤资源中所占比例最大。气煤的挥发分指标较高，为 28.0%～37.0%，黏结指数在 50～65 之间。由于挥发分高，生成的焦炭呈长条形状，并且有很多纵向裂纹，块度小，抗碎强度和耐磨强度均较低。一般在配煤炼焦时多配入气煤，可增加产气率和化学产品回收率，同时能增加焦炭的收缩度，减小膨胀压力。

(2) 肥煤(FM)对焦炭的影响

肥煤是中等及中、高挥发分的强黏结性的炼焦煤。肥煤黏结惰性组分的能力非常强，在焦化过程中起着类似骨架的重要作用，是炼焦配煤中的基础煤。肥煤的胶质层最大厚度大于 25 mm，加热时能产生大量的胶质体，容易使焦炭的孔隙率增大，强度降低。在炼焦配煤中，肥煤配比大时，应适当多配入瘦煤，或者多配弱黏煤，这样有助于改善焦炭的质量，提高强度，还能充分利用弱黏煤炼焦，因此肥煤是最宝贵的炼焦煤资源。

(3) 焦煤(JM)对焦炭质量的影响

焦煤是中等及低挥发分的中等黏结性及强黏结性的煤。挥发分为 20.0%～28.0%、黏结指数为 20～65 和挥发分为 20.0%～28.0%、黏结指数为 50～65、胶质层最大厚度≤25.0 mm 的煤都是焦煤。焦煤加热时能产生热稳定性很高的胶质体，炼出的焦炭结焦性好，块度均匀，裂纹少，抗碎强度和耐磨强度都很高，但单独炼焦时，膨胀压力大，推焦困难，一般作为配煤炼焦。

(4) 瘦煤(SM)对焦炭质量的影响

瘦煤是一种变质程度高、挥发分低的中等黏结性的烟煤。其黏结指数在 20～65 之间，挥发分在 10.0%～20.0%之间，瘦煤分子结构上多聚芳香环系周围的侧链和官能团少，开始断裂的时间长，因此瘦煤的热分解温度高。瘦煤焦化过程中能产生相当数量的胶质体，形成的焦炭块度大、裂纹少、抗碎强度较高，但这种焦炭的耐磨强度低。在配煤中加入瘦煤，还可增大焦炭块度。

(5) 1/2 中黏煤(1/2ZN)对焦炭质量的影响

1/2 中黏煤变质程度较低，挥发范围较宽，受热后形成的胶质体较少，是黏结性介于气煤与弱黏煤之间的一种过渡性煤类。一部分煤黏结性稍好，在单独炼焦时能结出一定强度的焦炭，可用于配煤炼焦；另一部分黏结性较弱，单独炼焦时焦炭强度低，粉焦率高。

(6) 气肥煤(QF)对焦炭质量的影响

气肥煤是变质程度与气煤接近的一类烟煤，是一种挥发分和胶质层最大厚度都很高的强黏结性炼焦煤，结焦性优于气煤而劣于肥煤，单独炼焦时产生的焦炭细长、易碎，同时有较多纵向裂纹，焦炭强度和耐磨性均低于其他炼焦煤。气肥煤在炼焦中能产生较多的煤气、焦油和其他化学产品，多作为炼焦配煤。

(7) 1/3 焦煤(1/3JM)对焦炭质量的影响

1/3 焦煤是一种中等偏高挥发分的强黏结性炼焦煤，其性质介于焦煤、肥煤与气煤之间，属于过渡性煤类。1/3 焦煤单独炼焦时能生成熔融性良好、强度较高的焦炭，焦炭的抗碎强度接近肥煤，耐磨强度明显高于气肥煤和气煤。它既能单独炼焦供中型高炉使用，同时也是炼焦配煤的好原料。炼焦时 1/3 焦煤的配入量可在较宽范围内波动，且都能获得高强度的焦炭。

(8) 贫瘦煤(PS)对焦炭质量的影响

贫瘦煤是烟煤中变质程度较高、挥发分较低的一类煤，是炼焦煤中变质程度最高的一种，受热后只产生少量胶质体，黏结性比典型瘦煤差，其性质介于贫煤和瘦煤之间。贫瘦煤单独炼焦时生成的粉焦多，作为配煤炼焦时配入较少比例就能起到瘦化作用，有利于增大焦炭的块度。

1.3.3　发电用煤的质量要求

发电厂是煤矿企业的最大用户。随着环保对燃煤排放 SO_2 和粉尘的要求越来越高，发电用煤对煤质的要求也日益提高，发电用煤对煤质的主要要求如下。

(1) 发热量

发热量是发电用煤必须首先满足的条件。一般说来，单机容量越大的火力发电厂对燃煤热值的要求也越高。如以 3.0×10^5 kW 的发电机组为例，其燃煤的收到基低位发热量($Q_{net,ar}$)应在 23 kJ/kg(5 500 kcal/kg)左右，最好在 25 kJ/kg(6 000 kcal/kg)以上；而对沸腾燃烧的小型坑口电厂来说，其燃煤的收到基低位发热量在 12.545 kJ/kg(3 000 kcal/kg)以上即能满足要求。一般中小型电厂的燃煤收到基低位发热量多在 18.817～23 kJ/kg(4 500～5 500 kcal/kg)。有些燃用褐煤的电厂，燃煤收到基低位发热量在 10.454 kJ/kg(2 500 kcal/kg)以上的也可以使用。但总的来说，发电用煤的发热量以符合电厂在锅炉设计时的要求为好，发热量过低或过高都会影响电厂的正常运行。

(2) 挥发分

大部分火力发电厂用煤以烟煤为主,因此对供电厂用煤的挥发分(V_{daf})要求一般应在10%以上,其中以V_{daf}大于20%的为好,V_{daf}大于30%~36%的则更易于燃烧。至于燃用褐煤的一些电厂(其中不少为坑口电厂),其用煤的挥发分一般都在40%以上。少数燃用无烟煤的电厂则多用挥发分介于8%~12%之间的年轻无烟煤。但总的来说,电厂用煤的挥发分也应以符合各厂在锅炉设计时的要求为好。

(3) 灰熔融性

对固态排渣的发电厂煤粉锅炉来说,通常以燃煤的灰熔融性软化温度(ST)大于1 350 ℃为好,总的来说,ST越高越好。

对少数液态排渣的电厂锅炉来说,则要求燃煤的灰熔融性流动温度(FT)越低越好,一般以FT小于1 200 ℃为好,必要时还可添加助熔剂以降低灰渣的流动温度。

(4) 硫分

如单从对燃烧的影响来看,发电用煤对硫分没有严格的要求,但硫分会腐蚀锅炉和管道,影响设备寿命;更重要的是,燃煤排放出的SO_2会严重污染大气,产生酸雨。从环保的角度看,燃煤的硫分以低于1%为好。

(5) 可磨性

大中型电厂由于普遍采用煤粉燃烧,若发电用煤的可磨性太差,就会增大磨煤电耗,从而使发电成本增高。因此,总的来说,发电用煤的哈氏可磨性指数(HGI)越高越好,对烟煤来说,其HGI以大于50为好,至少也应在45以上。至于褐煤和无烟煤的哈氏可磨性指数,则另行考虑。

(6) 灰分

发电用煤的灰分一般不宜太高,否则,不仅会增加磨煤电耗,而且会增加排灰量和增大堆灰场地,同时还会增加入厂原煤的运输量,从而增大发电的综合成本。不过,为了充分利用我国的低质煤资源如选煤厂的洗中煤和部分洗矸,对某些小型坑口电厂来说,也可就近采用灰分不超过46%的廉价高灰分煤作为燃料。

(7) 全水分(M_t)

发电用煤的全水分(M_t)增高不仅会降低其收到基低位发热量,而且还会影响其可磨性。这是由于水分越大的煤,在磨煤机中会互相粘连而增加磨煤时间。因此,除褐煤以外,一般发电用煤的水分以不超过15%为宜,且以不超过10%为最好。此外,发电用煤的品种以粒度<13 mm(或<25 mm)的末煤或粉煤(<6 mm)为好,煤中的可见矸石含量也是越低越好。

1.3.4 高炉喷吹用煤的质量要求

高炉喷吹是20世纪末发展起来的炼铁新技术,喷煤大幅度增加,使焦比下降。现在有条件的大钢铁企业每吨铁高炉喷煤已接近或达到200 kg。因此,预计国内高炉用焦在总量上将有减无增,即使铁总产量有所增加,焦比下降所节约的焦炭也将补偿新增所需焦炭量。高炉喷吹用煤的煤种煤质对高炉冶炼过程及技术经济指标有重要影响,尤其是对大幅度喷煤的高炉则更为重要。影响高炉喷吹用煤质量的主要因素如下。

(1) 煤种

高炉喷吹煤粉主要是利用煤粉中的固定碳。对高炉而言碳比氢价值高。从煤种角度讲，应优先选用固定碳含量高的煤种，依次为无烟煤、贫煤、瘦煤等。含碳高的无烟煤在风口前分解吸热低于烟煤，而含氢高的烟煤其氢以碳氢化合物或水的形态进入高炉，分解吸收大量热量。

国内外有不少文献提出无烟煤和烟煤混喷，挥发分可配到20%～25%。这在无烟煤来源少时可以考虑，因为使用过高挥发分的煤，如气煤喷吹，必然会降低置换比（见表1-2）。而我国之所以要喷烟煤，也是由于无烟煤供不应求。即使如此，在烟煤本身价格差不大时，优先选用的是贫煤、瘦煤而不是气煤。表1-2列出了喷吹不同煤种效果的对比计算。喷吹后热风温度只比基准期的提高100 ℃，结果无烟煤的置换比为0.9，而高挥发分气煤的置换比只有0.48。这是因为：① 碳是发热剂，而氢不是；② 由于大量挥发分在风口前分解吸热，风口前的火焰温度被气煤降到1 837 ℃，这一温度只能由焦炭燃烧来补偿。由此可看出无烟煤在高炉喷吹中的优点。当然，这只是对比计算，不作为定量依据，但已经能够定性说明问题的实质。

表1-2 喷吹不同煤种效果的对比计算

项　目	焦比/(kg/t)	煤比/(kg/t)	干基挥发分/%	热风温度/℃	火焰温度/℃	置换比
基准期	650	0		1 000	2 373	
喷气煤	577	150	33.11	1 100	1 837	0.48
喷瘦煤	531	150	16.00	1 100	2 037	0.79
喷无烟煤	515	150	10.31	1 100	2 095	0.90

(2) 灰分

灰分是决定性的指标，喷吹用煤的灰分应尽量低些，因为灰分提高1%会造成燃料比增加2%和相应的减产，高灰分还将给高炉操作带来更多困难。作为一个实用的限度，应考虑煤粉置换焦炭后渣量比全焦作业时不增多。因此，高炉喷吹用煤的最高灰分至少应比本厂焦炭灰分低两个百分点，即如工厂的焦炭灰分为13%，喷煤灰分应不高于11%。

(3) 硫分

对煤中硫，应和焦中硫同等看待，如焦中含0.8%的硫，煤中硫分以不高于0.6%为好。当今欧洲工厂宣传的生产水平是煤比200 kg/t，生铁含硫＜0.02%，故煤中硫分越低越好。

(4) 可磨性

可磨性是反映煤耐磨特性的一项煤质指标，可磨性指数越大，煤越易粉碎。可磨性也是决定磨煤机效率和电耗的重要依据，影响着粉煤的加工成本和高炉生产效益。对于磨机能力不足的工厂，煤的可磨性指标显得特别重要。可磨性好的试样中，有的哈氏可磨性指数(HGI)高达90以上。但对于烟煤，可磨性高到这种程度，在磨机内会有黏结现象；而对于无烟煤，则完全没有机内黏结问题。

(5) 反应性

煤的反应性是反映煤气化、燃烧的一个重要特性指标。对于喷吹用煤，其反应性应尽量高。这是因为煤粉不可能在1～2 ms内燃烧完毕，总有一定量的未燃碳进入炉缸，它们如不能被铁矿中的FeO所吸收（燃烧、气化），则会造成炉缸堆积，使操作困难。

另外，在大幅度喷煤时，料柱中作为支撑部分的焦炭已大为减少。例如，当焦炭减少了

40%时，若上述的碳素溶解反应还气化焦炭，则会使焦炭更少。因此，如果喷煤形成的未燃碳不但粒度极细，而且活性又高，遇到渣中 FeO 时，首先被气化的自然是未燃碳粒，而不是焦炭，于是焦炭强度就被保持，这样就可弥补我国焦炭强度不佳的缺憾。

(6) 燃烧性

粉煤在高炉风口前能否完全燃烧，直接关系到置换比的高低和喷煤量的大小。粉煤在高炉风口燃烧状况受诸多因素影响，如风温、煤量、氧含量、粒度以及煤本身的组分、煤质等。前面的因素促进煤的燃烧，而煤本身的组分和煤质则是选煤的一个指标。

(7) 爆炸性

高炉喷吹煤是以煤代焦、开辟煤源利用的一条重要途径。喷吹煤的难点是在生产煤粉和运送煤粉的过程中容易爆炸，其技术关键是防止烟煤的爆炸，所以爆炸性成为高炉喷吹用煤的重要指标。高炉喷吹用煤粉粒度细，在高温、存在粉尘情况下极易发生爆炸，不同煤种发生爆炸的可能性不同，只有无爆炸性或弱爆炸性的煤种，才能作为高炉喷吹用煤。无烟煤属无爆炸性煤种。

爆炸性用特定条件下爆炸燃烧时返回火焰长度表示。煤粉试样通过气流喷入试验管内1 050 ℃的火源上，视其爆炸时返回火焰长度判断其爆炸性。一般仅在火源处出现稀少火星或无火星的属于无爆炸性煤，如无烟煤；若产生火焰返回至喷入端，返回火焰长度在50 mm 以下，视为微弱爆炸性煤；返回火焰长度为 100～400 mm 时为易燃且具有爆炸性煤；返回火焰长度大于 400 mm 时为强爆炸性煤，如高挥发分烟煤、褐煤等。

(8) 灰熔点

煤的灰熔点高，灰分难熔，可防止喷煤过程的风口结渣，是高炉喷吹理想的煤。

(9) 粒度组成

经试验认为喷吹用煤的粒度组成最好是大于 100 网目含量不超过 10%，小于 200 网目含量可以降到 30%。

(10) 流动性

流动性反映煤粉的输送性能。输送性能差时，喷吹过程中表现为喷煤量不稳定，有时有煤枪堵塞现象。

流动性采用粉末基础物性测定仪按日本工业标准(HS)测定，包括松装密度(松散和振实两种)、压缩率、比表面积、平均粒径、自然坡度角、崩溃角、分散度、板勺角和均匀度的测试。

1.3.5 气化用煤的质量要求

煤的气化是把固体燃料煤转化为煤气的过程。通常用氧气、空气或水蒸气等作为气化剂，使煤中的有机物转化成含 H_2 和 CO 等成分的可燃气体。根据气化剂和煤气成分的不同，大致可将煤气分为空气煤气、混合煤气、水煤气和半水煤气等。

目前气化炉种类虽然很多，但常用的不外乎固定床、沸腾床和悬浮床三种类型。气化炉型不同，对煤质的要求也就不同。

(1) 常压固定床煤气发生炉对煤质的要求

常压固定床煤气发生炉的应用比较广泛，对煤的适应性也较强，可采用的煤种有长焰煤、不黏煤、弱黏煤、1/2 中黏煤、气煤、1/3 焦煤、贫瘦煤、贫煤和无烟煤。煤的品种以各粒级块煤为宜，灰熔融性软化温度大于 1 250 ℃，灰分（A_d）不大于 24.00%，硫分（$S_{t,d}$）小于 2.00%，热稳定性和抗碎强度亦应较高，抗碎强度（试验后大于 25 mm 的块）应大于 60%，热稳定性 TS_{+6}大于 60%。对于无搅拌装置的发生炉，要求原料煤的胶质层最大厚度 Y 值小于 12.0 mm；有搅拌装置的发生炉，则要求 Y 值小于 16.0 mm。

为保证固定床煤气发生炉用煤的质量，已制定出了国家标准《商品煤质量 固定床气化用煤》（GB/T 9143—2021）。

（2）合成氨用煤对煤质的要求

目前国内普遍采用无烟块煤为原料生产合成氨的原料气，要求原料煤有较好的热稳定性和较高的抗碎强度，这是因为热稳定性差和抗碎强度低的无烟块煤在气化炉内，特别是在受热时易碎裂成片或粉末，会降低产气率，甚至影响正常运转或造成停炉事故。一般来说，要求其热稳定性 TS_{+6}在 70%以上，抗碎强度在 65%以上。灰分亦以小于 16%为佳，最高也不应超过 24%。硫含量应尽可能低些，硫含量过高，不仅会污染环境、腐蚀设备，而且进入煤气中的硫（大部分是 H_2S）还会使催化剂“中毒”，给整个生产工艺带来一系列问题。硫含量一般不应超过 2.00%。固定碳也是一个很重要的指标。合成氨用煤的固定碳（FC_d）含量应在 65%以上。为使气化炉能顺利运行，煤灰熔融性软化温度在 1 250 ℃以上为宜，否则，灰渣容易在气化炉内结疤挂炉，影响产气率和煤气质量，严重时会造成停炉等事故。

应该说明的是，各种气化用煤应尽量就地取材，即使某些指标差一些，但如从生产的总成本来看合算，就不要舍近求远去寻找煤源。

（3）沸腾床气化炉用煤对煤质的要求

我国也用沸腾床气化炉来生产合成氨原料气。这种气化炉在常压下操作，以空气或氧气作为气化剂，对原料煤的要求是活性越大越好（一般在 950 ℃时对 CO_2分解率大于 60%的煤即可）。可以用褐煤（一般 M_t应小于 12.0%，A_d小于 25.00%），也可以用长焰煤或不黏煤，要求粒度小于 8 mm，但 0～1 mm 的煤粉越少越好，否则飞灰会带出大量碳而降低煤的气化率；煤灰熔融性软化温度（ST）应大于 1 200 ℃，$S_{t,d}$小于 2.00%。

（4）柯柏斯-托切克（K-T）炉对煤质的要求

K-T 炉是一种粉煤悬浮床气化炉，利用在常压下连续运转的高速气化工艺生产合成氨的原料气。这种炉子的气化温度高达 1 400～1 500 ℃，对煤质的要求不严，几乎什么样的煤都可以使用。例如，高硫、易结渣、易碎、易黏结、加热膨胀的各种烟煤以及无烟煤和褐煤均可使用。由于气化反应在不到 1 s 内就完成，因此，煤粉的粒度越细越好，一般是小于 200 网目的粉煤占 90%左右（褐煤可降至 80%左右），全水分在 1%～5%。如用褐煤，先要进行干燥使水分降到 5%～10%。烟煤和无烟煤的水分降到 1%左右。煤的灰熔融性越低，气化装置越容易运转。目前也可用灰分高达 35%左右的褐煤作为气化原料，气化时用氧气作为气化剂，生产以 CO 和 H_2为主的粗煤气。根据国外经验，K-T 炉多采用褐煤和年轻烟煤进行气化。由于它能连续操作，故 K-T 炉的生产能力比用块煤的鲁奇加压气化炉大。

1.3.6　液化用煤的质量要求

煤炭直接液化是指煤在适当的温度和压力条件下，直接催化加氢裂化，使其降解和加氢转化为液体油品的工艺过程。在多数情况下，原煤比精煤的液化效果好。原料煤的灰分不宜超过 25%，因为灰分过高会给整个工艺系统带来一系列问题，但黄铁矿含量高的煤有利于液化反应。液化用煤的质量要求如表 1-3 所示。

表 1-3 液化用煤的质量要求

煤 种	V_{daf}/%	A_d/%	C/H	C_{daf}/%	$S_{t,d}$/%	$R_{o,max}$/%	壳质组含量/%
褐煤、长焰煤、气煤、气肥煤	>37	<25	<16	60～85	>1.0	0.3～1.7	<10

一般宜采用挥发分较高的低阶煤(如褐煤、长焰煤和 V_{daf}>37%的气煤等)作为液化用煤。容易液化的煤岩显微组分的顺序是壳质组、镜质组、半镜质组和半丝质组，丝炭几乎不能液化。研究表明，液化用煤的壳质组含量以小于 10%为宜，最高也不要大于 15%，否则由于未反应的煤太多而影响液化效果。镜质组平均最大反射率 $R_{o,max}$小于 0.7%的煤大多适合于液化，但某些达到 0.9%的煤也适合于液化。从煤的化学成分来看，一般以含碳量(C_{daf})小于 85%、碳氢质量比(C/H)小于 16 的煤较为适宜。氧含量高的煤，由于煤结构中的氧大多以羰基形态存在，液化加氢时会消耗大量的氢，生成水。高硫煤在液化时也会消耗大量的氢，生成硫化氢析出，但对加氢液化有利，应尽量使用高硫煤。含氮量高的煤，在液化时也会消耗大量的氢，生成氨。如采用含氧量较低的年轻烟煤进行液化，虽然氢的消耗量较小，但反应速度要比含氧量高的褐煤慢。由此看来，液化用煤采用配煤的方法较为适合。

1.3.7 煤炭干馏对煤质的要求

在隔绝空气(或非氧化气氛)条件下，将煤加热，引发热解，生成煤气、焦油、粗苯和焦炭(或半焦)的过程，称为煤的干馏。煤的低温干馏技术主要用于褐煤提质、高含油煤提油。中、低温干馏适宜煤种为褐煤、长焰煤和高挥发分的不黏煤。沸腾床干馏炉要求原料煤粒度小于 6 mm。气流内热炉要求原料煤粒度为 20～80 mm。外热立式炉要求原料煤有一定黏结性，并具有一定块度，粒度小于 75 mm，其中粒度小于 10 mm 的量小于 75%。内热立式炉要求原料煤必须是块状，粒度为 20～80 mm。固体热载体干馏炉适合粉煤干馏。LFC 轻度气化可用于褐煤及次烟煤干燥提质，入炉原料煤粒度为 3.2～50.8 mm。

1.3.8 煤基碳一化学化工产品对煤炭质量要求

碳一化学是以含有一个碳原子的物质(如 CO、CO_2、CH_4、CH_3OH 和 HCHO 等)为原料合成化工产品或液体燃料的有机化学及工艺。以煤为原料的碳一化学包括由煤制合成气($CO+H_2$)合成燃料、甲醇及其系列产品，合成低碳醇、醋酸及其系列产品，合成低碳烯烃、燃料添加剂等。甲醇是碳一化学的基础产品，也是碳一化学起始化合物，主要用于替代石油作为清洁燃料和作为高附加值有机化工产品的原料。二甲醚主要用于石油液化气和柴油的替代品，是新型的清洁燃料。

煤基碳一化学化工产品对煤质要求与煤制合成气对原料煤的质量要求是一致的，可参见煤气化部分相关内容。

1.3.9 水泥回转窑用煤的质量要求

水泥、玻璃、陶瓷、砖瓦、石灰等建筑材料都要经过各种炉窑焙烧、煅烧甚至熔化等高温处理，而煤炭是主要燃料，其中水泥工业用煤质量要求较高。水泥生产的方法不同，对煤炭品种和质量的要求也就不同。回转窑要求用灰分小于 27%、收到基低位发热量大于 21.00 MJ/kg、挥发分较高的烟煤煤粉作燃料，而立窑则要求用收到基低位发热量大于 25.09 MJ/kg 的无烟块煤作燃料。烧砖瓦、石灰窑（土窑）用煤的质量要求不高，甚至煤矸石、石煤亦可使用。水泥回转窑用煤对煤炭质量的要求详见《商品煤质量 水泥回转窑用煤》（GB/T 7563—2018）。

1.3.10　其他工业用煤的质量要求

1.3.10.1　烧结用无烟煤的质量要求

我国的铁矿石有许多是贫矿。如果把贫矿直接作为高炉冶炼的原料，不仅高炉的利用系数降低，生产能力下降，炼铁时的焦比也会大幅度上升，所以这种贫矿通常都要进行精选。但选后的精铁矿粉不能直接送入高炉冶炼，必须把它在高温下烧结（熔融）成块。烧结时，过去多用焦粉作燃料，因此对烧结燃料的要求也是低灰、低硫和高发热量。为了节约焦炭，目前已多用无烟煤粉来代替。烧结用无烟煤的灰分应小于 15%，硫分应小于 0.7%（最高不应超过 1%，否则会增大生铁的硫含量而影响烧结质量）。此外，小于 0.5 mm 的煤粉量要少。

1.3.10.2　电石炉用无烟煤的质量要求

电石炉可以用焦炭，也可以用无烟煤作原料。开启式电石炉可全部使用无烟煤，但在密闭式电石炉中需要焦炭和无烟煤掺混使用。这两种电石炉对无烟煤的质量要求如表 1-4 所示。生产电极糊用无烟煤的质量要求如表 1-5 所示。

表 1-4　电石炉用无烟煤的质量要求

煤质指标	开启式电石炉	密闭式电石炉
A_d/%	<7	<6
V_{daf}/%	<8	<10
M_t/%	<5	<2
P_d/%	<0.04	<0.04
$S_{t,d}$/%	<1.5	<1.5
真相对密度 TRD_d	>1.45	>1.6
粒度/mm	3～40	3～40

表 1-5　生产电极糊用无烟煤的质量要求

煤质指标	一　级	二　级
A_d/%	<10	<12
V_{daf}/%	<2	<2
M_t/%	<3	<3
抗碎强度（>40 mm 残留量）/%	<35	<25

1.3.10.3 生产避雷针用碳化硅时对无烟煤的质量要求

生产避雷针用碳化硅时对无烟煤的质量要求见表1-6。

表1-6 生产避雷针用碳化硅时对无烟煤的质量要求

煤质指标	固定碳 FC_d/%	灰分 A_d/%	粒度/mm
数值	>80	<13	>13(或>25)

1.3.10.4 生产人造刚玉用无烟煤的质量要求

生产人造刚玉用无烟煤的质量要求见表1-7。

表1-7 生产人造刚玉用无烟煤的质量要求

煤质指标	固定碳 FC_d/%	灰分 A_d/%	粒度/mm
数值	>77	<15	>13(或>25)

1.3.10.5 竖窑烧石灰用无烟煤的质量要求

竖窑烧石灰用无烟煤的质量要求见表1-8。

表1-8 竖窑烧石灰用无烟煤的质量要求

煤质指标	固定碳 FC_d/%	灰分 A_d/%	粒度/mm
数值	>60	<25	13～100

1.3.10.6 制造碳粒砂用无烟煤的质量要求

碳粒砂是送话器的主要原料。对制造碳粒砂的无烟煤质量要求主要是物理性质好(如硬度高、质地均一、块状、光亮、致密、贝壳状断口),煤灰中的氧化铁(Fe_2O_3)含量要低,煤的灰分应小于2%,挥发分也应较低,纯煤真密度不宜很高。但仅凭上述物理和化学性质还不能确定是否适于制造碳粒砂,而只能作为选择时的参考。

1.3.10.7 制造活性炭用煤的质量要求

制造活性炭用的煤,灰分以低于10%为宜,且越低越好,也就是固定碳含量要高,煤的化学反应性要好,硫分要低。制造颗粒状的活性炭用煤,热稳定性好也是一个十分重要的指标,这是因为热稳定性不好的无烟煤在加热处理过程中会碎裂成粉而达不到要求。但在制造粉末状的活性炭时,低灰低硫褐煤也能使用,这是因为这种煤经过高温处理后固定碳含量增高,活性也较大。

第 2 章　选煤厂基本建设程序

2.1　概　　述

2.1.1　基本建设程序的概念

基本建设指固定资产的建设，也就是建筑、购置和安装固定资产的活动以及与此相联系的其他工作。它是国民经济各部门为固定资产的再生产而进行的新建、改建、扩建和恢复工程的建设工作；是把一定的物资、材料、设备，通过设计、购置、建造、安装和调试等活动转化为固定资产的过程。基本建设的范围不仅包括整个固定资产的增加，还包括整体性固定资产的恢复、迁移、补充等，后者实际上是固定资产简单再生产的内容。因此，基本建设包括整体性固定资产的简单再生产。

所谓基本建设程序，是指建设项目从设想、选择、评估、决策、设计、施工到竣工验收、投入生产、后评价等整个建设过程中各项工作必须遵循的先后次序。在从事建设工作时，必须严格按照基本建设程序办事，以保证建设事业的顺利进行。

世界上各个国家和国际组织在工程项目建设程序上可能存在着某些差异，但是按照工程建设项目发展的内在规律，投资建设一个工程项目都要经过投资决策和建设实施两个发展时期。这两个发展时期又可分为若干个阶段，它们之间存在着严格的先后次序，可以进行合理的交叉，但不能任意颠倒次序。

以世界银行为例，它对项目的建设与管理一般分为六个步骤：① 项目的选定；② 项目的准备；③ 项目的评估；④ 贷款谈判签约；⑤ 项目实施；⑥ 项目总结(后评价)。

项目在建设与管理中，每一个阶段的工作深度决定着项目在下一阶段的发展，彼此相互联系、相互制约。在项目选定阶段，要根据借款申请国所提出的项目清单进行鉴别选择，一般根据项目性质选择符合世界银行贷款原则、有助于当地经济和社会发展的急需项目。被选定的项目经过 1～2 年的准备，提出详细可行性研究报告，由世界银行组织专家进行项目评估之后，与申请国贷款银行谈判、签订协议，然后进入项目的勘察设计、采购、施工、生产准备和试运转等实施阶段，在项目贷款发放完成后一年左右进行项目的总结评价。正是科学、严密的项目周期，保证了世界银行在各国投资保持较高的成功率。

按我国现行规定，一般项目的基本建设程序都要经历前期工作、后期工作和延展后期工作阶段，并将环境影响评价制度、“三同时”管理制度贯穿到基本建设程序中，基本建设程序框图见图 2-1。

环境影响评价制度是指在进行开发建设活动之前，对建设项目的选址、设计、施工以及建成使用后可能对周围环境产生的不良影响进行调查、分析、预测和评价，提出防治措施，并按照法定程序进行报批的法律制度。环境影响评价工作与建设项目的开发建设活动紧密联系在一起，构成建设项目开发建设前期工作的一部分。从本质上讲，建设项目的环境影响评

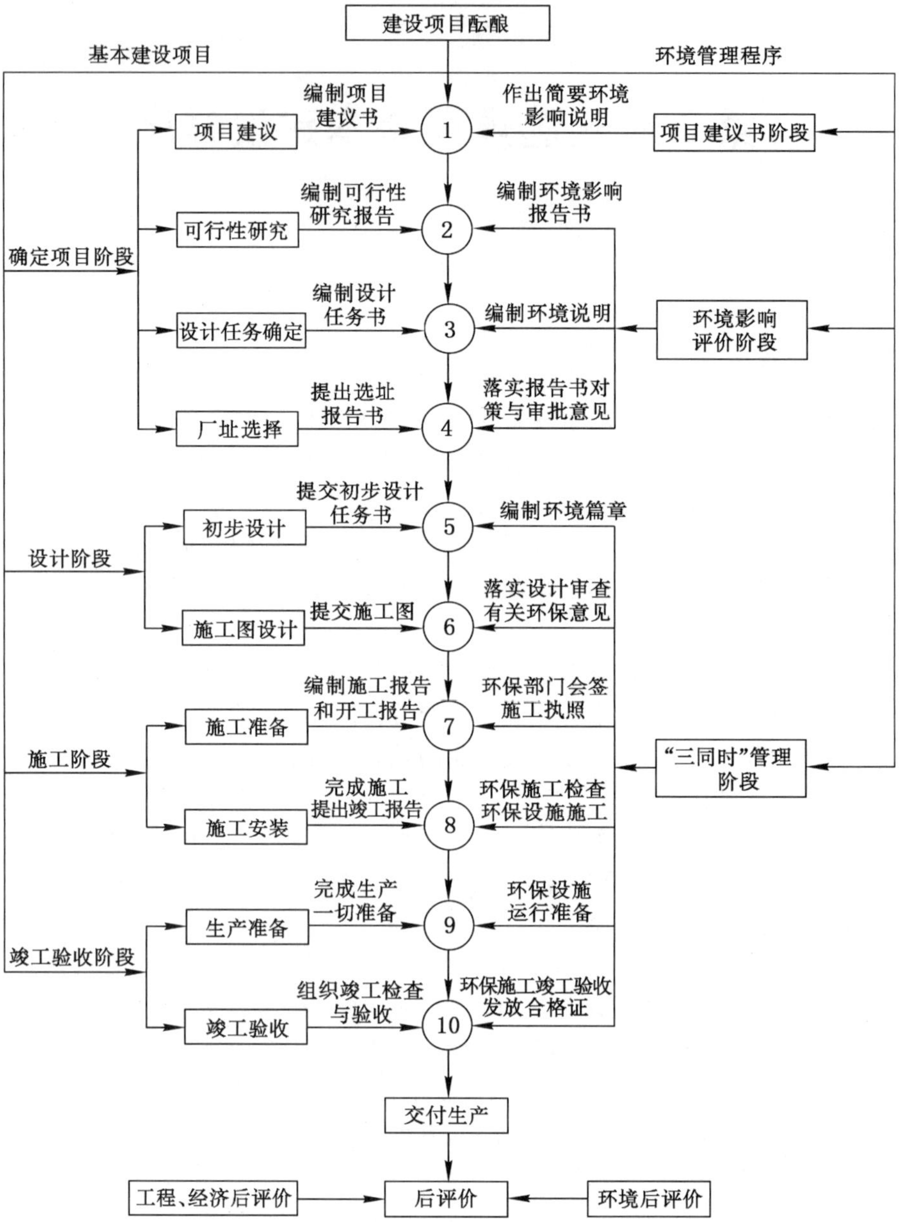

图 2-1　基本建设程序框图

价是该项目可行性研究的一个组成部分，即项目的环境可行性研究，但鉴于环境保护对于人类发展的重大意义，一般既在可行性研究中列有环境影响与分析的内容，又把环境影响评价作为开发建设活动必须履行的一项独立的法律程序来完成。环境影响评价制度成为基本建设程序的一个环节，有助于对拟建项目的经济效益、社会效益与环境效益进行综合评估，找出既利于经济发展又能促进环境保护的建设方案。

"三同时"管理制度是指新建、改建、扩建项目和技术改造项目以及区域性开发建设项目的污染防治设施必须与主体工程同时设计、同时施工、同时投产的制度。这一制度与环境影响评价制度相辅相成，是“预防为主”方针的具体化和制度化。将“三同时”管理制度纳入基本建设程序，贯穿到建设项目建设和使用全过程的始终，对于积极贯彻“预防为主”的环境污染防治方针，防止和减小建设项目的建设对环境的污染和破坏，改善建设项目的环境质量，保证项目建成投入使用后在环境保护方面具备良好的基础和条件，实现经济建设与环境保护的协调发展等具有重要作用。

2.1.2　基本建设程序的主要内容

2.1.2.1　项目建议书提出

项目建议书是指按规定由政府部门、企事业单位或新组成的项目法人根据国民经济和社会发展的长期规划、产业政策、地区规划、经济建设的方针、技术经济政策和建设任务，结合资源情况、建设布局等条件和要求，经过调查、预测和分析，向国家发展和改革委员会、行业主管部门或本地区有关部门提出的对某个投资建设项目需要进行可行性研究的建议性文件，是对投资建设项目的轮廓性设想，是基本建设程序中最初阶段的工作。项目建议书的主要作用是推荐一个拟进行建设项目的初步说明，论述其建设的必要性、条件的可行性和取得经济效益的可能性，供基本建设管理部门选择并确定是否进行下一步工作。

编制、提交和审批项目建议书是投资建设程序的初始环节，是将国家计划落实到具体地点、具体项目的重要步骤。项目建议书得到批准，该项目方可列入国家长期计划，才可编制可行性研究报告。因此，项目建议书在投资建设程序中有着重要的地位。项目建议书经批准后，可以进行详细的可行性研究工作，但并不表明项目非上不可，项目建议书并不是项目的最终决策。

项目建议书的内容视项目的不同情况而有繁有简，但一般应包括以下几个方面：建设项目提出的必要性和依据；产品方案、拟建规模和建设地点的初步设想；资源情况、建设条件、协作关系等的初步分析；投资估算和资金筹措方案；经济效益和社会效益的估计。

项目建议书按要求编制完成后，按照建设总规模和限额划分的审批权限报批。按现行规定，凡属大中型或限额以上项目的项目建议书，首先要报送行业归口主管部门，同时抄送国家发展和改革委员会。行业归口主管部门要根据国家中长期规划的要求，着重从资金来源、建设布局、资源合理利用、经济合理性、技术政策等方面进行初审，初审通过后报国家发展和改革委员会，国家发展和改革委员会再从建设总规模、生产力总布局、资源优化配置及资金供应、外部协作条件等方面进行综合平衡，还要委托有资格的工程咨询单位评估后审批。凡行业归口主管部门初审未通过的项目，国家发展和改革委员会不予审批。凡属小型和限额以下项目的项目建议书，按项目隶属关系由部门或地方发展和改革委员会审批。

2.1.2.2　可行性研究

可行性研究是指在项目投资决策之前，通过对与项目有关的工程、技术、经济等情况进行调查、研究、分析，对各种建设方案进行分析论证，并对项目建成后的财务效益、经济效益、社会影响进行预测及评价的决策分析过程。可行性研究是项目投资前期咨询论证的核心内容，它从项目建设到生产经营的全过程来考察分析项目的可行性，为项目投资的科学决策和项目的工程方案设计以及项目的实施、监测及工程监理等提供依据，也为银行和工程咨询机构进行项目评估提供依据。

2.1.2.3 项目评估、审批及设计任务书编制

中央投资、中央和地方合资的大中型和限额以上项目的可行性研究报告要报送国家发展和改革委员会审批。国家发展和改革委员会在审批过程中要征求行业归口主管部门和国家专业投资公司的意见,同时要委托有资格的工程咨询公司进行评估。根据行业归口主管部门的意见、投资公司的意见和咨询公司的评估意见,国家发展和改革委员会再行审批。可行性研究报告经批准后,不得随意修改和变更。如果在建设规模、产品方案、建设地区、主要协作关系等方面有变动以及突破投资控制额度时,应经原批准机关同意。经过批准的可行性研究报告,是确定建设项目、编制设计文件的依据。

设计任务书是编制初步设计文件的主要依据。所有新建、改建、扩建项目,在编制初步设计之前,都要编制设计任务书。

设计任务书编制有两种情况:一种是拟建项目经过了可行性研究阶段。这时的设计任务书由上级主管部门对可行性研究报告审查批准,并对工程建设的主要原则问题(如规模、产品方案、流程、投资、建设进度、水电供应等)进行批复,其批复文件就是设计任务书。另一种是拟建项目未经可行性研究,设计任务书是在项目建议书(甚至企业建设规划)基础上进行编制的。设计任务书的下达,标志着设计前期工作基本结束,设计条件基本具备,设计工作即将开展。因此,设计任务书编制必须慎重对待,认真研究。

2.1.2.4 设计工作

设计工作是对拟建工程的实施在技术上和经济上所进行的全面而详尽的安排,是基本建设计划的具体化,是把先进技术和科研成果引入建设的渠道,是整个工程的决定性环节。设计工作是组织施工的依据,它直接关系着工程质量和将来的使用效果。可行性研究报告经批准的建设项目应通过招标投标择优选择设计单位,按照批准的可行性研究报告的内容和要求进行设计,编制设计文件。根据建设项目的不同情况,设计过程一般划分为两个阶段,即初步设计和施工图设计。重大项目和技术复杂项目,可根据不同行业的特点和需要,增加技术设计阶段。

2.1.2.5 施工前准备

项目在开工建设之前要切实做好各项准备工作,其主要内容包括:征地、拆迁和场地平整;完成施工用水、电、路等工程;组织设备、材料订货;准备必要的施工图纸;组织施工和监理招标投标,择优选定施工单位和监理单位。

项目在报批开工前,必须由审计机关对项目的有关内容进行审计证明。审计机关主要对项目的资金来源是否正当、项目开工前的各项支出是否符合国家的有关规定、资金是否存入规定的专业银行进行审计。新开工的项目按施工顺序需要还必须具备三个月以上的工程施工图纸,否则不能开工建设。

2.1.2.6 建设实施

建设项目经批准开工建设,项目即进入了建设实施阶段。项目开工日期,按统计部门规定,是指建设项目设计文件中规定的任何一项永久性工程(无论生产性或非生产性)第一次正式破土开槽开始施工的日期。不需要开槽的工程,以建筑物组成的正式打桩日期作为正式开工日期。工程地质勘察、土地平整、旧有建筑物的拆除以及临时建筑、施工用临时道路和水、电等施工不算正式开工。分期建设的项目分别按各期工程开工的时间填报,如二期工

程应根据二期工程设计文件规定的永久性工程开工日期填报开工时间。

2.1.2.7　生产准备

生产准备是施工项目投产前所要进行的一项重要工作。它是基本建设程序中的重要环节，是衔接基本建设和生产的桥梁，是建设阶段转入生产运营的必要过程。建设单位应根据建设项目或主要单项工程生产技术的特点，适时组成专门班子或机构，做好各项生产准备工作。

生产准备的内容很多，对生产准备的要求也各不相同。从总的方面看，生产准备的主要内容有：① 招收和培训人员。大型工程项目往往技术难度高，相互关联性强，操作难度大，工艺条件要求严格。而新招收的职工大多数可能并没有生产的实践经验，解决这一问题的主要途径就是人员培训，通过多种方式培训，掌握好生产技术和工艺流程。② 生产组织准备。生产组织是实施单位按照生产过程的客观要求和项目建设程序进行的，主要包括生产管理机构设置、管理制度的制定、生产人员配备等内容。③ 生产技术准备。主要包括国内成果、技术资料的汇总，有关的国外技术资料的查新、翻译等新技术的准备。④ 生产物资的准备。主要是落实原材料、协作产品、水、电、气等的来源和其他协作配合条件，组织仪器、设备、备件、原材料等的订货。

2.1.2.8　竣工验收

竣工验收是工程建设过程的最后一环，是全面考核基本建设成果、检验设计和工程质量的重要步骤，也是基本建设转入生产或使用的标志。通过竣工验收，一是检验设计和工程质量，保证项目按设计要求的技术经济指标正常生产；二是有关部门和单位总结经验教训；三是建设单位对经验收合格的项目可以及时移交，使其由基建系统转入生产系统或投入使用。

建设单位应认真做好竣工验收的准备工作，主要有整理技术资料、绘制竣工图纸、编制竣工决算。

按国家现行规定，建设项目的验收根据项目规模的大小和复杂程度可分为初步验收和竣工验收两个阶段进行。规模较大、较复杂的建设项目（工程）应先进行初步验收，然后进行全部建设项目（工程）的竣工验收。规模较小、较简单的项目（工程）可以一次进行全部项目（工程）的竣工验收。建设项目（工程）全部完成，经过各单项工程的验收，符合设计要求，并具备竣工图表、竣工决算、工程总结等必要文件资料，由项目主管部门或建设单位向负责验收的单位提出竣工验收申请报告。大中型和限额以上项目由国家发展和改革委员会或由国家发展和改革委员会委托项目主管部门、地方政府组织验收。小型和限额以下项目（工程），由项目（工程）主管部门或地方政府部门组织验收。竣工验收要根据工程规模大小及复杂程度组成验收委员会或验收组。验收委员会或验收组应由建设单位、接管单位、施工单位、勘察设计单位相关人员组成。验收委员会或验收组负责审查工程建设的各个环节，听取各有关单位的工作汇报，审阅工程档案并实地查验建筑工程和建设内容，并对工程设计、施工和质量等方面作出全面评价。不合格的工程不予验收，对遗留问题提出具体解决意见，限期落实完成。

投产日期是指经验收合格、达到竣工验收标准、正式移交生产（或使用）的时间。在正常情况下，建设项目的全部投产日期应当同竣工日期一致，但实际上有些项目的竣工日期往往晚于全部投产日期，这是因为建设项目设计规定的生产性工程的全部生产作业线建成，经试运转、验收鉴定合格、移交生产部门时,便可算为全部投产,而竣工则要求该项目的生产性非生产性工程全部建成,投产项目遗留的收尾工程全部完工。

2.1.2.9 后评价

通过建设项目后评价以达到肯定成绩、总结经验、研究问题、吸取教训、提出建议、改进工作、不断提高项目决策水平和投资效果的目的。

建设项目的后评价主要包括项目的工程、经济后评价和项目的环境后评价两项内容。工程、经济后评价是对项目立项决策全过程、建设实施全过程以及后评价进行之前项目使用全过程的实际全部工程造价、生产成本、技术经济效益等与可行性研究的预测进行对比,分析实际情况与预测情况的差异以及产生这些差异的原因,作出客观、科学的评价,总结其成功的经验和失误的教训,为以后同类建设项目提供借鉴。环境后评价是在建设项目投入使用后,在一定时间内分析评价已建成使用的项目对项目所在区域环境质量的实际影响,分析评价建设项目环境影响评价结论的准确性、可靠性和环境保护措施的有效性,提高建设项目环境决策科学化水平。

2.2 选煤厂可行性研究与厂址选择

2.2.1 可行性研究

可行性研究按其研究的内容范围和深度不同,通常分为投资机会研究、初步可行性研究、详细可行性研究等 3 个主要阶段。投资机会研究,其投资和成本的估算允许误差可达±30%;初步可行性研究,其投资和成本的估算误差约为±20%;详细可行性研究,通常也叫最终可行性研究(简称可行性研究),其允许误差在±10%以内,它是投资决策前的一个关键步骤,其目的是为投资决策提供依据。

2.2.1.1 可行性研究报告的内容

可行性研究报告,从总论到经济评价,共 14 部分内容,具体章节内容如下。

① 总论:概述选煤厂位置、行政隶属关系、任务的来源和可行性研究报告的依据;在技术经济总分析方面说明资源可靠性、特点及煤质特征,选煤厂类型、厂型及选煤方法,用户及选煤产品方案的分析,铁路、供电、用水、占地等外部协作配套条件情况,主要技术方案和经济分析。

② 厂区概况及建设条件:厂区概况,建设的外部条件,如交通、运输、水、电,现有建筑物及居民拆迁情况,建设所需的材料、物资来源,建厂的资源条件。

③ 煤质特征及可选性:煤质资料来源及可靠程度,各层煤质特征及评述,入选原煤质量预计,原煤的可选性。

④ 厂型及厂址:厂型及类型,厂址选择,工业场地的各方案评述,厂址方案的比较及选择的依据。

⑤ 煤的用途,用户及产品方案:用户对选煤产品的要求,产品的需要量及构成情况,产品方案。

⑥ 选煤工艺:选煤方法,工艺流程,设备选型,工艺布置,生产技术检查。

⑦ 总平面布置和地面运输：总平面布置的依据和布置原则，厂区地形地貌概述，总平面布置方案，地面运输概况，铁路专用线设计方案比较选择，铁路站场设计方案比较选择。

⑧ 给水排水：水源选择，生产、生活及消防用水量估算，给水系统方案比较选择，主要给水设备选型，生产废水的处理方式及主要设备选型，生活污水的处理方式及排放。

⑨ 电气：电源概况描述，供电电源及供电方案比较选择，负荷估算及变压器选择，供配电系统、工艺系统设备控制，自动化项目及投资估算，调度电话、扩音通信及广播等投资估算，铁路信号及通信。

⑩ 采暖、通风和除尘，浮选药剂库，干燥设备选型，干燥的投资和成本。

⑪ 建筑物及结构物：主要工业建筑如主厂房、煤仓等结构和基本形式，地基处理，辅助建筑及行政福利建筑。

⑫ 环境保护：地区环境现状，主要污染源和污染物，选煤厂生态变化评述，环境保护标准，控制污染的方案比较选择。

⑬ 项目实施计划：建设步骤及选煤厂工程进度安排，选煤厂分期建设的必要性及合理性（方案比较选择）。

⑭ 经济评价：建设资金估算，劳动定员及劳动生产率，生产成本估算，产品销售收入财务平衡表，投资收益指标，不确定性分析，国民经济评价，综合评价，主要技术经济指标。

在可行性研究报告中应附有必要的附录，如项目建议书、关于某选煤厂设计招标评标事宜的函复、设计招标书及其补充说明等。

可行性研究报告附图有：

① 工艺总平面布置图（比例 1∶500 或 1∶1 000）；

② 工艺原则流程图（比例不限）；

③ 主要车间工艺布置图（比例 1∶100 或 1∶200）；

④ 供配电原则系统图；

⑤ 铁路装卸站、专用线布置图（比例 1∶2 000 或 1∶1 000）；

⑥ 工业场地总平面布置图（比例 1∶1 000）；

⑦ 交通位置图。

2.2.1.2　可行性研究报告的作用

① 建设银行主要依据可行性研究报告进行建设项目评估。只有评估通过后，该项目按照建设需要方可筹措资金和向银行申请贷款。

② 可行性研究报告可作为与建设项目有关的单位签订合同、协议的依据。

③ 可行性研究报告是进行初步设计的依据。

④ 可行性研究报告所使用的资料，可以作为进一步设计、施工所需要资料全面补充的依据，如重测、补测地形，补充工程地质资料，补充筛分、浮沉煤质资料等。

⑤ 国家根据选煤厂可行性研究报告的项目实施计划，纳入国民经济发展计划。有关单位也按项目实施计划做建设前期工作的准备。

⑥ 可行性研究报告是向环保部门申请建设的依据，在通过了环境评价之后，方可开展进一步的设计工作。

2.2.2 厂址选择

厂址选择是可行性研究中的一项重要工作。确定合适的建厂地点是政策性强、考虑因素多、关系复杂、影响大的工作。厂址选择是否适当，不仅影响投资多少和建设进度，而且也关系选煤厂投产后生产、管理、经济效益和今后的发展。因此，必须根据建设项目的要求，结合原料基地的发展情况、各矿井生产能力及开采年限、矿井分布及地理位置、选煤厂类型及用户的地理位置、产品运输方向等因素全面考虑，进行方案比较后确定。厂址选择工作一般由主管部门组织勘探、设计单位和建设所在地政府的有关机构共同进行。在城市管辖区的选点，还需要取得城市规划部门、环保部门同意，并取得协议文件。

对选煤厂厂址选择的要求如下：

(1) 坚持实事求是的思想路线，符合当前和长远的利益。在技术合理的情况下，要节约用地，不占或少占农田，不拆或少拆民房，不妨碍农田水利建设，并结合工程施工造田支援农业。

(2) 厂址应靠近原料基地和用户，从而可缩短原料和产品的运输距离，节约投资和运输费用，也应力求靠近国有铁路干线以缩短专用线长度，除考虑接轨方便外，还应选择有利地形，尽量避免架设桥梁和开隧道。筹建单位要与铁道部门达成关于接轨的具体书面协议。如果采用水运，应考虑建造码头的条件。厂址便于与公路、水路连接。

(3) 要充分考虑供水、供电条件。供水、供电是两个重要因素，没有充足的水源、电源供应，选煤厂是不能建设的。在厂址附近要有充足的水源地，要有适应的变电所。不能远离水源地，增加供水费用。由于水质对工业和日常生活有影响，因此，需考虑水质情况。非本企业电厂供电时，在厂址选择过程中，筹建单位应与电力部门达成供电的具体书面协议，保证投产时能供给全部用电量。

(4) 认真考虑工程地质和水文地质条件。厂址应有良好的工程地质条件，避开在流沙层、淤泥层、断层、滑坡、溶洞、采空区、古墓区选址。地基承载力宜在 200 kPa 以上。地震是重大的自然灾害，应充分考虑其危害性，根据当地地震烈度考虑防震措施。厂址应考虑不压和少压地下资源。厂址不应受洪水威胁，应建在最高洪水位标高以上。厂址也不能选在水库堤坝附近或下游。为了减少土石方工程量，既要考虑地形平坦，也要考虑结合工艺特点充分利用地形，场地略有坡度，利于工业场地排水。

(5) 注意环境保护。厂址应力求避免位于有害气体和污染性烟尘的下风方向。同时也应避免选煤厂排出的烟尘、污水、废渣对邻近企业、农作物、居民区及河流的污染。亦要考虑噪声的防治。

(6) 厂址应有足够的堆放器材和原材料、施工、运输场地以及发展扩建的余地。

实际上很难找到全部符合上述条件的理想厂址，因此，只能按厂址选择条件从中选出几个较好的方案，然后详细比较它们的优劣，从中选出最优方案。主要比较内容如下：

① 从原料煤和产品运输、供水、排水、供电、矸石处理、工人住宅及施工条件等方面进行比较。

② 从建筑施工费用多寡(包括土石方、运输、给排水、住宅及文化福利设施等工程费用)方面进行比较。

③ 从将来投产后生产销售费用和生产管理方便性等方面进行比较。

④ 从基建总投资和年经营费用方面进行比较。

2.3　选煤厂工程建设项目的招标与投标

2.3.1　招标与投标

基本建设项目一般要通过招投标确定项目设计和承建单位。

所谓招标投标，是招标人应用技术经济的评价方法和市场竞争机制的作用，有组织地开展择优成交的一种成熟的、规范的和科学的特殊交易方式。招标人是指依法提出招标项目、进行招标的法人或者其他组织。所谓提出招标项目，是指招标人依法提出和确定需招标的项目，办理有关审批手续，落实项目资金来源等。所谓进行招标，是提出招标方案，拟定或决定招标范围、招标方式、招标的组织形式，编制招标文件，发布招标公告，审查投标人资格，组建评标委员会进行评标，主持开标，择优确定中标人，并与中标人订立书面合同等招标的工作过程。根据自身条件，招标人可进行“自行招标”或“委托招标”。

投标人是指响应招标人招标需求并购买招标文件，参加投标竞争活动的法人或其他组织。《中华人民共和国招标投标法》规定，除在科研项目中允许个人可作为投标主体参加科研项目投标活动外，投标人一般不包括自然人。这里的其他组织，是指不具备法人条件的组织。所谓参加投标竞争活动，是指投标人通过调查研究，按招标文件的规定编写投标文件，包括编制投标报价等一系列招标要求，在规定的时间、地点将投标文件密封送达招标人，按时参加开标，回答评标委员会询问，接受评标过程的审查，凭借投标人的实力、优势、经验、信誉，以及投标水平和投标技巧，在激烈的竞争中争取中标而获得项目(工程、货物或服务)承包任务的过程。

2.3.2　我国法定的招标方式

《中华人民共和国招标投标法》规定的招标方式有公开招标和邀请招标两种。

(1) 公开招标

公开招标是指招标人以招标公告的方式，邀请不特定的法人或者其他组织参加投标的一种招标方式。也就是招标人在国家指定的报刊、电子网络或其他媒体上发布招标公告，吸引众多的潜在投标人参加投标竞争，招标人按规定的程序和办法从中择优选择中标人的招标方式。

(2) 邀请招标

邀请招标是指招标人以投标邀请书的方式，邀请特定的法人或者其他组织参加投标的一种招标方式。邀请招标，也称选择性招标，也就是由招标人通过市场调查，根据供应商或承包商的诚信和业绩，选择一定数目的法人或其他组织(不能少于 3 家)，向其发出投标邀请，邀请他们参加投标竞争，招标人按规定的程序和办法从中择优选择中标人的招标方式。

议标是招标人采取直接与一家或几家投标人进行合同谈判确定承包条件和标价的方式，也就是通过直接谈判达成交易的一种招标方式。它的一个特点是在非公开状态下采取一对一谈判。所以很难对其进行有效的行政监督，容易产生暗箱操作，甚至发生钱权交易，存在的问题和弊端较多。因此，在《中华人民共和国招标投标法》中没有把议标列入法定的招标方式。然而，在一些不宜采取公开招标方式的情况下，议标也可以作为招标方式之一。设计招标过程中委托设计就是一种议标形式。

委托设计比较适合于全部由外商或者私人投资、外商或私人投资占控股地位以及外商或私人投资累计超过50%，且国有资金不占主导地位的项目的设计服务采购。在这种方式下，招标方提出项目的初步设想，与选定的设计单位签订设计合同，设计单位提出若干概念设计，招标方通过对概念设计的比较、评价，选出将要实施的概念方案，再由该设计单位提出方案设计和施工图设计。委托设计就是先通过各种方式选到一个满意的设计单位，再由设计单位完成设计工作，在设计过程中双方不断进行沟通，将设计师的创意和业主的要求完美地结合起来。

2.3.3 工程建设项目招标范围及内容

煤炭行业的工程建设是能源项目，必须严格按照《中华人民共和国招标投标法》进行工程建设项目的实施，具体实施参照《工程建设项目勘察设计招标投标办法》《工程建设项目施工招标投标办法》《煤炭工业建设项目设计招标投标实施办法》等法律法规执行。选煤厂设计招投标工作，由投资者组织实施，或由投资者委托有资格的咨询单位协助办理，也可全权委托办理。投标者的勘察设计资格等级必须与规定的建设项目规模相吻合，不得越级投标。实行设计招标的建设项目应具备批准立项的有关文件和经过批准的地质报告及工程勘察、交通运输、电源水源等设计基础资料。招标者需向投标者提供设计基础资料和进行调研、踏勘现场的条件并解答存在的问题。选煤厂的投标文件编制内容与深度一般相当于可行性研究报告。

2.3.4 招标工作程序

(1) 通过广告或邀请确定投标者。

(2) 召开发标会议，与投标者共同商定专业技术内容与深度口径，组织踏勘工程现场，签订招标协议文件。

(3) 发标会议后，在统一规定时间内，由招标者及时答复投标者提出的有关问题，并将答复以书面形式正式通报所有投标者。

(4) 投标者根据发标书要求和书面答疑文件编制投标书，按统一规定时间报送招标者。投标书应加盖公章、勘察设计专用章及法人代表的印章，密封后寄出。标函一经寄出不得以任何理由更改投标书内容。

(5) 招标者在接到投标文件后，邀请投资者、有关上级管理部门领导、专家组成评标领导小组，以主持、协调、认定评标工作。同时，聘请有技术专长、业务水平高、办事公道的人士组成评标委员会，其中高级技术人员不得少于80%，评标委员会主任由评委推选、领导小组确认，主持评标委员会工作。

2.3.5 评标、定标工作程序

(1) 评标委员会成立后，组织评委阅读投标书。

(2) 投标者分别向评标委员会介绍各自投标书的内容。

(3) 评标委员会讨论各投标者的投标书。

(4) 评标委员会分别向投标者质疑。

(5) 评标委员会评议各投标书,但不得搞统一观点。

(6) 评标委员会委员根据统一规定的评分权重进行独立的、有记名评分。

(7) 评标委员会根据评分结果,报请领导小组研究认定中标者。

(8) 领导小组向各投标者公布中标者。凡重大项目,领导小组应向主管部委或国家发展和改革委员会等上级主管部门报告确认。

(9) 招标者向中标者发出正式中标通知书,双方根据国家规定和招标书、协议等有关条款签订设计合同。退还未中标者投标书。

(10) 招标者和中标者如需要采用未中标者投标书中某项技术,可互相协商技术转让问题。

选煤厂设计评标权重参考值见表 2-1。

表 2-1　选煤厂设计评标权重参考值

三层次	二层次	一层次	权重
技术部分 0.80	选煤厂工艺 0.80	1. 煤质资料评述	0.20
		2. 产品方案选择、外运方案对比	0.20
		3. 选煤方法	0.20
		4. 选煤工艺流程及工艺布置	0.20
		5. 总平面布置和地面运输	0.10
		6. 环境保护	0.10
	机电设备 0.20	7. 主要设备选型	0.70
		8. 供电和给水	0.30
经济部分 0.20	投资估算 0.30	9. 基础资料	0.20
		10. 投资估算	0.80
	经济评价 0.40	11. 财务评价	0.50
		12. 国民经济评价	0.50
	指标 0.30	13. 全员工效	0.40
		14. 建筑工程量	0.30
		15. 建设工期	0.30

2.4　选煤厂工程建设项目的设计

选煤厂工程建设项目设计至少包括初步设计和施工图设计两个阶段。选煤厂初步设计的内容和深度应达到指导施工图设计,指导选煤厂合理建设、保证选煤厂建设技术方案顺利实施和合理控制建设投资的要求。选煤厂施工图设计的内容和深度应满足施工需要,并应保证施工、生产安全和工程质量要求,同时应考虑合理节省建设投资。

2.4.1 初步设计

初步设计是设计工作中极其重要的阶段。它的任务是将可行性研究报告(或设计任务书)经审批后的原则、方案加以具体实施,并确保在施工图设计阶段无重大方案变化。

2.4.1.1 初步设计的内容

初步设计是指在工程总负责人(亦称工程项目总设计师)的组织下,各专业分别编写专业说明书、绘制设计图纸、提出设备清单,概算专业编制概算书,技术经济专业作出技术经济论证;然后,由工程总负责人汇总编制成初步设计文件。

初步设计文件包括:第一部分工艺设计说明书;第二部分环境保护、安全卫生、消防和节能说明书;第三部分设计图纸;第四部分设备表;第五部分概算书。一般合并为设计说明书、设计图纸和设计表格等三部分。

设计说明书分以下各章:

① 总论和技术经济部分。该部分包括简述企业地理交通位置、隶属关系和区域经济地理特点、设计依据及主要设计基础资料;扼要论述企业的外部建设条件、设计的基本原则、设计规模、企业组成及重大设计方案、企业综合经济效益及评价、问题及建议等。

② 工艺部分。该部分包括原料煤供应情况、性质、生产大样试验结果、原则流程和产品方案的评述;设计流程和指标、设备选型计算、厂房布置和设备配置特点;设备检修、药剂设施、实验室、化验室、技术检查站等辅助设施的设计说明。

③ 土建部分。该部分包括主要生产车间、厂房建筑结构的确定;特殊构筑物结构形式和建筑用材的选择;行政、生活、福利设施项目和建筑标准的确定;职工住宅的规划,定额指标、建筑标准、建筑面积、绿化面积及占地面积的计算。

④ 总平面布置部分。该部分包括区域概况、厂址及总体布置;工业场地总平面及竖向布置;行政、福利及生活区总平面布置;仓库及企业内、外部运输等的设计。

⑤ 给排水、尾矿和采暖、通风及热工部分。给排水包括给水量、水源、输水系统及净化设施、排水量、排水系统及污水处理。尾矿部分包括尾煤的回收方式、输送系统的设计和尾矿澄清水的循环利用。采暖通风包括主要生产厂房、辅助厂房及生活福利设施内的采暖、通风、除尘、空调、制冷系统的设置标准及主要设施的设计。热工包括工业锅炉房和热力管网的设计等。

⑥ 电力、自动化仪表及电信部分。电力包括供电、电力传动及电力照明。自动化仪表包括生产工艺主要环节的控制、检查、监视方式、装备水平、仪表类型等的设计。电信包括确定对外通信方式、通信制式及容量,阐明设置电视共用天线系统、工业电视系统、火灾报警系统、广播系统、电声系统等的原则及设备选型,确定调度系统。

⑦ 机修、汽修及电修部分。该部分包括确定机修、汽修和电修的任务、规模、组成、工作制度、装备水平、车间场地面积及劳动定员等。

⑧ 环境保护、安全卫生、消防及节能部分。环境保护包括废水、废气、矸石及煤泥等的治理工艺过程和噪声、振动防治措施。安全卫生包括通风防尘检测及化验设施、人员配备、防火、防水以及生产安全措施等;选煤工艺过程中降低粉尘,缩小扩散范围,净化空气的综合措施;厂区公共福利、卫生绿化设施。此外,还要评价企业建设前的环境背景和企业建成后对环境的影响;说明选煤厂的环境保护管理机构,环境监测体制、手段,主要仪器及当地环境

保护部门的意见。新建选煤厂的节能措施包括积极采用先进技术、先进工艺，推广使用新的耐磨材料和新设备，建立和健全能源管理制度。

⑨ 概算部分。该部分包括编制各项工程概算、综合概算及总概算；进行投资分析，说明投资的合理性等。

设计图纸包括：工艺流程图（必要时增加原则流程图）、选煤厂数质量流程图、取样及检查流程图（工艺流程简单时，可与工艺流程图合并）、设备流程图、工艺建筑物联系图、选煤厂主要厂房设备配置图等。全部图纸应符合选煤厂设计制图规范。

设计表格包括：主要技术经济指标表，主要设备订货表，劳动定员表，主要原材料、动力、燃料消耗表，工程量表等。

矿物加工工程专业在初步设计中负责选煤工艺设计，即上述设计说明书中的工艺部分及其图纸和表格等。设计时，该专业需要先接受地质、采矿、电力等专业提供的设计条件；再根据选煤工艺设计方案，向各有关专业提供必要的设计条件（图纸资料）；收到返回条件或经各有关专业共同协商确定后，方可进行正式的设计工作。在初步设计中，互换设计条件的专业和资料内容参阅《选矿设计手册》。

2.4.1.2　初步设计的深度

编制初步设计，必须遵照国家规定的基本建设程序、批准的可行性研究报告的内容和要求；必须遵守国家和上级主管部门制定的法规和技术政策；必须执行有关的标准、规范、规定以及履行设计合同规定的有关条款。

初步设计的深度是，为主管部门或委托单位（人）提供可供选择比较的方案，尤其是要推荐最优方案供建设单位选择；为控制基建投资、开展工程项目投资包干和招标承包以及编制基建计划提供依据；为主要设备订货提供依据；为土地征购和居民搬迁签订协议、指导和编制施工图设计、开展施工组织设计、施工和生产准备提供依据。

技术设计是介于初步设计和施工图设计之间的设计阶段。它是在已批准的初步设计的基础上进行的。它的目的是对工艺流程、设备配置和基建投资进行更详细的审查。

2.4.2　施工图设计

施工图设计也叫详细设计。根据建设项目的基本建设程序，选煤厂初步设计完成工艺布置和设备选型以后，就可以开始施工图设计。一些大型设备和有特殊要求的部分，其安装、订货和相应的配置可以在施工图设计之前进行。有时初步设计完成以后，为了更详细地给施工图设计提供资料，在初步设计之后、施工图设计之前进行施工预备图设计。施工预备图设计比初步设计更详细一些，但施工预备图不能代替施工图，它只是为施工图设计的进行创造更方便的条件。

施工图设计一般分专业进行。矿物加工工程专业负责总体方案设计和各专业间的协调工作，同时初步设计或施工预备图设计完成后，矿物加工工程专业还要负责为其他专业提供施工图设计所需要的相关资料；土建专业负责建筑物和构筑物的土建部分；机械专业负责机械设备安装和非标准设备的设计制造部分；电力专业负责全厂的供配电和所有的控制部分；经济专业负责施工图设计完成后工程的总体预算。

2.4.2.1　施工图设计的目的

施工图设计的目的在于详细解决建筑和安装中的具体问题。其主要内容是绘制详细的施工图纸，确定所有设备、建筑物、构筑物、管路、供配电线路、公路道路、铁路专用线等的确切位置及相互关系尺寸，以及非标准设备如各种溜槽、漏斗、工作台等的制造图和材料列表等。也就是说，施工图完成以后，施工单位就可以根据施工图进行建筑物和构筑物施工，机械加工单位可以进行非标准设备的制造，安装单位可以进行设备安装。所以施工图设计是选煤厂建设中必不可少的重要环节。

2.4.2.2 施工图设计的内容

(1) 选煤厂设计图纸

在正常情况下，施工图设计的设计文件主要是施工图纸。选煤厂设计施工图纸是进行选煤厂建筑物、构筑物、工艺设备和构件(包括管道、溜槽)以及电气等的配置、制作、安装，编制工程预算和施工组织设计的依据。一般包括下列 9 种图纸。

① 选煤厂数质量流程图。该图反映工艺流程中各作业间的相互联系和作业产品的数量、质量、水量平衡关系。

② 选煤厂工艺设备流程图。该图按工艺流程的顺序，采用典型的设备形象图，通过物料指示线清晰地表示出全厂各车间工艺部分的相互关系。

③ 土建施工图。该图包括各种建筑物、构筑物土建施工所需图纸，如梁柱配筋图、基础开挖图、建筑物结构图等。

④ 工艺建筑物、构筑物联系图。该图主要反映选煤厂各工艺建筑物、构筑物之间的相互关系。

⑤ 设备配置图。该图按工艺要求，正确地按比例绘制出各车间设备的配置关系；确定设备之间和设备与建筑物、构筑物之间的布置关系及定位尺寸。

⑥ 设备或机组安装图。该图包括各类主要设备、带式输送机、集中润滑系统、两种以上设备组成的机组等。该图按工艺要求和设备配置图准确地表示设备与构件或零部件安装关系。

⑦ 金属结构、零部件制造和安装图。该图表明选煤厂内所安装的漏斗、溜槽、闸门、支架、容器、安全罩、楼梯等结构件的结构形状、制作要求及安装关系。

⑧ 管路图。该图包括各种矿浆、药剂、抽风、压气等管路的配置、安装等。该图表示输送各种介质的管道与设备及安装部件等的关系和管路的空间位置等。

⑨ 电气施工图。该图包括各种电器安装、布置和线路图。

(2) 施工图设计说明书

施工图设计说明书包括以下内容。

① 在施工图设计阶段，凡对初步设计中非原则方案问题有所修改或补充的部分。

② 用图纸尚不能充分表达的设计意图。

③ 某些没有必要采用图纸表达的设计内容等。

上述内容均应通过施工图设计说明书进行说明。

(3) 施工图设计补充设备和材料订货表

初步设计阶段的设备和材料表，一般只编入主要设备和材料，因此在施工图设计阶段还应编制补充设备和材料订货表。

2.4.2.3 施工图设计的条件

在具备了以下施工图设计条件的情况下，设计部门即可组织进行施工图设计。

(1) 初步设计经过专家论证和评审,并由主管部门(或建设单位)审查批准。

(2) 设计中遗留的或专家论证和评审以及主管部门(或建设单位)审查中提出的具体问题已经解决。

(3) 主要设备订货已经落实,并索取到设计所需的设备图纸和说明书资料。

(4) 外部供电、供水、运输、机修及征地等协议已签订。

(5) 施工图设计所必需的地形测量、水文地质、工程地质的详细勘察资料已具备。

(6) 对施工单位的技术力量和装备水平已经了解等。

2.4.2.4　*施工图设计的要求*

施工图设计要满足下列各项要求:

(1) 要满足各种设备的布置、定位和安装的具体要求。

(2) 要满足非标准设备和金属结构件制作的要求。

(3) 要满足各类设备、各种材料订货的要求。

(4) 要满足建筑物和构筑物、车间、修筑道路、敷设管线等施工的要求。

(5) 要满足施工单位编制预算、制订施工计划和进行施工的要求。

(6) 施工图同时也是竣工投产与工程验收时的依据。

2.5　选煤厂工程建设项目的环境影响评价

环境污染问题一直是困扰煤炭工业发展的难题。在大力发展煤炭生产的同时,如何加强环境的保护和治理是今后煤炭企业发展规划中不可或缺的一个环节。为此,特别提出,煤炭企业的建设必须进行“环境影响评价”,具体分析煤炭生产对环境的影响,提出相应的预防和减轻环境污染的对策。

2.5.1　环境影响评价分类

凡新建或改扩建工程,建设单位应根据国家生态环境部《建设项目环境影响评价分类管理名录(2021 年版)》规定编制建设项目环境影响报告书、环境影响报告表或填报环境影响登记表。

(1) 对环境可能造成重大的不利影响的建设项目,需要编写环境影响报告书,这些影响可能是敏感的、不可逆的、综合的或以往尚未有过的。这类项目需要做全面的环境影响评价。

(2) 可能对环境产生有限的不利影响的建设项目,需要编写环境影响报告表,这些影响是较小的或者减缓影响的补救措施是很容易找到的,通过规定控制或补救措施可以减缓对环境的影响。这类项目可直接编写环境影响报告表,对其中个别环境要素或污染因子需要进一步分析的,可附单项环境影响评价专题报告。

(3) 对环境不产生不利影响或影响极小的建设项目,不需要开展环境影响评价,只填报环境影响登记表。

根据分类原则确定评价类别,如需要进行环境影响评价,则由建设单位委托有相应评价资格证书的单位来承担。

建设项目环境影响评价分类管理,体现了管理的科学性,既可保证批准建设的新项目不对环境产生重大不利影响，又可加快项目前期工作进度，简化了手续，有利于促进经济建设。

2.5.2 环境影响评价大纲的审查

编制环境影响报告书的建设项目，应编制环境影响评价大纲，评价大纲是环境影响报告书的总体设计，应在开展评价工作之前编制。评价大纲由建设单位向负责审批的环境保护部门申报，并抄送行业主管部门。环境保护部门根据情况确定审评方式，提出审查意见。

评价单位在实施中必须把审查意见列为大纲内容。

2.5.3 环境影响评价的质量管理

环境影响评价项目一经确定，承担单位要根据批准的评价大纲开展工作，同时要编制其监测分析、参数测定、野外试验、室内模拟、模拟验证、数据处理、仪器刻度校验等在内的质保大纲。承担单位的质量保证部门要对质保大纲进行审查，对其具体内容与执行情况进行检查，把好各环节和环境影响报告书质量关。为获得满意的环境影响报告书，按照环境影响评价管理程序和工作程序而进行有组织、有计划的活动是确保环境影响评价质量的重要措施。质量保证工作应贯穿于环境影响评价的全过程。在环境影响评价工作中，咨询有经验的专家，多与其交换意见，是做好环境影响评价工作的重要条件。请专家审评报告是质量把关的重要环节。

2.5.4 环境影响评价报告书的审批

审批程序：一律由建设单位负责提出，报主管部门预审，主管部门提出预审批意见后转报负责审批的环境保护部门审批。

另外，建设项目的性质、规模、建设等发生较大改变时，按照规定的审批程序重新报批。

对于环境问题有争议的建设项目，其环境影响报告书可提交上一级环境保护部门审批。

各级主管部门和环境保护部门在审批环境报告书时应贯彻下述原则。

① 审查该项目是否符合国家产业政策。

② 审查该项目是否符合城市环境功能区划和城市总体发展规划，做到合理布局。

③ 审查该项目的技术与装备政策是否符合清洁生产。

④ 审查该项目是否做到污染物达标排放。

⑤ 审查该项目是否满足国家和地方规定的污染物总量控制指标。

⑥ 审查该项目建成后是否能维持地区环境质量，符合功能区要求。

⑦ 环境影响报告书的审查以技术审查为基础，审查方式是专家评审会还是其他形式可由负责审批的环境保护行政主管部门根据具体情况而定。

2.5.5 环境影响评价的工作程序

环境影响评价工作大体分为三个阶段，其工作程序见图 2-2。

第一阶段为准备阶段：主要工作为研究有关文件，进行初步的工程分析和环境现状调查，筛选重点评价项目，确定各单项环境影响评价的工作等级，编制环境影响评价大纲。

第二阶段为正式工作阶段：主要工作为进一步做工程分析和环境现状调查，并进行环境影响预测和评价环境影响。

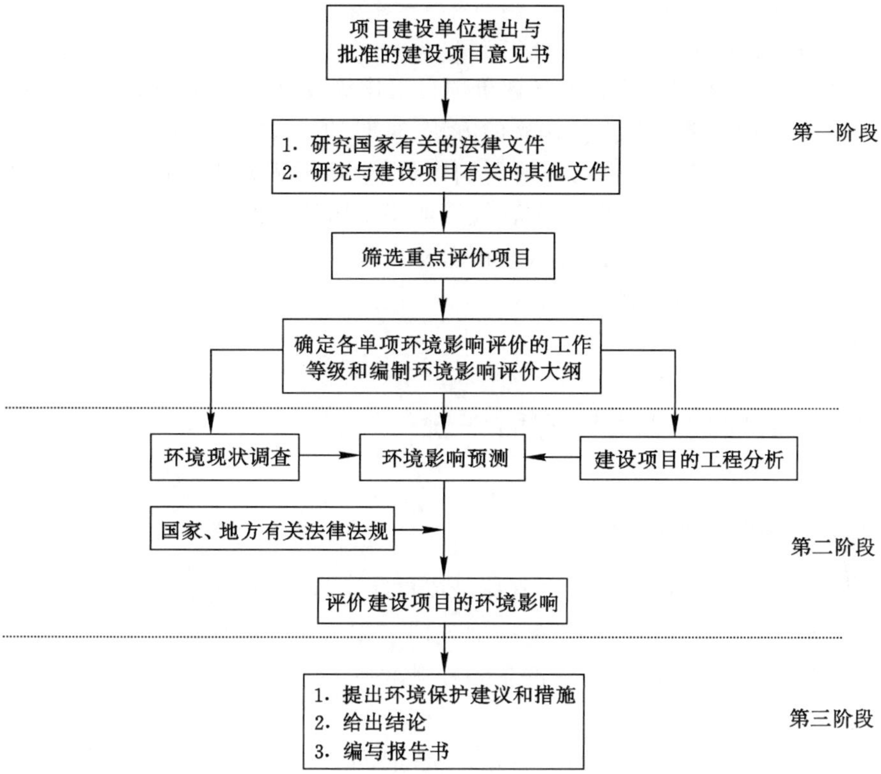

图 2-2　环境影响评价工作程序

第三阶段为报告书编制阶段：主要工作为汇总、分析第二阶段工作所得到的各种资料、数据，得出结论，完成环境影响报告书的编制。

如通过环境影响评价对原选厂址给出否定结论时，对新选厂址的评价应重新进行，如需要进行多个厂址的优选，则应对各个厂址分别进行预测和评价。

2.5.6　环境影响评价工作等级的确定

环境影响评价工作等级是指环境影响评价工作深度的划分，各单项环境影响评价划分为三个工作等级。一级评价最详细，二级次之，三级较简略。各单项环境影响评价工作等级划分的详细规定，可参阅相应导则。

2.5.7　环境影响评价大纲的编写

环境影响评价大纲是环境影响评价报告书的总体设计和行动指南。评价大纲应在开展评价工作之前编制，它是具体指导环境影响评价的技术文件，也是检查报告书内容和质量的主要判据。该文件应在充分研读有关文件、进行初步的工程分析和环境现状调查后形成。

评价大纲一般包括以下内容。

① 总则（包括评价任务的由来，编制依据，控制污染和保护环境的目标，采用的评价标准，评价项目及其工作等级和重点等）。

② 建设项目概况。

③ 拟建项目地区环境简况。

④ 建设项目工程分析的内容与方法。

⑤ 环境现状调查(根据已确定的各评价项目工作等级、环境特点和影响预测的需要,尽量详细地说明调查参数、调查范围及调查的方法、时期、地点、次数等)。

⑥ 环境影响预测与建设项目的环境影响评价(包括预测方法、内容、范围、时段及有关参数的估值方法,对于环境影响综合评价,应说明拟采用的评价方法)。

⑦ 评价工作成果清单,拟提出的结论和建议的内容。

⑧ 评价工作组织、计划安排。

⑨ 经费概算。

2.6 选煤厂工程建设项目的后评价

2.6.1 项目单位自我后评价工作

项目单位自我评价,也叫自评。所有建设项目竣工投产(使用、营运)一段时间以后,都应进行自我评价。项目后评价是一项复杂细致的工作。在开展后评价工作之前,一定要做好各项准备工作,包括组织准备、思想准备和资料准备。

(1) 组织准备

当项目竣工验收、投入生产(使用、营运)一段时间后,项目单位就应成立项目后评价领导小组,并主动和该项目的设计部门、施工单位取得联系,共同抽调熟悉业务、了解情况、办事公道、有实干精神的技术和经济类人员组成项目后评价工作班子,制订工作计划,安排好工作日程,有条不紊地开展后评价工作。

(2) 思想准备

参加项目后评价的人员要认真学习上级有关文件和项目后评价的有关规定,提高对项目后评价的认识,同时要做好宣传工作,向有关人员讲清后评价的目的和意义,使他们消除顾虑,如实反映情况,客观、公正、科学地分析问题,从国家利益出发,扎扎实实地做好这项工作。

(3) 资料准备

后评价既然是复杂、细致的工作,又要求如实反映情况,用事实说话,就必须有翔实的资料作后盾,主要资料有以下几种。

① 前期工作资料。项目建设的前期工作包括项目建议书的提出、对项目建议书的评估、可行性研究、对可行性研究的评估等。前期工作资料包括:a. 项目建议书。b. 可行性研究报告。c. 对项目可行性研究评估咨询的资料。d. 有关单位对可行性研究的批准文件。e. 初步设计及扩大初步设计。f. 其他关联项目和配套建设项目资料。g. 投资概算及资金来源资料。h. 经批准的开工报告。

② 设备、材料采购的实施资料。包括:a. 设备采购招标、投标文件。包括议标、评标、定标的资料。b. 设备采购合同。包括总承包合同、分包合同及履约率等。c. 采购设备的质量、价格、储运等情况及对施工工程的满足程度。

③ 建设实施阶段资料。包括:a. 设计文件。包括设计变更、投资调整和工程预算资

料。b. 工程招标、投标文件。包括议标、评标资料。c. 工程合同文件。包括总承包合同、分包合同、采购合同、劳务合同、监理合同等。d. 建设准备资料。e. 工程中间交工(含隐蔽工程)验收报告,中间评估资料。f. 工程竣工验收报告,财务决算及审计资料,国家验收文件。g. 材料或成品、半成品出厂合格证明和检测资料。h. 工程监理资料及质量监督机关检查评审资料。i. 工程遗留项目及后期续建工程清单。

④ 涉外项目还应准备涉外方面的资料。包括:a. 询价、报价、招标、投标文件。b. 谈判协议,议定书及所签订的合同、合同附件。c. 国外各设计阶段的文件及审查议定书。d. 国外设备材料检验及设计联络资料。e. 国外设备储存、运输、开箱检验记录、商检及索赔方面的资料。

⑤ 项目竣工验收投产(使用、营运)后的效益资料。包括:a. 生产的产品产量、质量、价格资料及据此计算的定量分析指标如销售收入等。b. 投产(使用、营运)后的经济效益资料。c. 投产(使用、营运)后的社会效益资料,如该项目投产后对促进社会经济、文化、教育、卫生、体育等方面发展的资料。d. 投产(使用、营运)后的环境效益资料,如项目投产后对自然环境、生态平衡、自然景观等方面影响的资料。

以上这些资料是进行后评价的依据。在做好上述准备工作以后,项目单位的后评价工作班子就应不失时机地开展后评价工作。通过阅读项目建设中的各种资料,召开有关人员座谈会,检查建设质量,计算经济效益,总结经验,找出问题,提出改进意见,实事求是地写出自我后评价报告。项目单位的自我后评价报告是该项目建设过程和生产(使用、营运)成果的真实写照。报告内容既要照顾全面,又要突出重点;既要有情况,又要有数字;既要写成绩,又要写不足,是非要分明,措施要具体,实事求是,简明扼要。对后评价中发现的问题,自己能解决的应马上解决,需要上级帮助解决的提出建议及时上报。

2.6.2　行业(或地区)主管部门的后评价工作

行业(或地区)主管部门必须配备专人主管项目后评价工作。当收到所属项目单位报来的自我后评价报告后,行业(或地区)主管部门首先要进行审查,审查报来的资料是否齐全,自我后评价报告是否实事求是、如实反映情况。同时,要根据工作需要从行业的角度选择一些项目进行行业评价。如从行业的布局、行业的发展、同行业的技术水平、经营成果等方面进行评价。在进行行业评价时,应组织一些专家学者和熟悉情况的同志认真阅读项目单位的自我后评价报告,针对问题,深入现场调查研究,写出行业部门的后评价报告,报同级和上级发展和改革委员会和主要投资方。

2.6.3　各级发展和改革委员会或主要投资方的后评价工作

各级发展和改革委员会(或主要投资方)是建设项目后评价工作的组织者、领导者、方法制度的制定者。当收到项目单位和行业(或地区)主管部门报来的后评价报告后,各级发展和改革委员会(或主要投资方)应根据工作需要选择一些项目列入年度计划,开展后评价工作,也可委托有资格的咨询公司代为组织实施。如国家发展和改革委员会把国家重点建设项目后评价复审工作通过年度计划委托给中国国际工程咨询有限公司组织实施。中国国际工程咨询有限公司接受委托后,根据项目性质、特点,聘请高层次专家、学者组成专家组。专家组通过学习有关文件,阅读项目单位自我后评价报告和行业(或地区)主管部门的后评价报告，编写调研提纲，有目的地深入现场调研，召开座谈会，分析项目建设中的经验教训，站在国家立场上从宏观和微观的结合上对项目进行客观、公正、科学的评价。其写出的后评价报告报国家发展和改革委员会，同时向行业（或地区）主管部门及项目单位反馈，使各有关单位都能根据评价意见改进工作。

当前，项目后评价工作尚未普遍开展，后评价任务还是自上而下通过计划来组织实施的。如国家重点建设项目后评价就是先由国家发展和改革委员会选定项目，列入年度计划，下达项目单位和各有关行业（或地区）主管部门执行的。

第 3 章　选煤厂设计煤质资料

选煤厂在不同的设计阶段，要求有不同的基础资料。不同的专业所需要的设计资料也不大相同。从初步设计所需要的基础资料出发，通常将设计资料分为通用资料和煤质资料两大类。

3.1　设计用基础资料

3.1.1　通用资料

所谓通用资料，是指参与设计的几个专业在不同程度上参考使用的资料，也包括一些其他专业专用的资料，但对矿物加工工程专业仅供参考。

（1）可行性研究报告及其批文。

（2）设计计划任务书及其批文。

（3）煤田地质勘探报告，作为原料煤基地的依据资料。

（4）矿井资料：矿井及煤层的地质报告资料（煤层柱状图），矿井生产能力，可采储量，开采煤层，采煤方法，矿井工作制度，开采次序，主要煤层开采比例及采煤规划；原煤运输提升方式和能力；矿井地面筛选情况及储煤场（仓）容量；厂址所在地面与井下对照图，该图应包括矿井地面布置、露头线、煤田境界线、已采区、塌陷区、井口、巷道、安全煤柱等。

（5）厂区地形图和建设地区地理图：厂区地形图是设计工艺平面图的依据，要确定工业建筑的标高及平场标高、厂区水的流向和土石方量，以 1∶500 比例为佳，等高线的间距为 0.25～1.0 m。要求标出井口锁口盘和铁路装车点的精确坐标和角度（与经纬线的关系）。建设地区地理图只表示选煤厂的地理位置及交通运输情况，在说明书的厂区概况介绍时使用。

（6）专用铁路的沿线地形图及接轨协议书。

（7）工程地质和地震烈度等级资料：作为厂址选择和土建专业设计的依据资料。这类资料关系重大。

（8）气象资料：考虑总平面布置和设计厂房建筑时的必要资料，同时也是设计采暖和防冻系统的依据。

（9）水文地质资料及水文资料：水文地质资料包括地下水深度、地下水含水层分布、地下水的流向和水位变化规律、含水层的渗透性及地下水对混凝土的侵蚀性等。水文资料包括河流水位历年记录、最高洪水位、洪水淹没范围、最低水位、平均水位、各水位的相应流量和河床断面变化。

（10）给水、排水资料：选煤厂生产需要大量的水作为生产用水的补充，所以要了解水源地的水量和水质情况、矿区现有供水系统及设备等；还要了解生产、生活污水排放去向，有无处理设备及处理的方式。

（11）电源资料：地区电源网络，电源接入的走向和地点，电压等级，电量，输电线路情况，供电协议书等。

(12) 建材来源及施工能力：当地有几种建材来源，运输条件；当地有无施工单位，施工技术状况，建筑机械配备状况，劳动力状况等。

(13) 交通运输状况：建厂附近有无铁路、公路、水路运输的条件。

(14) 环境保护资料：主要污染源，现有污染源，现有环境保护资源和条件，环境影响评价报告。

(15) 综合经营、综合利用以及与其他企业可以协作的条件，协作协议书或意向书。

3.1.2 煤质资料

煤质资料是矿物加工工程专业工艺设计的基础资料，包括煤层煤样、生产煤样（生产大样）、煤的物理性质和煤的工业分析等。在特殊情况下要求选煤工业性试验或半工业性试验资料。

煤质资料可从井田地质勘察报告中获得。地质勘探部门为了给新建选煤厂提供资料，可以做一些坑探或槽探工程，采取煤样做筛分、浮沉试验；也可以从邻近小煤窑中采取煤样。凡是从与开采井田有一定距离的地方采取煤样，都很容易造成误差，或不具有代表性。因此，在使用这类资料时应慎重。设计不能从地质详查报告中找煤质资料，因为详查的精度不够，只能满足矿区总体设计的需要；更不能用普查的资料，普查成果只能供远景规划使用。

3.1.2.1 煤层煤样资料

煤层煤样分为煤层分层煤样和煤层可采煤样。煤层分层煤样用来确定每一开采煤层或开拓后的煤层各分层和夹石层的性质。煤层可采煤样用来确定每一层煤的性质，以及采煤过程中采出的夹石层的性质。这些资料提供各入选煤层数量与质量情况，为设计中确定技术措施提供依据。

3.1.2.2 生产煤样资料

生产煤样是生产矿井在地质和生产情况正常的条件下，从各煤层分别采取的煤样。每个煤层采样质量为 6～10 t。所采的大样能够代表正在开采或将要开采的煤层煤质。该煤样经过筛分、浮沉等一系列试验可获得下列资料：

(1) 原煤的物理性质，工业分析和元素分析资料，筛分组成和浮沉组成，大块煤破碎或碎选试验资料，中煤破碎试验资料。

(2) 煤泥浮选试验资料。

(3) 煤泥沉降和煤泥水澄清试验资料。

(4) 矸石泥化性试验资料。

(5) 煤岩分析试验资料。

(6) 黄铁矿或其他有用伴生、共生矿物回收工艺试验资料。

生产煤样的系列资料是选煤厂工艺设计主要依据的资料。在准备设计时遇到的最大困难是该矿井不仅没有生产，往往也刚开始设计，根本不具备采生产煤样的条件，只能考虑从邻近矿井或小煤窑采取。煤样是否有代表性，可根据煤田地质资料中各层煤的柱状图资料进行对比和分析。如果这层煤煤质变化比较小，则有代表性，否则不具有代表性。邻近矿井生产煤样资料，要参照本矿井的精查地质勘探报告，按具体情况选用。如还有困难，则应设法补充设计资料，用探坑、探槽取样，或用大口径钻机取样，重做或补充做试验。

3.2　煤质资料分析

3.2.1　原煤煤质资料获取

原煤煤质资料是制定选煤工艺流程、进行流程计算和设备选型的基本依据。煤质资料的可靠性取决于煤样的来源以及试验的精确性，采样和试验必须严格按照国家和行业标准进行。我国选煤厂设计的技术依据一般为生产煤样的试验资料。生产煤样的采取按行业标准《生产煤样采取方法》(MT/T 1034—2006)执行。为了保证煤样的代表性，采样条件应当符合以下要求：

(1) 采样地点地质条件正常(不能处在断层、褶曲构造变动地区、透水区、氧化区和风化作用地区)。

(2) 生产条件正常(采煤方法、机械运转、运输及工作面管理正常)。

(3) 采样方法及其具体操作符合要求。

若矿井未投产或煤层尚未开采无法获得生产煤样，可利用同一煤田邻近矿井的生产煤样代替，或使用矿井的地质勘探资料作为设计依据，但应当十分谨慎，要考虑影响因素差别对煤质的影响。

煤样的筛分、浮沉、缩分、制样和分析试验必须按照相应国标进行，试验结果应按国家标准《煤炭筛分试验方法》(GB/T 477—2008)和《煤炭浮沉试验方法》(GB/T 478—2008)进行审查。

试验误差应当在国标规定范围之内，否则试验结果作废。

煤质资料分析与研究的目的是详细了解煤的性质以制定合理的设计方案。煤质资料分析的内容包括煤的物理性质、化学性质、筛分和浮沉资料、可选性等。

3.2.2　原煤的物理和化学性质

3.2.2.1　工业分析和元素分析

(1) 煤的工业分析

煤的工业分析包括煤的水分、灰分、挥发分和固定碳等四个项目的测定。煤的工业分析用于了解煤质特性的主要指标，也是评价煤质的基本依据。根据工业分析的各项测定结果可初步判断煤的性质、种类和各种煤的加工利用效果及工业用途。国家标准《中国煤炭分类》(GB/T 5751—2009)中用挥发分 V_{daf}，结合黏结指数 G 值、胶质层最大厚度 Y 值等对煤炭进行分类。煤的牌号和用户不同，在选煤厂设计时选择的选煤方法、流程结构、产品结构和用途都有根本性的区别。不同用户对于煤中硫分、灰分、水分和发热量的要求往往有很大的差异，这对设计也有重要的影响。

收到基低位发热量是评价动力煤质量的主要指标，也是动力煤商品计价的依据。

煤中的灰分、硫分是主要的有“害”杂质。硫分不仅对炼焦工业有害，对其他各种工业和民用以及环境都有很大的危害性。因此，灰分和硫分是评价煤质的重要指标。根据我国各种工业对煤质的要求以及结合我国煤炭资源分布情况，我国提出以下煤炭资源评价灰分和硫分分级标准，见表 3-1。

表 3-1　煤炭资源评价灰分和硫分分级标准

灰分等级	灰分(A_d)范围/%	硫分等级	硫分($S_{t,d}$)范围/%
特低灰煤	$A_d \leqslant 10.00$	特低硫煤	$S_{t,d} \leqslant 0.50$
低灰煤	$10.00 < A_d \leqslant 20.00$	低硫煤	$0.50 < S_{t,d} \leqslant 1.00$
中灰煤	$20.00 < A_d \leqslant 30.00$	中硫煤	$1.00 < S_{t,d} \leqslant 2.00$
高灰煤	$30.00 < A_d \leqslant 40.00$	中高硫煤	$2.00 < S_{t,d} \leqslant 3.00$
特高灰煤	$40.00 < A_d \leqslant 50.00$	高硫煤	$S_{t,d} > 3.00$

(2) 煤的元素分析

煤的元素分析是指煤中碳、氢、氮、氧、硫等元素的分析。煤中有机质主要由碳、氢、氮、氧、硫等五种元素组成,其中碳、氢、氧三者总和占有机质的95%以上。煤中碳含量随煤化程度的提高而增高,是表征煤化程度的重要指标。氧和氢的含量均随煤化程度提高而减小。氮的含量较少,一般占1%～2%,其含量和煤化程度关系不明显。硫的含量随原始成煤物质和成煤时的沉积条件不同而不同。煤中硫通常以硫酸盐硫、硫铁矿硫和有机硫三种形态存在。硫酸盐硫在我国煤炭中的含量一般很少,在多数情况下,煤中主要是黄铁矿硫。呈结核状、透镜状、团块状等形态存在于煤中的黄铁矿一般可以通过分选去除,而以极细颗粒浸染在煤的有机质中的硫,则难以用分选的方法去除。煤中有机硫一般不能用物理分选的方法脱除。

煤中有害物质磷、氯、砷等可以通过元素分析来测定。磷是影响钢铁质量的有害元素。煤中氯多以碱金属化合物(主要是氯化钠)的形式存在,含量一般为0.01%～0.2%,易溶于水,经过湿法分选后,其含量一般会得到降低。个别情况下煤中氯的含量可能高达1%,当煤中氯含量超过0.3%时,对焦炉或锅炉管道会产生严重腐蚀作用。我国西南部分地区煤中砷的含量较高,如果不加处理或防护,在使用时会造成环境污染,使人员产生砷中毒。

煤中主要的稀有元素有锗、镓、铀、钍、铼等,如果设计资料证实某种稀有元素有利用价值,则在综合利用中应当加以考虑,以达到提高社会效益和经济效益、减少环境污染的目的。

3.2.2.2　煤的物理性质

原煤中有用成分与矸石的某种物理性质差异是分选的重要依据,也是设计中所使用的基础数据和参数。煤的物理性质主要指密度、脆度、煤和矸石的泥化特性、安息角和摩擦角等。

(1) 煤的密度

① 真密度

煤的真密度是指在20 ℃时单位体积(不含煤的内外表面空隙)煤的质量(单位为kg/m^3或g/cm^3),以符号δ表示。在设计中,真密度(通常称为密度)可用于体积和质量的换算,也可表征煤炭质量。

② 视密度

视密度是指在20 ℃时单位体积(包括煤的孔隙)煤的质量(单位为kg/m^3或g/cm^3)。视密度可用于煤的埋藏量和破碎、燃烧等过程计算。在分选过程中,如果煤中存在天然焦,则其真密度数值较大，但因其孔隙多，视密度较小，很容易混入精煤产物。

③ 堆密度

堆密度又叫散密度，是自然松散状态下的单位体积（包括煤块间隙）煤的质量（单位为 t/m^3），以符号 γ 表示。在煤仓设计、煤堆质量的估算和运输量的计算时都用这项指标。不同产品的堆密度数值参考表 3-2。

表 3-2　不同产品的堆密度

名称	原煤	精煤	中煤	矸石	煤泥
$\gamma/(t/m^3)$	0.85～1.0	0.8～0.9	1.2～1.4	1.6	1.2～1.3

（2）脆度

煤的脆度表征煤被粉碎的难易程度，与岩相组成和煤化程度有关。丝炭最脆，镜煤、亮煤居中，暗煤最韧。由于丝炭较脆，故粉煤中丝炭居多。煤的脆性影响产品粒度、工艺环节的选择等。

（3）煤和矸石的泥化特性

煤和矸石的泥化是指矸石或煤浸水后碎散成细泥的现象。泥化试验按国家标准《选煤厂 煤的转筒泥化试验方法》（GB/T 26918—2011）进行。了解矸石的泥化特性十分重要。如果矸石泥化程度严重，则会造成生产循环水黏度迅速增高，影响分选过程，同时使煤泥回收、洗水净化和闭路循环变得十分困难。因此，在制定工艺流程时要选择合适的分选工艺和流程，采用泥化现象较轻的分选工艺，减少煤和矸石与分选介质接触的时间，对煤泥水系统的设计要采用合理的结构。

（4）安息角（静止角）

安息角是指煤等松散物自然堆成的锥体表面与底面的夹角，以 α 表示。在设计带式输送机，计算煤仓、储煤场和矸石堆的堆容积时，安息角是必要的参数。不同产品的安息角见表 3-3。

表 3-3　不同产品的安息角

名称	原煤	精煤	中煤	矸石	煤泥
$\alpha/(°)$	35～40	40～45	40	40	约 15

（5）摩擦角

将煤堆放在一块平板（多为钢板）上，使平板逐渐倾斜，直到煤开始向下滑动，这时平板的倾斜角就是煤的摩擦角，以 φ 表示。摩擦角是设计溜槽、带式输送机、煤仓底部的重要参数。例如，选煤厂带式输送机的胶带倾斜角必须小于煤的摩擦角。

3.2.2.3　煤的化学性质

煤的化学性质指煤的氧化、风化、自燃、氢化等性质。变质程度越低的煤类越容易风化和自燃。最容易风化和自燃的是褐煤，褐煤只能短期储存；气煤及 1/3 焦煤存放时间应当小于 30～40 d；肥煤、焦煤、瘦煤存放时间要小于 60～90 d。在夏季，挥发分较高的煤类存放时间取小值。煤的风化是指煤逐渐氧化失去光泽，碎裂成小块或粉末的现象。风化后煤的黏结性下降，干馏时焦油产率降低，氢气减少，一氧化碳、二氧化碳增加，烃类物减少，热值降低，着火点下降。在选煤厂设计中应注意对易风化、自燃的煤类的防护，在储煤场、煤仓的设计中要考虑相应措施。警惕由于煤堆(煤仓)不易散热，受氧化的煤(尤其是高硫煤)温度升高产生自燃。因此，储煤场、煤仓不应存有煤的死角，存煤应循环使用。及时选出高硫煤中的黄铁矿是防止自燃的有效措施。

3.2.3 煤的筛分资料分析

煤炭在开采、运输、装卸及分选加工过程中，其粒度组成是在不断发生变化的，变化程度因煤的性质、分选工艺及设备的不同而存在差异。筛分试验的目的是测定煤的粒度组成和各粒级产物的质量特征(灰分、硫分等)。它是合理利用煤炭以及设计选煤厂的基础资料。筛分试验试样来自生产煤样，试验按《煤炭筛分试验方法》(GB/T 477—2008)进行，煤样的制备应严格执行《煤样的制备方法》(GB/T 474—2008)规定。某选煤厂原煤筛分试验结果见表 3-4。

表 3-4 原煤筛分试验结果

粒级/mm	产品	质量/kg	产率/%	灰分/%
1	2	3	4	5
≥100	煤	357.04	6.76	24.13
	夹矸煤	199.12	3.77	58.09
	矸石	125.24	2.37	78.48
	小计	681.40	12.90	44.04
<100～50	煤	299.24	5.66	24.66
	夹矸煤	220.44	4.17	61.70
	矸石	124.40	2.35	78.73
	小计	644.08	12.19	47.78
≥50	煤	656.28	12.42	24.37
	夹矸煤	419.56	7.94	59.99
	矸石	249.64	4.73	78.44
	合计	1 325.48	25.09	45.86
≥50(去矸石)		1 075.84	20.36	38.26
<50～25	未分离煤	1 149.04	21.75	46.25
<25～13	未分离煤	986.04	18.67	42.37
<13～6	未分离煤	486.76	9.21	37.37
<6～3	未分离煤	256.40	4.85	30.40
<3～0.5	未分离煤	717.92	13.59	22.59
<0.5～0	未分离煤	361.16	6.84	17.92
<50～0 合计		3 957.32	74.91	36.29
毛煤总计		5 282.80	100.00	38.69
原煤合计(除去≥50 mm 级矸石)		5 033.16	95.27	36.71

（1）≥50 mm 粒级情况：≥50 mm 粒级的煤采用手选的方法将煤、夹矸煤和矸石分开并进行分析试验得到各产品的质量和灰分。夹矸煤含量和结构特征可以作为选择入选粒度上限的参考因素。夹矸煤的结构特征是指煤炭中有机质与矿物质所存在的连接状态，可以通过测定有机质条带的厚度及所占比例，并结合夹矸煤含量来确定入选粒度上限。矸石含量可以用来评定原煤的含矸量等级。入厂原煤含矸量等级（参考值）见表 3-5。矸石含量低、煤质好的动力煤可以考虑手选后直接作为商品煤出售。动力煤含矸量高时，应当考虑机械选矸方法。分选炼焦煤时，对于≥50 mm 粒级，一般设置检查性手选拣矸。当含矸量高时，也应考虑采用机械选矸方法。表 3-4 中的原煤含矸量为 4.73%，属于中矸等级，可以考虑采用机械选矸方法。硫分主要来自硫铁矿，其中最常见的是黄铁矿，如果黄铁矿含硫量合格，可以考虑经简单手选生产黄铁矿副产品。

表 3-5　入厂原煤含矸量等级（参考值）

含矸量（占全样）/%	<1	1～<5	≥5
含矸等级	低矸	中矸	高矸

（2）各粒级含量分析：如果各粒级的质量百分数相近，则说明原煤的粒度分布均匀，属中等硬度的煤；如果大粒级含量较多，且灰分较低，则说明煤质较硬。对于 13 mm 以下末煤含量大的原煤，特别是 3 mm 以下粉煤含量大的易碎原煤，在确定分选方法时应当谨慎对待。

（3）各粒级质量分析：如果各粒级的灰分与原煤总灰分相近，则说明煤质均匀；如果灰分随着粒度减小而减小，包括<0.5 mm 粒级灰分也低，则表明煤质脆、易碎。表 3-4 中原煤各粒级灰分随粒度减小而减小，则说明细粒级中含煤较多，煤质较脆。相反，如果随着粒度减小灰分增高，则说明矸石易碎而煤质较硬。如果<0.5 mm 粒级灰分比原煤或相邻近粗粒级灰分均高，则说明矸石存在泥化现象。当部分粒级灰分已符合用户质量要求时，可以考虑将这部分粒级直接筛分出来作为商品煤出售，这样可以降低分选负荷，减少煤泥量，提高经济效益。

（4）在煤质较好的情况下，动力煤选煤厂<13 mm 粒级可以不入选，筛选厂直接使用筛分资料得出各种产品的理论产率和质量指标。

3.2.4　煤的浮沉资料分析

浮沉试验是用不同密度的重液，将各个粒度的煤炭分成不同的密度级，测定其产率和质量的过程。浮沉资料是煤的可选性评定和分选作业流程计算的依据，而可选性又是选煤厂设计和生产管理的重要依据。某选煤厂原煤浮沉试验数据如表 3-6 所示。

（1）各密度级的含量和灰分分析：各粒度级都做如表 3-6 所示的浮沉试验，然后再合成综合粒级（如 50～0.5 mm 粒级）的原煤浮沉试验结果。假定表 3-6 就是浮沉试验综合表，从低密度级的产率以及灰分高低，可以粗略地判断煤质优劣、精煤指标高低以及是否具有生产低灰精煤的可能。从中间密度级的含量可以估计原煤可选性。从矸石的含量和灰分可以判断选煤时排矸的数量、质量指标，并能够了解有无生产出劣质煤、沸腾炉用矸石及部分矸石抛弃的可能性。

表 3-6 原煤浮沉试验数据

密度级/(g/cm³)	产率/%	灰分 A_d/%	硫分 $S_{t,d}$/%	硫的分布/%
<1.30	9.26	6.30	0.09	0.47
1.30～<1.40	39.79	13.32	0.11	2.45
1.40～<1.50	22.80	25.57	0.26	3.32
1.50～<1.60	5.76	36.06	1.02	3.29
1.60～<1.80	4.24	47.44	3.16	7.50
≥1.80	18.15	84.17	8.17	82.98
小计(去煤泥)	100.00	31.08	1.79	100.00
浮沉煤泥	1.72	35.36		
总计	100.00	31.15		

(2) 原煤浮沉资料是绘制可选性曲线、求出理论分选指标的依据。

(3) 当原煤含硫量低时,不必进行硫分测定和硫的分布分析。表 3-6 给出了这方面的资料,可以判断分选的脱硫效果、尾矿的含硫指标及利用价值。

对煤中各密度级进行含硫量分析,可以为制定脱硫方案提供资料。由表 3-6 可以知道,≥1.80 g/cm³密度级含硫量占原煤含硫量的 80%以上,显然通过机械分选的方法可以达到 80%以上的脱硫率。如果低密度级中硫含量较高,这部分硫就很难采用机械分选的方法脱除,需要进一步分析其赋存状态,研究脱硫措施。经分选脱除出来的硫同样会对环境造成危害。但是如果能将其提取出来就是宝贵的化工原料,因此应当制定进一步从矸石中回收硫的方案,否则,应当制定矸石的存储方案。

3.2.5 煤的其他资料分析

煤的其他资料是指煤泥筛分试验、煤泥浮沉试验以及煤泥浮选试验资料等。

煤泥筛分试验是将<0.5 mm 粒级进一步筛分成各粒级并测定其灰分,确定各粒级含量的试验。煤泥筛分试验应按国家标准《煤炭筛分试验方法》(GB/T 477—2008)进行。煤泥干法筛分可以达到 200 网目(国际标准筛孔为 0.075 mm)。如果设计时考虑煤泥分级浮选,需要了解细煤泥的粒度组成,可以采用湿法筛分,或用水析法、激光粒度分析等方法分析。煤泥筛分试验的深度以及是否做这些试验,取决于选煤工艺要求。

煤泥浮沉试验是分析研究<0.5 mm 粒级的原煤密度组成的主要方法。当前部分重力分选设备分选下限可以在 0.5 mm 以下,利用煤泥浮沉试验资料可以判断<0.5 mm 粒级的重力分选效果,但是可能与实际生产有较大的出入。

煤泥浮选试验是全面了解煤的可浮性以及与其有关的物理化学性质的标准试验方法,可以采用国家标准《选煤实验室分步释放浮选试验方法》(GB/T 36167—2018)或模拟工业生产最佳条件的浮选试验。同时,煤泥可浮性可用《煤粉(泥)可浮性评定方法》(GB/T 30047—2013)进行评价。考虑煤泥浮沉特性与可浮性难易相关,所以在分析煤泥浮选试验结果的同时仍需参照煤泥浮沉试验资料,以便核对、修正其指标。

3.2.6　煤的可选性

煤的可选性是一个相对概念，它表示按要求的质量指标从原煤中分选出精煤产品的难易程度。

在选煤方法一定的情况下，影响煤的可选性难易程度的主要因素是密度组成（煤的固有特性）和对产品的质量要求（外在因素）。浮沉试验结果（密度组成）就是可选性的全部信息。从密度组成来看，低密度级含量（产率）多，中间密度级含量少，表明可选性好；反之，可选性差。

对精煤产品的质量要求是影响和决定可选性难易程度的一个重要的人为因素，它反映了对煤炭加工的要求。通常，同一原煤，要求的精煤灰分越低，对应的分选密度越低，可选性越差；反之，可选性较好。

在精煤产品质量一定的条件下，不同的入选原煤或待选物料用不同的分选方法除去杂质（灰分、硫分等），其难易程度不同。现行的煤炭可选性标准是相对跳汰分选方法而言的，其他分选方法可以与跳汰分选方法相比较加以判断。例如，一般认为重介质分选的效率高于跳汰分选，在根据可选性标准判定为难选时，说明用跳汰分选属于难选，但对于重介质分选来说可能意味着是中等可选的。

在给定精煤灰分的条件下，根据可选性曲线和理论分选密度，可以评定原煤用跳汰方法分选的可选性，评定方法按国家标准《煤炭可选性评定方法》（GB/T 16417—2011）执行。国标规定，可选性等级采用“分选密度 $\delta\pm0.1$ 含量法”进行评定。评定时所用 $\delta\pm0.1$ 含量值是根据指定的精煤灰分在可选性曲线上所确定的理论分选密度（精确到小数点后两位）所对应的 $\delta\pm0.1$ 含量值。当理论分选密度小于 1.70 g/cm^3 时，以扣除沉矸（>2.00 g/cm^3）为 100%计算 $\delta\pm0.1$ 含量；当理论分选密度等于或大于 1.70 g/cm^3 时，以扣除低密度物（<1.50 g/cm^3）为 100%计算 $\delta\pm0.1$ 含量。分选密度 $\delta\pm0.1$ 含量法评定可选性等级标准见表 3-7。

表 3-7　分选密度 $\delta\pm0.1$ 含量法评定可选性等级标准

$\delta\pm0.1$ 含量/%	可选性等级	
	名称	代号
≤10.0	易选	Ⅰ
10.1～20.0	中等可选	Ⅱ
20.1～30.0	较难选	Ⅲ
30.1～40.0	难选	Ⅳ
>40.0	极难选	Ⅴ

为了便于国际交往和技术交流，我国国家标准逐渐与国际通用标准接近，表 3-8 列出了国际通用的伯德±0.1 含量法评定可选性等级标准。

表 3-8　伯德±0.1 含量法评定可选性等级标准

伯德±0.1 含量/%	可选性等级	原煤处理办法
<7	易　选	任何选煤方法,高处理量
7～<10	中等可选	高效率的分选方法,高处理量
10～<15	较难选	高效率的分选方法,中等处理量,较好的管理水平
15～<20	难　选	高效率的分选方法,低处理量,熟练的管理水平
20～<25	很难选	很高效率的分选方法,低处理量,熟练的管理水平
≥25	极难选	限于少数效率特高的分选方法,低处理量,熟练的管理水平

在生产现场为了快速判断煤炭可选性,常采用三级浮沉试验粗略判定煤的可选性,这种方法又叫全量中煤法。这种方法根据原煤中的中煤含量将可选性分为四级(见表 3-9)。该方法中的中煤针对不同的煤种,其密度区间不同。如烟煤的密度区间为 1.40～1.80 g/cm^3 或 1.50～1.80 g/cm^3,根据精煤的灰分而定;无烟煤的密度区间为 1.80～2.00 g/cm^3。

表 3-9　全量中煤法评定可选性等级标准

中煤含量/%	<10	10～<20	20～<30	≥30
可选性等级	易　选	中等可选	难　选	极难选

研究<0.5 mm 煤泥的密度组成,既可以了解采用重选方法回收部分粗煤泥的可能性和应用价值,又可以在很大程度上反映煤泥的可浮性。但是由于煤泥浮选和重力分选在分选机理上的差异,当前还难以根据煤泥密度组成制定出定量的可浮性指标。煤泥可浮性既受煤炭本身浮游特性的影响,同时也受浮选过程中多种工艺条件影响,至今还没有一个国际通用标准。我国采用灰分符合要求条件下的浮选精煤可燃体回收率作为评定煤炭可浮性的指标,制定了国家标准《煤粉(泥)可浮性评定方法》(GB/T 30047—2013)。浮选精煤可燃体回收率按式(3-1)计算:

$$E_c = \frac{\gamma_c(100 - A_{d,c})}{100 - A_{d,f}} \tag{3-1}$$

式中　E_c——精煤可燃体回收率,%;

γ_c——精煤产率,%;

$A_{d,c}$——精煤干基灰分,%;

$A_{d,f}$——入料干基灰分,%。

精煤可燃体回收率评定可浮性等级标准见表 3-10。

表 3-10　精煤可燃体回收率评定可浮性等级标准

可浮性等级	易浮	中等可浮	较难浮	难浮	极难浮
E_c/%	≥90.1	80.1～90.0	60.1～80.0	40.1～60.0	≤40.0

3.2.7　煤质资料分析小结

原煤特性是自然形成的因素，是选煤工艺设计的基础。产品定位既是市场需求的体现，也是煤炭本身特性所决定的，它是工艺设计的前提和最终目标。原煤特性千差万别，不同用户对产品质量的要求不同。因此，选煤厂的设计几乎没有完全相同的。在进行煤质资料分析时，应当将煤质资料的数据规律和分析内容与选煤方法的选择、工艺环节的设置、流程的制定、设备选型甚至与产品的定位有机联系起来，奠定下一步工艺设计基础。

3.3　煤质资料的综合

煤质资料综合是指将几个矿井或几个煤层的原煤筛分浮沉资料，按照要求的比例、各自的粒度组成和各粒级的浮沉组成，经过计算合并成为一个(或两个)原煤的筛分组成和浮沉组成资料。

煤质资料综合的目的是掌握综合原煤的特性，绘制粒度特性曲线和可选性曲线，进行工艺流程的计算，因此，煤质资料综合工作是选煤厂设计的基础工作。

煤质资料综合必须在煤质资料分析、分级分组讨论和选煤方法初步讨论的基础上，根据确定的分选方法、入选方式(如分级、分组等)和初步确定的原则工艺流程进行。

当分级入选时，将入选块煤和末煤的筛分组成和浮沉组成分别进行综合；而当混合入选时，将大块煤进行破碎，然后将破碎级、自然级的筛分组成和浮沉组成按比例分项进行综合。当分组入选时，不需要进行不同组间煤质资料的综合；而当不分组入选时，需要将不同矿井或煤层的煤质资料按入选比例进行综合。

根据已确定的选煤方法和分选工艺，可能要对入选原煤按特定的粒度进行分级或脱泥处理，如按 2 mm、1 mm、0.75 mm、0.3 mm 等粒度进行分级或脱泥。此时就需要对筛分大样的筛分试验重新进行试验设计或补充，增加相应粒度的筛分试验，以便取得相关的试验数据，完成所需要的相关粒级的资料综合任务。

原煤可以来自几个矿井或一个矿井的几个煤层，所以煤质资料的综合计算量是很大的，但是无论筛分组成还是浮沉组成的综合，其计算原则、方法都是相似的，实质上就是把几个局部合成一个整体的过程。因此，在综合计算时，应将各级占本级质量百分数(以 Γ 表示)换算成占全样质量百分数(以 γ 表示)。图 3-1 所示为煤质资料综合计算过程。由图 3-1 可以清楚地看出筛分试验和浮沉试验资料综合的步骤。

3.3.1　筛分资料综合

生产煤样中有不同的筛分资料，大筛分资料的形式见表 3-11 和表 3-12。

当已经确定入选原煤粒度上限时，假如确定 50 mm 为入选上限，则表 3-11 和表 3-12 中的≥50 mm 级便被破碎。当不分组入选时，各种筛分资料的综合步骤如下(对照图 3-1，见表 3-13、表 3-14 和表 3-15)。

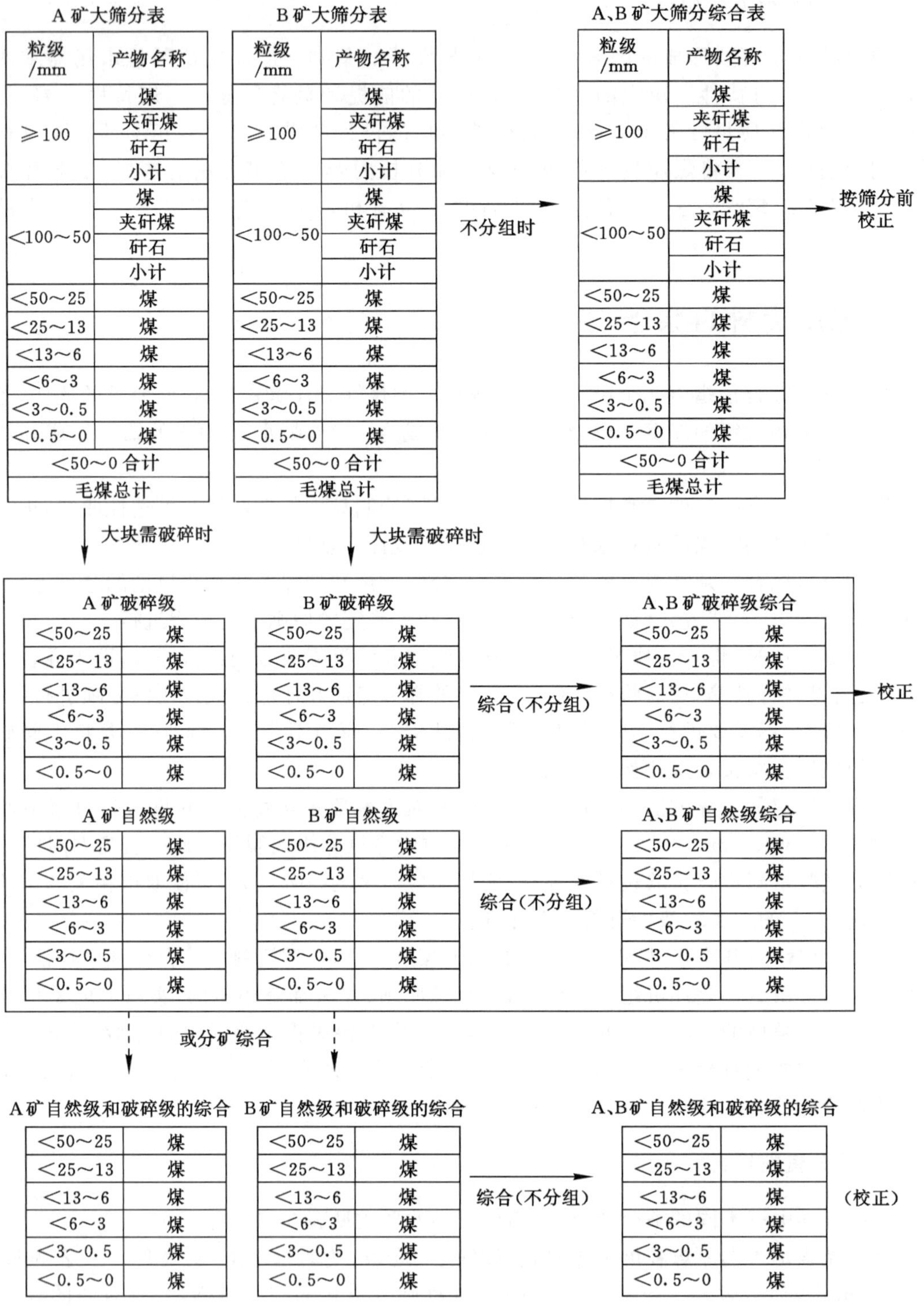

图 3-1　煤质资料综合计算过程

表 3-11　A 矿原煤筛分试验报告表

粒级/mm	产品	质量/kg	产率/%	灰分/%
1	2	3	4	5
≥100	煤	331.60	6.16	25.54
	夹矸煤	168.80	3.14	59.56
	矸石	153.00	2.84	82.82
	小计	653.40	12.14	47.74
<100～50	煤	236.20	4.39	23.19
	夹矸煤	326.20	6.06	62.05
	矸石	154.00	2.86	80.40
	小计	716.40	13.31	53.18
≥50 合计	煤	567.80	10.55	24.56
	夹矸煤	495.00	9.20	61.20
	矸石	307.00	5.70	81.61
	小计	1 369.80	25.45	50.59
≥50 合计(去矸石)		1 062.80	19.75	41.61
<50～25	未分离煤	1 373.20	25.51	50.36
<25～13	未分离煤	1 129.20	20.98	46.27
<13～6	未分离煤	582.00	10.81	38.11
<6～3	未分离煤	216.60	4.02	29.72
<3～0.5	未分离煤	515.20	9.57	23.34
<0.5～0	未分离煤	197.00	3.66	19.33
<50～0 合计		4 013.20	74.55	41.33
毛煤总计		5 383.00	100.00	43.68
原煤合计(除去≥50 mm 级矸石)		5 076.00	94.30	41.39

表 3-12　B 矿原煤筛分试验报告表

粒级/mm	产品	质量/kg	产率/%	灰分/%
1	2	3	4	5
≥100	煤	395.20	7.70	22.35
	夹矸煤	244.60	4.77	56.56
	矸石	83.60	1.63	66.55
	小计	723.40	14.09	39.03
<100～50	煤	393.80	7.67	25.99
	夹矸煤	61.80	1.20	58.95
	矸石	80.00	1.56	73.91
	小计	535.60	10.44	36.95

表 3-12(续)

粒级/mm	产品	质量/kg	产率/%	灰分/%
1	2	3	4	5
≥50 合计	煤	789.00	15.37	24.17
	夹矸煤	306.40	5.97	57.04
	矸石	163.60	3.19	70.15
	小计	1 259.00	24.53	38.14
≥50 合计(去矸石)		1 095.40	21.34	33.36
<50～25	未分离煤	812.80	15.84	35.83
<25～13	未分离煤	771.30	15.03	33.80
<13～6	未分离煤	343.90	6.70	35.48
<6～3	未分离煤	316.10	6.16	31.09
<3～0.5	未分离煤	1 022.00	19.91	22.02
<0.5～0	未分离煤	607.40	11.83	17.23
<50～0 合计		3 873.50	75.47	28.45
毛煤总计		5 132.50	100.00	30.83
原煤合计(除去≥50 mm 级矸石)		4 968.90	96.81	29.53

表 3-13 两矿原煤筛分试验结果综合表

粒级/mm	产品		A 矿(K_1=60%)			B 矿(K_2=40%)			综合(K=100%)	
			占本矿/%	占全样/%	A_d/%	占本矿/%	占全样/%	A_d/%	占全样/%	A_d/%
1	2		3	4	5	6	7	8	9	10
≥100	手选	煤	6.16	3.70	25.54	7.70	3.08	22.35	6.78	24.09
		夹矸煤	3.14	1.88	59.56	4.77	1.91	56.56	3.79	58.05
		矸石	2.84	1.70	82.82	1.63	0.65	66.55	2.36	78.32
		小计	12.14	7.28	47.74	14.09	5.64	39.03	12.92	43.94
<100～50	手选	煤	4.39	2.63	23.19	7.67	3.07	25.99	5.70	24.70
		夹矸煤	6.06	3.64	62.05	1.20	0.48	58.95	4.12	61.69
		矸石	2.86	1.72	80.40	1.56	0.62	73.91	2.34	78.67
		小计	13.31	7.99	53.18	10.44	4.17	36.95	12.16	47.61
≥50 合计	手选	煤	10.55	6.33	24.56	15.37	6.15	24.17	12.48	24.37
		夹矸煤	9.20	5.52	61.20	5.97	2.39	57.04	7.91	59.94
		矸石	5.70	3.42	81.61	3.19	1.28	70.15	4.70	78.50
		小计	25.45	15.27	50.59	24.53	9.81	38.14	25.08	45.72
≥50 合计(去矸石)			19.75	11.85	41.61	21.34	8.53	33.36	20.38	38.16
<50～25		未分离煤	25.51	15.31	50.36	15.84	6.34	35.83	21.64	46.11
<25～13		未分离煤	20.98	12.59	46.27	15.03	6.01	33.80	18.60	42.24

表 3-13(续)

粒级/mm	产品	A矿($K_1=60\%$)			B矿($K_2=40\%$)			综合($K=100\%$)	
		占本矿/%	占全样/%	A_d/%	占本矿/%	占全样/%	A_d/%	占全样/%	A_d/%
1	2	3	4	5	6	7	8	9	10
<13～6	未分离煤	10.81	6.49	38.11	6.70	2.68	35.48	9.17	37.34
<6～3	未分离煤	4.02	2.41	29.72	6.16	2.46	31.09	4.88	30.41
<3～0.5	未分离煤	9.57	5.74	23.34	19.91	7.96	22.02	13.71	22.57
<0.5～0	未分离煤	3.66	2.20	19.33	11.83	4.73	17.23	6.93	17.90
<50～0合计		74.55	44.73	41.33	75.47	30.19	28.45	74.92	36.14
毛煤总计		100.00	60.00	43.68	100.00	40.00	30.83	100.00	38.54

表 3-14　两矿原煤≥50 mm破碎级筛分试验结果综合表

粒级/mm	A矿($K_1=15.27\%$)			B矿($K_2=9.81\%$)			综合($K=25.08\%$)			
	占本级/%	占全样/%	A_d/%	占本级/%	占全样/%	A_d/%	占本级/%	占全样/%	A_d/%	校正
1	2	3	4	5	6	7	8	9	10	11
<50～25	61.38	9.37	56.19	51.37	5.04	45.48	57.46	14.41	52.44	52.11
<25～13	18.39	2.81	48.94	21.06	2.06	38.06	19.42	4.87	44.34	44.01
<13～6	8.09	1.24	41.73	9.09	0.89	36.06	8.49	2.13	39.36	39.03
<6～3	3.34	0.51	36.76	3.84	0.38	32.61	3.55	0.89	34.99	34.66
<3～0.5	5.86	0.89	29.33	8.93	0.88	23.43	7.06	1.77	26.40	26.07
<0.5～0	2.95	0.45	26.35	5.70	0.56	17.57	4.03	1.01	21.48	21.15
合计	100.00	15.27	50.59	100.00	9.81	38.98	100.00	25.08	46.05	45.72

表 3-15　两矿原煤自然级与破碎级筛分试验结果综合表

粒级/mm	自然级			破碎级			综合	
	占本级/%	占全样/%	灰分/%	占本级/%	占全样/%	灰分/%	占全样/%	灰分/%
1	2	3	4	5	6	7	8	9
<50～25	28.88	21.64	46.11	57.47	14.41	52.12	36.05	48.50
<25～13	24.83	18.60	42.24	19.44	4.87	44.01	23.47	42.60
<13～6	12.24	9.17	37.34	8.48	2.13	39.03	11.30	37.65
<6～3	6.51	4.88	30.41	3.54	0.89	34.66	5.77	31.05
<3～0.5	18.30	13.71	22.57	7.06	1.77	26.07	15.48	22.97
<0.5～0	9.25	6.93	17.90	4.03	1.01	21.15	7.94	18.31
合计	100.00	74.92	36.14	100.00	25.08	45.72	100.00	38.54
<50～0.5合计	90.75	67.99	38.00	95.97	24.07	46.75	92.06	40.28

(1) 确定各矿煤在入厂(选)原煤中所占的百分数。

例如:表 3-13 中,K_1和 K_2分别为 A 矿和 B 矿煤占总煤样的比例,$K=K_1+K_2=60\%+40\%=100\%$,表 3-14 中,$K_1$和 K_2分别为 A 矿和 B 矿煤中≥50 mm 级占综合原煤(全样)的比例,$K=K_1+K_2=15.27\%+9.81\%=25.08\%$。

(2) 将入选的各矿煤中某一粒级换算成占入厂(选)原煤的百分数(如表 3-13 中第 4 栏、第 7 栏,表 3-14 中的第 3 栏、第 6 栏)。

$$\gamma_\lambda=\frac{\Gamma_\lambda K_i}{100}$$

式中 γ_λ——入选的各矿煤中某一粒级换算成占入选原煤的百分数,%;

K_i——某矿煤占入厂(选)原煤的百分数,%;

Γ_λ——各矿煤某一粒级占本矿煤的百分数,%。

(3) 将占全样各个数值按等粒级相加,即得入厂(选)原煤各粒级的含量 γ。例如,表 3-13 中,第 9 栏各行的数值等于第 4 栏和第 7 栏相应行相加的和。

(4) 综合后各粒级的灰分用加权平均法计算,如表 3-13 中,第 10 栏各行数值计算方法为:

$$A_{d10}=\frac{\gamma_4 A_{d5}+\gamma_7 A_{d8}}{\gamma_9}$$

(5) 将破碎级资料用同样方法换算成占入选原煤的百分数进行综合,见表 3-14。

(6) 将自然级和破碎级的数量与灰分进行综合,其结果填入表 3-15 中第 8 栏和第 9 栏。

(7) 煤粉的小筛分和小浮沉试验资料综合方法相同。

3.3.2 浮沉资料综合

浮沉试验资料综合的原则和方法与筛分资料的相似,按等密度级综合的原则进行。在综合时应注意煤泥的含量。

浮沉试验通常按粒级进行,分为自然级和破碎级(按需要),表 3-16、表 3-17、表 3-19 和表 3-20 为与表 3-11 和表 3-12 对应原煤的浮沉资料,表 3-18 和表 3-21 是两矿的浮沉试验综合资料。以这些资料为例,进行浮沉资料综合说明。

(1) 将自然级、破碎级中各密度级所占本级质量百分数换算成占(本矿)全样的质量百分数(因为一般浮沉资料是独立按层或按矿得出的,各密度级产率已经被换算成占本层或本矿全样的),见表 3-16、表 3-17、表 3-19、表 3-20 中第 3 栏、第 6 栏、第 9 栏……(此处占全样均为占本矿),然后按等密度级相加即得该矿自然级和破碎级<50～0.5 mm 的综合浮沉质量百分数,综合的密度级的灰分用加权平均法求出。

$$\gamma_{18}=\gamma_3+\gamma_6+\gamma_9+\gamma_{12}+\gamma_{15}$$

$$A_{d20}=\frac{\gamma_3 A_{d4}+\gamma_6 A_{d7}+\gamma_9 A_{d10}+\gamma_{12} A_{d13}+\gamma_{15} A_{d16}}{\gamma_{18}}$$

(2) 将占本矿全样第 18 栏换算成占入选全样第 19 栏,其比例分别从表 3-11、表 3-12、表 3-13 中<50～0.5 mm 级占全样得出。

(3) 将各矿自然级和破碎级进行综合,只要将自然级和破碎级分别综合后的总量进行综合即可,见表 3-18 和表 3-21。

(4) 将两矿煤分别综合后的浮沉资料综合在一起,即得入选原煤<50～0.5 mm 级浮沉试验资料,见表 3-22。

表 3-16　A 矿煤自然级筛分浮沉试验报告表

密度级/(g/cm³)	<50～25 mm			<25～13 mm			<13～6 mm			<6～3 mm			<3～0.5 mm			<50～0.5 mm			
	产率/%		灰分/%	产率/%		灰分/%	产率/%		灰分/%	产率/%		灰分/%	产率/%		灰分/%	产率/%			灰分/%
	25.51		50.36	20.98		46.27	10.81		38.11	4.02		29.72	9.57		23.34	70.89			42.46
	占本级/%	占本矿/%	灰分/%	占本级/%	占本矿/%	灰分/%	占本级/%	占本矿/%	灰分/%	占本级/%	占本矿/%	灰分/%	占本级/%	占本矿/%	灰分/%	占本级/%	占本矿/%	占(入选)全样/%	灰分/%
1	2	3	4	5	6	7	8	9	10	11	12	13	14	15	16	17	18	19	20
<1.30	1.44	0.36	3.35	2.66	0.55	4.08	9.30	0.98	3.17	20.10	0.79	3.10	35.78	3.27	2.67	8.58	5.95	3.57	2.98
1.30～<1.40	16.09	4.03	12.78	22.24	4.59	13.49	26.19	2.76	12.37	27.99	1.10	12.92	23.74	2.17	11.58	21.14	14.65	8.79	12.76
1.40～<1.50	11.29	2.83	21.71	15.70	3.24	22.13	15.65	1.65	22.49	13.74	0.54	23.03	12.25	1.12	21.58	13.53	9.38	5.63	22.05
1.50～<1.60	8.30	2.08	34.80	9.01	1.86	35.53	8.92	0.94	34.5	8.14	0.32	34.04	6.13	0.56	32.76	8.31	5.76	3.46	34.75
1.60～<1.80	11.85	2.97	49.05	10.95	2.26	49.98	9.20	0.97	47.28	7.63	0.30	46.86	5.14	0.47	46.21	10.06	6.97	4.18	48.82
≥1.80	51.03	12.79	70.84	39.44	8.14	77.11	30.74	3.24	75.61	22.39	0.88	75.75	16.96	1.55	74.65	38.38	26.60	15.96	73.72
合计(去煤泥)	100.00	25.06	49.41	100.00	20.64	45.67	100.00	10.54	37.73	100.00	3.93	30.71	100.00	9.14	23.39	100.00	69.31	41.59	42.03
煤泥	1.76	0.45	20.79	1.62	0.34	22.7	2.50	0.27	24.32	2.24	0.09	25.24	4.49	0.43	26.16	2.23	1.58	0.95	23.52
总计	100.00	25.51	48.90	100.00	20.98	45.30	100.00	10.81	37.39	100.00	4.02	30.59	100.00	9.57	23.52	100.00	70.89	42.53	41.61

表 3-17　A 矿煤破碎级筛分浮沉试验报告表

密度级/(g/cm³)	<50～25 mm			<25～13 mm			<13～6 mm			<6～3 mm			<3～0.5 mm			<50～0.5 mm			
	产率/%		灰分/%	产率/%		灰分/%	产率/%		灰分/%	产率/%		灰分/%	产率/%		灰分/%	产率/%			灰分/%
	15.62		56.19	4.68		48.94	2.06		41.73	0.85		36.76	1.49		29.33	24.70			51.32
	占本级/%	占本矿/%	灰分/%	占本级/%	占本矿/%	灰分/%	占本级/%	占本矿/%	灰分/%	占本级/%	占本矿/%	灰分/%	占本级/%	占本矿/%	灰分/%	占本级/%	占本矿/%	占(入选)全样/%	灰分/%
1	2	3	4	5	6	7	8	9	10	11	12	13	14	15	16	17	18	19	20
<1.30	1.67	0.26	6.40	2.36	0.11	5.31	6.80	0.14	4.07	15.30	0.13	3.38	29.06	0.43	2.88	4.34	1.07	0.64	4.20
1.30～<1.40	17.08	2.66	13.85	23.77	1.11	12.50	26.70	0.55	12.37	28.23	0.24	12.26	24.33	0.36	10.14	19.97	4.92	2.95	13.03
1.40～<1.50	11.43	1.78	20.62	16.06	0.75	21.98	16.50	0.34	22.34	14.12	0.12	22.53	14.86	0.22	19.59	13.03	3.21	1.93	21.12
1.50～<1.60	5.52	0.86	41.29	7.49	0.35	34.74	7.28	0.15	34.24	5.88	0.05	33.78	4.73	0.07	31.70	6.01	1.48	0.89	38.32
1.60～<1.80	7.38	1.15	47.80	8.99	0.42	48.40	7.76	0.16	48.37	7.06	0.06	47.82	4.73	0.07	45.10	7.55	1.86	1.12	47.88
≥1.80	56.92	8.87	76.18	41.33	1.93	79.31	34.95	0.72	77.92	29.41	0.25	77.36	22.29	0.33	77.20	49.10	12.10	7.26	76.84
合计(去煤泥)	100.00	15.58	54.00	100.00	4.67	46.36	100.00	2.06	40.75	100.00	0.85	35.28	100.00	1.48	27.06	100.00	24.64	14.78	49.18
煤泥	0.26	0.04	26.03	0.21	0.01	23.71	0	0	0	0	0	0	0.67	0.01	31.64	0.24	0.06	0.04	26.58
总计	100.00	15.62	53.93	100.00	4.68	46.31	100.00	2.06	40.75	100.00	0.85	35.28	100.00	1.49	27.09	100.00	24.70	14.82	49.12

表 3-18　A 矿煤自然级与破碎级＜50～0.5 mm 浮沉试验综合表

密度级/(g/cm³)	自然级			破碎级			综合		
	占本级/%	占全样/%	A_d/%	占本级/%	占全样/%	A_d/%	占本级/%	占全样/%	A_d/%
1	2	3	4	5	6	7	8	9	10
＜1.30	8.58	3.57	2.98	4.34	0.64	4.20	7.47	4.21	3.17
1.30～＜1.40	21.14	8.79	12.76	19.97	2.95	13.03	20.83	11.74	12.83
1.40～＜1.50	13.53	5.63	22.05	13.03	1.93	21.12	13.40	7.55	21.82
1.50～＜1.60	8.31	3.46	34.75	6.01	0.89	38.32	7.71	4.34	35.48
1.60～＜1.80	10.06	4.18	48.82	7.55	1.12	47.88	9.40	5.30	48.62
≥1.80	38.38	15.96	73.72	49.10	7.26	76.84	41.19	23.22	74.70
合计(去煤泥)	100.00	41.59	42.03	100.00	14.78	49.18	100.00	56.37	43.90
煤泥	2.23	0.95	23.52	0.24	0.04	26.58	1.72	0.98	23.63
总计	100.00	42.53	41.61	100.00	14.82	49.12	100.00	57.35	43.55

表 3-19　B 矿煤自然级筛分浮沉试验报告表

密度级/(g/cm³)	<50～25 mm			<25～13 mm			<13～6 mm			<6～3 mm			<3～0.5 mm			<50～0.5 mm			
	产率/%		灰分/%	产率/%		灰分/%	产率/%		灰分/%	产率/%		灰分/%	产率/%		灰分/%	产率/%			灰分/%
	15.84		35.83	15.03		33.80	6.70		35.48	6.16		31.09	19.91		22.02	63.64			30.53
	占本级/%	占本矿/%	灰分/%	占本级/%	占本矿/%	灰分/%	占本级/%	占本矿/%	灰分/%	占本级/%	占本矿/%	灰分/%	占本级/%	占本矿/%	灰分/%	占本级/%	占本矿/%	占(入选)全样/%	灰分/%
1	2	3	4	5	6	7	8	9	10	11	12	13	14	15	16	17	18	19	20
<1.30	0.64	0.10	4.66	1.47	0.21	4.13	3.92	0.26	2.77	8.73	0.53	2.49	26.32	4.89	1.63	9.80	5.99	2.40	1.89
1.30～<1.40	29.23	4.53	11.09	25.47	3.65	10.89	22.63	1.50	10.41	27.68	1.68	9.70	26.80	4.98	8.40	26.74	16.34	6.54	10.02
1.40～<1.50	19.16	2.97	20.55	19.96	2.86	19.90	18.70	1.24	19.90	17.13	1.04	19.50	15.18	2.82	18.79	17.89	10.93	4.37	19.75
1.50～<1.60	12.06	1.87	32.71	13.40	1.92	30.64	13.27	0.88	30.23	12.19	0.74	30.29	9.37	1.74	30.13	11.70	7.15	2.86	30.97
1.60～<1.80	12.32	1.91	43.16	16.96	2.43	42.84	15.99	1.06	42.65	13.67	0.83	42.65	8.93	1.66	43.19	12.91	7.89	3.16	42.95
≥1.80	26.58	4.12	72.13	22.75	3.26	73.33	25.49	1.69	72.86	20.59	1.25	71.66	13.40	2.49	70.53	20.96	12.81	5.12	72.17
合计(去煤泥)	100.00	15.50	35.65	100.00	14.33	34.86	100.00	6.63	35.59	100.00	6.07	30.53	100.00	18.58	21.66	100.00	61.11	24.44	30.70
煤泥	2.15	0.34	16.33	4.66	0.70	17.42	1.04	0.07	22.19	1.46	0.09	22.28	6.68	1.33	21.12	3.98	2.53	1.01	19.52
总计	100.00	15.84	35.23	100.00	15.03	34.05	100.00	6.70	35.45	100.00	6.16	30.40	100.00	19.91	21.63	100.00	63.64	25.46	30.25

表 3-20　B 矿煤破碎级筛分浮沉试验报告表

密度级/(g/cm^3)	<50～25 mm			<25～13 mm			<13～6 mm			<6～3 mm			<3～0.5 mm			<50～0.5 mm			
	产率/%		灰分/%	产率/%		灰分/%	产率/%		灰分/%	产率/%		灰分/%	产率/%		灰分/%	产率/%			灰分/%
	12.60		45.48	5.17		38.06	2.23		36.06	0.94		32.61	2.19		23.43	23.13			40.30
	占本级/%	占本矿/%	灰分/%	占本级/%	占本矿/%	灰分/%	占本级/%	占本矿/%	灰分/%	占本级/%	占本矿/%	灰分/%	占本级/%	占本矿/%	灰分/%	占本级/%	占本矿/%	占(入选)全样/%	灰分/%
1	2	3	4	5	6	7	8	9	10	11	12	13	14	15	16	17	18	19	20
<1.30	0.16	0.02	6.85	0.39	0.02	2.95	3.15	0.07	4.50	9.57	0.09	3.17	19.27	0.42	2.29	2.69	0.62	0.25	2.84
1.30～<1.40	16.81	2.11	11.27	22.42	1.15	11.27	26.13	0.58	10.60	25.53	0.24	10.28	34.40	0.75	7.36	20.98	4.83	1.93	10.53
1.40～<1.50	14.10	1.77	15.94	19.10	0.98	18.49	15.76	0.35	19.33	15.96	0.15	19.88	12.39	0.27	18.31	15.29	3.52	1.41	17.34
1.50～<1.60	11.87	1.49	30.84	12.09	0.62	29.43	13.52	0.30	29.84	11.71	0.11	29.83	8.71	0.19	28.32	11.77	2.71	1.08	30.19
1.60～<1.80	18.01	2.26	43.05	17.74	0.91	41.77	17.11	0.38	43.49	15.96	0.15	42.80	10.55	0.23	41.61	17.07	3.93	1.57	42.70
≥1.80	39.04	4.90	73.87	28.26	1.45	73.56	24.33	0.54	74.58	21.28	0.20	73.22	14.68	0.32	71.17	32.19	7.41	2.96	73.73
合计(去煤泥)	100.00	12.55	44.41	100.00	5.13	37.83	100.00	2.22	35.58	100.00	0.94	32.00	100.00	2.18	22.54	100.00	23.02	9.21	39.51
煤泥	0.40	0.05	20.25	0.77	0.04	15.50	0.45	0.01	16.03	0.00	0.00	0.00	0.45	0.01	18.34	0.48	0.11	0.04	17.97
总计	100.00	12.60	44.31	100.00	5.17	37.66	100.00	2.23	35.49	100.00	0.94	32.00	100.00	2.19	22.52	100.00	23.13	9.25	39.41

表 3-21 B 矿煤自然级与破碎级<50～0.5 mm 浮沉试验综合表

密度级 /(g/cm³)	自然级			破碎级			综合		
	占本级/%	占全样/%	A_d/%	占本级/%	占全样/%	A_d/%	占本级/%	占全样/%	A_d/%
1	2	3	4	5	6	7	8	9	10
<1.30	9.80	2.40	1.89	2.69	0.25	2.84	7.86	2.65	1.98
1.30～<1.40	26.74	6.54	10.02	20.98	1.93	10.53	25.16	8.47	10.14
1.40～<1.50	17.89	4.37	19.75	15.29	1.41	17.34	17.18	5.78	19.16
1.50～<1.60	11.70	2.86	30.97	11.77	1.08	30.19	11.72	3.94	30.76
1.60～<1.80	12.91	3.16	42.95	17.07	1.57	42.70	14.05	4.73	42.86
≥1.80	20.96	5.12	72.17	32.19	2.96	73.73	24.03	8.08	72.74
合计(去煤泥)	100.00	24.44	30.70	100.00	9.21	39.51	100.00	33.65	33.11
煤泥	3.98	1.01	19.52	0.48	0.04	17.97	3.04	1.06	19.46
总计	100.00	25.46	30.25	100.00	9.25	39.41	100.00	34.71	32.69

表 3-22 两矿煤<50～0.5 mm 级浮沉试验综合表

密度级/(g/cm³)	A 矿			B 矿			综合			校正		
	占本级/%	占全样/%	A_d/%	占本级/%	占全样/%	A_d/%	占本级/%	占全样/%	A_d/%	占本级/%	占全样/%	A_d/%
1	2	3	4	5	6	7	8	9	10	11	12	13
<1.30	7.47	4.21	3.17	7.86	2.65	1.98	7.62	6.86	2.71	7.43	6.69	2.71
1.30～<1.40	20.83	11.74	12.83	25.16	8.47	10.14	22.45	20.21	11.70	21.90	19.71	11.70
1.40～<1.50	13.40	7.55	21.82	17.18	5.78	19.16	14.81	13.33	20.67	14.44	13.00	20.67
1.50～<1.60	7.71	4.34	35.48	11.72	3.94	30.76	9.21	8.29	33.23	8.98	8.08	33.23
1.60～<1.80	9.40	5.30	48.62	14.05	4.73	42.86	11.14	10.03	45.90	10.87	9.79	45.90
≥1.80	41.19	23.22	74.70	24.03	8.08	72.74	34.77	31.30	74.19	36.38	32.75	74.19
合计(去煤泥)	100.00	56.37	43.90	100.00	33.65	33.11	100.00	90.02	39.86	100.00	90.02	40.71
煤泥	1.72	0.98	23.63	3.04	1.06	19.46	2.22	2.04	21.46	2.22	2.04	21.46
总计	100.00	57.35	43.55	100.00	34.71	32.69	100.00	92.06	39.45	100.00	92.06	40.28

3.3.3 资料综合结果的校正

由前述介绍可知，筛分、浮沉试验的结果会产生误差，但误差范围要符合国标规定。因此，当资料综合的结果与原样不一致时，则需要校正，以保证后面的流程计算不出差错。

3.3.3.1 筛分资料的灰分校正

筛分资料的校正以筛分试验前煤样的总灰分为基准，来校正筛分后各粒级的灰分。即

$$\Delta = A_{d0} - A_{d}$$

式中 Δ——灰分校正系数，此值可正可负，%；

A_{d0}——筛分前总灰分，%；

A_{d}——筛分后各粒级综合灰分，%。

将灰分校正系数 Δ 与各粒级的灰分相加，即得各粒级校正后的灰分，从而使试验前、后的总灰分在数值上完全一致。例如，表 3-14 第 10 栏合计灰分为 46.05%，第 11 栏合计灰分则为 45.72%（来自表 3-13，≥50 mm 合计占全样），则 Δ=45.72%－46.05%＝－0.33%，将第 10 栏中每一粒级灰分与 Δ(－0.33%)相加即得第 11 栏各粒级灰分。

煤粉小筛分资料的灰分校正方法同上。

3.3.3.2 浮沉资料的灰分校正

浮沉资料通常分两种情况进行灰分校正，但校正的基准均为筛分综合表中的相应粒级综合校正灰分值，注意煤泥灰分不校正，则

$$\Delta = A_{d筛} - A_{d浮}$$

式中 Δ——灰分校正系数，此值可正可负，%；

$A_{d筛}$——筛分表中参加浮沉各粒级的综合校正灰分减去综合浮沉表中浮沉煤泥的灰分，%；

$A_{d浮}$——综合浮沉表中各密度级累计灰分（去煤泥），%。

(1) 第一种情况：$\Delta<0.2\%$时

当灰分校正系数较小（$\Delta<0.2\%$）时，与筛分资料的校正方法基本相同。将灰分校正系数 Δ 与综合表中各密度级的灰分相加，即得各密度级的校正灰分。

(2) 第二种情况：$\Delta>0.2\%$时

校正前后的灰分仍为除去浮沉煤泥的灰分，但其方法为假定各密度级灰分不变，调整各密度级的质量百分数。

① ≥1.80 g/cm³ 密度级质量百分数增加 x，同时相应减少<1.80 g/cm³ 密度级的质量百分数 x，其总的质量百分数仍为 100%。增减 x 后建立新的平衡关系如下（假设 Δ 为正）：

$$(\Gamma_{\geqslant 1.80} + x)A_{d\geqslant 1.80} + (\Gamma_{<1.80} - x)A_{d<1.80} = 100A_{d筛}$$

化简后得：

$$x = \frac{100(A_{d筛} - A_{d浮})}{A_{d\geqslant 1.80} - A_{d<1.80}}$$

式中 x——校正值，%；

$\Gamma_{\geqslant 1.80}$，$\Gamma_{<1.80}$——≥1.80 g/cm³ 和<1.80 g/cm³ 密度级占本级的产率，%；

$A_{d浮}$——校正前灰分，即浮沉资料综合灰分（去煤泥），%；

$A_{d筛}$——校正后灰分，即筛分表中参加浮沉各粒级的综合校正灰分减去综合浮沉表中浮沉煤泥的灰分，%；

$A_{d\geqslant 1.80}$——≥1.80 g/cm³ 密度级灰分，%；

$A_{d<1.80}$——<1.80 g/cm³ 密度级灰分，%。

② 按校正值 x 对≥1.80 g/cm³ 和<1.80 g/cm³ 密度级的质量百分数进行调整。考虑 x 应按比例分别分配到≥1.80 g/cm³ 和<1.80 g/cm³ 各密度级中，则有：

$$\Gamma'_{\geqslant 1.80}=\Gamma_{\geqslant 1.80}+x$$

$$\Gamma^{n'}_{<1.80}=\Gamma^{n}_{<1.80}-\frac{\Gamma^{n}_{<1.80}}{100-\Gamma_{\geqslant 1.80}}x$$

式中 $\Gamma'_{\geqslant 1.80}$，$\Gamma_{\geqslant 1.80}$——≥1.80 g/cm³ 密度级调整后和调整前的质量百分数；

$\Gamma^{n'}_{<1.80}$，$\Gamma^{n}_{<1.80}$——<1.80 g/cm³ 密度级调整后和调整前的质量百分数。

若≥1.80 g/cm³ 密度级中，不止一个密度级，也参照<1.80 g/cm³ 密度级的算法。

比如表 3-22 中，对两层煤综合浮沉资料进行校正。

参加浮沉的物料为表 3-15 中的≥0.5 mm 级，合计灰分为 40.28%，产率为 92.06%。则浮沉资料校正灰分为：

$$A_{d筛}=\frac{(92.06\%\times 40.28\%-2.04\%\times 21.46\%)}{92.06\%-2.04\%}=40.71\%$$

即<50～0.5 mm 原煤自然级与破碎级综合灰分。

$$\Delta=A_{d筛}-A_{d浮}=40.71\%-39.86\%=0.85\%>0.2\%$$

（$A_{d浮}=39.86\%$，见表 3-22 第 10 栏合计灰分）

则属于第二种情况。计算得：

$$x=\frac{100(A_{d筛}-A_{d浮})}{(A_{d\geqslant 1.80}-A_{d<1.80})}=\frac{100\times(40.71\%-39.86\%)}{(74.19\%-21.57\%)}=1.61\%$$

则：$\Gamma'_{\geqslant 1.80}=\Gamma_{\geqslant 1.80}+x=34.77\%+1.61\%=36.38\%$（见表 3-22 第 8 栏和第 11 栏≥1.80 g/cm³ 密度级行）。

$$\Gamma^{<1.30'}_{<1.80}=\Gamma^{<1.30}_{<1.80}-\frac{\Gamma^{<1.30}_{<1.80}}{100-\Gamma_{\geqslant 1.80}}x=7.62\%-1.61\%\times\frac{7.62\%}{100\%-34.77\%}=7.43\%$$

（见表 3-22 第 8 栏和第 11 栏<1.30 g/cm³ 密度级行）

其他密度级依次计算：

$$\Gamma^{1.30\sim<1.40'}_{<1.80}=\Gamma^{1.30\sim<1.40}_{<1.80}-\frac{\Gamma^{1.30\sim<1.40}_{<1.80}}{100-\Gamma_{\geqslant 1.80}}x=21.90\%$$

$$\Gamma^{1.40\sim<1.50'}_{<1.80}=\Gamma^{1.40\sim<1.50}_{<1.80}-\frac{\Gamma^{1.40\sim<1.50}_{<1.80}}{100-\Gamma_{\geqslant 1.80}}x=14.44\%$$

$$\Gamma^{1.50\sim<1.60'}_{<1.80}=\Gamma^{1.50\sim<1.60}_{<1.80}-\frac{\Gamma^{1.50\sim<1.60}_{<1.80}}{100-\Gamma_{\geqslant 1.80}}x=8.98\%$$

$$\Gamma^{1.60\sim<1.80'}_{<1.80}=\Gamma^{1.60\sim<1.80}_{<1.80}-\frac{\Gamma^{1.60\sim<1.80}_{<1.80}}{100-\Gamma_{\geqslant 1.80}}x=10.87\%$$

3.3.4 资料综合时应注意事项

（1）综合各层煤筛分和浮沉试验资料时，总计一栏由纵向与横向计算总灰分差值，不能超过 0.1%，否则应重新校正。

(2) 计算中通常有效位数取小数点后两位。

(3) 在许多情况下，进行浮沉试验的粒度下限为 1 mm；但重力选煤过程其分选下限为 0.5 mm，其中缺乏 1～0.5 mm 试验资料，可认为与 1～3 mm 的浮沉组成相似，其粒级含量可从筛分特性曲线中查出并确定。各浮沉部分灰分采用灰分校正的方法进行调整。

同样，一般在缺少某粒级浮沉试验资料时，可以认为其浮沉组成与其相邻级别的浮沉组成相似，通过分析确定。

(4) 在资料综合中，如缺少大于入选上限煤的破碎资料，可假设破碎后其粒度组成与原煤自然级粒度组成相同。各破碎级别的灰分可以应用筛分资料的灰分校正法进行调整。

3.3.5 选煤产品理论平衡表的编制

应用筛分与浮沉资料综合的结果，可以很方便地获得选煤产品理论平衡表，如表 3-23 所示。

表 3-23 选煤产品理论平衡表

产品名称	理论分选密度(1.40 g/cm^3)	
	产率/%	灰分/%
精煤	29.33	9.43
中煤	34.29	31.97
矸石	36.38	74.19
合计	100.00	40.28

注：该表数据根据表 3-22 浮沉数据 11 栏、13 栏计算得出。

在实际工作中经常根据浮沉资料综合结果绘制原煤可选性曲线，通过可选性曲线查到在精煤灰分要求下的理论分选密度，得出各产品的理论数量和质量指标。

第 4 章　选煤厂工艺流程设计

4.1　选煤方法的确定

选择选煤工艺流程应以原料煤性质和用户对产品的要求、最大产率和最高经济效益等因素为依据，正确确定一个简单、高效率、合理可行并且能够满足技术经济要求的工艺流程。

选择选煤工艺流程应遵循以下基本原则：

(1) 根据原料煤性质采用相适应的技术先进和生产可靠的分选方法。

(2) 根据用户的要求能分选出不同质量规格的产品。

(3) 在满足产品质量要求的前提下获得最大精煤产率，同时力求最高的经济效益和社会效益。

4.1.1　选煤方法

选煤方法是制定选煤工艺流程的核心问题。当前应用较多的选煤方法包括重介质选、跳汰选、浮选、摇床分选、螺旋分选、水介质旋流器选、干扰床选和干选等。选煤方法的确定主要取决于煤的可选性和产品质量要求，但是也要考虑煤的牌号、粒度、地区水资源条件、能够获取的设备技术水平以及技术经济上的合理性等其他方面因素。各种选煤方法的特点简述如下。

4.1.1.1　重介质选煤法

在煤炭分选中，重介质选煤法是重力选煤方法中重要的方法之一。重介质选煤适宜分选难选和极难选煤，它的分选粒级宽。目前，在重力场中分选时，块煤重介质分选粒度上限一般为 300 mm，最大可达 1 000 mm，下限为 3～6 mm。如果在离心力场中（如重介质旋流器内）分选，分选粒度下限为 0.15～0.20 mm，甚至更小些。给料的粒度上限主要由重介质旋流器的入料管直径决定，目前末煤用重介质旋流器分选粒度上限为 13～25 mm，大直径无压给料重介质旋流器的入料粒度上限可达 50～80 mm。

重介质分选可实现稳定的低密度分选，并且分选精度高，因此能够生产出高质量的精煤并得到较好的分选指标。重介质分选易于实现自动控制，人为操作因素小，块煤分选机分选效率可达 95%，重介质旋流器分选效率可达 90%。块煤重介质分选机无论是作为排矸设备还是作为主要分选设备，在我国都得到广泛的应用。但是块煤重介质分选机作为排矸设备，在分选密度大于 1.80 g/cm^{3}时，重介质悬浮液难以配制，这时可以考虑采用单段跳汰机。

随着技术发展，重介质旋流器入选粒度上限已扩大到 50～80 mm，已在更多的选煤厂中得到应用。当要求分选出块煤产品时，采用有压入料重介质旋流器不利于保护块煤产品。三产品无压入料重介质旋流器能以单一低密度重介质悬浮液系统一次分选出质量合格的精煤、中煤和矸石产品，相对有压入料重介质旋流器能够减少矸石泥化，省略了一套高密度重介质悬浮液的制备、循环、回收系统，简化了流程，降低了成本。三产品无压入料重介质旋流器分选技术已在国内众多炼焦煤选煤厂得到应用。

重介质选煤流程较为复杂，设备、管道、阀门容易磨损，维修养护工作量较大，在操作、调节方面的要求更严格，对生产控制自动化要求更高。目前，采用重介质选煤法的主要是炼焦煤选煤厂，动力煤选煤厂是否采用应当进行全面技术经济比较。

4.1.1.2　跳汰选煤法

跳汰选煤法工艺流程简单、生产能力大、维护管理方便、生产成本低、分选易选煤可以获得较高的数量效率(一般在90%以上)，在处理中等可选煤时，也能达到较好的工艺指标，因此在选煤厂设计中应用较为广泛。此外，跳汰选煤法的适应性强，分选粒级宽，分选上限可达50～100 mm，分选下限为0.3～0.5 mm，既可以分级入选，也可以不分级入选。跳汰选煤法的分选效率受给料性质影响较大。当入选原煤细粒物料多、可选性差时，其分选效率会显著下降。跳汰选对于易选煤的分选精度与重介质选相当，但是在要求分选出低灰精煤产品时，如分选密度低于1.40 g/cm^3时，由于可选性变难，跳汰机难以操作，无法保证正常分选效果。跳汰机排矸不受分选密度高的限制，在原煤中块矸含量很多，特别是矸石易于泥化的条件下，采用动筛跳汰机排矸是近年来选煤设计的特点，这样可以将泥岩矸石尽早从系统中排出，对后续主选工艺非常有利。

4.1.1.3　煤泥浮选法

浮选既是一种煤泥分选方法，也是选煤厂洗水净化的有效方法。随着采煤机械化程度不断提高，煤矿开采深度加大，原煤中<0.5 mm的粉煤量也越来越多，一般可达20%以上，因而回收这部分精煤更加重要，浮选作为煤泥分选的有效方法也就得到更为广泛的应用。

4.1.1.4　摇床选煤法

摇床能够处理13 mm以下的易选末煤和煤泥。它的优点是结构简单、易操作、分选效果好、生产成本低、分选下限可达0.075 mm。由于摇床对细粒煤分选效果好，对硫铁矿含量高的高硫煤的脱硫效果较好，因此，在我国煤炭含硫量较高的西南地区选煤厂中得到一些应用。从高硫煤中回收硫铁矿，既可以减少高硫煤使用对环境带来的污染，也可以向化工、化肥等行业提供工业原料，因此得到越来越多的重视和应用。

4.1.1.5　螺旋分选机选煤法

螺旋分选机适于处理13 mm以下的易选末煤和粗煤泥，在实际应用中主要用于粗煤泥的分选，最佳分选粒度为1～0.075 mm或2～0.10 mm，有效分选粒度为6～0.075 mm，介于跳汰选与浮选之间。

4.1.1.6　水介质旋流器选煤法

水介质旋流器的突出优点是去掉了介质回收与净化工艺过程，与其他高效分选设备配合使用，可以减少主要分选设备的入选量，用来处理易选末煤或粗煤泥。与其他末煤或粗煤泥的分选设备相比，它的处理能力大，但是它只能保证一种产物的质量合格，因此水介质旋流器的使用应当考虑两段选及联合流程。一般将水介质旋流器用作初选设备。

4.1.1.7　干选法

传统的干法风力分选、风力跳汰和风力摇床分选效率低，要求入料分级比小，水分低，世界各国已很少采用。我国从 1984 年开始研究空气重介质流化床干法选煤工艺，1992 年，一座 50 t/h 空气重介质流化床干法选煤示范厂在黑龙江省七台河市投入使用，可以用来处理难选或极难选煤。空气重介质选煤厂主要包括入选原煤准备系统、选煤系统、重介质的脱介和回收系统、供风和除尘系统以及产品运输系统。空气重介质分选研究为干法选煤开拓了良好的发展前景。我国在吸取了美国无风干式摇床和俄罗斯风选机的优点后，研制出了复合式干法分选机。复合式干法分选机的入料粒度范围是 80～0 mm，在宽粒级的情况下，细粒物料与空气形成气-固两相混合介质，这种自生介质的分选作用可以提高分选效果。实际应用表明，该设备在宽粒级(80～0 mm)情况下分选效果较好，而对于 6～0 mm 粉煤的分选效果不理想。目前，复合式干法分选机在我国东北、西北等严寒和干旱地区的一些小型选煤厂中得到应用。干法选煤对于缺水地区、褐煤以及遇水容易泥化的煤种具有实际应用意义。

4.1.1.8　干扰床选煤法

干扰床分选机(teeter bed separator，TBS)是一种利用上升水流在槽内产生干扰沉降和矿浆颗粒悬浮于干扰床层中形成自生介质的分选机。干扰床分选机可以实现 1.5～0.15 mm 级煤泥的有效分选，有效分选密度为 1.40～1.90 g/cm^3。干扰床分选机结构简单，能耗低。干扰床分选机可以有效分选传统浮选粒级部分粒度范围物料，所以可减少浮选入料量，降低生产成本，提高浮选效率，解决跑粗问题，提高精煤产率。干扰床分选机的缺点是分选粒级较窄，可控参数少，难以形成比较稳定的干扰床层，影响分选效果。

4.1.2　选煤方法的选择

选煤方法的选择是设计过程中极为重要的环节。与选煤方法相关的因素是多方面的，包括原煤粒度组成特性(含粒度组成)、密度特性(含可选性)，硫分构成及赋存嵌布特性，产品结构(含市场需求)，分选效率，分选加工费用，相关的基建投资费用，综合经济效益等。因而，对各种选煤方法必须进行全面的技术经济多方案比较，择优选用。现代化选煤厂最主要的特点是效率高，这具体体现为能够采用适合入选原煤煤质特性的选煤工艺，能够实现用户所要求的产品结构。

国家标准《煤炭洗选工程设计规范》(GB 50359—2016)规定，选煤方法应根据原煤性质、产品要求、分选效率、销售收入、生产成本、基建投资等相关因素，经过技术经济综合比较后确定。

4.1.3　入选粒度上限

煤炭入选粒度上限(简称入选上限)由三方面因素相互制约确定，即用户要求、入选原料煤的性质和分选设备本身能够允许的入料粒度上限。

4.1.3.1　用户要求

原料煤入选上、下限应尽可能与产品的要求一致，以控制入选量和免除选煤产品的破碎筛分作业。对炼焦煤、高炉喷吹用煤和水煤浆用煤的入选下限没有要求，用户均自备有破碎机，炼焦用煤一般要求 3 mm 以下粒级占 85%左右，而高炉喷吹和水煤浆用煤则对细粒含量要求很大。入选上限只要不影响装卸和运输，并小于用户破碎机的入料规定上限即可。

动力煤和化工用煤的入选上限可以大些，一般在 100 mm 以下，入选下限多为 13 mm。如果用户对产品的需求量大，则可以把入选下限定得低一些，以提高产品产率，同时细粒含量也不会超出用户要求；如果用户对产品的需求量较小，则可以把入选下限定得高一些。一般分选大块的流程较为简单，加工费用较低，经济效益也较好。

4.1.3.2　入选原料煤的性质

应当全面考虑各粒级的灰分(有时还需要考虑硫分)和可选性，如果某粒级的灰分未超过要求值，而筛分又不困难，可以考虑该粒级不入选。有些粒级物料的可选性很差，即便入选，其产品产率极低，对这些粒级如筛分不困难时也可以考虑不入选。

块原煤中夹矸煤的含量和破碎后单体解离情况也是确定入选粒度上限的重要依据。当块原煤中的夹矸煤含量较高时，为了能够获得较高的精煤产率，应当根据夹矸煤条带的厚度和可能解离的程度，通过破碎试验和相应的浮沉试验资料分析，确定适宜的入选粒度上限。不能片面以此为依据任意提高或降低入选上限，因为入选上限提高过多，粒级加宽会导致分选机(主要为跳汰机)操作困难，分选机的生产故障率也会随着粒度上限提高而增加。入选粒度上限过低，原煤经过度破碎会产生相当数量的细粒级煤泥，给煤泥水系统带来影响，使分选效果降低；此外，煤泥数量增大，往往其灰分也高，不仅使煤泥水系统复杂，而且会污染精煤。因此，要综合考虑各种相关因素，确定合理的入料上限。

4.1.3.3　分选设备适宜处理的粒级

分选设备适宜处理的粒级除与分选设备类型有关外，还与其规格有关。大型设备的处理粒度会大些，比较典型的如旋流器的入料上限与其直径有关。按我国目前的分选设备发展现状，各分选设备的入料上限及有效分选下限可参考表 4-1。

表 4-1　分选设备的入料上限及有效分选下限

分选设备名称	入料上限/mm	有效分选下限/mm
块煤跳汰机	80(100)	6(13,25)
末煤跳汰机	6(13,25)	0.5(0.3)
混合跳汰机	80(100)	0.5(0.3)
重介质斜(立)轮分选机	300	13(6)
重介质浅槽分选机	150	13
重介质旋流器	50(80)	0.5(0.2)
水介质旋流器	13	0.2
摇床	13	0.06
浮选机	0.5	0
螺旋分选机	3.0	0.075
干扰床分选机	4.0	0.25
煤泥重介质旋流器	2(1.5)	0.045

跳汰机入选粒度上限可达 100 mm 或更大些，但是考虑我国煤质情况和 50～0 mm 不分级入选习惯，跳汰机入选上限多为 50 mm。少数厂家采用分级入选时，块煤跳汰机入选

上限取 100(80) mm。

块煤重介质分选机入料粒度上限由设备本身性能决定，一般为 150～300 mm。对于露天矿原煤选矸，提高选矸粒度上限，可以减少很多不必要的破碎工作。

重介质旋流器由于直径加大而提高了入选粒度上限。现在直径 1 300 mm 以上的重介质旋流器入选上限达 80 mm，理论上可以实现 80～0(0.5) mm 的全粒级入选，从而简化了工艺流程。

4.1.4　选矸方法

现代化大型矿井目前多采用放顶煤开采方法，原煤灰分可达 40%以上，块煤含矸量也非常高，一般选煤设备难以直接分选出合格的精煤。对含矸量高的毛煤或原煤，应该设置选矸作业。选煤厂一般不宜采用人工拣矸，当矸石量大时，应尽量用机械排矸，排矸粒度一般大于 50 mm。经过机械排矸的原煤或毛煤，可能成为商品，也可能成为原料煤再进一步加工。选矸是以选出矸石为目的的作业，选矸与选煤作业时顺便排矸是有区别的，选煤过程通过排矸来保证达到精煤的质量要求，而选矸仅是辅助性的。

机械选矸主要有动筛跳汰机选矸、重介质分选机选矸、选择性破碎机选矸等。

4.1.4.1　动筛跳汰机选矸法

动筛跳汰机选矸在选煤厂设计中被大量采用。与其他选矸方法相比，动筛跳汰机选矸具有工艺系统简单、辅助设备少、操作容易、处理量大、耗水量小、煤泥水处理系统简单、占地面积小、生产成本低等优点。动筛跳汰机选矸法的缺点主要是分选下限只能达 30 mm，因此在使用范围上受到一定的限制。

4.1.4.2　重介质分选机选矸法

重介质分选机选矸法也是有效的机械排矸方法，露天矿选煤厂应优先考虑采用该方法。该方法选矸效率高，入选物料粒度范围宽，对煤质变化的适应性强，对易于泥化的褐煤也可以获得较好的效果。重介质分选机分选粒度范围较动筛跳汰机宽，对极难选煤，还可以延伸入选下限，兼做分选设备。该方法的缺点主要是悬浮液密度高，配置困难，工艺系统复杂，设备磨损较严重，基建投资较大，生产成本高。

4.1.4.3　选择性破碎机选矸法

当原煤中大于 50 mm 粒级的含矸量超过 30%，且煤质较脆，矸石较硬时，可考虑采用选择性破碎机选矸法。煤和矸石在脆性和硬度上的差异可通过跌落试验确定。选择性破碎机选矸法集筛分、选矸和破碎三个作业为一体，实现一机多用。可靠的跌落试验资料是采用该方法的前提。选择性破碎机振动和噪声大，当原煤水分小于 7%时，设计上需要考虑设置除尘装置。目前此方法使用较少。

4.1.4.4　智能排矸法

煤矸智能分选系统是采用核物理技术对煤和矸石进行智能识别分选的新一代块煤矸分选设备。该煤矸智能分选系统集机械技术、自动控制技术及核物理技术于一体，具有操作简单、维护方便、抗恶劣环境等优点，适合在选煤现场实时使用，是目前国内块原煤排矸及分选精煤的最新产品。目前，该设备能够处理的粒度范围为 30～300 mm，适用于选煤厂物料前期预处理，干旱和严寒地区的煤矸分选，以及老矿煤楼改造排矸。

4.1.4.5 其他选矸方法

人工手选只有在矸石泥化现象特别严重，且煤中含有个别密度低而灰分高的煤以及需要拣出天然焦和大块黄铁矿时才可以考虑。

4.1.5 原煤入选方式

4.1.5.1 分组

若原煤来自几个矿井或几个煤层，由于煤的牌号不同或可选性相差悬殊，或是其低密度成分中的硫分相差较大时，就需要考虑混合入选或分组入选的问题。不同牌号的原煤，其用途往往有较大差别，一般需要分别入选，在设计时应考虑采用双系统（或多系统）入选，对中、小型选煤厂可实行单系统轮换入选制度。煤的牌号相同的几个煤层，如果其基元灰分相差较大、可选性差异较为显著或低密度成分中硫分相差较大，则采取分采、分运、分别入选的方式是最为合理的。但是实现分采分运困难很大，管理复杂，耗资多，一般矿井不具备这种条件，可以考虑在地面设置原煤均质化混煤场，保证入选原煤性质均匀，也不必另外设置原煤储煤仓。国外大部分选煤厂都采用这种方法，国内已有部分选煤厂采用。

所谓系统，是指原煤从进入选煤厂开始，直到产品处理完毕的主要煤流线，包括受煤、筛分、破碎、入选、产品脱水直到装仓等作业环节。双系统即两个完整而独立的系统。两个以上的独立系统称为多系统。如果煤的牌号不同，则煤泥水处理系统还要分开。因此，分组入选作业系统复杂，基建和生产费用高，生产管理困难。我国绝大多数选煤厂采用的是混合入选、单系统或双系统选煤流程。分组入选必须经过技术经济比较，确有必要时才选择，同时在流程设计和设备布置上要充分考虑系统之间的互换性和灵活性。

4.1.5.2 分级

分级或不分级入选要根据具体分选工艺条件而定。有时分级粒度偏小，分级效率低，会造成后续分选作业入料不稳定，也会给生产带来困难。一般可根据以下两种情况作出粗略判断。

（1）采用重介质流程或重介质-跳汰联合流程时，根据工艺要求需分级入选，应设置分级作业。如块煤重介质分选工艺，入选上限＞50 mm，入选下限＜13(10) mm，此时采用分级入选较为合适。这是因为受悬浮液黏度影响，不同粒度颗粒分层速度不同，细粒的分选需要较长时间。因此，提高入选下限有利于改善分选效率。如果入选上限≤50 mm，在对产品中块煤粒度没有要求的情况下，可以直接采用重介质旋流器分选，现代大型重介质旋流器入选上限可达 80 mm。而采用大型无压重介质三产品旋流器分选也是混合入选的很好选择。

（2）采用混合入选时，其分选密度一般随粒度的减小而增大，即在分选机的操作条件相同的情况下，原煤中大粒级的分选密度低，小粒级的分选密度高。原煤中不同粒级物料的基元灰分 λ 与密度 δ 之间的近似关系如图 4-1 所示。如果按照最大产率原则（等 λ 原则）所确定的各粒级分选密度与这种密度变化规律吻合或近似，则可以混合入选。有观点认为，在基元灰分 λ 相等时，细粒级密度略高，但在混合入选的条件下，不同粒级的分选密度差异要比原煤等 λ 对应的密度差大得多，因此认为混合入选不能保证最大产率。

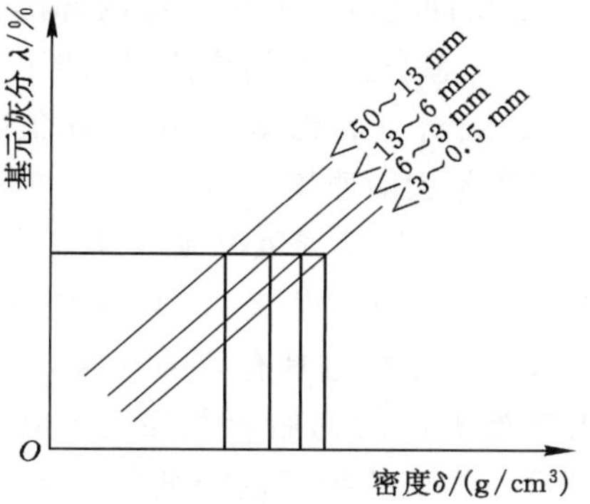

图 4-1　原煤中不同粒级的 λ 与 δ 的关系

不可否认的是，在保证入料均匀的条件下，就单台分选机而言，分级入选的效率应当高于混合入选。因此，分级入选在特定条件下也是应当加以考虑的。现在我国许多选煤厂设计中对于块煤、末煤分别采用不同的选煤方法和流程，如块煤重介末煤跳汰或块煤跳汰末煤重介分选流程。

4.1.6　相关的对比

4.1.6.1　选前是否进行预先脱泥处理

如果入选原煤中<0.5 mm 级煤泥含量较低，可以选择不进行预先脱泥，这样有利于简化生产工艺；而当<0.5 mm 级煤泥含量较高时，则应考虑增设预先脱泥工艺，使煤泥不进入重选工艺系统，这样可改善重选的分选效果及整个工艺系统的性能。

对不分级、不脱泥的重介选工艺，入选原煤的煤泥含量较高而未进行预先脱泥处理，全部煤泥同样也会进入分选作业系统。大量煤泥的进入会影响悬浮液的密度、黏度、流动性和稳定性，不利于分选。为了使悬浮液各项工艺参数保持稳定，必须及时地将进入系统中的大量煤泥通过悬浮液净化作业进行脱除，净化所需的设备会增加。

预先脱泥工艺的主要优点有：① 预先脱去部分细泥，可降低悬浮液的浓度和黏度，提高重介质旋流器的分选精度。② 预先脱除部分细泥，使之不参与重介分选，一方面可使重介系统的煤泥量相对减少，分流量也相对减少，介耗可以降低；另一方面预先脱泥可改善重介系统的产品脱泥脱介效果，产品带介量明显减少，介耗再一次降低。③ 预先脱泥工艺有利于选后产品的脱泥，使产品带泥量明显减少，进一步提高产品质量。④ 预先脱泥工艺能提高综合产率，同一分选密度下的产品灰分降低，可以通过适当调整悬浮液密度来提高产品综合产率(确保质量合格)。

增设预先脱泥工艺，同样会增加脱泥设备，使系统复杂程度提高。所以是否增设预先脱泥工艺要进行经济技术的多方位比较，权衡利弊后确定。

4.1.6.2　重介质旋流器有压入料与无压入料的对比

(1) 对细粒级煤的分选效果的影响

离心力是旋流器分选的原动力。颗粒在旋流器中所受离心力的大小，取决于入料的切向速度和旋转半径，而切向速度又与入料压力有关。因此，在有压入料的条件下，原煤颗粒和悬浮液介质是以相同的很高的切向速度进入旋流器内部的。从进入的初始阶段，在离心力场中原煤就处于按密度分选的状态，充分利用旋流器内部的分选空间，并且有充分按密度分离的时间。因此，有压入料方式对细粒级煤的分选精度高，有效分选下限低(0.15～0.1 mm)，更适合于分选细粒级含量大的原煤。

对于无压入料方式的旋流器而言，悬浮液从旋流器筒体下部切向有压进入，原煤从旋流器顶部中心入料口自流“无压”落入。因此，原煤颗粒进入旋流器的初始切向速度为零，然后在悬浮液旋转流的带动下，煤粒才具有切向速度，并逐渐增大到和悬浮液旋转流相同的切向速度。原煤进入旋流器内的初始阶段在切向速度上与悬浮液的切向速度有差异，使得分选空间相对减小，各种细粒级煤按密度分离的时间不充足，细粒级煤的分选效果相对较差。

对于无压入料旋流器分选的这一弱点，可以通过适当地增加第一段旋流器筒体的长度来弥补分选空间和分选时间的不足；或者采取使入料煤预旋措施，使入料煤进入旋流器之前获得一定的切向速度，缩小与悬浮液介质旋转流之间的切向速度差异。两者都可以延长细粒级煤的分选时间，改善其分选效果。但比较好的技术措施是，从精煤脱介筛筛下的合格悬浮液中分流出一部分，采用有压入料小直径旋流器组对其中所含的 0.5～0.15 mm 粗煤泥进行分选，这样可以较好地弥补无压入料三产品重介质旋流器有效分选下限较高的缺点。

(2) 对悬浮液系统的影响

在有压入料的三产品重介质旋流器分选工艺中，两段旋流器分别使用高、低两种密度的悬浮液系统，所以，两段旋流器的悬浮液介质的密度容易单独测控，控制精度高，调节幅度大。但缺点是高、低密度悬浮液系统并存，使得整个选煤厂工艺生产系统和工艺设备的布置相对较复杂。

在无压入料的三产品重介质旋流器分选工艺中，两段旋流器只使用一个单一密度的悬浮液介质系统，简化了工艺系统。但是由于第二段旋流器的高密度悬浮液是利用第一段旋流器的浓缩效应而获得的(一般其密度比第一段悬浮液约高 0.3～0.6 g/cm^3)，因此第二段旋流器的工作悬浮液的密度可控性较差，实际分选密度较难调节。此外，由于第二段旋流器的悬浮液的工作压力是第二段的排出压力，为了保证第二段有足够大的工作压力，产生足够的离心力，第一段旋流器的悬浮液介质的工作压力往往需要较大，从而消耗更多的电能。

为调节第二段的实际分选密度，一些选煤厂采取了以下两种技术措施：

① 更换底流口节段来改变底流口直径

这种措施对实际分选密度的调节幅度较大。底流口直径减小，实际分选密度明显增大，底流产物减少，溢流产物增加。但底流口直径减小，将会相应降低第二段旋流器的处理能力，而且底流口直径不得小于 $3d_{max}$(d_{max}为入料粒度上限)。

② 调节第二段旋流器中心溢流管的插入深度

增加第二段旋流器中心溢流管的插入深度，可使实际分选密度相应增大。但调节幅度有限，只能微调实际分选密度。

(3) 对次生煤泥量的影响

在有压入料的三产品重介质旋流器分选工艺中，煤和悬浮液的混合物入料是用泵扬送的。泵叶轮的高速旋转，对煤和矸石产生强烈的撞击破碎作用，生成大量的次生煤泥，尤其是对于煤质脆软的原煤，或易泥化的泥质页岩矸石。这不但容易导致旋流器内工作悬浮液中非磁性物含量超限，使工作悬浮液的密度、黏度等特性参数发生变化，影响分选效果，而且也将对悬浮液的回收、净化以及煤泥水处理产生不利影响。

采用无压入料的三产品重介质旋流器分选工艺时，原煤靠重力自流进入旋流器，不存在被泵叶轮高速旋转撞击破碎而产生大量次生煤泥的弊病。

4.1.6.3　两段二产品与三产品重介质旋流器的选择

当分选炼焦煤时，因精煤灰分一般要求相对较低，多数情况下需要分选出精煤、中煤、矸石三种产品，才能保证精煤和矸石的灰分同时满足要求。这时若采用重介质旋流器分选工艺，可以采用两段二产品或三产品重介质旋流器。

采用两段二产品重介质旋流器来生产精煤、中煤、矸石三种产品，其优点是两段悬浮液密度可以分别测控，控制精度高，操作控制方便。其缺点是高、低两种密度的悬浮液系统并存，工艺流程和工艺布置复杂，第二段重介质旋流器系统设备管道磨损大，悬浮液泵电耗大。

采用三产品重介质旋流器(有压入料与无压入料均可)可一次完成精煤、中煤、矸石三种产品的分选任务。其优点是用一套低密度悬浮液系统就可以实现必须用高、低两种密度悬浮液系统才能完成的生产三种产品的任务，简化了工艺环节，也减少了对设备及管道的磨损。其缺点是三产品重介质旋流器第二段所需要的高密度悬浮液是靠第一段旋流器浓缩形成的，一般可将悬浮液密度提高 0.3～0.6 g/cm^3，但对第二段悬浮液密度的精确控制非常困难。如果对中煤灰分要求不太严格，则三产品重介质旋流器的优势比较明显。

4.1.6.4　粗煤泥处理方式

粗煤泥粒度接近煤泥，通常指粒度在 3(2)～0.3(0.25) mm 范围内，不宜采用浮选处理的颗粒。粗煤泥只采用常规的宽粒级重选和浮选处理效果都不理想，分选效率相对较低，不能很好地进行分选加工，极易造成资源的浪费，影响生产和经济效益。为此，应采用不同的方法分选回收粗煤泥。

为改善粗煤泥的分选效果，提高煤炭全粒级分选效率，可增设粗煤泥分选工艺，将粗煤泥单独进行分选处理。增设粗煤泥分选工艺后优点是：工艺灵活，对煤质的适应性强；可改善重选和浮选的分选效果，能够保证全粒级精煤产率最大化；能减少入浮煤泥量，减轻煤泥水系统的负荷，总体上可降低动力负荷和加工成本。

典型粗煤泥分选设备有螺旋分选机、小直径煤泥重介质旋流器、水介质旋流器、摇床、离心分选机和干扰床分选机等。

4.1.6.5　选前脱粉工艺

粉煤一般是指粒度小于 6 mm 的煤炭。选前脱粉是指在原煤进入分选系统之前将粉煤通过干法筛分脱除，从而简化分选系统。脱粉主要采用干法筛分和干法气流分级两种方法。

对于动力煤选煤厂来说，选前脱粉工艺在满足产品发热量要求的前提下，可以最大限度地减少细粒末煤入选，降低产品水分，增加产品回收率；同时也可以减轻细粒矸石泥化给煤泥水处理系统带来的困难，节省煤泥水处理系统的投资，降低介耗、电耗、药耗等生产成本，简化生产环节，提高系统处理能力。随着弛张筛等筛分设备的不断进步，脱粉效率得以提高，选前脱粉工艺在我国许多动力煤选煤厂得到了广泛的推广和应用。

4.1.7 选煤流程与资源的关系

原煤的煤质特性是选煤方法选择及产品定位的基础。选煤方法的确定应当与原煤性质和用户对产品质量要求等相适应。跳汰选和重介质选由于处理量大、技术成熟，至今仍然是主要的选煤方法。重介质选煤法由于分选精度高，在不同分选密度下只需一次分选就能达到良好的效果，即没有中煤再选问题，因此流程较为简单。与重介质选煤法相比，跳汰选要同时保证精煤和矸石两方面的质量，其中间产物往往会夹杂相当数量的精煤和矸石，需要考虑进一步处理，以提高总的数量效率。有两种情况可以不考虑中煤再选：一是非炼焦用煤选矸后就作为最终产品，不出中间产物；或出中间产物循环回选，有时也出少量中煤。二是对煤种储量多的配焦煤，只选出一部分高质量的低灰精煤，少量排矸，大量出洗混煤或等级煤销售，既可满足用户需要，又可提高经济效益。

4.1.7.1 炼焦煤选煤流程选择

炼焦煤选煤厂要求生产高质量的精煤，除排出原煤中的矸石外，常生产中间灰分的副产品。为尽可能减少稀缺的炼焦煤资源损失，要求工艺有较高的分选效率。小于 0.5 mm 级的煤泥需设置浮选环节。对炼焦煤和稀缺煤种应本着充分利用和回收的原则来选择选煤流程，如果采用跳汰流程，一般应当考虑设置跳汰的主选和再选，但也要对由于增设再选所获得的经济收益与由此而额外增加的投资费用和生产费用进行对比分析来决定。跳汰选的中煤是否破碎，要根据破碎后精煤解离程度进行技术经济比较。如果破碎后精煤解离量占再选入料量的 10%～20%，且煤质较硬，不易过粉碎或产生大量煤泥，可考虑设中煤破碎。中、小型选煤厂一般不必设置中煤破碎。

我国炼焦煤资源较少，当要求精煤灰分为 10%左右时，大部分炼焦原煤的可选性已变为难选，因此，重介质选往往是精选炼焦原煤的优先选择。但为了尽可能减少投资，节省加工费用和提高经济效益，应当使选煤方法、原煤可选性及分选密度之间相互适应。例如，三产品重介质旋流器是近年来采用较多的炼焦煤设备，采用该设备分选炼焦煤不仅工艺简单，而且基建投资和生产费用都比较低；近年来两段二产品重介质旋流器的应用也越来越多。再例如，跳汰粗选-重介质旋流器精选流程合理利用跳汰机和重介质旋流器两者的特点，虽然处理的是难选或极难选煤，但是在高密度分选（排矸）条件下，煤往往易选，故用跳汰选是适宜的。跳汰作业先于重介质旋流器作业具有预先脱泥作用。低密度分选段处理的往往是极难选煤，选用高效的重介质旋流器精选则较为合理，这种跳汰粗选-重介质旋流器精选流程可以发挥各自选煤方法的优势，适用于混合入选时的难选煤、极难选煤，也可用于配焦煤生产低灰精煤，但由于该工艺存在重复入选比例高、系统复杂等缺点，目前该工艺已很少采用。在炼焦煤选煤厂设计中，以上流程都具有较大的实际应用价值，应当重点进行全面的技术经济比较。

4.1.7.2 动力煤选煤流程选择

动力煤选煤厂一般以排出矸石为主，但也根据市场对精煤发热量的需求生产优质动力煤，同时也可将选后产品筛分成若干级别，实现品种多样化。原煤常按 13(6) mm 分级，筛上块煤经分选后分级销售或与筛下末（粉）煤混合后作混煤销售。动力煤主要用于火力发电、化工、一般工业锅炉、机车、生活用煤及高炉喷吹等，各类用户对煤质有不同的要求。动力煤的分选不仅要排除煤中矸石，还要为用户选出品种对路、质量稳定的产品。动力煤的种类有长焰煤、气煤、无烟煤、褐煤、贫(瘦)煤等。在制定动力煤选煤流程时应当参考各煤种的加工原则,依据煤质特点确定工艺流程。

各种牌号动力煤选煤工艺流程的选择:

(1) 长焰煤

我国东北地区长焰煤储量多,且主要采用露天开采,大块量多且含矸量高,如果水分低,适于干筛,末煤可不入选,块煤采用重介质选;如果水分高,筛分困难,而末煤灰分又高,则可以考虑采用混合跳汰选工艺流程或块煤重介质-末煤跳汰选工艺流程。

(2) 气煤

我国气煤既做炼焦配煤用也做动力煤用。作为动力煤,当末煤灰分不太高(如小于25%)且质量稳定,能够满足用户要求时,一般不必分选,经预先分级,筛出末原煤后直接外销。这样就可显著地简化工艺流程,特别是可简化煤泥水处理系统,既可以降低选煤厂的基建投资和加工费用,又能够提高分选效率,有利于环境保护。气煤的入选下限一般可定为13 mm 或 25 mm,当原煤水分低于 7%时,分级粒度可确定为 13 mm 或 6 mm,否则可提高到 25 mm,分级后的块原煤用重介质选或跳汰选处理。当原煤灰分较高或用户要求出部分低灰配焦精煤时,则应考虑全部入选,所选工艺要与产品方案相结合。混合入选时可采用跳汰选;对大型分选厂,块煤量大时可考虑块煤重介质-末煤跳汰选工艺流程。

(3) 无烟煤

无烟煤大块量较多,热值高,可用于高炉喷吹或作为碳素厂原料等。不同用途对产品质量(粒度与灰分)要求差异较大,所选流程应与之相适应。当原煤水分大于 7%,末煤灰分高于25%,原煤不符合用户要求时,宜全部入选;当原煤水分小于 7%,末煤灰分低于 25%时,可以采用干法筛分,大于 13(25) mm 的块煤用重介质选或跳汰选,根据用户要求,可以考虑筛出的末煤不入选,直接供给用户。若用户要求精煤产品灰分较低(如 A_d<10%),则分选密度较低,可选性较差,此时可以考虑采用较复杂的工艺流程(如重介质选或跳汰主、再选),也可以考虑重介质选与跳汰选联合流程。根据煤质特性考虑分选出部分低灰精煤时,对块煤分选可采用重介质法,但当分选密度太高,要求分选密度大于 1.90 g/cm^3、2.00 g/cm^3 或 2.10 g/cm^3 时,悬浮液密度不稳定,黏度也大,此时选择跳汰选较为适宜;在高密度分选条件下,煤的可选性一般是易选,这时跳汰选效率与重介质选效率相接近,可以考虑高密度分选(排矸)用跳汰选,低密度分选则用重介质选。无烟煤入选除排矸外,也可以出中间产品,精煤产品一般需要分级。

(4) 褐煤

褐煤内在水分较高,发热量低,在空气中易风化、碎裂和自燃。由于矸石大部分为泥岩或泥质胶结的粉砂岩,遇水后易软化和泥化,其工艺流程应尽量简化。一般将>25 mm 级或>50 mm 级块原煤采用重介质选矸;如果必须将入选下限降至 13 mm,可考虑用跳汰选处理 80(50)～13 mm 粒级物料。但由于物料在跳汰机中停留的时间长,而且物料受到的擦洗力较强,矸石泥化程度会加大。采用干法分选易泥化煤是一条有效的途径,我国开发的复合式干法分选装置在褐煤分选的工业生产中取得较好的分选效果。如果矸石和煤的性质适宜,也可考虑采用滚筒碎选机排矸。

(5) 贫(瘦)煤

贫(瘦)煤变质程度接近无烟煤,碳含量较高,特点是易粉碎,大部分粒度在 25～13 mm以下。除做动力煤外,贫(瘦)煤也开始做高炉喷吹煤、少量的炼焦配煤等。由于贫(瘦)煤粒度细，应选择合适的分选方法和设备，如直径较小的重介质旋流器、末煤跳汰机等。

（6）其他煤种

其他煤种由于某些原因（如高硫、高灰、可选性极难、产率特低等）只能做动力煤处理，在这种情况下，可以参照相近煤种，依据该煤质特点确定其工艺流程。

4.1.7.3 煤泥水处理问题

在湿法选煤过程中，大量的水与 0.5 mm 以下的原生煤泥和分选过程中产生的 0.5 mm 以下的次生煤泥混合在一起形成煤泥水。煤泥水处理就是用浮选或脱水回收的方法使煤泥成为产品；用浓缩、过滤、澄清等方法得到用于生产的循环水。煤泥水处理环节既是回收煤泥产品的分选作业，又是满足环境保护要求的必要措施。

选煤厂新厂设计应根据煤泥的性质、数量、产品的利用途径及环保要求，配备和完善煤泥水处理设施，保证实现煤泥厂内回收、洗水闭路循环。为此在煤泥水作业处理的设计上要解决以下四个方面问题：

（1）确定合理的煤泥水准备作业流程，避免细泥循环积聚，保证洗水稳定在低浓度范围内。

设置浮选车间的选煤厂，浮选不仅是精选煤泥，而且是一种有效的净化洗水的工艺过程。而分选产品脱水后的煤泥水如何送入浮选，即浮选入料方式的确定是煤泥水作业流程的关键问题。

（2）确定合适的浮选工艺指标，妥善处理浮选尾煤，保证浮选尾煤全部在厂内进行机械回收。

根据最高产率原则，浮选和重选应当在等基元灰分基础上去寻找合适的浮选工艺指标。最高产率原则只考虑精煤产率最大的方案，并没有考虑此时利润是否最大。当选煤厂只出精煤、中煤及矸石三种产品时，一般情况下，最高产率与最大经济效益是一致的。对出多种产品的动力煤选煤厂，既无法判断哪种产品的产率最大，也不能保证利润最大。因此，应当结合实际确定适当的浮选产品灰分指标，保证既有利于经济效益的提高，又有利于产品的利用和管理。对于浮选尾煤要选择合适的回收方法，尽可能做到技术经济合理。

（3）加强洗水管理，实现洗水闭路循环。

在选煤厂设计过程中，工艺流程的水量平衡计算只是理论上的，生产过程中很多实际发生的清水耗量并没有考虑在内，如各种风机、泵类的冷却水，水封用水，筛网、滤布的冲洗水，浮沉室的冲洗水，地板清扫水及其他不可预见的清水消耗等都未参与系统水量平衡的设计计算。而选煤生产过程本身是不平衡的，故生产过程中洗水总是处于不平衡状态，平衡只是短暂的、相对的。洗水不平衡就会造成多余的洗水外排，破坏洗水闭路循环，造成环境污染。因此，应加强洗水管理，但仅仅依靠人为控制清水用量作为保持全厂洗水平衡主要手段的做法难以保证稳定的洗水平衡。洗水平衡应当建立在科学的技术措施和设施上。现在广泛采用的措施是通过集中水池将一定时间增多的水储存起来，待系统缺水时再返回使用。由于这些水量仍然存在洗水系统中，实际上并不能解决洗水平衡的根本问题。

近年来，设计中采用了一种多功能洗水净化再生系统，该系统首先在山西古交矿区镇城底选煤厂采用，其工艺原理如图 4-2 所示。系统的核心是设置 1 个洗水净化浓缩机，并将浓缩机的中流管与循环水池连通，构成一个连通器，从而使之具有自动调节洗水平衡及进一步净化多余洗水的功能。该项工艺技术已在多家选煤厂设计中被采用。

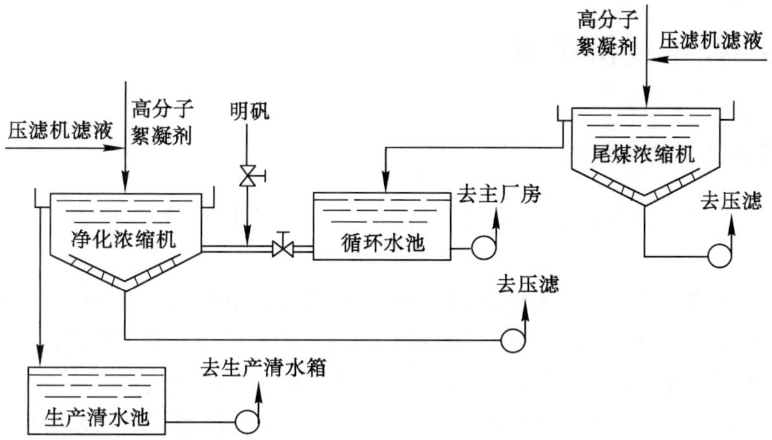

图 4-2　多功能洗水净化再生系统工艺原理

(4) 煤泥水处理设备能力要适当，并留有余地，但也不能富余过多。首先应与所设计的厂型及生产能力相匹配。将来投产后如发现能力不足时，可以用改扩建的办法加以解决。

动力煤选煤厂一般不设浮选。煤泥的灰分、粒度组成与动力煤煤质特性、工艺流程、生产技术管理等多方面因素有关。进入煤泥水系统的煤泥数量与分选下限、矸石泥化特性以及原煤分级筛筛分效率有关。特别是只选≥13 mm 级的动力煤选煤厂，在保证分级效率的前提下，进入煤泥水系统的煤泥数量较少，因此可以采用一次浓缩、底流全部用压滤机(或其他煤泥回收设备)回收的简单流程。

4.1.7.4　生产多品种和工艺流程的灵活性问题

近年来，我国原煤入选比例得到很大提高，除分选炼焦用煤外，其他用煤的分选比例有较大幅度增长。在大力发展动力用煤分选基础上，化工、气化等其他用煤的分选数量也在不断增加。原煤分选向着高质量、多品种、产品供应结构合理化方向发展。由于原煤煤质千差万别，煤炭用户对煤质的要求多种多样，要做到产销对路，同时获得较大的效益，在确定分选工艺流程和选择设计指标时必须考虑周全。为了获得较好的经济效益，在生产高质量精煤的同时，可以考虑生产中等质量的产品，如洗混煤、洗末煤、洗粉煤等，当然必须以市场需要为前提条件。因此，在工艺设计之前，应当对产品结构进行多方案比较、论证，找到分选加工可能达到的最佳结果，预先锁定选后产品结构，同时还要考虑工艺流程的灵活性，以便随时改变产品结构，以适应市场及用户的要求。

对于动力煤，由于用途不同或用户炉型等技术条件上的差异，往往对其灰分或发热量的要求变化幅度较大。如出口动力煤、高炉喷吹用煤、水煤浆原料煤、国内优质动力煤和普通动力发电用煤等，其灰分要求的差别一般在 10%～20%之间。如果所设计的选煤厂需要生产不同质量要求的动力煤，就要求所设计的工艺系统具有足够的灵活性，以保证产品灰分能在大范围内实现随意调控。这一设计理念最早在淮南矿区张集选煤厂设计中得到运用，被称为“无级调灰”。

工艺流程不能考虑得过于复杂，也不能要求实现过多的“可能性”，否则可能造成部分设备长期闲置，投资效益降低。在设计中留有一定的余地，考虑改变工艺流程的可能性，预留改扩建的余地，即可认为已达到工艺流程灵活性的初步要求。

4.2 方案的技术经济比较

4.2.1 技术经济比较方法概述

技术经济比较是选择合理选煤方法、分选作业原则流程以及化工和动力煤入选下限的必要环节。

在具体选择选煤方法、原则流程或化工和动力煤入选下限时,必须估算各种不同选煤方法和原则流程方案或不同入选下限的技术指标,并作技术经济比较,然后选定流程方案。在满足用户要求的质量指标下,分别计算不同工艺流程的产品产率、产值和年利润,同时用统计资料计算基建投资、加工费等综合指标,进行测算和分析比较,然后选择最大产率和最高经济效益的最佳方案。

技术经济比较一般分为技术比较和经济比较两部分。

4.2.1.1 技术比较

根据原煤性质(如粒度组成、密度组成、可选性、可浮性、硫分构成及赋存特性、矸石岩性)、产品要求、分选效率等,在不同选煤方法、原则流程、化工和动力煤入选下限情况下,将可能达到的技术指标进行比较,选出可行方法。技术比较步骤如下:

(1) 列出可能选用的选煤方法和可能的入选下限,画出分选作业原则流程。

(2) 确定合理的分选密度和不完善度 I(或可能偏差 E)值,对可能的方法和分选作业原则流程进行产品预测。重力分选产品预测时,在有条件的情况下可采用实际分配率计算,不具备条件时采用正态分布近似公式计算。浮选精煤产品指标按实验室单元浮选试验或实验室分步释放试验或实际生产浮选资料选取。

(3) 根据预测结果,计算数量效率,分析产品质量、结构和达到产品质量要求时所用分选指标的合理性。

(4) 选择技术上合理的方案,保留之。

技术比较指标内容如表 4-2 所示。

表 4-2 技术比较指标内容

选煤方法	精煤要求灰分	分选指标	精煤产率	精煤灰分	副产品产率	副产品灰分	数量效率
方案一	灰分 1 灰分 2						
方案二	灰分 1 灰分 2						
⋮							

4.2.1.2 经济比较

经济比较主要对技术上合理的方案从综合经济效益上进行比较,需要考虑的因素有销售收入、生产成本、基建投资等。经济比较指标内容如表 4-3 所示。

表 4-3　经济比较指标内容

方　案	精煤数量、质量	精煤售价	副产品数量、质量	副产品售价	总销售收入	加工费	基建投资	利润
方案 1	灰分 1 灰分 2							
方案 2	灰分 1 灰分 2							
⋮								

4.2.2　技术经济比较实例

例 4-1　跳汰粗选-重介质旋流器精选改造方案比较。

跳汰粗选-重介质旋流器精选流程最早在山东兴隆庄矿选煤厂被采用，该流程兼容了跳汰和重介两种选煤方法的优点，其工艺效果显著，数量效率、精煤产率均与全重介流程相近。但是该流程的一个主要问题是原煤全部通过跳汰机粗选，粗精煤又进入重介质旋流器精选，致使原煤中的大部分物料重复分选。已有的计算数据表明，其重复加工量在 52%以上。此外，由于重复加工分选，次生煤泥量增加 50%左右，入浮煤泥量显著增加。鉴于跳汰粗选-重介质旋流器精选工艺流程的缺点和不足，国内提出了改进流程：原煤破碎至小于 30 mm，入选前采用湿法分级脱泥，将大于 3 mm 级的末煤单独入跳汰机粗选。3～0.5 mm 级末原煤与跳汰粗精煤一起入重介质旋流器精选。小于 0.5 mm 原生煤泥直接浮选。将流程中的辅助作业删减合并成一种简化的原则流程，改进前、后的简化原则流程分别见图 4-3 和图 4-4。

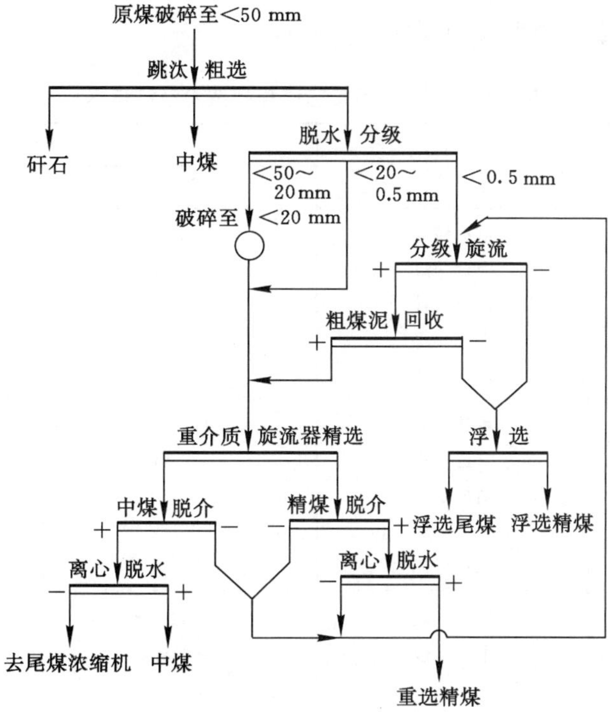

图 4-3　原流程的简化工艺流程

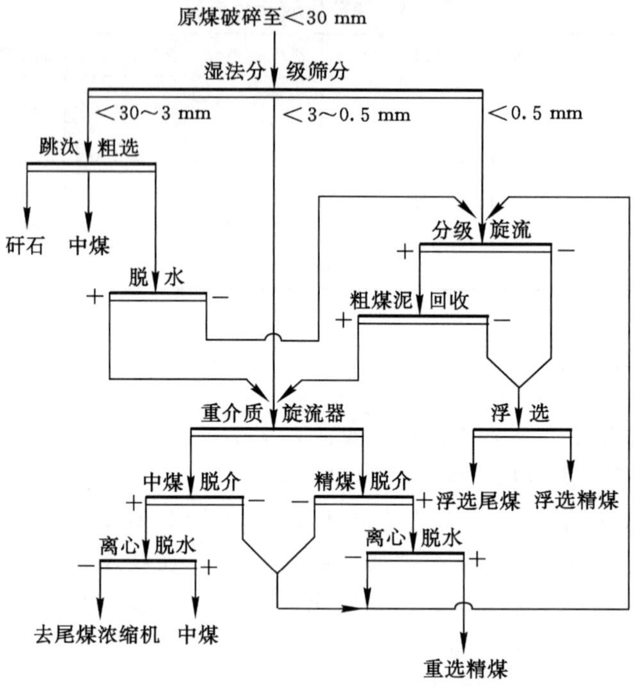

图 4-4　改进流程的简化工艺流程

下面以古交矿区一座年产 400 万 t 选煤厂的入选原煤资料为依据，采用统一的工艺指标，分别计算出流程改进前、后的数量、质量，流程改进前、后的技术经济指标列于表 4-4，两种流程中有差别的工艺设备购置明细列于表 4-5。

表 4-4　改进前、后工艺流程的技术经济指标

项目		工艺流程方案	
		原流程	改进流程
产率/%	重选精煤	44.42	46.20
	浮选精煤	19.84	19.07
	精煤合计	64.26	65.27
	中　　煤	26.68	26.91
	入浮煤泥	26.45	25.43
产量/(10^4 t/a)	重选精煤	177.68	184.80
	浮选精煤	79.36	76.28
	精煤合计	257.04	261.08
	中　　煤	106.72	107.64
	入浮煤泥	105.80	101.72
产值/万元	精　　煤	110 527.2	112 264.4
	中　　煤	17 075.2	17 222.4
	总　　计	127 602.4	129 486.8

表 4-4(续)

项　　目		工艺流程方案	
		原流程	改进流程
生产费用(浮选)/万元	浮选药剂	846.4	813.76
	电　　耗	132.25	127.15
	合　　计	978.65	940.91
节约设备投入/万元	总　　价	837.00	737.00
年利润/万元		126 623.75	128 545.89
比值		1.000	1.015

注:浮选吨煤药耗按 2 kg/t 计算,药剂价格按 0.4 万元/t 计算;浮选吨煤电耗按 2.5 kW · h/t 计算,电价按 0.5 元/(kW · h)计算;精煤价格按 430 元/t 计算,中煤价格按 160 元/t 计算。

表 4-5　两种流程中有差别的工艺设备购置明细

设备名称	规格(型号)	原流程		改进流程	
		台数	总价/万元	台数	总价/万元
鲍姆跳汰机	面积 $F=27\ m^2$	3	256.200	2	170.80
脱水斗式提升机	宽度 $B=1\ 000$ mm,长度 $L=25$ m	6	44.844		
脱水斗式提升机	宽度 $B=1\ 000$ mm,长度 $L=13$ m			4	20.00
给煤机	链条式	3	24.000	2	16.00
鼓风机	D60×63-160/0.35 型	4	5.600	3	4.20
直线振动筛	面积 $F=27\ m^2$	10	200.000	12	240.00
直线振动筛	面积 $F=14\ m^2$	5	36.230	7	50.72
离心脱水机	VC-56 型	6	86.976	5	72.48
浮选机	XJX-T12 型	9	166.500	8	148.00
矿浆预处理器	XY-3.0 型	9	16.650	8	14.80
合计			837.000		737.00

根据表 4-4 和表 4-5 的计算数据,将两流程对比如下:

(1) 由表 4-4 可知,改进流程产生的次生煤泥量比原流程少,每年进入浮选的煤泥量少 105.80－101.72＝4.08(万 t),由此节省药剂费用 $4.08\times10^4\times2\times10^{-3}\times0.4=32.64$(万元)。节省电耗 4.08×2.5×0.5＝5.1(万元)。改进流程的浮选生产费用比原流程少 32.64＋5.1＝37.74(万元)。

(2) 改进流程的精煤总产率为 65.27%,比原流程的精煤产率(64.26%)高 1.01%,每年多产精煤 4.04 万 t,每年多产中煤 0.92 万 t,按精煤价格 430 元/t,中煤价格 160 元/t 计算,改进流程比原流程每年销售产品将多收入 4.04×430＋0.92×160＝1 884.4(万元)。

(3) 由于两种流程工艺环节上的差异,主要工艺设备的数量略有差别,见表 4-5,改进流程的设备购置费比原流程少 100 万元。

(4) 改进流程相对原流程每年增加经济效益 1 884.4＋37.74＝1 922.14(万元),无论是技术上还是经济上都显示出更多的优越性。

例 4-2 浮选精煤降灰流程方案比较。

淮南矿业集团望峰岗选煤厂生产炼焦煤，采用重介＋浮选联合工艺流程。采用入料预先不脱泥大直径三产品重介质旋流器分选，三产品重介质旋流器精煤脱介筛的稀介质磁选后的尾矿进入浮选系统，采用直接浮选工艺。主要产品为精煤、洗混煤和煤泥，最终精煤灰分为 9.75%。由于煤泥可选性的问题及所用浮选设备等因素，采用通常的浮选工艺流程难以降低浮选精煤灰分，浮选精煤灰分通常只能维持在 12%左右，高于最终要求的精煤灰分 2～3 个百分点。为了保证最终精煤的灰分满足要求，实际生产中只有降低重介选的精煤灰分，以牺牲重介选精煤产率来保证最终精煤产品的质量，从而导致总精煤产率降低，效益也相应受到损失。为了改变上述状况，探讨降低浮选精煤灰分、提高总精煤产率和效益的途径，望峰岗选煤厂进行了充气式浮选机流程和二次浮选流程的工业性试验，并将试验结果与原流程加以比较，相应各流程见图 4-5。

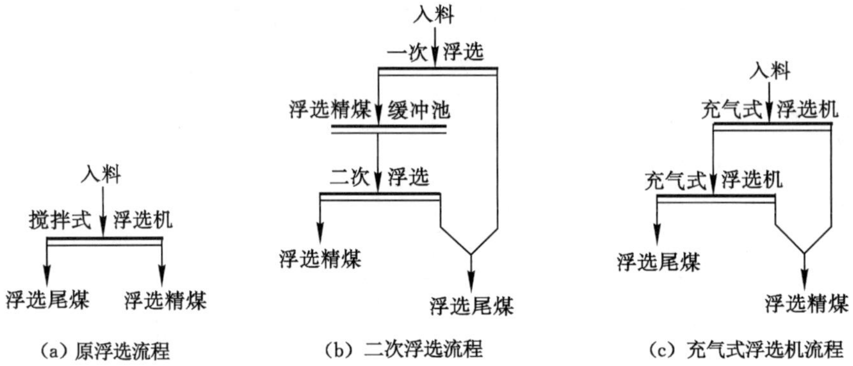

图 4-5 望峰岗选煤厂浮选工艺流程改造方案

根据流程方案和工业性试验结果，分别计算其产品产率、产值和年利润及年生产电费。表 4-6 所列是三种流程的技术经济指标。

表 4-6 三种流程技术经济指标

项目		原流程	充气式浮选机流程	二次浮选流程
产率/%	重选精煤	41	45.25	43.9
	浮选精煤	10	8	9
	精煤合计	51	53.25	52.9
	洗混煤	30.7	26.45	27.8
	煤泥	5.1	7.1	6.1
产量/(10^4 t/a)	重选精煤	59.45	65.612 5	63.655
	浮选精煤	14.5	11.6	13.05
	精煤合计	73.95	77.212 5	76.705
	洗混煤	44.515	38.352 5	40.31
	煤泥	7.395	10.295	8.845
产值/(万元/a)	精煤	24 403.5	25 480.125	25 312.65
	洗混煤	7 567.55	6 519.925	6 852.7
	煤泥	887.4	1 235.4	1 061.4
	合计	32 858.45	33 235.45	33 226.75
比值		0.988 6	1.000 0	0.999 7

表 4-6(续)

项　　目		原流程	充气式浮选机流程	二次浮选流程
电费/(万元/a) 比值		118.32 1.275	92.8 1.000	172.84 1.862 5
利润/(万元/a) 比值		32 740.13 0.988	33 142.65 1.000	33 053.91 0.997

注:生产费用没有考虑药剂和维修费用的不同。

其中:

最终精煤灰分 $A=9.75\%$;

原流程:重介质精煤灰分 $A=9.20\%$,浮选精煤灰分 $A=12.0\%$;

充气式浮选机流程:重介质精煤灰分 $A=9.62\%$,浮选精煤灰分 $A=10.5\%$;

二次浮选流程:重介精煤灰分 $A=9.49\%$,浮选精煤灰分 $A=11.0\%$;

原煤处理量 $Q=145$ 万 t/a;

小时处理量 $W=250$ t/h;

电价:0.5 元/(kW·h);

煤炭产品价格按集团内部结算价:精煤 330 元/t,洗混煤 170 元/t,煤泥 120 元/t。

不同工艺流程设备功率比较见表 4-7。

表 4-7　不同工艺流程设备功率比较

设备名称	规格(型号)	原流程		充气式浮选机流程		二次浮选流程	
		台数	功率/kW	台数	功率/kW	台数	功率/kW
浮选机	XJX-T12 型	2	296			2	296
	XJM-4 型					2	132
充气式浮选机	ϕ4 m			2	320		
入料泵		1	90			1	90
预处理器		2	22			2	22
精矿泵						1	45
搅拌器						1	11
合计功率			408		320		596

根据表 4-7 及以上数据可以计算得到各流程电费。

原流程:$408\div250\times145\times0.5=118.32$(万元/a);

充气式浮选机流程:$320\div250\times145\times0.5=92.8$(万元/a);

二次浮选流程:$596\div250\times145\times0.5=172.84$(万元/a)。

显然,充气式浮选机流程生产电费最低,而二次浮选流程由于较原流程增加了分选设备,生产电费最高。

根据表 4-6 及以上计算可以看出,充气式浮选机流程的总产值最高,而电耗最低。充气式浮选机流程具有最佳的技术经济指标,采用充气式浮选机流程较原流程可增加利润:$33\ 142.45-32\ 740.13=402.32$(万元/a)。

4.3 工艺流程结构设计

选煤厂工艺流程结构设计是指作业环节的设置及煤、矸石、煤泥水、介质、水等物料（液）流向的确定。选煤厂的工艺流程可以综合归纳为图 4-6 所示的几个大作业。在各大作业中，又可以分为若干个分作业，这些分作业可以归纳为以下两种单元作业形式：一种是分选或分级的作业，如图 4-7(a)所示，如跳汰选、重介选、浮选、分级和脱水作业均属于此类型；另一种是物料不发生分离（分选或分级）的作业，如图 4-7(b)所示，如破碎、矿浆准备等作业。这些单元作业以不同的组合构成选煤工艺流程。根据各大作业的工艺性质，可以分为选前准备作业，选煤作业，选后产品脱水作业，煤泥水处理作业，悬浮液循环、净化、回收作业。

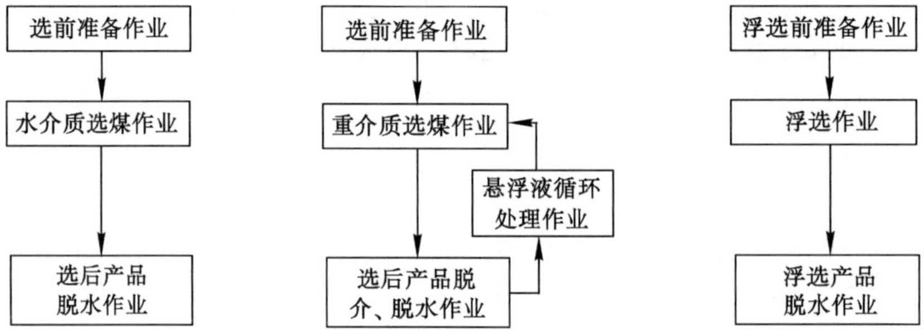

图 4-6　选煤厂作业示意

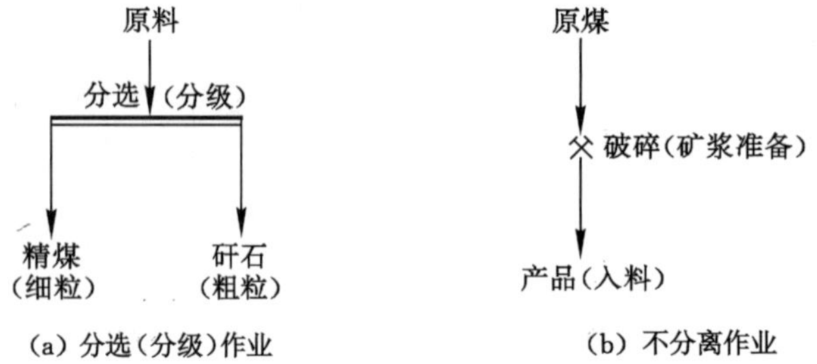

图 4-7　单元作业形式

4.3.1 选前准备流程结构

对于选前准备作业，除要确定合适的选矸方法外，还应采取适当的技术措施，确保入选物料粒度的上、下限满足要求。筛分、手选、破碎、除杂（铁）是常见的准备作业流程。

检查性手选流程如图 4-8(a)所示。该流程是常见的准备作业流程，适用于不分级混合入选，由筛分、手选和破碎三个作业构成。筛分作业的目的是预先筛除符合入选上限要求的部分产品，既减小了破碎机的负荷，也减少了物料的过粉碎，提高了手选作业的效率。这种筛分作业常称为预先筛分。预先筛分筛孔尺寸视选煤作业入选上限要求而定。手选作业可分为常规性手选（拣除矸石和硫铁矿等）和检查性手选（拣除铁器、木块等杂物）两种。现代新设计的大型选煤厂不再设常规性手选，一般采用机械选矸、检查性手选和除铁器除铁。

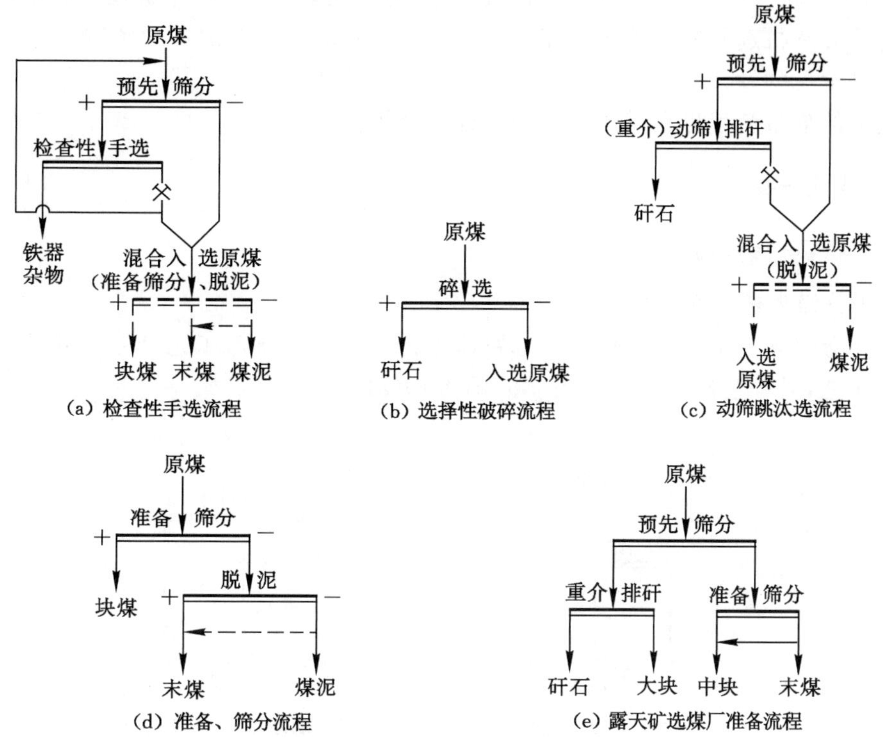

(a) 检查性手选流程　(b) 选择性破碎流程　(c) 动筛跳汰选流程

(d) 准备、筛分流程　(e) 露天矿选煤厂准备流程

图4-8　原煤准备流程

破碎作业一般采用开路破碎流程，破碎后产物和预先筛分的筛下物合并进入分选作业。该流程厂房布置简单，但粒度上限控制不严。对于重介质旋流器混合选，如果旋流器对入料粒度上限的控制要求严格，应当采用闭路破碎流程，破碎后的产物再返回预先筛分机进行检查性筛分，也可单设检查筛分，这种流程的厂房布置较为复杂。检查性手选流程图中虚线表示的部分可以适用于以下三种情况：

（1）分级入选，此时预先筛分机的筛孔可相应加大，视块煤入选上限要求而定；末煤是否脱泥视分选作业而定。

（2）采用重介质旋流器混合入选并进行原煤脱泥，此时也可考虑采用单层筛。

（3）非炼焦用煤将筛出质量好的末煤作为筛末煤直接出售。

选择性破碎流程如图4-8(b)所示。该流程适用于含矸量大、煤质较脆、矸石较硬的原煤条件。一般大、中型选煤厂选用碎选机时应设预先筛分，碎选后还设置反手选皮带，以便拣出少量的硬煤和杂物。

动筛跳汰选流程如图4-8(c)所示。该流程采用动筛或块煤重介排矸替代人工手选，脱泥与否视分选作业要求而定。

准备、筛分流程如图4-8(d)所示。该流程为分级入选准备作业的典型流程，筛出的块煤可作为块煤重介、重介选矸或动筛排矸的入料，末煤脱泥与否视分选作业要求而定，非炼焦用煤可将筛出质量好的末煤作为筛末煤直接出售。

露天矿选煤厂准备流程如图4-8(e)所示。露天矿所开采的煤一般为动力煤，其中大于50 mm的煤量大，且矸石多，传统上多采用重介质分选机选矸。根据煤质情况，可以筛出筛末煤，也可和中块一起进行跳汰选。对于矿井动力煤选煤厂，在块煤量较大的条件下，单独采用重介质分选机选矸的准备作业流程基本上与图 4-8(c)流程相同，近年来，采用动筛跳汰机选矸也是常见的设计。

浮选前的准备流程将在煤泥水处理流程中介绍。

4.3.2 选煤流程结构

4.3.2.1 重选流程结构

(1) 不分级入选流程

跳汰不分级入选工艺主要包括主选跳汰工艺，主、再选跳汰工艺和主选跳汰、再选重介质旋流器工艺，其工艺流程分别见图 4-9、图 4-10(a)和图 4-10(b)。

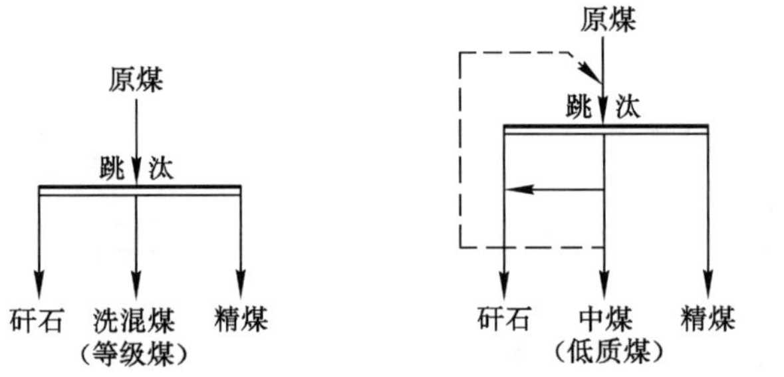

(a) 分选配焦煤流程　(b) 分选动力煤或其他用煤流程

图 4-9　不分级入选主选跳汰流程

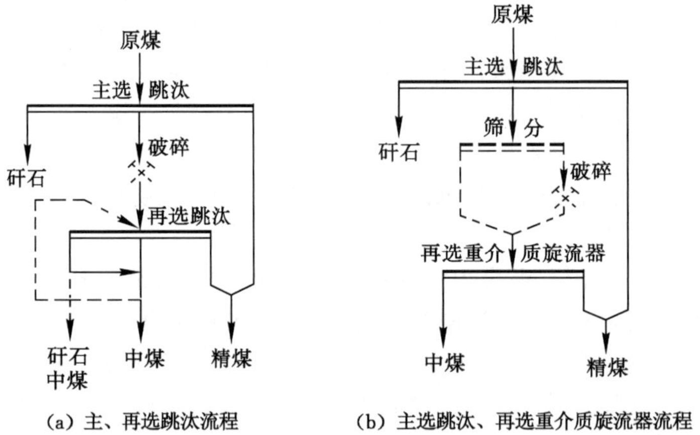

(a) 主、再选跳汰流程　(b) 主选跳汰、再选重介质旋流器流程

图 4-10　不分级入选主、再选流程

跳汰粗选-重介质旋流器精选流程见图 4-11。该流程适用于难选、极难选煤和要求出低灰精煤的低密度分选。原煤先经过一次跳汰粗选，获得矸石、中煤和粗精煤，然后将粗精煤分级脱泥，分级后的末粗选精煤再进入重介质旋流器进行低密度精选，旋流器溢流出低灰精煤，底流为洗末煤或中煤，块粗精煤作为高灰精煤。块粗精煤也可以经破碎和末粗选精煤混合进入重介质旋流器精选。我国最早采用该流程的是由煤炭工业济南设计研究院有限公司

和美国罗伯茨·谢菲尔(R·S)公司联合设计的山东兖矿能源集团股份有限公司兴隆庄煤矿选煤厂。该流程的特点是发挥了跳汰选煤和重介质旋流器选煤两种选煤方法的优势。试验资料表明，随着分选密度的降低，重介质旋流器的分选精度反而略有提高，把重介质旋流器用在低密度段的精选较为合理；而原煤在高密度段通常呈现为较好的可选性，宜采用加工费用低的跳汰作粗选，如此实现了跳汰高密度分选(1.50～1.60 g/cm³)，重介质旋流器低密度分选(1.35～1.38 g/cm³)。一方面当原煤质量波动较大时，该流程能保证生产出高灰分的废弃矸石和低灰分的优质精煤，生产上易于控制；另一方面该流程灵活性较强，可生产多品种产品，如块粗精煤可作为动力用煤。该流程的系统配置较为复杂，原煤中大部分物料受到重复分选，其重复加工量因煤质不同略有区别，多在 50%～60%，产生次生煤泥的机会也较大。相对现在广为采用的不分级入选三产品重介质旋流器流程，其技术经济效果有所逊色。但是对于采用跳汰法分选的炼焦煤老厂技术改造，只需增设精选用重介质旋流器系统，具有改、扩建容易，设备简单，占地面积小的特点。而对新建厂应作全面技术经济方案比较。在确定采用此流程时，跳汰机是采用单段还是双段，也要根据具体情况全面进行考虑。

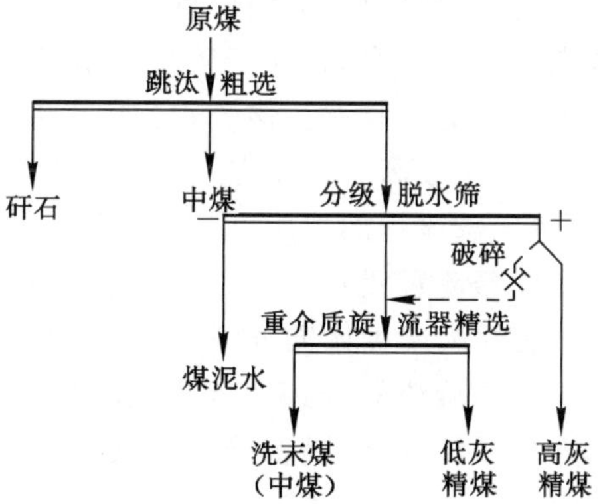

图 4-11　跳汰粗选-重介质旋流器精选流程

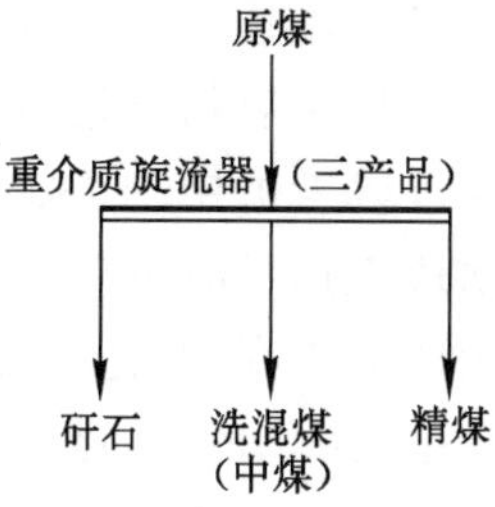

图 4-12　三产品重介质旋流器分选流程

三产品重介质旋流器分选流程见图 4-12。在炼焦煤选煤厂，分选出精煤、中煤、矸石三种产品；在动力煤选煤厂，一段精煤和二段中煤均匀混合成动力煤，底流排出纯矸石。淮南矿业(集团)有限责任公司谢桥煤矿选煤厂运用该流程分选动力煤，实现了单一低密度悬浮液一次分选出高密度纯矸石的目的。现在新设计的三产品重介质旋流器的入料粒度上限已达 80 mm，最大直径达 1 500 mm，处理能力为 550～650 t/h，采用不脱泥分选技术。对于中、小型选煤厂，一台三产品重介质旋流器就可以满足生产需要。相对分级全重介流程，该流程只设一个低密度悬浮液系统，工艺流程简单，设备布置方便，并且基建和生产费用都比较低。最为突出的是管理简便、分选精度高、效率高、具有较低的分选粒度下限。该流程的主要缺点：一是难以实现第二段旋流器介质密度的自动控制(但是在煤质比较稳定的情况下，在调好第二段旋流器有关参数以后，分选密度一般不会有大的变动，可以满足对中煤和矸石的分选要求）；二是由于结构方面的原因，三产品重介质旋流器对其第一段圆筒旋流器底流产物（中煤＋矸石）的最大排出量有限制，这种限制在某种情况下可能会影响三产品重介质旋流器的处理能力，在轻产物较少（＜1/3）的情况下对旋流器的设计选型要慎重选择；三是介耗较大（特别是煤泥量较大的情况下），多品种生产的灵活性较差。该流程最早应用在贵州盘江精煤股份有限公司老屋基选煤厂，现在全国已有 500 多家选煤厂采用了三产品重介质旋流器流程。

(2) 分级入选流程

块、末煤分级入选跳汰流程见图 4-13(a)。该流程主选出两种合格产品，块、末煤主选机中的中煤可以分别进入块、末煤再选跳汰机，也可以合并进入再选跳汰机。块中煤是否破碎，视煤质情况和前述原则而定。

块煤重介-末煤跳汰流程见图 4-13(b)。该流程适用于分选块煤量大、含矸量多、块煤偏难选、末煤中等可选的煤。分级粒度可为 25 mm、13 mm、8 mm 或 6 mm，视煤质和块煤量等情况而定。跳汰选的中煤还可考虑采用重介质旋流器再选。我国东北和华北的许多选煤厂采用此流程。该流程采用重介分选块煤，当块煤重介分选上限为 300 mm 或以上时，可以代替大块煤手选作业，其优点是分选效率高，便于管理。末煤采用跳汰主选，重介质旋流器分选跳汰末中煤，能够提高末精煤的回收率。该流程适用于原煤中块煤、末煤各自有不同的可选性的条件，产品质量稳定，效率较高。其缺点是分级入选带来系统复杂，生产环节多，管理困难等问题。对于这种分级入选流程的选用，应当进行多方面的技术经济比较。

块煤重介-末煤重介质旋流器流程见图 4-13(c)。该流程适用于分选难选煤和极难选煤。分级粒度与块煤重介-末煤跳汰流程做同样考虑，块煤用斜轮、立轮重介质分选机或重介浅槽分选机分选，末煤用重介质旋流器分选。该流程的优点是分选精度高，效率高；缺点是重介系统采用四种密度，介质系统复杂，设备维修量大，基建投资、生产费用高，管理困难等。我国河南平顶山田庄选煤厂原设计采用该流程。

块煤跳汰-末煤重介质旋流器流程见图 4-13(d)。在某些矿区，块煤中低密度物含量较少，灰分高，但较容易分选，因此可以采用跳汰分选动力煤。而末煤的性质与块煤性质有较大差异，末煤较难选，故可以考虑采用三产品重介质旋流器分选。这样，在合适的煤质条件下，采用该流程可以相对地节省投资和生产费用。在块煤较容易分选、产品质量要求不高的情况下，也可以考虑用动筛取代跳汰机分选块煤，块精煤灰分满足产品要求时，可以单独出售，当不出块煤产品时可破碎至＜50 mm 掺入末精煤产品中。该流程具有工艺简单、生产成本低、生产效率高的特点。末煤采用重介质旋流器分选，在矸石容易泥化的条件下，为避免产生严重的泥化现象，可以考虑采用无压入料重介质旋流器分选。

对于分级入选，块煤和末煤流程都可以有不同的选择和组合，需要结合煤质特点和产品质量要求，本着投资省、工艺简单、生产效率高、生产成本低和管理简便的原则进行优化。在进行主、再选配置时，也需要根据原煤性质加以选择。例如，对于重介选，通常流程多为先在低密度悬浮液中选出精煤，然后在高密度重悬浮液中将中煤和矸石分开。按这种顺序分选可以减少高密度悬浮液的用量，不仅可以降低成本，而且便于生产管理。但是当矸石含量大或矸石在重悬浮液中产生泥化时，应先选出矸石。现在不分级入选的三产品重介质旋流器的入料粒度上限可达 80 mm，如果上述流程的入料粒度上限在 80 mm 之内，则完全可以被

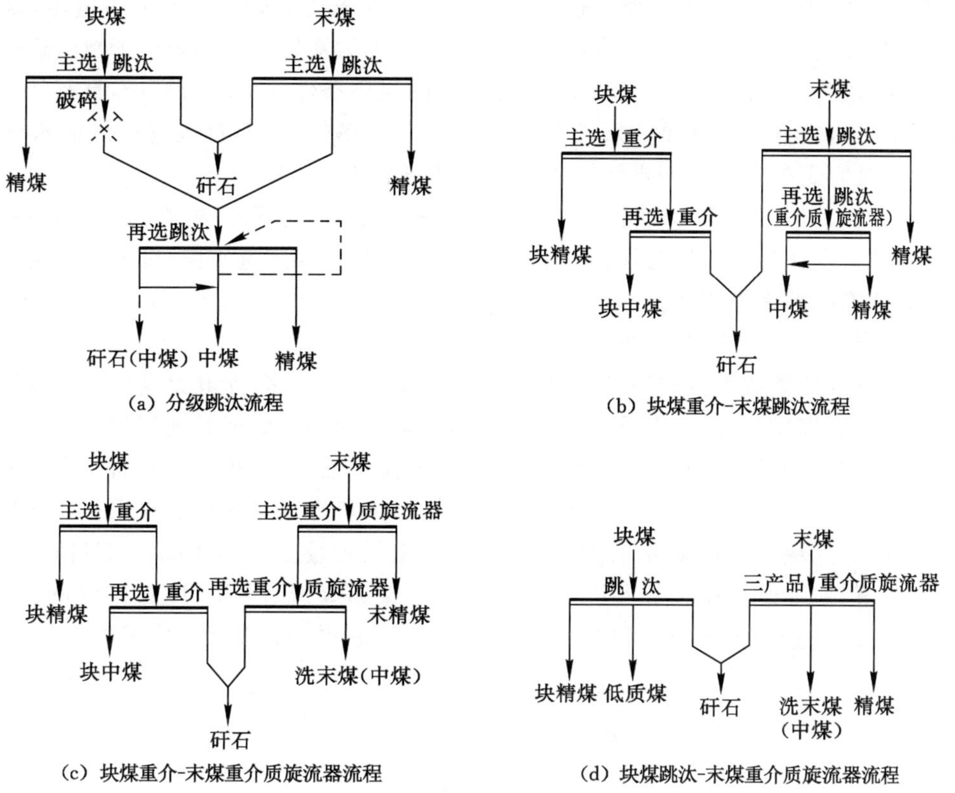

(a) 分级跳汰流程

(b) 块煤重介-末煤跳汰流程

(c) 块煤重介-末煤重介质旋流器流程

(d) 块煤跳汰-末煤重介质旋流器流程

图 4-13　分级入选流程

不分级入选三产品重介质旋流器流程所取代。

(3) 块煤入选流程

无烟煤块煤筛分成不同粒级,可供各种碳素材料及合成氮、发生炉煤气等使用。无烟煤末煤除一般用途外,优质的可供高炉喷吹用,以煤代焦。一般情况下当粉煤质量较好时,可以仅分选块煤,将筛出的质量好的末煤作为筛余煤直接出售。根据块煤量、矸石量及产品质量要求选择块煤分选方法,如图 4-14 所示。当粉煤灰分高而超过用户要求时,应当进行分选加工。

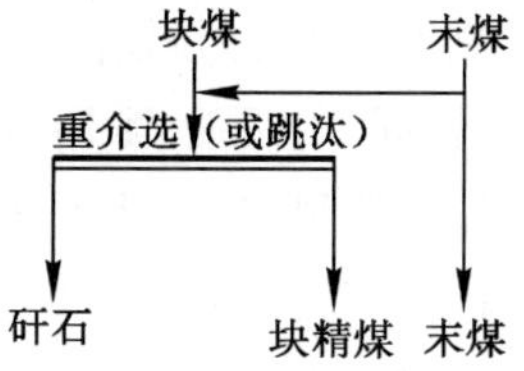

图 4-14　块煤入选流程

褐煤具有煤化程度低、发热量低、水分高、在空气中易风化碎裂、堆放时易自燃、矸石在水中易泥化碎散的特点,主要用作发电和民用燃料等。近年来,褐煤综合利用日益发展,如用于气化、液化、炼焦和提取化工产品等。由于褐煤的矸石泥化严重,通常末煤筛出直接出售，块煤采用图 4-14 所示的流程分选。近年来干法分选技术研究不断取得进步，复合式干法选煤机分选技术及空气重介质流化床干法分选技术为褐煤的分选开辟了新的途径。从已有的生产实践看，复合式干法选煤机对入选原煤的煤质条件要求较为宽松，具有较好的适应性，但效率相对较低。空气重介质流化床干法分选效率较高，但对入选原煤的水分要求严格，通常入料原煤外在水分需要低于 2%，管理难度较大。

动力煤或其他用煤的选煤流程，在粉煤质量较好的前提下，一般都可以采用图 4-14 所示的流程。末煤作为筛余煤与块精煤混合后销售，调整块煤入选下限，能够实现精煤产品在一定灰分范围内的无极调灰。

(4) 露天矿动力煤选煤流程

露天矿煤(或类似其性质的矿井煤)具有块煤量大、矸石多(尤其是杂煤)、末煤质量经常变化(一般是原煤质量好，杂煤质量差)的特点，一般作为动力煤或其他用煤。块煤是蒸汽机车、船舶和有关工业锅炉的优良燃料，也是造气、低温干馏、化工用煤的原料。露天矿煤通常粒度上限大，入料粒度范围大，一般需要分级入选。大块煤通常采用块煤重介质分选机或其他入料上限大的块煤分选设备；中块采用跳汰选；末煤质量差时，与中块一起进行跳汰选，质量好时，可直接筛出作为末煤出售。露天矿动力煤选煤流程要求具有良好的灵活性，见图 4-15。一般入选前要求原煤和杂煤分开储存，否则原料煤粒度会经常发生变化。

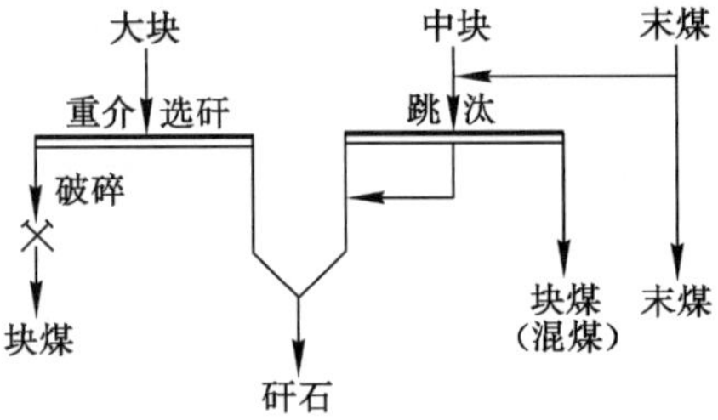

图 4-15 露天矿动力煤选煤流程

重力选煤流程选出的产品，除炼焦精煤外，其他产品可以根据产品质量和用户需要进行筛分加工，实现多品种对路供应，满足用户需要。

(5) 粗煤泥回收及分选流程

我国未经改造的老选煤厂中普遍采用分级设备回收粗煤泥工艺。分级设备对粗煤泥的分选作用较弱，效果不好，导致回收的粗煤泥灰分较高。粗煤泥回收工艺常用设备有煤泥离心机、高频筛、沉降过滤离心机、煤泥直线振动筛、弧形筛等。由于粗煤泥回收设备的不同，其工艺配置和回收效果有所差异。几种典型的粗煤泥回收工艺流程如图 4-16 所示。

图 4-16(a)所示的工艺流程是用于粗精煤泥回收的典型工艺流程。该流程采用分级旋流器与弧形筛配套使用。由于旋流器对细粒煤泥不能实现有效分选，进入粗精煤系统的细泥会黏附在粗精煤表面而污染粗精煤。很多选煤厂为了降低粗精煤产品灰分，在弧形筛处设喷淋装置以消除细泥污染现象。

图 4-16(b)所示的工艺流程多用于细泥含量较高时的粗煤泥回收。沉降过滤离心机对入料浓度无特殊要求，但对入料粒度组成要求苛刻，入料中<0.045 mm 粒级含量一般低于 40%，大于此值时将造成产品水分过高，所以不宜采用此工艺。

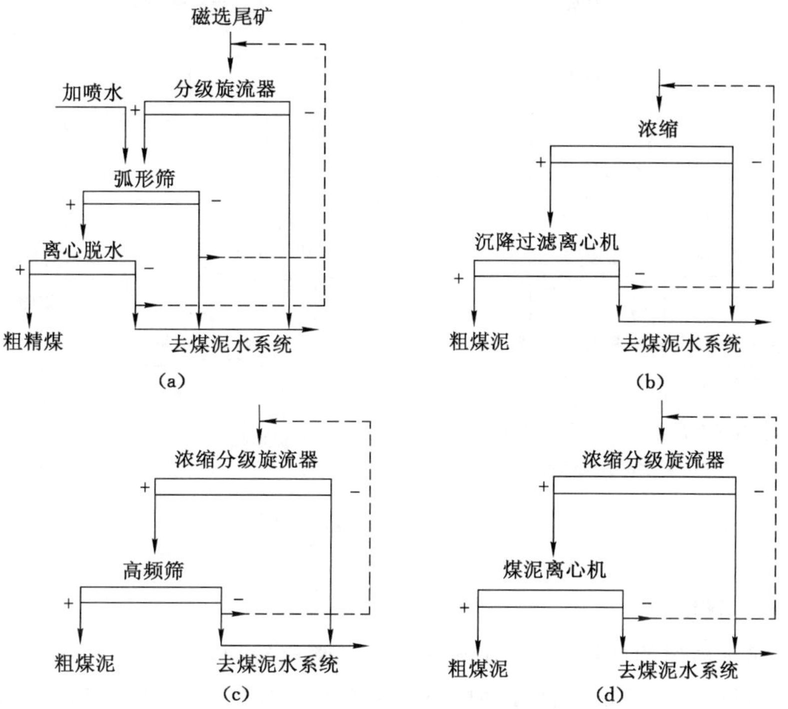

图 4-16　典型粗煤泥回收工艺流程

图 4-16(c)所示的工艺流程用于粗精煤、中矸粗煤泥和煤泥的回收，适合中、小型或煤泥量小的选煤厂。浓缩分级旋流器要保证高频筛入料浓度在 350 g/L 以上，这样才能形成过滤层，阻止物料透筛。高频筛用于粗煤泥回收能进一步降低产品灰分。物料在低振幅、高频率分级和回收过程中形成的过滤层对物料有按密度分层分选的作用，密度大的物料下沉并透过筛面进入筛下水。

图 4-16(d)所示的工艺流程更适合大型、高效模块化选煤厂粗煤泥的回收。浓缩分级旋流器的底流进入煤泥离心机，煤泥离心机利用机械旋转产生的离心力，实现固液混合物分离，离心液透过物料层，穿过筛网；煤粒保留在筛篮内侧，由螺旋叶片刮下。

图 4-17(a)所示的是常用粗煤泥分选工艺。煤泥水经分级旋流器分级后粗煤泥进入粗煤泥分选机(螺旋分选机、干扰床分选机、水力旋流器等)分选，选后产品经弧形筛(或高频筛)等脱水脱泥后进入离心机脱水形成产品，目前该工艺在众多选煤厂应用。

图 4-17(b)所示的是煤泥重介质旋流器运用于粗煤泥分选工艺。煤泥重介质旋流器与大直径重介质旋流器的配合使用工艺已在众多选煤厂得到广泛应用，并获得了良好的分选效果。大直径重介质旋流器的精煤溢流进入精煤弧形筛，精煤弧形筛筛下一部分合格介质和小部分精煤磁选机合格介质进煤泥介质桶，经煤泥重介质旋流器分选后低灰溢流进入精煤磁选机，磁选尾矿经过振动弧形筛、煤泥离心机脱水、脱泥，得到低灰粗精煤；高灰底流进入中煤磁选机，磁选尾矿进入煤泥水系统。煤泥重介系统弥补了大直径重介质旋流器分选下限较高的缺点。

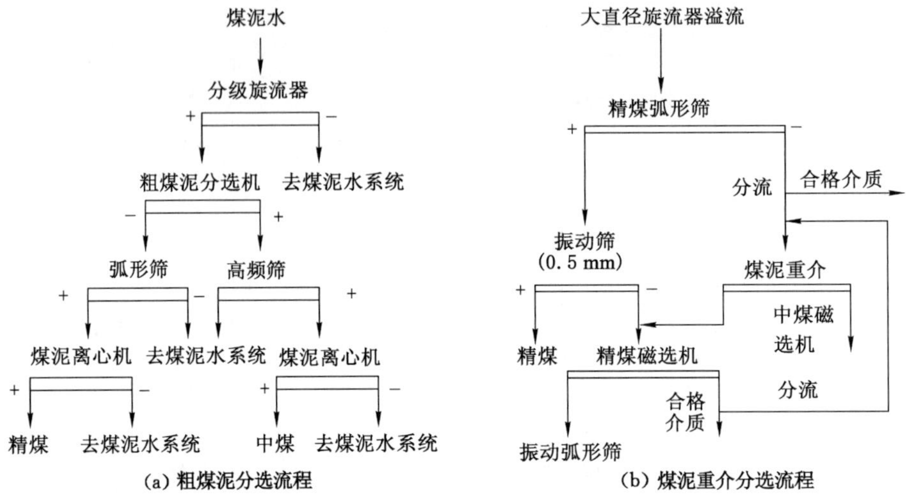

图 4-17 粗煤泥分选流程

4.3.2.2 浮选流程结构

煤泥一般属于易浮的矿物，因此其浮选流程通常比较简单。由于浮选产品脱水过程比较复杂，国内选煤厂大多分选出精煤和尾煤两个产品。常见的流程如图 4-18 所示。

图 4-18(a)所示是最为常见的单段浮选流程。该流程适用于可浮性好、矸石不易泥化的煤泥。该流程简单、操作方便、处理量大，我国大多数选煤厂采用单段浮选流程。

图 4-18(b)所示是带有中煤返回的扫选流程。扫选的目的是提高精煤产率和尾煤灰分。中煤返回地点主要取决于中煤和返回地点入料的灰分，两者的灰分应当相近。该流程适用于较易浮选的煤泥，也是一种较为常用的浮选流程。

图 4-18(c)所示是带有扫选作业的三产品浮选流程。为了得到低灰精煤和高灰尾煤，对于可浮性较难的煤泥可以考虑采用该流程。由于增加了中煤产品，相应地需要增加一套中煤过滤脱水设备和运输系统，从而使得该流程在设备布置和管理上都增加许多困难，往往并不能增加效益。实际上浮选尾煤灰分过高，造成产品无法销售和处理，也会给生产管理带来困难。因此，常见的煤泥浮选流程还是出二产品，尾煤灰分控制在一定范围，进行厂内回收、利用或外销。

图 4-18(d)所示是带有浮选精煤二段再选的浮选流程。对于一些炼焦煤选煤厂，分选可浮性较差的煤泥时，单段浮选精煤质量难以达到要求。为了避免重选精煤灰分过低而造成总精煤产率下降，可以考虑设置浮选精煤再选。浮选精煤再选的尾煤可作为单独的浮选中煤或与一段浮选尾煤合并作为总的浮选尾煤。是否设置浮选精煤再选，应当结合重选进行全面的技术经济比较后决定。

图 4-18(e)所示是煤泥两级浮选、精煤泥两段脱水回收流程。对一些重选设备分选效果好、分选下限低的炼焦煤选煤厂，浮选入料经弧形筛将粒度较大、灰分较低的粒级截留，筛下水进一级浮选机分选，泡沫产物和截留的物料混合后进入沉降过滤式离心脱水机进行一段回收，产品为粒度≥0.045 mm 的“粗精煤泥”；滤液（含离心液）进入二级浮选机分选，浮选泡沫产物用精煤压滤机回收，获得灰分较低的精煤泥（压滤机滤饼）。

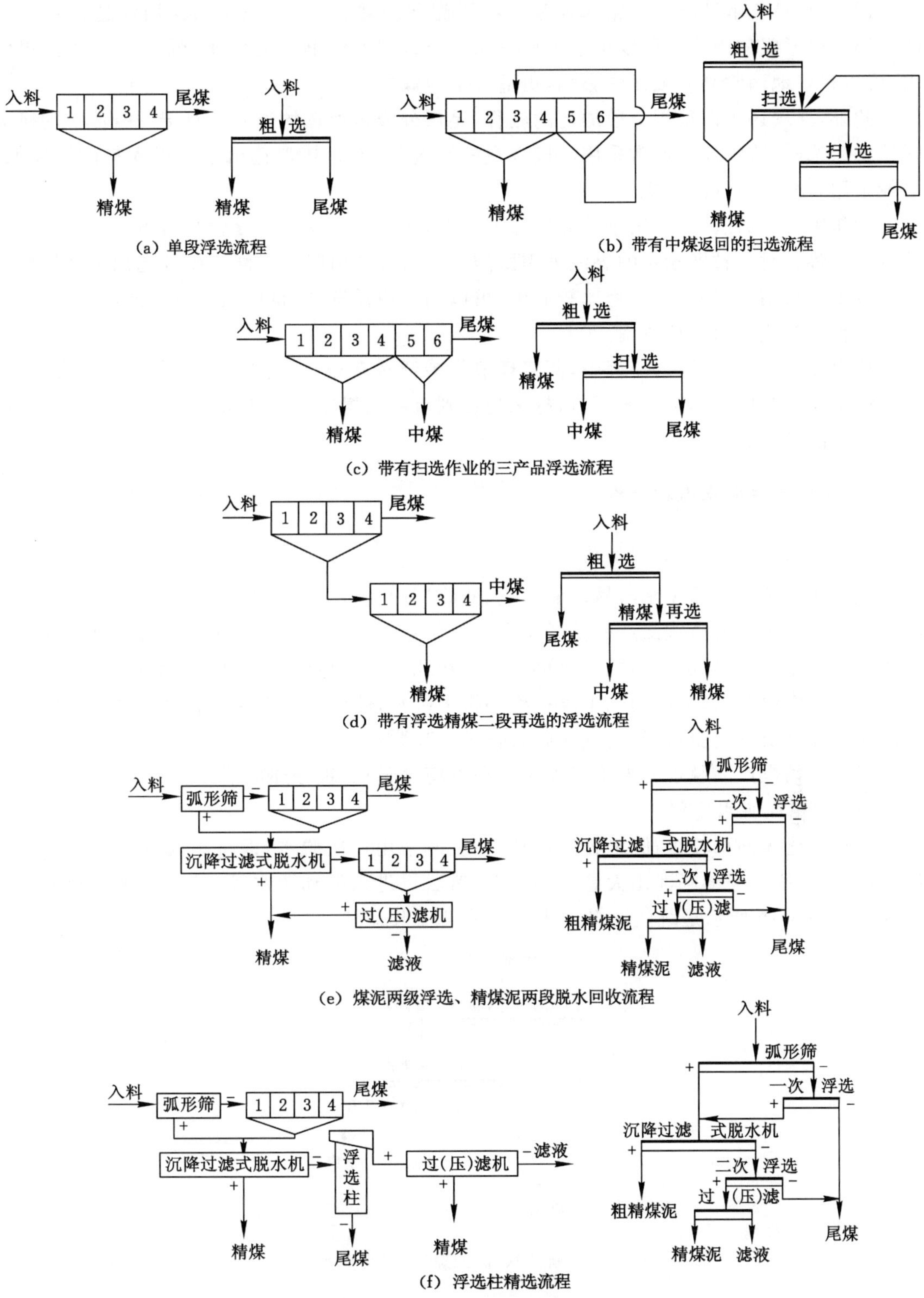

(a) 单段浮选流程

(b) 带有中煤返回的扫选流程

(c) 带有扫选作业的三产品浮选流程

(d) 带有浮选精煤二段再选的浮选流程

(e) 煤泥两级浮选、精煤泥两段脱水回收流程

(f) 浮选柱精选流程

备注：图中 1,2,3 等数字表示浮选机室。

图 4-18　常见浮选流程

图 4-18(f)所示是浮选柱精选流程。在煤泥两级浮选中,二段浮选使用浮选柱更加合适。浮选柱形成的泡沫层厚度可达 600～800 mm,加上喷淋水的作用,强化了二次富集作用,可以很好地消除高灰细泥的影响,更适宜细粒煤的分选。

此外,浮选还可以采用分段加药的流程、尾煤分级再浮选的流程。对于一般传统的机械搅拌式浮选机,浓缩浮选通常采用一段六室的浮选机;而直接浮选由于入浮入料的浓度低,一般采用一段四室的浮选机。

近年来,浮选柱已广泛用于选煤厂煤泥浮选,尤其是在煤泥粒度较细的条件下具有较大的技术优势。对于粒度较粗的煤泥采用微泡浮选机或喷射吸气式浮选机分选则具有较好的分选效果。采用浮选柱时,流程比较简单,可以用一段浮选柱,也可以两段浮选柱串联使用,形成一粗一扫或一粗一精流程。

值得注意的是,在浮选流程中,调浆环节作为浮选获得良好技术经济指标的先决条件,是浮游选煤工艺中必不可少的环节,越来越受到重视。煤浆预处理器、浮选入料脱泥装置近几年有新的发展。

4.3.3 选后产品脱水流程结构

4.3.3.1 重选产品脱水流程结构

重介质分选的产品脱水与悬浮液净化、回收同时完成,将在后续内容中介绍,这里所说的重选产品脱水主要指跳汰选的精煤脱水。跳汰选中煤一般经斗式提升机脱水后,进入脱水筛进一步脱水,或经脱水筛脱水后再进仓。在北方严寒地区或用户对产品水分有要求时,可以先将末中煤筛出,筛出的末中煤在离心机中脱水,然后与块中煤一起进入仓中。矸石一般经斗式提升机预先脱水,然后进入矸石仓进一步脱水。

跳汰选精煤产品脱水分为块精煤脱水和末精煤脱水,现分述如下。

(1) 块精煤脱水流程

块精煤比表面积较小,脱水较为容易,一般多采用一次脱水,即跳汰溢流产品进入脱水筛之前,先经固定条缝筛泄出大量的煤泥水,然后再进入振动脱水筛,最终在脱水仓中进一步脱水。图 4-19 所示是跳汰块煤分选的块精煤脱水流程。

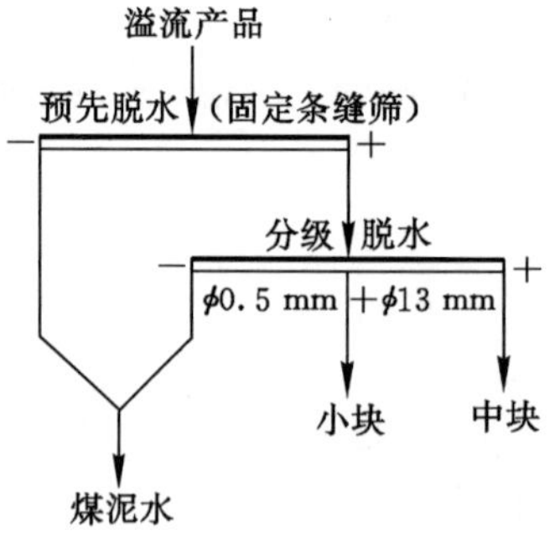

图 4-19 跳汰块煤分选的块精煤脱水流程

(2) 末精煤脱水流程

末精煤一般采用两次脱水。一次脱水采用筛子脱水或采用斗子捞坑脱水,使用斗子捞坑会造成煤泥对末精煤污染加重，在进行二次脱水前应当进行脱泥处理。二次脱水均采用离心机进行脱水。图 4-20(a)所示流程采用筛子进行一次脱水，图 4-20(b)所示流程采用斗子捞坑进行一次脱水。两种流程中经一次脱水后的末精煤均再进入离心机进行二次脱水，以降低精煤的产品水分，其中图 4-20(b)所示流程中的脱泥筛是为防止末精煤受煤泥污染而设的，加喷水脱泥可以降低末精煤灰分。当细煤泥灰分较高，细煤泥的污染严重时，采用图 4-20(a)所示流程有利于粗煤泥分选和减少细煤泥污染；反之，可以采用图 4-20(b)所示流程。我国选煤厂采用较多的脱水流程是图 4-20(b)所示流程。在图 4-20(b)所示流程中，也可将溢流产品直接送入斗子捞坑，末精煤捞起后再进入双层筛分级脱水。这样的流程优点是系统和设备较为简单，可以有效地清除木屑；缺点是脱泥效果较差，需要较大的捞坑容积，相应斗子提升机的规格也要加大。如果煤泥灰分不高或精煤质量要求不是十分严格，可以考虑在图 4-20(b)所示流程中取消脱泥筛。

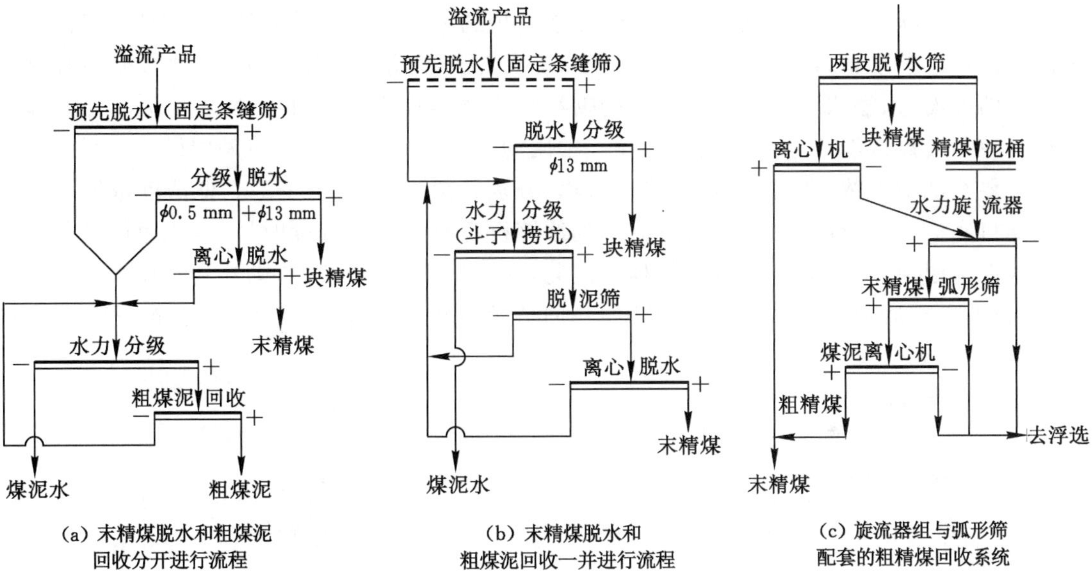

图 4-20　块精煤、末精煤脱水和粗煤泥回收流程

粗煤泥回收是一个与末精煤脱水流程相关的问题。在图 4-20(b)所示流程中，只要捞坑容积及斗子提升机规格符合要求，就能保证捞坑溢流粒度，使粗煤泥回收与末精煤采用斗子捞坑脱水一并完成。因此，该流程具有运转可靠、管理方便的优点；其缺点是精煤受煤泥污染较多，厂房布置与土建结构较为复杂，基建投资也比较高。在图 4-20(a)所示流程中，粗煤泥单独回收，该流程的优点是有利于改善 0.5 mm 的分级效果，减少煤泥对精煤的污染。

现在我国许多选煤厂采用旋流器作为分级设备。旋流器体积小，占厂房空间少，土建费用低，但是因为设备台数较多，必须加强维护和管理，否则也会存在溢流跑粗现象。现在新的选煤厂设计中，脱泥筛的筛下水和离心机的离心液单独回收粗煤泥，避免直接进入捞坑形成小循环，同时也能够减少细煤泥的污染，如图 4-20(c)所示。

4.3.3.2 浮选产品脱水流程结构

浮选精煤一般采用真空过滤机脱水，现在加压过滤机、隔膜式快速压滤机也越来越多地用于浮选精煤脱水。浮选尾煤回收与脱水主要采用压滤机。有些脱水流程中对浮选尾煤中粒度较粗的部分采用高频煤泥筛或粗煤泥离心机单独回收，细粒部分采用压滤机回收和脱水。

4.3.4 煤泥水处理流程结构

很多动力煤选煤厂不设浮选作业。在没有浮选作业的情况下，煤泥水全部浓缩后经压滤回收。有些工艺对煤泥水进行分级处理，粗煤泥单独回收后掺入洗混煤或洗末煤中，以此提高经济效益。需要考虑的是，在有些情况下，脱除粗煤泥后的细煤泥回收处理特别困难，如果采用压滤以外的方法往往难以达到预期的效果。

浮选作业既是一种分选作业，也是煤泥水处理的一种手段。设有浮选作业时，煤泥水处理流程由浮选前准备、浮选、浮选后产品脱水三大部分组成。浮选前的准备主要解决控制入浮物料的粒度、入浮浓度、入浮量、浮选药剂添加方式等问题。采用分级浓缩旋流器和弧形筛配合控制入浮浓度和入浮粒度是选煤厂常用的工艺手段。我国当前采用最多的煤泥浮选流程主要有低浓度浓缩浮选和直接浮选流程，分别见图 4-21 和图 4-22。低浓度浓缩浮选采用浓缩机底流大排放的方式，当大排放达到浓缩机没有溢流的程度时，浓缩机也就转化为简单的煤泥水通道，就成为直接浮选流程。因此，这两种流程并没有原则性和实质性的根本区别，其目的在于避免循环水中细泥积聚，并创造更好的浮选和过滤条件，节省投资和生产费用。

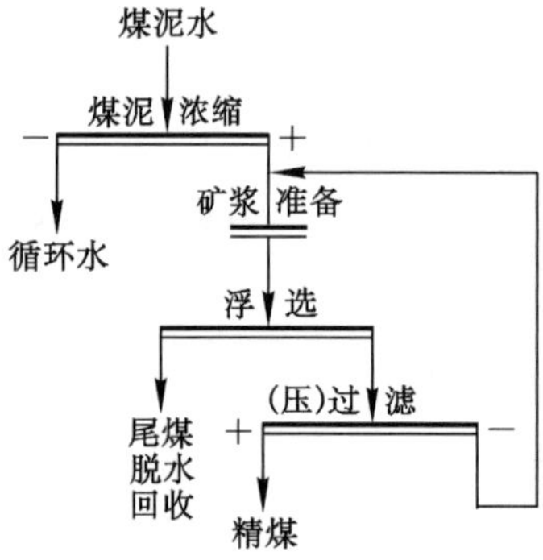

图 4-21 低浓度浓缩浮选流程

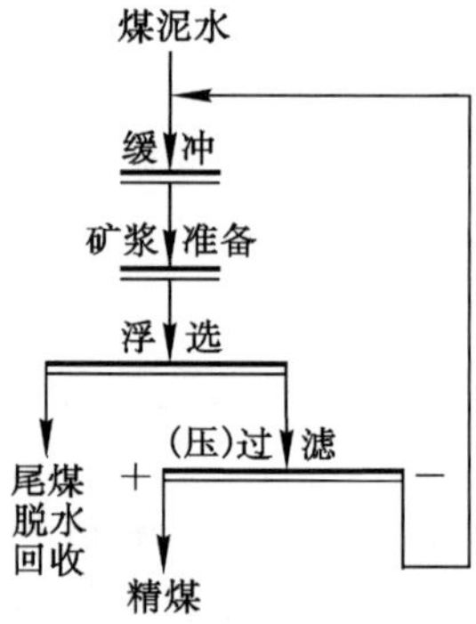

图 4-22 直接浮选流程

直接浮选是针对历史上一度占主导地位的浓缩浮选的缺点而产生的，即将原有的浓缩机改为浮选尾煤浓缩机，生产中的煤泥水都经过浮选，使浮选与跳汰同时开、停机，再加上尾煤浓缩机内加絮凝剂，有效地降低了循环水浓度，较好地解决了灰分高的细泥对精煤污染的难题。入浮浓度较低是普遍存在于直接浮选流程的主要问题。在许多选煤厂，尽管跳汰严格控制工作用水，入浮浓度也只能提高至 80 g/L 左右，结果浮选精煤水分过高，严重时过滤机不能正常作业。此外，采用直接浮选流程会导致选用设备多、设备利用率低，造成投资和生产费用都相对提高，半直接浮选是当前解决这种矛盾的一种方法。图 4-23 所示为半直接浮选流程。该流程既保持了全部煤泥水直接浮选流程的主要优点，如取消了煤泥浓缩机，解决了洗水中细泥积聚、泥化问题，洗水质量好（近似清水），又在一定程度上改进了全部煤泥水直接浮选流程中浮选入料浓度低、浮选机台数多等缺点。唯一不足之处是再选机循环水不是清水，而是浓度为 80 g/L 的主选机捞坑溢流水，但再选机精煤灰分通常要比主选机精煤灰分高，主选机捞坑溢流水的灰分也相对低一些，对高灰精煤的污染也就不显著了。

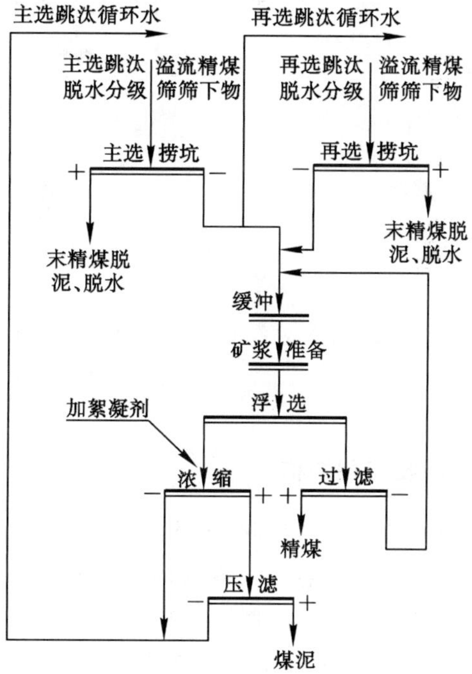

图 4-23　半直接浮选流程

低浓度浓缩浮选流程一般都是老厂在浓缩浮选基础上改造而成的。其优点是入浮浓度调节范围大，操作灵活，投资和生产费用均较低，缺点是循环水中仍然容易产生细泥积聚，浮选开停机仍然有滞后现象。

在厂型小或原煤含煤泥较多时，选择直接浮选流程较为有利。浮选前准备以及全部浮选流程的选择，需要根据具体的煤质情况及厂型经过技术经济比较后决定。

比较典型的浮选尾煤回收流程有两种：一种是全压滤流程，即浮选尾煤经过一次浓缩，底流全部通过压滤机处理。该流程在一次浓缩效果较好的条件下，可以最大限度地避免循环水中细泥的积聚，见图 4-24。另一种是沉降过滤离心机和压滤机联合作业流程，即浮选尾煤经过浓缩，较粗的底流用沉降过滤离心脱水机回收，溢流与离心脱水机滤液经第二次浓缩，其底流再用压滤机回收，见图 4-25。第二种流程的好处在于能够回收尾煤中的粗颗粒，将其掺入洗混煤或洗末煤，提高经济效益。脱除粗粒后的浮选尾煤除压滤作业外，用其他回收手段很难有效地回收。沉降过滤离心脱水机的价格高，用于回收尾煤时离心机的筛篮容易磨损，对维修的技术水平要求也高，这使得第二种方法的投资和生产成本均较高。

高频振动筛可以用于煤泥和浮选尾煤中粗煤泥的回收。该设备结构简单，投资和生产费用均较低，使用及维护也比较容易，现在许多选煤厂用它取代沉降过滤离心脱水机和压滤机联合作业流程中的沉降过滤离心脱水机。

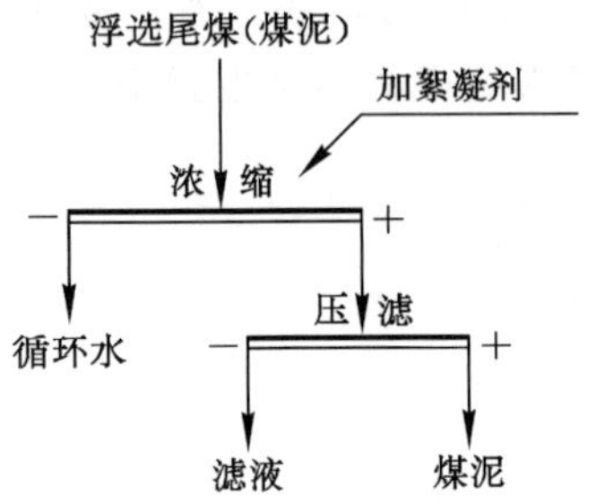

图 4-24　全压滤回收浮选尾煤(煤泥)流程

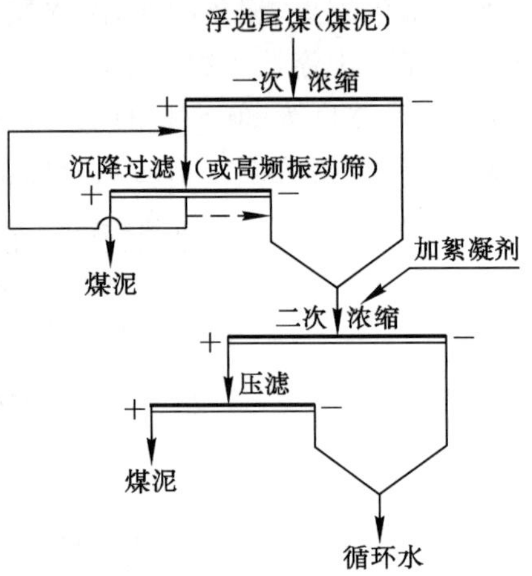

图 4-25　沉降过滤离心脱水机和压滤机联合回收浮选尾煤(煤泥)流程

4.3.5　悬浮液循环、净化、回收流程结构

悬浮液循环、净化、回收作业包括：以筛分方式从产品中直接脱除合格悬浮液循环再用；在筛面加喷水脱除产品上黏附的残余悬浮液成为稀悬浮液；稀悬浮液与从合格悬浮液中分流出的部分悬浮液一起经磁选回收、净化、脱除泥质物成为磁铁矿粉，与新制备的磁铁矿粉共同作为补加的加重质，供调节工作悬浮液密度之用。

图 4-26 所示是目前常用的典型重介质选煤产品脱介、分流流程。该流程分为脱介筛部分喷水流程[图 4-26(a)]和脱介筛全喷水流程[图 4-26(b)]。第一次脱介也称为预先脱介，块煤用固定条缝筛，末煤或混煤用弧形筛。第二次脱介用振动筛。在部分喷水流程中，振动筛分为两段，第一段长度占筛长的 1/3，其筛下物作为合格悬浮液，第二段先经两次循环水喷淋，再经一次清水喷淋，筛下物为稀悬浮液；在全喷水流程中，振动筛全筛面喷水，筛下物均为稀悬浮液。

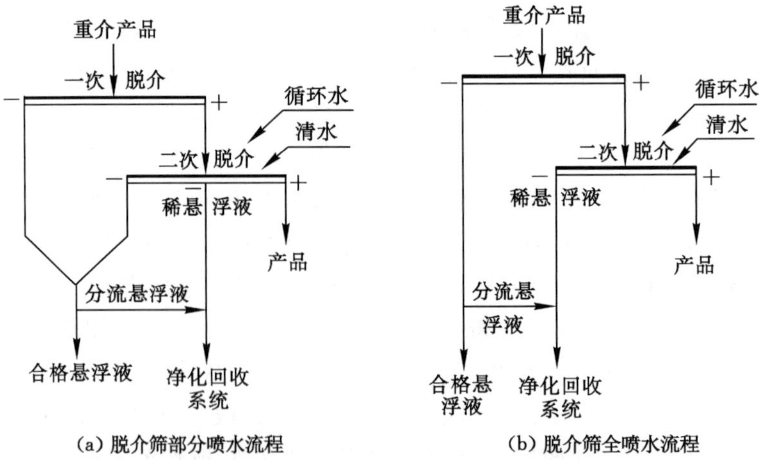

图 4-26　重介质选煤产品脱介、分流流程

早期的重介质选煤悬浮液净化回收工艺的主要工艺过程是在脱介筛前设固定筛或弧形筛，用来预先脱介，产品与悬浮液一起首先经弧形筛预先脱介。弧形筛的筛上物进入脱介筛进行二次脱介，脱介筛分为两段，即前 1/3 段为合格介质段不加喷水，后 2/3 段加喷水为稀介质段。弧形筛及脱介筛一段筛下悬浮液作为合格介质返回介质系统循环使用，其中从精煤合格介质中分流出一部分与脱介筛二段的稀悬浮液一起进入稀介质桶。稀介质一般采用浓缩机浓缩，浓缩后的溢流可作为脱介筛第二段的喷水，浓缩机的底流经两段磁选，磁选精矿进入合格介质桶循环使用。另一种工艺是稀悬浮液先经分级旋流器分级(有时采用磁选机一段尾矿去水力分级)，溢流进入浓缩机，底流进入磁选机磁选，磁选精矿进入浓缩机，浓缩机的底流进入合格介质桶，溢流作为脱介筛喷水用。此外，还有一种简单的直接磁选工艺即稀悬浮液不经浓缩或分级而直接进入磁选机进行两段磁选。早期重介质选煤悬浮液净化回收工艺流程见图 4-27(a)。

近年来随着重介质选煤工艺的不断简化，悬浮液净化回收流程也相应变得简化、高效。新型重介质选煤悬浮液净化回收工艺的主要过程是：重介质分选机产生的轻重产品随悬浮液一起首先经弧形筛一次脱介，弧形筛筛上物进入脱介筛进行二次脱介，弧形筛筛下物作为合格介质返回悬浮液系统循环使用，其中在精煤弧形筛下的悬浮液中进行分流。脱介筛加喷水进一步脱介，筛下物作为稀介质与分流一起进入磁选机进行磁选，回收磁铁矿粉，其中轻重产品的悬浮液分别进行磁选(特别是末煤重介质旋流器分选)。新型重介质选煤悬浮液净化回收工艺流程见图 4-27(b)。

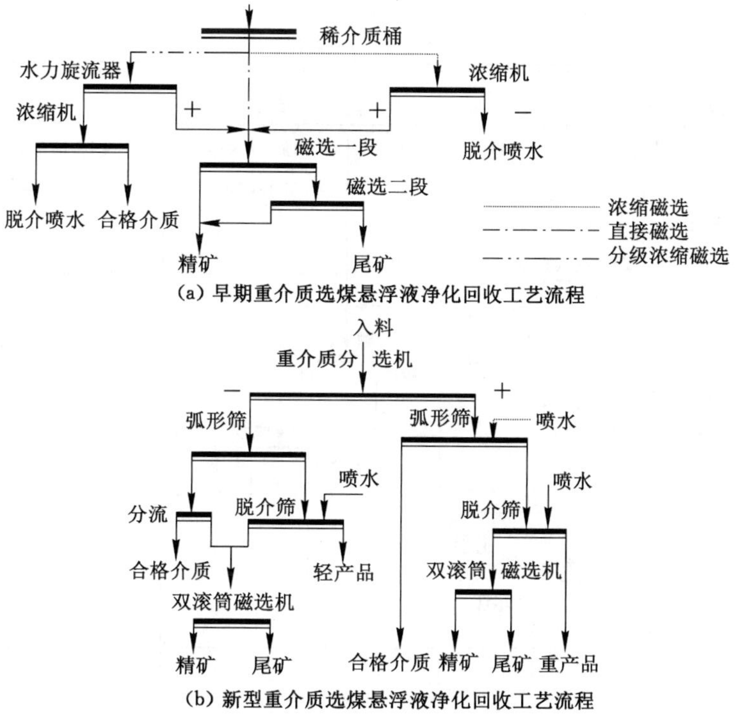

图 4-27　悬浮液净化、回收流程

新型重介质选煤悬浮液净化回收工艺与早期的相比主要有以下特点：① 新型悬浮液净

化回收工艺简单，设备台数少。新型悬浮液净化回收工艺不用浓缩机或分级旋流器；采用双滚筒磁选机代替过去的一段和二段磁选机，这样不但减少了设备台数而且节约了厂房空间；二次脱介筛由过去的两段(合格介质段和稀介质段)改为一段全部喷水，这样可减少产品带走磁铁矿粉。② 新型悬浮液净化回收工艺采用轻重产物系统的稀悬浮液分开磁选，从而从轻产物磁选尾矿中回收已经有效分选的粗煤泥，这样可以减少浮选入料量，降低生产成本。③ 新型悬浮液净化回收工艺采用新型高效的喷水装置以提高脱介效果和减少喷水量。④ 新型悬浮液净化回收工艺加大脱介弧形筛筛缝(0.075～1 mm)以提高悬浮液的脱除效果。⑤ 早期带浓缩机的悬浮液净化回收工艺的密度调节滞后时间长，而新型悬浮液净化回收工艺的悬浮液密度调节滞后时间短。⑥ 新型悬浮液净化回收工艺生产环节少，管理难度小，对降低介质的管理损失有利。

选前不脱泥无压入料三产品重介质旋流器流程是我国目前广泛采用的选煤工艺流程。该流程采取轻、重产物系统稀悬浮液分开磁选，并由精煤系统合格介质分流一部分，采用小直径煤泥重介质旋流器组进行分选处理；介质密度控制方面采用在合格介质泵入料管上加入清水，根据密度计在线检测值自动微调添加水量，密度调整快捷。该流程将合格介质分流与精煤泥回收结合在一起，这样可以从轻产物磁选尾矿中回收已经有效分选的粗煤泥，减少浮选入料量，同时也不需要增加更多的设备和环节，有利于提高经济效益，其原则流程详见图 4-28。

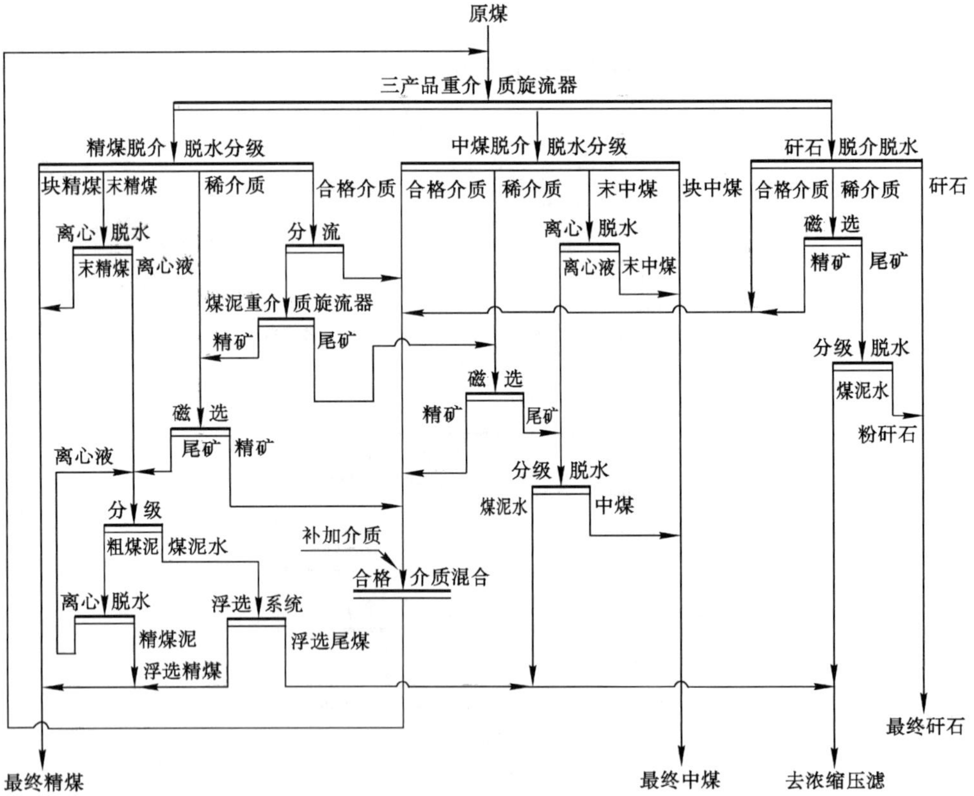

(a) 炼焦煤选煤厂

图 4-28 无压三产品重介质旋流器典型原则流程

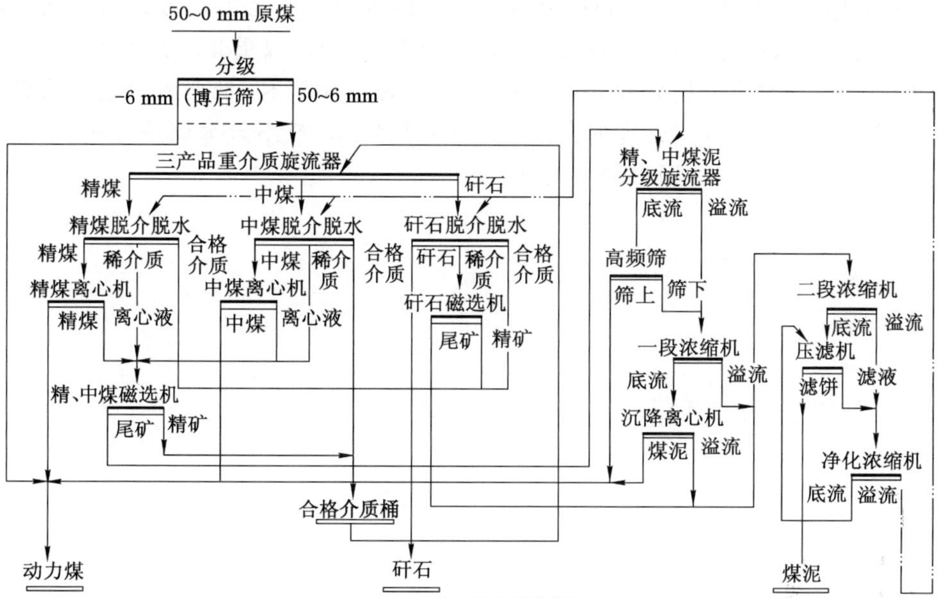

(b) 动力煤选煤厂

图 4-28(续)

新制备的磁铁矿粉先制成浓悬浮液，然后和磁选精矿一起供调节工作悬浮液用，其流程见图 4-29。这种流程要求球磨机具有较大的处理能力，否则难以满足生产需要。如果对磁铁矿粉先进行分级，使合格的细矿粉不进入球磨机，就可以大大减小球磨机的负荷。模块化选煤厂将每个生产班所需补加的介质量一次加够，使合格介质桶内的悬浮液密度在整个生产过程中始终保持高于所需密度值，因此不必再设浓介质添加系统，只需通过调节添加水量一个因素就能达到调节介质密度的目的。新制备的磁铁矿粉加入稀介质系统，经磁选机净化处理后，进入合格介质桶，这样能够保证补加介质密度比较稳定，而且还能去除磁铁矿粉中绝大部分高灰岩粉，提高了补加介质的质量。有些选煤厂所用的磁铁矿粉有专门的厂家按所要求的粒度供应，可省去介质制备磨矿系统的设置。

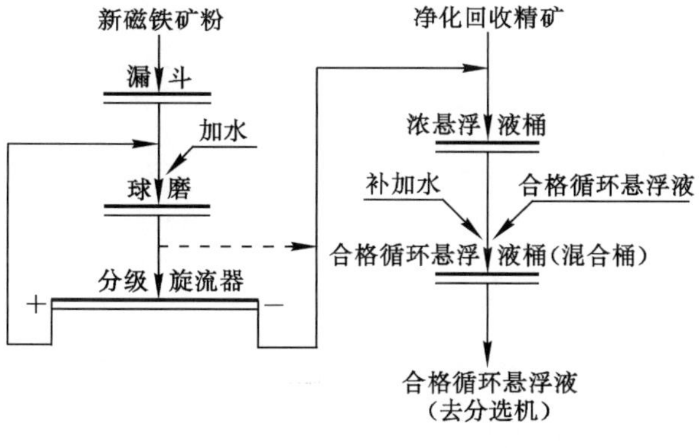

图 4-29　磨矿和循环悬浮液补充的流程

完整的悬浮液循环、净化、回收流程由以上的局部流程综合而成。流程中的分流、悬浮液补加、水的补加是三个重要的控制调节因素。在确定流程时还需要考虑以下问题:一是轻、重产物系统悬浮液净化、回收流程是否共用或分开,一般块煤重介质分选两种均可采用,而重介质旋流器分选时宜采用分开处理的方式;二是流程中有高、低两种分选介质密度时,通常向低密度悬浮液中补加高密度的合格悬浮液;三是末煤或不分级煤重介质选后产品脱水的离心液应考虑进入净化、回收系统处理。

第 5 章　选煤厂工艺流程的计算

选煤工艺流程的计算是选煤工艺设计的重要环节，其中包括煤质资料的综合与校正、准备作业的计算、分选作业的计算、选后产品和煤泥水处理作业的计算、水量流程的计算、介质流程的计算、选煤最终产品平衡表的编制等相关内容。

5.1　工艺流程计算的目的、依据和原则

5.1.1　工艺流程计算的目的

选煤工艺流程的计算是一项重要的工作，是在已确定的工艺流程和工作制度下进行的。计算应达到以下目的：

(1) 计算出各作业入料和排料的数量和质量。

(2) 使工艺流程的煤、水、介质等数量和质量达到平衡，为绘制数、质量工艺流程图提供可靠的依据。

(3) 为计算所需各工艺设备的数量提供资料和依据。

(4) 为投资概算提供分析依据。

(5) 为投产后的生产技术管理、生产指标分析对比提供依据。

5.1.2　工艺流程计算的依据

为保证工艺流程计算结果的准确性和可靠性，在计算时必须依据：

(1) 已确定的工艺流程。

(2) 已整理合格的入厂（入选）原料煤的筛分、浮沉及可选性试验资料。

(3) 设计规范规定并符合实际的各种技术参数。

(4) 设计委托书中所规定的选煤厂年生产能力和工作制度。由此推算出的小时处理量：

$$Q = \frac{Q_0}{Tt} \tag{5-1}$$

式中　Q——选煤厂小时处理量，t/h；

Q_0——选煤厂年生产能力，t/a；

T——选煤厂年工作日数，d/a；

t——选煤厂日工作小时数，h/d。

注：非用户型选煤厂年工作日数可选为 330 d，每日两班生产，日工作小时数按 16 h 计，即 T=330 d/a，t=16 h/d；用户型选煤厂的年工作制度可以与所服务的用户厂一致。

5.1.3　工艺流程计算的原则及注意事项

工艺流程计算时，必须遵守数、质量平衡的原则。所谓数、质量平衡，是指进入某作业各

种物料数、质量总和应等于该作业排出的各种物料数、质量总和。

工艺流程计算时应注意的事项：

(1) 灰分、硫分等指标必须用加权平均法进行计算。

(2) 水分指标采用水量平衡原则进行计算。

(3) 百分数必须是同一基准时才可以运算，计量单位必须相同时才可运算。比如：计算各作业的质量百分数时，必须以入厂（或入选）原煤 100% 为基数，水量必须为同一计量单位（t/h 或 m^3/h）方可进行运算。

(4) 计算固体物料数量平衡时，应以干燥基为基准。

(5) 进行工艺流程计算时，必须按照作业顺序依次进行。

5.1.4 有关工艺流程计算的内容

选煤工艺流程数、质量平衡计算中包含三种平衡：一是煤的数、质量平衡；二是水量平衡；三是使用重介选煤时介质的平衡。

5.1.4.1 煤的数、质量平衡指标

(1) 煤的绝对数量，用符号 Q 表示，单位为 t/h；计算时，不考虑水的问题，按绝对干燥质量计算。

(2) 煤的相对数量，用质量百分数表示，符号为 γ。

(3) 煤的质量，用灰分百分数表示，符号为 A_d。

(4) 煤的硫分，用符号 $S_{t,d}$ 表示，代表干基全硫，%。

5.1.4.2 水的平衡指标

(1) 水量用符号 W 表示，单位为 m^3/h 或 t/h，不考虑其中的悬浮物。

(2) 水分指标，即含水百分数用 M_t 表示。

(3) 水量与水分指标常用的换算公式为：

$$M_t = \frac{W}{Q+W} \times 100\% \tag{5-2}$$

$$W = \frac{QM_t}{1-M_t} \tag{5-3}$$

(4) 矿浆体积的计算：

$$V_m = W + \frac{Q}{\delta_c} = Q(R + \frac{1}{\delta_c}) \tag{5-4}$$

式中 V_m——矿浆（即指煤泥水）体积，m^3/h；

R——液固比（$R=W/Q$）；

δ_c——煤泥的真密度，t/m^3。

(5) 矿浆浓度的计算：

$$P = \frac{Q}{Q+W} \times 100\% \tag{5-5}$$

$$q = \frac{1\,000}{R+1/\delta_c} \tag{5-6}$$

$$R = \frac{1\,000}{q} - \frac{1}{\delta_c} \tag{5-7}$$

式中　P——固体质量百分浓度(显然 $P+M_t=100\%$);

q——煤泥水的质量浓度,g/L 或 kg/m^3。

q、R 之间可依据上述公式相互换算推导。

5.1.4.3　介质平衡计算的指标

介质平衡计算的指标包括工作悬浮液中固体物(由磁性物与非磁性物所构成)的质量 G 及水的质量,单位为 t/h;单位体积工作悬浮液中的固体物(由单位体积的磁性物与非磁性物所构成)的质量 g 及水的质量,单位为 t/m^3。

(1) 工作悬浮液的密度

$$\rho = \lambda\delta + (1-\lambda) \tag{5-8}$$

式中　ρ——工作悬浮液的密度,t/m^3;

λ——工作悬浮液中固体的体积浓度(无因次,以小数表示);

δ——工作悬浮液中固体混合物的真密度,t/m^3。

(2) 工作悬浮液的体积

$$V = \frac{G}{g} = \frac{G}{\lambda\delta} \tag{5-9}$$

式中　V——每小时工作悬浮液的体积,m^3/h;

G——每小时工作悬浮液中固体物质量,t/h;

g——单位体积工作悬浮液中的固体物质量,t/m^3。

5.2　准备作业的计算

准备作业包括原煤的筛分、选矸、破碎、脱泥和除尘等。除了筛选厂是将原煤加工成产品外,炼焦煤选煤厂准备作业是为了满足分选作业对入选原煤的工艺要求而设置的。常见的原煤准备作业工艺流程如图 5-1 所示。

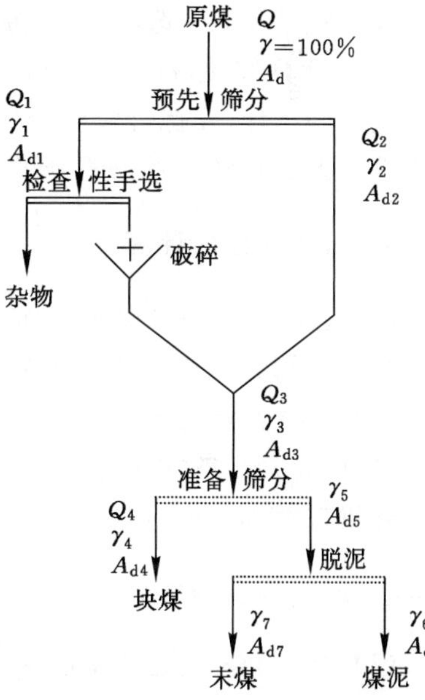

图 5-1　原煤准备作业工艺流程

5.2.1　筛分作业的计算

筛分作业数、质量计算从入料开始,计算筛下物和筛上物。

5.2.1.1　入料数、质量的计算

(1) 根据式(5-1)和确定的厂型与工作制度计算原煤小时处理量 Q,t/h。

(2) 根据原煤筛分试验查出入料的灰分 A_d,%。

(3) 原煤入厂的第一个作业,产率 $\gamma=100\%$。

(计算数、质量时不考虑水,按绝对干燥计量;计算水量流程时才考虑原煤水分要不要计入的问题)

5.2.1.2　筛下物数、质量的计算

(1) 筛孔尺寸 d 的选择是由工艺流程确定的,但要用筛分试验资料核对，并从资料中查出理论筛下物产率 $\gamma_{<d}$ 和灰分 $A_{<d}$。

(2) 筛分效率 η 受筛孔尺寸、入料含水量、难筛颗粒含量、筛分设备的选型及负荷的影响。设计时为简便起见，假定选型适当，筛分效率仅根据作业的方式和方法选择。

对于混合入选，当筛孔尺寸 $d \geqslant 50$ mm 时，预先筛分取 $\eta=100\%$；对于分级入选的准备(分级)筛分，当筛孔尺寸 $d=13 \sim 8$ mm 干法筛分时取 $\eta=75\% \sim 85\%$，湿法筛分时取 $\eta=85\% \sim 95\%$。

(3) 筛下物数、质量计算，从图 5-1 中可知：

$$\gamma_2 = \eta\gamma_{<d}$$

$$Q_2 = \gamma_2 Q$$

筛下物灰分 $A_{d2}=A_{d,<d}$，从筛分试验资料查出。

5.2.1.3　筛上物数、质量的计算

$$Q_1 = Q - Q_2$$

$$\gamma_1 = 1 - \gamma_2$$

$$A_{d1} = \frac{\gamma A_d - \gamma_2 A_{d2}}{1-\gamma_2}$$

5.2.2　选矸作业的计算

(1) 若是检查性手选，只拣出木块、铁器和少量大块矸石，则认为手选后原煤数量和质量指标未改变。

(2) 重介选矸代替人工手选时，采用重介分选作业的方法计算选矸；采用选择性破碎机或其他设备选矸时，可使用相应的资料和指标进行计算。

(3) 采用人工手选时，可从原煤筛分试验资料中查出≥50 mm 级矸石的数量(γ)和灰分(A_d)。为计算方便，拣出可见矸石的效率取 $\eta=100\%$，在拣矸粒度≥50 mm 时，每工每班按拣出(3～5) t 计；在拣矸粒度≥100 mm 时，每工每班按拣出(6～7) t 计。依据以上数据确定手选工人数目和手选矸石仓的容量，并用来设计手选带式输送机等。

5.2.3　破碎作业的计算

(1) 选煤厂多用开路破碎作业。经破碎后，认为只有粒度的变化，破碎前后数、质量不发生变化。筛分试验破碎级的粒度特性，可代表该作业的结果。

(2) 闭路破碎流程在选煤厂应用很少，只有在入选上限要求特别严格时采用。设立检查性筛分，将筛出的大于入选上限的物料再送回破碎机以实现闭路，返回破碎机的循环量根据破碎机性能和效率求出。在预先筛分与检查筛分共用同一设备时，要考虑循环量负荷。

5.2.4　脱泥作业的计算

(1) 根据工艺流程要求脱泥时(见图 5-1)，从流程计算已知 γ_5(γ_5 的计算过程略)作为脱泥作业的入料。

(2) 从原煤筛分试验资料已知 0.5～0 mm 的产率 $\gamma_{<0.5}$，计算理论筛下煤泥产率 $\beta=\frac{\gamma_{<0.5}}{\gamma_5}$(以小数表示)。

(3) 脱泥效率 η 与原煤的粒度特性、脱泥筛的性能及选定的筛上喷水量有关。脱泥效率与喷水量的关系见表 5-1。

表 5-1　脱泥效率与喷水量的关系

喷水量/(m^3/t)	1.0	1.5	2.0	2.5
原煤脱泥效率/%	80	84	87	90

(4) 脱泥筛筛下物 γ_6 与筛上物 γ_7 的计算。

$$\gamma_6 = \eta\gamma_{<0.5} = \eta\gamma_5\beta$$

$$\gamma_7 = \gamma_5 - \gamma_6$$

式中　η——从表 5-1 中选取。

筛下煤泥的灰分 A_{d6} 取筛分试验 $A_{d,<0.5}$ 的灰分(筛分粒度以实际的为准,不一定为 0.5 mm),A_{d5} 在计算流程时是已知的,则筛上物的灰分为:

$$A_{d7} = \frac{\gamma_5 A_{d5} - \gamma_6 A_{d6}}{\gamma_7}$$

5.3　分选作业的计算

5.3.1　二产品平衡法

二产品平衡法,多用于浮选等简单的二产品作业,根据产率、灰分量平衡的原则列出如下方程组。

$$\begin{cases}\gamma_1 + \gamma_2 = \gamma_u \\ \gamma_1 A_{d1} + \gamma_2 A_{d2} = \gamma_u A_{du}\end{cases}$$

解之得:

$$\gamma_1 = \frac{A_{d2} - A_{du}}{A_{d2} - A_{d1}}\gamma_u \tag{5-10}$$

$$\gamma_2 = \gamma_u - \gamma_1 \quad 或 \quad \gamma_2 = \frac{A_{du} - A_{d1}}{A_{d2} - A_{d1}}\gamma_u \tag{5-11}$$

式中　γ_u,γ_1,γ_2——分别为入料、精煤、尾煤产率,%;

A_{du},A_{d1},A_{d2}——分别为入料、精煤、尾煤灰分,%。

5.3.2　分配曲线法

应用分配曲线法必须有实际生产的精煤、中煤和洗矸石的浮沉试验资料,用最小二乘法(格氏法)计算实际的精煤、中煤和洗矸石产率,再用产品的实际产率与浮沉试验资料计算出分配率,并绘出跳汰机的一段与二段分配曲线,找到实际的分选密度和可能偏差 E。设计时,依据这些资料,或用改变分选密度、平移分配曲线的方法,找到分配率并计算出设计指标。

分配曲线法使用的局限性在于资料的来源。若是老厂改扩建,则会有充足的资料可供设计使用;设计新选煤厂时,要用该法,则需提供工业性试验或半工业性试验资料。

从分配曲线查得的 δ_p 和 E,以及计算出的不完善度 I,可能不符合设计要求,如当改变 I

值时，存在重新选定 E 和改变 δ_p 的问题，此时不仅要平移分配曲线，甚至需要改变分配曲线的形状。用已知的 I 值和分配率所计算出的精煤灰分指标，如不符合设计要求，则要多次改变分选密度，多次计算，直到符合要求为止。

5.3.3 正态分布近似法

正态分布近似法是目前设计部门应用较为普遍的一种计算选煤产品数、质量的方法。

长期研究和生产实践证明，重力选煤过程中，各密度物在选后产品中的分配率，与各密度物在分选过程中进入该产品中的概率在数值上是相近的，也就是近似符合正态分布规律。虽不是典型的正态分布，但将分配曲线经过适当转换后，利用正态分布累积曲线的数据，可计算出各密度物在选后产品中的分配率，然后用原煤浮沉试验资料和各段分配率计算出各产品的数、质量指标。

5.3.3.1 湿法跳汰选(或槽选)的近似公式

湿法跳汰(或槽选)选煤过程可能偏差 $E=\frac{\delta_{75}-\delta_{25}}{2}$。由于分配曲线近似符合正态分布规律，因此 $\delta_{75}-\delta_p\approx\delta_p-\delta_{25}$，$E\approx\delta_{75}-\delta_p\approx\delta_p-\delta_{25}$。当采用 $\lg(\delta-1)$ 作为分配曲线的横坐标后，分配曲线更接近正态分布，此时可能偏差 $E'=\frac{\lg(\delta_{75}-1)-\lg(\delta_{25}-1)}{2}=\frac{1}{2}\lg\frac{\delta_{75}-1}{\delta_{25}-1}$。

表示分选精确程度的可能偏差 E 随着跳汰分选密度 δ_p 的改变而变化。如果用不完善度 $I=\frac{E}{\delta_p-1}$ 表示跳汰分选精确程度，则可得到不随 δ_p 变化而变化的稳定值。

因为 $E\approx\delta_{75}-\delta_p$，故 $\delta_{75}-1=\delta_p+E-1$。

同理可得 $\delta_{25}-1=\delta_p-E-1$。

代入得：

$$E'=\frac{1}{2}\lg\frac{\delta_p+E-1}{\delta_p-E-1}=\frac{1}{2}\lg\frac{1+\frac{E}{\delta_p-1}}{1-\frac{E}{\delta_p-1}}=\frac{1}{2}\lg\frac{1+I}{1-I}$$

取变量 $t=\frac{\chi-m}{\sigma}$，t 值是 $-\infty$ 到 $+\infty$ 之间的实数，从附录"t"值表可知，当 t 值为 3.9 时，作为分配率用的 $F(t)$ 值已经为 100%。

m 值处于正态分配曲线的分布中心，相当于分配曲线的 $\lg(\delta_p-1)$；χ 值为偏离 m 的一个值，相当于分配曲线的 $\lg(\delta-1)$；σ 为标准差，在数学理论上可以证明 $\sigma=\frac{E'}{0.675}$。将其代入 $t=\frac{\chi-m}{\sigma}$ 得：

$$t=\frac{\lg(\delta-1)-\lg(\delta_p-1)}{\sigma}=\frac{0.675}{E'}\lg\frac{\delta-1}{\delta_p-1}$$

从一般数学用表上可查到 $\lg\frac{1+I}{1-I}=0.868\,6I$，代入 E' 得 $E'=0.434\,3I$，代入上式并整理得：

$$t=\frac{1.553}{I}\lg\frac{\delta-1}{\delta_p-1} \tag{5-12}$$

由式(5-12)可知，选定 I 和 δ_p，再选择每个密度级的平均值作为 δ 就可计算出 t，从 t 值表即可查出分配率。

5.3.3.2　重介选的近似公式

因重介选的分配曲线较接近正态分布积分曲线，因此以 δ 为横坐标，故 $E'=E$。E 值则和分选密度的改变无关。

$$t=\frac{\chi-m}{\sigma}=\frac{\delta-\delta_p}{\sigma}=\frac{0.675}{E}(\delta-\delta_p) \tag{5-13}$$

选定 E 与 δ_p，取每个密度级的平均值为 δ，代入式(5-13)可计算出 t 值，从附录中的 t 值表即可查出分配率。

5.3.3.3　风选的近似公式

风选法的分配曲线也不对称，其坐标的转换方法与跳汰法类似，但风选法的介质是空气，因此以 $\lg\delta$ 为横坐标。

因为：

$$t=\frac{\chi-m}{\sigma}=\frac{\lg\delta-\lg\delta_p}{\sigma}$$

则有：

$$t\approx\frac{0.675}{E'}\lg\frac{\delta}{\delta_p}=\frac{1.553}{I}\lg\frac{\delta}{\delta_p} \tag{5-14}$$

5.3.3.4　粗煤泥分选的近似公式

目前国内外粗煤泥分选多采用螺旋分选机、小直径煤泥重介质旋流器、干扰床分选机等。螺旋分选机分选产品的计算可参考跳汰选的方法进行，小直径煤泥重介质旋流器、干扰床分选机分选产品的计算可参考重介选的方法进行。

5.3.3.5　指标的选取

选煤工艺产品计算，应符合以下规定：

(1) 空气脉动跳汰机、动筛跳汰机的不完善度参照表 5-2 选取。

表 5-2　空气脉动跳汰机、动筛跳汰机的不完善度

分选粒级/mm	作业条件		不完善度(I)
50(100)～0.5	跳汰主选	矸石段	0.14～0.16
		中煤段	0.16～0.18
	跳汰再选		0.18～0.20
50(200)～13	跳汰主选	矸石段	0.11～0.13
		中煤段	0.14～0.16
13～0.5	跳汰主选	矸石段	0.18～0.20
		中煤段	0.20～0.22
	跳汰再选		0.22～0.25
300～50	动筛跳汰	排　矸	0.09～0.11
300～25			0.11～0.13

(2) 重介质分选设备及风力分选机的可能偏差参照表 5-3 选取，或采用厂家提供的保证值。

表 5-3　重介质分选设备及风力分选机的可能偏差

设备名称	作业条件	可能偏差(E)
斜轮、立轮、刮板重介质分选机	分选粒级＞13 mm	0.02～0.04
二产品重介质旋流器	分选粒级＞0.5 mm	0.03～0.05
三产品重介质旋流器	一段(主选)分选粒级＞0.5 mm	0.03～0.05
	二段(再选)分选粒级＞0.5 mm	0.05～0.07
煤泥重介质旋流器	分选粒级 1.5～0.5 mm	0.08～0.12
风力分选机	分选粒级 80～6 mm	0.23～0.28

(3) 摇床、螺旋分选机的不完善度参照表 5-4 选取，或采用厂家提供的保证值。

表 5-4　摇床、螺旋分选机的不完善度

设备名称	分选粒级/mm	不完善度(I)
摇床	6～0	0.20～0.22
螺旋分选机	3～0	0.20～0.25

(4) 浮选精煤产率按《煤粉(泥)实验室单元浮选试验方法》(GB/T 4757—2013)或《选煤实验室分步释放浮选试验方法》(MT/T 144—1997)试验结果选取，或参照相似煤质的实际生产资料选取。

(5) 原煤在分选、筛分、运输等作业中遭遇碰撞、跌落、冲击、摩擦等，会产生次生煤泥。次生煤泥占入选原煤的质量百分数可根据煤和矸石的泥化试验来确定，也可参照邻近选煤厂实际生产指标选取。

根据原煤 50～0 mm 浮沉试验综合表可绘出可选性曲线。在可选性曲线上可按设计要求的精煤灰分查得理论分选密度，以及评定可选性等。按照我国的统计资料及经验，实际分选密度与理论分选密度存在一定差值，具体见表 5-5。表中的差值对精(中)煤段为负值，对矸石段为正值乘以 2，块煤重介的差值可接近 0。由此可将理论分选密度转化为实际分选密度。

表 5-5　实际与理论分选密度差值

$\delta\pm0.1$ 含量/%	≤10.0	10.1～20.0	20.1～30.0	30.1～40.0	＞40.0
可选性等级	易选	中等可选	较难选	难选	极难选
密度差值范围/(g/cm^3)	0～0.04	0～0.05	0～0.06	0.02～0.08	0.04～0.10

表 5-5 中的密度差值是概略的，如果发现所确定的指标不适合，可以重新选择 δ_p 及 I、E 等，直至计算出的指标达到要求为止。

5.3.3.6　根据 t 值求分配率 ε 的方法

由 t 值求分配率 ε 的方法主要有使用 Excel 中相关函数求 ε 值法、利用程序设计语言通

过编程求 ε 值法等，可根据不同的计算手段采用不同的方法。

(1) 使用 Excel 中相关函数求 ε 值

在 Excel 中使用如下函数可直接求得分配率 ε 值：ε＝normsdist(t)。

此函数为标准正态分布累积函数，自变量为分配率转换数 t，函数返回值为对应的小数表示的分配率。

(2) 利用程序设计语言通过编程求 ε 值

在高级语言“Visual Basic”中编程实现分配率计算的自定义函数如下，其自变量为分配率转换数 t，函数返回值为对应的分配率(小数表示)：

```
Function FPL(T)
  H=T/100
  R=0
  S=0
  For I=1 To 100
    H1=Exp(-R^2/2)
    H2=Exp(-(R+H)^2/2)
    S=S+(H1+H2)*H/2
    R=R+H
  Next I
  FPL=0.5+S/Sqr(2*3.14159)
End Function
```

5.3.3.7　跳汰分选指标计算实例

应用表 3-22 的＜50～0.5 mm 浮沉试验综合表校正后的资料，绘出可选性曲线。当精煤灰分要求为 9.01%～9.50%时，根据精煤灰分 9.50%，在可选性曲线上查得理论分选密度 $\delta_{p20}=1.41\ g/cm^3$，分选密度±0.1 含量为 32.97%，可选性等级为难选。

矸石段理论分选密度的确定一方面可以根据中煤灰分的要求，另一方面可以考虑矸石排出量应占＞1.80 g/cm³ 密度级的 70%～75%为宜。如果原煤中＞1.80 g/cm³ 密度级含量大于 40%，那么应考虑其中≥80%的矸石排出。这里确定矸石段的理论分选密度 $\delta_{p10}=1.70\ g/cm^3$。根据表 5-5 确定实际分选密度 $\delta_{p1}=1.80\ g/cm^3$，$\delta_{p2}=1.34\ g/cm^3$。按表 5-2 不分级跳汰选煤取矸石段 $I_1=0.16$，中煤段 $I_2=0.16$。每个密度级取密度的平均值。用跳汰选近似公式计算 t 值，并查附表，得到分配率 ε。

矸石段将 $\delta_{p1}=1.80\ g/cm^3$，$I_1=0.16$ 代入：

密度级＜1.30 g/cm³(取 1.25 g/cm³)，$t=\dfrac{1.553}{I}\lg\dfrac{\delta-1}{\delta_p-1}=\dfrac{1.553}{0.16}\lg\dfrac{1.25-1}{1.8-1}=-4.903$，查表 ε=0；

密度级 1.30～＜1.40 g/cm³(取 1.35 g/cm³)，$t=\dfrac{1.553}{0.16}\lg\dfrac{1.35-1}{1.8-1}=-3.485$，查表 ε=0.02；

密度级 1.40～＜1.50 g/cm³(取 1.45 g/cm³)，$t=\dfrac{1.553}{0.16}\lg\dfrac{1.45-1}{1.8-1}=-2.425$，查表 ε=0.77；

密度级 1.50～<1.60 g/cm³(取 1.55 g/cm³)，$t=\frac{1.553}{0.16}\lg\frac{1.55-1}{1.8-1}=-1.579$，查表 $\varepsilon=5.71$；

密度级 1.60～<1.80 g/cm³(取 1.70 g/cm³)，$t=\frac{1.553}{0.16}\lg\frac{1.7-1}{1.8-1}=-0.563$，查表 $\varepsilon=28.77$；

密度级≥1.80 g/cm³(取 2.00 g/cm³)，$t=\frac{1.553}{0.16}\lg\frac{2.0-1}{1.8-1}=0.941$，查表 $\varepsilon=82.67$。

查表方法如下，以 $t=-2.283$ 为例。$t=2.28$ 时 $\varepsilon=98.87$，t 的小数第三位为 3，对应 $t=2.2$ 的同行数为 1，即 $\varepsilon=98.87+0.01=98.88$，$t$ 为负值时，则 $100-98.88=1.12$，为所取的 ε 值。

中煤段将 $\delta_{p2}=1.34$ g/cm³，$I_2=0.16$ 代入：

密度级<1.30 g/cm³(取 1.25 g/cm³)，$t=\frac{1.553}{0.16}\lg\frac{1.25-1}{1.34-1}=-1.296$，查表 $\varepsilon=9.74$；

密度级 1.30～<1.40 g/cm³(取 1.35 g/cm³)，$t=\frac{1.553}{0.16}\lg\frac{1.35-1}{1.34-1}=0.122$，查表 $\varepsilon=54.86$；

密度级 1.40～<1.50 g/cm³(取 1.45 g/cm³)，$t=\frac{1.553}{0.16}\lg\frac{1.45-1}{1.34-1}=1.182$，查表 $\varepsilon=88.14$；

密度级 1.50～<1.60 g/cm³(取 1.55 g/cm³)，$t=\frac{1.553}{0.16}\lg\frac{1.55-1}{1.34-1}=2.027$，查表 $\varepsilon=97.87$；

密度级 1.60～<1.80 g/cm³(取 1.70 g/cm³)，$t=\frac{1.553}{0.16}\lg\frac{1.70-1}{1.34-1}=3.044$，查表 $\varepsilon=99.88$；

密度级≥1.80 g/cm³(取 2.00 g/cm³)，$t=\frac{1.553}{0.16}\lg\frac{2.0-1}{1.34-1}=4.548$，查表 $\varepsilon=100.00$。

根据上述求得的分配率结果计算跳汰产品设计指标，如表 5-6 所示。设计指标与理论指标对比如表 5-7 所示。

表 5-6　跳汰产品设计指标计算表

密度级/(g/cm³)	入料		洗矸			二段入料		中煤			精煤	
	γ/%	A/%	ε/%	γ/%	A/%	γ/%	A/%	ε/%	γ/%	A/%	γ/%	A/%
1	2	3	4	$5=\frac{2\times4}{100}$	6	7=2−5	8	9	$10=\frac{7\times9}{100}$	11	12=7−10	13
<1.30	7.42	2.71	0	0	2.71	7.42	2.71	9.74	0.72	2.71	6.70	2.71
1.30～<1.40	21.90	11.70	0.02	0	11.70	21.90	11.70	54.86	12.01	11.70	9.88	11.70
1.40～<1.50	14.45	20.67	0.77	0.11	20.67	14.34	20.67	88.14	12.64	20.67	1.70	20.67
1.50～<1.60	8.97	33.23	5.71	0.51	33.23	8.46	33.23	97.87	8.28	33.23	0.18	33.23
1.60～<1.80	10.87	45.90	28.67	3.12	45.90	7.75	45.90	99.88	7.74	45.90	0.01	45.90
≥1.80	36.38	74.19	82.67	30.08	74.19	6.30	74.19	100.00	6.30	74.19	0	74.19
合计	100.00	40.71	—	33.82	70.78	66.17	25.35	—	47.70	31.49	18.48	9.49

注：此表为跳汰产品设计指标计算表，若改变相应的分配率也适用于块煤重介质分选机的计算；重介质旋流器的计算套用此表需要变动产品排料顺序和转换分配率。

表 5-7　理论与设计指标对照表

	理论指标		设计指标	
	γ/%	A_d/%	γ/%	A_d/%
精煤	29.32	9.42	18.48	9.49
中煤	34.30	31.94	47.70	31.49
矸石	36.38	74.19	33.82	70.78
小计	100.00	40.71	100.00	40.71

5.3.4　选煤产品平衡表的编制

表 5-6 中的指标是以<50～0.5 mm 粒级不带浮沉煤泥时为 100%计算的。次生煤泥是物料分选、运输等过程中碰撞及遇水泥化产生的，而浮沉煤泥是从筛分过程中带入<50～0.5 mm 粒级产生的，仍应加入原粒级中。在<50～0.5 mm 粒级以外，有原生煤泥、破碎煤泥和次生煤泥(从表 5-8 中选取)，而<50～0.5 mm 粒级要相应地等量减少。次生煤泥与选煤方法及煤的易碎程度有关。

表 5-8　次生煤泥占入选原煤质量百分数

选煤方法	煤类(或入料方式)	原煤中<0.5 mm 级含量(%)			
		≥20	<20～15	<15～10	<10
不分级跳汰选	肥煤、焦煤、瘦煤	10～<12	8～<10	7～<8	5～<7
	其他煤类	7～<8	6～<7	5～<6	3～<4
块煤重介质选	—	2～4			
末煤重介质选	无压入料	4～8			
	有压入料	5～10			

本例原煤牌号为主焦煤，采用不分级跳汰选，次生煤泥量选择 7%，灰分取表 5-7 小计的灰分 40.71%。计算出的结果见表 5-9。

表 5-9　选煤产品设计平衡表

名称	产率/%		灰分/%
	占本级	占全样	
精煤	18.48	15.34	9.49
中煤	47.70	39.60	31.49
洗矸	33.82	28.08	70.78
小计	100.00	83.02	40.71
次生煤泥	7.78	7.00	40.71
入选小计	100.00	90.02	40.71
占浮沉入料	97.78	90.02	40.71

表 5-9(续)

名称	产率/%		灰分/%
	占本级	占全样	
浮沉煤泥	2.22	2.04	21.46
合计	100.00	92.06	40.28
占全样	92.06	92.06	40.28
原生煤泥	6.93	6.93	17.90
破碎煤泥	1.01	1.01	21.15
合计	100.00	100.00	38.54

5.4 选后产品和煤泥水处理作业的计算

选后产品处理主要指重选分选后的产品脱水和分级;煤泥水处理主要指煤泥回收、浮选、脱水和洗水澄清回收再利用等作业。选后产品脱水及煤泥水处理作业如图 5-2 所示。

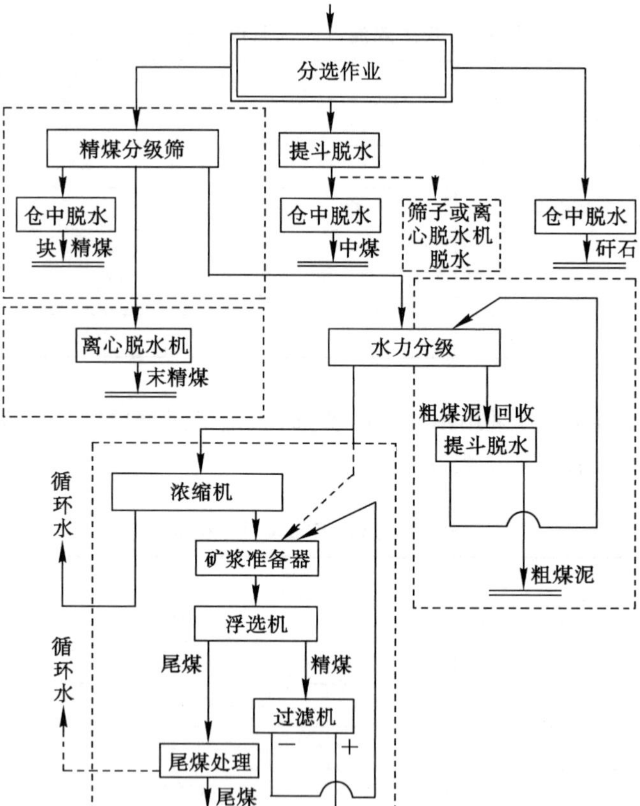

图 5-2　选后产品脱水及煤泥水处理作业

5.4.1 产品脱水

粒煤产品的脱水分级设备有斗子提升机、脱水筛、离心脱水机、脱水仓等。脱水计算的方法也适用于脱介筛的煤流计算。

5.4.1.1 分级筛脱水作业的计算

(1) 单层筛脱水分级作业的计算

① 产品中煤泥分配与分级筛入料计算

精煤溢流常用条缝筛或弧形筛预先脱水(介)，再用直线振动筛分级并脱水(介)，脱水(介)后的 13～0.5 mm 末煤，一种方法是用离心脱水机二次脱水，另外一种方法(跳汰分选时)是使分级后的 13～0.5 mm 精煤和水进入捞坑，经斗子提升机脱水后，再经筛分机脱泥和脱水，然后经过离心机脱水得到精煤。重介矸石和中煤常用筛子脱水脱介，跳汰矸石和中煤常用斗子提升机脱水，必要时再加筛子进一步脱水。

从产品平衡表 5-9 可知，全部的煤泥是原生煤泥、次生煤泥、破碎煤泥和浮沉煤泥之和。为了计算简便，可假定全部煤泥进入精煤溢流，或者假定少量煤泥被中煤、矸石带走，而大部分煤泥进入精煤溢流。在没有实际资料的情况下，可根据经验数据进行煤泥分配，即全部煤泥的 85%分配到精煤中，10%分配到中煤中，5%分配到矸石中。这种分配方法适用于煤泥含量较大且灰分较高的原煤。中煤中煤泥的灰分与中煤相同，矸石中煤泥灰分应比矸石灰分低，通过加权平均法推算，精煤中的煤泥灰分一定比原生煤泥灰分低。若能收集到月综合的生产试验报告，且与原煤性质相近时，可作为煤泥分配的参考依据。

经过煤泥分配计算后，利用产品设计平衡表，便可计算出分级筛入料的数、质量。

② 筛下物料的计算

分级筛的筛孔一般取 13 mm。为了简化计算过程，筛分效率 η 可取 100%，筛下物的产率为：

$$\gamma_{下}=\gamma_{入}\beta^{<d\sim0.5}\eta+\gamma^{<0.5}$$

式中　$\gamma_{下}$——筛下物的产率，%；

$\gamma_{入}$——筛子(精煤)入料中≥0.5 mm 粒级的产率，%；

$\beta^{<d\sim0.5}$——筛子入料中$<d\sim0.5$ mm(d 为分级筛筛孔孔径，可取 13 mm)级的质量百分数，%；

$\gamma^{<0.5}$——<0.5 mm 粒级煤泥分配到精煤溢流中的质量百分数，%。

由于设计时缺乏精煤粒度组成的筛分资料，故 $\beta^{<d}$ 用原煤筛分的资料代替，或者从浮沉试验综合表中查出<1.40 g/cm³ 或<1.50 g/cm³ 的密度物的产率和$<d$ 粒级的质量百分数代替。

筛下物的灰分为：

$$A_{d下}=\frac{\gamma_{入}\beta^{<d\sim0.5}\eta A_{d}^{<d\sim0.5}+\gamma^{<0.5}A_{d}^{<0.5}}{\gamma_{下}}$$

式中　$A_{d下}$——筛下物的灰分，%；

$A_{d}^{<d\sim0.5}$——筛下物$<d\sim0.5$ mm 粒级的灰分，%。

其他符号含义同前。

筛下物$<d\sim0.5$ mm 粒级的灰分，可以从浮沉试验综合表中查出$<d$ 各粒级<1.40 g/cm³

或<1.50 g/cm^3 的密度物灰分，将其加权平均后得到。

③ 筛上物料的计算

$$\gamma_{上} = \gamma_{入} - \gamma_{下}$$

其灰分 $A_{d上}$ 用加权平均方法计算求得。

(2) 双层筛脱水分级作业的计算

双层筛脱水分级流程如图 5-3 所示。第一层筛面块煤脱水分级的计算方法与单层筛脱水分级计算法相同。第二层为末精煤脱水，筛孔多取 0.5 mm。

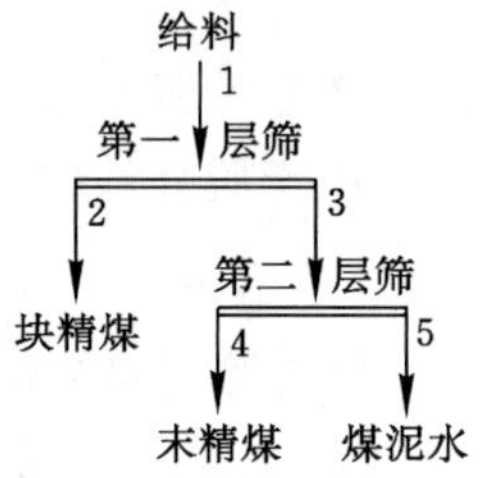

图 5-3 双层筛脱水分级流程

第二层筛入料的煤泥应为第二层筛筛下的煤泥和第二层筛筛上产物中的煤泥之和，即

$$\gamma_3 \beta_3^{<0.5} = \gamma_5 \beta_5^{<0.5} + \gamma_4 \beta_4^{<0.5}$$

解之得：

$$\gamma_5 = \gamma_3 \frac{\beta_3^{<0.5} - \beta_4^{<0.5}}{\beta_5^{<0.5} - \beta_4^{<0.5}} \tag{5-15}$$

式中 $\beta_3^{<0.5}$——第二层筛入料中小于 0.5 mm 的含量，%；

$\beta_4^{<0.5}$——第二层筛筛上物中小于 0.5 mm 的含量，可取 4%～6%；

$\beta_5^{<0.5}$——第二层筛筛下物中小于 0.5 mm 的含量，可取 80%～85%；

$\gamma_3,\gamma_4,\gamma_5$——分别为第二层筛入料、筛上物料、筛下物料的产率，%。

$$\gamma_4 = \gamma_3 - \gamma_5$$

第二层筛筛下物灰分用加权平均法求得，其灰分平衡式为：

$$A_{d5} = \beta_5^{<0.5} A_d^{-0.5} + (1 - \beta_5^{<0.5}) A_d^{\geq 0.5}$$

筛上物灰分为：

$$A_{d4} = \frac{\gamma_3 A_{d3} - \gamma_5 A_{d5}}{\gamma_4}$$

5.4.1.2 斗子捞坑、离心脱水作业的计算

小于 13 mm 的末精煤采用斗子捞坑、煤泥筛和离心脱水机脱水，流程如图 5-4 所示。脱水时都同时兼有脱泥作用。由于筛面和筛篮磨损的原因，在脱除<0.5 mm 的煤泥时，也脱除了一些稍大于 0.5 mm 的粗煤泥。

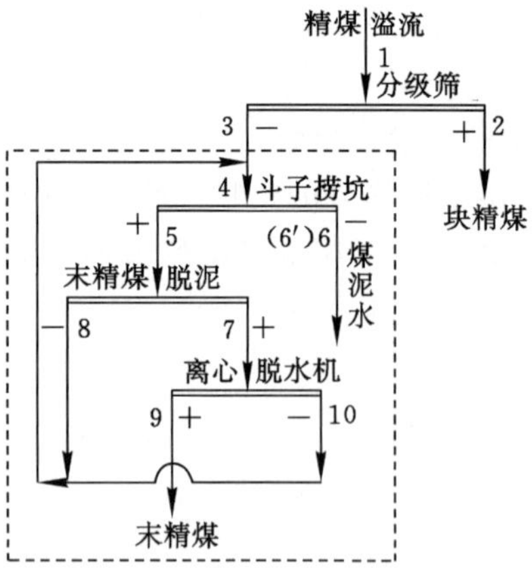

6′—不包括循环负荷；6—包括循环负荷。

图 5-4 末精煤脱水、脱泥流程

开始计算时暂不考虑循环负荷，且认为全部<13～0.5 mm 粒级都被捞出，成为提升物，在提升物中<0.5 mm 的煤泥有 30%～50%，也就是捞坑的分级效率为 50%～70%。

提升物产率：

$$\gamma_5 = \gamma_3^{<13\sim0.5} + \gamma_3^{<0.5} \times (30\% \sim 50\%)$$

$$A_{d6'} = A_d^{<0.5}$$

$$A_{d5} = \frac{\gamma_3 A_{d3} - \gamma_{6'} A_{d6'}}{\gamma_5}$$

$$\gamma_{6'} = \gamma_3 - \gamma_5$$

其中，$\gamma_{6'}$ 和 A_{d6} 是没有循环物时捞坑的溢流的产率和灰分。

末精煤脱泥筛筛孔多取 0.5 mm，其脱泥效率 $\eta=60\%\sim70\%$。在煤泥含量大，且煤泥灰分较高时，为了保证达到设计的脱泥效率，应加喷水脱泥。每吨末精煤喷水水耗为 0.3 m^3/h。

筛下物：$\gamma_8=\gamma_5^{<0.5}\times(60\%\sim70\%)=\gamma_3^{<0.5}\times(30\%\sim50\%)\times(60\%\sim70\%)$

$$A_{d8}=A_d^{<0.5}$$

筛上物：

$$\gamma_7=\gamma_5-\gamma_8$$

$$A_{d7}=\frac{\gamma_5 A_{d5}-\gamma_8 A_{d8}}{\gamma_7}$$

离心机脱水效果以及离心液所含固体量与所使用的离心机机型有关。当没有可供参考的资料时，可按以下方法计算。

离心液所含固体量由＜0.5 mm 的煤泥及少量≥0.5 mm 的粗煤泥组成，一般取入料量的 5%～10%，即

$$\gamma_{10}=\gamma_7\times(5\%\sim10\%)$$

末精煤产率：

$$\gamma_9=\gamma_7-\gamma_{10}$$

末精煤经过离心机脱水后，产品中只带有入料 50% 的煤泥，即

$$\gamma_9^{<0.5}=\gamma_7^{<0.5}\times50\%=\gamma_3^{<0.5}\times(30\%\sim50\%)\times50\%$$

离心液灰分：

$$A_{d10}=\frac{\gamma_{10}^{\geqslant0.5}A_d^{\geqslant0.5}+\gamma_{10}^{<0.5}A_d^{<0.5}}{\gamma_{10}}$$

末精煤灰分：

$$A_{d9}=\frac{\gamma_7 A_{d7}-\gamma_{10}A_{d10}}{\gamma_9}$$

$$\gamma^{\geqslant0.5}=\gamma_{10}-\gamma_{10}^{<0.5}$$

$$\gamma_{10}^{<0.5}=\gamma_9^{<0.5}$$

离心液中≥0.5 mm 的粗煤泥灰分计算时可取为 $A_d^{<13\sim0.5}+(2\%\sim2.5\%)$。

为了计算简便，仅考虑一次返回捞坑的循环量，即假定为 $\gamma_8+\gamma_{10}$。返回捞坑后，全部被捞坑的溢流带走，则：

$$\gamma_4=\gamma_3+\gamma_8+\gamma_{10}$$

有循环量的溢流：

$$\gamma_6=\gamma_4-\gamma_5=\gamma_3+\gamma_8+\gamma_{10}-\gamma_5$$

$$A_{d6}=\frac{\gamma_3 A_{d3}+\gamma_8 A_{d8}+\gamma_{10}A_{d10}-\gamma_5 A_{d5}}{\gamma_6}$$

考虑一次循环量，显然是近似计算，只能在具体的条件下接近实际。

5.4.2　煤泥水处理

煤泥水处理作业包括煤泥的分级、粗煤泥回收、煤泥的浓缩与分选、煤泥产品脱水及工艺用水回收循环复用等。

5.4.2.1　跳汰选煤泥水处理作业

(1) 粗煤泥回收、脱水作业

图 5-5 和图 5-6 为粗煤泥回收脱水的两个流程。分级浓缩设备可以采用角锥沉淀池、旋流器、倾斜板沉淀槽等，回收粗煤泥首选的设备是高频振动脱水筛。这两个流程的区别在

于流程一的煤泥筛筛下水循环返回分级浓缩设备，而流程二的煤泥筛筛下水直接去浓缩机进一步处理。

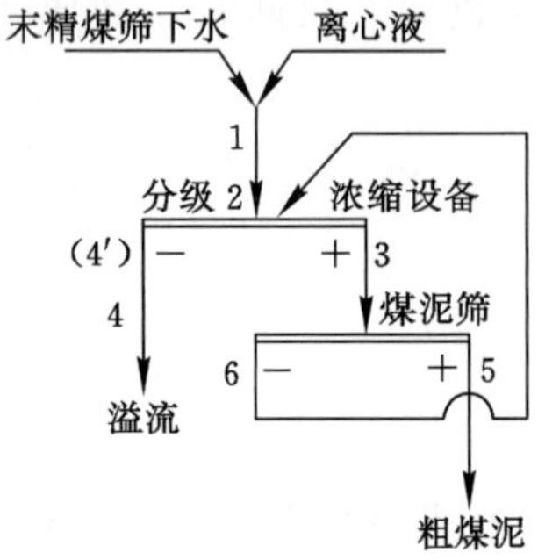

4′—不包括循环；4—包括循环。

图 5-5　粗煤泥回收脱水流程一

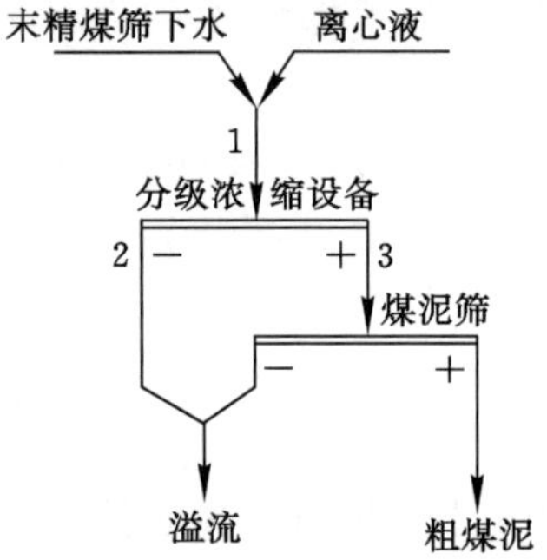

图 5-6　粗煤泥回收脱水流程二

图 5-5 所示流程采用角锥池作为分级浓缩设备时，开始计算不包括循环负荷，分级作业的计算应根据入料粒度组成及角锥池单位面积处理量进行估算，通常设入料中≥0.5 mm 级全部进入底流，且底流中<0.5 mm 级数量占底流量的 35%～45%。

则：
$$\gamma_3 = \gamma_3^{\geqslant 0.5} + \gamma_3^{<0.5},\quad \gamma_3^{\geqslant 0.5} = \gamma_1^{\geqslant 0.5}$$
$$\gamma_3^{\geqslant 0.5} = (0.55 \sim 0.65)\gamma_3$$

底流：
$$\gamma_3 = \frac{\gamma_3^{\geqslant 0.5}}{0.55 \sim 0.65} = \frac{\gamma_1^{\geqslant 0.5}}{0.55 \sim 0.65}$$
$$A_{d3} = \frac{\gamma_1 A_{d1} - \gamma_{4'} A_{d4'}}{\gamma_3}$$

不带循环量的溢流：
$$\gamma_{4'} = \gamma_1 - \gamma_3$$
$$A_{d4'} = A_d^{<0.5}$$

若缺乏入料粒度组成时，底流量也可按入料量的 30%～50%考虑。实际生产中，由于溢流中含有≥0.5 mm 粗煤泥，指标选取应偏大一些。

当采用直线振动筛回收粗煤泥时，条缝筛筛缝可选择 0.3 mm 或 0.5 mm，筛缝大，脱水脱泥效果好，回收粗煤泥量相对少，煤泥回收率为 30%～40%。

筛下物：
$$\gamma_6 = \gamma_3^{<0.5} \times (60\% \sim 70\%)$$
$$A_{d6} = A_d^{<0.5}$$

筛上物：
$$\gamma_5 = \gamma_3 - \gamma_6$$
$$A_{d5} = \frac{\gamma_3 A_{d3} - \gamma_6 A_{d6}}{\gamma_5}$$

由于透筛的固体物多，所以采用筛下物返回角锥池的流程。假定经一次循环后≥0.5 mm 的固体物全部从溢流带走。

带循环物后：
$$\gamma_2 = \gamma_1 + \gamma_6$$

带循环量的溢流：
$$\gamma_4 = \gamma_2 - \gamma_3 = \gamma_1 + \gamma_6 - \gamma_3$$
$$A_{d4} = \frac{\gamma_1 A_{d1} + \gamma_6 A_{d6} - \gamma_3 A_{d3}}{\gamma_4} = A_d^{<0.5}$$

粗煤泥采用高频振动脱水筛脱水后，不仅透筛物减少，而且脱水效果也有所改善。为了提高筛子入料浓度，分级浓缩宜采用旋流器完成，旋流器溢流与筛下水都去浓缩机。高频振动脱水筛技术特征，参见表 5-10。

表 5-10　高频振动脱水筛技术特征

项　　目	GPS1025 型 高频振动脱水筛	QZK1233 型 曲面振动脱水筛	GZT1431 型 高频振动脱水筛
煤泥入料浓度/(g/L)	300～400	160～330	≥500
入料粒度/mm	<2	<15	<5
处理量/(t/h)	6～8	10	18～22
筛上物水分/%	32	28～32	24～27
煤泥回收率/%	80～90	70～80	70～80
筛面面积/m^2	2.50	3.70	4.03
筛面特征	叠层不锈钢编织网，筛孔 0.2 mm	部分为叠层不锈钢编织网，筛孔 0.2 mm	条缝筛，筛孔 0.3 mm
工作频率/Hz	25	25	25
筛面倾角/(°)	20～25	0±2.5	5
电动机功率/kW	5.5	2×3	2×7.5
机器质量/t	1.39	2.10	3.67

旋流器的工作效果不仅与旋流器结构参数有关，而且与物料的性质和操作条件有关。结构参数不同的旋流器在分级、浓缩或精选方面的性能有所侧重。

以图 5-7 为例说明旋流器数、质量计算。底流 γ_3 可取 33%～66%，视水量 W_3 的大小而定，W_3 为大值，则 γ_3 也取大值，反之取小值。W_2 与 W_3 的取值视溢流口与底流口面积比值而定。由于结构参数不同，该比值为 1.5～8。该例为 ϕ350 mm 的浓缩旋流器，溢流口与底流口面积比为 5，考虑重力、阻力的影响，乘以系数 0.7～0.8 修正，按面积分配的流量，比例系数取 0.7，则：

$$W_3 = W_1/(1+5\times 0.7) = 104.4/4.5 = 23.2\ (t/h)$$

$$W_2 = W_1 - W_3 = 104.4 - 23.2 = 81.2\ (t/h)$$

考虑旋流器溢流中<0.5 mm 级占 100%，所以有 $A_{d2} = A_d^{<0.5}$。本例的底流灰分大于溢流灰分，说明粗煤泥灰分高于<0.5～0 mm 级的灰分。与此相反的情况也常见，说明旋流器在浓缩时也有分级脱泥的作用。

$$A_{d3} = \frac{\gamma_1 A_{d1} - \gamma_2 A_{d2}}{\gamma_1 - \gamma_2}$$

(2) 细煤泥回收脱水作业

① 浓缩机、沉淀塔等是依靠重力自然沉降分级浓缩的设备，取其溢流速度等于截留粒度的煤泥在煤泥水中的实际沉降速度。溢流中的固体含量应按截留粒度(多取 0.05 mm 或 0.1 mm)计算，只有使用足够的凝聚剂时，溢流中的固体含量取零。截留粒度(即设计时采用的分级粒度)的沉降速度可按式(5-16)计算：

$$v_{ST} = 1\ 368(\delta - 1)d^2\left(1 - \frac{1}{R\delta + 1}\right)^n \tag{5-16}$$

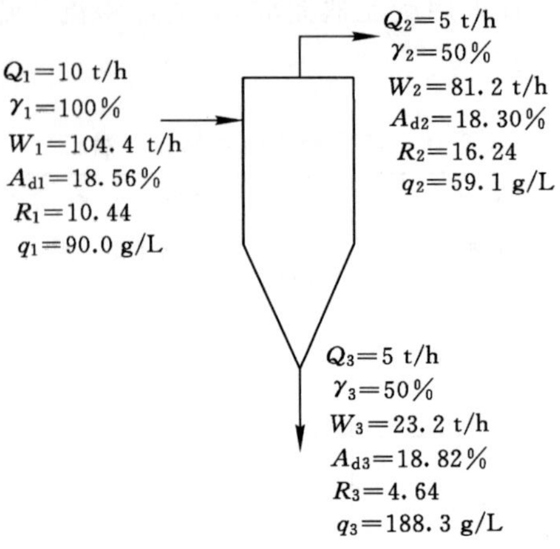

图 5-7　旋流器数、质量计算

式中　v_{ST}——煤粒的干扰沉降速度，m/h；

δ——煤的密度，t/m³；

d——煤的粒度，mm；

R——给料煤泥水的液固比；

n——试验指数（一般 n=5～6）。

设计时，如能得到煤泥水的沉降试验资料，特别是在加凝聚剂后，则应该根据试验资料确定沉降速度值，而不使用式(5-16)计算。

新型耙式浓缩设备计算时，要根据其规格和性能，以及设备样本给出的指标进行。沉淀塔的计算方法同浓缩机，当无试验资料时，单位面积的处理能力 q 值可根据经验数据选取，如分级粒度为 0.09～0.12 mm 时，可取 q=5～8 m³/(m²·h)。

② 深锥浓缩机是一种用于处理各种煤泥水（特别是浮选尾煤）的浓缩澄清设备，由于池高比直径大很多，利用了自然压力，可以得到较好的浓缩效果。在不加凝聚剂的条件下，深锥浓缩机浓缩浮选尾煤的结果参见表 5-11。

表 5-11　深锥浓缩机浓缩浮选尾煤结果

单位处理量 /[m³/(m²·h)]	溢流水固体含量 /(g/L)	单位处理量 /[m³/(m²·h)]	溢流水固体含量 /(g/L)
0.2～0.25	—	0.6	3～4
0.4	0.5～0.8	0.8～1.0	15～18

从表 5-11 中所列出的结果可以看出，当单位处理量不超过 0.5 m³/(m²·h)时，在不加凝聚剂的情况下，可得到较纯净的循环水；而当单位处理量超过 0.5 m³/(m²·h)时，应加凝聚剂，防止溢流中的泥质对循环水的污染。

不加凝聚剂时，浓缩产品固体含量约为 250～300 g/L；加凝聚剂时，根据尾煤的特性和底流排料量不同，底流的固体含量在 200～800 g/L 之间，此时，单位处理量为 2.5～3.5 m³/(m²·h)。

③ 在方案比较时，煤泥浮选的主要指标，如浮选精煤灰分和浮选精煤产率等，已与重选有关的指标统一考虑，这里可根据煤泥浮选试验资料，并结合选择的浮选设备的实际生产情况进一步来确定。通常浮选为二产品，可先确定浮选精煤灰分与尾煤灰分，再按前述二产品数、质量平衡公式进行计算。

④ 浮选精煤进行过滤时，滤液返回矿浆准备器，为了简化计算，设滤液中固体含量为零。尾煤采用压滤机脱水时，也假定压滤机滤液中固体含量为零。

⑤ 干燥作业的计算不考虑烟道气带走的尘量，也不考虑某种干燥机对精煤干燥后增加的灰分，认为进入与排出的数、质量相同，通过干燥只降低产品的水分。

当整个选煤厂各作业数量与质量流程计算结束后，需经过校核，以检查数、质量是否平衡。确认无误后，根据入厂原煤小时处理量，按各产品、各作业的产率，用公式 $Q_n=\gamma_n Q_1$ 算出小时的数量。

5.4.2.2　重介质旋流器分选煤泥水处理作业

重介质旋流器分选后的粗煤泥回收一般设置在磁选作业后，磁选尾矿一般通过弧形筛进行粗煤泥的回收，弧形筛的筛缝一般用 0.5 mm、0.75 mm 等，其筛分效率一般取 70%～80%。精煤磁选尾矿经弧形筛脱水后，其筛上物采用立式刮刀煤泥离心机进一步脱水后掺入精煤。中煤和矸石的磁选尾矿根据其灰分高低确定是否回收。如果回收，可采用弧形筛或高频筛，其筛上物可直接掺入中煤或采用煤泥离心机脱水后掺入中煤；若不需要回收中矸粗煤泥，中矸磁尾可直接进入尾煤回收作业——浓缩。以图 5-8 为例说明。

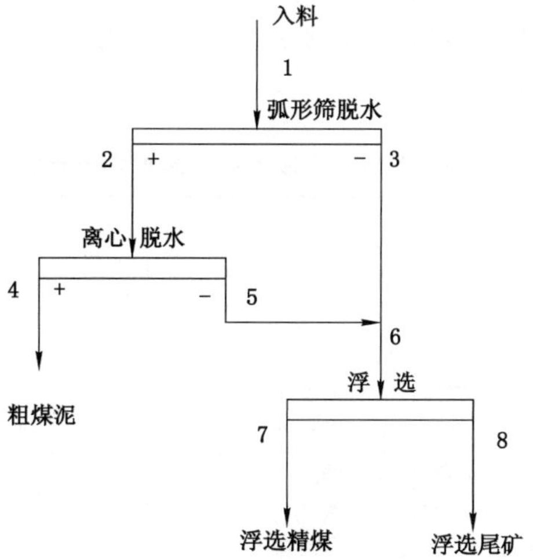

图 5-8　重介质旋流器分选后粗煤泥回收脱水流程

(1) 弧形筛脱水作业

弧形筛的入料来自精煤磁选尾矿，其数量等于磁尾中的煤泥量。假设分级粒度为 0.25 mm，并假设精煤泥中粒度分布和入料煤泥的粒度组成特性一致。根据小筛分资料绘制粒度特性曲线，从粒度特性曲线上查出 0.25 mm 以下的粗煤泥所占百分数 $\gamma_{<0.25}$。

$$\gamma_3=\gamma_1^{<0.25}\eta=\gamma_1^{<0.25}(70\%\sim80\%)$$

$$\gamma_2=\gamma_1-\gamma_3$$

$$A_{d3}=A_d^{<0.25}$$

$$A_{d2}=\frac{A_{d1}\gamma_1-A_{d3}\gamma_3}{\gamma_2}$$

式中 $A_d^{<0.25}$——0.25 mm 以下煤泥的平均灰分，%；

其他符号含义同前。

(2) 粗煤泥离心脱水作业

如果有实际可参考的生产数据，粗煤泥离心脱水作业计算可以依据实际生产数据进行；如果没有实际生产数据供参考，通常假设离心液中所含固体量一般为入料的 5%～10%，脱水后粗精煤泥灰分比入料低 1%～2%，粗中煤泥灰分比入料低 2%～4%。然后根据数、质量平衡计算其他指标。

5.5 水量流程的计算

采煤时往往通过喷洒水以达到降尘目的，因此在计算入厂原煤水量流程时应考虑原煤的含水量。将原煤水分 M_t 代入式(5-3)，计算出原煤小时带水吨数。

5.5.1 产品水分指标的确定

产品水分指标的确定应根据不同设备的产品水分指标选取或采用厂家提供的保证值。产品脱水可以采用脱水筛、离心机、脱水斗子提升机等设备，煤泥产品可采用真空过滤机、加压过滤机、沉降过滤式离心脱水机、煤泥离心机、箱式隔膜压滤机、箱式压滤机、带式压滤机、高频振动筛等设备脱水。在寒冷地区，需要采用干燥机对产品干燥。各种脱水设备的产品水分指标可参照表 5-12 选取。

表 5-12 各种脱水设备的产品水分参考指标

产品名称	脱水设备	水分/%	备 注
块精煤(≥13 mm)	脱水筛	8～10	
末精煤(<13～0.5 mm)	脱水筛	13～18	粗煤泥多时取大值
	捞坑斗式提升机	28～30	
	立式刮刀卸料离心脱水机	5～7	
	卧式振动卸料离心脱水机	6～8	
粗粒煤泥	0.50 mm 分级脱水筛	18～23	
	0.35 mm 分级脱水筛	23～28	
	煤泥离心脱水机	15～22	
中煤	脱水斗子提升机	22～27	参考值
	脱水筛	14～16	
	立式刮刀卸料离心脱水机	5～7	
	卧式振动卸料离心脱水机	6～8	
矸石	脱水斗子提升机	22～27	
	脱水仓	12～14	
浮选精煤	沉降过滤式离心脱水机	15～24	
	真空过滤机	22～26	
	加压过滤机	16～18	
	快开式隔膜压滤机	20～24	

表 5-12(续)

产品名称	脱水设备	水分/%	备　注
煤泥(<1 mm)	真空过滤机	24～28	
	沉降过滤式离心脱水机	15～24	
	加压过滤机	18～22	
	快开式隔膜压滤机	20～24	
	箱式压滤机	20～24	
浮选尾煤	箱式压滤机	22～26	
末精煤(含浮选精煤)	火力干燥机	8～12	内在水分大时取大值

有关水量流程的计算参考式(5-2)至式(5-7)。在这些公式的基础上,可推导出所需要的公式。如已知 Q 和 P 时,可以推导出水量 W 的计算公式。

水量流程计算选用的指标是通过生产实践或经验积累得到的,并列入选煤厂设计规范。水量流程计算的各项参考指标见表 5-12 至表 5-14。脱泥效率与喷水量的关系见表 5-1。

表 5-13　煤浆浓度参考指标

名　　称	液固比	备　注
浮选泡沫精煤	1.5～3.0	直接浮选取大值
煤泥浓缩机底流	2.5～3.5	低浓度浓缩取 4.5～7.5
尾煤浓缩机底流	1.0～1.5	加凝聚剂或絮凝剂
角锥沉淀池底流	1.0～2.0	
浮选入料	5.0～8.0	直接浮选取 60～70 g/L
过滤作业入料	1.0～2.5	
精煤脱水筛入料	3.0 左右	

表 5-14　吨煤入料用水量参考指标

作业名称		用水量	备　注
跳汰选煤循环水量	不分级煤跳汰	2.5～3.0 m^3/t	物料粒度大或密度大、物料含量多时取大值,反之取小值
	块煤跳汰	3.0～3.5 m^3/t	
	末煤跳汰	2.0～2.5 m^3/t	
	再选跳汰	3.0～3.5 m^3/t	
	动筛跳汰排矸	10～20 $m^3/(m^2 \cdot h)$	
斜槽分选机	循环水	5.0～8.0 m^3/t	
补充清水量	分选深度为 0 mm	0.7 m^3/t	设计时控制的参数指标
	分选深度为 0.5 mm	0.5 m^3/t	
	分选深度为 6 mm	0.4 m^3/t	
	分选深度为 13 mm	0.3 m^3/t	

表 5-14(续)

作业名称		用水量	备　注
脱水筛喷水量	块精煤	0～0.25 m^3/t	块精煤可考虑不加喷水
	末精煤	0.3 m^3/t	
	煤　泥	0.8～1.0 m^3/t	
浮选精煤用清水		0.5 m^3/t	可不加或减少
压滤机用水量	冲洗滤布	3.0 m^3/t	
脱介筛喷水量	块精煤	0.5～1.0 m^3/t	包括循环水及清水，喷水压力为 0.15～0.3 MPa
	块中煤	1.0～2.0 m^3/t	
	块矸石	1.0～2.0 m^3/t	
	末精煤	1.0～2.0 m^3/t	
	末中煤及末矸石	1.0～2.0 m^3/t	

5.5.2 水量流程计算步骤

计算时，可先行确定产品水分指标，之后计算产品带走水量，进而确定使用的总清水量。若作业所需清水量大于产品带走水量，则个别作业的补加清水可采用澄清水。

(1) 根据选定的水分指标(或液固比、浓度等其他指标)，计算进入作业的水量和产品带出的水量。

(2) 根据平衡原理，算出各作业多余的水量，或应补加的水量。

(3) 水量平衡的验算：

① 进入某作业的水量应与该作业排出的水量相等。

② 实现洗水闭路循环时，加入系统的总清水量应等于产品带走的总水量。

③ 各作业所用的循环水量应与产生循环水的设备和作业返回的水量相等。

以重介选为例，依据水量流程计算结果和水量平衡关系编制水量平衡表，见表 5-15。该表反映了完全洗水闭路的水量平衡关系。

表 5-15　水量平衡表

选煤过程中用水项目		水量/(m^3/h)	选煤过程中排水项目		水量/(m^3/h)
清水	主选合介桶补加水	77.35	澄清返回水	浓缩机溢流	1 290.65
	再选合介桶补加水	12.02		压滤机滤液	29.45
小计		89.37	小计		1 320.10
循环水	浓介桶稀释水	2.03	产品带走水	块精煤带走水	17.81
	精煤循环水	573.81		末精煤带走水	25.14
	中煤循环水	314.88		中煤带走水	22.93
	矸石循环水	144.96		矸石带走水	13.54
	再选合介桶补加水	284.42		尾煤带走水	9.95
小计		1 320.10	小计		89.37
全部用水量		1 409.47	排出总水量		1 409.47

5.6　介质流程的计算

重介质选煤只有在工作悬浮液的分选密度和黏度符合要求，并处于稳定的状态下，才能获得良好的分选效果。因此，介质流程计算的目的是控制生产过程，使其处于正常分选状态，并为设备选型、介质制备和补充提供依据。根据选定的指标和效率，确定有关悬浮液的数量和质量指标，如悬浮液体积 $V(m^3/h)$、悬浮液中的固体量 $G(t/h)$、悬浮液中的磁性物含量 $G_f(t/h)$、悬浮液中的非磁性物含量 $G_c(t/h)$、水量 $W(m^3/h)$，并用数量、质量平衡或体积平衡原理计算浓介质的补加量 $V_x(m^3/h)$、补加水量 $V_w(m^3/h)$ 及分流量 $V_p(m^3/h)$。

5.6.1　介质流程计算

介质循环、净化回收系统见图 5-9。

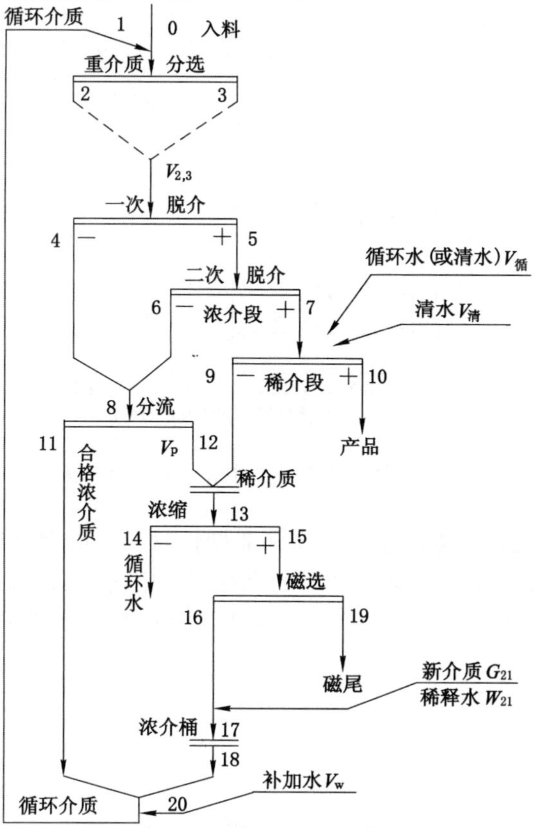

图 5-9　介质循环、净化回收系统

5.6.1.1　分选作业的计算

分选作业计算分为四个部分：工作悬浮液的计算、入选原煤带入悬浮液的计算、循环悬浮液的计算、分选过程的计算。工作悬浮液是由入料带入的悬浮液与循环悬浮液混合而成的，其性质决定分选效果。

(1) 工作悬浮液的计算

重介质分选作业工作悬浮液的数量等于入选原煤所带入的煤泥水(折合成悬浮液量)和循环悬浮液量之和,即

$$V = V_0 + V_1 \tag{5-17}$$

式中 V——工作悬浮液体积,m^3/h;

V_0——入选原料(煤)带入的悬浮液(煤泥水)的体积,m^3/h;

V_1——循环悬浮液的体积,m^3/h。

工作悬浮液的密度取决于分选密度。对于块煤重介质分选机,如果不存在强烈的上升或下降液流的影响,可认为工作悬浮液的密度等同分选密度;对于重介质旋流器,可认为工作悬浮液的密度低于分选密度,其关系可用图 5-10 表示。对于圆筒形重介质旋流器,工作悬浮液密度往往比分选密度低 0.04～0.13 g/cm^3;对于圆筒圆锥形重介质旋流器,工作悬浮液密度往往比分选密度低 0.13～0.22 g/cm^3。

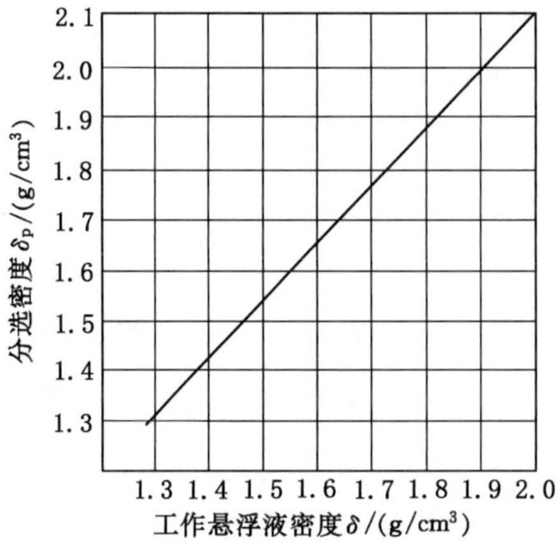

图 5-10 分选密度与工作悬浮液密度的关系

工作悬浮液的密度是由加重质中磁性物和非磁性物构成的混合密度,再加上水的密度而合成的,其计算方法见式(5-8)。固体混合物的真密度是用比容的平衡式求出的。单位质量所占的体积称为比容,即比容为密度的倒数。在已知磁性物与非磁性物含量之和 $\gamma_f + \gamma_c = 1$ 时,有:

$$\frac{\gamma_f}{\delta_f} + \frac{\gamma_c}{\delta_c} = \frac{1}{\delta}$$

则:

$$\delta = \frac{\delta_f \delta_c}{\delta_f \gamma_c + \delta_c \gamma_f} \tag{5-18}$$

式中 δ——工作介质中固体混合物的密度,t/m^3;

δ_f——磁性物(一般为磁铁矿)的密度,$\delta_f = 4.40 \sim 5.20\ t/m^3$;

δ_c——非磁性物(主要为煤泥)的密度,烟煤泥的密度 $\delta_c = 1.50\ t/m^3$,无烟煤泥的密度 $\delta_c = 1.70\ t/m^3$;

γ_f,γ_c——分别为磁性物和非磁性物的含量,%。

将式(5-18)代入式(5-8)得:

$$\gamma_{c}=\frac{\delta_{c}[\lambda(\delta_{f}-1)-(\rho-1)]}{(\delta_{f}-\delta_{c})[\rho-(1-\lambda)]} \tag{5-19}$$

在额定的体积浓度下，工作悬浮液中非磁性物含量最大极限值为：

$$\gamma_{cmax}=\frac{\gamma_{c0}g_{0}(\rho_{x}-\rho)+\gamma_{cx}g_{x}(\rho-\rho_{0})}{g_{0}(\rho_{x}-\rho)+g_{x}(\rho-\rho_{0})} \tag{5-20}$$

式中　γ_{c0}，γ_{cx}——分别为入料和浓介质中非磁性物煤泥的含量，%；

g_0，g_x——分别为入料和浓介质中单位体积的固体质量，t/m³；

ρ_0，ρ_x——分别为入料和浓介质的密度，t/m³。

浓介质是指由悬浮液系统磁选精矿、补加新介质及稀释水配制而成的高密度悬浮液（通常密度为 2.00 g/cm³ 左右）。浓介质通常加入合格介质桶进入介质循环系统，早期重介质选煤工艺中往往单独设有浓介质桶，目前选煤厂往往在合格介质桶中完成这一工艺环节。

当知悬浮液密度 ρ 和非磁性物煤泥含量 γ_c 后，可用式(5-19)计算其体积浓度 λ。

工作悬浮液各项指标的计算如下：

$$g=\lambda\delta=\frac{\rho-1}{\delta-1}\delta,$$

$$g_f=g\gamma_f,\quad g_c=g\gamma_c,\quad g_w=\rho-g_0,$$

$$G=gV=\frac{\rho-1}{\delta-1}\delta V,\quad G_f=g_fV,$$

$$G_c=g_cV,\quad W=g_wV$$

式中　g，g_f，g_c，g_w——分别为工作悬浮液单位体积中固体、磁性物、非磁性物和水的质量，t/m³；

G，G_f，G_c，W——分别为单位时间内工作悬浮液中固体、磁性物、非磁性物和水的质量，t/h。

(2) 入选原煤带入悬浮液的计算

根据入选原煤资料、入选原煤量 Q_0、入选原煤中的煤泥含量 $\beta^{<0.5}$ 和入选原煤水分 M_t，按式(5-3)求原煤带入水量 W_0：

$$W_0=\frac{Q_0M_t}{1-M_t}$$

因煤泥水中的干煤泥量 G_0 为：

$$G_0=\beta^{<0.5}Q_0$$

则按式(5-4)，煤泥水体积 V_0 为：

$$V_0=W_0+\frac{G_0}{\delta_c}$$

(3) 循环悬浮液的计算

循环悬浮液必须保持足够的数量，才能维持重介质分选正常工作。循环悬浮液用量可以根据表 5-16 所示数量指标选定，也可采用下面计算方法。当块煤分选采用斜轮或立轮重介质分选机时，按每米槽宽为 80～100 m³/h 估算悬浮液的用量；当采用重介质旋流器时，在标准给料压力下，循环悬浮液用量可按表 5-17 选取。新型大直径重介质旋流器悬浮液用量可以根据设备要求的循环悬浮液数量选取。表 5-18 列出了一些三产品重介质旋流器循环悬浮液用量。

表 5-16 循环悬浮液数量指标

分选设备	循环悬浮液用量/[m^3/t(入料)]
斜轮、立轮重介质分选机	0.8～1.0
DSM 重介质旋流器	2.5～3.0
DWP 重介质旋流器	3.5～4.0
三产品重介质旋流器	3.5～4.0

表 5-17 重介质旋流器循环悬浮液用量

直径/mm	循环悬浮液用量/[m^3/(h·台)]
700	273
600	191
500	125
350	60

表 5-18 三产品重介质旋流器循环悬浮液用量

参数	型号				
	3GDMC1500/1100	3GDMC1400/1000	3GDMC1300/930	3GDMC1200/850	3GDMC1000/700
循环悬浮液用量/[m^3/(h·台)]	1 800～2 100	1 500～1 800	1 200～1 500	800～1 200	500～700
参数	型号				
	3NZX1200/850	3NZX1000/700	3NZX850/600	3NZX700/500	3NZX500/350
循环悬浮液用量/[m^3/(h·台)]	800～1 200	600～800	450～600	300～450	210～300

循环悬浮液的其他指标仍按质量平衡原则计算。

$$G_1 = G - G_0,\quad G_{f1} = G_f,$$
$$G_{c1} = G_c - G_0,\quad W_1 = W - W_0$$

以上字母代号意义同前述，序号对照图 5-9。

(4) 分选过程计算

循环悬浮液进入块煤重介质分选机后，80%～90%的悬浮液随溢流排出，10%～20%的悬浮液随底流排出。当底流多且粒度较小时，随底流排出的悬浮液也多，循环悬浮液用量应取大值。

随着重介质旋流器直径的加大，入选原煤粒度也相应加大，<50(80) mm 的煤可进入重介质旋流器分选，底流与溢流悬浮液的分配多按经验选取，从底流排出的悬浮液量占 15%～20%，当底流排料多时，应取大值。正常底流悬浮液的密度比工作悬浮液的密度高 0.4～0.7 g/cm^3，而溢流悬浮液的密度要比工作悬浮液的密度低 0.07～0.17 g/cm^3，根据图 5-11 列出悬浮液质量的平衡式，计算出悬浮液在底流和溢流中体积的分配。

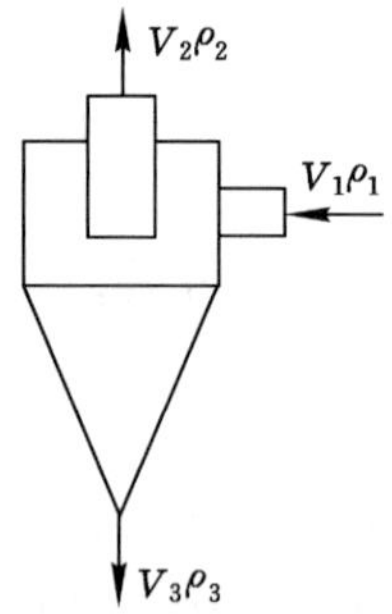

图 5-11 重介质旋流器悬浮液体积和密度变化图

$$\left.\begin{aligned} V_1 &= V_2 + V_3 \\ V_1\rho_1 &= V_2\rho_2 + V_3\rho_3 \\ V_3 &= \frac{\rho_1-\rho_2}{\rho_3-\rho_2}V_1 \end{aligned}\right\} \tag{5-21}$$

式中 ρ_1,ρ_2,ρ_3——分别为工作悬浮液入料、溢流、底流的密度，t/m^3；

V_1,V_2,V_3——分别为工作悬浮液入料、溢流、底流的体积，m^3。

设底流悬浮液中磁性物含量比工作悬浮液中高 5%～15%，当加重质粒度粗时取大值，在已知重介质旋流器入料、底流、溢流的悬浮液体积、密度变化数值后，按式(5-21)可计算出其他相应指标。

通常假设块煤重介质分选机分配到产品中的悬浮液磁性物含量与工作悬浮液相同。

5.6.1.2　脱介作业的计算

如图 5-9 所示，脱介作业一般分两次。

第一次脱介，块煤产品脱介采用条缝筛，脱介量为入料悬浮液量的 80%～90%；重介质旋流器预先脱介多采用弧形筛，精煤脱介量为入料悬浮液量的 80%～90%，中煤、矸石的为 70%～80%。用通式表示为 $V_4=(0.6\sim0.9)V_{2,3}$，$V_5=V_{2,3}-V_4$。

第二次脱介多采用脱介振动筛。前 1/3 段脱出浓介质，后 2/3 段脱介时加喷水脱出稀介质，一般为两道喷水，第一道用循环水，第二道用清水(或澄清水)，两者用水量之比为 2∶1，喷水量见表 5-14。脱介量用经验指标法和经验公式法两种方法计算。因经验公式法的一些参数难以确定，并需产品筛分浮沉资料，计算较复杂，所以多采用经验指标法。

随着重介质分选工艺流程简化，在第二次脱介中取消了浓介质段，脱介振动筛脱出的介质均为稀介质，且对精煤稀介质进行单独净化处理，回收粗精煤泥，脱水后的产品作为精煤。其介质计算原则没有改变，仍可参照分两段法进行计算。

按经验指标法，物料由脱介筛浓介段进入喷水的稀介段时，该物料表面所带走磁性物数量 N 的经验指标见表 5-19。

表 5-19　脱介筛产品进入稀介段所带磁性物数量指标

品种	粒级/mm	磁性物含量 N/(kg/t)
大块煤	≥50	10
中块煤	13(25)～<50	20
末 煤	<13(25)	50

产品带入稀介段悬浮液的体积为：

$$V_7=\frac{N}{1\,000g_{2,3}\gamma_{f2,3}}Q_{2,3}$$

第一段筛下合格介质悬浮液体积为：

$$V_6=V_5-V_7$$

已知 7、6、5、4 各作业环节均为合格悬浮液，并和作业 2、3 悬浮液的性质相同，如果以 n 代表上述各环节编号，则 G_n、G_{fn}、G_{cn}、W_n可由计算求得。

经稀介段脱介后，产品所带走磁性物数量 M 按表 5-20 经验数据选取。

表 5-20　经稀介段脱介后产品所带走磁性物数量指标

品种	粒级/mm	磁性物数量 M/(kg/t)
大块煤	≥50	0.2～0.3
中块煤	13(25)～<50	0.3～0.4
末 煤	<13(25)	0.5～0.7

产品带走悬浮液各项指标的计算如下：

$$G_{f10}=\frac{M}{1\ 000}Q_{2,3}$$

$$G_{10}=\frac{G_{f10}}{\gamma_{f2,3}}$$

$$G_{c10}=G_{10}-G_{f10}$$

根据已知产品水分 M_{t10}，可求带走的水量：

$$W_{10}=\frac{M_{t10}}{1-M_{t10}}Q_{2,3}$$

$$V_{10}=W_{10}+\frac{G_{f10}}{\delta_{f10}}+\frac{G_{c10}}{\delta_{c10}}$$

第二段筛下稀介质悬浮液体积为：

$$V_9=V_7+V_{循}+V_{清}-V_{10}$$

其他各项指标计算为：

$$G_9=G_7-G_{10},\quad G_{f9}=G_{f7}-G_{f10},$$

$$G_{c9}=G_{c7}-G_{c10},\quad W_9=W_7+W_{循}+W_{清}-W_{10}$$

5.6.1.3　浓介质补加量 V_x、补加水量 V_w、分流量 V_p 的确定

介质流程必须考虑分流，主要原因为：① 入料中不断带来煤泥，使介质系统的非磁性物逐渐增多；② 有时入料带来过多的水分；③ 因为介质回收流程的缺点，细的加重质逐渐流失，工作悬浮液的性质改变。为保持稳定的分选密度，必须严格控制补加浓介质量和补加水量，合理调整分流量，以保持工作悬浮液处于稳定的动态平衡状态。图 5-12 所示为三产品重介质分选悬浮液流程示意。

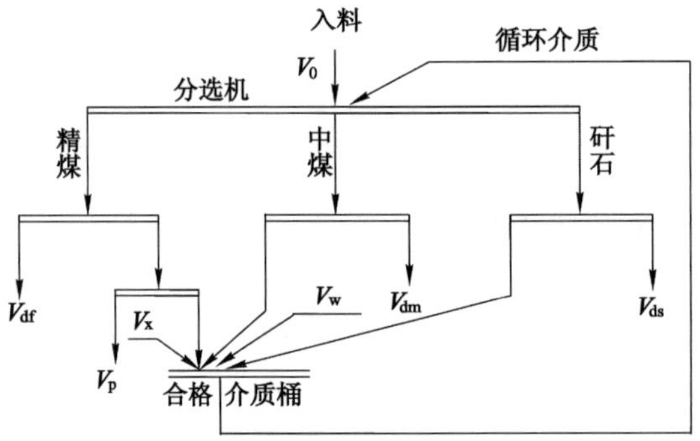

图 5-12　三产品重介质分选悬浮液流程示意

根据图 5-12 和重介质悬浮液体积和质量平衡原则，列出下列平衡式。

悬浮液体积平衡式：

$$V_0+V_x+V_w=V_{df}+V_{ds}+V_{dm}+V_p \tag{5-22}$$

悬浮液质量平衡式：

$$V_0\rho_0+V_x\rho_x+V_w\rho_w=(V_{df}+V_p)\rho_f+V_{ds}\rho_s+V_{dm}\rho_m \tag{5-23}$$

悬浮液中固体质量平衡式：

$$V_0g_0+V_xg_x=(V_{df}+V_p)g_f+V_{ds}g_s+V_{dm}g_m \tag{5-24}$$

悬浮液中非磁性物含量平衡式：

$$V_0 g_0 \gamma_{c0} + V_x g_x \gamma_{cx} = (V_{df} + V_p) g_f \gamma_{cf} + V_{ds} g_s \gamma_{cs} + V_{dm} g_m \gamma_{cm} \tag{5-25}$$

式中　V_0, V_x, V_w, V_p——分别为原煤（入料）带入的悬浮液、浓介质悬浮液、补加水和分流悬浮液的体积，m^3/h；

V_{df}, V_{dm}, V_{ds}——分别为精煤、中煤和矸石产品进入稀介段的悬浮液体积，m^3/h；

$\rho_0, \rho_x, \rho_w, \rho_f, \rho_m, \rho_s$——分别为原煤（入料）带入的悬浮液、浓介质悬浮液、水、精煤、中煤和矸石产品进入稀介段悬浮液的密度，t/m^3；

g_0, g_x, g_f, g_m, g_s——分别为原煤（入料）带入的悬浮液、浓介质悬浮液、精煤、中煤和矸石产品进入稀介段悬浮液单位体积固体质量，t/m^3；

$\gamma_{c0}, \gamma_{cx}, \gamma_{cf}, \gamma_{cm}, \gamma_{cs}$——分别为原煤（入料）带入的悬浮液、浓介质悬浮液、精煤、中煤和矸石产品进入稀介段悬浮液中非磁性物含量（以小数表示）。

当过程维持平衡时，V_x、V_w、V_p的计算如下。

由式(5-24)和式(5-25)求 V_x。

$$V_x = \frac{V_0 g_0 (\gamma_{c0} - \gamma_{cf}) + V_{dm} g_m (\gamma_{cf} - \gamma_{cm}) + V_{ds} g_s (\gamma_{cf} - \gamma_{cs})}{g_x (\gamma_{cf} - \gamma_{cx})} \tag{5-26}$$

由式(5-22)和式(5-23)求 V_w、V_p。

$$V_w = \frac{V_x (\rho_x - \rho_f) - V_0 (\rho_f - \rho_0) - V_{dm} (\rho_m - \rho_f) - V_{ds} (\rho_s - \rho_f)}{\rho_f - 1} \tag{5-27}$$

$$V_p = \frac{V_0 (\rho_0 - 1) + V_x (\rho_x - 1) - V_{dm} (\rho_m - 1) - V_{ds} (\rho_s - 1)}{\rho_f - 1} - V_{df} \tag{5-28}$$

式(5-26)、式(5-27)、式(5-28)仅适用于三产品重介质旋流器，二产品重介质旋流器分选减少一个产物，其他方法相同。对于块煤重介质选，设各产物带走悬浮液性质与工作悬浮液性质相同，即

$$\rho_f = \rho_m = \rho_s = \rho, g_f = g_m = g_s = g, \gamma_{cf} = \gamma_{cm} = \gamma_{cs} = \gamma_c, V_{df} + V_{dm} + V_{ds} = V_d$$

因此，式(5-22)、式(5-23)、式(5-24)、式(5-25)可简化为：

$$V_0 + V_x + V_w = V_d + V_p \tag{5-29}$$

$$V_0 \rho_0 + V_x \rho_x + V_w \rho_w = (V_d + V_p) \rho \tag{5-30}$$

$$V_0 g_0 + V_x g_x = (V_d + V_p) g \tag{5-31}$$

$$V_0 g_0 \gamma_{c0} + V_x g_x \gamma_{cx} = (V_d + V_p) g \gamma_c \tag{5-32}$$

由式(5-31)和式(5-32)可求出 V_x：

$$V_x = \frac{V_0 g_0 (\gamma_{c0} - \gamma_c)}{g_x (\gamma_c - \gamma_{cx})} \tag{5-33}$$

由式(5-29)和式(5-30)求出 V_w、V_p：

$$V_w = \frac{V_x (\rho_x - \rho) - V_0 (\rho - \rho_0)}{\rho - 1} \tag{5-34}$$

$$V_p = \frac{V_0 (\rho_0 - 1) + V_x (\rho_x - 1)}{\rho - 1} - V_{df} \tag{5-35}$$

设计计算时，有关浓悬浮液的性质和数值可预先确定，一般取 $\rho_x = 2.0\ t/m^3$ 及 $\gamma_{fx} = 95\%$。

图 5-9 中，$V_p=V_{12}$，$V_x=V_{18}$，$V_8=V_4+V_6$，$V_{11}=V_8-V_{12}$，流程中 12、11、8 各作业环节为合格悬浮液，并和环节 2、3 悬浮液性质相同，所以各项指标即可计算出。至于悬浮液 18 的各项指标可按已确定性质求出，但因运用平衡关系计算误差较大，可直接由下列质量平衡关系求出：

$$G_{18}=G_x=G_{df}+G_{dm}+G_{ds}+G_p-G_0$$
$$G_{f18}=G_{fx}=G_{fdf}+G_{fdm}+G_{fds}+G_{fp}-G_{f0}$$
$$G_{c18}=G_{cx}=G_{cdf}+G_{cdm}+G_{cds}+G_{cp}-G_{c0}$$
$$W_{18}=W_x=W_{df}+W_{dm}+W_{ds}+W_p-W_0-W_w$$

5.6.1.4 浓缩作业计算

浓缩作业计算仍以图 5-9 流程为例。重介浓缩作业的入料，是各产品脱介后的稀介质及部分合格介质(即分流量)。所以：

$$V_{13}=V_9+V_{12},G_{13}=G_9+G_{12},G_{f13}=G_{f9}+G_{f12},G_{c13}=G_{c9}+G_{c12},W_{13}=W_9+W_{12}$$

浓缩作业的计算，可简化为全部固体物料沉淀进入底流，底流作为磁选作业入料。因此，根据磁选作业要求，可控制其底流排放浓度，通常底流质量百分浓度 $P=20\%\sim25\%$，浓缩机底流水量 W_{15} 可按以下公式计算：

$$R=\frac{1-P}{P}\quad 则\quad W_{15}=\frac{1-P_{15}}{P_{15}}G_{15}$$

浓缩机溢流的体积：

$$V_{14}=W_{14}=W_{13}-W_{15}$$

浓缩机底流的体积：

$$V_{15}=V_{13}-V_{14}$$

且 $$G_{15}=G_{13},\quad G_{f15}=G_{f13},\quad G_{c15}=G_{c13}$$

5.6.1.5 磁选作业计算

设置磁选作业的目的是使循环悬浮液中非磁性物(即煤泥)的含量稳定，将入料带入的煤泥量按一定的速度连续清除，净化悬浮液。一般需要净化的悬浮液量占工作悬浮液量的 10%～20%。正常工作状态下，磁选效率 η 可达 99.8%，故磁性物在磁选精矿中的质量 $G_{f17}=G_{f16}\eta$。

通常磁选精矿中磁性物的含量 γ_f 和磁选精矿悬浮液的密度 ρ 在设计中已预先确定，一般取 $\rho_{17}=2.0\ g/cm^3$，$\gamma_{f17}=95\%$，则有：

$$G_{16}=\frac{G_{f16}}{\gamma_{f16}},\quad G_{c16}=G_{16}-G_{f16},$$
$$g_{16}=\frac{\rho_{16}-1}{\delta-1}\delta,$$
$$V_{16}=\frac{G_{16}}{g_{16}},\quad W_{16}=\omega_{16}V_{16}$$

式中　ω——单位体积悬浮液的水量，t/m^3。

5.6.1.6 新介质 G_{21}，添加稀释水 W_{21} 计算

尽管重介质选煤工艺过程对产品尽量彻底喷水脱介，但仍有部分介质随产品带走而损失，为保持选煤工艺正常运行，需要连续不断地补加新介质(见图 5-9)。

$$G_{f21}=G_{f18}-G_{f16},\quad W_{21}=W_{18}-W_{16},\quad G_{21}=\frac{G_{f21}}{\gamma_{f21}}$$

式中　γ_{f21}——新介质中磁性物含量,%。

5.6.2　介质流程平衡表

通过以上计算,可绘制介质系统平衡表(表 5-21),循环介质系统平衡表(表 5-22),重介系统水耗、介耗表(表 5-23)。依据这些表格可检查、分析与核对计算结果,并平衡介质系统各指标。

表 5-21　介质系统平衡表

项　目		各项指标			
		G/(t/h)	G_c/(t/h)	G_f/(t/h)	W/(m³/h)
进入	原煤带入煤泥水				
	脱介用循环水				
	脱介用清水				
	稀释用水				
	补充水				
	补加新介质				
	合计				
排出	精煤产品带走				
	中煤产品带走				
	矸石产品带走				
	浓缩机溢流				
	磁选尾煤				
	合计				
差额					

表 5-22　循环介质系统平衡表

项　目		各项指标			
		G/(t/h)	G_c/(t/h)	G_f/(t/h)	W/(m³/h)
进入循环介质桶	精煤脱介返回合格介质				
	中煤脱介返回合格介质				
	矸石脱介返回合格介质				
	补加浓介质				
	补加清水				
	合计				
排出循环介质					
差额					

表 5-23 重介系统水耗及介耗表

项目		总耗量/(t/h)	每吨原煤消耗/kg
水量消耗	循环水 清　水 合　计		
介质消耗	精煤带走量 中煤带走量 矸石带走量 小　　计 磁选尾矿损失 合　　计		

5.7 选煤最终产品平衡表的编制

5.7.1 选煤最终产品平衡表的编制

选煤工艺流程计算完毕，应将各产品的产率、产量、灰分、水分汇总，再分别填入最终产品平衡表，如表 5-24 所示。此表可绘在选煤工艺流程图上，也要编入初步设计说明书中。

表 5-24 选煤最终产品平衡表

产品名称	数　量				灰分 A_d/%	水分 M_t/%
	产率 γ/%	小时产量/t	日产量/t	年产量/Mt		
主选精煤						
浮选精煤						
合计精煤						
中　　煤						
尾　　煤						
矸　　石						
总　　计	100.0					

5.7.2 选煤工艺流程图的绘制

选煤工艺流程图分为工艺原则流程图和数质量流程图。

工艺原则流程图是按原料煤加工顺序，表明工艺过程中各作业间相互联系的示意图。工艺原则流程图只标注各作业名称，而不注其数、质量关系。

数质量流程图是表明原料煤、产品、中间产物以及辅助物料（水、药剂、加重质等）的数量、产率和质量指标的工艺原则流程图。重介质分选部分，应绘出重介质选煤工艺流程图，除表示数量、质量指标外，还要标明 V、G、G_f、G_c、W 等指标。绘制数质量流程图时，应参考设计的图纸资料。

5.7.2.1　绘制工艺流程图的注意事项

根据工艺流程的计算结果，绘制正式工艺流程图，绘制时应注意以下几点。

（1）常用的作业名称包括准备筛分、检查性手选、手选、破碎、检查筛分、除尘、脱泥、主选、再选、浮选、搅拌、脱水、分级脱水、最终筛分、水力分级、浓缩、澄清、过滤、压滤、干燥等。有时为了进一步明确作业层次，可以细划分，如跳汰主选、重介再选、离心脱水、浮选（粗选、精选）、沉降过滤等。

（2）数质量流程图各作业应注明产率、产量、灰分、水分、水量、液固比等指标，见图 5-13。重介分选工艺流程图还须注明悬浮液体积、悬浮液中的固体量、悬浮液中的磁性物数量、悬浮液中的非磁性物数量以及悬浮液密度。以上各项指标使用的代号和计算单位如表 5-25 所示。

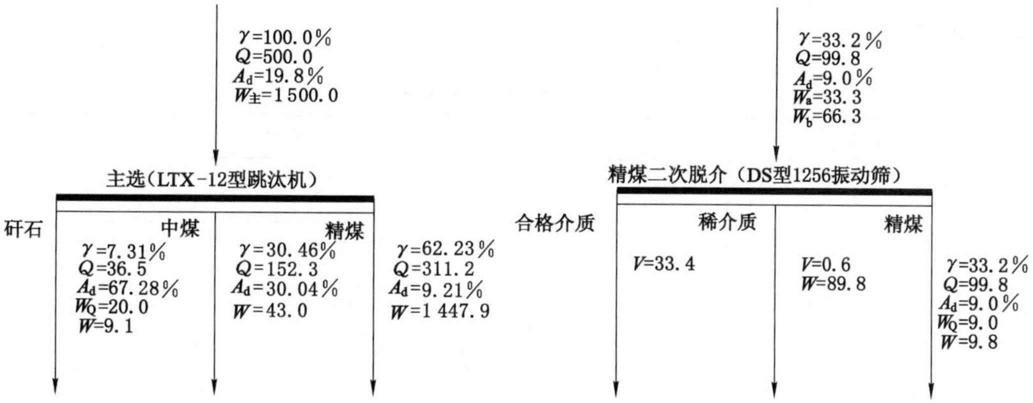

图 5-13　数质量流程图各作业的画法示例

表 5-25　工艺流程图常用数、质量指标代号及计量单位

名称	代号	计量单位
产率	γ	
产量	Q	t/h
灰分	A_d	
水分	M_t	
水量	W	m^3/h
液固比	R	
悬浮液体积	V	m^3/h
悬浮液中的固体量	G	t/h
悬浮液中的磁性物含量	G_f	t/h
悬浮液中的非磁性物含量	G_c	t/h
悬浮液密度	ρ	t/m^3

（3）工艺流程图原则上应将数质量流程图和水量流程图、介质流程图合并。

(4) 对破碎、筛分、分级等作业,需注明粒度变化指标,在粒度数字前加"+"号表示大于该粒度,加"—"号表示小于该粒度。

5.7.2.2　工艺流程图常用的线条图例

(1) 工艺流程图中的作业,采用一粗一细的双横线符号表示,作业名称标注在作业符号的上方,如图 5-14 所示。表示可能和预留的作业时,用虚线符号。

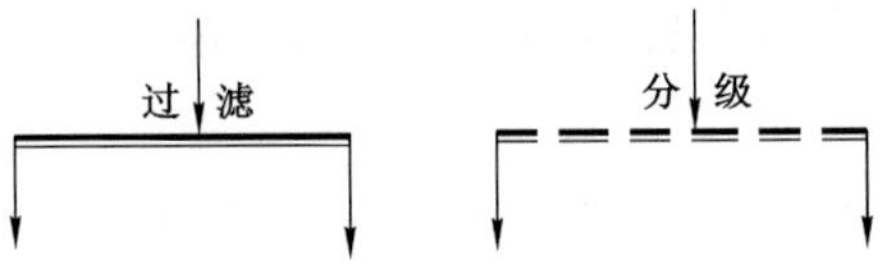

图 5-14　作业线

(2) 各作业之间用表 5-26 中规定的流程线连接。在流程线的末端和转折、交汇的地方需用箭头表明流向。

表 5-26　流程线图例

名　　称	符号
主要运输线	————————————
可能运输线	— — — — — — — — —
清水线	——— - ——— - ——— - ———
循环水线	——— - - ——— - - ——— - - —
煤泥水线	———M———M———
滴水、放水、溢水线	———D———D———
矸石线、灰渣线	———G———G———
空气线	———K———K———
浮选药剂线、输油线	———Y———Y———
尾煤线	———W———W———
合格介质和磁选精矿线	———H———H———
稀介质线	———X———X———
磁选尾矿线	———C———C———
凝聚剂线	———N———N———
硫化铁线	———L———L———

(3) 最终产品平衡表一般放在工艺流程图的右上角。

(4) 工艺流程图所用有关线条图例,也应画在工艺流程图的适当位置。

5.7.2.3　工艺流程图中的标注

(1) 作业符号如下所示,作业名称及设备型号、台数写在作业符号内。

准备筛分 SDZ_1-5　2 台

(2) 产品线末端及煤、水(介质)流向用箭头表示。

(3) 数质量指标宜写在产品线的右侧。

(4) 阿拉伯数字与文字应尽可能与作业符号平行填写。

(5) 清水与循环水箱用长方形表示，与产品平衡表分别置于图纸上方左右角。

(6) 图例一般应标注在图纸的下面。

第6章　选煤厂工艺设备的选型与计算

设备选型与计算是选煤厂设计工作的重要组成部分。选型既能体现出设计人员和设计本身的水平,也会影响选煤厂投产后的生产技术指标和经济效益。在选煤设备迅猛发展的今天,设备的品种、规格繁多,国产的、进口的、组装的应有尽有。选煤设备向大型化、高效化方向发展,这使设备选择的范围更宽,难度也相应增大。这就需要我们更好地了解各种设备的性能及适用条件,正确计算与选型。

6.1　工艺设备选型与计算的原则和规定

6.1.1　设备选型与计算的任务及原则

设备选型与计算的任务是根据已经确定的工艺流程及各作业的数、质量,并考虑原煤特征和对产品的需求,选出适合生产工艺要求的设备型号与台数,从而使选煤厂投产后达到设计所要求的各项生产指标。

设备选型时应注意以下几项原则:

(1) 所选设备的型号与台数应与所设计厂型相匹配,尽量采用大型设备,充分考虑机组间的配合,使设备与厂房布置紧凑,便于生产操作。

(2) 所选设备的类型应适合原煤特征和产品质量要求。

(3) 做到技术先进、性能可靠,应优先选用高效率、低能耗、成熟可靠的新产品。

(4) 经济实用,综合考虑节能、使用寿命和备品备件等因素,尽可能选用同类型、同系列的设备产品,以便于检修和备件的更换。优先选用具有“兼容性”的系列设备,便于新型设备对老型设备的更换,也便于更新和改扩建。

(5) 在设备选用的过程中,要贯彻国家当前的技术经济政策,考虑长远规划。设备招标应考虑性能价格比,切忌一味追求低价格。

(6) 噪声小于 85 dB。

6.1.2　设备生产能力与台数的确定原则

6.1.2.1　设备生产能力的确定原则

在设计中常用的确定设备生产能力的方法有单位负荷定额、产品目录保证值以及理论计算公式或经验公式。

(1) 单位负荷定额

单位负荷定额是根据现场相似设备在较长时期使用过程中取得的经验统计数据。它比较接近实际,多数情况下较为可靠。在计算设备生产能力时,常用单位容积、单位面积、单位长度或单位时间等单位负荷定额指标进行计算。这些单位负荷定额指标在后面将陆续给出。有些设备不便使用上述几种单位负荷定额指标计算,可采用单台设备的处理量指标进行计算，如旋流器等。有些设备在生产条件不同时，可使用不同的单位负荷定额指标进行生产能力的计算。如浮选机的选择，采用浓缩浮选工艺时，一般采用单位容积处理干煤泥量（t/m^3）来计算；而采用直接浮选工艺时，以单台通过的矿浆量[m^3/(h·台)]来确定浮选机台数。由于选煤工艺和设备都在不断发展，在选型计算中对不同情况应具体对待。

(2) 产品目录保证值

产品目录上的设备生产能力保证值是设备生产厂家根据设备研制报告提供的。由于设备在研制过程中使用的被处理原料性质和操作条件与实际不尽相同，产品目录提供的设备生产能力一般偏高，使用时应充分考虑原料性质和实际生产条件，参考现场实际生产资料，确定选择范围。

(3) 理论计算公式或经验公式

理论计算公式或经验公式都是使用已有的公式计算设备生产能力的。理论计算公式往往考虑的条件比较理想，故其计算结果与实际生产能力偏离较大，需采用修正系数核算，因而应用较少。经验公式是根据实际资料总结出来的，其中常包括许多与原料性质、操作特点等有关的经验系数，这些系数在未投产情况下难以确定，因而在使用上有局限性。

综上所述，由于单位负荷定额比较接近生产实际，一般在设计中都优先选用单位负荷定额计算设备生产能力。另外，由于设备的生产能力与原料性质和生产条件有密切关系，故应收集现场的实际资料，了解不同原料和生产条件下设备的生产能力，尽量采用接近实际情况的数据。

6.1.2.2　设备型号、规格和台数的确定原则

设备型号、规格和台数的确定应注意生产的不均衡性和灵活性，尤其是若干咽喉性输送设备的选择，更应考虑当主要设备生产能力提高后的适应性。

设备生产能力确定后，设备的台数根据厂型、工作性质、设备可能产生故障和检修工作量等因素决定，应尽量选用大型设备，以减少设备台数。

设备台数的选择还应与车间布置统筹考虑，兼顾布置的整齐、不同工艺环节设备台数的匹配以及物料输送的需要等。由于设备质量的提高，所有的设备都不再考虑备用问题，具体规定请参阅《煤炭洗选工程设计规范》(GB 50359—2016)。

6.1.3　不均衡系数的确定原则

在选煤厂的实际生产过程中，数量和质量随时都可能产生波动。为了保证选煤厂均衡生产，在确定设备的型号和台数时，要将数、质量流程所计算的各作业环节的处理量乘以相应的不均衡系数，作为选择设备的依据。不均衡系数按《煤炭洗选工程设计规范》(GB 50359—2016)规定选取。

(1) 原煤储存设施前应在额定小时能力的基础上，按下列规定选取：

① 矿井来煤时，从井口到原煤储存设施的设备处理能力应与矿井最大提升能力一致。

② 由标准轨距车辆来煤时，受煤坑到原煤储存设施设备处理能力的不均衡系数应不大于 1.50；当采用翻车机卸煤时，原煤储存设施前设备的处理能力应与翻车机能力相适应。

③ 由汽车来煤时，原煤储存设施前设备的处理能力应与汽车受煤或汽车卸煤能力相

适应。

(2) 原煤储存设施后应在额定小时能力的基础上按下列规定选取：

① 重介悬浮液系统应取 1.15，煤泥水系统应取 1.35，矸石系统应取 1.50。

② 煤流系统，采用块、末煤分级入选工艺时应取 1.25，其他工艺应取 1.15。

在生产实际中，煤泥水系统设备的处理能力对全厂生产的影响比较大。因此，应尽量将煤泥水系统设备的处理能力放大，可将分选环节的最大能力作为选型基数。

6.2 筛分设备的选型与计算

目前我国制造与使用的筛分机大体可分为四大类，即振动筛、固定筛、滚轴筛和摇动筛。具体筛分机型号可参阅《煤炭工业设备手册》《选煤用产品联合目录》和厂家提供的选型资料。

由于筛分机种类繁多，选择时一定要充分了解其适用范围、工艺和机械参数，选择稳定、可靠、先进、适用的产品。

6.2.1 各类筛分设备的适用范围

6.2.1.1 振动筛

振动筛种类很多，应用最为广泛。由于不同种类振动筛的工作原理、结构等各不相同，故适用范围也不尽相同，选型时应首先充分了解各种类型振动筛的特点。

(1) 圆振动筛：又称为单轴振动筛，多用于原煤预先分级，一般常用 50 mm 及以上的筛孔，筛面安装倾角大，处理量比较大。目前生产的圆振动筛主要型号有 YK、YA、YFS、DD、ZD、SZ、DY、ZDM、DM 等系列。

(2) 直线振动筛：多用于分级、脱水、脱泥及脱介等。直线振动筛可根据产品要求选用不同的筛孔，因而在用途不同时，处理能力有较大差别。目前国产直线振动筛的主要型号有 ZK、ZS、ZSM、SSZ、YHS、DZ、USL、SL 等系列。

(3) 等厚筛：等厚筛的筛面可分为 3～5 段，各段采用不同倾角，因其外形特点又名香蕉筛。等厚筛常用于分级入选前的准备筛分或预先筛分作业，也可用于脱介。等厚筛主要用于筛孔为 50 mm 以下的筛分，目前生产的等厚筛型号有 ZDS、ZQD、SL、CBV 等系列。

(4) 概率筛：适用于一般筛分设备难以处理的水分高、黏性大、粒度细的原煤。可用于 $<$13 mm($<$6 mm)级煤的筛分。旋转概率筛是以概率筛分理论为基础的一种新型筛分设备，对提高分选设备的分选效率、减少次生煤泥量的产生有一定作用。

(5) 高频振动筛：适用于煤泥回收和分级。当用于煤泥分级时，高频振动筛振动参数应是高频、小振幅、入料浓度不能过低。若用于煤泥回收时，高频振动筛的工作频率不宜过高。

(6) 琴弦筛：适用于高水分及细粒级含量多的煤炭或其他物料的筛分分级。琴弦筛采用单轴块偏心激振，应属圆振动筛类。上层采用矩形不锈钢焊接筛网，下层采用琴弦式筛网，筛丝随着筛子振动而产生颤动，故不易堵塞筛孔。目前系列化生产的琴弦筛有 SQDZ、GXS 等系列。

(7) 弛张筛：适用于潮湿细粒煤炭及各种潮湿细粒散状物料(6～3 mm)干法深度筛分。弛张筛具有大振幅、大振动强度和弹性筛面等特点。潮湿细粒煤炭干法筛分时，筛孔不易堵塞，处理量大。

6.2.1.2　固定筛

固定筛分为格筛、棒条筛、条缝筛、弧形筛等。

(1) 格筛：多设置在受煤坑、受煤槽(漏斗)的上部，限制原煤中的过大块。一般安装呈水平或略有倾角。筛孔一般为 200～300 mm，多为矩形。

(2) 棒条筛：多用于预先筛分，安装倾角为 35°～40°。筛孔一般不小于 50 mm。

(3) 条缝筛：一般设置在振动脱水(脱介)筛前，用于预先泄水(脱水)、脱介。筛孔一般为 0.5～1 mm。

(4) 弧形筛：主要用于末煤和煤泥的预先脱水、脱泥及脱介。近年来还与分级旋流器一起用作浮选前分级和粗煤泥回收设备。最近几年研制了振动弧形筛、可翻转弧形筛、击打弧形筛等。

6.2.1.3　摇动筛

摇动筛适用于中小型选煤厂。大型选煤厂目前很少选用。

6.2.1.4　滚轴筛和螺旋筛

滚轴筛多用于筛孔 50 mm 的分级。

螺旋筛可用于潮湿和黏性原煤<60～6 mm 粒级的筛分，其筛面采用表面有粗大螺纹的钢棒制成，避免堵塞。

6.2.2　筛分设备的选型计算

筛分设备的选型计算，最终是要确定筛分机的型号和台数。

6.2.2.1　单位负荷定额已知

(1) 确定所需筛面面积 F

所需筛面面积用式(6-1)计算：

$$F = \frac{kQ}{q} \tag{6-1}$$

式中　F——所需筛面面积，m^2；

Q——入料量，t/h；

k——不均衡系数(按前节规定选取)；

q——单位负荷定额(从表 6-1、表 6-2、表 6-3 中选取)，t/(m^2·h)。

(2) 确定所需台数

根据式(6-1)算出的面积 F 选择适用的型号后，筛分机台数 n 用式(6-2)计算：

$$n = \frac{F}{F'} \tag{6-2}$$

式中　n——筛分机台数，台；

F'——选用筛分机的有效面积，m^2。

表 6-1 为筛分机用于筛分作业的单位负荷定额；表 6-2 为筛分机用于脱水作业的单位

负荷定额；表 6-3 为筛分机用于脱介作业的单位负荷定额；表 6-4 为固定条缝筛和弧形筛的单位面积泄水量指标。固定条缝筛面积由式(6-1)确定后，需进一步确定其长和宽。一般宽度应与入料溜槽相同，长度为宽度的 2 倍。筛宽还要以入料中最大块尺寸 $d_{最大}$ 进行验算。大块含量多时，筛宽 $B \geqslant 3d_{最大}$；反之，$B \geqslant 2d_{最大}+100$ mm。

表 6-1　筛分机用于筛分作业的单位负荷定额

设备名称	筛分方法	筛分效率/%	单位负荷定额 q/[t/(m² · h)]								
			筛孔尺寸/mm								
			100	80	50	25	13	6	1.5	1	0.5
圆振动筛	干法	>85	100～120	80～90	40～50						
倾斜式直线振动筛	干法	>85			40～50	30～40	15～25	7～10			
		>60				40～50	20～30	10～15			
	湿法	>85						14～20	12～18	10～15	7～10
水平式直线振动筛	干法	>85			30～40	15～20	7～10	4～6			
		>60				20～30	10～15	7～10			
	湿法	>85						12～16	10～14	9～12	6～8

注：① 干法筛分的处理能力，当物料水分小于 7%时取偏大值，当物料水分大于 7%时取偏小值；

② 筛分效率和处理能力成反比，筛分效率高时处理能力低。

表 6-2　筛分机用于脱水作业的单位负荷定额

筛孔尺寸/mm	13		1.0		0.5		0.35	
参　　数	单位负荷定额 q/[t/(m² · h)]	筛上物水分 M_t/%	单位负荷定额 q/[t/(m² · h)]	筛上物水分 M_t/%	单位负荷定额 q/[t/(m² · h)]	筛上物水分 M_t/%	单位负荷定额 q/[t/(m² · h)]	筛上物水分 M_t/%
精煤脱水、分级	15～20	8～10						
末精煤脱水、脱泥			9～15	12～15	6～10	13～18		
粗粒煤泥脱水					3～5	18～23	1.5～2.5	23～28

注：脱泥筛上宜设喷水装置，脱水筛前可设弧形筛或固定筛预脱水。

表 6-3　筛分机用于脱介作业的单位负荷定额

物料名称	筛孔尺寸/mm	单位面积处理量 q/[t/(m² · h)]		单位宽度处理量 q/[t/(m · h)]		喷水量		喷水压力 p/MPa
		已脱泥	未脱泥	已脱泥	未脱泥	W/(m³/t)	W/(m³/m)	
块煤	0.5(1.5)	10～18		60～90		0.5～1.0	23～33	0.15～0.3
混煤、末煤	0.5	5～9	5～7	30～45	25～36	1.0～2.0	35～50	
	1.0	8～14	6～11	45～55	36～48			
	1.5	9～16	7～13	50～65	42～55			

注：脱介筛可以使用单位宽度处理量进行选型计算，$n=kQ/(qB)$，B 为选定筛宽。

表 6-4　固定条缝筛、弧形筛单位面积泄水量(参考值)

设备名称	作业类型	不同筛孔尺寸(mm)的单位面积泄水量/[$m^3/(m^2 \cdot h)$]			
		2	1	0.75	0.5
固定条缝筛	精煤脱水,块精煤、中煤、矸石脱介	80～100	50～70	40～60	30～40
弧形筛	末精煤脱水	—	120～140	70～90	50～60
	粗煤泥脱水	—	100～120	60～80	40～50
	末精煤、中煤、矸石脱介	—	80～100	50～70	入料悬浮液的60%～80%

注:当做预先脱水脱介用时,弧形筛宽应比脱水筛宽小 150～200 mm。

6.2.2.2　单位负荷定额未知

当单位负荷定额查不到时,或不便用其计算时,可按现场收集的或由产品目录查出的单台处理量计算所需设备台数。即

$$n = \frac{kQ}{Q_e} \tag{6-3}$$

式中　Q_e——筛分设备单台处理量,t/h;

其他符号意义同前。

6.3　破碎设备的选型与计算

选煤厂破碎设备一般用于以下作业:

(1) 入选原煤的准备作业。为了满足入选粒度上限的要求,在准备作业中要破碎大于入选粒度上限的原煤,同时解离大块夹矸煤。

(2) 中煤(中间产物)的破碎,以便进一步解离出精煤。

(3) 根据用户要求,将煤炭破碎成各种粒度的产品。

破碎设备的选择应根据原煤性质和产品粒度要求而定。对煤用破碎机的要求主要有:生产能力适合工艺需要,破碎产品粒度均匀,产生的煤粉少,结构简单,工作可靠,破碎功耗小等。选煤厂一般用一段破碎,若原煤中≥300 mm 级含量超过 10%(如露天矿来煤时),可采用两段破碎。

6.3.1　破碎设备选择范围

目前全国各选煤厂采用的破碎机种类众多,主要有齿辊式破碎机、分级破碎机、反击式破碎机、选择性破碎机、颚式破碎机、链板式破碎机及锤式破碎机。破碎机入料口前必须设置除铁装置。

选煤厂常用的各类破碎机的特点和适用范围简述如下。

6.3.1.1　齿辊式破碎机

齿辊式破碎机在选煤厂应用广泛。常用的有四齿辊、双齿辊和单齿辊破碎机。目前生产的主要型号有 PG、PC、PGC、GCQ 等系列。

齿辊式破碎机具有结构简单、工作可靠、生产能力大、破碎过程粉尘量少等优点。其主

要缺点是机齿磨损严重。应选用中碳合金钢制造的齿圈或齿面，以便可以使用硬质合金钢堆焊恢复其磨损部位。

破碎粒度较大、硬度较高的煤时，一般采用单齿辊破碎机。对块煤进行粗碎或要求破碎粒度较小时，可采用双齿辊破碎机或四齿辊破碎机。四齿辊破碎机破碎比可达 6∶1。

6.3.1.2 分级破碎机

分级破碎机具有破碎、筛分双重功能，主要是增大了双齿辊之间的间隙，这样可以使尺寸小于间隙的物料直接落下，避免过粉碎。目前生产的分级破碎机有 FP、PLF、SSC、2PGC、MMD 等系列。

分级破碎机充分利用煤炭等物料的抗压强度＞抗剪强度＞抗拉强度这一特性，利用剪力和张力的共同作用对物料进行破碎，同时由于物料与辊齿各个接触点的线速度不同，破碎作业带有一定的冲击性，有利于物料的破碎。FP、2PGC 等分级破碎机齿辊结构及工作原理如图 6-1 所示。

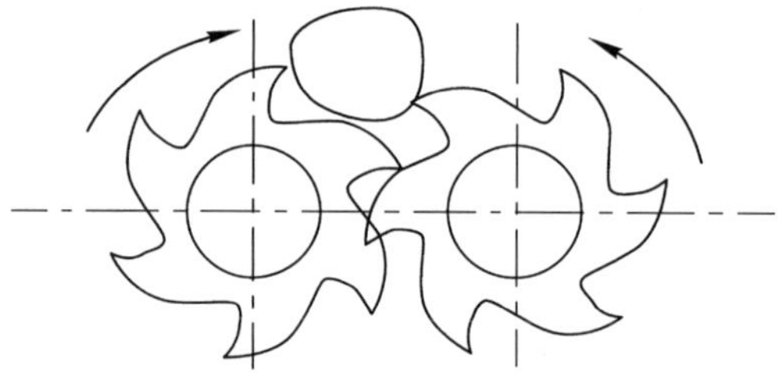

图 6-1　FP、2PGC 等分级破碎机齿辊结构及工作原理

强力分级破碎机更适合大块煤的粗碎和中碎，破碎齿螺旋布置，齿形呈鹰嘴形，最大限度嵌入超大物料，使物料受到剪切、挤压、拉伸等作用力，有效地将破碎功率传递到坚硬物料上，顺利破碎物料且减小磨损。强力分级破碎机的工作原理如图 6-2 所示。

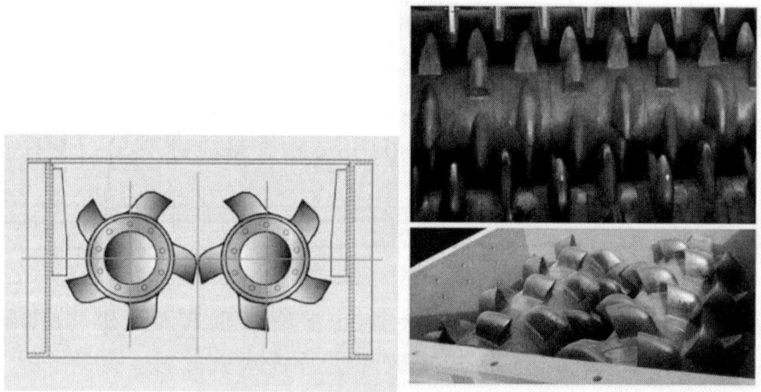

图 6-2　强力分级破碎机工作原理

6.3.1.3 颚式破碎机

颚式破碎机结构简单，且高度低，工作可靠。但与齿辊式破碎机相比，颚式破碎机过粉碎现象比较严重，破碎扁平块物料时易出现过大块，当颚式破碎机排矿口减小时，其生产能

力迅速下降。颚式破碎机通常用于较硬的矿石粗碎和中碎。在选煤厂，当原煤中矸石含量大且硬，以及煤中含有粒度较大的黄铁矿结核时，可用颚式破碎机。目前生产的颚式破碎机有 PE、PJ 等系列。

6.3.1.4　锤式破碎机

中煤破碎广泛采用锤式破碎机。锤式破碎机的结构简单、工作可靠、生产能力和破碎比大。但该破碎机破碎煤炭时，过粉碎现象较严重；当原煤水分高时，其效率降低，且箅条易堵塞；此外，锤头磨损较快。在选煤厂，锤式破碎机通常仅用于中煤的破碎作业和沸腾炉燃料破碎。目前，锤式破碎机种类很多，有 PC、JPC、CP 等系列，还有单段锤式 TPC 系列、环锤式 HS、KRC、PCH 系列等。

6.3.1.5　反击式破碎机

反击式破碎机能顺着煤与矸石解理面进行破碎，故过粉碎现象小，破碎产物的粒度均匀，具有破碎比大、生产率高、动力消耗小等优点。该机适用于中碎或细碎。目前生产的适于破碎煤炭的反击式破碎机有 MF、PFD、PF 等系列。

6.3.2　破碎设备的选型计算

破碎设备的选型计算一般基于单台设备处理能力，所需设备台数 n 按式(6-4)计算：

$$n=\frac{kQ}{Q_e} \tag{6-4}$$

式中　Q——入料量，t/h；

k——不均衡系数；

Q_e——破碎机单台处理量(可由表 6-5、表 6-6、表 6-7 查出)，t/h。

破碎机入料口前必须设置除铁器。

表 6-5　破碎机处理能力

设备类型	齿辊直径 /mm	最大入料粒度 /mm	排料粒度 /mm	单位辊长处理能力 /[t/(m·h)]
分级破碎机	500	<300	50～150	50～100
	650	<300	50～150	60～120
	800	<300	50～150	80～150
	1 000	<350	50～150	100～200
双齿辊破碎机	450	<200	50～150	40～80
	600	<300	50～150	50～100
	900	<300	50～150	70～140
环锤式破碎机	650	<200	20	40～80
	800	<250	20	60～120
	1 100	<250	30	100～200

注：破碎机处理能力与入料性质(硬度、粒度、粒度组成等)、破碎比、破碎机齿型等因素有关，选型时应加以考虑。

表 6-6　几种破碎机的技术性能(参考值)

设备名称	型号	入料粒度/mm	出料粒度/mm	产量/(t/h)	电动机			外形尺寸			质量/t
					型号	转速/(r/min)	功率/kW	长/m	宽/m	高/m	
单齿辊破碎机	PGC-1100×1860		<150	140	JO_2-81-8	730	22	5.8	2.2	1.4	16
双齿辊破碎机	2PGC-450×500	200	0～100	55	JB22-8		11	2.26	2.206	0.766	3.765
	2PGC-600×750	600	0～100	60～125	Y225M-8		22	3.97	3.585	1.145	6.95
	2PGC-900×900	300	0～50	100	Y280S-8		37	3.97	3.585	1.145	13
四齿辊破碎机	4PGC-310/280×800	50～300 0～300	40～80 可调	120～200 250～350	Y250M-4		55	2.68	2.66	1.3	6.8
	4PGC-380/350×1000	50～300 0～300	50	200～300 400～500	Y280S-4		75	3.172	2.98	1.4	8.5
锤式破碎机	PC-ϕ600×600	≤100	≤15	15～25	Y180L-4	1 470	22	1.498	1.156	0.867	1.7
	PC-ϕ600×1200	≤300	≤25	30	JQO_2-82-4	1 470	40	3.0	1.70	1.18	3.44
	PC-ϕ1000×1000	≤200	≤15	60～80	JR-117-6	1 000	130	3.445	1.695	1.331	6.1
	PC-ϕ1300×1600	<300	≤10	150～200	JS-147-10	740	200	4.8	2.4	1.9	18
反击式破碎机	PFD-ϕ750×700	<200	≤25	40～60			37	2.513	1.690	1.540	3.35
	PFD-ϕ1100×850	<200	≤25	90～110			80	3.165	2.330	2.100	6.3
	PFD-ϕ1100×1200	<200	≤25	180～220			155	3.615	2.330	2.100	8.753
分级破碎机	FP5012G	≤300	≤40 ≤50 ≤80	60～110 100～180 100～180			75	2.910	2.606	1.060	12.8
颚式破碎机	PE-250	200		5～20		970	17	1.100	1.090	1.100	3.4
	PE-400	350		25～64		975	30	1.700	1.742	1.530	5.8
	PE-500	425		28.5～62.5		1 000	55	1.890	1.915	1.870	9.9

注：① 4PGC-310/280×800 型四齿辊破碎机上辊直径 310 mm，下辊直径 280 mm，辊长 800 mm；

② 四齿辊破碎机允许入料个别粒度为 500 mm；

③ 齿辊破碎机的生产能力指破碎含矸量≤30%的原煤；

④ 此表仅列出个别型号，详细可查找产品目录。

表 6-7　MFP50A 型强力分级破碎机技术性能(参考值)

规格型号	入料粒度/mm	出料粒度/mm	生产能力/(t/h)	电机功率/kW	质量/t
5050	200	35～50	30～70	2×11	4
50100	200	35～50	60～80	2×15	5
50150	200	35～50	80～120	2×18.5	7
6550	300	50～80	80～100	2×15	6
65100	80	13	30～50	2×18.5	7
65150	80	13	50～80	2×22	7.5
75100	80	13	80～120	2×22	8
75150	350	50～150	150～420	2×30	10

表 6-7(续)

规格型号	入料粒度 /mm	出料粒度 /mm	生产能力 /(t/h)	电机功率 /kW	质量 /t
75200	350	50～150	200～560	2×45	15
100100	600	50～150	240～700	2×37	12
100150	600	50～150	350～900	2×45	15
100200	600	50～150	450～1200	2×55	18

6.4　分选设备的选型与计算

分选设备是选煤厂的心脏，应认真做好其选型和计算工作。分选设备主要有跳汰机、动筛跳汰机、重介质分选机、重介质旋流器、干法分选机、螺旋分选机、干扰床分选机、浮选机、浮选柱等。

6.4.1　跳汰机

6.4.1.1　跳汰机使用现状及选型趋势

跳汰机分为空气脉动跳汰机和动筛跳汰机。据统计，我国已经使用和生产的空气脉动跳汰机有 X 系列、SKT 系列、YT 系列、YTG 系列等多种型号和规格，最大面积达 30 m^2。大型选煤厂趋向于设备大型化。动筛跳汰机有 GDT、KJDT 系列机械动筛跳汰机及 TD 系列液压动筛跳汰机等。

(1) 空气脉动跳汰机

空气脉动跳汰机分为侧鼓式、筛下气室式、混合式以及柔性空气室跳汰机。各种形式均适用于混合入选和分级块煤入选。末煤入选可采用人工床层末煤跳汰机。

SKT 系列跳汰机采用电脑数控立式滑动风阀和自动排料系统；各段可单独调整风量和水量，互不干扰；筛下补给水采用全宽给水装置。

X 系列跳汰机采用以单盖板数控气动风阀和自由浮标为传感器的叶轮式自动排料系统；机体内设有导流板，能量利用率高，工作风压比其他类型低。

YT 系列跳汰机在原有跳汰机的基础上，使用了复合空气室跳汰机机体、复频和多频跳汰周期、多室共用风阀等专利技术。

YTG 系列跳汰机颠覆了原有空气室的概念，采用柔性空气室，使空气与水完全隔绝。风阀交替开闭，空气进入排出，使柔性空气室膨胀或收缩，推动床层产生脉动运动。柔性空气室使得空气脉动跳汰机的超大型化成为可能。

国外引进的巴达克跳汰机，现场使用情况较好。

(2) 动筛跳汰机

动筛跳汰机是最近几年发展很快的一种分选设备，主要用于＞50 mm 块煤的排矸，极少有入选下限达到 25 mm 的。动筛跳汰机用水量少、工艺简单、运营费低，是比较可靠的排矸设备。

动筛跳汰机分为机械驱动与液压驱动两种。机械驱动动筛跳汰机结构简单，占地面积小，价格比液压驱动的便宜，但分选精度略低一些。综合考虑各种因素，目前在现场使用的以机械驱动的动筛跳汰机居多。

6.4.1.2　跳汰机选型计算

跳汰机台数的确定通常用单位面积负荷定额计算法。由于国际上采用单位槽宽负荷定额法，我国也开始采用此法选型。

当使用单位面积负荷定额时，所需跳汰机台数按下述步骤计算。

(1) 所需跳汰机筛板面积计算

所需跳汰机筛板面积按式(6-5)计算：

$$F = \frac{kQ}{q} \tag{6-5}$$

式中　F——所需跳汰机筛板面积，m^2；

k——物料不均衡系数；

Q——入料量，t/h；

q——单位面积负荷定额(由表 6-8 查取)，$t/(m^2 \cdot h)$。

表 6-8　跳汰机单位负荷定额

作业条件		单位槽宽处理能力/[t/(m·h)]	单位面积处理能力/[t/(m²·h)]
空气脉动跳汰机	不分级入选	80～100	13～18
	块煤分选	90～110	15～20
	末煤分选	50～70	10～14
	再选	50～70	10～14
动筛跳汰机		80～110	40～70

注：① 采用单段跳汰机排矸时，处理能力可按单位宽度指标计算；

② 跳汰机单位宽度(面积)处理能力，易选煤取偏大值，难选煤取偏小值。

(2) 所需跳汰机台数计算

所需跳汰机台数 n 按式(6-6)计算：

$$n = \frac{F}{F'} \tag{6-6}$$

式中　F——所需跳汰机筛板面积，m^2；

F'——选用跳汰机的有效面积，m^2。

使用单位槽宽负荷定额时，跳汰机台数按式(6-7)计算：

$$n = \frac{kQ}{Bq} \tag{6-7}$$

式中　Q——入料量，t/h；

k——物料不均衡系数；

B——跳汰机槽宽，m；

q——所选跳汰机单位槽宽负荷定额(由表 6-8 选取)，$t/(m \cdot h)$。

表 6-9 给出了两种动筛跳汰机部分型号的选型计算参数。

表 6-9　动筛跳汰机的处理能力(参考值)

液压式					
型号	DT1.0/2.0	DT1.2/2.4	DT1.4/2.8	DT1.6/3.2	DT1.8/3.6
处理能力/(t/h)	80～120	110～150	140～170	160～225	200～275
循环水量/[m^3/t(干煤)]	0.08～0.2				
不完善度 *I*	0.07～0.12				
机械式					
型号	KJDT1.0/2.0	KJDT1.2/2.4	KJDT1.4/2.8	KJDT1.6/3.2	KJDT1.8/3.6
处理能力/(t/h)	60～90	70～100	100～120	120～150	150～180
循环水量/[m^3/t(干煤)]	0.08～0.2				
不完善度 *I*	0.09～0.12				

6.4.2　重介质分选机

我国煤炭可选性偏难选，而用户对煤炭质量要求严格，因此我国最近几年重介质分选发展比较快。重介质分选设备有多种型号和品种，用于不同情况。

6.4.2.1　块煤重介质分选机

(1) 块煤重介质分选机的使用情况及选型趋势

我国使用的块煤重介质分选机有斜轮、浅槽刮板式、立轮三种，斜轮与浅槽刮板式两种居多(见表 6-10)，主要用于块煤排矸或精选。浅槽刮板式重介质分选机近年来在大型动力煤选煤厂使用较多。斜轮与立轮用排矸轮提升沉物，浅槽用刮板将沉物刮出。两种排矸方式造成了结构上的差异。

表 6-10　部分厂矿块煤重介质分选机使用情况

类型	规格型号	类型	规格型号	类型	规格型号
斜轮重介质分选机	LZX-1.2	立轮重介质分选机	迪萨 3/2 三产品	浅槽刮板式重介质分选机	QG 系列
	LZX-1.6		太司卡 4.5 m		XZQ 系列
	LZX-2		JL 型 2.5 m		FQZ 系列
	LZX-2.6		JTL 型 1.6 m		ZJC 系列
	LZX-3.2				奥尔斯特系列

国内生产的斜轮重介质分选机有 LZX 系列。国产立轮重介质分选机目前很少。浅槽刮板式重介质分选机在国内有多家生产厂商，浅槽的使用也普及全国各地，发展势头较猛。

① 斜轮重介质分选机

斜轮重介质分选机适用于处理粒度 300～13(6)mm 的难选、极难选或含矸率高的块煤。当用作选矸设备时，该机的处理粒度上限可达 500 mm，甚至更大(视槽宽而定)。该机的缺点是占地面积较大，因介质流动特性影响小颗粒分选指标，检修量大。

斜轮重介质分选机的入料方式分一端入料或两端入料两种，常采用前者。两端入料斜轮重介质分选机视工艺布置需要选用，例如，两台主选机对一台再选机时，再选机可用两端入料斜轮重介质分选机。

② 立轮重介质分选机

立轮重介质分选机种类很多。目前我国使用的主要有：

a. 太司卡型立轮重介质分选机。这种分选机运转可靠，采用下降流，有利于小颗粒的分选，分选效率高。其缺点是结构复杂，制造困难。

b. JTL 型立轮重介质分选机。该机是在吸收太司卡型立轮重介质分选机优点的基础上由我国自行设计的，设计中对太司卡型的一些不足进行了改进。

c. 迪萨型和 JL 型立轮重介质分选机。迪萨型立轮重介质分选机是从波兰引进的设备，占地面积小。其不足之处是提升轮易摆动，较大的物料会漏到轮下卡住提升轮。JL 型是迪萨型的改进型，克服了迪萨型立轮重介质分选机的一些缺点，但轮体下半部在悬浮液中磨损严重。

③ 浅槽刮板式重介质分选机

目前我国使用浅槽刮板式重介质分选机的主要是动力煤选煤厂，入选≥13 mm 块煤。该机的机体形状为窄槽形，入料由槽体短轴方向的一侧进入分选槽，浮物由短轴方向的另一侧排出，沉物由槽中的沿长轴方向运动的链板刮出。该机的优点是结构简单，没有大型运动部件；缺点是入选上限低，磨损严重，要求介质粒度细，介质循环量大。

(2) 块煤重介质分选机的选型计算

斜轮和立轮重介质分选机的生产能力都可采用单位负荷定额计算，或由产品目录查取。由于原煤的密度组成变化很大，浮物或沉物过多也影响分选机的处理量，故选定设备台数后，还需用经验公式或经验数据校核设备允许通过的浮物量或沉物量，必要时要调整选定的设备台数。

采用单位负荷定额计算时，所需斜轮或立轮重介质分选机的台数 n 可按式(6-8)计算：

$$n = \frac{kQ}{Bq} \tag{6-8}$$

式中 Q——入料量，t/h；

B——分选机槽宽，m；

q——单位槽宽负荷定额，t/(m·h)；

k——物料不均衡系数。

容许的最大浮煤量由式(6-9)计算：

$$q_1 = 100B \tag{6-9}$$

式中 q_1——允许最大浮煤量，t/h；

B——所选分选机槽宽，m；

100——分选机 1 m 槽宽的最大浮物量，t/(h·m)。

沉物量与入料中的最大矸石粒度和排矸轮转速有关。斜轮重介质分选机最大沉煤量可达 600 t/h，立轮重介质分选机设计沉煤量与斜轮重介质分选机相同。表 6-11 为斜(立)轮、浅槽刮板式重介质分选机的单位负荷定额。表 6-12 为斜(立)轮、浅槽刮板式重介质分选机单台设备处理量的参考值。

表 6-11　斜(立)轮、浅槽刮板式重介质分选机的单位负荷定额

分选机	单位槽宽处理能力/[t/(m·h)]	单位面积处理能力/[t/(m^2·h)]
斜(立)轮重介质分选机	70～100	80～100
浅槽刮板式重介质分选机	70～100	175～200

表 6-12　斜(立)轮、浅槽刮板式重介质分选机单台设备处理量的参考值

一、斜(立)轮重介质分选机

分选机槽宽/mm	处理能力 q/(t/h)	入料粒度/mm	最大浮煤量/(t/h)	最大沉煤量/(t/h)
1 200	65～95	13～200	45	100
1 600	100～150	13～300	88	147
2 000	150～200	13～300	110	202
2 600	200～300	12～300	143	196
3 200	250～350	12～400	232	277

二、浅槽刮板式重介质分选机

设备型号	最大处理能力/(t/h)	刮板宽度/mm	介质斗数量/个	电动机功率/kW	质量/kg		
					设备	介质	总质量
ZJC08	200	1 372	2	7.5	10 250	18 255	28 505
ZJC12	300	1 372	3	7.5	12 589	26 728	39 317
ZJC14	400	1 372	3	11	13 675	29 998	43 673
ZJC16	450	1 372	4	11	14 746	33 477	48 223
ZJC18	500	1 372	4	15	15 743	36 730	52 473
ZJC20	600	1 372	4	15	16 650	40 016	56 666
ZJC22	650	1 372	5	15	17 584	43 479	61 063
ZJC24	700	1 524	5	15	19 112	50 358	69 470
ZJC26	800	1 524	6	22	20 548	54 114	74 662

6.4.2.2　重介质旋流器

(1) 重介质旋流器的种类及特点

重介质旋流器在国内使用很普遍，主要用于分选难选或极难选煤。目前国内研制有多种规格的两产品和三产品重介质旋流器，其给料方式可分为有压入料和无压入料两种。重介质旋流器入料粒度范围一般为 80～0.5 mm，视旋流器直径而定，直径越小，入料粒度上限越小。

需要生产两种产品时，可使用二产品重介质旋流器；而需要生产三种产品时，可使用三产品重介质旋流器或两段二产品重介质旋流器。三产品重介质旋流器近年来在国内发展迅速。三产品重介质旋流器可在一套旋流器中同时实现高密度和低密度两段分选，分出精煤、中煤和矸石三种产品，简化了选煤工艺。

目前国内生产的重介质旋流器品种很多，主要有 NZX、NWX、GDMC、DMC 等系列。

(2) 重介质旋流器的选型计算

重介质旋流器台数 n 可由式(6-10)来计算：

$$n = \frac{kQ}{Q_e} \tag{6-10}$$

式中　k——物料不均衡系数；

Q——入料量，t/h；

Q_e——设备处理量(由表 6-13、表 6-14、表 6-15 和表 6-16 查取)，t/h，如用表 6-16 中的参数 q，则：

$$Q_e = \frac{1}{4}\pi D^2 q$$

式中　D——旋流器直径，m。

表 6-13　重介质旋流器标准给料压力、处理能力及介质循环量

参　数	条　件	指　标	备　注
给料压力/米矿浆柱	原煤重介质旋流器	(9～15)D	D 为旋流器圆筒段直径(m)
	煤泥重介质旋流器	(30～45)D	
干煤处理能力 q/[t/(m^2·h)]	原煤重介质旋流器	200～320	指旋流器单位时间单位筒体横截面(m^2)的处理量
矿浆处理能力 q/[m^3/(m^2·h)]	煤泥重介质旋流器	1 000～1 500	
吨煤介质循环量/(m^3/t)	原煤重介质旋流器	2.5～4.5	三产品重介质旋流器取偏大值

注：(1) 无压旋流器的入料压力取偏大值，有压旋流器的入料压力取偏小值；

(2) 重产物含量多时旋流器处理能力取偏小值；

(3) 生产低灰产品时，介质循环量取偏大值。

表 6-14　二产品重介质旋流器处理能力(参考值)

	内径/mm	给料口径/mm	溢流管径/mm	底流口径/mm	最大给料粒度/mm	给料压力/MPa	介质循环量/(m^3/h)	处理能力/(t/h)
一、有压给料								
2NZX1450	1 450	428	410～580	250～400	130	0.15～0.35	1 150～1 650	445～625
2NZX1350	1 350	400	400～500	250～360	120	0.14～0.35	900～1 250	385～540
2NZX1200	1 200	357	360～480	240～320	115	0.12～0.35	675～945	305～425
2NZX1150	1 150	300	340～460	240～310	100	0.12～0.25	650～900	280～395
2NZX1000	1 000	262	280～400	200～310	80	0.10～0.20	630～880	210～300
2NZX850	850	218	250～320	200～260	60	0.08～0.10	360～540	120～180
2NZX710	710	175	220～280	190～240	50	0.07～0.10	210～360	70～120
2NZX600	600	150	200～240	120～180	40	0.06～0.10	150～220	50～75
2NZX500	500	124	160～200	80～120	25	0.05～0.10	120～180	40～60
2NZX350	350	87	100～140	40～70	10	0.035～0.10	100～150	26～36

表 6-14(续)

	内径/mm	给料口径/mm	溢流管径/mm	底流口径/mm	最大给料粒度/mm	给料压力/MPa	介质循环量/(m^3/h)	处理能力/(t/h)
二、无压给料								
2NWZX1450	1 450	420	410～580	250～400	130	0.18～0.35	1 150～1 650	423～600
2NWZX1350	1 350	380	400～500	250～360	120	0.18～0.28	900～1 250	380～513
2NWZX1200	1 200	360	360～480	240～320	115	0.15～0.23	675～945	290～400
2NWZX1150	1 150	300	340～460	240～310	100	0.15～0.20	650～900	266～376
2NWZX1000	1 000	260	280～400	200～310	80	0.10～0.18	630～880	200～300
2NWZX850	850	210	250～320	200～260	60	0.08～0.10	360～540	114～171
2NWZX710	710	170	220～280	190～240	50	0.07～0.10	210～360	70～120
2NWZX600	600	150	200～240	120～180	40	0.06～0.10	150～220	50～75
2NWZX500	500	120	160～200	80～120	25	0.05～0.10	120～180	40～60
2NWZX350	350	80	100～140	40～70	10	0.035～0.10	100～150	26～36

表 6-15　3NZX 系列(有压)三产品重介质旋流器处理能力(参考值)

规格型号	一段筒体直径/mm	二段筒体直径/mm	入粒粒度/mm	工作压力/MPa	最小循环量/(m^3/h)	处理量/(t/h)
1400/1000	1 400	1 000	≤100	0.32～0.38	1 400	300～500
1300/930	1 300	930	≤90	0.28～0.35	1 200	300～450
1200/850	1 200	850	≤85	0.20～0.30	900	250～400
1100/780	1 100	780	≤80	0.14～0.25	800	230～350
1000/700	1 000	700	≤70	0.15～0.22	600	150～300
900/650	900	650	≤65	0.13～0.20	500	120～200
800/600	800	600	≤60	0.12～0.17	450	100～150
700/500	700	500	≤50	0.10～0.15	300	70～120
600/400	600	400	≤35	0.07～0.13	270	50～90
500/300	500	300	≤25	0.05～0.10	220	25～60

表 6-16　3GHMC 系列(无压给料)三产品重介质旋流器处理能力(参考值)

设备型号	处理能力/(t/h)	规　　格	处理能力/(t/h)
3GHMC1500/1100	550～650	3GHMC850/600	100～170
3GHMC1400/1000	450～550	3GHMC780/550	90～140
3GHMC1300/920	350～450	3GHMC700/500	70～110
3GHMC1200/850	250～350	3GHMC600/400	50～80
3GHMC1100/780	220～280	3GHMC500/350	30～50
3GHMC1000/700	160～230		

6.4.3 浮选设备

6.4.3.1 浮选设备的类型及使用情况

浮选设备是实现煤泥分选的工业设备，其种类繁多，差别主要表现在充气方式、充气搅拌装置结构等方面。浮选设备按充气和搅拌方式的不同可分为机械搅拌式和无机械搅拌式两种，按工作方式和结构可分为浮选机和浮选柱。

(1) 机械搅拌式浮选设备

机械搅拌式浮选机分为机械搅拌自吸式和机械搅拌压气式两种。

机械搅拌自吸式浮选机具有以下特点：搅拌力强，可保证密度、粒度较大的矿粒悬浮，并可促进难溶药剂的分散与乳化；运动部件转速高、能耗大、磨损严重、维修量大。

机械搅拌压气式浮选机具有以下特点：充气量大，便于调节，对提高产量和调整工艺有利；搅拌不起充气作用，故转速低、磨损小、能耗低、维修量小；液面稳定、分选指标好，但需要压气系统和管路。

机械搅拌式浮选机主要有 XJM、XJX 等系列，目前的发展趋势是大型化，研制出的最大单槽容积 90 m^3的浮选机在选煤厂开始使用。

(2) 无机械搅拌式浮选设备

无机械搅拌式浮选设备可分为喷射式浮选机和浮选柱(床)。

喷射式浮选机的特点是无机械搅拌器，无传动部件，矿浆的充气靠外部压入空气。喷射式浮选机 XPM、FJC 系列近年来发展较快，后者是在前者的基础上发展起来的。喷射式浮选机每一室的矿浆一部分直流到下一室的下部实现充气搅拌，另一部分经假底下部被吸入循环泵，煤浆经循环泵加压后进入充气搅拌装置，并以较快的速度从锥形喷嘴呈螺旋扩大状喷出，混合室内产生负压，加大了空气从进气管吸入的力度，并产生微泡。FJC、XPM 等系列已形成最大单槽容积为 44 m^3的系列产品。

浮选柱通过气泡发生器形成细小气泡，通常矿浆从浮选柱上部给入，产生的气泡从下部上升，利用这种逆流原理实现气泡矿化。同机械搅拌式浮选机相比，浮选柱具有结构简单、制造容易、占地小、维修方便、操作容易、节省动力、对微细颗粒分选效果好等优点，适用于组分简单、品位较高的易选物料的粗、扫选作业。在选煤厂浮选柱用于脱除细粒灰分和黄铁矿已显示出优越于常规浮选机的效果。FCMC 型旋流微泡浮选柱是我国研制的适合中国煤泥的浮选柱，最大直径达 5 m。

6.4.3.2 浮选设备的选型计算

(1) 浮选机的选型计算

① 当浮选流程为浓缩浮选时，或入浮矿浆浓度大于 80 g/L 时，浮选机的选型应使用单位容积所能处理的干煤泥量 q(见表 6-17)计算。所需浮选机台数 n 按式(6-11)计算：

$$n=\frac{kQ}{k_V Vq} \tag{6-11}$$

式中 k——物料不均衡系数；

Q——浮选机入料量，按干煤泥计，t/h；

k_V——有效容积利用系数，一般取 $k_V=0.85$；

V——浮选机总容积，m^3；

q——浮选机单位容积所处理干煤泥量，$t/(m^3 \cdot h)$。

表 6-17　浮选设备的处理能力

设备类型	按干煤泥计 /[$t/(m^3 \cdot h)$]	按矿浆通过量计 /[$m^3/(m^3 \cdot h)$]	按干煤泥计 /[$t/(m^2 \cdot h)$]	按矿浆通过量计 /[$m^3/(m^2 \cdot h)$]
浮选机	0.5～0.9	7～12		
浮选柱			1.5～2.5	20～30

注：(1) 浮选机处理能力[$t/(m^3 \cdot h)$、$m^3/(m^3 \cdot h)$]是按浮选机总容积计算的单位容积的处理能力；

(2) 浮选柱处理能力[$t/(m^2 \cdot h)$、$m^3/(m^2 \cdot h)$]按圆柱断面面积计算，矩形柱(浮选床)按其内切圆的断面面积计算；

(3) 入浮浓度在 80 g/L 以下时，宜以矿浆处理能力为选型指标，以干煤泥处理能力为选型校核指标；

(4) 易浮煤取偏大值，低入料浓度取偏大值。

② 当浮选流程为直接浮选时，或入浮矿浆浓度小于 80 g/L 时，应采用单位容积浮选机通过的矿浆量来计算设备台数。浮选机台数 n 由式(6-12)计算：

$$n = \frac{k_1 W + k_2 Q/\delta}{qVk_V} \tag{6-12}$$

式中　k_1——水量的不均衡系数；

k_2——干煤泥量的不均衡系数；

W——水量，m^3/h；

Q——干煤量，t/h；

δ——煤泥真密度，t/m^3；

q——浮选机单位容积所能通过的矿浆量(由表 6-17 查出)，$m^3/(m^3 \cdot h)$；

V——浮选机总容积，m^3；

k_V——有效容积利用系数，一般取 0.85。

(2) 浮选柱(床)的选型计算

在煤泥浮选中，浮煤量常占入料的 60%～80%，因而煤泥浮选与其他矿物相比需要有更大的气液界面用作分选、分离的载体。由于微泡浮选柱的充气机理与常规的机械搅拌浮选机大不相同，浮选柱中的气泡尺寸比常规浮选机小得多，从而可提供较充足的气液界面。此外，由于小气泡的运动流态相对平稳，对极细粒和粗粒的回收均有利。采用浮选柱提高细粒、微细粒矿物浮选过程的选择性，可以大大提高精矿的品位，保证较高的精矿回收率。

浮选床是在浮选柱的基础上改进而成的。它把旋流分离、柱浮选、高度紊流矿化有机地结合起来。采用自吸组合式微泡发生装置、柱浮选内的混合充填方式、单旋流的多锥分离与双旋流分离单元等特色技术，建立了以浮选柱为基本结构形式的旋流-静态微泡浮选床。

① 当浮选流程为浓缩浮选时，或入浮矿浆浓度大于 80 g/L 时，应使用单位容积所能处理的干煤泥量 q(由表 6-17 查出)计算。所需浮选柱(床)台数 n 按式(6-13)计算：

$$n = \frac{kQ}{\frac{1}{4} q\pi D^2} \tag{6-13}$$

式中 k——物料不均衡系数；

Q——浮选柱入料量，按干煤泥计，t/h；

D——浮选柱直径，m；

q——浮选柱单位面积所处理干煤泥量(由表 6-17 查出)，t/(m^2·h)。

② 当浮选流程为直接浮选时，或入浮矿浆浓度小于 80 g/L 时，应采用单位面积浮选柱通过的矿浆量来计算设备台数，即

$$n = \frac{k_1 W + k_2 Q/\delta}{\frac{1}{4}\pi D^2 q} \tag{6-14}$$

式中 k_1——水量的不均衡系数；

k_2——干煤泥量的不均衡系数；

W——水量，m^3/h；

Q——干煤泥量，t/h；

δ——煤泥真密度，t/m^3；

q——浮选柱单位面积所能通过的矿浆量(由表 6-17 查出)，m^3/(m^2·h)；

D——浮选柱直径，m。

浮选柱(床)的单位处理能力可按表 6-17 选择。

浮选柱(床)的处理能力也可按表 6-18 选择。所需台数按式(6-15)计算：

$$n = \frac{kQ}{Q_e} \quad 或 \quad n = \frac{k_1 W + k_2 Q/\delta}{Q_e} \tag{6-15}$$

式中 Q_e——由表 6-18 查取的浮选柱(床)的处理能力，t/h；

其他符号含义同前。

表 6-18　浮选柱(床)的技术特征(参考值)

设备型号		FCMC-3000	FCMC-3500	FCMC-4000	FCMC-4500	浮选床	
						6 m×6 m	3 m×6 m
柱体直径/mm		3 000	3 500	4 000	4 500		
柱体高度/mm		5 800	6 300	6 800	6 800		
入料粒度/mm		<0.5	<0.5	<0.5	<0.5		
入料浓度/(g/L)		50～100	50～100	50～100	50～100		
处理能力	矿浆/(m^3/h)	200～300	300～350	350～450	450～550	600～800	400～450
	干煤泥量/(t/h)	15～20	20～25	25～30	30～40	50～70	25～35
微泡发生器工作压力/MPa		0.16～0.20	0.16～0.20	0.16～0.20	0.16～0.20		
微泡发生器个数/个		12	16	24	32		
配套电机功率/kW		75	110	160	220	130 kW 2 台	

6.4.4　粗煤泥分选设备

6.4.4.1　干扰床分选机

干扰床分选机入料可以由分级旋流器底流直接给入入料管，再沿切线方向给到入料井，最终到达干扰床分选机桶体的中部。干扰床分选机需要一定压力和流速的上升水流。

干扰床分选机选型计算可以按照单台处理能力，也可以按照单位面积负荷定额，根据式(6-16)计算：

$$n = \frac{kQ}{Q_e} \tag{6-16}$$

式中　k——物料不均衡系数；

Q——入料量，t/h；

Q_e——干扰床分选机处理能力，由表 6-19 查取，t/h，如用表 6-20 中的单位负荷定额 q，则：

$$Q_e = \frac{1}{4}\pi D^2 q$$

其中　D——干扰床分选机直径，m。

表 6-19　干扰床分选机技术参数(参考值)

设备型号	MNFX-1.8	MNFX-2.1	MNFX-2.4	MNFX-3.0	MNFX-3.6
标称直径/m	1.8	2.1	2.4	3.0	3.6
处理能力/(t/h)	40～60	60～80	80～100	100～130	130～160
入料浓度/%	45	45	45	45	45
入料粒度范围(最佳分选粒度)/mm	0.15～3.0 (0.25～1.0)	0.15～3.0 (0.25～1.0)	0.15～3.0 (0.25～1.0)	0.15～3.0 (0.25～1.0)	0.15～3.0 (0.25～1.0)
床层密度设定值/(g/cm³)	1.3～1.8	1.3～1.8	1.3～1.8	1.3～1.8	1.3～1.8
上升水量/(m³/h)	40～60	60～80	70～90	80～100	100～120
上升水压力/kPa	70～80	70～100	70～100	70～100	80～110
外形尺寸(长×宽×高)/mm	2 500×2 400×3 000	3 100×3 000×3 550	3 700×3 600×4 050	4 100×4 000×4 550	4 700×4 600×5 000

6.4.4.2　螺旋分选机

螺旋分选机适用于精选 3～0.074 mm 的原煤。该机无动力、无运动部件、无噪声、结构简单、便于操作。目前定型产品有 MLX、NXL 等系列。

螺旋分选机的选型根据表 6-20 中的指标，按式(6-17)计算：

$$n = \frac{kQ}{iqF'} \tag{6-17}$$

式中　k——物料不均衡系数；

Q——入料量，t/h；

i——选定的螺旋分选机头数；

q——每头单位投影面积处理能力，t/(m² · h)；

F'——选定螺旋分选机的单头投影面积，m²。

表 6-20 粗煤泥分选设备处理能力

项　目	入料粒度/mm	入料浓度/(g/L)	单位面积处理能力/[t/(m² · h)]	用水量/[m³/(m² · h)]
干扰床分选机	0.25～1	350～450	12～17	19～20
螺旋分选机	0～3	300～400	2～4	

注：螺旋分选机的处理能力为公称直径下单头单位投影面积的处理能力。

6.4.4.3 水介质旋流器

国外的一些选煤厂用水介质旋流器作为重介系统或摇床的初选设备，预先分选出一部分精煤，以减少后续分选作业的负担，从而减少加工费和设备台数。还有一些厂用水介质旋流器处理粗煤泥或脱硫。虽然水介质旋流器的分选不很精确，但其结构简单、占空间小、没有介质回收系统，故投资成本低，与有效的精选设备联合使用时，仍是一种有吸引力的初选设备。我国研制了用于分选的水介质旋流器，部分厂用于处理粗精煤，或作为主选设备精选易选煤或中等易选煤，均取得较好效果。

分选用的水介质旋流器不同于浓缩和分级用的旋流器。分选旋流器分为单锥型和多锥型两类，其锥角很大。我国研制的 WOC 型水介质旋流器技术规格和处理能力见表 6-21。所需设备台数 n 按式(6-18)计算：

$$n = \frac{kQ}{Q_e} \tag{6-18}$$

式中　k——物料不均衡系数；

Q——入料量，t/h；

Q_e——单台设备处理量，t/h。

表 6-21 WOC 型水介质旋流器技术规格和处理能力

旋流器直径/mm	锥体角度/(°)	入料粒度/mm	体积流量/[m³/(h · 台)]	处理能力/[t/(h · 台)]	入料压力/Pa
200	75.9	0.5～0	30～35	5～8	9.8×10^4～14.7×10^4
300	75.9	13～0	80～120	10～15	9.8×10^4～14.7×10^4
500	75.9	25～0	150～250	30～40	9.8×10^4～14.7×10^4

6.4.5 其他分选设备

6.4.5.1 干法分选机

干法分选是近年来发展起来的分选方法。目前我国自行研制的空气重介质流化床干法分选机和复合式干法分选机已经在现场投入使用。干法分选不需要用水，可较好地满足干旱缺水地区选煤的需要，可避免严寒地区选煤产品的冻结，还适用于动力煤排矸以及褐煤等遇水易泥化煤的分选。

(1) 空气重介质流化床干法分选机

空气重介质流化床干法分选机类似浅槽刮板式重介质分选机，煤和加重质由上部分别给入，下部加入均匀分布的有压气体，使加重质发生流化，形成具有一定密度的气固两相流化床。煤在气固两相流化床中按密度分层后，由双层刮板分别向两端刮出。

目前已研制成功并定型生产的空气重介质流化床干法分选机性能见表 6-22。该机入选粒度范围为 50(80)～6 mm，单台处理能力为 50 t/h，适于无烟煤和烟煤的分选。该机的特点是工艺简单、投资少、生产成本低。

表 6-22　空气重介质流化床干法分选机性能

型号	处理能力 /(t/h)	入料粒度 /mm	入料水分 /%	分选密度 /(g/cm³)	电机型号	减速器型号	质量 /kg	外形尺寸		
								长 /mm	宽 /mm	高 /mm
50	50	50～6	<5	1.30～2.00	YC1250-4B	NBZD280-56-Ⅱ	15 850	8 253	2 544	2 707
25	25	50～6	<5	1.30～2.00	YC1220-4A	ND210-33-Ⅲ	11 200	7 890	1 200	2 030

(2) 复合式干法分选机

复合式干法分选机是吸取了美国近年来研制的无风干式摇床和俄罗斯风选机的优点研制而成的。复合式干法分选机由分选床、振动器、风室、机架等组成。

分选床的形状类似摇床，由床面、背板、格条、排料挡板组成。床面下面有三个可控风量的风室，气流通过床面上的风孔向上作用于物料，床面同时做横向振动。当物料进入具有一定纵向及横向坡度的分选床，在床面上形成一定厚度的物料床层时，床层底部物料受惯性振动力作用向背板运动，由背板引导物料向上翻动。低密度煤翻动到上层，在重力作用下沿床层表面下滑。而高密度的矸石、黄铁矿等则逐渐集中到矸石端排出，中间密度的物料可从中煤口排出。床面上均匀分布的风孔使床层充分松散。

复合式干法分选机适用于易选煤分选、动力煤排矸、褐煤等易泥化煤的分选以及煤系硫铁矿回收及劣质煤分选等，尤其适用于干旱缺水和高寒地区的煤炭加工。

目前生产的复合式干法分选机有 FGX、FX、ZZFX 等系列。表 6-23 列出了部分 FGX 系列复合式干法分选机的性能。选用时可参照式(6-10)进行计算、选取。注意其配套电机功率。

表 6-23　部分 FGX 系列复合式干法分选机性能

设备型号	入料粒度 /mm	处理能力 /(t/h)	分选数量效率 /%	系统总功率 /kW	系统外形尺寸 (长×宽×高)/m
FGX-1	60～0 混煤	10	>90	24.63	6×3×6
FGX-2	60～0 混煤	20	>90	59.99	8×7×7

表 6-23(续)

设备型号	入料粒度/mm	处理能力/(t/h)	分选数量效率/%	系统总功率/kW	系统外形尺寸(长×宽×高)/m
FGX-3	80～0 混煤	30	>90	73.75	9×8×9
FGX-6	80～0 混煤	60	>90	145.65	11×11×9
FGX-9	80～0 混煤	90	>90	278.25	13×12×10
FGX-12	80～0 混煤	120	>90	332.25	14×13×10
FGX-18	80～0 混煤	180	>90	561	17×20×12
FGX-18A	80～0 混煤	180	>90	556.5	19×14×10
FGX-24	80～0 混煤	240	>90	660.89	19×15×12
FGX-24A	80～0 混煤	240	>90	664.5	23×15×10
FGX-36A	80～0 混煤	360	>90	1 121.78	31×20×12
FGX-48A	80～0 混煤	480	>90	1 321.78	25×21×12
FGX-100A	80～0 混煤	1 000	>90	2 600	30×26×20

6.4.5.2 摇床

摇床适用于细粒煤的分选，对含硫量较高的煤脱硫降灰效果显著。摇床分选下限低，且有结构简单、质量轻、电耗低等优点。其缺点是单位面积处理能力低、占地面积大。生产实际中通常优先选用悬挂式多层摇床。

摇床台数 n 按式(6-19)计算：

$$n = \frac{kQ}{qF'} \tag{6-19}$$

式中 k——物料不均衡系数；

Q——入料量，t/h；

F'——选定摇床面积，m^2；

q——单位面积处理能力(由表 6-24 选取)，$t/(m^2 \cdot h)$。

表 6-24 其他分选设备处理能力

项　　目	入料粒度/mm	入料浓度/(g/L)	液固比(参考值)	单位面积处理能力/[t/(m²·h)]
摇　　床	0～6	350～450	2～1.5	0.5～1.0
	0～1	200～250	4～3	0.25～0.4
复合式干法分选机	0～50(70)		入料水分<7%	8～10

注：摇床的处理能力为单层单位面积的处理能力。

部分摇床的技术特征见表 6-25。

表 6-25　部分摇床的技术特征

项目	座式单层摇床	座式双层摇床	QYC 悬挂式三层摇床	XLY 悬挂式四层摇床	SXLY 悬挂式双联四层摇床
频率/min^{-1}	270～300	260～300	270～340	250×330	250×330
冲程/mm	12～30	10～22	6～24	10～22	12～24
床头总面积/m^2	9.2	8.7×2	5.95×3	6.8×4	54.4
入料粒度/mm	1～0(煤泥) 12～0(末煤)	13～0(末煤) 1～0(煤泥)	13～0(末煤) 1～0(煤泥)	3～0(黄铁矿) 1～0(煤泥)	13～0(末煤) 1～0(粗煤泥) 3～0(黄铁矿)
处理能力/(t/h)	8～15(末煤) 1.5～2.5(煤泥)	16(末煤) 6～8(粗煤泥)	4～7(粗煤泥)	6～10(洗矸中回收硫) 10～15(粗煤泥)	30～40(末煤) 15～20(粗煤泥) 10～16(洗矸中回收硫)
外形尺寸(长×宽×高)/mm	4 318×2 134×1 324	5 640×2 353×1 035	5 725×2 020×2 950	5 300×3 078×3 180	9 804×3 200×2 790

6.5　介质系统设备的选型与计算

6.5.1　磁选机

在重介质选煤流程中，磁性介质的回收宜采用强磁性永磁滚筒式磁选机。磁选机的效率不低于 99.80%。我国生产的磁选机主要有 CTX、CT 系列单、双滚筒磁选机，其槽体可分为顺流式(S)、逆流式(N)和半逆流式(B)等类型，用括号中的字母标记在型号中，以示区别。目前，我国选煤厂多用逆流式和半逆流式磁选机。

磁选机台数可按式(6-10)计算，其中 Q_e 从表 6-26 中选取。

表 6-26　部分磁选机技术规格

设备型号	槽体形式	处理能力		圆筒转速/(r/min)	电机功率/kW	圆筒尺寸/mm	设备总质量/kg
		干矿量/(t/h)	矿浆量/(m^3/h)				
2CTN-924	逆流式	40～60	110	28	4.0	900×2 400	7 000
2CTN-1024	逆流式	60～80	160	22	5.5	1 050×2 400	7 500
2CTN-1224	逆流式	80～100	192	19	7.5	1 200×2 400	9 000
CYT750×1800	半逆流式、逆流式	40～60	150	48	2.6	750×1 800	
CYT600×1800	半逆流式、逆流式	30～50		40	2.0	600×1 800	
XCTN1050×2100	逆流式	60～120	200～280	20	4.0	1 050×2 100	
XCTB-1050×2100	半逆流式	60～120	200～280	20	4.0	1 050×2 100	
CTX1015	半逆流式、逆流式		135～165				

近年来，美国艺利公司(ERIEZ)生产的磁选机在我国应用较为广泛。

6.5.2 介质浓缩设备

在一些介质回收流程中，稀介质在进入磁选机前，先经浓缩，以提高磁选机的工作效率。还有一些流程，稀介质用分级旋流器分级，旋流器溢流和磁选精矿进浓缩设备，以减少细粒磁 铁矿的损失。介质浓缩设备有耙式浓缩机、磁力脱水槽和旋流器等。

耙式浓缩机适于浓缩细粒磁性和非磁性稀介质。

磁力脱水槽适于浓缩粗粒磁性稀悬浮液。由于磁力作用，磁力脱水槽对磁性介质浓缩时，其单位负荷较高。但因结构原因，磁力脱水槽不能制造得过大，其直径不超过 2～3 m，故单台处理能力低于耙式浓缩机，需要台数较多，一般大、中型选煤厂不采用。

旋流器既有分级作用，又有浓缩作用，只要选型、结构参数以及操作适当，可得到浓度较高的浓缩产物，所以适用于稀介质浓缩回收系统。

介质浓缩设备的生产能力均按单位负荷定额计算。耙式浓缩机单位负荷取 $q=1.2\sim2.0$ t/(m^2·h)，磁力脱水槽取 $q=35\sim40$ m^3/(m^2·h)，所需设备台数参考式(6-19)计算，其中设备名称相应改变。旋流器单台生产能力可直接查有关产品目录，所需设备台数参考式(6-18)计算。

6.5.3 介质桶

在重介质选煤厂中，需要使用介质桶容纳循环介质、稀介质和新介质。介质桶除具有转送、配制介质作用外，还起到介质的缓冲作用，并具有搅拌功能，故介质桶应有足够的容积。

介质桶有机械搅拌和压缩空气搅拌两种。压缩空气搅拌压力为 0.6～0.7 MPa。

在正常运转条件下，介质桶中的液位在最高液位和最低液位之间波动。当停止生产或发生事故时，重介质分选机及管路系统中的工作悬浮液应全部回到循环介质桶中，而不发生溢满现象。因此，最高液位到溢流口的容积，应不小于重介质分选机和管路系统中工作悬浮液的体积。

如图 6-3 所示，介质桶的有效容积应按式(6-20)至式(6-23)计算。

块煤合格介质桶总容积 V_{kh}：

$$V_{kh}=V_1+V_2+V_3+V_4 \tag{6-20}$$

末煤合格介质桶总容积 V_{mh}：

$$V_{mh}=(\frac{1}{20}\sim\frac{1}{15})Q+V_2+V_3 \tag{6-21}$$

块煤稀介质桶总容积 V_{kx}：

$$V_{kx}=(\frac{1}{20}\sim\frac{1}{15})Q+V_3 \tag{6-22}$$

末煤稀介质桶总容积 V_{mx}：

$$V_{mx}=(\frac{1}{20}\sim\frac{1}{15})Q+V_3 \tag{6-23}$$

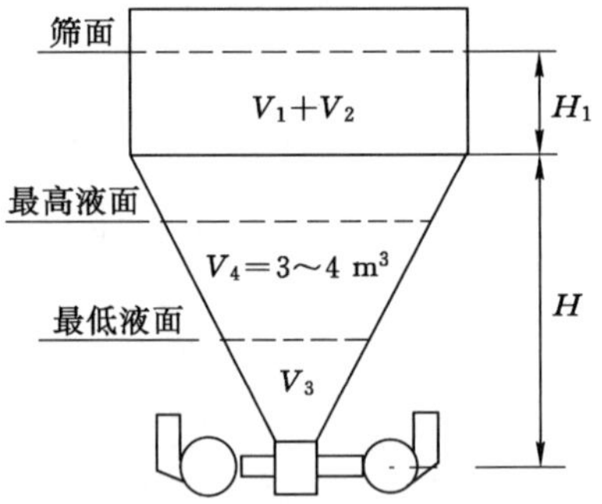

图 6-3　介质桶示意

式中　Q——悬浮液循环量，m^3/h；

V_1——分选机槽体总容积，m^3；

V_2——管道及砂泵系统内合格悬浮液总容积，m^3；

V_3——最低液位容积(一般取介质桶锥位高度为 1.5～2 m 时的容积)，m^3；

V_4——介质桶储备容积，即最高液位到最低液位之间的容积，一般为 3～4 m^3。

常见的几种介质桶结构尺寸见表 6-27。

表 6-27　常见的几种介质桶结构尺寸

直径 D/mm	锥体高 H/mm	柱体高 H_1/mm	锥角/(°)	容积/m^3
4 000	3 147	1 480	60	28
4 000	3 147	2 120	60	36
3 600	2 851	1 600	60	23
2 700	2 700	900	60	12

许多重介质旋流器采用泵直接给料，即将煤和介质一起送进混合桶，经泵打入旋流器。这种给料方式工艺简单、布置紧凑，关键在于混合桶和泵的选择。混合桶的结构见图 6-4。混 合桶由外锥形桶和中心给料管两部分组成。来自弧形筛、脱介筛的合格介质以及介质回收系统的介质，通过溜槽或管路分成两部分进入混合桶。一部分介质与煤一起进入装在混合桶内的中心管，且要求有一定的速度，使煤和介质混合，防止煤中轻密度物料停留在中心管液面上；另一部分介质送到中心管外。中心管内煤与介质的混合物与中心管外的介质一起由泵打入旋流器。

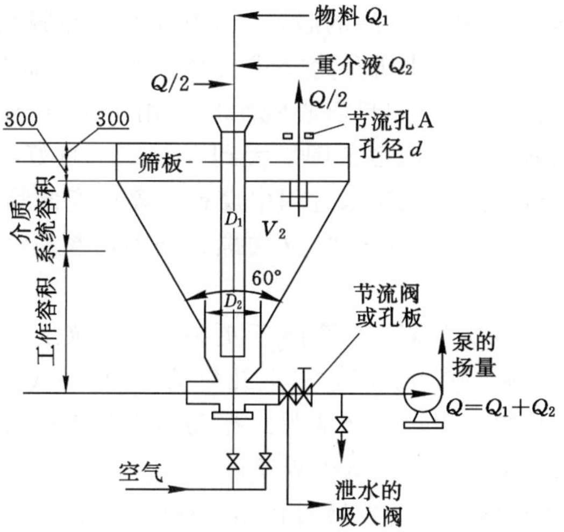

图 6-4　混合桶结构

混合桶的计算按下列步骤进行(符号意义见图 6-4)。

(1) 确定直径

根据经验公式，中心管直径 D_1 和混合桶出口处圆柱段的直径 D_2 分别按式(6-24)和式(6-25)计算。

$$D_1 = 30\sqrt{Q} \tag{6-24}$$

$$D_2 = \sqrt{2}D_1 \approx 42\sqrt{Q} \tag{6-25}$$

式中　D_1——中心管直径，mm；

D_2——混合桶出口处圆柱段的直径，mm；

Q——泵的扬量，m^3/h。

(2) 确定总容积和高度

求得 D_1、D_2后，按锥角等于60°，由已知的工作容积(储备容积) V_4 和介质系统容积 V_2(见图6-3)可得到混合桶的高度及上部直径。在锥体上部300 mm处设一层筛网，其上再富余300 mm的高度，则混合桶的总容积和高度就确定了。

由上述方法可以看出，确定泵的扬量和确定混合桶的容积是交错进行的，先根据总处理量确定扬量或容积，然后再计算另一数字。如果用1台混合桶容积太小，可分用2台以上。选择台数时应考虑与旋流器配套布置的问题。

6.6 末煤及煤泥水设备的选型与计算

末煤的最终脱水设备主要是离心脱水机。煤泥脱水设备有卧式沉降(过滤)式离心脱水机、过滤机和压滤机。

6.6.1 末煤离心脱水机

6.6.1.1 末煤离心脱水机的使用情况

离心脱水机用于粗煤泥和中煤产品的脱水，其中煤泥离心脱水机一般用于2 mm以下的粗煤泥脱水。按结构分，离心脱水机分为立式与卧式两种；按卸料方式分，离心脱水机分为刮刀卸料与振动卸料两类。刮刀卸料离心脱水机适用于13 mm以下的精煤或中煤的最终脱水，振动卸料离心脱水机处理粒度范围扩大到50 mm。良好的离心脱水机应具有生产能力高、脱水效果好、电能消耗小、在脱水过程中煤粒破碎程度低等优点。据统计，国内使用的离心脱水机主要有卧式振动离心脱水机、立式螺旋刮刀卸料离心脱水机和立式振动离心脱水机。

卧式振动离心脱水机的质量轻，筛篮便于更换，入料粒度上限要求不太严格，适于50 mm以下精煤或中煤的最终脱水。经过最近几年的努力，卧式振动离心脱水机的性能有很大改进，使用数量逐渐增加。目前生产的卧式振动离心脱水机有WZT系列、WZL系列、GXWZL-1300型、ZWP1000型、WZY1400型等。

立式螺旋刮刀卸料离心脱水机的发展过程是Nael型、LL-9型、TLL型，适用于13 mm以下精煤或中煤的最终脱水。此种离心脱水机的优点是运转平稳，噪声小，工作可靠，产品水分低。其主要缺点是入料粒度上限要求严格，筛篮磨损快，处理能力相对比较小。

立式振动离心脱水机适应粒度范围宽。进口VC型入料上限达50 mm，仿VC型国产TZ型入料上限一般为25 mm。由于该种离心脱水机维护保养要求高，常出现振动不均匀现象，且筛缝易堵，水分高于设计要求，故使用越来越少。

近年来，进口离心脱水机在我国也有相当的使用量，其主要优点是寿命长、维护量小、节能等。

6.6.1.2 末煤离心脱水机的选型计算

末煤离心脱水机的计算采用单台负荷量，所需台数 n 按式(6-26)计算：

$$n = \frac{kQ}{Q_e} \tag{6-26}$$

式中　k——物料不均衡系数；

Q——入料量，t/h；

Q_e——设备处理能力（由表 6-28 选取），t/h。

表 6-28　离心脱水机处理能力及产品水分

设备类型	规格	入料粒度/mm	处理能力/(t/h)	产品水分 M_t/%
立式螺旋刮刀卸料离心脱水机	ϕ700	0.5～13	30～50	5～7
	ϕ900	0.5～13	50～70	5～7
	ϕ1 000	0.5～25	70～100	5～7
	ϕ1 150	0.5～25	100～150	5～7
卧式振动离心脱水机	ϕ1 000	0.5～25	60～100	6～8
	ϕ1 200	0.5～13	140～160	6～8
		0.5～50	160～180	5～7
	ϕ1 400	0.5～13	180～200	6～8
		0.5～50	200～240	5～7

6.6.2　煤泥离心脱水机

6.6.2.1　煤泥离心脱水机的使用情况

煤泥离心脱水机有立式刮刀卸料、卧式刮刀卸料、沉降式和沉降过滤式离心脱水机四种，目前逐渐流行使用立式刮刀卸料、卧式刮刀卸料离心脱水机，而沉降过滤式离心脱水机在 20 世纪 90 年代使用较多。沉降式离心脱水机只有个别老厂用于浮选尾煤的脱水，并逐渐被沉降过滤式离心脱水机取代。

立式刮刀卸料离心脱水机可用于原生或精煤粗煤泥中＞0.15 mm 级物料的脱水，是一种新型高效的粗煤泥脱水回收设备，其产品水分可达 12%～16%。随入料性质不同，其处理能力有很大不同，一般是入料中细颗粒增加，处理能力降低，产品水分增大。目前，国内研制的立式刮刀卸料离心脱水机有 LLL 系列。现场使用的进口设备多为 FC1200 型。

卧式刮刀卸料离心脱水机是在改善立式刮刀卸料离心脱水机的基础上发展起来的，主要适用于 选煤厂 3～0 mm 粗煤泥的脱水。卧式刮刀卸料离心脱水机与立式刮刀卸料离心脱水机比较具有体积小、安装空间小、处理量大、结构简单、易损件少、拆卸刮刀及筛篮方便、不易堵料且整机性能稳定、故障率低等优点。国内研制的有 WLL 系列。

沉降过滤式离心脱水机适用于浮选精煤、中煤和尾煤的脱水。该设备处理量大，产品水分低，辅助设备少，占地面积小，工艺系统简单。其缺点有：特制不锈钢筛网易磨损，陶瓷片易损坏脱落，排料口易堵塞，离心液固体含量高，要求动平衡，维护和使用需要有较高的技术水平。目前，国内研制和使用的沉降过滤式离心脱水机有 TCL、WLG 系列。

沉降过滤式离心脱水机处理粒度上限一般为 3～0.5 mm，要求入料中＜44 μm 的细粒含量不超过 30%。

6.6.2.2 煤泥离心脱水机的选型计算

煤泥离心脱水机的选用台数可用式(6-26)计算,其中 Q_e 由表 6-29、表 6-30 和表 6-31 查取。

表 6-29 立式刮刀卸料离心脱水机处理能力及产品水分

规格	处理物料	入料浓度/%	处理能力/(t/h)	产品水分 M_t/%
ϕ700	<3 mm 煤泥	>35	8~13	15~22
ϕ900	<3 mm 煤泥	>35	13~20	15~22
ϕ1 000	<3 mm 煤泥	>35	20~30	15~22
ϕ1 200	<3 mm 煤泥	>35	30~50	15~22

表 6-30 煤泥离心脱水机技术特征(参考值)

一、立式刮刀卸料离心脱水机

项目		单位	LLL930	LLL1030	LLL1200	FC1200(进口)
回收粒度		mm	>0.15			
入料水分(浓度)		%	<40(>60)			
处理能力(按入料计)		t/h	20~30	25~35	40~60	50~80
产品外在水分		%	12~16			
筛篮大端直径		mm	930	1 030	1 180	1 200
筛篮转速		r/min	600	520	594	399.8
筛篮半锥角		(°)	30			20
筛网缝隙		mm	0.25、0.35、0.5			0.25、0.35
主电机	型号		Y280S-8-V1	Y280M-6-V1	Y280S-5-V1	TECO
	功率	kW	37	45	75	55
	转速	r/min	740	980	1 480	
润滑电机	型号		Y802-4	Y90S-4	Y90S-4	
	功率	kW	0.75	1.1	1.1	
	转速	r/min				
外形尺寸(长×宽×高)		mm	2 780×2 080×450	3 010×2 250×2 515	3 243×2 420×2 705	
机器质量		kg	4 650	6 465	7 965	

二、卧式刮刀卸料离心脱水机

项目	单位	WLL900	WLL1000	WLL1200	
入料粒度	mm	3~0			
入料水分	%	<30			
处理能力	t/h	30~50	40~60	60~120	
产品外在水分	%	12~16			
主电机功率	kW	55	75	75	
机器质量	kg	4 000	4 500	5 500	

表 6-31 沉降过滤式、沉降式离心脱水机处理能力和产品水分

规格	处理物料	入料浓度/%	处理能力/(t/h)	产品水分 M_t/%
ϕ900×1 800	<1 mm 煤泥	25～35	5～10	15～24
ϕ900×2 400	<1 mm 煤泥	25～35	7～12	15～24
ϕ1 100×2 600	<1 mm 煤泥	25～35	13～15	15～24
ϕ1 100×2 400	<1 mm 煤泥	25～35	20～25	15～24
ϕ1 400×1 800	<1 mm 煤泥	25～35	25～30	15～24
ϕ1 800×4 000	<1 mm 煤泥	25～35	40～50	14～20

6.6.3 真空过滤机

当浮选精煤占总精煤比例较小,不影响总精煤水分时,可采用真空过滤机脱水。煤炭系统使用的真空过滤机有筒式和盘式两种。筒式过滤机有内滤、外滤及折带过滤机。多数选煤厂使用盘式真空过滤机。国产盘式真空过滤机有 PG 和 GPY 系列。GPY 系列是引进美国技术生产的过滤设备,瞬时吹风和悬吊式刮刀卸料装置并用,卸饼效果好,并设有滤布清洗装置。

盘式真空过滤机缺点是滤饼水分偏高,滤饼脱落率低。针对这种情况,现场使用了多种类型和材质的滤板及滤布,认为不锈钢丝网、星点式塑料扇形板、柔性变腔结构扇形板等可解决滤饼脱落问题并收到好的效果。

真空过滤机生产能力按单位负荷定额计算。单位负荷定额由表 6-32 查取,需用台数 n 可由式(6-27)计算:

$$n = \frac{kQ}{Fq} \tag{6-27}$$

式中 k——物料不均衡系数;

Q——入料量,t/h;

F——所选过滤机面积,m^2;

q——单位负荷定额,$t/(m^2 \cdot h)$。

表 6-32 真空过滤机处理能力及产品水分

过滤物料	入料浓度/(g/L)	处理能力/[t/(m²·h)]	产品水分/%	工作压力/MPa
精煤、中煤	250～350	0.15～0.3	22～26	−0.03～−0.05
煤泥	350～500	0.1～0.2	24～28	−0.03～−0.05

6.6.4 加压过滤机

加压过滤机是近年来兴起的一种新型煤泥脱水设备。它在盘式真空过滤机的基础上外罩了密封压力罐。工作时,压力罐内的气压达 0.3～0.5 MPa,使过滤机在正压下进行煤泥脱水。由于这一特点,过滤机滤扇内外侧压力差达 0.2～0.4 MPa,是盘式真空过滤机的 5～10 倍。压力差的增加大大提高了过滤机的处理能力,降低了滤饼水分,滤饼呈松散状态,可直接与其他产品均匀混合。目前生产和使用的加压过滤机主要有 GPJ

系列。

加压过滤机的选型计算可按式(6-27)计算,其中单位负荷定额可参考表6-33。

表6-33 加压过滤机处理能力及产品水分

过滤物料	入料浓度/(g/L)	处理能力/[t/(m²·h)]	产品水分/%	工作压力/MPa
精煤	200～250	0.4～0.8	16～18	0.35～0.5
煤泥	350～500	0.3～0.6	18～22	0.35～0.5

6.6.5 压滤机

压滤机是当前选煤厂实现煤泥厂内回收、洗水闭路循环的有效设备。选煤厂使用的压滤机主要是箱式(板框式)压滤机、快开隔膜式压滤机和带式压滤机。

箱式压滤机借助泵或压缩空气,将液固两相构成的矿浆在压力差作用下,通过过滤介质(滤布)实现固液分离。该设备过滤强度高,滤饼水分低,滤液质量好,特别适用于回收粒度细、灰分高、一般脱水方法难以处理的浮选尾煤。据不完全统计,约57%的选煤厂使用了压滤机处理尾煤或煤泥,其中97%以上采用箱式压滤机。箱式压滤机的型号主要有XMZ、YSZ、LSZ、QXAZ、YSX等系列。

快开隔膜式(也称强气压穿流式)压滤机的出现旨在解决浮选精煤水分高的问题。快开隔膜式压滤机在箱式压滤机的基础上,除原有压滤方法外,增加了隔膜压榨和高压空气置换脱水方法,使浮选精煤水分降至22%以下。目前生产和使用的快开隔膜式压滤机主要有KZG、QXM(A)Z、XMZG、APN18、KM等系列,其中KZG为快开压滤机,可以多块滤板一次卸料,是目前广泛使用的一款压滤机。

带式压滤机是利用化学能和机械能相结合的方法进行压滤脱水的。随着国内选煤工艺的不断发展以及煤泥回收环节越来越细化,煤泥水中高灰细泥情况严重,且粒度极细,给尾煤脱水带来极大的困难,原有的脱水设备已不能满足高灰细泥的脱水,而新型脱水设备——带式压滤机,在高灰细泥的脱水中其独特的工艺连接及处理量的优势就显露出来了。

压滤机的选型计算按单位负荷定额,需用设备台数用式(6-30)计算,其中 q 由表6-34查取。

表6-34 压滤机处理能力及产品水分

设备名称	处理物料	入料浓度/(g/L)	处理能力	产品水分/%	工作压力/MPa
箱式压滤机	尾煤	350～500	0.01～0.02 t/(m²·h)	22～26	0.25～0.35
	煤泥	350～500	0.02～0.03 t/(m²·h)	20～24	0.25～0.35
快开隔膜式压滤机	精煤	200～250	0.03～0.06 t/(m²·h)	18～23	0.5～0.7
	煤泥	350～500	0.05～0.07 t/(m²·h)	20～24	0.5～0.7
带式压滤机	煤泥	100～500	9～15 m³/(m·h)	25～30	

6.7　水力分级和浓缩设备的选型与计算

6.7.1　水力分级设备的计算

选煤常用的粗煤泥分级设备有角锥沉淀池、斗子捞坑、倾斜板沉淀槽(池)、水力分级旋流器、永田沉淀槽等。上述粗煤泥分级设备中，斗子捞坑的入料粒度上限可为 13 mm，甚至更大些，靠机械排料；其余设备的入料粒度均在 3 mm 以下，靠自流排料。至于选用设备的类型，应根据煤质的特点及工艺流程需要而定。

粗煤泥分级时，分级粒度一般取 0.3～0.5 mm，计算中取溢流量等于给料量，所需沉淀面积为：

$$F = \frac{1}{q}(k_1 W + k_2 \frac{Q}{\delta}) \tag{6-28}$$

式中　F——所需沉淀面积，m^2；

k_1——煤泥水系统的不均衡系数；

k_2——干煤泥的不均衡系数；

Q——进入设备的干煤泥量，t/h；

W——进入设备的水量，m^3/h；

δ——煤泥的真密度，t/m^3；

q——单位沉淀面积处理煤泥水量(由表 6-35 查取)，$m^3/(m^2 \cdot h)$。

表 6-35　水力分级设备处理能力

设 备 名 称	入 料 性 质	处理能力/[$m^3/(m^2 \cdot h)$]	分级粒度/mm
精煤捞坑	末精煤	15～20	0.3～0.5
角锥沉淀池	粗粒煤泥	15～20	0.3～0.5
倾斜板沉淀槽(池)	粗粒煤泥	30～40	0.3～0.5
煤泥捞坑(参考值)	原煤粗粒煤泥	13～15	0.3～0.5
永田沉淀槽(参考值)	粗粒煤泥	30～40	0.3～0.5

注：参考值为非规范规定项。

水力分级旋流器是近年来经常使用的设备。它与弧形筛配套，可用于粗煤泥分级和回收，分级粒度为 0.03～0.5 mm。一般水力分级旋流器的直径为 300～500 mm。小直径的水力分级旋流器以旋流器组的形式使用。目前生产和使用的水力分级旋流器有 FX、FXJ 等系列。

表 6-36 列出了水力分级旋流器的处理能力(参考值)。需用台数可参照式(6-26)计算，其中 Q_e 是单台旋流器的处理能力。

6.7.2　浓缩澄清设备的选型与计算

常用浓缩澄清设备有耙式浓缩机、高效浓缩机、浓缩旋流器、沉淀塔、深锥浓缩机等。耙式浓缩机是使用最普遍的浓缩设备。据调查，约 78％的选煤厂使用耙式浓缩机。耙式浓缩

表 6-36　水力分级旋流器处理能力(参考值)

直径/mm	350	500	610	710	850
入料压力/MPa	0.1～0.2	0.1～0.2	0.1～0.2	0.1～0.2	0.1～0.2
锥角/(°)	20	20	20	20	20
入料粒度/mm	<3	<3	<10	<16	<20
分级粒度/mm	0.06～0.2	0.1～0.5	0.07～0.2	0.07～0.25	0.074～0.35
处理能力/(m^3/h)	40～100	80～200	200～280	400～550	500～900

机按传动方式分为中心传动和周边传动两种类型。周边传动式又分为周边齿条传动、周边辊轮传动和周边胶轮传动三种形式。目前选煤厂使用的耙式浓缩机型号主要有 NT、NG、NZ、XZS 系列。

耙式浓缩机正向高效型方向发展,已设计的高效浓缩机有 NZG、XGN、ZQN 等系列。NZG 型高效浓缩机与普通浓缩机的区别在于入料方式不同。普通浓缩机是中心给料,由于入料流速大,煤泥不能充分沉淀。高效浓缩机改变了入料方式,直接在浓缩机布料筒的液面下一定深度处给料,由于布料筒中所设缓冲环的缓冲作用,入料煤泥水流速降低。当煤泥水从布料筒底部排出时,又成为辐射水平流,流速变缓,有助于煤泥颗粒沉淀,提高了煤泥沉淀效果。同时,煤泥水从布料筒底部排出缩短了煤泥颗粒的沉降距离,增加了煤泥细颗粒向上浮起进入溢流的阻力,使大部分煤泥在重力作用下沉入池底。XGN 型高效浓缩机中装有倾斜板,并采用了喷雾泵计量加药、特殊的搅拌絮凝给料井、缓冲桶脱除气泡等技术。ZQN 型斜板(管)浓缩机体积小,占地面积仅为普通浓缩机的 1/10,煤泥水直接从进料箱的侧边封闭的进料道给入,均匀分布在倾斜板上,避免了对澄清过程的干扰,增加了沉淀面积。

浓缩旋流器可用于煤泥水和稀介质的浓缩。目前设计和使用的浓缩旋流器有 NN(T)X 系列、NN(T)Xxn 耐磨系列等。浓缩旋流器一般以旋流器组的形式使用,选型时按一组的能力计算。具体所需组数按式(6-26)计算,其中 Q_e 由表 6-37 选取。

表 6-37　浓缩旋流器组技术参数(参考值)

NN(T)X 系列规格	80×16	150×8	200×8	250×8	300×8	350×8	350×16
旋流器直径/mm	80	150	200	250	300	350	350
每组台数/台	16	8	8	8	8	8	16
入料浓度/(kg/m^3)	50	80	100	110	110	120	120
入料粒度/mm	1～0	3～0	3～0	3～0	3～0	3～0	3～0
入料压力/MPa	0.1～0.2	0.1～0.2	0.1～0.2	0.1～0.2	0.1～0.2	0.1～0.2	0.1～0.2
处理能力/(m^3/h)	100	160	160～320	240～480	400～640	480～960	960～1 920
分级粒度/mm	0.01	0.05	0.05	0.06	0.07	0.08	0.08
底流浓度/(kg/m^3)	200～300	300～400	250～350	250～350	250～350	250～350	250～350
溢流浓度/(kg/m^3)	10～15	10～20	20～30	20～30	20～30	20～30	20～30

深锥浓缩机也用于处理浮选尾煤和洗水澄清。为了取得较好的效果,必须添加凝聚剂。浓缩澄清设备处理的是细粒物料。细粒物料沉降速度极慢,粒度越细所需澄清面积越大。

浓缩澄清设备的分级粒度一般为 0.05～0.1 mm。所需沉淀面积可由以下两种方法计算(浓缩旋流器除外)。

6.7.2.1　单位负荷定额计算法

$$F = \frac{Q(R_1 - R_2)k}{\delta q \varphi} \tag{6-29}$$

式中　F——所需沉淀面积，m^2；

Q——进入设备的干煤泥量，t/h；

R_1——给料煤泥水液固比；

R_2——浓缩产品煤泥的液固比(R_2=3～4 或按流程计算浓度取值)；

k——煤泥水系统的不均衡系数；

δ——煤泥密度，t/m^3；

φ——沉淀面积利用系数，一般取 0.9～0.95；

q——单位面积处理能力(由表 6-38 查取)，$m^3/(m^2 \cdot h)$。

表 6-38　浓缩澄清设备单位面积处理能力

设备名称	入料性质	单位面积处理能力	
		煤泥水/[$m^3/(m^2 \cdot h)$]	干煤泥(参考值)/[$t/(m^2 \cdot h)$]
耙式浓缩机	煤泥水	2.5～3.5	0.4～0.7
	浮选尾煤(加凝聚剂)	0.8～1.2	
高效型耙式浓缩机	煤泥水	3.6～5.0	
	浮选尾煤(加凝聚剂)	1.6～2.4	
深锥浓缩机	浮选尾煤(加凝聚剂)	3.0～5.0	0.5～1.6

6.7.2.2　分级粒度计算法

分级粒度是指溢流物 95%通过 0.05 mm 或 0.1 mm 筛网时的粒度。其对应不同入料粒度和底流浓度时，处理 1 t 煤泥所需沉淀面积 f，可从表 6-39 中查取。所需沉淀面积为：

$$F = kGf \tag{6-30}$$

式中　k——干煤泥不均衡系数；

G——入料中干煤泥量，t/h。

式(6-30)多用于浓缩机的选型计算。

表 6-39　浓缩煤泥时单位处理量(1 t)所需的沉淀面积

入料浓度(固：液)	分级粒度 d=0.05 mm 时的 f 值/[$m^2/(t \cdot h)$]								溢流水的浓度/(g/L)
	浓缩后煤泥的固液比								
	1：10	1：8	1：6	1：5	1：4	1：3	1：2	1：1	
1：100	85.7	87.6	89.5	90.5	91.4	92.8	93.3	94.2	1.05
1：75	62.5	64.4	66.3	67.3	68.3	69.2	70.2	71.2	1.04
1：50	38.8	40.8	42.7	43.7	44.6	45.6	46.6	47.6	1.03

表 6-39(续)

入料浓度(固∶液)	分级粒度 d=0.05 mm 时的 f 值/[m^2/(t·h)] 浓缩后煤泥的固液比								溢流水的浓度/(g/L)
	1∶10	1∶8	1∶6	1∶5	1∶4	1∶3	1∶2	1∶1	
1∶40	29.7	31.7	33.7	34.6	35.6	35.6	37.6	38.6	1.01
1∶25	15.5	17.5	19.6	20.6	21.6	22.7	23.7	24.8	0.97
1∶20	10.5	12.6	14.7	15.8	16.8	17.9	19.0	20.0	0.95
1∶15	5.6	7.8	11.1	11.7	12.2	13.3	14.4	15.6	0.90
1∶12	2.3	4.7	7	8.1	9.4	10.5	11.7	12.9	0.86
1∶10		2.5	4.9	6.2	7.4	8.7	9.9	11.1	0.81
1∶9		1.3	3.9	6.15	6.4	7.7	9.0	10.3	0.78
1∶8			2.7	4.0	5.4	6.7	8.1	9.4	0.75
1∶7			1.5	2.9	4.3	5.7	7.2	8.6	0.70
1∶6				1.6	3.2	4.7	6.3	7.9	0.63
1∶5					1.8	3.7	5.3	7.4	0.55
1∶4						2.5	4.9	7.3	0.41

入料浓度(固∶液)	分级粒度 d=0.1 mm 时的 f 值/[m^2/(t·h)] 浓缩后煤泥的固液比								溢流水的浓度/(g/L)
	1∶10	1∶8	1∶6	1∶5	1∶4	1∶3	1∶2	1∶1	
1∶100	21.4	22.0	22.4	22.6	22.8	23.1	23.3	23.6	4.20
1∶75	15.6	16.0	16.5	16.8	17.0	17.3	17.5	17.8	4.17
1∶50	9.8	10.3	10.7	11.0	11.2	11.5	11.7	12.0	4.10
1∶40	7.4	7.9	8.4	8.7	8.9	9.1	9.4	9.6	4.05
1∶25	3.9	4.4	4.9	5.2	5.4	5.8	5.9	6.2	3.88
1∶20	2.6	3.2	3.7	4.0	4.2	4.5	4.8	5.0	3.78
1∶15	1.4	2.0	2.5	2.8	3.1	3.4	3.6	3.9	3.58
1∶12	0.6	1.2	1.8	2.1	2.4	2.6	2.9	3.2	3.42
1∶10		0.6	1.2	1.6	1.9	2.3	2.5	2.8	3.24
1∶9		0.3	1.0	1.3	1.6	2.0	2.3	2.6	3.10
1∶8			0.7	1.0	1.4	1.7	2.0	2.4	2.98
1∶7			0.4	0.7	1.1	1.5	1.8	2.2	2.73
1∶6				0.4	0.8	1.2	1.6	2.0	2.54
1∶5					0.5	0.9	1.4	1.8	2.18
1∶4						0.6	1.2	1.1	1.64

6.7.3　废水浓缩机的计算

有些选煤厂为了改善煤泥水系统的工作状况和循环水的质量，在煤泥水系统中使用了废水浓缩机，将一次澄清设备的溢流加絮凝剂，进一步浓缩澄清。这时分级粒度在 400 网目（近 38 μm）以下，有效停留时间为 3 h。所需沉淀面积按下列步骤进行计算。

（1）沉淀速度计算

$$v_1 = D_1^2(\rho_1 - \rho_0)g/(1.8\mu) \tag{6-31}$$

式中　D_1——分级粒度，cm；

ρ_0，ρ_1——水和沉淀颗粒的密度，g/cm^3；

g——重力加速度，cm/s^2；

μ——在水温 15 ℃时黏性系数，$\mu=1.140\,4\times10^{-2}$ g/(cm·s)。

（2）沉淀面积计算

$$F = \frac{k_1W + k_2Q/\rho_1}{v_1\varphi} \tag{6-32}$$

式中　F——所需沉淀面积，m^2；

W——入料中的水量，m^3/h；

Q——入料中的干煤泥量，t/h；

k_1，k_2——煤泥水系统和干煤泥系统的不均衡系数；

v_1——沉淀速度[用式(6-31)计算，并将单位换算成 m/h]，m/h；

φ——沉淀面积利用系数，一般取 0.9～0.95；

ρ_1——沉淀颗粒的密度，t/m^3。

6.8　干燥设备的选型与计算

严寒季节及寒冷地区，当混合精煤的产品外在水分大于 8%时，应根据精煤的流向和运距考虑对产品进行火力干燥或加防冻剂等。当精煤外在水分不能满足用户要求时，应设置产品干燥设施。设置火力干燥车间时，一般尽量单独干燥浮选精煤，多利用中煤作为火力干燥的燃料。

6.8.1　干燥机的选型

国内采用的干燥机有滚筒式、管式、洒落（竖井）式、沸腾床式、螺旋式、旋翼式等类型。

6.8.1.1　滚筒式干燥机

滚筒式干燥机应用较广，常用的有 NXG（内部新结构）型，近年来除用于干燥精煤外还用于未设浮选的选煤厂干燥原生煤泥，以便将其掺入中煤送入发电厂。

滚筒式干燥机适用于干燥水分高、粒度细、黏度大的物料。其入料可以是 13～0 mm 混合精煤，也可以是浮选精煤或煤泥。该机具有操作控制简便、运输安全可靠、电耗低等优点。其缺点是钢材消耗大、干燥时间长、占地面积大。滚筒式干燥机有顺流式和逆流式两种。

表 6-40 列出了滚筒式干燥机的处理能力。

表 6-40 干燥机处理能力

干燥机类型	蒸发强度 /[kg/(m³·h)]	干燥介质温度 /℃	入料水分 /%	处理能力	产品水分 M_t/%
滚筒式干燥机	80～90	700～750	27～30	0.35～0.45 t/(m²·h)	8～12
煤泥碎干机		450±50	25～28	10～12 t/(m·h)	<13

6.8.1.2 管式干燥机

管式干燥机采用连续式高效固体流态化的干燥方法，使湿物料在干燥机内与热气流一起流动，经除尘器回收后得到干燥产品。

管式干燥机的优点是蒸发强度大，一般为 250～300 kg/(m³·h)左右；干燥时间短，在 0.5～2 s 即可完成整个干燥过程；热效率高；投资少；体积小；易制造；处理量大；设备结构简单。其缺点是产品回收和废气净化难度大；电耗高；操作困难；要求风压、入料、温度必须均衡；保持落下物在 15%以上，否则不安全。

6.8.1.3 沸腾床式干燥机

沸腾床式干燥机采用热空气与悬浮状态(沸腾状态)的煤直接接触的方法，将煤粒表面水分蒸发，使煤的水分降低。沸腾床式干燥机适用于干燥粒度为 30 mm 以下、水分为 15%以下的松散物料。其优点是小时蒸发量大，单台处理量大，采用湿式集尘，对空气污染小，设备布置紧凑，自动化程度高。其缺点是要求用油或精煤粉作为燃料，电耗大，不能单独干燥浮选精煤或煤泥，系统复杂。

6.8.1.4 洒落式干燥机

洒落式干燥机也称梯流式或竖井式干燥机。其主机部分是一个 3 m×1.1 m 矩形断面、有效高度为 8.75 m 的井筒式耐火结构，内部安装 12 个洒落辊。湿煤沿洒落辊长度给入干燥机，由于洒落辊的松动，湿煤由上而下洒落；而高温烟气则由下而上与煤形成对流(逆流)进行干燥。

6.8.1.5 螺旋式干燥机

螺旋式干燥机的主机为空心螺旋体(螺旋叶或轴均为空心)，热介质(液体或气体)从空心轴进去至端部再沿空心螺旋返回而排出。准备干燥的物料随螺旋的转动由入料口推到出料口排出。在这个过程中，热介质所带的热量通过空心轴和空心叶轮壁传导给被干燥物料，使水分蒸发。

螺旋式干燥机适于处理 0.5～0 mm 的浮选精煤。该机有单螺旋、双螺旋和四螺旋组合形式。

6.8.1.6 旋翼式干燥机

旋翼式干燥机改变了传统物料贴壁式传热方式，采用抛掷式物料干燥方式，旋翼的机械运动强制弥散湿泥，使其在不同干燥腔内呈流态化悬浮状，从而与热风充分接触，强化湿泥与热风的传热传质效果。旋翼式干燥机结构见图 6-5。

几种干燥机的技术特征见表 6-41。

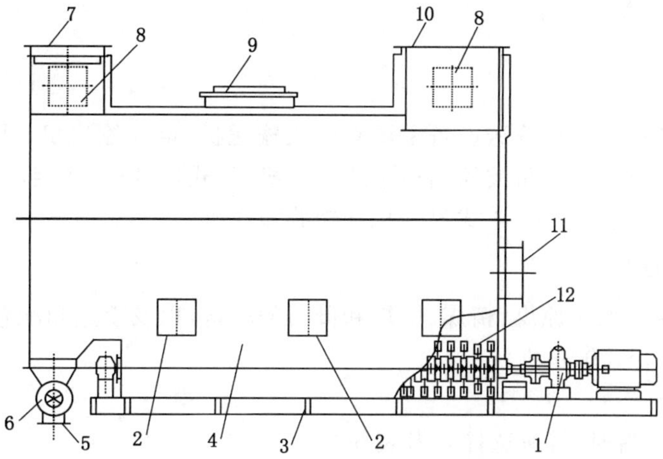

1—驱动装置；2—检修门；3—基座；4—干燥主体；5—出料口；6—闭风出料器；
7—进风口；8—观察孔；9—泄爆口；10—出风口；11—进料口；12—旋翼装置。

图 6-5　旋翼式干燥机结构

表 6-41　几种干燥机的技术特征

设备	干燥量 /(t/h)	入料粒度 /mm	入料水分 /%	出料水分 /%	热效率 /%	蒸发量
管式干燥机	50～55	13～0	15	10		
沸腾床式干燥机	180	37～0	12	5.3		15 t/h
流态床干燥机	420	30～0	12	3		40 t/h
洒落式干燥机	25	0.5～0	25	10	50	150 kg/(m³ · h)
螺旋式干燥机	70～90 *	0.5～0	20～25	10～12		

* 此数据为 Q2425-6 型螺旋式干燥机的指标。

以上各项详细计算可参考《选煤厂设计手册》。

6.8.2　干燥机及辅助设备的计算

干燥机及辅助设备的计算内容很多，主要包括以下几方面：

(1) 干燥作业的热工计算——提供干燥作业的有关参数；

(2) 干燥机——根据物料性质和有关参数选型和确定所需台数；

(3) 燃烧炉——确定燃烧炉的尺寸和类型；

(4) 鼓风和引风设备的选型与计算；

(5) 集尘设备控制系统的选型与计算。

6.9　辅助设备的选型与计算

选煤厂生产过程中，除主要设备外，还需要许多辅助设备，如输送设备、给料设备、各种泵和风机以及起重设备等。实际生产中所用的辅助设备台数占总设备台数的比例很大，其故障率也较高，故应精心选取。

6.9.1 输送设备

选煤厂所用的固体物料输送设备主要有带式输送机、链板输送机、凸凹型输送机、管式输送机、转角式输送机、大倾角波纹挡边带式输送机、斗式提升机、螺旋输送机等。下面重点介绍带式输送机、刮板输送机、斗式提升机和螺旋输送机。

6.9.1.1 带式输送机

带式输送机主要用于原煤、精煤、中煤和矸石的输送，以及手选和配仓作业。

(1) 运输用的带式输送机

① 带速的选择

a. 输送散状物料时，带速选择参考表 6-42。

表 6-42 带速选择参考表

物料特性	带宽 B/mm			
	500、650	800、1 000	1 200、1 400	1 600、1 800、2 000
	带速 v/(m/s)			
磨损性较小的物料(如原煤、盐)	0.8～2.5	1.0～3.15	1.0～4.0	1.0～4.0
有磨损性的中小块物料(如炉渣)	0.8～2.0	1.0～2.5	1.0～3.15	1.0～3.15
有磨损性的大块物料(如大块矿石)	0.8～1.6	1.0～2.0	1.0～2.5	1.0～2.5

b. 在胶带上选矸或检查性手选时，带速最高不超过 0.3 m/s。

c. 用于带式给料机或输送灰尘很大的物料时，带速取 0.8～1.0 m/s。

d. 采用犁式卸料器时，带速不宜超过 2.0 m/s。

e. 采用卸料车时，带速不宜超过 3.15 m/s。

f. 人工配料称重的输送机，带速选用 1.25 m/s。

一般较长的水平输送机可选较高带速；输送机的倾角越大，输送距离越短，则带速应越慢。

② 带宽计算

带式输送机带宽按式(6-33)计算：

$$B=\sqrt{\frac{kQ}{\alpha\rho vc\xi}} \tag{6-33}$$

式中 B——带宽，mm；

k——物料不均衡系数；

Q——输送量，t/h；

α——断面系数(与物料的动堆积角 β 及带宽 B 有关，β 可从表 6-43 中查取，α 从表 6-44 中查取)；

ρ——物料密度(由表 6-43 查取)，t/m^3；

c——倾角系数(由表 6-45 查取)；

v——带速，m/s；

ξ——速度系数(由表 6-46 查取)。

表 6-43　物料密度及动堆积角

物料名称	ρ①/(t/m³)	β②/(°)	物料名称	ρ①/(t/m³)	β②/(°)
煤	0.8～1.0	30	小块石灰石	1.2～1.6	25
煤渣	0.6～1.0	35	烧结混合物	1.6	30
焦炭	0.5～0.7	35	砂	1.6	30
黄铁矿	2.0	25	干松泥土	1.2	20
白云石	1.2～1.6	25	无烟煤	1.2	20
石灰石	1.6～2.0	25	黏土	1.8～2.0	35

注:① 物料密度和动堆积角随物料水分、粒度等不同而有所差异,正确值以实测为准,本表仅供参考;
② 动堆积角一般为静堆积角的 70%。

表 6-44　断面系数 α 值

B/mm	β=20°		β=25°		β=30°		β=35°	
	槽形	平形	槽形	平形	槽形	平形	槽形	平形
500 650	320	130	355	170	390	210	420	250
800 1 000	360	145	400	190	435	230	470	270
1 200 1 400	380	150	420	200	455	240	500	285

表 6-45　倾角系数 c 值

β^*	≤6°	8°	10°	12°	14°	16°	18°	20°	22°	24°	25°
c	1.0	0.96	0.94	0.92	0.90	0.88	0.85	0.81	0.76	0.74	0.72

注:β^* 为输送机倾角。

表 6-46　速度系数 ξ 值

v/(m/s)	≤1.6	<1.6～2.5	<2.5～3.15	<3.15～4
ξ	1.0	0.98～0.95	0.94～0.90	0.84～0.80

③ 输送带宽度的校核

由式(6-33)计算出的带宽,还需要用物料块度来校核。不同带宽输送的最大块度见表 6-47。如果计算出的带宽不能满足块度要求,则可将带宽提高一级。

表 6-47　不同带宽输送物料的最大块度

B/mm		500	650	800	1 000	1 200	1 400	1 600	1 800	2 000
最大块度/mm	筛分过	100	130	180	250	300	350	450	500	550
	未筛分①	150	200	300	400	500	600	600	700	800

注:① 未筛分物料中最大块度物料不超过 15%。

关于带式输送机功率和其他参数的计算参考有关手册，此处不再详细叙述。

(2) 手选带式输送机

手选带式输送机可呈水平布置，也可向上倾斜布置(倾角一般不大于 12°)。

手选带式输送机长度取决于每班工作的手选工人数。每班手选工人数 n 按式(6-34)计算：

$$n = \frac{QTX}{\alpha} \tag{6-34}$$

式中 Q——手选作业处理量，t/h；

T——每班工作时数，h；

X——含矸率，%；

α——手选工效率(由表 6-48 查取)，以固定时间的选矸量计，t。

表 6-48 手选工效率

矸石粒级/mm	选矸量/t		
	1 h	6 h	7 h
≥100	0.6	3.4	3.9
≥75	0.5	2.9	3.3
≥50	0.4	2.3	2.6
100～50	0.3	1.7	2.0
50～25	0.1	0.5	0.6

手选带式输送机长度由式(6-35)计算：

$$L = a + enl + b \tag{6-35}$$

式中 L——手选带式输送机长度，m；

a——手选带式输送机机头长度，一般取 2.6 m；

b——手选带式输送机机尾长度，一般取 1.0～1.8 m；

l——手选工工作距离，一般取 1.2～1.6 m；

n——每班手选工人数；

e——系数(当带宽＜650 mm 时，手选工站在一面工作，$e=1$；当带宽≥800 mm 时，手选工可两边交叉站立工作，$e=0.5$)。

(3) 可逆配仓带式输送机

可逆配仓带式输送机用于原煤和各种产品的仓上配仓。其优点是使用方便、配仓灵活。其选型计算可参考《选煤手册》。

(4) 油冷式电动滚筒

油冷式电动滚筒可代替一般电机、减速器驱动带式输送机，适用于场地狭小、布置一般驱动系统有难度的地方。其选型计算可参考有关手册。因其价格较一般电机、减速器驱动带式输送机低，维护简单，使用可靠，故设计时应优先采用。

6.9.1.2 刮板输送机

刮板输送机是选煤厂常用的一种输送设备。它利用闸门控制，将输送物料在输送线上一点或多点同时卸料，故常用来将原煤或产品分配到各个煤仓或需要分配的设备中去。在特殊情况下，刮板输送机可倾斜向上输送物料，其倾角一般在 5°～6°以下。当输送量无严格要求时，其最大倾角可达 30°。

目前刮板输送机已有 HYL、SG、XGZ 等系列可供选择(见表 6-49、表 6-50)。根据输送量选择带宽、带长、传动装置等。链速选择时，应注意在满足输送量的前提下，尽量选用低速；当输送矸石、大粒度(＞13 mm)偏多物料及水分高(＞20％)的物料时，应选用低速。选定刮板宽度后，采用物料最大粒度进行验算。

$$B \geqslant (2.3 \sim 3.0) d_{最大} \tag{6-36}$$

式中　$d_{最大}$——输送物料的最大粒度，mm。

详细计算可参考《选煤手册》《选煤厂设计手册》等。

表 6-49　刮板输送机输送量

链速 v /(m/s)	输送物料名称	槽宽 B/mm				
		600	800	1 000	1 200	1 400
		输送量 Q/(t/h)				
0.46～0.8	原煤	170～298	240～415	306～533	400～800	500～1 000
	精煤	186～323	260～450	333～580		
	中煤	280～485	390～677	500～868		
0.46	浮选精煤、煤泥	110	156	200		
	矸石	150	207	266		

6.9.1.3　斗式提升机

斗式提升机按用途不同可分为输送用的斗式提升机、脱水用的斗式提升机和捞坑斗式提升机。

输送用的斗式提升机优点是可以在垂直方向和倾斜角度很大的情况下进行运输，占地面积小，厂房布置紧凑；缺点是链板等零件磨损较快。因而在布置条件许可时，多采用带式输送机。

脱水用的斗式提升机通常与跳汰机组成机组，负责选后产品的提升和脱水。

捞坑斗式提升机与捞坑联合使用，起到脱水、运输、控制捞坑溢流粒度等作用。

目前系列生产输送用的斗式提升机有 PL、HL、ZL、钩头重力型、高效型等五种系列。后两种输送量大。钩头重力型输送量为 120～130 t/h，高效型最高输送量可达 1 500 t/h。若输送量较大时，可选用后两种。

脱水用的斗式提升机系列生产的有 T 系列，捞坑斗式提升机系列生产的有 L 系列。

系列生产的产品都有配套的参数及传动装置选择表。选型计算时，根据输送量，选择装满系数、链速及对应的传动装置。表 6-51、表 6-52、表 6-53 列出了三种输送用的斗式提升机的主要参数及规格。表 6-54 为脱水捞坑斗式提升机的最大生产能力表。由于篇幅有限，对应的传动装置功率选择表略去，使用时可查阅设计图册等。

表 6-50　XGZ 系列刮板输送机长度选择表

槽宽/mm	600			800				1 000				1 200					1 400					
输送量/(t/h)	100	200	300	200	300	400	500	300	400	500	600	400	500	600	700	800	500	600	700	800	900	1 000
链速/(m/s)	0.48	0.48		0.48	0.48			0.48	0.48			0.48	0.48				0.48	0.48				
功率/kW	0.76	0.76	0.76	0.76	0.76	0.76	0.76		0.76	0.76	0.76		0.76	0.76	0.76	0.76		0.76	0.76	0.76	0.76	0.76
5.5	23.0	14.4		13.8	10.4																	
	18.7	12.5		11.7																		
7.5	31.6	19.4		18.8	13.9			13.0	10.5													
	26.0	17.0	12.9	16.2	12.4	10.2																
11	46.6	28.2		27.4	20.1			19.0	15.2			14.9	12.6				12.3	10.8				
	38.8	25.0	18.7	24.0	18.1	14.7	12.5		13.6	11.7	10.3		11.2									
15				37.3	27.1			25.7	20.5			20.1	16.9				16.6	14.5				
	53.4	34.1	25.4	32.9	24.6	19.8	16.7		18.5	15.8	13.8		15.2	13.4	12.0	10.9		13.0	11.7	10.6		
18.5				46.0	33.3			31.6	25.2			24.6	20.7				20.3	17.6				
	66.2	42.1	31.2	40.7	30.3	24.4	20.4		22.8	19.3	16.8		18.8	16.4	14.6	13.2		16.0	14.3	13.0	11.9	11.0
22				54.7	39.4			37.6	29.8			29.2	24.4				24.1	20.8				
				48.5	36.0	28.8	24.2		27.2	22.9	19.9		22.3	19.4	17.3	15.6		19.0	16.9	15.3	14.0	12.9
30												39.7	33.0				32.6	28.0				
				66.3	49.1	39.2	32.7		37.0	31.1	27.0		30.1	26.3	23.3	21.0		25.8	22.9	20.6	18.8	17.3
37					60.5							48.8	40.5				40.0	34.3				
						48.2	40.1		45.6	38.3	33.1		37.4	32.4	28.6	25.7		31.8	28.1	25.3	23.0	21.1
45													45.4	39.3	34.7	31.1		38.6	34.1	30.6	27.8	25.5
53.6													54.0	46.7	41.2	36.8		45.9	40.5	36.3	32.9	30.2
65													65.5	56.5	49.8	44.5		55.6	49.0	43.9	39.8	36.4

注:(1) 该表中的数值为输送机的实际长度,其有效运输距离应将表中的数值减 2 m(入料口至机尾链轮中心距离要求不小于 2 m);

(2) 本表所列功率为每套传动装置的电机功率,计算公式为 $N=kW_{0v}/(102\eta)$,但 53.6 kW 为减速器高速轴允许最大输入功率;

(3) 该表是按煤在铸石板槽中运行的阻力系数 $\omega=0.5$、圆环链的运行阻力系数 $f=0.3$、原煤密度 $\rho=0.85$ t/m³ 计算的;

(4) 该表只适用于单层运输、机尾入料。

表 6-51　ZL 型斗式提升机技术参数

参　数			规　格			
			ZL_{25}	ZL_{35}	ZL_{45}	ZL_{60}
输送量/(m^3/h)	充满系数为 1		55	80	120	160
	充满系数为 0.8		44	64	96	128
斗宽/mm			250	350	450	600
斗容/L			7	9.8	18	24
斗距/mm			250	250	300	300
斗运行速度/(m/s)			0.58		0.58	
运行部分质量/(kg/m)			50	60	100	110
主动轮转速/(r/min)			27.4	27.2	19	19
电动机	传动制法	c_1	Y160M-6	Y160L-6	Y180L-6	Y180L-6
		c_2	Y160L-6	Y180L-6	$Y200L_1$-6	$Y200L_1$-6
		c_3	Y180L-6	$Y200L_1$-6	$Y200L_2$-6	$Y200L_2$-6
减速机	传动制法	c_1	ZQ400-Ⅵ-2Z	ZQ42.5-8-21	ZQ50-V-2Z	ZQ5000-V-2Z
		c_2	ZQ500-Ⅵ-2Z	ZL50-8-21	ZQ650-V-2Z	ZQ650-V-2Z
		c_3	ZQ500-Ⅵ-2Z	ZL50-8-21	ZQ650-V-2Z	ZQ650-V-2Z

表 6-52　钩头重力型斗式提升机的技术参数

参　数	规格/mm			
	400	500	600	700
最大许可高度/m	30	32	32	35
斗宽/mm	400	500	600	700
斗距/mm	600	700	700	750
斗容/L	51.2	91	118	194
填充系数	0.55	0.55	0.55	0.55
链斗速度/(m/s)	0.598	0.6	0.6	0.594
输送量/(t/h)	120	180	240	360
物料堆密度/(t/m^3)	1.2	1.2	1.2	1.2
电动机	Y180L-4	Y280S-6	Y280M-6	Y280M-4
减速器	ZS125-13-Ⅲ	ZS125-3-Ⅲ	ZS125-3-Ⅳ	ZS145-5-Ⅳ

表 6-53　高效斗式提升机技术参数

胶带斗式提升机												
参　数	规格/mm											
	160	200	250	315	400	500	630	800	1 000	1 250	1 400	1 600
斗容 V_0/L	3	4	7	10	16	25	39	65	102	158	177	2×726
提升量/(t/h)	40	43	82	101	158	220	340	500	788	1 102	1 234	1 543
斗速 v/(m/s)	1.2	1.2	1.34	1.34	1.5	1.5	1.68	1.65	1.86	1.86	1.86	1.836
环链斗式提升机												
参　数	规格/mm											
	160	200	250	315	400	500	630	800	1 000	1 250	1 400	1 600
斗容 V_0/L	3	4	7	10	16	25	39	65	102	158	177	252
提升量/(t/h)	30	37	62	74	119	166	255	363	535	767	861	1 134
斗速 v/(m/s)	0.93	0.93	1.04	1.04	1.17	1.17	1.32	1.31	1.47	1.47	1.47	1.47

6.9.1.4　螺旋输送机

螺旋输送机主要用于末煤和煤泥的短距离输送，一般呈水平布置或倾角小于 20°布置。螺旋输送机构造简单，维护和修理也简便，可以密封防止煤尘飞扬。其缺点是输送距离短，物料粉碎严重，输送能力小，电耗大，因此在选煤厂中的使用受到限制。螺旋输送机的选型计算可参考《选煤手册》。

6.9.2　给料机

给料机的作用是将煤从煤仓或储煤场、受煤坑均匀而精确地装入输送设备或选煤设备，以保证煤流按工艺操作所必需的数量流动。常用给料机有自同步惯性振动给料机、GZY 振动给料机、圆盘给料机、叶轮式给料机、往复式给料机、链式给料机等。

6.9.2.1　自同步惯性振动给料机

定型设计的自同步惯性振动给料机有 GZG 系列。它适于块状和粒状物料的均匀、定量给料。其特点是体积小，质量轻，结构简单，安装、维修、操作方便，能耗低，噪声小等。GZ 系列自同步惯性振动给料机系列参数见表 6-55。

自同步惯性振动给料机采用两台同一规格的 GZG 型惯性振动器为激振源。振动器利用装在特制的双出轴三相异步电动机两端的偏心块产生激振力，使给料机沿倾斜方向往复直线振动。其动作原理类似于直线振动筛的激振器。槽体振动一次，槽中物料就被抛起一次，按抛物线轨迹向前跳跃。这样，物料连续以槽体振动频率向前跳跃，达到给料目的。由于电动机参振，一般选用功率较小的振动电机运转比较可靠。

GZG 系列给料机的选型可参考《选煤手册》。

6.9.2.2　GZY 振动给料机

由于自同步惯性振动给料机的振动器电机参加振动，所以对电机产品的质量和耐振性要求严格，否则会影响给料机的寿命与成本。而 GZY 振动给料机通过电机与给料机上的振动轴的挠性直联，电机不参加振动，使用普通电机即可。这样不仅降低了造价，而且降低

表 6-54　脱水捞坑斗式提升机最大生产能力表

根据运输物料的种类及采用的速度确定斗式提升机的最大生产能力 $Q/(t/h)$														
运输物料的种类	堆密度/(t/m^3)	装满系数 $\Psi=0.5/\Psi=0.75$　$v=0.16$ m/s												
		提升机型号												
		T3240	T3260	T4060	T4080	T40100	T50100	T50120	T50140	L3240	L4060	L40100	L50120	L50140
矸石	1.6	20.4/30.6	30.6/45.9	38.3/57.4	51.1/76.6	63.8/95.6	79.7/120	95.7/143.5	111.6/167.4					
中煤	1.2	15.3/23	23/34.4	28.7/43.1	38.3/57.5	47.8/71.7	59.8/89.7	71.8/107.6	83.7/125.6	22.5/33.7				
精煤	0.85													
运输物料的种类	堆密度/(t/m^3)	装满系数 $\Psi=0.5/\Psi=0.75$　$v=0.27$ m/s												
		提升机型号												
		T3240	T3260	T4060	T4080	T40100	T50100	T50120	T50140	L3240	L4060	L40100	L50120	L50140
矸石	1.6	34.4/51.6	51.7/77.5	64.6/96.8	86.1/129.2	107.6/161.4	134.5/201.8	161.5/242.2	188.4/282.5					
中煤	1.2	25.8/38.7	38.8/58.1	48.4/72.6	64.6/96.9	80.7/121.1	100.9/151.4	121.1/181.6	141.3/211.9	37.9/56.9				
精煤	0.85									26.9/40.3	53.6/80.4	89.4/134	133.6/200.4	155.8/233.7

表 6-55　GZ 系列自同步惯性振动给料机系列参数

类型	型号	给料量/(t/h)		最大给料粒度/mm	双振幅/mm	供电电压/V	电流/A		有功功率/kW	配套控制箱型号	设备总质量/kg	有效宽度/mm
		水平	−10°				工作电流	表示电流				
基本型	GZ$_1$	5	7	50	1.75	220	1.34	1	0.06	XGZ-5G$_2$	73	200
	GZ$_2$	10	14	50			3	2.3	0.15		146	300
	GZ$_3$	25	35	75			4.58	3.8	0.2		217	400
	GZ$_4$	50	70	100			8.4	7	0.45	XGZ-20G$_2$	412	500
	GZ$_5$	100	140	150			12.7	10.6	0.65		656	700
	GZ$_6$	150	210	200	1.5	380	16.4	13.3	1.5	XGZ-20G$_3$	1 252	900
	GZ$_7$	250	350	250			24.6	20	3	XGZ-100G$_3$	1 920	1 100
	GZ$_8$	400	560	300			39.4	32	4		3 040	1 300
	GZ$_9$	600	840	350			47.6	38.6	5.5	XGZ-200G$_3$	3 750	1 500
	GZ$_{10}$	750	1 050	500			39.4×2	32×2	4×2		6 491	1 800
	GZ$_{11}$	1 000	1 400	500			47.6×2	38.6×2	5.5×2		7 680	2 000
上振型	GZ$_{3S}$	25	35	75	1.75	220	4.58	3.8	0.2	XKZ-5G$_2$	242	400
	GZ$_{4S}$	50	70	100			8.4	7	0.45	XKZ-20G$_2$	457	500
	GZ$_{5S}$	100	140	150			12.7	10.6	0.65		666	700
	GZ$_{6S}$	150	210	200	1.5	380	16.4	13.3	1.5	XKZ-20G$_3$	1 246	900
	GZ$_{7S}$	250	350	250			24.6	20	3	XKZ-100G$_3$	1 960	1 100
	GZ$_{8S}$	400	560	300			39.4	32	4		3 306	1 300
封闭型	GZ$_{1F}$	4	5.6	40	1.75	220	1.34	1	0.06	XKZ-5G$_3$	77	200
	GZ$_{2F}$	8	11.2	40			3	2.3	0.15		154	300
	GZ$_{3F}$	20	28	60			4.58	3.8	0.2		246	400
	GZ$_{4F}$	40	56	60			8.4	7	0.45	XKZ-20G$_2$	464	500
	GZ$_{5F}$	80	112	80			12.7	10.6	0.65		668	700
	GZ$_{6F}$	120	168	80	1.5	380	16.4	13.3	1.5	XKZ-20G$_3$	1 278	900
轻槽型	GZ$_{5Q}$	100	140	200	1.5	220	12.7	10.6	0.65	XKZ-20G$_2$	682	900
	GZ$_{6Q}$	150	210	250		380	16.4	13.3	1.5	XKZ-20G$_3$	1 326	1 100
	GZ$_{7Q}$	250	350	300			24.6	20	3	XKZ-100G$_3$	1 992	1 300
	GZ$_{8Q}$	400	560	350			39.4	32	4		3 046	1 500
平槽型	GZ$_{5P}$	50	70	100	1.5	220	12.7	10.6	0.65	XKZ-20G$_2$	633	900
	GZ$_{6P}$	70	105			380	16.4	13.3	1.5	XKZ-20G$_3$	1 238	1 100
	GZ$_{7P}$	125	175				24.6	20	3	XKZ-100G$_3$	1 858	1 300
宽槽型	GZ$_{5K1}$		200	100	1.5	220	12.7×2	10.6×2	0.65×2	XKZ-20G$_2$	1 316	1 600
	GZ$_{5K2}$		240								1 343	1 900
	GZ$_{5K3}$		270								1 376	2 200
	GZ$_{5K4}$		300								1 408	2 500

了给料机的电机故障频率。GZY 振动给料机用于 0～300 mm 粒度原煤、分选后产品及其他散状物料的给料。普通型的 GZY 系列振动给料机的参数见表 6-56，专用于跳汰机给料用的 GZY 型宽槽振动给料机的参数见表 6-57。

表 6-56　GZY 系列振动给料机(普通型)参数

设备型号	激振器编号	生产能力/(t/h)			双振幅/mm	振动频率/Hz	功率/kW	质量/kg
		$\alpha=0°$	$\alpha=5°$	$\alpha=10°$				
GZY-0510	No. 1	60	80	100	8	940	2.2	800
GZY-0815		100	120	160				1 000
GZY-1015		130	180	260				1 100
GZY-1020	No. 2	250	310	460	8	960	4	1 580
GZY-1220		340	480	650				1 650
GZY-1525		420	550	850				1 800
GZY-1225	No. 3	460	810	1 100	8	970	7.5	1 850
GZY-1530		550	850	3 000				2 070
GZY-1830		560	850	3 000				2 210

表 6-57　GZY 型宽槽振动给料机(跳汰机给料用)参数

设备型号	料槽尺寸		配用的跳汰机宽度/mm	α 在 0°～10°的生产能力/(t/h)	双振幅/mm	振动频率/Hz	功率/kW	质量/kg	安装形式
	B/mm	L/mm							
GZY-1820	1 800	2 000	2 000	200～300	8	约 16	4	1 500	前后吊式
GZY-2020	2 000	2 000	2 500	250～1 500			7.5	1 800	前后吊式
GZY-2625	2 600	2 500	3 000	300～1 800			7.5	2 400	前后座式
GZY-3225	3 200	2 500	3 500	350～2 600			7.5	2 700	前后座式
GZY-3625	3 600	2 500	4 000	400～2 800			7.5	3 000	前后座式
GZY-4025	4 000	2 500	4 500	450～3 000			11	4 000	前后座式

6.9.2.3　圆盘给料机

圆盘给料机主要用于输送流动性不良的物料，如浮选精煤等，也用于<50 mm 级原煤或精煤仓下的配料。其优点是给料均匀，调整容易；缺点是结构复杂，机体笨重。

6.9.2.4　叶轮式给料机

叶轮式给料机适用于缝口型长仓受煤坑下卸煤。它沿煤仓条缝仓口的纵向移动，卸煤的叶轮由电机经齿轮减速器及蜗轮减速器带动旋转。叶轮轴垂直地与传动装置一起安装在移动小车上。其轨道设在带式输送机支架上。叶轮旋转时，小车向前移动，将条缝仓中的物料不断地卸到给煤机的胶带上。叶轮式给料机可卸下 300 mm 或更大物料，输送量大，自动化程度较高，但设备较复杂，投资较大，一般在大型选煤厂使用。

叶轮式给料机分为单面卸料和双面卸料两种。其选型计算参考《选煤手册》。

6.9.2.5　往复式给料机

往复式给料机是一种较老的产品。该机结构简单，工作可靠，给料均匀，特别适用于中等粒度及煤尘较大的仓下给煤，如准轨翻车机下双排给煤仓常用双联往复式给料机。该机缺点是设备笨重，维护量较大。

6.9.2.6　链式给料机

LG型链式给料机是与跳汰机相配套的给煤设备。多条链匀速刮煤形成厚度均匀的料层，同时依据跳汰机床层厚度可调节给料量。链式给料机有利于实现跳汰机的自动化。

表6-58列出了LG系列链式给料机的技术参数。新选煤厂设计或老厂改造，多选用LG系列链式给料机。

表6-58　LG系列链式给料机技术参数

设备型号	LG-18	LG-21	LG-24	LG-30	LG-36	LG-42	LG-51
给料槽宽/mm	1 800	2 100	2 400	3 000	3 600	4 200	5 100
给料速度/(m/s)	0.08～0.24			0.06～0.17 无级调速			
生产能力/(t/h)	150～300	175～350	200～400	250～500	300～600	350～700	425～850
给料粒度/mm	0～10						
给料槽角度/(°)	6						
链条数/条	6	7	8	10	12	14	17
摆线减速器型号	BW45-87-10			BW45-71-11			
配套跳汰机筛板面积/m^2	8	10	14	20	24	30	35
机器质量/kg			7 806	8 026	10 122		

6.9.2.7　其他形式给料机

给料机的种类很多，除上述几种形式外，还有扇形给料机，它通过差动运动使煤连续地从煤仓卸下，适用于中块或细粒煤的给料；滚筒式给料机，适用于小块物料的给料，具有结构简单、给料均匀的优点；带式给料机实际上是一台很短的平型带式输送机，适用于小块矿石或煤炭的给料，其优点是构造简单，给料距离可长可短，布置上有较大灵活性，带宽一般是物料最大粒度的2.5倍。

6.9.3　泵和风机

选煤厂需使用多种类型的泵输送不同性质的流体。常用砂泵输送煤泥水和重介质悬浮液，用污水泵输送含有悬浮体的污水，用清水泵输送清水或循环水等。鼓风机用于跳汰机和过滤机等低压用风。压风机用于电磁风阀等高压用风。真空泵用于过滤机的抽气。

6.9.3.1　泵

泵有许多种类。首先要根据被输送矿浆的粒度、密度、浓度和黏度等性质来确定泵的类型，然后根据要求的输送量和扬程选定泵的规格和台数。系列化生产的泵可直接从产品目录中查取输送量和扬程以选用合适的型号，按需要确定台数。常用的国产砂泵、矿浆泵有PS、PH、PN、PW、PNJ及PNJF等系列，还有沃曼AH型矿浆泵，AHW、TZJ、ZJ系列渣浆泵等。

(1) ZJ 系列渣浆泵

ZJ 系列渣浆泵是近年选煤厂常用的渣浆泵,可输送高浓度煤浆和重介质悬浮液。该系列产品高效、节能,过流部件抗强磨蚀、抗强腐蚀性能好。ZJ 系列渣浆泵主要技术参数见表 6-59。

表 6-59　ZJ 系列渣浆泵主要技术参数

设备型号	配套电机功率/kW	清水性能					间断通过最大颗粒粒度/mm
		流量/(m^3/h)	扬程/m	转速/(r/mim)	效率/%	汽蚀余量/m	
250ZJ-I-A75	560	300～1 500	20～98	490～980	76	3	72
200ZJ-I-A85	300	220～900	32～134	490～980	71	3	56
150ZJ-I-A70	185	93～400	20～92	490～980	63	2.0	40
150ZJ-I-A50	160	85～360	21～100	700～1 480	69	2.2	35
100ZJ-I-A33	45	56～230	9～42	700～1 480	70	1.8	32
80ZJ-I-A52	160	50～250	22～110	700～1 480	57	2.5	21
65ZJ-I-A30	15	23～80	7～35	700～1 480	62	1.8	19
50ZJ-I-A50	90	27～120	22～110	700～1 480	66	4.6	13
40ZJ-I-A17	4	4～23	9～45	1 400～2 900	53	2.5	11

(2) 沃曼 AH 型矿浆泵

沃曼 AH 型矿浆泵是引进澳大利亚技术制造的。该泵的叶轮采用渐扩式出口,对泵壳冲击力较小。沃曼 AH 型矿浆泵与 PS 型砂泵相比,效率约高 5%～15%,其过流部件采用 Cr15Mo3 高铬铸铁制造,耐磨性能好,用于输送磁铁矿悬浮液(ρ=1 700 kg/m^3,<200 网目占 80%),叶轮寿命达 1 年。该泵用于输送重介质悬浮液及浓缩机底流。表 6-60 列出了沃曼 AH 型矿浆泵的性能参数。

表 6-60　我国选煤厂重介质选使用的沃曼 AH 型矿浆泵的性能参数

设备型号①	流量 Q/(m^3/h)	扬程 H/m	排煤粒度/mm	转速/(r/min)	电动机功率/kW	效率/%	汽蚀余量/m	叶轮		使用的选煤厂
								叶片数/个	叶轮直径/mm	
8/6D-AH	360～700	10～37	<63	500～900	120	65～72	2～9	5	510	彩屯、兴隆庄、马家沟
10/8ST-AH	612～1 368	11～61	<76	400～850	560	62～71	4～10	5	686	兴隆庄
10/8E-M	666～1 460	14～40	<65	600～900	120	60～73	4～10	5	549	兴隆庄
12/10ST-AH	936～1 980	7～68	<76	300～800	560	60～82	6	5	762	兴隆庄、西曲、太原
14/12ST-AH	1 260～2 772		<76	800～600	560	60～77	3～10	5	965	

注:① 分子数字表示吸入口径(in);分母数字表示排出口径(in);AH 或 M 表示矿浆泵;D 或 ST 表示托架形式。(1 in=2.54 cm)

(3) TZJ 型渣浆泵

TZJ 型渣浆泵的特点是采用组合式机械密封,不加盘根,密封无泄漏;轴承设计别致,使用不发热，更换轴承时泵无须解体。

(4) PW、PWF 型污水泵

PW 型污水泵是卧式单级单吸悬臂式离心泵，可输送 80 ℃以下、带有纤维或悬浮物的液体，适于选煤厂厂房清扫污水之用。

PWF 型污水泵是卧式单级单吸悬臂式离心腐蚀污水泵，适于排放温度在 80 ℃以下，有酸性、碱性或其他腐蚀性的污水。

(5) Sh 和 IS 系列清水泵

Sh 系列泵是选煤厂常用的清水泵。IS 系列泵是根据国际标准 ISO 2858 所规定的性能和尺寸设计的单级单吸(轴向吸入)离心泵。Sh 和 IS 系列泵都适用于输送不含固体颗粒的清水或物化性质类似水的液体，在选煤厂常作为生产、生活或消防用清水泵或浓缩机溢流循环水泵。

上述各种型号泵的流量、扬程及电机容量等可查阅泵类产品目录及《煤炭工业设备手册》。

6.9.3.2 真空泵和空气压缩机

选煤厂常用 2YK 型和 SZ 型水环式真空泵作为过滤机抽气，SZ 型空气压缩机作为过滤机吹风。SZ、SK 型水环式空气压缩机技术性能见表 6-61。SK、2SK、2YK 水环式真空泵及 SKP、2YKP 水环大气喷射真空泵技术性能见表 6-62。

表 6-61 SZ、SK 型水环式空气压缩机技术性能

设备型号	不同压力时的排气量/(m^3/min)					最高工作压力/kPa	耗水量/(L/min)	电机功率/kW	转速/(r/min)	外形尺寸		
	0(最大气量)	49.03 kPa	78.45 kPa	98.07 kPa	147.1 kPa					长/mm	宽/mm	高/mm
SZ-1	1.62	1.08				98.07	10	5.5	1 450	585	364	390
SZ-2	3.67	2.8	2.16	1.62		137.3	30	15	1 450	722	364	390
SZ-3	12.4	9.92	9.16	8.09	3.77	205.94	70	45	960	1 392	480	600
SZ-4	29.1	28	21.56	17.25	10.2	205.94	100	90	730	1 620	650	1 060
SK-20	21.5	20.6	20.2	19.8	18.1	98.07	80	55	960	1 245	700	550
						176.52		75				
						205.94		90				
SK-30	30	30	29	28.5	27.5	147.1	90	90	730	1 326	900	853

真空泵和空气压缩机所需台数 n 计算公式如下：

$$n = \frac{Aq}{Q} \tag{6-37}$$

式中 A——过滤机面积，m^2；

q——单位过滤面积空气耗量，由表 6-63 查取，$m^3/(m^2 \cdot min)$；

Q——单台真空泵或空气压缩机风量，m^3/min。

6.9.3.3 鼓风机

鼓风机在选煤厂用于跳汰机鼓风。常用鼓风机有罗茨鼓风机(回转式鼓风机)和 D 系列离心式鼓风机。

表 6-62　SK、2SK、2YK 水环式真空泵及 SKP、2YKP 水环大气喷射真空泵技术性能

设备型号	绝对吸入压力 /kPa	极限真空度 /kPa	抽气(干空气)速率 /(m^3/min)	转速 /(r/min)	功率/kW		供水量 /(m^3/h)	口径/mm		外形尺寸			质量 /kg
					轴功率	配带功率		吸入	排出	长 /mm	宽 /mm	高 /mm	
SK-12	413	107	11	970	17.5	22	4～6	100	100	968	640	730	320
SK-27		147	27.7	490	33.5	45	8～10	200	200	1 467	980	1 491	1 300
SK-42		120	39.3	490	50.9	60	11～12	200	200	1 700	1 060	1 100	1 770
SK-60		147	55	420	77	95	12～13	250	250	1 923	1 300	1 272	2 680
SK-85		147	78	365	100.8	130	13～18	300	300	2 300	1 400	1 465	4 200
SK-120		160	113.2	250	139	185	13～18	300	300	2 565	1 700	1 600	8 000
SK-250		147	243	200	315	380	44～45	500	500	4 004	2 360	2 210	17 500
2SK-0.8		61	0.75	2 860	3.21	4	0.4～0.55	35	35	640	232	305	100
2YK-110P_1	67～187	40	38～44	250	139	185	13～18	150	300	4 443	2 565	1 600	8 200
2YK-110P_2	27～67	<13	30～44	250	139	185	13～18	150	300	4 443	2 565	1 600	8 350
2YK-110P_3	7～27	<7	27～39	250	139	185	13～18	150	300	4 443	2 565	1 600	8 500
SK-60P_1	40～213	≤40	0～25	420	77	95	12～13	150	250	4 600	1 923	1 270	2 780
SK-60P_2	7～80	≤7	7～19	420	77	95	12～13	150	250	4 600	1 923	1 860	2 870
SK-42P_1	37～213	≤40	0～18	490	50.9	60	11～12	150	200	3 665	1 700	1 100	1 860
SK-42P_2	7～80	≤8	14～15.5	490	50.9	60	11～12	150	200	3 665	1 700	1 790	1 920
2YK-27P_1A	80～147	56	11.5～14.2	490	33.5	45	8～10	150	200	3 018	1 372	903	1 900
2YK-27P_1	47～80	36	10～11.8	490	33.5	45	8～10	150	200	3 018	1 980	903	1 900
2YK-27P_2	7～47	≤7	10.3～11.4	490	33.5	45	8～10	150	200				2 000

表 6-63　真空过滤机和加压过滤机所需空气压力和风量

真空过滤机(过滤用风)			真空过滤机(卸料用风)		加压过滤机	
真空泵真空度		单位过滤面积空气消耗量 q	压风机出口压力	单位过滤面积空气消耗量 q	空压机出口压力	单位过滤面积空气消耗量 q
/MPa	/%	/[m^3/(m^2·min)]	/MPa	/[m^3/(m^2·min)]	/MPa	/[m^3/(m^2·min)]
−0.05～−0.07	53～79	1.2～1.5	0.15～0.20	0.2～0.3	0.45～0.6	0.8～1.2

(1) 罗茨鼓风机

罗茨鼓风机是定容式空气压缩机的一种，特点是在最高设计压力范围内，在管网阻力发生变化时，其流量变化小，故适用于流量要求稳定而阻力幅度变动较大的工艺流程。其缺点是在压力较高时，气体漏损率较大，磨损严重，噪声大。罗茨鼓风机一般要求输气量不大，在压力为(0.1～2)×10^5 Pa 的范围内使用，适于中、小型选煤厂的跳汰机鼓风。选用的型号有 TS 系列低噪声鼓风机和 RR 系列。

(2) 离心式鼓风机

离心式鼓风机用于输送干净的空气、半水煤气、焦炉煤气及硫化煤气。离心式鼓风机与罗茨鼓风机相比，具有空气动力性能稳定、振动小、噪声小、便于安装和维修的特点。适于选煤厂使用的离心式鼓风机主要性能见表 6-64。

表 6-64　适于选煤厂使用的离心式鼓风机主要性能

鼓风机型号	流量/(m^3/min)	出口压力/mmH_2O	轴功率/kW	采用电动机			总质量/t
				型号	功率/kW	电压/V	
D100-32	100	2 450	60	Y280S-2	75	380	3.0
D200-32	200	3 500	210	JK123-2	220	380	7.7
D250-11	250	3 200	220	JK123-2	220	380	6.4
D330-11	330	2 400	320	JK135-2	350	6 000	
D460-11	460	2 250	225	JK125-2	275	380	5.4
D500-11	500	2 700	340	JK135-2	350	6 000	7.1
D700-11	700	2 500	370	JK135-2	440	6 000	4.8
D700-13	700	2 900	430	JK135-2	440	6 000	4.8

注：1 mmH_2O=9.806 375 Pa。

鼓风机选型应根据跳汰机要求的鼓风压力和风量指标(表 6-64)查取合适的型号，所需台数按式(6-37)计算，其中 q 由表 6-65 查取。

表 6-65　跳汰风压、风量指标

作业条件	风压/MPa	风量/[m^3/(m^2·min)]
不分级煤	0.035～0.050	4～6
块　煤	0.040～0.050	5～7
末　煤	0.035～0.050	3～5
再　选	0.035～0.050	3～5

6.9.4 起重设备

6.9.4.1 起重设备的类型

选煤厂常用起重设备有梁式起重机、门式起重机、电动葫芦、手动葫芦等。

梁式起重机分为单梁、双梁起重机等，主要用于厂房内，一般服务于核心设备。

门式起重机自己有支架、行走机构等，主要用于煤泥沉淀池、晾干场等。

电动葫芦或手动葫芦多用于设备布置空间相对较小、与简单设置的工字钢梁配套的地方。

6.9.4.2 起重设备的起重量

起重量一般按需检修设备的最大检修部件的质量来确定。对习惯上以整体装拆的设备，如电动机等应按照设备的总质量来确定。

选煤厂常用的起重吨位等级有 0.5 t、1 t、1.5 t、2 t、3 t、5 t、7.5 t 和 10 t。

6.9.4.3 起重设备的选择

起重设备的选择与工艺设备的类型、台数、维修工作量和工艺布置特点等因素有关，一般按下述原则选择。

(1) 用于设备上方的起重设备。在同类型设备台数较少、部件不经常维修、工艺布置较分散等条件下，一般只设若干台手动葫芦进行巡回起重，也可在设备需要提升部位上面的楼板设立起吊环；相反，如果在同类型设备台数较多、部件维修量较大等条件下，可设电动葫芦；而在同类型设备多而集中、部件维修较频繁、起重点分散的情况下，可设置单梁起重机，如大型选煤厂浮选压滤系统布置形式为大厅式布置时，可采用单梁或双梁起重机。

(2) 用于厂房内提升孔的起重设备。在厂房提升孔处，选煤厂一般采用电动葫芦，用于厂房内各层设备及所需物品的提升。

(3) 用于安装门处的起重设备。大、中型选煤厂在安装门处可选用电动葫芦，小型选煤厂一般选用手动葫芦。起重吨位的选择一般按设备最大检修部件的质量来确定，习惯上以整体装拆的设备的总质量来确定，如电动机、电磁振动给料机的起重吨位应按该设备的总质量来确定。

6.9.4.4 单梁起重机

单梁起重机在选煤厂厂房中经常使用，一般布置在设备多而集中、维修工作量较大、有行走空间的地方。选择起重机主要考虑最大起重量和跨度。表 6-66 列出了一款单梁起重机的部分技术参数。起重机的型号很多，可根据需要确定厂家与型号。

表 6-66 单梁起重机技术参数

名称	起重量/t	跨度/m	最大轮压/t		最小轮压/t		轨顶至梁顶高度/mm	单梁高度/mm	轨顶至下部高度/mm
			地操	空操	地操	空操			
LDA	3	20	1.50	1.68	0.60	0.63	780	850	1 130
LDA	3	20.5	1.52	1.71	0.61	0.64	780	850	1 130
LDA	3	27	3.71	3.54	1.29	1.32	900	1 000	1 160
LDA	3	27.5	3.74	3.57	1.31	1.34	900	1 000	1 160

表 6-66(续)

名　称	起重量/t	跨度/m	最大轮压/t		最小轮压/t		轨顶至梁顶高度/mm	单梁高度/mm	轨顶至下部高度/mm
			地操	空操	地操	空操			
LDA	5	20	4.62	4.83	0.95	0.98	875	1 050	1 515
LDA	5	20.5	4.68	4.85	1.00	1.03	875	1 050	1 515
LDA	5	27	5.36	4.72	1.51	2.03	950	1 200	1 540
LDA	5	27.5	5.40	4.75	1.54	2.06	950	1 200	1 540
LDA	5	28	5.43	4.78	1.57	2.09	950	1 200	1 540
LDA	10	20	8.18	8.48	1.20	1.20	1 000	1 250	1 775
LDA	10	20.5	8.23	8.53	1.22	1.22	1 000	1 250	1 775
LDA	10	27	9.22	9.52	1.92	1.92	1 200	1 450	1 540
LDA	10	27.5	9.27	9.57	1.96	1.96	1 200	1 450	1 540

6.9.4.5　电动葫芦

电动葫芦可在空间狭小的地方单独使用，悬挂安装在工字钢轨道(直线、曲线)上或固定在结构架上，服务于特定的一台或几台设备。表 6-67 列出了电动葫芦的部分技术参数，可作为选型参考。

表 6-67　电动葫芦的部分技术参数

设备型号			CD11-6	CD11-9	CD11-12	CD11-18	CD11-24	CD11-30	CD12-6	CD12-9	CD12-12	CD12-18	CD12-24	CD12-30
起重量		t	1						2					
起升高度		m	6	9	12	18	24	30	6	9	12	18	24	30
起重速度		m/min	8						8					
运行速度		m/min	20						20					
钢丝绳	绳径	mm	7.6						11					
钢丝绳	规格(GB/T 20118—2017)		8×19-7.6						6×37-11					
钢丝绳	长度	m	16	22	28	40	52	64	16	22	28	40	52	64
运行轨道	工字钢型号(GB/T 706—2016)		16-28b						20a-32c					
运行轨道	最小曲率半径	m	1.5			2.0	2.5	3.5	2.0				2.5	3.0
电源	额定电压	V	三相交流 380						三相交流 380					
电源	额定频率	Hz	50						50					
机构工作级别			M3						M3					
结合次数		次/h	120						120					
起重电机	型号		ZDY122-4						ZDY131-4					
起重电机	额定功率	kW	1.5						3					
起重电机	额定转速	r/min	1 380						1 380					
起重电机	额定电流	A	4.3						7.6					
行走电机	型号		ZDY111-4						ZDY112-4					
行走电机	功率	kW	0.2						0.4					

注：浓缩机底流泵应按 100%安装备用，其他泵类可不备用，也可同种型号库存备用 1 台。

第 7 章 选煤厂工业场地总平面设计

选煤厂总平面设计应在国家工业建设有关政策指导下，根据选煤厂建筑群体的组成内容和使用性能要求，在选定的厂址上，结合地形条件和工艺流程，综合研究建筑物、构筑物以及各项设施之间的平面和空间关系，正确处理厂房布置、交通运输、管线综合、绿化等问题，达到充分利用地形、节约土地，使建筑群的组成和设施融为统一的有机整体，并与周围环境及其他建筑群体相协调。

7.1 总平面设计的原则和内容

7.1.1 总平面设计的基本原则

总平面设计必须贯彻国家煤炭工业建设有关方针、政策，因地制宜，保护环境，做到符合国情、布置合理、生产安全、技术先进、经济合理，且社会效益和环境效益好。

在进行工业企业总平面设计时，除执行《工业企业总平面设计规范》(GB 50187—2012)、《煤炭洗选工程设计规范》(GB 50359—2016)有关要求外，还应符合国家现行的防火、安全、卫生、交通运输和环境保护等有关标准、规范的规定。如《工业企业设计卫生标准》(GBZ 1—2010)、《工业企业厂界环境噪声排放标准》(GB 12348—2008)、《大气污染物综合排放标准》(GB 16297—1996)等。选煤厂工业场地防洪、排涝、竖向布置和场地运输，应符合现行《煤炭工业矿井设计规范》(GB 50215—2015)的有关规定。在抗震设防烈度六度及以上地震区、湿陷性黄土地区、膨胀土地区、软土地区和永冻土地区等特殊自然条件地区建设工业企业，也应符合国家现行的有关规范的规定。

7.1.2 总平面设计的一般要求

(1) 根据建(构)筑物的功能不同，在厂区布置时，可分区布置。可考虑满足生产区和生活区的不同使用性能，分区组合建筑群和道路。总平面布置应以主要工业场地为主体，全面规划，统筹安排，如出入口的位置、交通线路的走向、建筑物的平面组合等，应按相互之间的性质关系和特点进行布置，使其紧凑合理；确定各性能区的外形时，其面积不宜过小，通道的数量不宜太多，并与周围环境协调统一。做到生产上流程畅通，生活上使用方便。

(2) 充分考虑地形，减少土石方工程量，尽量采用自流式管沟。厂区及建(构)筑物长边一般顺地形等高线布置。平坦地区长边与地形等高线稍成角度，便于厂区排水；场地排雨水，应根据场地工程地质条件与使用要求，可采用自然排水、明沟排水、暗沟(管)排水或混合排水方式。

(3) 建(构)筑物、道路及工程管线的布置应紧凑合理、相互协调、整齐美观。建(构)筑物、道路的布置应优先满足工艺要求，在此前提下，应尽量使建(构)筑物与管线间及各管线之间在平面和竖向布置上互相协调，应满足安全使用、维护检修和施工要求，并需满足最短敷设长度要求和扩建时所需的最小合理间距。

工程综合管线设计包括动力、照明、通信、给排水、生产、压风及热力等地面和地下各种管线的平面布置，其中生产管线主要有煤泥水、循环水、澄清水、药剂、介质管线等。在符合技术、经济和安全的条件下，宜采用共架、共杆或共沟布置。

(4) 主要建(构)筑物应布置在工程地质条件较好的地段。

(5) 根据生产使用、防火、环境保护、卫生、安全等要求，设计联合建筑。

(6) 分期建设的工程，应便于前后衔接，其预留场地宜在边缘地段。

(7) 改建、扩建选煤厂，应充分利用已有场地、建(构)筑物和设施。

(8) 处理好建(构)筑物位置与风向、朝向的关系。

(9) 根据污染源合理确定建(构)筑物间距、卫生防护植物带的位置及宽度。

(10) 与所在地规划或矿区、矿井的总平面布置协调。

7.1.3 总平面设计的步骤和内容

总平面设计分为初步设计和施工设计两个阶段，每个阶段又分成方案图(或称轮廓图)和正式图(或称成品图)两个步骤进行。

初步设计方案图比较简单，依据工艺专业的生产车间轮廓尺寸，以及有关专业共同确定的各项建筑物轮廓尺寸，结合地形、铁路、公路、管线位置，绘制总平面轮廓图。初步设计正式图，是在轮廓图的基础上，再由各专业加以校正、补充、修改，使其进一步完善。正式图作为初步设计的附图。图纸的比例规定，在初步设计阶段可采用 1∶500、1∶1 000，施工图应采用 1∶500。在图中还应标明主要技术指标，其主要内容如下：

(1) 厂区面积，m^2。

(2) 建筑面积，m^2。

(3) 厂区建筑系数，%。

(4) 厂区利用系数，%。

(5) 绿化系数(绿化覆盖面积与场区总面积之比)，%。

(6) 铁路(包括窄轨)及公路(包括道路)长度，m。

(7) 围墙长度，m。

厂区建筑系数是指建筑物、构筑物和堆场的面积总和占全厂面积的百分数，它反映厂内建筑密度的大小。应在满足防火、安全、卫生环保和生产经营管理的前提下，提高建筑系数，以便减少用地，节约投资。

厂区利用系数是指建筑物、构筑物、堆场、铁路、公路、道路、地下管线的总面积占全厂面积的百分数，它反映厂区面积的有效利用程度。厂区绿化系数应为 15%～20%。

在图中还应标明设计基准的相对标高(通常以铁路站场正线轨面标高或主井锁口盘绝对标高为设计基准的相对标高±0.00 m)和绝对标高。

在图中应按工艺顺序注明各建筑物、构筑物、生活福利设施等的名称代号并写出名称一览表。

总平面施工设计是在初步设计审批后进行的。根据审批意见进行调整、修改，重新绘制选煤厂总平面布置施工图，作为各专业编制施工图的依据。总平面布置施工图是施工放线的依据。

选煤厂总平面布置施工图应包含建筑物、构筑物的平面位置和竖向标高。在图中应绘出建筑物、构筑物、铁路、公路、围墙、指北针、风向玫瑰图，注明图例，写出建筑物与构筑物一览表，主要技术经济指标和工程数量一览表等。加注必要的说明，最后应套描地形和坐标。选煤厂工业场地的防洪、排涝、竖向布置和场内运输应符合现行《煤炭工业矿井设计规范》(GB 50215—2015)的有关规定。

7.1.4　总平面图设计需要的原始资料

总平面图设计需要的原始资料如下。

(1) 工业场地实测的地形图和区域位置图：地形图的比例尺应根据地形条件、企业规模、工程性质确定。可行性研究阶段可采用 1∶1 000，初步设计阶段可采用 1∶500 或 1∶1 000，施工图应采用 1∶500。区域位置图的比例尺一般为 1∶5 000～1∶10 000。

(2) 工程地质和水文地质资料：如地质构造，土壤物理力学性质，地下水位变化规律，土壤冻结深度，地震烈度等。

(3) 气象资料：如主导风向，最大风速，最高及最低气温，最大降水量，最大洪水水位标高等。

(4) 铁路站场图：铁路站场平面图、正线纵断面图和装车点坐标方位及轨面标高。

(5) 水源、电源的方向及离厂距离。

(6) 矸石处理方向及离厂距离。

(7) 生活区方向及离厂距离。

(8) 生产废水及生活污水的排放去向。

(9) 各车间及设施的轮廓尺寸或准确尺寸。

(10) 若属矿井或群矿选煤厂，还需矿井地面工艺布置方案图；若属增建选煤厂，还应有井上、井下对照图；若属用户选煤厂，则需有用户企业总平面布置图。

7.2　工业场地的建筑物与构筑物

7.2.1　选煤厂建(构)筑物的组成

选煤厂是由多个不同功能的建(构)筑物组成的工业企业，其主要组成见图 7-1。在进行工业场地总平面设计时，按功能可将选煤厂工业场地分为四个区，即主要生产区、辅助生产区、厂前区、站场区。各分区功能特点及所包括的建(构)筑物主要内容各不相同，但实际上并没有固定的模式，也没有严格的界限，多是彼此渗透、相互穿插。

主要生产区以主要生产建(构)筑物为主体，间以布置辅助生产建(构)筑物，构成工业场地建筑群的重点。其中各车间彼此通过带式输送机走廊或管道衔接，故在相对位置、间距、标高等方面相互关联与制约。设计时必须处理好各车间与铁路站场、地形地貌、进厂大门、厂内外主要道路的相互关系，使其平面和空间布局既能满足工艺流程的要求，又能达到布置紧凑、运输短捷、符合总平面布置的需要。

辅助生产区主要布置辅助生产建(构)筑物。这些车间通过管道、线路或厂内道路与第一类建(构)筑物取得联系，其位置比较灵活，但要求接近负荷中心或使用对象。辅助生产区

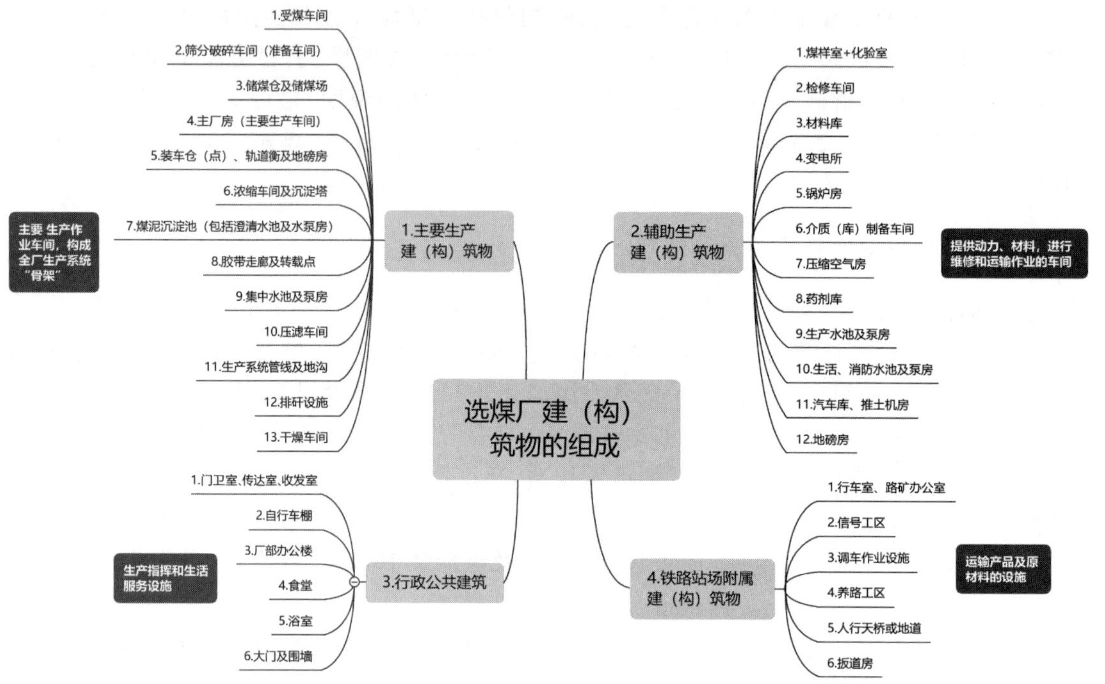

图 7-1　选煤厂建(构)筑物的组成

面积大、多污染，应适当隔离。

厂前区布置以行政、公共建筑为主体，是服务于全厂职工的，要求环境安静、使用方便、布置整齐美观。

站场区布置装卸作业建(构)筑物、铁路站线及其附属设施。由于铁路技术和运营条件的要求，站场区对总平面布置影响很大，要尽可能协调统一，以求整体合理。

7.2.2　工业场地的建(构)筑物布置注意事项

工业生产主要建(构)筑物总平面设计时要认真考虑工程地质条件和厂区地形。主要建(构)筑物应布置在工程地质条件好的地段，结合工艺要求充分利用地形，减少土石方工程量，并要处理好建(构)筑物位置与风向、朝向的关系。

辅助生产车间总平面设计时应接近服务对象布置。辅助车间，如变电所、销售煤样室、机修厂、材料库、药剂库、介质库、压风机房等都应布置在离服务对象较近的地方。矿井和群矿选煤厂的辅助建(构)筑物、行政福利建筑物及相应设施可与矿井联合设置，个别建筑物也可单独设置。

变电所的位置应便于进出高压输电线路和靠近用电负荷中心，并应按全年风向布置在受粉尘污染最小的位置。室外变电装置与翻车机房、装车仓、受煤坑、储煤场等粉尘源的距离不宜小于 30 m，在不利风向位置时，不宜小于 50 m。

介质制备车间应靠近主厂房布置。销售煤样室应布置在装车仓重车出口端附近，便于采制煤样及工人休息。

维修车间应与材料周转库(棚)集中设置，并应布置在运输方便的地段。维修车间周围露天场地不应大于其建筑面积的 3 倍，材料周转库(棚)的露天场地不应大于其建筑面积的 2 倍。

生产水池和泵房应选择在距主厂房较近的地方，同时考虑水源地供应方便。生活与消防水池及泵房一般与生产水池布置在一起。

空气压缩机站应按全年风向频率布置在空气清洁和受粉尘、废气污染较小的位置，吸气口与翻车机房、装车仓、受煤坑、储煤场等粉尘源的距离不宜小于 30 m，在不利风向位置时，不宜小于 50 m。

储煤场、事故煤泥沉淀池应按全年风向频率布置在对工业场地污染最小的位置，与提升机房、办公楼的距离不宜小于 30 m，在不利风向位置时，不宜小于 50 m。

锅炉房的位置应便于供煤、排灰和回水，宜靠近负荷中心。锅炉房或采用煤炭燃烧炉的干燥车间应按全年风向频率布置在对进风井口、空气压缩机站、变电所、办公楼、化验室污染最小的位置，其距离不宜小于 30 m，有条件时，干燥车间可与锅炉房联合设置。

汽车库应布置在汽车出入方便的地点，并应避免汽车与人流交叉。汽车库外应有回车及停车场地。在寒冷地区，汽车库的大门应避免朝向冬季主导风向。汽车的配备数量宜根据生产、生活需要确定。

化验室宜与行政办公楼联合设置，并应布置在清洁、安静处，有单独的出入口。化验室宜设置在底层端部，天平室、发热量测量室宜设在北向房间。煤样室、化验室的建筑面积规定参见表 7-1。

表 7-1　煤样室、化验室的建筑面积规定

设计生产能力/(Mt/a)	生产煤样室面积/m^2	销售煤样室面积/m^2	化验室面积/m^2
0.45～0.6	80～110	90	70～140
0.9～1.5	120～160	110	130～220
>1.5	150～180	110	150～320

浮选药剂站和油脂库可联合设置，其四周应设 2.4 m 以上的围墙。浮选药剂站应位于工业场地边缘、地势较低、运输方便的地段，并应按全年风向频率和风速，布置在受经常散发火花和有明火建(构)筑物影响最小，且对重要建(构)筑物影响最小的地段。浮选药剂站与一般建(构)筑物的防火间距应符合《建筑设计防火规范》(GB 50016—2014)的相关规定。

厂前区应位于矿(厂)内外交通方便，受干扰、污染较小的位置。有条件时宜将选煤厂主要建(构)筑物布置在厂区景观中心地带，并应妥善处理建筑群体空间。

厂区绿化应结合场地分区、建(构)筑物的功能、道路和工程管线布置，因地制宜地进行设计。绿化配置应根据不同绿化功能和要求，合理选择绿化植物种类。新建厂区绿化系数宜控制在 15%左右。

行政、福利建筑和设施如办公楼、食堂、浴室、汽车库等，若属矿井、群矿及用户选煤厂应与矿井、焦化厂、气化厂工业场地布置统一考虑，单独或联合设置；若属中心和矿区选煤厂应按功能因地制宜地布置，一般布置在厂区内方便职工生活和对外联系、环境较好、受污染较小的地段。

建(构)筑物布置要符合国家防火、安全规定要求。选煤厂厂房多为二、三耐火等级的建(构)筑物，设计时应留有防火距离。工业企业相邻两座建筑物最小防火距离见表 7-2。

表 7-2　工业企业相邻两座建筑物最小防火距离

建筑物 A 耐火等级	最小防火距离/m		
	建筑物 B 耐火等级		
	一、二级	三级	四级
一、二级	10	12	14
三级	12	14	16
四级	14	16	18

选煤厂工业场地宜设置围墙，布置在矿井工业场地内的选煤厂可不设围墙。浮选药剂站、变电所等可设置专用围墙。围墙至建(构)筑物、铁路、道路的最小距离应符合表 7-3 的规定。

表 7-3　围墙至建(构)筑物、铁路、道路的最小距离

名　称		距离/m
一般建(构)筑物外墙	无消防要求时	3.0
	有消防要求时	6.0
标准轨铁路中心线		5.0
窄轨铁路中心线		3.5
道路路面边缘(公路明沟或路肩边缘)		1.5

选煤厂建设用地指标应参考《煤炭工业工程项目建设用地指标 矿井、选煤厂、筛选厂部分》的有关规定执行，其占地面积不宜大于表 7-4 中的规定。

表 7-4　选煤厂工业场地占地面积

类型	建设规模/(Mt/a)	矿井、群矿选煤厂		矿区选煤厂	
		占地面积/hm^2	用地指标/(hm^2/Mt)	占地面积/hm^2	用地指标/(hm^2/Mt)
小型	0.30	2.0	6.7	5.0	16.7
中型	0.45	2.5	5.6	5.5	12.2
	0.60	3.0	5.0	6.0	10.0
	0.90	3.5	3.9	6.5	7.2
大型	1.20	4.0	3.3	7.0	5.8
	1.50	4.5	3.0	7.5	5.0
	1.80	5.0	2.8	8.5	4.7
	2.40	5.5	2.3	10.0	4.2
	3.00	6.0	2.0	12.0	4.0
	4.00	6.5	1.6	14.5	3.6
	5.00	7.0	1.4	16.0	3.2
	6.00 及以上	≥7.5	≤1.3	≥17.0	≤2.8

选煤厂建设用地符合《煤炭工业工程项目建设用地指标》(建标〔2008〕233 号)的规定，必须同时符合下列四项控制指标：建筑系数应不得低于 30%，容积率应不小于 0.5，行政办

公及生活服务设施用地面积不得超过总用地面积的 7%，绿地率不得超过 20%。矿区选煤厂及露天矿选煤厂行政、公共建筑项目及建筑面积指标参见表 7-5。

表 7-5　矿区选煤厂及露天矿选煤厂行政、公共建筑项目及建筑面积指标

项　　目	单位	指标	备　　注
厂办公室	m^2/人	10～12	按在籍管理人员计
班、组学习室	m^2/人	0.5	按在籍人数计
浴室	m^2/人	0.9	按最大班出勤人数计
食堂	m^2/人	1.0～1.3	按最大班出勤人数兼集会用取 1.3
保健站	m^2	40～80	
哺乳室	m^2/人	0.1～0.2	按全厂在籍职工计
门卫室	m^2	40～60	
自行车棚	m^2/人	0.1～0.15	按全厂在籍职工计
公共厕所	m^2	60	

7.2.3　铁路(标准轨、窄轨)与公路设计基础知识

7.2.3.1　标准轨铁路

我国铁路的标准轨距为 1 435 mm(指两根钢轨的内切距离)，标准轨面坡度一般为 4‰。大、中型选煤厂都修建铁路专用线，以满足大量原料煤、产品及材料的运输。

厂内装、卸车站铁路的布置形式有尽头式、贯通式、环状式和混合式几种，选煤厂采用尽头式较多，即线尾端设立车挡。

站场内铁路直线的两相邻线路的中心距离见表 7-6。

表 7-6　站场内铁路直线的两相邻线路的中心距离

线路名称	标准距离/m	最小距离/m
正线与其相邻线路间	5.0	5.0
到发线间、调车线间	5.0	4.6
次要站线间(换装线除外)	4.6	4.6
梯线与其相邻线路间	5.0	5.0
货车直接换装的线路间	3.6	3.6
牵出线与其相邻线路间	6.5	5.0
轨道衡线与其秤房一边的相邻线路间	8.5	8.5

站场内铁路直线的两相邻线路的中心距离一般采用标准距离，改建现有线路或在特殊困难情况下，才可采用最小距离。在曲线弯道上两股道的中心间距还需根据曲线半径大小增加。

厂内线路的最小曲线半径应根据行车量、速度、机型及其他条件而定。在厂内联络线上，最困难的条件下，曲线半径不小于 200 m。曲线半径与年货运量有关，分为三个级别，见表 7-7。

表 7-7 曲线半径选用表

级别	一般采用半径/m	最小曲线半径/m	年货运量/Mt
Ⅰ	600	350	≥4
Ⅱ	350	300	1.5～<4
Ⅲ	250	200	<1.5

装、卸车站位置应根据井口或选煤厂位置，结合地面生产系统、工业场地总平面布置和铁路选线的可能性，经技术比较后确定。

装、卸车站线路有效长度应符合下列规定。

(1) 当使用路网铁路车辆时，车辆平均换算长度应按铁路部门规定的车辆数据计算，运煤车辆装载系数应采用1.00。

(2) 到发线有效长度应为设计采用的列车长度(包括机车长度)加附加距离10～20 m。

(3) 装车线有效长度应按空、重车段各自设计的取送列车或车组的长度加附加距离10～20 m，并加空、重车段分界点间的距离计算。

(4) 卸煤线有效长度计算方法同装车线。

(5) 材料线有效长度应根据货运量、货物品种、取送车方式及一次来车数等因素并结合总平面布置确定。

(6) 牵出线有效长度应根据调车作业采用的列车或车组长度(包括机车长度)加附加距离10～20 m确定。当区间的行车量不大、车站调车作业量较少时，可不设牵出线，利用正线进行调车作业，但其平、剖面及瞭望等条件应符合调车作业的要求；对于设置进站信号机的车站，信号机位置应根据调车作业的需要外移，但不得超过400 m。

站场平、纵断面除应遵照有关设计规范外，为满足产品计量要求，装车线轨道衡两端线路平、断面应符合轨道衡技术说明书的要求，但任何情况下，不得短于25 m长的平直道；环线装车不得小于50 m长的平直道。环线的曲线半径不宜小于250 m。

装卸站可采用机车、铁牛、无级绳绞车等调车方式，其线路有效长度可根据装卸车辆数、站场布置等因素，经技术经济比较后确定。装卸车站通信信号及照明按有关规定设计。

7.2.3.2 窄轨铁路

有些选煤厂的原料煤以及矸石采用窄轨铁路运输。窄轨铁路的轨距有600 mm、762 mm、900 mm三种，一般常用600 mm和762 mm两种。其等级根据单线重车方向的货运量划分为三级，见表7-8。各级线路的限制坡度一般不大于表7-9规定。其区间线路平面的最小曲线半径不小于表7-10的规定。

表 7-8 窄轨铁路等级

铁路等级	单线重车方向货运量/(万 t/a)	
	762 mm 轨距	600 mm 轨距
Ⅰ	≥100	
Ⅱ	50～<100	≥30
Ⅲ	<50	<30

表 7-9　一般限制坡度　　单位：‰

铁路等级	762 mm 轨距	600 mm 轨距
Ⅰ	8	
Ⅱ	15	12
Ⅲ	20	15

表 7-10　区间线路平面最小曲线半径　　单位：m

铁路等级	762 mm 轨距		600 mm 轨距	
	一般地段	困难地段	一般地段	困难地段
Ⅰ	120	100		
Ⅱ	100	80	80	50
Ⅲ	80	60	60	30

7.2.3.3　**公路(道路)**

选煤厂道路分专用道路和厂内道路两类。厂区与外部公路、车站、码头、矿山相连接的道路称为专用道路或厂外道路；厂区范围以内的道路称为厂内道路。

道路设计是根据厂(矿)建设期间的需要和永久性需要相结合设计的。厂外、厂内道路的宽度根据货运量决定，《厂矿道路设计规范》规定一般为 3～12 m，厂内道路路面宽度选择见表 7-11。道路的最小曲线半径由道路等级决定。选煤厂厂内的主要道路一般设计为双车道，次要道路为单车道，厂内道路的路面一般采用水泥混凝土路面、沥青混凝土路面、碎石或砾石加表面处理路面。厂内通道宽度应根据企业规模、工艺要求、道路性质、管线布置、绿化以及竖向布置等需要确定，并应符合防火、卫生、安全和其他相关的规定。

表 7-11　厂内道路路面宽度　　单位：m

厂矿规模		Ⅰ型企业	Ⅱ型企业	Ⅲ型企业
主干道	大型	12～9	9～7	7～6
	中型	9～7	7～6	7～6
	小型	7～6	7～6	6～4.5
次干道	大型	9～7	7～6	7～4.5
	中型	7～6	7～4.5	6～4.5
	小型	7～4.5	6～4.5	6～4.5
支　道	大、中、小型	4.5～3.0		

企业铁路、道路的交通安全间距见表 7-12。线路与线路或与其他设施立交的净空如表 7-13 所列。

当道路与铁路交叉时，避开道岔，设在平直段上，平面交叉角为 90°，在特殊条件下也不应小于 45°，道口宽度可与道路同宽，但不小于 4.5 m。

汽车站台宽度一般为 2.0～2.5 m，站台高度一般为 1.3 m。站台一端应设有 10％的坡道以便搬运货物。

表 7-12 企业铁路、道路的交通安全间距 单位：m

铁路、道路		建筑物外墙边缘或凸出部分			工厂围墙	人行道	通道
		面向线路方面无入口	面向线路方面有出入口	有出入口，且在房屋出口与铁路之间有平行栅栏			
铁路中心线	标准窄轨	3.0	6.0	5.0	5.0	3.75	3.75
	762 窄轨	2.3	5.0	4.0	4.0	3.0	3.0
	600 窄轨	2.0	4.0	3.0	3.0	3.0	3.0
道路、人行道		1.5	3.0	—	1.5	0	—
		0/1.5	0/1.5	—	—	—	0

表 7-13 线路与线路或其他设施立交的净空

被跨越的线路名称	净高/m	净宽/m
标准轨铁路(单线)	5.5(蒸汽、内燃) 6.55(电力)	4.88
762 窄轨铁路(单线)	4.4(蒸汽、内燃)	3.90
600 窄轨铁路(单线)	3.5(架线高 3.2) 2.7(架线高 2.4)	2.00
公路(公路跨越)	4.5(路肩和人行道上≥2.5)	按需要
公路(铁路跨越)	5.0(路肩和人行道上≥2.5)	按需要

注：① 铁路跨线桥净宽未包括人行道在内；
② 600 窄轨铁路仅适用于行驶大连产 8.5 t 电机车。

厂内人行道宽度为 1.2～1.5 m，横坡约为 2%，纵坡不宜大于 8%，若超过时可做成粗糙路面或阶梯踏步，厂内消防道路宽度不小于 3.5 m。

7.3 工业场地的环境要求

7.3.1 选煤厂对环境的危害

选煤本身是洁净煤技术的关键，但在其生产过程中也会对环境造成危害，主要体现在如下几方面。

工业废弃物：选煤厂的工业废弃物主要是矸石。煤矸石的排放将侵占大量的土地，间接造成扬尘和自燃排放有害气体，是一项主要污染源。

粉尘：煤炭在储运、筛分、破碎等过程中产生大量的粉尘，对厂内及矿区造成严重的空气污染。

水污染：选煤厂废水的悬浮物较多，并且含有浮选药剂等污染物质，不经处理排放将污染环境。新建厂已经实现洗水闭路循环，但仍然存在潜在的水污染危害。

噪声：噪声是选煤厂最明显的环境问题，关系到职工的健康和厂区周边居民的健康。

选煤厂作为建设项目，按照建设程序要进行环境影响评价工作，初步设计的环境部分须符合《建设项目环境保护管理办法》的要求，并包括有环境影响报告书(或表)及其审批决定所确定的各项要求和措施。建设单位对建设项目的环境影响全面负责，并在工程建设中实行“三同时”制度。

工业场地平面设计时一定要符合国家环境保护、卫生及绿化要求，以最大限度减轻对环境的影响。

7.3.2　总平面设计与环境保护

7.3.2.1　厂址选择

(1) 按环境标准要求，应尽可能将厂址选在工业集中区。与此同时，必须考虑噪声和烟尘对周围环境的影响，使厂界噪声和大气污染指数符合周围邻近地区所要求的有关环境标准的规定。

(2) 邻近城镇、居民区、村庄的厂址应位于常年主导风向的下风侧；要求安静的建筑物应尽量避开噪声源，且位于噪声源主导风向的上风侧；要求清洁的建(构)筑物应布置在主导风向的上风侧。

(3) 充分利用自然地形、地貌对噪声的屏障作用，有意识地减弱高噪声区域对低噪声区域的影响。

(4) 充分论证选煤厂排弃物对区域环境的影响，特别是要注意矸石综合利用和堆放。

7.3.2.2　厂区噪声控制

噪声是一种公害，有效地控制噪声是工程设计的主要任务之一，能否有效地控制噪声是评价工程设计的主要内容。在工程设计中，控制噪声应从“声源”“传递”“接收”三个环节同时考虑，即从主动控制(控制声源强度)和被动控制(控制传递、接收)两个方面同时着手。

总平面设计是工程设计的一个组成部分，在控制噪声的三个环节中，主要是控制“传递”，其控制措施应从总图平面布置和总图竖向布置两方面同时考虑，即通过改变“声源”同“接收”污染区位置、改变“传递”方向、弱化“传递”强度达到有效控制的目的。

总平面工程设计虽然不考虑“声源”本身和“接收”本身的技术措施，但在开展专业设计之前，应首先研究工艺设计和相关动力专业设计中的“声源”特性和工程本身及其周边环境的噪声“传递”和“接收”特点及要求，然后通过综合比较选择设计方案，采取具体措施。在具体措施中应把绿色工程设计放在重要位置上。

在满足工艺流程与生产运输要求的前提下，进行合理的规划和声学布置，使所设计的工厂、厂区、厂界、居民区的噪声符合国家规定的有关噪声标准。① 结合功能分区与工艺分区，应将生活区、行政办公区与生产区分开布置，高噪声厂房与低噪声厂房分开布置。尽量将高噪声车间集中布置，远离厂内、外要求安静的区域。② 主要噪声源设备及厂房周围，宜布置对噪声较不敏感的、较为高大的、朝向有利于隔声的建(构)筑物，以阻挡噪声声源的外辐射。③ 对室内要求安静的建筑物，其朝向应布置在有利于隔声的方向。④ 对于方向性较强的声源，如高压排气、风、水的管道等，应使其较强传播方向指向噪声要求低的旷野、天空、缓冲区域等。⑤ 交通干线两侧布置生活、行政设施等建筑物，应与交通干线保持适当距离，并利用围墙、绿化等手段降低噪声的干扰。运输设备尽量采用低噪声的运输车辆，运输过程应尽量无轨化，交通运输线路要避免与人员稠密区域交错，铁路公路交叉要尽量减少，各种运输线路的布置必须保证规定的视距，以减少交通运输的警报信号，从而降低附近的噪声。竖向布置，即在满足工艺和其他相关专业技术要求的前提下，应尽量降低“声源”的竖向位置。对于高噪声的风机、水泵等动力设施，在条件允许情况下可放在地下；在有多个“声源”的情况下，应做噪声强度排列，按噪声强度大小自下而上布置，坚持就低不就高原则。

7.3.2.3　气象条件利用

在总平面设计中主要是利用气象条件来布置污染源及功能分区，合理进行工业场地及车间、建(构)筑物的布置，采取卫生防护距离以及绿化阻隔等措施，以减轻其危害程度。例如，利用风向、风速资料进行企业用地的分区及确定卫生防护间距，利用太阳的辐射、日照、气温确定建筑物的朝向，满足建筑物对自然通风及天然采光的要求等。充分利用气象的有利因素，掌握扩散、传播的一般规律，在厂址选择、总体布置和总平面设计中就可以把污染源布置在合理的地段，改善生产和生活环境。具体设计过程中主要考虑的是主导风向的确定和利用，即采用“主导风向”布置原则。在总平面设计图中应该标出风向玫瑰图，统计风向频率及静风的次数。在一定时间内各种风向出现的次数占所观测总次数的百分比，叫风向频率(或简称风频)。风向玫瑰图按风的资料内容，可分为风向玫瑰图和风速玫瑰图。风向玫瑰图是将风向分为 16 个(或 8 个)方位，根据各方向风出现的频率按相应的比例长度单位绘制在图上，再将各相邻方向的线端用直线连接起来，即形成一个闭合折线，这个闭合折线就叫风向玫瑰图，如图 7-2 所示。同样也可以用这种方法表示各方向的平均风速，形成风速玫瑰图。

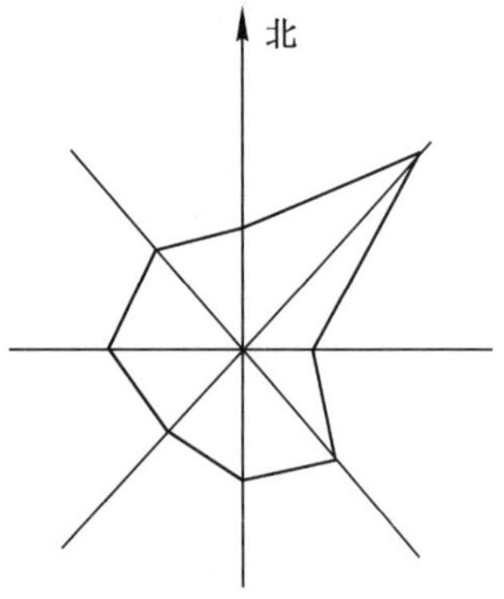

图 7-2　风向玫瑰图

从环境保护方面出发，应把散发有害气体和微粒等物质对空气污染程度以及环境要求一致的车间组合在一起，综合考虑地形、地势及生产排出的有害烟尘在大气中的扩散规律，进行总平面设计。一般情况下，应将污染严重的工厂(或车间)布置在盛行风向的下风侧；将洁净工厂(或车间)以及居住区布置在盛行风向的上风侧或最小风频的上风侧。如果两盛行风向成一直线，有污染的工厂则应布置在当地最小风频的上风侧，其下风侧布置洁净厂房以及生活区最为适宜；如果两盛行风向成一夹角而非盛行风向频率相差不大，洁净厂房、生活区布置在夹角之内，工业区放在其对应方位最为合理。

7.3.2.4　绿化设计

绿化是保护环境、美化环境、防止污染和维护自然生态平衡的一项重要措施，是人类赖以生存的重要条件。其作用主要有改善气候，调节气温、湿度和气流；保护环境，防止空气水体及土壤的污染。绿色植物被称为绿色“隔音墙”“消声器”和“除尘器”。要充分利用、创造绿化条件，科学地确定绿化方案及树种的搭配，实现立体式绿化，以便在绿化完成后达到预期的效果。

(1) 绿化规划及绿化设计要因地制宜，符合实用、经济、美观的原则。

(2) 厂区绿化要分区设计，总绿化率要达到 15%。厂前区绿化设计通常包括厂门与传达室、自行车棚、行政生活建筑、汽车库、食堂等附近地区及广场。生产和辅助生产区的绿化要按照不同生产有不同要求的原则进行，并遵守有关规程规定。道路绿化应根据道路的功能、形式、宽度、长度、与两侧建筑物间的间距、建筑物的高度和管线的布置等综合考虑并保证行车安全，要满足道路遮阳、降温、阻挡灰尘、减弱噪声、吸滞有害气体和净化空气等要求。

(3) 绿地树木的种植，美化设施的安排，还必须与竖向布置相结合，使其在立体构图上成一有机的整体；同时，还应注意不影响地下管线的埋设与检修。

7.3.2.5　固体废弃物处理设计

选煤厂的固体废弃物主要指煤矸石和煤泥。在进行总平面设计时重点确定其堆放场地的选择，解决其扬尘、烟尘、污水和侵占农田等问题。矸石堆放造成土地被占，粉尘飞扬；其自燃产生的二氧化硫等有害气体污染大气；同时，自燃产生的废气与雨水、矿物质接触，产生金属与硫酸根离子，且矸石不断受雨淋风化等作用会产生酸性污水污染水源和土壤。在选煤厂的筛分、破碎及装车储运过程中产生的大量粉尘、锅炉燃烧所排放的烟尘，都会对环境造成污染。

7.4　总平面设计的具体步骤和实例

7.4.1　选煤厂总平面设计的具体步骤

选煤厂总平面设计的内容多，涉及的面广，如土建工程、铁路专用线和站场、工程管网及排水、各类不同功能的车间和建筑等。矿井或群矿选煤厂以及用户选煤厂与矿井地面生产系统或与焦、气化生产系统密切相连。因此，设计时应分主次，先后配合，逐步解决。一般在铁路专用线和站场方案确定后，根据功能不同分三步进行布置。

第一步：进行主要生产建筑物和构筑物的布置。主要生产建筑物和构筑物包括原煤受煤坑和储煤场、原煤准备车间、跳汰车间、重介车间、浮选车间（或组成联合建筑称主厂房）、干燥车间、浓缩机房、压滤车间、集中水池（仓）、装车仓及产品储煤场、事故放水池（或煤泥沉淀池）以及原煤和产品运输胶带走廊及转载点等。它们组成选煤厂工业场地的骨架，是选煤厂总平面布置的主要内容，也是搞好总平面设计的关键。明确它们的功能、特点，特别是相互之间的衔接关系及特定要求，如带式输送机有特定角度（一般在 18°以下）的要求，各种管道也有不同角度的要求等。由于这些特定要求，各车间之间要有较长的带式输送机走廊，而且要保持直线（互相垂直或平行）。

(1) 根据总平面设计的要求初步确定各主要生产车间的平面位置，特别是铁路站场和主厂房的位置。

(2) 根据 ± 0.00 m 标高和带式输送机的起、终点标高计算带式输送机的倾角；在满足工艺及角度要求的条件下，确定平面位置和竖向标高。否则进行调整再确定。

第二步：进行辅助生产建筑物和构筑物的布置。辅助生产建筑物和构筑物是为前一类建筑物供应水、电、气、材料、药剂、介质、零件等的服务性厂房，主要包括变电所、机修厂、锅炉房、药剂库、化验室、煤样室、介质制备车间、水池及泵房等。这一类建筑物和构筑物是在前类建筑物和构筑物布置的基础上进行的，具有一定的灵活性，按照前节总平面设计的要求原则，尽量接近服务对象进行布置。

第三步：进行行政生活福利建筑及设施的布置。行政生活福利建筑及设施包括办公楼、浴室、食堂、医务室、汽车库、自行车棚、门卫室等。这一类建筑和设施属于民用建筑物，是为厂、矿行政生活服务的，它面向全体职工和对外联系。因此，应与前面两种建筑物和构筑物不同，通常应布置在厂前区，既方便职工生活又方便对外联系的环境条件好的地段。

设计矿井、群矿或用户选煤厂总平面时，第二和第三类建筑物和构筑物中一些工程项目，可根据具体情况与矿井、气焦化厂相应项目合并建设，共同使用(如变电所、锅炉房、食堂、医务室、自行车棚等)。

关于铁路(标准轨、窄轨)与道路、工程管网(水管、风管、暖气管网、电缆等)以及地面排水等工程项目，应根据具体情况与有关专业共同商定合理布置。

7.4.2 总平面布置实例

7.4.2.1 矿区选煤厂总平面布置

矿区选煤厂总平面布置实例见图 7-3。

1. 设计任务及原始资料

(1) 本实例是由山西约翰芬雷华能设计工程有限公司为鹤岗矿业集团有限责任公司设计的峻发选煤厂。该厂是在原峻发选煤厂的东北侧新增建的一座矿区炼焦煤选煤厂，设计规模为 4.00 Mt/a，入选的原料煤为 1/3 焦煤、气煤和焦煤等。

(2) 厂区地理位置：鹤岗矿业集团有限责任公司位于黑龙江省东北部，小兴安岭南麓，南距佳木斯市 66 km，北临中俄边境名山口岸 80 km，西接伊春市，东邻富锦市。确定的选煤厂厂址位于峻德矿区东南部，峻德矿井工业场地西南侧，原峻发选煤厂的东北侧。东邻鹤佳铁路线峻德火车站，南为东山区新华镇，西与新华农场接壤，北连兴安煤矿，行政区划隶属鹤岗市兴安区。

(3) 交通运输：矿区有自营铁路专用线连接各厂矿，鹤大高速公路(201 国道)在矿区西部经过，鹤佳铁路和哈萝公路(101 省道)在矿区东部经过。有矿区铁路专用线，向南通往华能鹤岗电厂，向东连接鹤佳铁路峻德火车站。峻德煤矿北距鹤岗矿业集团有限责任公司 19 km、鹤岗火车站 17.5 km，东距峻德火车站 3 km，南距新华镇 11 km、佳木斯市 50 km。矿区交通十分方便。

(4) 自然地形地貌：鹤岗市峻德煤矿位于小兴安岭东南麓，属低山丘陵区，地势东部较高，西部较低，洼地面积占三分之二左右，位于鹤立河下游河床、河谷地带，最高海拔 301.86 m，最低海拔 228 m，地面坡降由北向南为 22.29 m，东面斜坡的落差达 40 m。拟建工程场地位于黑龙江松花江河间地块，梧桐河冲、洪积平原上，地形平坦开阔。

(5) 气候与地震：属亚寒带大陆性气候，冬长夏短，冬季严寒漫长、夏季酷热。每年十月中旬到翌年四月为结冰期。年平均降水量为 600 mm 左右，每年雨季集中在 6、7、8 三个月，最大日降水量为 89.3 mm(1961 年 7 月 25 日)，最大月降水量为 289.0 mm(1969 年 8 月)，最大年降水量为 852.9 mm(1960 年)。冬季多风，最大风力(速)可达 30～32 m/s，风向多为西北风，主导风向为西风。最高气温＋35.8 ℃，最低气温－39.6 ℃。季节性标准冻结深度为 2.20 m，季节性最大冻结深度为 2.30 m。最大积雪厚度为 500 mm，平均积雪厚度为 14 mm。

根据《建筑抗震设计规范》(GB 50011—2010)，该地区抗震设防烈度为 6 度，设计基本地震加速度为 0.05g(g 为重力加速度)。

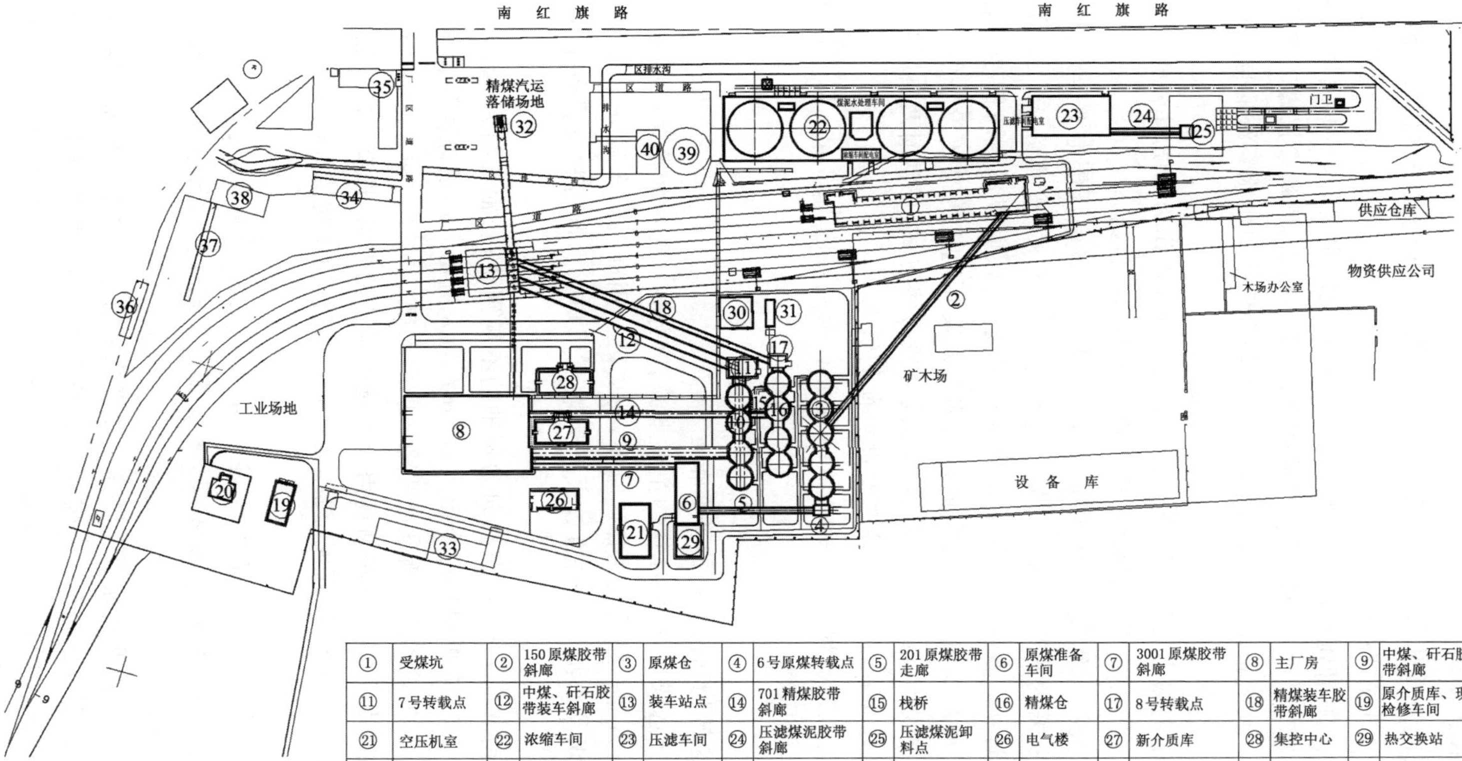

①	受煤坑	②	150 原煤胶带斜廊	③	原煤仓	④	6 号原煤转载点	⑤	201 原煤胶带走廊	⑥	原煤准备车间	⑦	3001 原煤胶带斜廊	⑧	主厂房	⑨	中煤、矸石胶带斜廊	⑩	中煤、矸石、块煤仓
⑪	7 号转载点	⑫	中煤、矸石胶带装车斜廊	⑬	装车站点	⑭	701 精煤胶带斜廊	⑮	栈桥	⑯	精煤仓	⑰	8 号转载点	⑱	精煤装车胶带斜廊	⑲	原介质库、现检修车间	⑳	药剂库
㉑	空压机室	㉒	浓缩车间	㉓	压滤车间	㉔	压滤煤泥胶带斜廊	㉕	压滤煤泥卸料点	㉖	电气楼	㉗	新介质库	㉘	集控中心	㉙	热交换站	㉚	消防水池
㉛	消防泵坑	㉜	精煤地销卸料点	㉝	新库房	㉞	原库房	㉟	办公楼	㊱	原受煤坑	㊲	原煤胶带斜廊	㊳	原生产车间	㊴	原浓缩车间	㊵	原压滤车间

图 7-3　矿区选煤厂总平面布置实例

(6) 热源供应:热源引自厂区内立达矸石电厂供热网,由新建热交换站供给。

(7) 地面运输:选煤厂所需外来原煤均由火车运输至厂区,产品煤及水洗矸石也通过火车运输至用户,少量材料及设备采用汽车运入厂内。因此,厂区内主要采用公路、铁路、带式输送机混合运输方式。

(8) 供水:选用鹤岗诚基水电热力有限责任公司供水系统的自来水作为生活用水水源。

为了提高供水的可靠性,节约成本,减少环境污染,该工程考虑了两个生产用水供水水源,首先选用上游三个矿井排放的井下排水作为生产补充用水水源,根据现场踏勘,该排水沟从选煤厂工业场地内穿过,取水方便,水量稳定,冬季不结冰,原峻发选煤厂就采用该水源作为生产补充用水。其次采用鹤岗诚基水电热力有限责任公司供水系统的自来水作为备用水源。

选用鹤岗诚基水电热力有限责任公司供水系统的自来水作为消防用水水源。

采用生产循环水作为冲洗用水水源,由选煤厂浓缩车间供给。

(9) 供电:该工程按二级负荷考虑供电,在主厂房东侧设高压配电室(与主厂房电气楼合建),高压配电室所需的两路 10 kV 电源引自水电公司 35 kV 变电站 10 kV 高压配电室两段不同的 10 kV 母线。高压配电室主要为主厂房变压器、原煤准备车间变压器、压滤浓缩车间变压器、主厂房高压电机、筛分车间及浓缩车间高压电机等高压设备供电;电缆由业主引至高压配电室进线柜。高压系统均按单母线分段接线方式,正常时两路同时工作,当一回路故障时,另一回路可保证配电室所带全部负荷的供电。

(10) 工艺流程:工艺流程为 50～0.3 mm 脱泥有压主再选,0.3 mm 以下浮选,浮选精煤加压过滤回收,尾煤压滤。

2. 总平面布置

(1) 主要生产建筑物和构筑物的平面布置

该厂为大型矿区选煤厂,仓储原煤的主要来源有两路:一路由峻德煤矿直接经运输胶带走廊运输到原煤仓;另外一路是其他各矿原煤,用矿区专用准轨矿车运进,经卸煤地沟系统运到原煤仓。产品煤及水洗矸石也通过火车运输至用户。少量材料及设备采用汽车运入场内。

选煤厂布置为南北向为长轴,东西向为短轴的不规则状;长轴长约为 700 m,短轴长约为 300 m。沿国道 G201 东侧设置两个出入口,分别为人流出入口及煤泥运输出入口,两出入口相距约为 600 m;在场区的东侧设置铁路站场出入口。

根据原有峻发选煤厂位置、铁路站场需要及选煤工艺的需求,选煤厂以铁路及铁路站场为界分为主厂区,原厂区及浓缩、煤泥晾晒运输场地。依据使用功能分述如下。

① 主厂区

该区是选煤厂的核心区,由准备车间,主厂房,压风机房,介质库,电气楼,原煤仓,块煤、中煤、矸石仓,精煤仓,热交换站,防冻液库及相互衔接的输煤栈桥等组成。主厂区布置在场地的东侧,紧邻峻德煤矿。

受煤坑:矿井来煤由铁路运输至受煤坑。受煤坑采用 2 个独立的系统,均可实现 7 节车厢同时卸车,采用底卸车方式卸车。受煤坑有效长度为 98 m,受煤坑下共 28 个缓冲仓,单仓储量 100 t,缓冲仓均采用振动给煤机卸料。物料由带式输送机收集后,最终由带式输送机转载经输煤栈桥至原煤仓。

原煤仓：设计 5 座原煤仓，直径为 15 m，单仓容积为 3 000 m^3。原煤由带式输送机运至原煤缓冲仓，在原煤仓上由刮板输送机均匀配至 3 座仓，每个仓下设 4 个仓口，各煤种通过仓下振动给煤机在带式输送机上实现配煤，最终物料由带式输送机运输至准备车间。

准备车间：原煤由带式输送机运至原煤准备车间，车间内部采用两系统布置形式。原煤首先在 15.60 m 平面经由除铁器除铁后分别进入 10.00 m 平面 2 台 3.6 m×6.1 m 的 50 mm 分级筛，筛上物分配到 7.30 m 平面手选带式输送机上，经过手选后进入 4.00 m 平面双齿辊破碎机破碎，双齿辊破碎机将大块粒度严格控制在 50 mm 以下，限上率保证为 0。破碎后的物料和分级筛筛下物最终由带式输送机运至新建主厂房，手选杂物由带式输送机拉至场外堆放，最终由汽车运走。

主厂房：设计主厂房内含原煤脱泥系统、重介质主再选和选后产品脱介和脱水系统、介质回收和添加系统、粗煤泥回收系统、浮选系统以及精煤加压过滤系统。

产品仓：分选后的块煤、末精煤、矸石经胶带运输入仓储存。精煤经装车点装火车运至用户；水洗矸石、中煤也分别经火车运至各用户。产品仓布置 1 个直径 15 m 的块煤仓，1 个直径 15 m 的矸石仓，2 个直径 15 m 的中煤仓，4 个直径 15 m 的精煤仓，单仓储量 3 200 m^3。精煤由带式输送机转载上仓，经过 1 号精煤仓时，由犁式卸料器卸料储存，带式输送机经过块煤、中煤、矸石仓至精煤仓后由刮板输送机对 2、3 号精煤仓配仓。中煤由带式输送机运输直接进仓，块煤、矸石分别由刮板输送机配仓。每个仓下设置 4 个仓口，产品均由装车点外运。

数量与质量检查：入厂原煤、选后产品均由电子皮带秤计量(安装位置分别为入厂带式输送机、精煤带式输送机、中煤带式输送机、块煤带式输送机)，铁路运输产品均采用电子轨道衡计量(原煤受煤坑 2 台，装车点 3 台)，煤泥产品采用汽车衡计量。入厂原煤、选后产品均由在线灰分仪实时检测灰分，在线灰分仪安装位置分别为入厂带式输送机、精煤带式输送机。在主厂房附近设置煤样化验室，对入厂原煤和产品进行制样化验，以指导生产。在装车站附近设置商品煤样室，对出厂产品进行制样化验。

② 原厂区

该区布置在厂区南部，主要有原选煤厂区的办公楼、化验室、主厂房等建、构筑物以及新增加的浮选药剂库等。

③ 浓缩、煤泥晾晒运输场地

由于地形的制约和铁路站场的需要，结合原有压滤车间、浓缩池的位置，浓缩、煤泥晾晒运输场地只能布置在主厂区的对面，铁路站场的西侧。其位置位于场地的一侧，紧靠南红旗路，便于煤泥的运输和管理。该区内主要有 4 个直径 35 m 的半地下浓缩池、压滤车间、生产消防系统、净化水系统、煤泥晾晒场地、汽车地磅等建筑。

浓缩车间：浓缩车间设有 4 台 ϕ35 m 浓缩机，3 台工作，1 台备用，全部浓缩机均采用半地下布置。浓缩机溢流进入循环水池，在循环水池泵房设置 4 台循环水泵，可以满足主厂房脱泥筛冲水、脱介筛喷水和系统补加循环水的需要。每台浓缩机设有两台底流泵，一用一备，可以将底流送至压滤车间进行煤泥回收。浓缩机泵房内还设有恒压供水装置，供打扫卫生及其他生产用。事故状态时煤泥水可进入备用浓缩机，保证煤泥水不外排。为加强煤泥沉淀效果，泵房内设置 4 套絮凝剂添加系统。

压滤车间：压滤车间布置在浓缩车间北侧，在 6.10 m 平面设置 6 台压滤机，浓缩机底流打至压滤机入料桶，由泵打入压滤机压滤。压滤滤饼由刮板输送机转载，最终由带式输送机运至煤泥卸料点。同时，原有压滤车间2台压滤机因为老厂停产，也为新建厂服务。

(2) 主要生产建筑物和构筑物竖向布置

选煤厂总平面布置不仅表明平面位置(平面图)，也表明竖向关系(剖面图)。

峻发选煤厂地势比较平坦，工业场地的自然标高在234.90 m，两个建筑物之间用带式输送机衔接。

(3) 辅助生产建筑物和构筑物的布置

根据此类建筑物、构筑物为前一类建筑物、构筑物服务的特点，辅助生产建筑物、构筑物的布置应尽量接近服务对象，并满足防火、安全、环境等要求。将生产水池、消防水池、生活水池布置在厂区东侧，接近主厂房、压滤车间，便于生产用水。

药剂库、新机修车间布置在主厂房东南侧边缘，接近铁路，便于运输，处于下风口。

电气楼和空压机房处于主要车间中心，接近主厂房和筛分破碎车间，并设立了专用场地。

介质库、热交换站、集控中心接近主厂房与原煤车间。

化验室设在集控中心一楼西侧。

2个精煤轨道衡和动力煤轨道衡布置在装车站点仓下，动态计量。

设备库房设在原煤仓北侧，有独立广场。

(4) 行政、生活福利设施布置

办公楼、食堂分布在厂大门入口右侧靠近公路处，便于职工工作生活和对外联系。

(5) 厂内铁路装卸站场的设计

装卸站场呈横列式布置，为尽头式布置，共设8股道。1道为木场线兼机车走行线，2道为中煤、矸石装车线，3道为块煤、精煤装车线，4、5道为精煤装车线，6、7道为原煤卸车线，8道为机车走行线。各线容车数为：原煤卸车线及中煤和矸石装车线、块精煤装车线空重车端容车数为16辆；2条精煤装车线空重车端容车数均为22辆，满足装车需要。

(6) 厂内公路的设计

为满足场地交通运输、消防要求，结合场外现有南红旗路，根据汽车运输的特点，在主厂房前及有汽车运输地段设置专用场地供车辆通行。场内道路为水泥混凝土路面，主干道路面宽7 m，中间设置绿篱及照明电杆。4 m宽的次要道路及人行道，踏步与各建、构筑物相连接。场内道路最小转弯半径控制在9.0 m；道路最大纵坡控制在3%左右，与主厂房连接的水池、耙式浓缩机等设有管桥、管线。工业场地的雨水通过道路及路边排水沟汇入厂区排水沟，再排至场外区域排水系统，排水坡度不小于3‰。

7.4.2.2 矿井选煤厂总平面布置

其他类型选煤厂总平面布置的基本方法和步骤与上述矿区选煤厂总平面布置的类似。矿井选煤厂是最常见的，因此下面详述矿井选煤厂总平面布置的特点。

(1) 矿井选煤厂与矿井建筑在同一个工业场地上，其总平面布置必须与矿井工业场地布置统一考虑。新区建设往往是同时设计同时施工，矿、厂两者必须很好地配合及衔接，使之都既能有利于生产、生活，又能减少占地面积、降低投资。因此，高质量的设计就显得更为重要。

(2) 矿井选煤厂的第二类和第三类建(构)筑物中的一部分可与矿井共用，如变电所、锅炉房、医院、食堂、浴室等，因此，在布置时，双方都应为整体创造有利的条件，如遇矛盾，双方协商解决。

矿井选煤厂与矿井地面工业场地两者布置关系(方案)一般有四种情况,如图 7-4 所示。

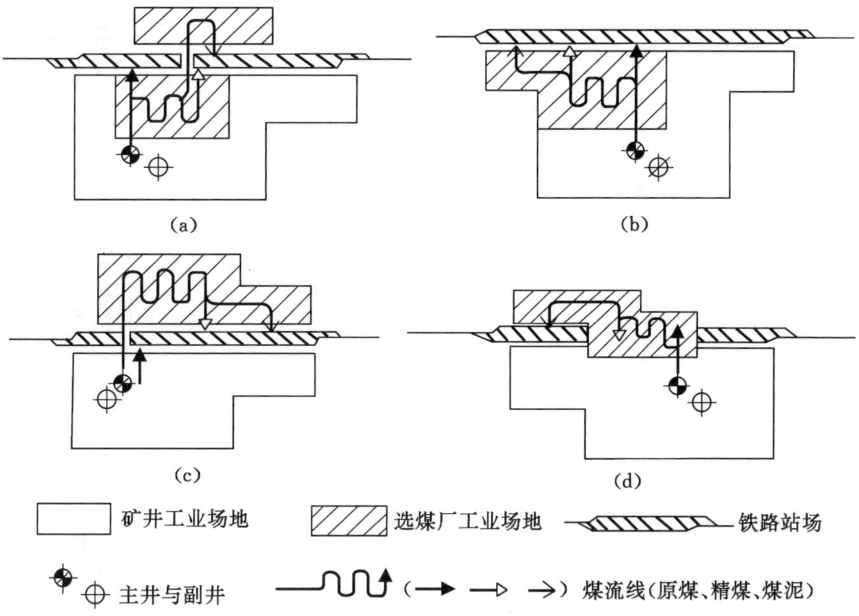

图 7-4　矿井选煤厂与矿井地面工业场地的布置关系

第一种情况见图 7-4(a)。选煤厂位于矿井工业场地的中部,优点是占地面积少,可缩短铁路站场的伸展长度,各建筑物、构筑物便于集中布置,公路、管线、窄轨等都短捷,故投资少;同时方便厂、矿统一管理和职工生活。该方案存在的缺点是限制今后生产发展。因此,用此方案时,必须对矿井生产能力等远景规划有充分的预测,对选煤工艺系统考虑要比较完善。

第二种情况见图 7-4(b)。选煤厂布置在矿井工业场地的一角,是常见方案。该方案的特点是厂、矿在工业场地内可自成体系,独立性强,减少互相牵制,各自留有发展余地,矿井和选煤两专业设计分工也比较明确。

第三种情况见图 7-4(c)。该方案在已建成矿井的工业场地上增建选煤厂。此时在原矿井工业场地上往往难以找到大块完整的用地,因而只能将选煤厂布置在铁路站场的另一侧。该方案的缺点是带式输送机走廊管线往往需要穿过铁路到对面,增加了占地面积和投资,不便于厂、矿统一管理。该方案的优点是选煤厂与矿井相互干扰较少,具有较大的独立性,总平面布置比较灵活、紧凑合理。

第四种情况见图 7-4(d)。选煤厂跨铁路站场布置,能节约占地面积和减少煤流运输环节。但因厂房下部要通行火车,厂房高度较大,通常在用地十分困难或具有建设同体联合建筑条件时采用。

矿井选煤厂总平面布置实例见图 7-5。

① 该实例是由中煤科工集团北京华宇工程有限公司为山东肥城梁宝寺矿设计的一座年处理能力为 180 万 t 的炼焦煤选煤厂。该厂是在矿井已设计了储煤场、筛分动筛车间、产品装车仓等较完善的地面生产系统及生活等辅助设施的基础上改建而成的炼焦煤选煤厂。该厂生产系统兼有生产炼焦配煤和动力煤灵活工艺。

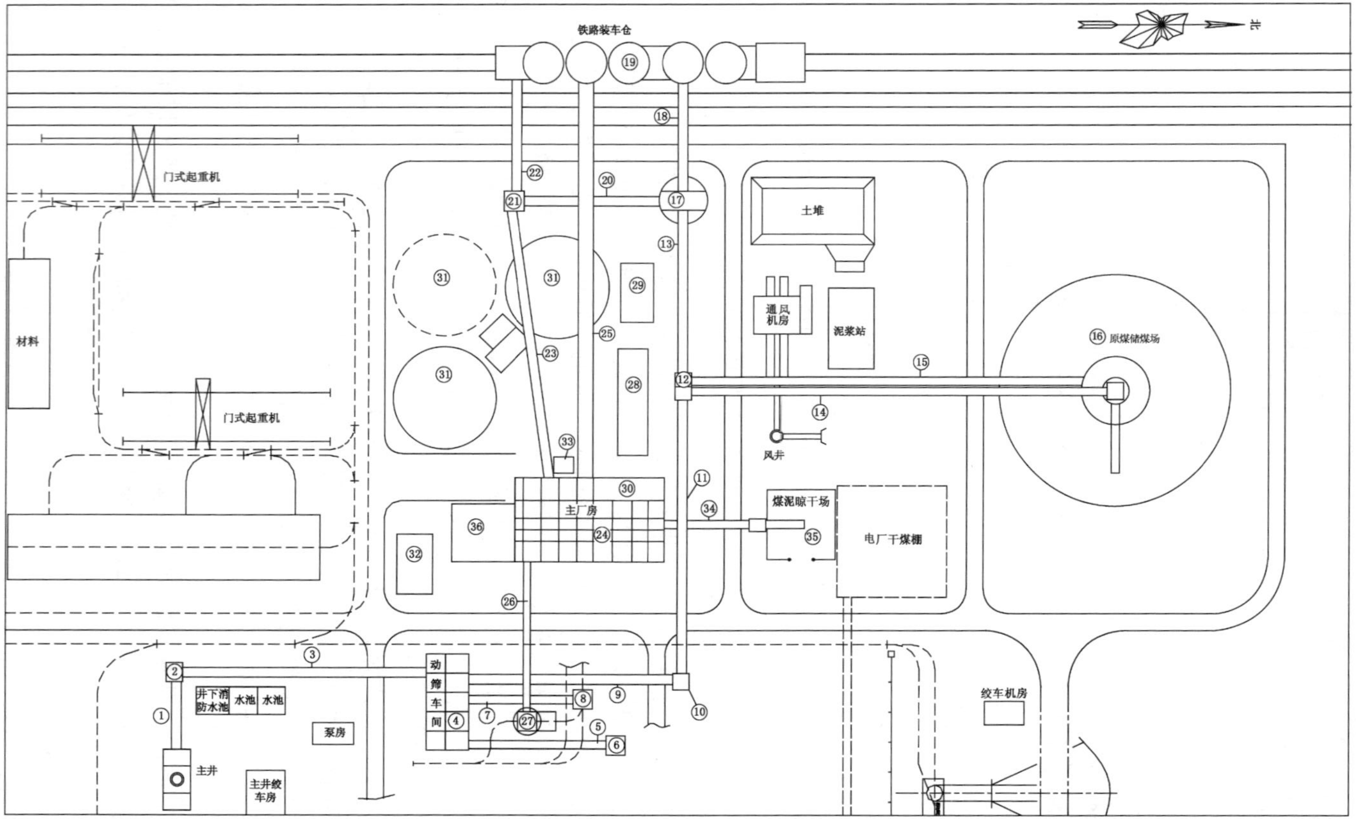

1—主井至转载点带式输送机栈桥；2—1号转载点；3—1号转载点至筛分破碎车间带式输送机栈桥；4—动筛车间；5—动筛车间至大块精煤仓带式输送机栈桥；6—大块精煤仓；7—动筛车间至大块矸石仓带式输送机栈桥；8—矸石仓；9—动筛车间至2号转载点带式输送机栈桥；10—2号转载点；11—2号转载点至3号转载点带式输送机栈桥；12—3号转载点；13—3号转载点至原煤仓带式输送机栈桥；14—3号转载点至原煤储煤场带式输送机栈桥；15—原煤储煤场至3号转载点带式输送机栈桥；16—原煤储煤场；17—原煤仓；18—原煤仓至铁路装车仓带式输送机栈桥；19—铁路装车仓；20—原煤仓至4号转载点带式输送机栈桥；21—4号转载点；22—4号转载点至铁路装车仓带式输送机栈桥；23—4号转载点至主厂房带式输送机栈桥；24—主厂房；25—主厂房至产品仓带式输送机栈桥；26—主厂房至矸石仓带式输送机栈桥；27—矸石仓；28—空压机房；29—介质库；30—中压配电室；31—浓缩车间；32—集控化验办公楼；33—滤液浓缩机；34—主厂房至煤泥晾干场带式输送机栈桥；35—煤泥晾干场；36—浮选车间。

图 7-5　矿井选煤厂总平面布置实例

② 厂区地理位置：梁宝寺井田位于山东省西南部，行政区划归嘉祥县，东南距嘉祥县城约 20 km，地理坐标为东经 116°10′～116°17′，北纬 35°32′～35°38′。

③ 交通运输：该区交通方便，兖（州）新（乡）铁路经井田南部从嘉祥县城通过，该铁路从嘉祥县城向东 56 km 至兖州与京沪线相连，向西 259 km 经菏泽至新乡与京广线接轨。矿井距京九铁路 19 km，京九铁路从井田西南部的菏泽经过。矿井铁路专用线在大山头与荷兖铁路接轨，线路长 18.422 km。通过铁路，煤炭可销往华东地区及南方各省市；并可以通过石臼港装船出口；另有京杭大运河从井田东侧（相距 6 km）通过，煤炭可以通过京杭大运河销往南方各省市。矿井南边的济宁机场已开航，可直达北京、广州等地。区内有公路直达梁山、郓城、巨野、嘉祥、济宁等市县，交通十分便利。梁宝寺矿选煤厂及其辅助设施均位于矿井工业场地内风井南侧的指定位置上。

④ 地形地貌：该区属黄河冲积平原，地势平坦，略呈西南高东北低，地面标高一般为＋37～＋40 m。水系比较发育，河流沟渠纵横成网，主要河流有红旗河、靳庄沟、赵王河，并与区内各沟渠相贯通，且多系人工开掘的季节性河流，旱季可引水灌溉，雨季可防洪排涝。

⑤ 该地区气候属温带半湿润季风区海洋-大陆性气候，气候温和，四季分明。年平均气温为 13.9 ℃，日最高气温为 42.4 ℃，最低气温为－18.7 ℃。最早冻结期为 12 月，最迟解冻期为翌年 3 月，最大冻土深度为 0.31 m，最大积雪厚度为 0.15 m，年平均降水量为 650 mm，年最大降水量为 1 088 mm（1964 年），日最大降水量为 156.2 mm，雨季集中在 7—8 月。该区春夏多南风及东南风，冬季多北风及西北风。

⑥ 地震烈度：据《中国地震烈度区划图》，该地区地震基本烈度为 6 度。

⑦ 原料煤来源于梁宝寺矿井，产品装仓外运利用铁路运输。

⑧ 供水：梁宝寺矿井水源取自奥灰含水层，水资源丰富。生活、消防水取自一座 800 m^3 的贮水池。井下涌水量 420 m^3/h，经矿井水处理站处理后供地面生产用水。

⑨ 供电：矿井地面设 110/10 kV 变电所，有两台变压器，容量分别为 16 000 kV·A 和 12 500 kV·A，选煤厂电源可取自该变电所。

⑩ 工艺流程：≥50 mm 块原煤采用动筛排矸，≥50 mm 块精煤破碎后与＜50～0.5 mm 原煤混合后采用无压三产品重介质旋流器分选，煤泥采用加压过滤配合压滤联合回收的工艺流程，并预留了增设浮选系统的可能性。

7.4.2.3　中心型炼焦煤选煤厂平面布置

（1）设计任务及原始资料

① 实例：该实例是由天地科技股份有限公司唐山分公司为横山县宏博精洗煤有限责任公司设计的一座年处理能力为 120 万 t 的中心型炼焦煤选煤厂。

② 厂址：厂址设计在横山区波罗镇前梁村，占地面积 2.0×10^4 m^2。

③ 交通：北侧约 1.0 km 处为 204 省道，距包茂高速公路 15 km，北有包神铁路，南有神延铁路，东有神朔铁路，交通便利。

④ 原料煤来源：入选原料煤主要来自横山区波罗镇附近的高兴庄、魏墙、3# 井等煤矿，煤质属于低灰、低硫、中高挥发分、高发热量的优质炼焦配煤和高炉喷吹用煤。

⑤ 供水：选煤厂所需用水由横山县宏博精洗煤有限责任公司自备深井供给，水源充足可靠。

⑥ 供电：电源接自工业电网，供电有保障。

⑦ 气象:该地区气候属于温带半干旱大陆性季风气候。四季分明,春季气温日差较大,寒潮霜冻时有发生,并有大风,间以沙尘暴;夏季炎热,雨量相对增多,多有暴雨出现;秋季多雨,降温快;冬季严寒而少雪。年平均气温 8.9 ℃,无霜期年平均 175 d,降雨集中在每年的 6—9 月。

⑧ 工艺流程:80～0.35 mm 级采用跳汰分选,0.35～0 mm 级煤泥浓缩压滤脱水,全厂实现洗水闭路循环。跳汰分选出精煤、中煤、矸石三产品,选后精煤经双层分级脱水筛脱水,80～30 mm 级脱水后直接成为块精煤产品,30～13 mm 级脱水后直接作为细粒精煤产品,13～0.5 mm 级洗末精煤再经离心脱水机二次脱水后作为末精煤产品。中煤和矸石经脱水斗式提升机脱水后分别作为中煤和矸石产品。

(2) 总平面布置

中心型炼焦煤选煤厂总平面布置如图 7-6 所示。工业场地布置包括原煤受煤坑、主厂房、浓缩车间、卸料点等。各车间通过带式输送机走廊或管路连接。自南向北分别为原煤储存区、精选煤生产线主选系统区、煤泥浓缩区、精煤堆场;从东向西分别为产品储运区、精选煤生产线主选系统区。

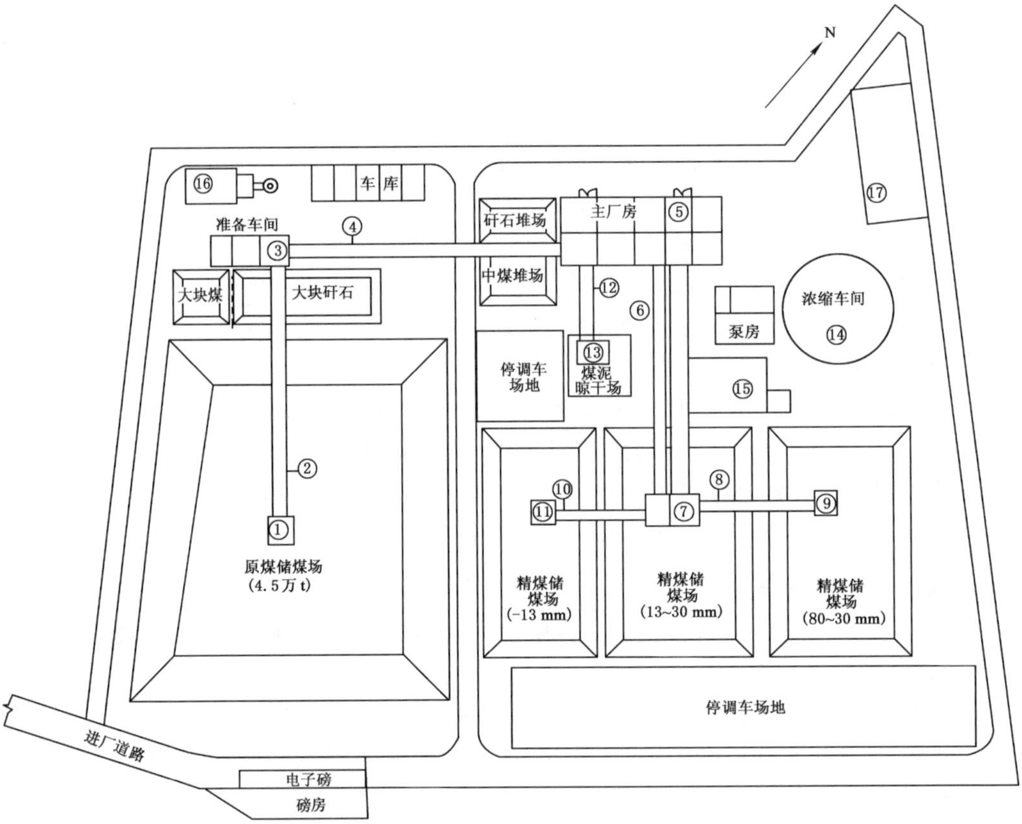

1—受煤坑;2—受煤坑至准备车间胶带走廊;3—准备车间;4—准备车间至主厂房胶带走廊;5—主厂房;6—主厂房至粒精煤卸料点胶带走廊;7—粒精煤卸料点;8—粒精煤卸料点至块精煤卸料点胶带走廊;9—块精煤卸料点;10—粒精煤卸料点至末精煤卸料点胶带走廊;11—末精煤卸料点;12—主厂房至煤泥卸料点胶带走廊;13—煤泥卸料点;14—浓缩车间及泵房;15—事故池及泵房;16—锅炉房;17—宿舍楼。

图 7-6　中心型炼焦煤选煤厂总平面布置实例

工业场地南侧为原煤储煤场，储煤场设有两个受煤坑，原煤从储煤场的受煤坑通过带式输送机直接进入原煤准备车间，经原煤分级筛分级，大于 80 mm 级经手选去除杂物和大块矸石后外排或直接破碎至 80 mm 以下，与小于 80 mm 级一并进入主厂房的原煤经缓冲仓由给煤机给入跳汰机，跳汰机一次分选出精煤、中煤和矸石三种产品。精煤经弧形筛、振动筛、离心机脱水分级后分成三种粒度级别的最终产品，经带式输送机运至储煤场。中煤、矸石分别经斗式提升机、振动筛脱水后由带式输送机运至产品缓冲仓。

主厂房采用包括原煤跳汰分选、产品脱水、粗煤泥回收、尾煤压滤等为一体的联合建筑。主厂房长 6 跨 43 m，宽 2 跨 14 m。主厂房分五层布置，五层 17.40 m 平面主要布置有带式输送机等，四层 11.40 m、9.30 m 平面主要布置有跳汰机、脱水筛等，三层 6.30 m 平面主要布置有风包等，二层 4.8 m 平面主要布置有块精煤离心机、斗式提升机等，一层±0.00 m 平面主要布置有煤泥桶和泵、精煤出厂带式输送机、鼓风机房等。浓缩机采用半地下式布置。

精选煤生产线各精煤产品经过带式输送机运至各精煤卸料点，精煤卸料点处设置精煤储存场。中煤、矸石利用挂壁仓落地。所有产品由汽车外运。

第8章　选煤厂车间工艺布置

车间工艺布置是选煤厂设计的重要组成部分，它是根据厂房总平面布置图、工艺流程图、设备选型资料及生产经营管理的要求等，将设备合理地在平面及立面上进行布置。车间工艺布置要求做到生产流程通畅、设备布置紧凑，并便于安装、操作和检修。

8.1　车间工艺布置的要求

8.1.1　厂房布置

8.1.1.1　一般规定

选煤厂建筑物、构筑物的建筑设计必须全面贯彻适用、安全、经济、节能、美观的原则，厂区建筑应与周围环境相协调。

各生产系统建筑的平面布置除应满足工艺布置的要求外，还应满足建筑布局的合理性及人员疏散、防火、机电设备检修空间、人员作业安全、建筑环保、卫生、建筑节能的要求。

厂房的立面、平面、竖向布置、综合管线、采光的设计等应符合建筑结构设计要求。

建筑材料的选择应考虑环保节能，钢结构应注意防腐。

8.1.1.2　结构要求

选煤厂结构应遵循国家标准《煤炭工业建筑结构设计标准》(GB 50583—2020)及《煤炭洗选工程设计规范》(GB 50359—2016)的相关规定进行设计。

(1) 厂房结构类型

厂房结构类型和体系应根据选煤厂服务年限、工艺要求、工程地质条件、施工条件、工程特点、生产的重要性、耐久性和使用要求，并结合材料来源等因素，经技术经济比较后合理确定。

厂房建筑结构宜采用钢筋混凝土框架结构或钢结构，也可采用型钢混凝土组合结构或钢管混凝土结构。钢结构类型使建设工期缩短，因此应认真进行比较后合理选择。

(2) 厂房结构形式

选煤厂厂房应根据工艺及设备布置情况，采用合理的结构形式，厂房体形宜简单、规则、整齐，尽量避免高低错落，凹进凸出。厂房各独立单元的平面应该尽量布置成矩形，避免布置成凹凸状和悬臂结构，相邻层间高度不宜相差过大，不宜错层布置。如果有必要设置悬臂结构，悬臂长度一般为 1.5～2.0 m，在悬臂部分不允许布置质量大或振动大的设备。

选煤厂的主厂房一般为多层建筑，工程地质条件差、地震烈度高的地区应进行基础、地基处理。当仓容量较大时，应采用钢筋混凝土圆筒仓；当煤的品种或分级较多时，可采用钢筋混凝土方仓；当有地形可以利用且地基适宜时，可采用滑坡式煤仓；当地基良好、工艺允许时，宜建高仓；当要求仓储能力特别大时，宜采用半地下式储仓。储煤场设计宜采用封闭式结构，其围护结构及顶盖应采用轻质材料。

(3) 结构元素

在同一结构单元内宜采用统一的柱网尺寸,框架中不宜出现短柱,各层框架梁宜贯通。厂房的柱、梁、层高、柱距等应符合土建工程的要求。厂房的长度大时,应根据建筑规范的要求预留变形缝或沉降缝,防止沉降不均、温度变化以及地震等使墙、基础、楼板和屋顶产生裂缝。

在满足工艺要求的条件下,应减少缓冲仓、循环水箱、清水箱的容量,缓冲仓可以采用钢结构,水箱壁、设备平台、重设备的支撑等不宜与框架整体相连。

大空间的屋面结构可采用钢网架或桁架。

8.1.1.3 生产厂房

(1) 尽量采用联合建筑

厂房布置基本上有两种方式:一种是分散布置;另一种是几个车间联合建筑。后一种方式可以减少占地面积、建筑体积和建筑费用,并且减少输送环节和设备,从而方便生产管理。因此,在满足工艺要求和地形条件允许的情况下,尽量采用联合建筑。如重选车间与浮选车间联合建筑,重选、浮选及压滤车间联合建筑等。压滤机台数多时应独立建筑。当工业场地受到限制或有其他要求和考虑时,可以采取分散布置方式。通常火力干燥车间采取独立建筑。

(2) 降低厂房高度,少设置地下设施

在满足工艺要求和符合建筑模数的前提下,降低厂房高度可以减少造价。设备之间的溜槽和管路连接,既要符合工艺要求,保持物料通畅,又要减少高度损失。为了设备安装、检修的需要,在布置时应预留主要设备检修场地和起吊设备所需高度,同时还应考虑厂房采光和通风良好。由于地下建筑土方工程量大,劳动条件差,因此除了受煤坑、大翻车机房等,一般不设地下设施。若必须设地下设施,应充分考虑通风、除尘、排水设施。

8.1.1.4 辅助设施及生活设施

(1) 楼梯间与门、孔

根据厂房的长度、人流量、进出货物设备的大小,合理设置厂房大门、安装门、提升孔、楼梯间、电梯间。

大、中型选煤厂主要厂房都应设置主要楼梯间,其位置应设在人员来往频繁的地方,坡度要小,一般为30°左右,宽度要大,一般在1.5 m以上。主要楼梯对应主要出入门,应按防火规范要求设置,楼梯休息平台下过人的通道净空应大于2.2 m。辅助楼梯根据需要设在工作联系方便的位置,坡度可在45°~60°,宽度不小于800 mm。

提升孔用于安装、检修、提运设备和部件。提升孔尺寸由提运设备最大部件外形尺寸确定,一般为厂房跨度的1/2,位于主要楼梯间的跨间内或邻近跨间内,并留有设备停放场地和运输通道。厂房提升孔的多少应根据车间大小、方便检修确定。各楼层的提升孔周围应设保护栏杆。在厂房的某些部位,若不允许设置提升孔,可根据检修、安装的需要设置活动拉门式的安装门,并将吊装梁伸出墙外。安装门的尺寸要求与提升孔的要求相同。

设计生产能力≥1.5 Mt/a的选煤厂,主厂房宜设置客、货两用电梯,其位置应选在装卸货物及上下人方便的地方。

(2) 生产技术检查的煤样室

生产技术检查的煤样室一般设在主厂房的最底层靠外墙的部位,其面积根据厂型及技术检查任务确定(见表8-1)。煤样室一般用于做筛分、浮沉及单元浮选试验。如果含重介质车间，可增设磁性物含量和悬浮液黏度试验的面积。如果需要做跌落试验等其他试验，也需另增加面积。

表 8-1　煤样室、化验室建筑面积指标

设计生产能力/(Mt/a)	0.45～0.6	0.9～1.5	＞1.5
生产煤样室面积/m^2	80～110	120～160	150～180
销售煤样室面积/m^2	90	110	110
化验室面积/m^2	70～140	130～220	150～220

主厂房内应设制样室、快浮室对跳汰、重介等分选结果进行快速检查。其位置应在分选设备主机同层的较近地方，面积一般为 20～30 m^2。

在装车仓重车出车一侧设置销售煤样室。化验室要求环境较好，可与厂办公室合建，一般设在底层端部。天平室、发热量测量室宜设在北向房间。

(3) 供配电设施

选煤厂配电电压等级分为 6 kV、10 kV，用于中压配电；660 V、380 V，用于动力配电；380 V、220 V，用于照明及控制电源。变压器室宜设在靠近负荷中心进出线方便的厂房一层，避开西晒，不允许布置在水池下部及多水处，不允许溜槽管路通过。

需要时要设车间变电所。动力负荷较集中的各楼层需设置配电室，其面积取决于配电盘的数量。配电室最好布置在变电所同一跨间内或进线跨间内，使线路垂直连接或水平连接。车间变电所和配电室除符合变压器布置的要求外，还应注意靠近负荷中心，远离振动源，进线方便，严禁与变、配电室无关的管路通过，不跨沉降缝，避免西晒，不设在煤尘较多的设备附近，不设在水池下或多水场合。

(4) 电、钳工值班室

电、钳工值班室的位置根据厂型大小来确定。大型厂一般在主厂房内主要设备同层应设有电、钳工值班室。一般电工间面积为 20～30 m^2，钳工室面积为 35～50 m^2。位置应靠窗户采光好的地方。中型厂如厂房内面积有空余时，电、钳工值班室可设在厂房内；如无空余时，可设在主厂房外部邻近处。小型厂电、钳工值班室设在车间外部。

(5) 车间办公室、会议室及卫生设施

大、中型厂一般在主厂房外设独立车间办公室，其面积按车间在籍办公人员每人 10～12 m^2计算。车间内可设交接班室，其面积按最大班出勤人数每人 1～2 m^2计算。小型厂不单独设车间办公室和会议室，会议室应与办公室统一考虑。更衣室应设在浴室内，浴室面积按最大班出勤人数每人 0.9 m^2计，其中女职工的浴室面积占 40%。大、中型厂可在主厂房人员较集中的层内设厕所。

8.1.1.5　控制、监测与自动化设备

选煤厂主要工艺设备，可按工艺环节进行集中控制，其控制装备水平可根据设计生产能力、选煤方法、工艺流程特点、参控设备台数、投资状况和用户要求等因素确定。

集中控制室(包括调度室)是全厂管理、操作的要害部门，其面积取决于厂型、工艺流程复杂程度、装备水平等具体情况。其位置宜设在主厂房外独立的建筑物内，如果设在主厂房内，应尽量与跳汰机或重介质分选机同一层或在其上一层布置，靠近主配电室、主要楼梯间

和主要通道。不要设在多水和振动较大处，不要跨在沉降缝上。集中控制室应有好的采光、防尘和隔音措施。

选煤厂的下列项目应设监测装置：原煤和产品的数量和质量、工业和民用用电量、水耗和油耗、液位和料位、主要设备和 55 kW 以上电机的电流。

根据工艺要求和技术装备水平，选煤厂宜实现单机、机组或系统的自动化或半自动化。

选煤厂应设置计算机管理系统，其规模和设备应满足矿区和本厂计算机管理信息系统的要求。

选煤厂应设置生产调度电话总机，矿区选煤厂的行政电话可单独设置，其他类型选煤厂可与矿井或主体项目合并使用。

8.1.1.6　环保要求

浮选车间、干燥车间、原煤仓、精煤仓、中煤仓、锅炉房、空气压缩机房、油脂库、浴室、更衣室等，当采取自然通风方式不能满足要求时，应设机械通风设施。

化验室、销售煤样室等会产生有害气体的建筑物应设机械通风设施。

当原煤的外在水分小于 7%时，相应生产环节应设置机械除尘装置。

设备噪声应小于 85 dB。噪声大的设备尽量布置在厂房底层并采取隔音、消声等防噪措施，也可以布置在厂房外部独立的房间内。

8.1.1.7　安全要求

平台四周及孔洞周围，应砌筑不低于 100 mm 的挡水围台；地沟应设间隙不大于 20 mm 的铁箅盖板或活动盖板。各层楼板上的提升孔周围应设保护栏杆。

长度超过 60 m 的厂房，应设两个主要楼梯。主要通道的楼梯倾角应不大于 45°，行人不频繁的楼梯倾角可达 60°，楼梯每个踏步上方的净空高度不应小于 2.2 m。楼梯休息平台下的行人通道，净宽不应小于 2.0 m。

主要厂房、栈桥室内通道的最小宽度应符合表 8-2 的规定。

表 8-2　主要厂房、栈桥室内通道的最小宽度

建筑物名称	检修道宽度/m	人行道宽度/m		备　注
		距设备运转部分	距设备固定部分	
主厂房、准备车间、压滤车间	0.7	1.0	0.7	—
栈桥	0.5		1.0	双输送机栈桥中间人行道宽度≥1.0 m
地道	0.7	—	1.2	地道两端均有出口
	1.1	—	1.1	尽端式

人行道和检修道的坡度＞5°时，应设防滑条；坡度＞8°时，应设踏步。

选煤厂的建(构)筑物应按第三类防雷建筑物进行防雷设计，并设接地装置，具体参考有关设计规范。

设备裸露的转动部分应设防护罩或防护屏。

作业场所辐射管理与防护，应遵照《电离辐射防护与辐射源安全基本标准》(GB 18871—2002)的有关规定；在高活性放射性物料岗位，应采取隔离操作的方式作业。

8.1.1.8　给水与排水

选煤厂水源应确保水量充足可靠，水质符合要求，日供水能力应为最高日用水量的1.2～1.5倍。

选煤厂的水系统应分为生产用水、消防用水、生活用水等。生产用水包括生产系统循环水、补充清水、冷却水、冲洗水等，设计时应分别考虑相应的管道。

8.1.1.9　供热与采暖通风

选煤厂是否采暖，可根据气象条件和业主要求确定。

通风除尘参考环保要求。

8.1.2　设备布置

设备布置是指按设计的工艺流程，将车间内的各种主要工艺设备在平面和立面内加以定位。此外，附属设备，如溜槽、管道、操作台、扶梯、检修设备、料仓及水池等也随之定位。设备定位要标注安装尺寸。

设备布置主要根据生产工艺要求和设备型号特征、数量，结合安装、操作、检修、安全、环保等要求进行。在布置时应满足下列要求：

(1) 在符合工艺要求的情况下，设备布置应紧凑、合理，但又不要拥挤，留有操作检修空间和面积。同类型机械设备考虑互换性和灵活性。尽量采用自流作业，减少输送设备和转载点。设备之间连接的溜槽、管路、线路尽量缩短，它们穿过楼板和跨间时，勿与梁、柱相碰。在易滴水、跑水处应设置泄水、排水设施；在多尘处应设降尘和防尘设施。

(2) 重型设备及振动较大的设备尽量布置在厂房底层。整机安装的特大型设备，必须在厂房围墙等土建施工前就位或搬进厂房。

(3) 同一类型或同一系统的设备布置在同一标高上，同时排列整齐。大型厂房要防止振动设备过于集中，以防产生共振。两台或两台以上同样设备对称或同轴线布置，可减少土建设计工作量，并便于生产操作、检修和管理。设备上的闸门、手把、阀门等操作部件的水平线，距地板高度要适合工人操作，一般在1.0～1.4 m范围内。若高于此范围时，需设工作台或采用链轮操作；若低于此范围时，距离地面、楼板高度应大于操作件最大转动半径100～200 mm，以保证操作安全和利于部件检修。操作台宽度一般不小于1 500 mm，共用操作台应更宽敞。当工作台高度高于600 mm时，应设保护栏杆。

设备检修依据零部件大小和检修方法确定厂房高度，其计算方法参照设计手册。

8.2　原煤受储车间的工艺布置

原煤受储车间的任务是接受原料煤，并具备一定的储存能力，以便调节生产环节及物料输送时的不均衡性，减少原料煤基地(矿井)和选煤厂之间的依赖性，保证较长时间内连续正常生产。当多种(或多层煤)原煤混合入选时，通过原煤受储设施，可以实现原料煤均质化，达到均匀掺和的要求，这对生产指标稳定和提高自动化水平起着非常重要的作用。当分组或分级入选时，原煤受储设施可起到调配原料煤分运分选的作用。所以在设计时，对受储环节的配合、合理布置应予以足够的重视。

8.2.1　受煤车间的工艺布置

受煤车间是选煤厂第一个环节，是不论何种类型的选煤厂都必须设置的重要环节，只是容量和形式不同而已。矿井采出的原煤是通过不同方式输送的，因此，选煤厂的受煤设施随原煤输送方式和生产量的不同采取不同的设计方案。原煤输送方式、受煤设施以及适用的选煤厂类型见表 8-3。

表 8-3　原煤输送方式、受煤设施及适用的选煤厂

序号	输送方式	对应受煤设施	适用选煤厂类型
1	箕斗、带式输送机输送	容受漏斗、缓冲仓	矿井选煤厂
2	准轨铁路输送	受煤坑、准轨翻车机	群矿、矿区选煤厂
3	汽车输送	受煤仓(坑)	群矿、矿区、(露天)矿井选煤厂
4	索道输送	索道卸料装置、仓	群矿、矿区选煤厂

8.2.1.1　箕斗、带式输送机运输受煤

当原煤采用箕斗、带式输送机输送时，对于竖井箕斗提升的矿井选煤厂，往往只修建容量不大(一般为箕斗容量的 3～7 倍)的容受漏斗(仓)，或在容受漏斗下面加设容积较大的缓冲仓。因而选煤厂的受煤或准备车间就与井口房连接在一起。一般矿井选煤厂多采用该种方式。布置形式如图 8-1 和图 8-2 所示。

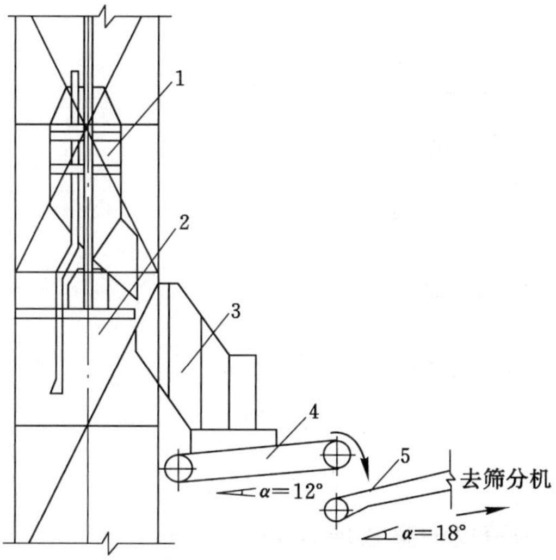

1—箕斗；2—井筒；3—容受漏斗；
4—板式给矿机；5—带式输送机。

图 8-1　箕斗提升受煤方式之一

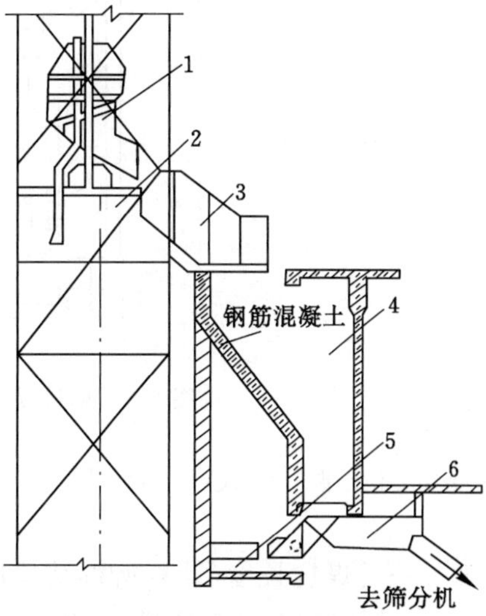

1—箕斗；2—井筒；3—容受漏斗；
4—缓冲仓；5—工作台；6—给煤机。

图 8-2　箕斗提升受煤方式之二

图 8-1 所示的受煤方式在井筒旁地面上建容量较小的容受漏斗。为了减少矿柱压力，加大漏斗容积，在容受漏斗下面采用板式给矿机。原料煤经板式给矿机给入带式输送机送至准备车间。如果是斜井采用带式输送机提升原料煤时，容受漏斗（或煤仓）可布置在井下，从斜井出来的带式输送机直接进入选煤厂准备车间或原煤仓中，其形式基本与图 8-1 相同。

图 8-2 所示的受煤方式除采用容受漏斗外，还设置了缓冲仓，仓下设给煤机，原料煤通过溜槽直接进入准备车间的预先筛分机上，这就是将准备车间与井口房连接在一起的布置方式。该布置方式紧凑，可减少地面建筑面积，但要求箕斗提升高度增加到井筒顶部。

8.2.1.2 准轨铁路运输受煤

1. 受煤坑

当原料煤采用准轨铁路输送时，选煤厂受煤设施可采用受煤坑。

受煤坑受煤是矿区、中心和群矿选煤厂常用的受煤方式。它由卸煤机、受煤坑、给煤机和带式输送机等环节组成。受煤坑上应设置可靠的调车设施。

(1) 受煤坑长度及容量计算

准轨受煤坑长度、容量是根据所要求的卸煤时间和储量而定的。受煤坑分单排和双排两种布置方式。生产量小、煤种单一、煤层质量均匀时采用单排布置方式；生产量大，单排受煤超过 6 节车厢长度，而又要求在规定时间卸完或因煤种多需要按比例入选，或分别入选时，应采用双排布置方式。

图 8-3 所示为单排受煤坑及配套设施的平面布置，其中 L 为受煤坑的长度。

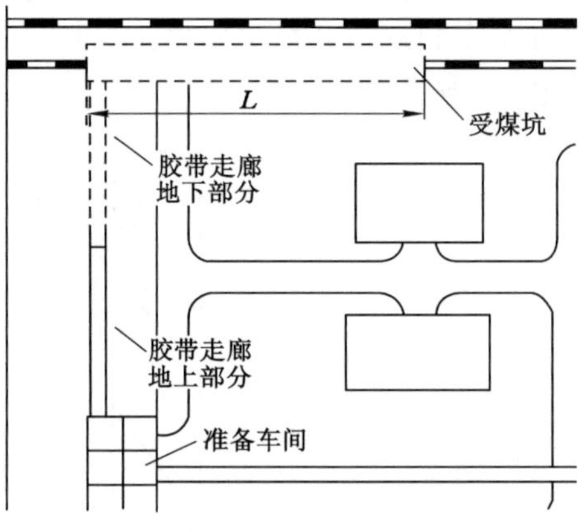

图 8-3　单排受煤坑及配套设施的平面布置

受煤坑的长度可按式(8-1)计算：

$$L \geqslant nL_1 + L_2 + L_3 \tag{8-1}$$

式中　L——受煤坑长度（计算所得结果应修正为跨度的整数倍），m；

n——每次卸车的车辆数（一般为 4～6 辆），辆；

L_1——车辆平均长度（无专用车时可取 13.914 m/辆），m/辆；

L_2——停车不准确长度（一般经验数据为 3～5 m），m；

L_3——考虑受煤坑两端布置暖工、配电、集尘、排水、楼梯间、安装孔的长度（一般一端取 4～6 m），m。

受煤坑的容量与原煤储煤仓(场)设置有关。如果设计受、储兼用的受煤坑,应满足选煤厂8～14 h的生产量的要求。

当选煤厂设置原煤储存仓(场)时,受煤坑的有效容量应不小于设计车组的净载重量。其计算公式如下:

$$Q = k\left(Nq_1 - \frac{T}{60}q_2\right) \tag{8-2}$$

式中　Q——受煤坑的容量(不小于设计车组的净载重量);

k——不均衡系数(取1.3～1.5);

N——一次来煤车组的车辆数,辆;

q_1——每辆车的载重量(来煤车辆为非专用车辆时可取60 t/辆),t/辆;

q_2——由受煤坑坑下至原煤储煤仓输送设备的输送能力,t/h;

T——卸完一次来煤的总卸车时间,min。

卸完一次来煤的总卸车时间 T 按式(8-3)计算:

$$T = \frac{N}{n}t_1 + \left(\frac{L_1 n}{v} + t_2\right)\omega + t_3 \tag{8-3}$$

式中　t_1——每次卸车时间,min;选煤厂除底开车外应采用机械化卸车(如螺旋卸煤机),平均卸车能力为10 min/辆;因为人工卸车普通敞车效率为9～10 t/(人·h),效率低,劳动强度大,不宜采用;

t_2——调车绞车的辅助作业时间,一般为0.5 min;

t_3——每次卸车的停留时间,每卸一次车为1 min;

v——调车绞车钢丝绳运行速度,m/min;

ω——车皮调动次数,$\omega=\frac{N}{n}-1$;

L_1,N,n 意义同前。

(2) 卸煤机、给煤机与受煤坑的形式

当来煤车辆非底开车或自卸车时,应采用适用可靠的卸车设施,如螺旋卸煤机、斗式卸煤机等。

受煤坑煤仓形状可分为无仓格式槽形缝口仓、有仓格式角锥形漏斗仓等。仓形不同采用的给煤机也不一样。采用槽形缝口仓时,仓下应设置叶轮给煤机(分单面卸料和双面卸料两种),其布置形式也有所不同,双面卸料的可同时卸两排缝口仓的物料,机械利用率高,比较经济。

当原煤水分很低时,煤尘过大,不宜采用无仓格式槽形缝口仓,可以采用有仓格式角锥形漏斗仓,仓下可以采用振动给料机或自同步惯性振动给料机等。

(3) 受煤坑的工艺布置

布置前首先要详细了解选煤厂至铁路编组站(或矿区铁路)区间线路布置、轨面标高、进车方向、来煤情况、原煤种类及性质等。在布置时应注意下列问题:

受煤坑上部应安装300 mm×300 mm铁箅(水平固定筛),当接受含有>300 mm特大块来煤时,应准备大块物料处理设施,以防止大块煤及杂物进入仓中堵塞仓口。铁箅边缘与两侧建筑(柱、墙)间应留有人行道(宽500～700 mm)。

仓内设煤位自动指示器及信号装置,煤仓倾角不小于55°。煤仓排矿口尺寸应根据原煤最大粒度、闸门尺寸及给煤机型号考虑。

当采用叶轮给煤机无仓格式槽形缝口仓时，仓下带式输送机机尾应比仓口长 4～5 m，以便将仓口边存煤卸净而且洒落在带式输送机上。为了防止堵仓，可采用风力破拱清仓装置。当原煤水分较低、煤尘较多时，考虑设置除尘设施。受煤坑两端设有通风设施和通风设备。受煤坑地面四周建防雨及排水设施。受煤坑底部设集水池和排污泵。在寒冷地区应考虑设采暖设施。受煤坑一端设楼梯间、配电室，另一端可设简易楼梯。安装检修孔的大小根据设备尺寸考虑，如叶轮给煤机需要 6 000 mm×4 000 mm 的安装检修孔。受煤坑的宽度根据卸煤机行走轨距确定，受煤坑地面至屋顶高度根据机车通过的要求而定。双排受煤坑两相邻铁路中心线间距不小于 6 m。准轨受煤线与邻线中心间距最小为 6.5 m。

图 8-4 为单排无仓格式槽形缝口仓受煤坑布置图，采用两台单面卸料叶轮给料机。图 8-5 为双排无仓格式槽形缝口仓受煤坑布置图，采用两台单面卸料叶轮给料机。

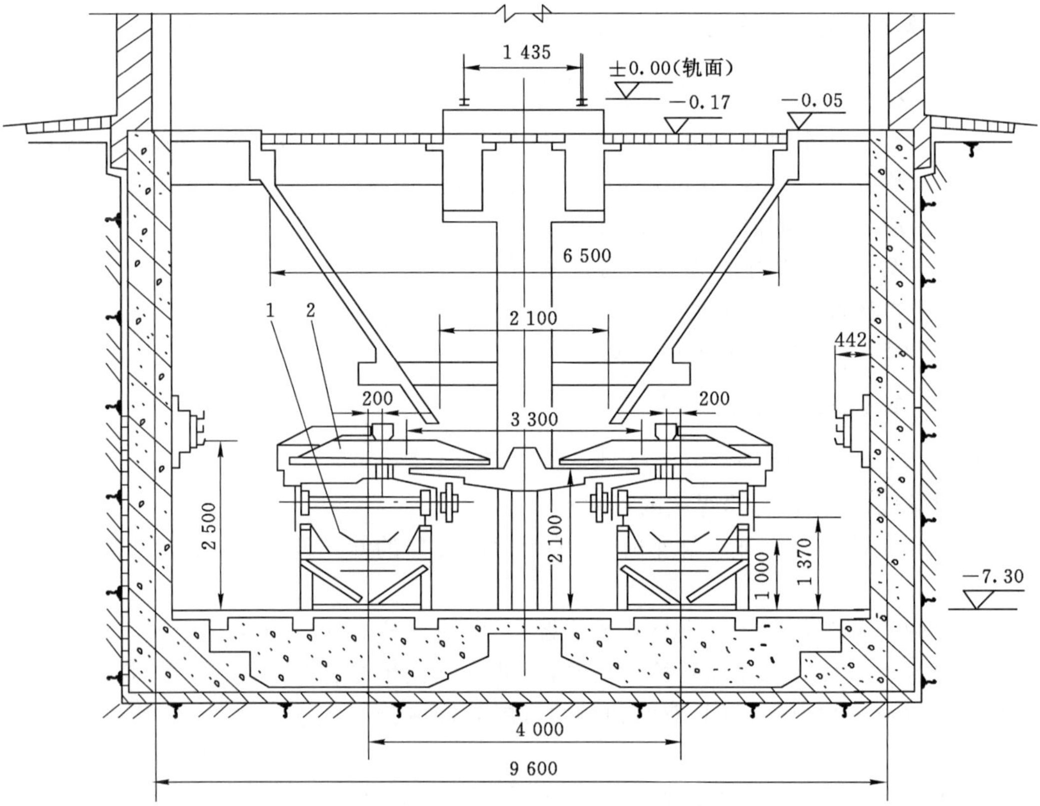

1—带式输送机；2—单面卸料叶轮给料机。

图 8-4　单排无仓格式槽形缝口仓受煤坑布置图

2. 准轨翻车机

准轨翻车机受煤适用于年受煤能力 150 万 t 及以上的选煤厂。设计生产能力大于或等于 3.0 Mt/a 的大型选煤厂，选用翻车机时可设一台备用，或考虑其他备用措施；设计生产能力小于 3.0 Mt/a 的大型选煤厂，采用单台准轨翻车机时，可备用其他受煤设施（如浅受煤槽等）。

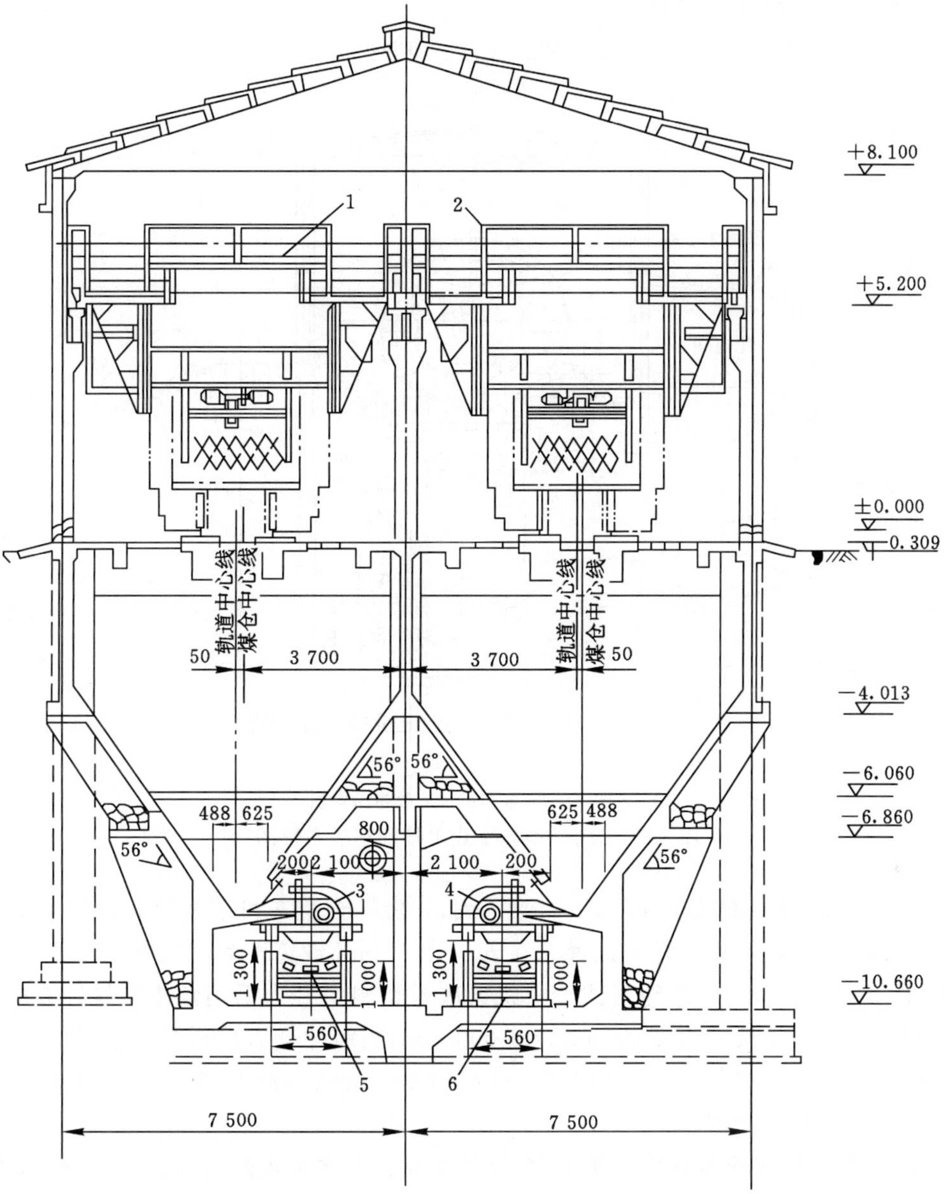

1,2—螺旋卸煤机;3,4—单面卸料叶轮给料机;5,6—带式输送机。

图 8-5　双排无仓格式槽形缝口仓受煤坑布置图

准轨翻车机有转子式和侧倾式两种类型。转子式翻车机优点是工作可靠、电动机功率小,其倾翻角度为 170°～175°,宜翻卸 CF65、C16 型专用车辆;但缺点是需要很深的基础,在地下水位高的地区施工很困难,土建投资大。侧倾式翻车机优点是需要的基础较浅、适用于地下水位较高的地区,但缺点是倾翻角较小(160°)、电动机功率大。通常多选用前者。

准轨翻车机房的工艺布置要求如下:

(1) 布置转子式翻车机时,转子的中心线与铁路(车辆)的中心线要偏离 150 mm。转子中心线与煤仓中心线在卸煤侧偏离 1.65～2.5 m(见图 8-6)。布置侧倾式翻车机时,轨道中心线与煤仓中心线的距离为 6.0 m 左右。

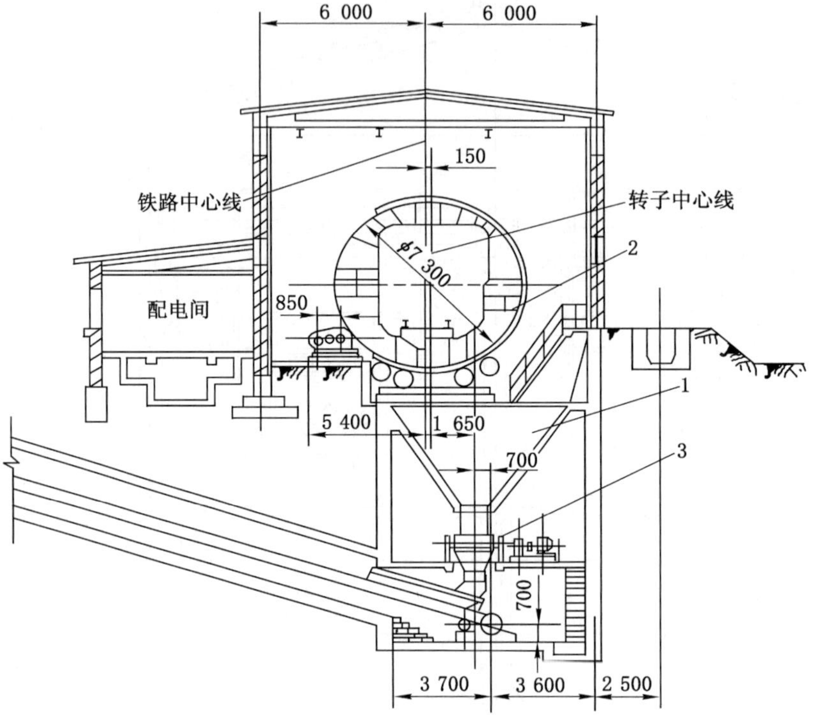

1—受煤仓;2—翻车机;3—胶带给料机。

图 8-6　KFJ-2 型转子式单排翻车机布置图

翻车机下受煤仓只起缓冲作用,其容量不大,一般一台翻车机下的煤仓容量可按 150～180 t 设计(煤仓分两路)。在仓上设置 300 mm×300 mm 铁算子和大块煤破碎设施。

(2) 仓下给料设备可采用往复式给料机或胶带给料机。当采用角锥形缓冲仓时,用往复式给料机,仓口最小尺寸为 1 500 mm×1 000 mm;当缓冲仓为槽形缝口仓时可采用胶带给料机,槽形缝口仓仓口最小尺寸为 5 000 mm×1 000 mm。胶带给料机可布置成水平或倾斜的,一般多采用水平布置。

(3) 准轨翻车机房应单独设置操纵室,其位置布置在水平较高的地方,以便能够观察进车和卸煤作业。操作室与机房各层应用电铃、信号灯等联系,并设有电话与厂调度室等处联系。

(4) 准轨翻车机房内应设采暖、除尘、排水及安装检修提升孔等设施。准轨翻车机房最底层设排水沟、污水池和排污泵。

(5) 准轨翻车机推送车辆可采用铁牛绞车作业。铁牛绞车有重车推送铁牛和空车推送铁牛两类。重车推送铁牛和重车牵引铁牛,因它们吨位不同,应根据设计手册和有关产品目录选取。

3. 浅受煤槽

浅受煤槽是一种简易的受煤设施,可以作为翻车机的备用设施,或小型选煤厂的受煤设施。它只担负缓冲作用,不考虑储存容量,因此容受量较小。浅受煤槽可以制成金属结构,也可以采用钢筋混凝土结构或预制件装配式结构。

浅受煤槽的长度一般为 4～6 辆车的长度加上 3～5 m 停车不准确长度。浅受煤槽根据情况布置在铁路一侧或两侧。浅受煤槽上部设置 300 mm×300 mm 铁箅子，下部仓口采用条缝式或漏斗式。当采用螺旋卸煤机时，仓口多为条缝式并不设闸门，煤直接落入带式输送机上，但仓口下部带式输送机应安装密集托辊；当选用斗式卸煤机时，应采用漏斗式仓口，仓下设扇形或平板闸门。其他布置要求基本上与受煤坑相同。

图 8-7 所示为采用螺旋卸煤机时浅受煤槽布置实例。该例中浅受煤槽布置在铁路两侧，仓下采用条缝式仓口。

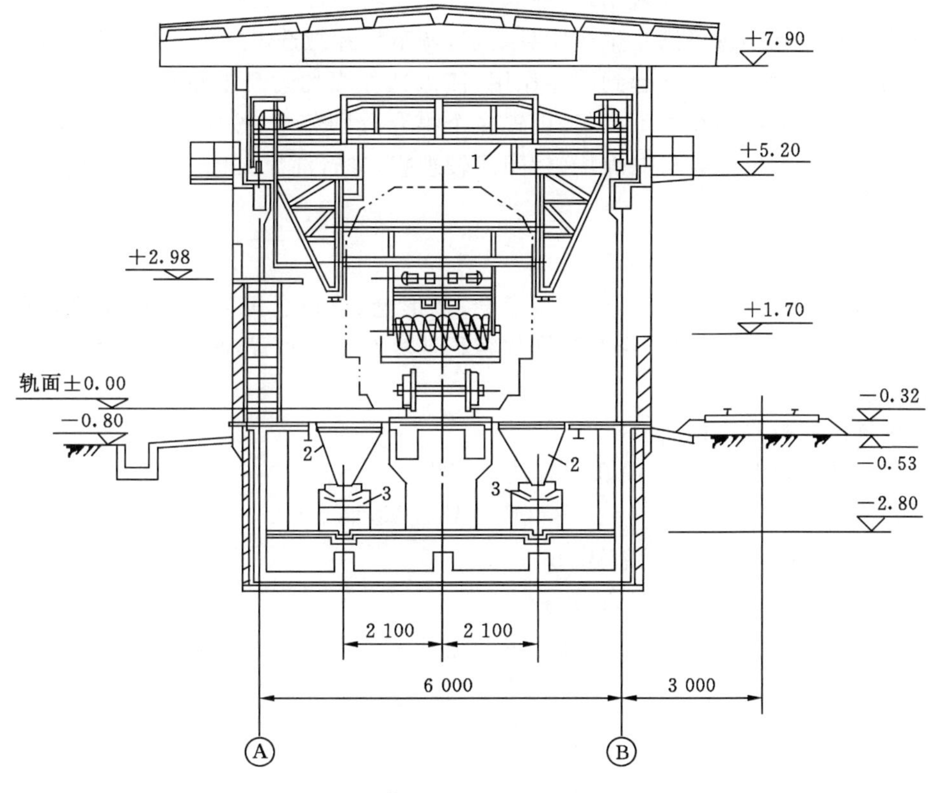

1—螺旋卸煤机；2—浅受煤槽；3—带式输送机。

图 8-7 采用螺旋卸煤机时浅受煤槽布置实例

8.2.1.3 汽车运输受煤

当采用汽车运送原煤时，也可以采用受煤坑或浅受煤槽受煤方式受煤。受煤坑(槽)的长度根据同时卸煤汽车的车辆数具体考虑。受煤坑(槽)的容量，依据设计规范规定为 3 辆汽车的净载重量，或不小于 30 t，并应考虑计量和自卸设施。

8.2.1.4 索道运输受煤

原煤索道运输主要用于山区难以使用其他运输方式时。典型的索道运输受煤设施是直接在原煤仓上设置索道运输斗子开启装置，将斗子底部开关打开后，斗中原煤直接经过仓口灌进原煤仓。仓口设有箅子，防止大块或杂物进仓。

8.2.2 储煤仓(场)的工艺布置

选煤厂应设原煤储煤设施。当入选煤层多、煤质变化大时，宜设混煤场或其他均质化设施。原煤储煤设施的形式可采用堆取料机储煤场、落煤筒(溢流窗)式储煤场、栈桥式储煤场、半地下煤仓或圆筒仓等。原煤储煤和混煤设施总容量应根据设计生产能力、运输、市场等条件确定，并与产品仓容量统一考虑。原煤与产品煤储量之和宜为3～7 d选煤厂的设计能力。当大容量原煤储煤设施为旁路设计时，宜设置不小于8 h设计能力的在线原煤储存仓。在人口集中的城镇附近的选煤厂，应采用封闭方式储存原煤。

大容量的圆筒仓、大型(或封闭式)堆取料机储煤场等自动化储煤设施，是现代化选煤厂储煤的先进形式。它不仅可满足生产储量要求，调节矿井与选煤厂之间生产协调稳定，而且可改善劳动条件、环境卫生，并起到配煤作用，使入选原煤均匀且质量稳定。有些选煤厂因为原煤种类多或各矿(层)煤质不均匀，设置多个煤仓分别装仓，按比例配煤入选；有的厂还采用堆取料机或堆取料混煤机储煤场(封闭式较理想)进行混煤入选。这些都是科学管理的方式。

8.2.2.1 圆筒仓

煤仓的形式较多，有方仓、圆筒仓、矩形仓、槽形仓、缝口仓等。作为原煤储煤仓和配煤仓，多采用圆筒仓。下面主要介绍圆筒仓的容积计算及工艺布置，其他形式煤仓的容积计算参见设计手册。

(1) 圆筒仓容积的计算

由图8-8可以看出，单个圆筒仓的有效容积为：

$$V=V_1+V_2+V_3 \tag{8-4}$$

式中 V——单个圆筒仓的有效容积，m^3；

V_1, V_2, V_3——图8-8中各部分容积，m^3。

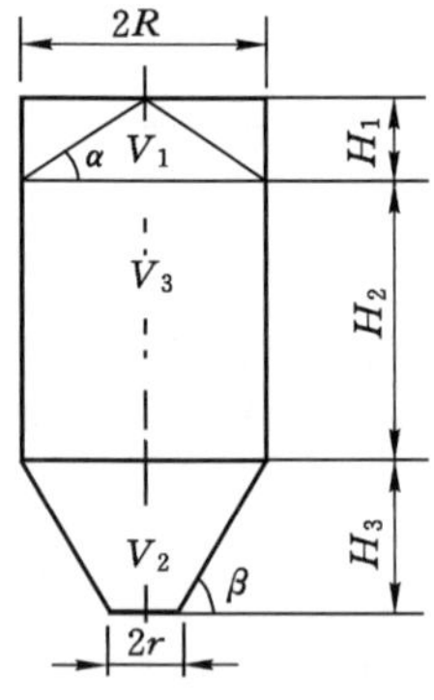

图8-8 圆筒仓容积计算简图

① V_1的计算

V_1与装料方式、装料设备有关。装料设备通常有溜槽(包括分岔溜槽)、箱式链板输送机、犁式卸料带式输送机、可逆配仓带式输送机及电动卸料车配仓带式输送机等。装料方式与仓的直径、仓的个数有关。装料可分一点、两点和多点装料，或者一线和两线装料。

以一点正载溜槽装料为例计算V_1。因V_1部分为圆锥体形状，所以：

$$V_1 = \frac{\pi R^2}{3} H_1$$

由图 8-8 可得，$H_1 = R\tan\alpha$。

则：

$$V_1 = \frac{\pi R^3}{3}\tan\alpha = 1.047\ 2R^3\tan\alpha \tag{8-5}$$

式中　R——圆筒仓半径，m；

H_1——圆锥体高度，m；

α——堆积角，(°)。

如无堆积角资料时，可近似等于安息角。

其他装料方式和装料设备的 H_1 和 V_1 的计算公式见表 8-4。

表 8-4　其他装料方式和装料设备的 H_1 和 V_1 的计算公式

装料方式	装料孔平面图	装料设备	计算公式	
			H_1/m	V_1/m³
一点正载装料	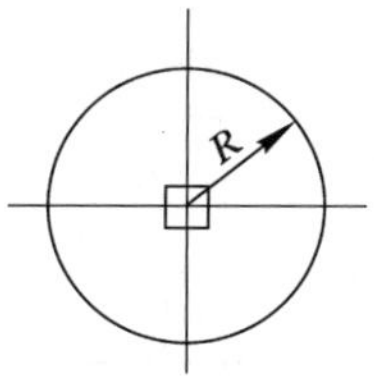	溜槽	$H_1 = R\tan\alpha$	$V_1 = 1.047\ 2R^3\tan\alpha$
一点偏载装料	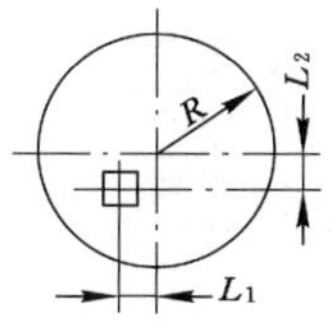	溜槽	$H_1 = (R+\sqrt{L_1^2+L_2^2})\times\tan\alpha$	$V_1 = \frac{\pi R^2(R+\sqrt{L_1^2+L_2^2})}{3}$
三点正载装料	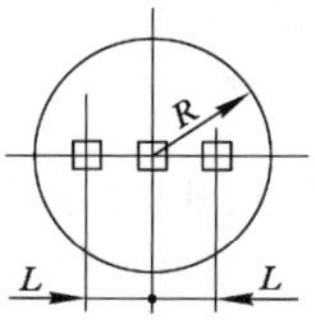	输送机	$H_1 = R\tan\alpha$	$V_1 = \frac{1}{2}(2R-L)(R+0.393L)\times[\pi R-\frac{3}{4}\sqrt{R^2-(0.393L)^2}]\times\tan\alpha+\frac{\pi L^3}{8}\tan\alpha$
四点正载装料	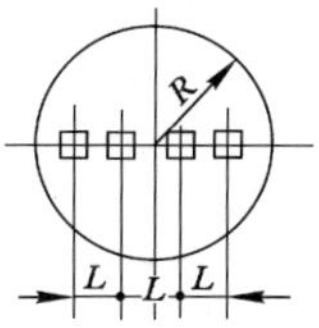	输送机	$H_1 = \frac{\sqrt{4R^2+L^2}}{2}\tan\alpha$	$V_1 = \frac{1}{2}(\sqrt{4R^2+L^2}-L)\times(R+0.393L)[\pi R-\frac{4}{3}\times\sqrt{R^2-(0.393L)^2}]\tan\alpha+\frac{\pi L^3}{6}\tan\alpha$
一线正载装料	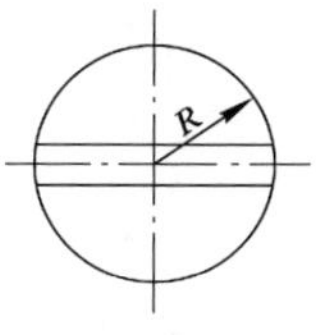	活动配仓带式输送机	$H_1 = R\tan\alpha$	$V_1 = 1.808\ 3R^3\tan\alpha$

表 8-4(续)

装料方式	装料孔平面图	装料设备	计算公式	
			H_1/m	V_1/m^3
二线正载装料	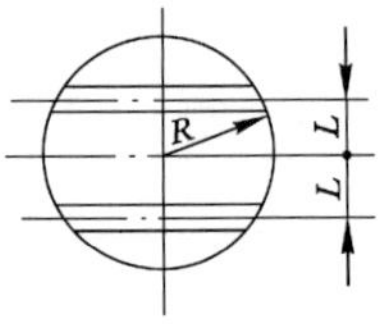	活动配仓带式输送机，电动卸料车，犁式卸料车	$H_1=(R-L)\tan\alpha$	$V_1=[\pi R^3-6RL^3-\frac{4}{3}(R^2-L^2)^{\frac{3}{2}}]\tan\alpha$

② V_2的计算

因 V_2部分为圆柱体形状，则：

$$V_2 = \pi R^2 H_2 \tag{8-6}$$

③ V_3的计算

V_3与仓下排料孔的个数和孔形有关，一般圆筒仓下部排料多采用矩形单孔和四孔排料，如图 8-9 和图 8-10 所示。

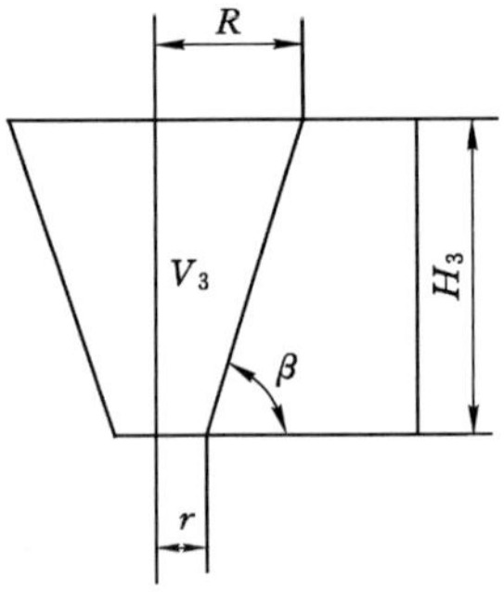

图 8-9　单排料口圆筒仓 V_3 计算简图

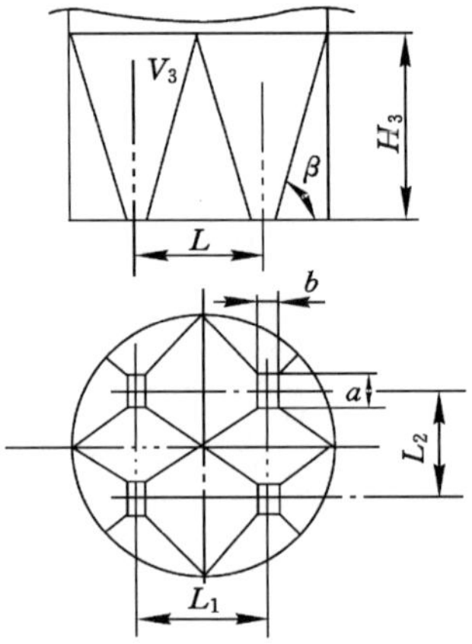

图 8-10　四孔排料口圆筒仓 V_3 和 H_3 计算及排料孔图

单排料口 V_3的计算：

$$H_3 = (R-r)\tan\beta$$

$$V_3 = \frac{\pi H_3}{3}(R^2+Rr+r^2)$$

四孔排料口 V_3的计算：

$$H_3 = \frac{1}{2}(L-b)\tan\beta$$

$$V_3 = 0.2(L-b)(\pi R^2+4ab)\tan\beta \tag{8-7}$$

式中，a，b，L 如图 8-10 所示，其单位为 m，其中 $L=R$。

煤仓排料孔的线形尺寸 a 和 b，取决于物料粒度和粒度组成，以物料不致发生堵塞和成拱现象为原则，结合选用的给煤机尺寸确定。设计时可参考表 8-5。

表 8-5　仓口最小尺寸参考表

入料最大粒度/mm	100	80	40	20
仓口最小尺寸/mm	450	400	350	300

当煤仓的有效容积求出后，可用式(8-8)计算煤仓的装煤量：

$$Q = \gamma V \tag{8-8}$$

式中　γ——煤的堆密度，t/m^3。

(2) 圆筒仓的工艺布置

圆筒仓使用方便，土建结构合理，受力性能好，并可采用滑动模板施工，施工速度快又节约大量木材。我国选煤厂常用的圆筒仓直径一般为 8 m、10 m、12 m、15 m、18 m、22 m、25 m 和 30 m。仓直径与圆柱体高度 H_2 的比值取 1∶1.5 以上比较经济合理。单个圆筒仓容量，小者在千吨左右，大者在万吨以上。建设圆筒仓是否经济合理，取决于工程地质条件和地震烈度。如果大型圆筒仓建设在基岩上，这是最经济合理的方案。如果工程地质条件恶劣，大量投资用于基础处理，不如改选其他储煤方法。

圆筒仓的布置方式，结合仓的直径及工艺要求，可采取单排或双排的布置方式。图 8-11 所示为双排圆筒仓布置的实例。

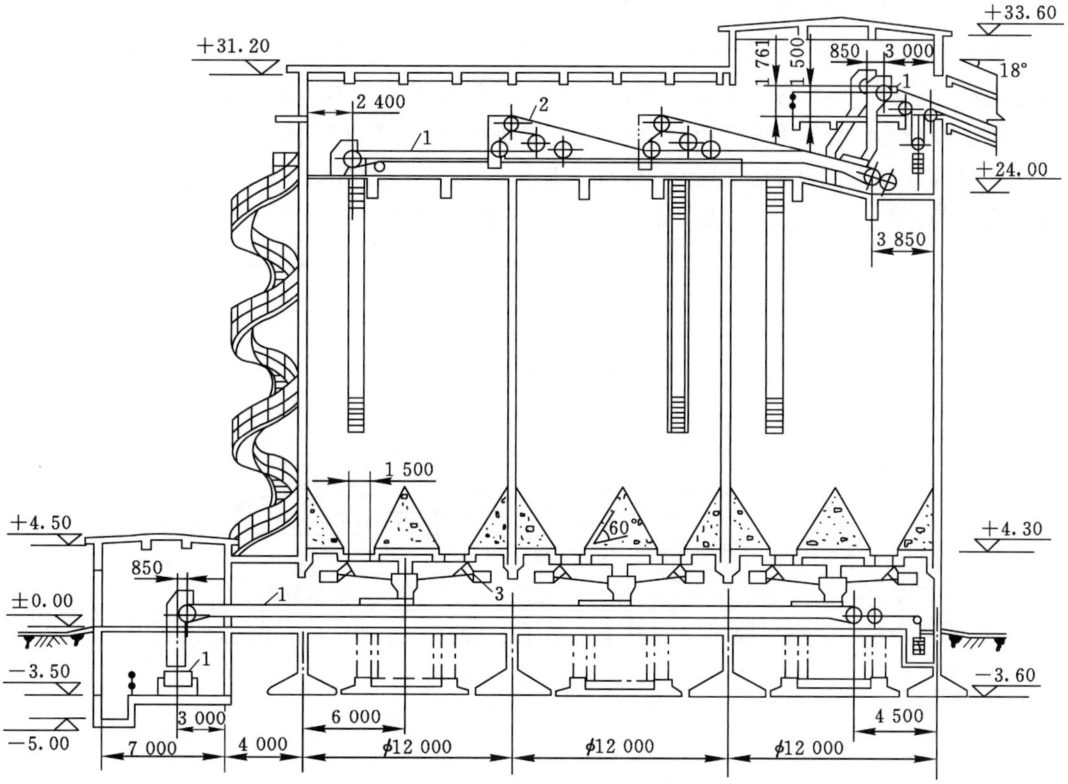

1—带式输送机；2—电动卸料机；3—给料机。

图 8-11　双排圆筒仓布置

8.2.2.2 储煤场

储煤场的类型较多，一般分为堆取料机储煤场、溢流窗式储煤场、半地下式储煤场、扇形储煤场等。近年来由于厂型、设备大型化和现代化以及原煤均质化等要求，堆取料机储煤场（或堆取料混煤配煤储煤场）日益发展。

在设计储煤场时，根据煤的牌号和储存时间来确定煤堆极限高度。各种煤的煤堆极限高度和储存时间见表 8-6。

表 8-6 各种煤的煤堆极限高度和储存时间

煤的类别	储存不超过 10 d 的煤堆高度/m	长期储存的储煤场	
		煤堆高度/m	最大储存期/月
无烟煤、贫煤、瘦煤	不限	不限	4
气煤、主焦煤、肥煤	＜10	＜5	2
长焰煤	5	3	1
褐　煤	2.5	2.5	1
易燃烧的褐煤	2	2	1

（1）堆取料机储煤场

堆取料机储煤场是一种机械化程度很高的散装物料堆取料的储煤场，近年来在我国大型选煤厂、焦化厂和海港码头等广泛被采用。堆取料机储煤场，因其设备布置在地面上，具有土建工程量小、地面系统简单、投资省、施工期短、劳动条件好、储煤量大等优点。

我国设计制造的斗轮式堆取料机有 KL 型、DQ 型。此外，还有 MDQ 型门式斗轮堆取料机等。图 8-12 为 DQ5030 型斗轮堆取料机工作流程图。

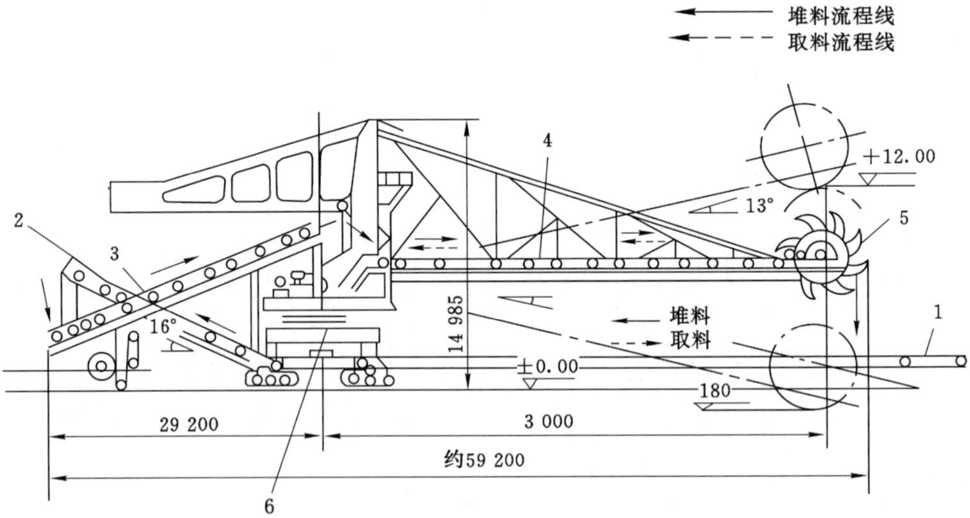

1，2，3—带式输送机；4—悬臂式带式输送机；5—斗轮；6—溜槽。

图 8-12 DQ5030 型斗轮堆取料机工作流程图

堆料及取料通过三条宽度为 1 200 mm 的带式输送机完成。当物料需要储存时由带式输送机 1 转运至带式输送机 2 及 3 上，再由悬臂式带式输送机 4 运至两侧地面上储存。反之，物料需要返回时，将悬臂式带式输送机 4 回旋，转到需要挖取的存料位置，根据料堆的情况调整到适应角度，然后开动斗轮 5 挖取。斗轮 5 挖取的物料落到悬臂式带式输送机 4 上，悬臂式带式输送机 4 反向运转至尾部主机中心溜槽 6 中，卸至带式输送机 1 上，带式输送机 1 反向运回选煤车间。

图 8-13 为堆取料机储煤场平面图。

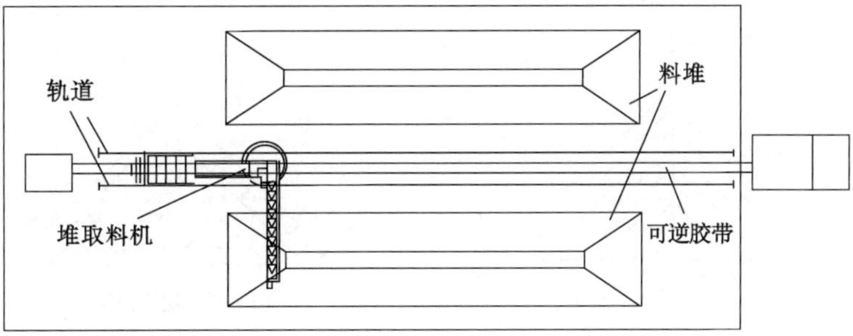

图 8-13　堆取料机储煤场平面图

上述堆取料机机组安装在可组装起来的大型支架上。它沿铁路轨道整体移动(最大移动速度为 30 m/min)，斗轮和悬臂式带式输送机可做水平弧形旋转(最大转动角度为 300°)，同时还可做升降运动(在 4～8 min 内使悬臂提升到最高点)。因此，堆取料机工作过程是移动、旋转和升降三种动作的综合运动。堆取料机的运行轨道宽度一般为 5 m 或 6 m，轨面坡度小于 3‰，路基需要很坚固，两轨面高差小于 3 mm，堆煤高度可达 10～12 m(轨面以上)，煤堆边缘至来煤或返煤输送机中心线应有 20～30 m 距离，行走轨的尽头应比煤堆边缘长 10～20 m，轨道两侧应设坡度为 15‰的排水沟。堆取料机的工作地点正常温度要求在－25～40 ℃范围内，工作风压不大于 250 Pa。

堆取料机不仅能完成堆料和取料，而且可以进行混料(配料)，使原煤在粒度、水分、含矸率、可选性等方面均匀化。如一个大型选煤厂接受几个矿井(或煤层)的原煤进行混煤入选时，可以按最大均匀度的要求进行堆料和取料，使原煤和产品的比例、质量、发热量、结焦性等达到稳定。

混配料的方法有三角形和菱形叠垛法、人字形堆料法、水平层堆料法和倾斜层堆料法等，如图 8-14 所示。

储煤场堆混料方式的选择与堆取料机的性能和工作特点有关，最常用的是人字形堆料法及三角形和菱形叠垛法相结合的方式。取料时应沿整个煤堆横断面切取，使物料均质化。

堆取料机储煤场的位置根据地形特点及工艺总平面布置的要求而定，一般设在下风方向。

(2) 溢流窗式储煤场

溢流窗式储煤场常用于大型选煤厂。它由受煤设施、胶带走廊、落煤柱、堆放场地、地下返煤胶带等组成。原煤经受煤设施给入运输胶带(或刮板)走廊，在落煤柱处卸载到堆放场地。推土机可将原煤从落煤柱附近推开存放，也可以将原煤推至地下返煤胶带上方的给料口。给料口由漏斗、给料机组成，从地面通往地下返煤胶带走廊。返煤胶带将原煤运入主

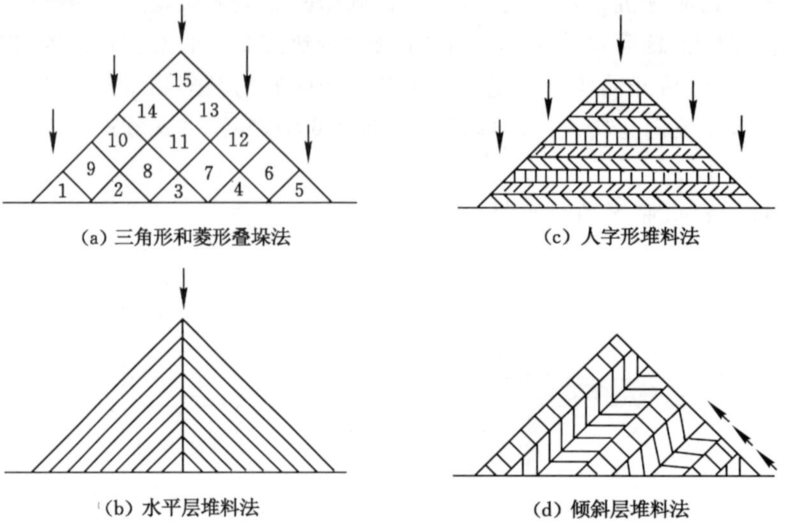

图 8-14　储煤场堆混料方式

厂房。

溢流窗式储煤场使用的是常规设备，如给料机、带式输送机、推土机等。落煤柱是一个空心圆柱体，高度一般为 15～20 m，视储煤场的大小而定。落煤柱的壁上在不同高度开有窗口。

溢流窗式储煤场的形式见图 8-15。原煤由胶带走廊运至卸煤点，卸下后顺着落煤柱下落。落煤柱在不同高度上开有溢流窗，当落煤柱内的煤堆至一定高度后，便从溢流窗口溢出。下方窗口被溢出的煤堵住后，煤便继续在落煤柱中堆积，达到上面一个溢流窗，煤便再次溢出。推土机将落下的原煤推离落煤柱，堆积在储煤场的不同位置。当需要返煤时，推土机将原煤从不同位置推至地下漏斗的入料口，经转载胶带运至主厂房。

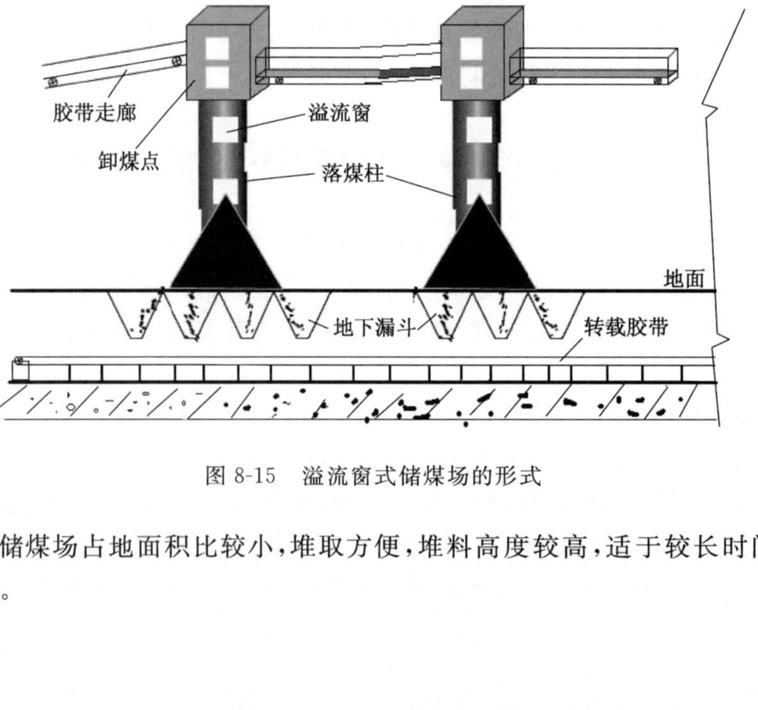

图 8-15　溢流窗式储煤场的形式

溢流窗式储煤场占地面积比较小，堆取方便，堆料高度较高，适于较长时间存储变质程度较高的原煤。

(3) 封闭式混煤储煤场

为了保证入选原煤质量均匀，有利于实现选煤过程的自动控制和产品质量管理，因而设计封闭式混煤储煤场。储煤场封闭后，不仅避免煤尘飞扬，有利于环保，而且有利于冬季作业。

我国环境保护的要求越来越严格，封闭式储煤场也广泛使用。图 8-16 所示为流行的封闭式堆取料机储煤场(穹顶式)。物料通过高架的带式输送机进入储煤场，再经堆取料耙臂转运到不同堆取料点。地下返煤胶带可以在不同方向将物料运出。

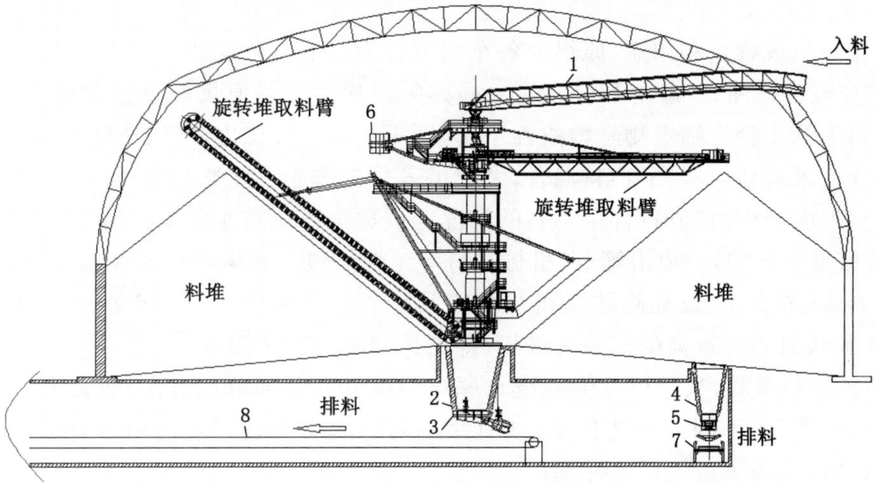

1,8—带式输送机；2,4—缓冲仓；3,5—给料机；6—控制室；7—刮板输送机。

图 8-16　封闭式堆取料机储煤场(穹顶式)

图 8-17 所示为封闭栈桥式储煤场。

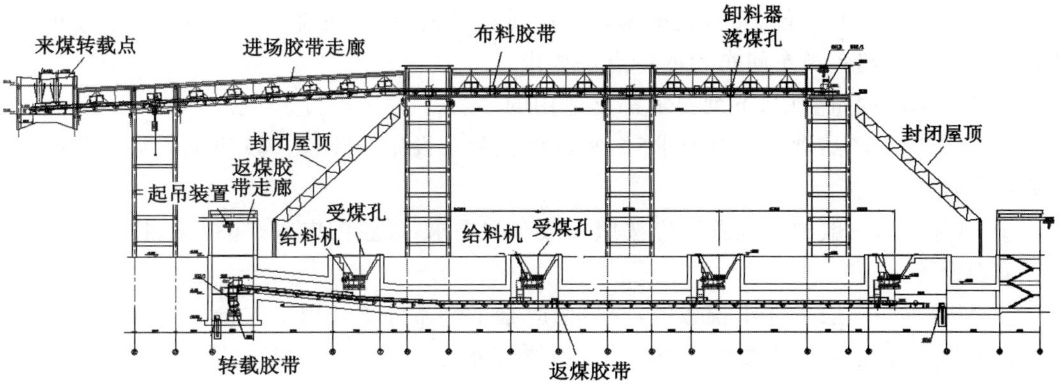

图 8-17　封闭栈桥式储煤场

8.3　原煤准备车间的工艺布置

原煤准备车间的任务是为后续工序准备合适的原料，主要作业有筛分、破碎、磨矿、排矸、除杂等。筛分是根据下段工序对物料粒度的要求，通过筛分设备将原料分为不同粒度级别。破碎和磨矿是根据物料的物理性质，选择适当的破碎和磨碎设备将物料粒度减小到适当尺寸，或将嵌布脉石的物料适当解离。排矸是通过机械或人工方法，预先将物料中的大块矸石排除，以减少矸石对后续作业的不良影响。除杂是通过机械或人工方法，除去物料中的铁器、木屑等杂物。

按照后续工序的不同要求，将上述作业进行不同组合，并将选定的设备合理摆放和连接，便形成了原煤准备车间。

8.3.1 原煤准备车间的类型

根据作业组成特点和用途，原煤准备车间可分为以下几种类型：

① 筛分破碎车间，一般由筛分、手选、破碎等工序组成。原煤经过预先筛分，大于规定粒度的物料为筛上物。筛上物经检查性手选（即用少数工人拣出铁器、杂物和特大块矸石），并进入破碎机破碎后，与筛下物料混合，一起进入分选作业。该类型的准备车间用于需要控制入选粒度上限，且大块矸石含量不高的情况。该类准备车间在我国应用比较广泛。

② 机械排矸车间，一般由筛分、机械排矸等工序组成。原煤经过预先筛分，筛上物料采用重介质斜轮（或立轮）或动筛跳汰机排除大块矸石。它可以代替笨重的人工手选矸石环节，适用于大块矸石含量高的矿井选煤厂、筛选厂和露天矿选煤厂。

③ 准备筛分车间，只进行粒度分级。原煤经筛分和其他分级方法，分成几个不同粒度级别，然后分别进入不同的分选作业，或直接出售。此类准备车间适用于分级入选的选煤厂、部分入选的动力煤选煤厂或筛选厂。

④ 多段破碎（磨矿）车间，主要由筛分、多段破碎（磨矿）作业组成。多段破碎主要用于露天矿选煤厂的原煤准备，利用不同特性的多台破碎机将特大块物料粒度减小到要求的粒度范围。多段破碎和磨矿主要用于有特殊需要的选煤厂（如脱硫或生产超低灰煤）或非煤炭行业的选矿厂。

选用哪种类型的准备车间，是根据物料性质和工艺要求，在流程制定过程中确定的。此处只按照分类说明各类车间布置的特点和要求。

在各类车间的布置中，下列要求都是适用的：

① 当用户对产品含杂率有要求时，宜设机械除杂设施或装置。破碎机入料口前必须设置除铁装置。

② 准备车间一般独立设置。应按照一般车间要求，设置配电室、起重梁、提升孔及楼梯间等辅助设施。

③ 准备车间一般条件比较恶劣，应尽量改善工作条件。采用吊式分级筛时应考虑设置工作台。为了工人身体健康和环境卫生，当原煤水分小于 7%时应设置防尘和集尘设施。设备的传动装置应布置在外侧便于维护和检修。在筛子及破碎机等设备的周围应根据要求留有 700～1 000 mm 的通道。车间外部应设计铁器、木块等杂物堆放和转运场地。

8.3.2 筛分破碎车间的布置

我国多数选煤厂的筛分破碎车间设置检查性手选环节。手选带采用胶带式（少数厂采用钢板式），其运行速度不应超过 0.3 m/s。大型选煤厂的筛分、手选、破碎机组多为双系统对称布置，中、小型选煤厂采用单系统布置。就手选带与破碎机的位置而言，通常有两种布置方案:第一种方案是手选带与破碎机皆布置在同一标高的楼板上。此方案手选带必须倾斜布置,其倾角不大于 12°,以方便工人操作。第二种方案是破碎机布置在手选带下一层楼板上,手选带呈水平布置。

上述两种方案各具优缺点。第一种方案可以降低厂房高度,管理维护较方便,但手选带倾斜布置时,必须设置台阶式操作台。第二种方案因手选带水平布置,不需设操作台,工人操作方便舒适,但厂房高度增高,基建投资增加。选择方案时要根据具体情况而定。一般情况下选择第二种方案较多。

图 8-18 为某矿选煤厂筛分破碎车间布置图。其中,图 8-18(a)为＋17.10 m 平面布置图,图 8-18(b)为 C—D 剖面图。

图 8-18 的布置属第二种方案。其特点为双系统机组对称布置,手选带与双齿辊破碎机分别布置在两层不同标高的楼板上,手选带呈水平布置。检查性手选选出铁器、杂物及大块矸石,大块矸石装入矸石仓,使用窄轨矿车运输。厂房采用钢筋混凝土框架结构,7 m 跨度,长 3 跨、宽 2.5 跨,其中半跨为楼梯间。

筛分破碎车间机组在布置时,应考虑设备的特点和要求。通常混合入选,分级筛多采用单层单轴惯性振动筛(吊式或座式)。分级筛布置的方向应与来煤煤流方向一致,避免造成给料偏载和粒度不均匀。分级筛的给料和排料溜槽角度视物料粒度和水分而定,原则上应保证物料能够自流。双系统设备宜对称布置。

手选带的布置要与煤流方向一致。当手选带的宽度≥800 mm 时,考虑两侧拣矸。原煤中含有废铁器时,应在手选带机头前上方设置悬挂式电磁除铁器,或采用电磁传动滚筒与悬挂式电磁除铁器,便于清除原煤中铁器防止损坏破碎机。

破碎机一般用溜槽给料。在布置给料溜槽时,考虑系统的灵活性和破碎机的安全,可将给料溜槽设计成分岔溜槽。手选矸石的处理可采用在本车间设手选矸石仓,然后采用窄轨矿车或汽车输送至矸石堆放场地,也可以在车间内拣入带式输送机转运至铁路装车仓,用火车外运。若在本车间设置矸石仓一般布置在车间的最底层,也可以布置在车间外部一侧。其容量根据大块矸石量及矸石外运的运距而定,一般至少能容纳一个班或一天的拣矸量。为了延长矸石仓的寿命,在仓内角锥部位铺设钢轨耐磨材料做衬里。

8.3.3　动筛跳汰排矸车间的布置

动筛跳汰机是近年来发展起来的原煤排矸设备,可有效处理 50 mm 以上原煤的排矸,具有工艺简单、单位处理量大、分选精度高、入料粒度上限大、生产成本低、循环水用量小等优点,近年来在我国得到了广泛应用。

8.3.3.1　*动筛跳汰排矸车间布置*

动筛跳汰排矸车间主要由给料设施、动筛跳汰机、脱水筛、带式输送机等设备组成。

(1) 给料设施

由于动筛跳汰机对入料量的波动较为敏感,最好设置原煤缓冲仓。原煤缓冲仓最好布置在原煤预先分级筛之前。当改扩建工程等难以在原煤预先分级筛之前设置原煤缓冲仓时,也可以在动筛跳汰机前设置原煤缓冲仓。根据目前国内现有动筛跳汰系统的实际生产情况,动筛跳汰机前原煤缓冲仓容量以 20～25 min 的处理量为宜,但要特别注意块煤的二次破碎问题。仓下给煤机应设置变频调速装置对给料量进行调控。

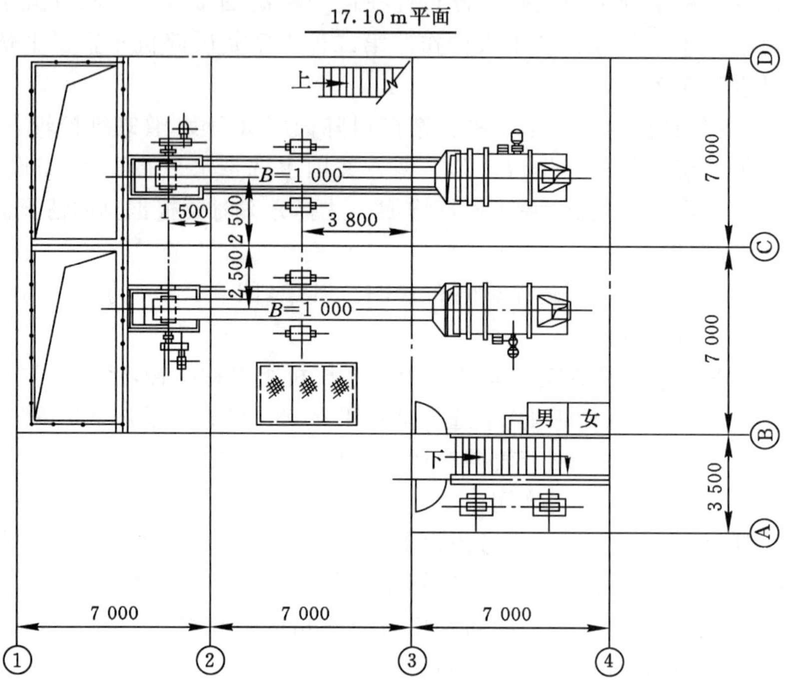

(a) 筛分破碎车间平面布置图

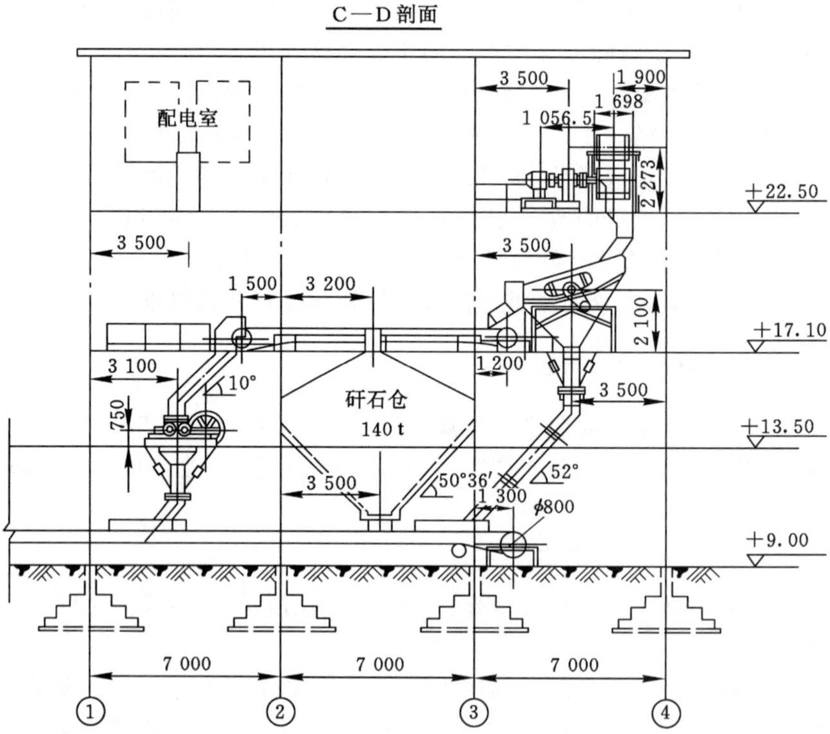

(b) 筛分破碎车间剖面布置图

图 8-18　某矿选煤厂筛分破碎车间布置图

(2) 动筛跳汰机

动筛跳汰机是动筛跳汰排矸车间的主要设备，应布置得比较宽敞，动筛跳汰机所在楼层高度以 9.0～9.5 m 为宜。动筛跳汰机周围应有宽敞、明亮的操作平台。动筛跳汰机质量较大，其支撑应使用大的次梁，直接将负荷传递到主梁上。图 8-19 为动筛车间布置图。图 8-20 为动筛跳汰机的支撑。

在图 8-19 中，原煤由左上角一跨的胶带送进厂房，经等厚筛预先分级，上层筛上>300 mm 的物料由胶带运出厂外，下层筛上 50～300 mm 原煤进入缓冲仓，筛下物(<50 mm)与斗子提起物混合，由胶带运至主厂房分选。缓冲仓中物料由链板式给煤机送入动筛跳汰机。动筛提升轮提起的大块矸石和精煤分别进入胶带运出厂外。精煤胶带上方装有辊式破碎机，可以将精煤破碎。

8.3.3.2　*动筛跳汰排矸车间布置应注意的问题*

(1) 合理选择跳汰机面积

动筛跳汰机是根据称重传感器检测出的入料量情况通过液压系统改变动筛机构的振幅和频率来实现物料按密度分层，从而保证达到最佳分选效果的。因此，动筛跳汰机对入料量的波动较为敏感，不同大小的机型各自有一个最佳入料量区间。以 4 m^2 机型为例，其最佳入料量区间为 Q=200～300 t/h，Q_{max}=385 t/h。当 Q<100 t/h 时，将对动筛跳汰机的正常工作造成不利影响。因此，设计中首先应确定合理的机型和面积。

(2) 透筛物料的排放

动筛跳汰机透筛物料有闸门排放和斗子提升机提升两种方式。其中，斗子提升机提升方式具有操作简单、可靠性高的优点，应优先选用。但在选用斗子提升机排料方式时应注意将排料口尺寸由 ϕ250 mm 改为 ϕ350 mm，以保证透筛物料的流动性；排料口至斗子提升机之间的入料角度以 45°～50°为宜，不能太小。斗子提升机的倾角应在 55°～70°。

(3) 块煤溜槽的设计

合理的块煤溜槽设计既能保证系统的正常运转，又能有效地降低厂房高度、减少噪声、延长溜槽使用寿命。块煤溜槽的断面尺寸宜定为 600 mm×800 mm，溜槽应采用厚壁钢板并内衬耐磨钢板，在溜槽垂直跌落处应采用“煤砸煤”的布置形式(见图 8-21)，溜槽倾角可在 30°～32°(对 300～50 mm 物料)之间调整选取。

(4) 起吊和检修

动筛跳汰机排料提升轮直径和质量都很大，要求整体起吊安装。从理论分析和设计实践来看，其提升孔尺寸以 4.0 m×6.0 m 为宜(不应小于 3.5 m×5.5 m)，梁下应设置 150 kN 的起吊装置。

8.3.4　重介质排矸车间的布置

块煤重介质排矸工艺主要应用于块煤含矸量大、不宜直接破碎或人工选矸的原煤排矸。与动筛排矸方式比较，块煤重介质排矸方式的优点在于处理粒度范围宽，下限可以到 13 mm，分选密度可以任意调节，并可能用主再选直接出三产品；其缺点在于需要一套介质系统，设备数量增加，系统复杂。

块煤重介质分选机种类很多，近年来我国选煤厂生产中主要采用刮板(浅槽)式及斜轮提升式两种类型的重介质分选机，立轮重介质分选机也有使用。

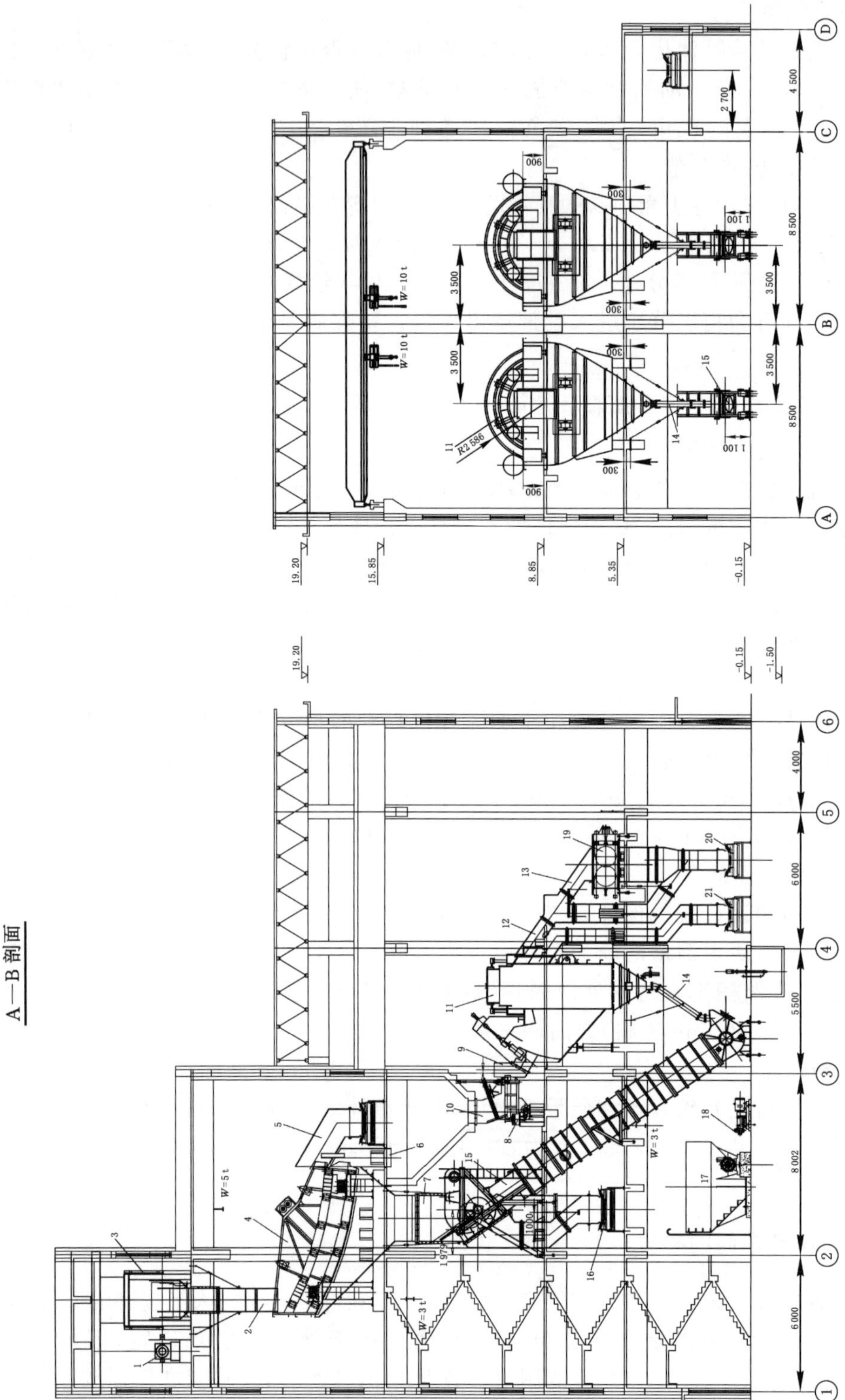

1—电机；2，9，10—溜槽；3—带式输送机；4—等厚筛；5，6，7—块煤收集槽；8—给料机；11—动筛跳汰机；12，13，14—中煤、精煤、矸石收集溜槽；15—斗子提升机；16—矸石收集胶带；17—介质桶；18—介质泵；19—辊式破碎机；20—精煤收集胶带；21—中煤收集胶带。

图8-19　动筛车间布置图

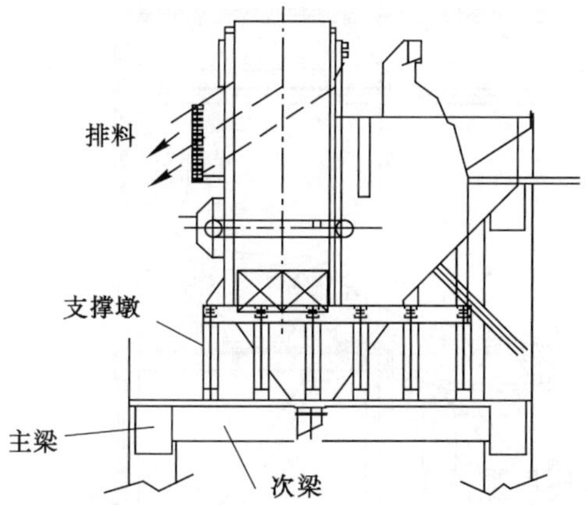

图 8-20　动筛跳汰机的支撑

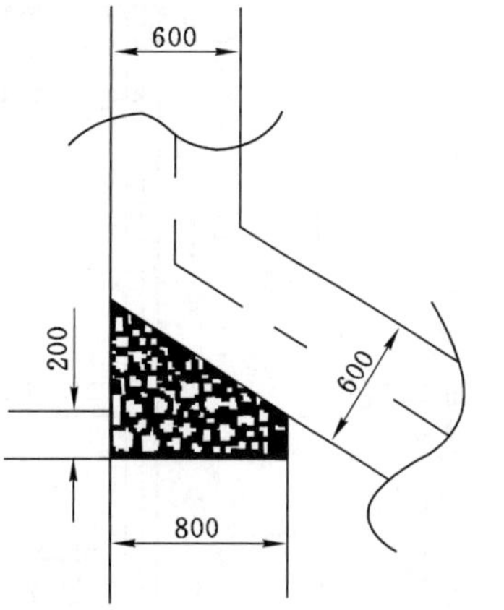

图 8-21　块煤溜槽的布置形式

8.3.4.1　给料方式

块煤重介质分选机的给料方式可分为三种：第一种是原煤分级筛的筛上块煤产品通过溜槽直接给入分选机；第二种是原煤分级筛的筛上产品用胶带给料机给入分选机；第三种是分级筛的筛上产品进入缓冲仓后再用给料机给入分选机。一般应尽量采用第一种给料方式，因为该方式既经济又易布置。如果分级筛与分选机不配套，筛上产品无法均匀给入几台分选机时，应设缓冲仓。缓冲仓容量不需过大，一般按分选机 2～3 min 处理能力设计。缓冲仓可采用钢筋混凝土结构或钢板结构，但内壁最好铺设较厚(15 mm 以上)的铸石板，防止仓壁磨损。在布置缓冲仓时其仓口的中心线应与分选机分选室的中心线对正，使之给料均匀。仓下溜槽的倾角应根据物料的粒度合理确定。

8.3.4.2　块煤重介质分选机的布置

根据所选用分选机的外形结构尺寸及接口尺寸，初步确定平面和立面的大体位置，然后考虑分选机的给排料要求、机座高度、安装检修、设备操作要求以及脱介筛等设备之间安装关系，最好确定准确位置。分选机的支承高度应考虑介质流管路阀门操作和检修方便及提升轮检修高度和厂房内的采光。如斜提升轮要求的检修高度一般为 2 m 或稍高些，但考虑厂房采光的要求，分选机操作面以上的净空高度应不小于 6 m，操作台的高度一般低于分选机分选室液面 300 mm 左右。操作台的宽度根据具体情况决定。单台分选机操作台应布置在分选室侧面或排料的一侧，其宽度不小于 1.5 m，如两台分选机共用操作台时，其宽度不小于 2.0 m，分选机周围需要操作检修的地方应留有 800 mm 的宽度。立(斜)轮分选机的检修用起重机起重量一般在 2～10 t 范围内，刮板式浅槽分选机检修起重量稍小，可视具体情况设置各种检修起重设备，并在附近安排相应的检修场地。

块煤重介质分选流程中只设主选或采用三产品分选机时，厂房布置比较容易，选用两台或多台分选机时应采取共用操作台对称布置。图 8-22 为重介质斜轮排矸车间布置图。

刮板(浅槽)式块煤重介质分选机近年来的使用量快速增长，主要用于块煤排矸，处理量大，布置简单。浅槽的入料与浮物排料的方向都与设备的长轴方向垂直，沉物的排料方向与长轴同向，整个槽体坐在支撑墩上。图 8-23 为刮板(浅槽)式块煤重介质排矸分选机布置图。

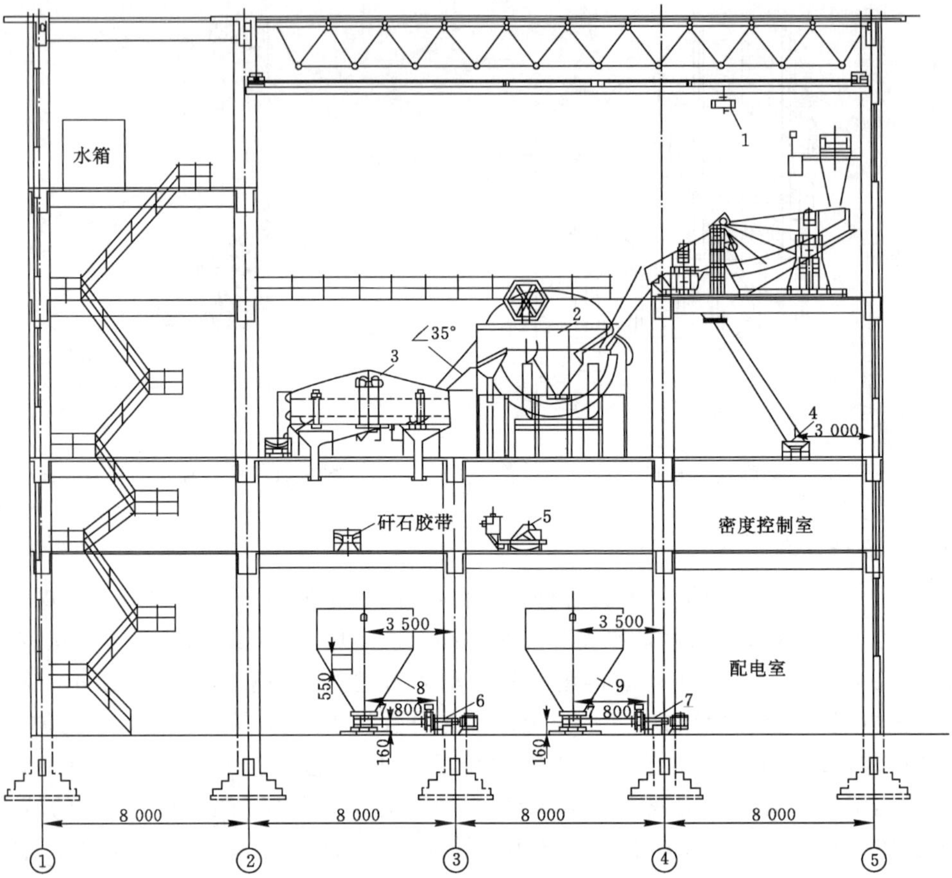

1—电动葫芦;2—斜轮重介质分选机;3—直线振动筛;4—带式输送机;5—磁选机;6,7—介质泵;8,9—介质桶。

图 8-22　重介质斜轮排矸车间布置图

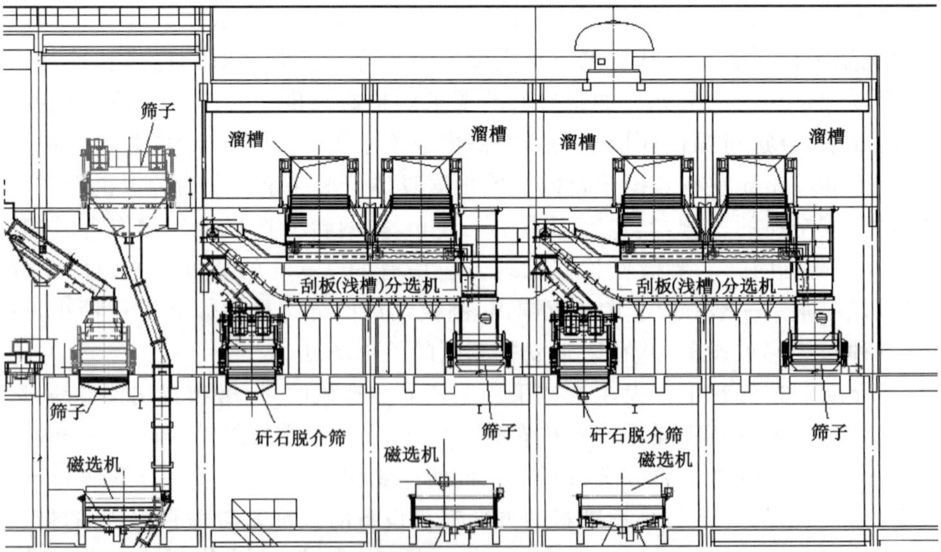

图 8-23　刮板(浅槽)式块煤重介质排矸分选机布置图

立轮块煤重介质分选机的使用主要分布在河北、宁夏、贵州一带。先后在吕家坨、大武口选煤厂使用了二产品 DISA 型立轮重介质分选机，在范各庄选煤厂使用了二产品 TESKA 型立轮重介质分选机，钱家营选煤厂改造后使用 2 台国产 JTL 型立轮重介质分选机。

立轮重介质分选机与斜轮重介质分选机的主要区别是排矸轮垂直安装并多数与悬浮液流动方向成 90°提升。立轮重介质分选机的布置基本要求与斜轮重介质分选机相同，但在布置时应特别注意的是立轮直径很大，因此检修用起重设备的位置高，需增加厂房的高度。此外，排矸溜槽可设置在左侧或右侧，要结合脱介筛的位置合理布置。图 8-24 为二产品立轮重介质分选机布置图。

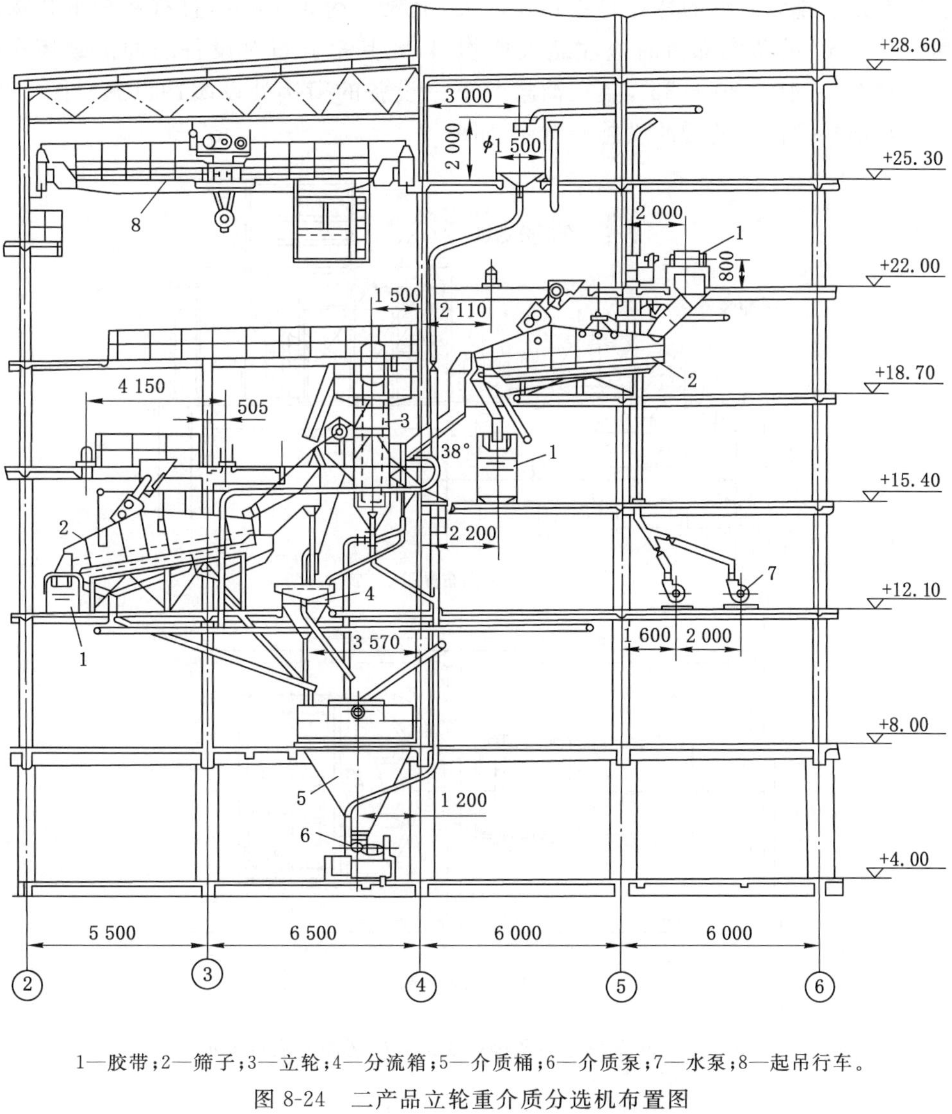

1—胶带；2—筛子；3—立轮；4—分流箱；5—介质桶；6—介质泵；7—水泵；8—起吊行车。

图 8-24　二产品立轮重介质分选机布置图

8.3.4.3　脱介筛的布置

为了减少介质损失，通常将分选后的产品进行脱介。块煤一般采用双层振动筛(或其他形式筛)回收介质，上层筛孔一般为 50(或 13) mm，下层筛孔为 0.5 mm，避免使用弧形筛或直接使用 0.5 mm 筛孔单层筛,以减少筛面磨损。脱介筛的布置与前述脱水筛的布置相同,其不同点是脱介筛下部的收集漏斗要分成两段,第一段(前段)不加喷水收集的是浓介质(合格介质),第二段加喷水冲洗后的介质是稀介质。合格介质段下部漏斗的长度一般为筛长的 1/3,稀介段漏斗长度为筛长的 2/3。筛下漏斗的总长度和宽度都要大于筛框尺寸,以防筛下介质洒落在漏斗外造成介质损失和影响环境卫生。漏斗沿长轴方向要求有一定的倾角,在靠近入料端不小于 15°,以保证筛下介质流畅不堵。当选用大型分选机和筛分机时应注意最大部件的尺寸,留有相应的起吊空间、检修场地、运输通道以及提升孔和安装门。还应考虑自然采光,有利于生产操作和管理。

块煤重介质排矸系统的特点是物料粒度大,上限可达 300 mm,且有些扁平状物料长边可能达 600 mm。在设备布置时应注意大块物料,尤其是矸石对设备的冲击破坏作用。溜槽角度不宜大,一般为 30°～35°,且在溜槽与下一设备的衔接处设缓冲设施。图 8-25 为矸石脱介筛及排料溜槽处的缓冲设施布置示意图。

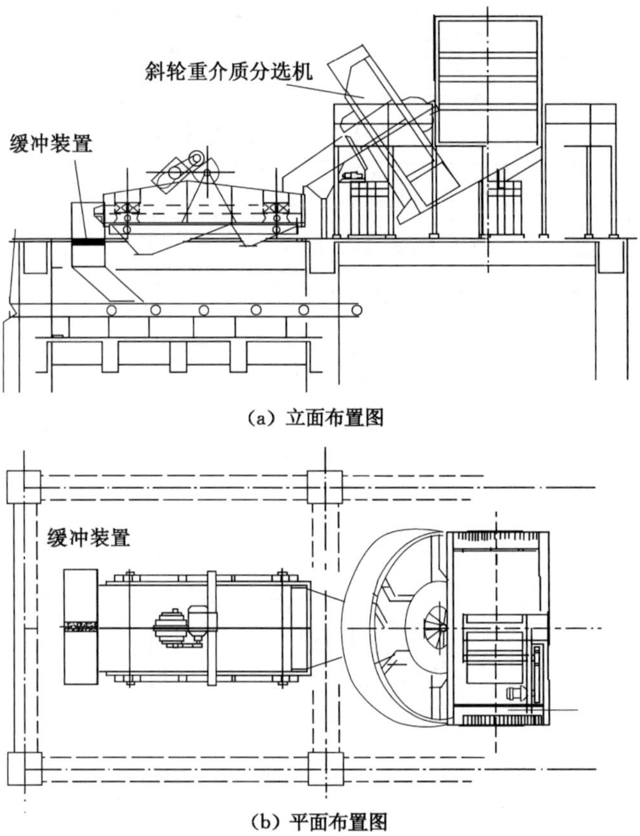

(a) 立面布置图

(b) 平面布置图

图 8-25　矸石脱介筛及排料溜槽处的缓冲设施布置示意

8.3.5　除杂设施的布置

随着用户对煤炭质量要求越来越严格,选煤厂产品除杂受到重视。煤炭产品中的杂物主要有铁器、木块(屑)、麻绳、塑料、炮线、雷管等,不同杂物的排除采用不同方式。

混杂在煤中的铁器一般用除铁器吸除。通常采用悬挂式除铁器(见图 8-26),考虑原煤粒度较大,故除铁器的悬挂高度一般在距胶带表面 400 mm 左右,安装倾角视安装位置而定,图 8-26 中为 160°,如果安装在胶带上面,应与胶带表面平行。在有条件的情况下,悬挂式除铁器应优先放置在机头斜上方处。随煤流方向原煤抛物线抛出脱离胶带,悬挂在头部的除铁器可较容易地将混在松散煤中的铁杂质吸出。若除铁器与胶带平行地悬挂在上方,不仅要克服杂质重力,还要克服杂质与煤的摩擦力及带速所引起的惯性力。所以,在机头部悬挂除铁器的除铁杂质效率会更高。

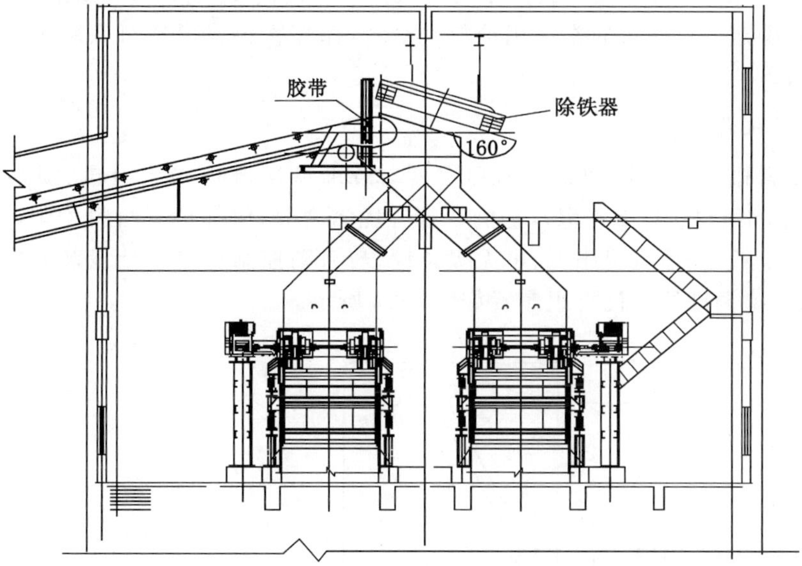

图 8-26　原煤准备车间除铁器的布置

跳汰选煤过程中,重产物如铁器、矸石、高灰劣质煤依次沉降在床层下部,作为废弃物,由跳汰机自动排料装置排出;轻产物作为精煤产品,则随溢流排出。入选原煤中轻质杂物如木屑、塑料等在跳汰过程中随床层松散运动浮出水面,而炮线、铁丝等杂物在床层中的位置一般不固定,在床层运动中被物料夹带,有的随矸石排出,有的随溢流进入精煤。除杂系统的思路,就是设置导流板将漂浮的杂物在床层水面上拦截并使之改向,集中引导到溢流口,用一可泄水的容器收集后排出,同时考虑用挂钩清除床层中的线状杂物。

8.4　跳汰选煤车间的工艺布置

在选煤厂设计中,跳汰车间及其设备的布置仍占重要地位。跳汰车间主要有跳汰机的给料设施和设备,跳汰机及其排料设备,产品脱水、分级和粗粒煤泥沉淀回收设备以及给水、供风、供电、运输等辅助设施。因此,在布置时要解决好各设备的安装关系及设备前后以及中间转载、运输环节之间配合和连接问题。

8.4.1 跳汰机给料设施的布置

跳汰机的给料是否均匀(质量、数量、粒度等)对分选效果影响很大。为了保证跳汰机的给料连续性和均匀性,在每台主选机前必须设置具有一定容量的原煤缓冲仓,如果在布置上可能时,再选机前也可设置缓冲仓以便增加互换性、灵活性和给料均匀性。缓冲仓的容量根据跳汰机的生产能力确定,一般按跳汰机 5～10 min 的处理量计算。缓冲仓多采用角锥形钢筋混凝土结构。仓壁的倾角与入料粒度及入料水分等因素有关,一般 50～0 mm 原煤混合入选时为 55°～60°。缓冲仓排料口至跳汰机操作台的高度应根据所采用的闸门、溜槽、给料机型号计算确定。跳汰机通常采用给料机给料,循环物料或再选机入料可采用水冲溜槽或给料机给料。

8.4.1.1 给料机的布置

常用的给料机有电磁振动给料机(GZ 型、GZK 型)、链板式给料机、惯性振动给料机(GZG 型)和振动给料机(GZY 型),它们尽管有优劣之分,但都具有给料均匀、调节方便、体积小、质量轻、电耗小、运行费用低、可无级调量、与自动控制和自动计量装置配套等基本优点。缓冲仓、电磁振动给料机机组布置如图 8-27 所示。

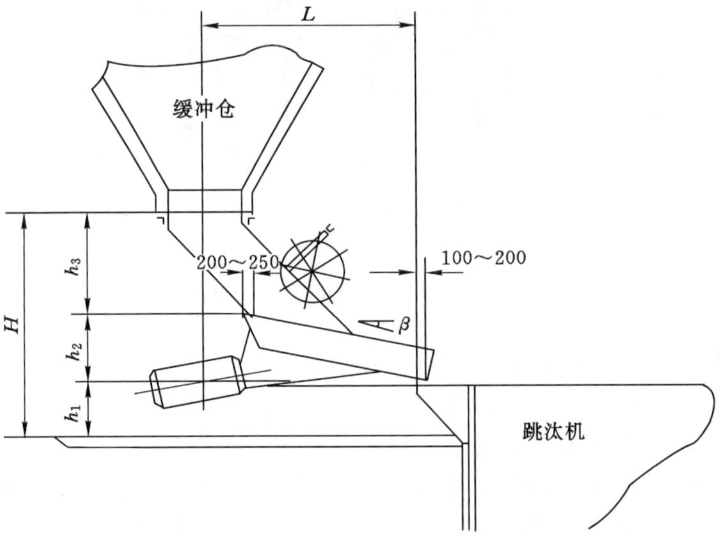

图 8-27　缓冲仓、电磁振动给料机机组布置

在布置时,注意仓口至给料机之间要设置倾斜溜槽和闸门,防止缓冲仓内的物料直接压在给料机上。溜槽上的插板闸门用来调节给料量(插板闸门与给料机配合控制给料量)。若利用给料机直接调节给料量时,仓下斜溜槽需加长,避免仓内物料直接压在给料机上。为了防止给料机在给料过程中洒落到跳汰机外部,将给料机的给料端伸入机内 100～200 mm。

图 8-27 中的安装尺寸 h_1(跳汰机操作台面距跳汰机槽边缘的高度)一般为 400～600 mm,h_3 一般为 800 mm,h_2、H 及 L 的尺寸均与 β 角有关,这些尺寸可参考给煤机图纸、有关手册和设备图册确定。

对大型跳汰机,研制了配套的大型给料机,如链式给料机,已在很多选煤厂使用。链式给料机适用于大型跳汰机的给料(给料机宽度达 3 000 mm),并具有给料连续均衡稳定、给料量在 300～400 t/h 范围内随意调节(调节输送链上方物料层厚度和链条的运行速度)、无振动、无噪声、运行可靠、维护量少、电耗少(7.5 kW)、给料易自动控制等优点。缓冲仓、链式给料机、跳汰机机组布置如图 8-28 所示。链式给料机结构比较复杂,部件较多,所以在布置前要了解其结构、部件性能及要求。在布置时,注意给料机入料端与缓冲仓下部要用倾斜溜槽相连,其角度一般为 55°(混合入选原煤)。链式给料机本身设有滑动闸门控制输送链上方物料层的厚度。其卸料端与跳汰机入口相接并伸入跳汰槽内不小于 200 mm,防止原煤洒落到跳汰机外部。该机布置倾角为 6°(山西西山煤电股份有限公司西曲矿选煤厂实践得出倾角加大到 10°左右为佳),以便将输送链下方由于链条转向而落下的细粒煤用冲水冲入跳汰机中,不破坏跳汰机入料端的床层并减少冲水用量。

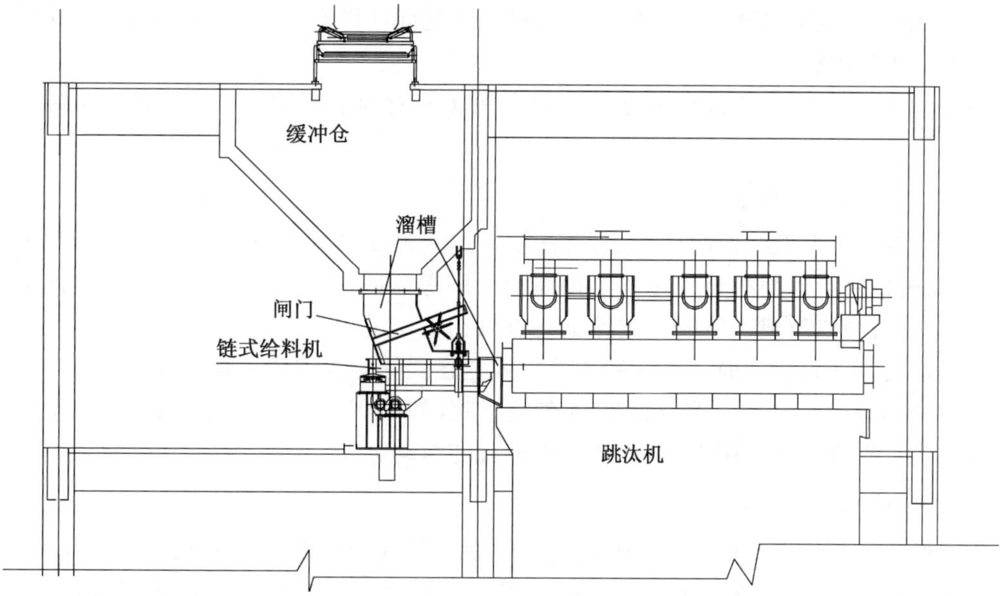

图 8-28　缓冲仓、链式给料机、跳汰机机组布置

8.4.1.2　水冲溜槽的布置

水冲溜槽多用于再选机入料或循环物料给料。水冲溜槽规格根据给料量和物料粒度及跳汰机型号等具体情况而定,通常(宽×高)有 400 mm×300 mm、500 mm×350 mm、600 mm×400 mm、700 mm×500 mm、800 mm×600 mm 等多种规格。水冲溜槽的输送量与物料粒度、煤水比、溜槽坡度等因素有关。溜槽坡度可参考表 8-7 进行选择。

表 8-7　溜槽坡度

物料	固液比(煤∶水)	处理不同粒度物料时的溜槽坡度/(°)		
		50～13 mm	50～0 mm	13～0 mm
原煤	1∶1.5～1∶2	7～10	6～9	6～8
中煤	1∶2			7～9

为了保证水冲溜槽给料均匀不偏载，不破坏入料端床层，水冲溜槽与跳汰机连接处不应直角相交，需设置一段扩散形溜槽，其扩散角应小于 30°。

8.4.2 跳汰机的布置

跳汰机在跳汰车间占主导地位，其布置的好坏直接影响全厂生产的优劣和管理方便与否。总结跳汰机的布置方案为两种，即纵向布置和横向布置。

8.4.2.1 跳汰机的排列

最常见的跳汰机排列方式有两种。图 8-29 为多台跳汰机且可有再选跳汰机的布置方式。多台跳汰机沿厂房横向并列布置，斗子提升机向后倾斜，方便缓冲仓的一线给料和产品统一运输，还可使用其中的一台作为主再选互换。图 8-29 所示跳汰机排列方式为 4 台跳汰机并列，其中一台是再选跳汰机。由于 4 台跳汰机前同样设立了缓冲仓，所以再选跳汰机也可以改做主选跳汰机。

图 8-30 为两台跳汰机的布置方式。两台跳汰机背靠背排列，斗子提升机同时向中间提升。

8.4.2.2 跳汰机的支撑

在钢筋混凝土框架结构的厂房中，跳汰机采用两种支撑方式。第一种，也是常用的支撑方式，跳汰机机身上的肋板与支撑梁上预埋的地脚螺栓固定。支撑梁是与主梁浇筑成一体的，而主梁是与柱浇筑成一体的。支撑梁高可以在 1.4 m 以上，梁宽在 500 mm 以上。这种支撑方式稳固，见图 8-31(a)。另一种支撑方式是在支撑梁或主梁上加钢筋混凝土底座或加支柱，见图 8-31(b)。这种支撑方式容易产生振动，如果底座或支柱过高时，不如采用第一种支撑方式。支撑梁也可用钢梁，但会产生较大的颤动。

8.4.2.3 跳汰机操作台的布置

为了保证跳汰机生产操作、维护检修方便，跳汰机主要操作台的宽度不小于 1 500 mm（同时考虑操作台下部检修或更换排料装置需要的宽度），另一侧操作台宽度应在 700 mm 左右，以保证风、水闸门的操作、维修和管理布置。操作台面距跳汰机机槽顶端的高度一般为 400～600 mm，便于司机操作。跳汰机是在厂房建筑过程中安装的，在生产过程中主要检修部件为风阀、筛板等，所需检修高度在 2 m 左右，但是为了保证车间内有良好的采光，在设计时都将跳汰机操作台面以上留有 6 m 以上的净空高度。

8.4.2.4 跳汰机斗子提升机的布置

与跳汰机配套的斗子提升机起到运输和脱水的作用，因此，需要一定的脱水高度和特定的倾角要求。一般倾角允许范围为 55°～70°，经常布置为 55°～65°，在可能的情况下，应尽量布置成 60°，因为斗子尾部节段的结构通常是按 60°设计的。与捞坑配套的斗子提升机的倾角一般为 60°～70°。

跳汰机的中煤与矸石及捞坑精煤的脱水斗子的有效脱水长度应根据产品粒度、产品水分要求以及下一级作业性质等因素确定，选择时可参照表 8-8。

跳汰机机体下部排料口至脱水斗子提升机的入料口之间的密封溜槽的倾角应不小于 45°，以保证物料通畅不堵塞（该角度是指空间角）。

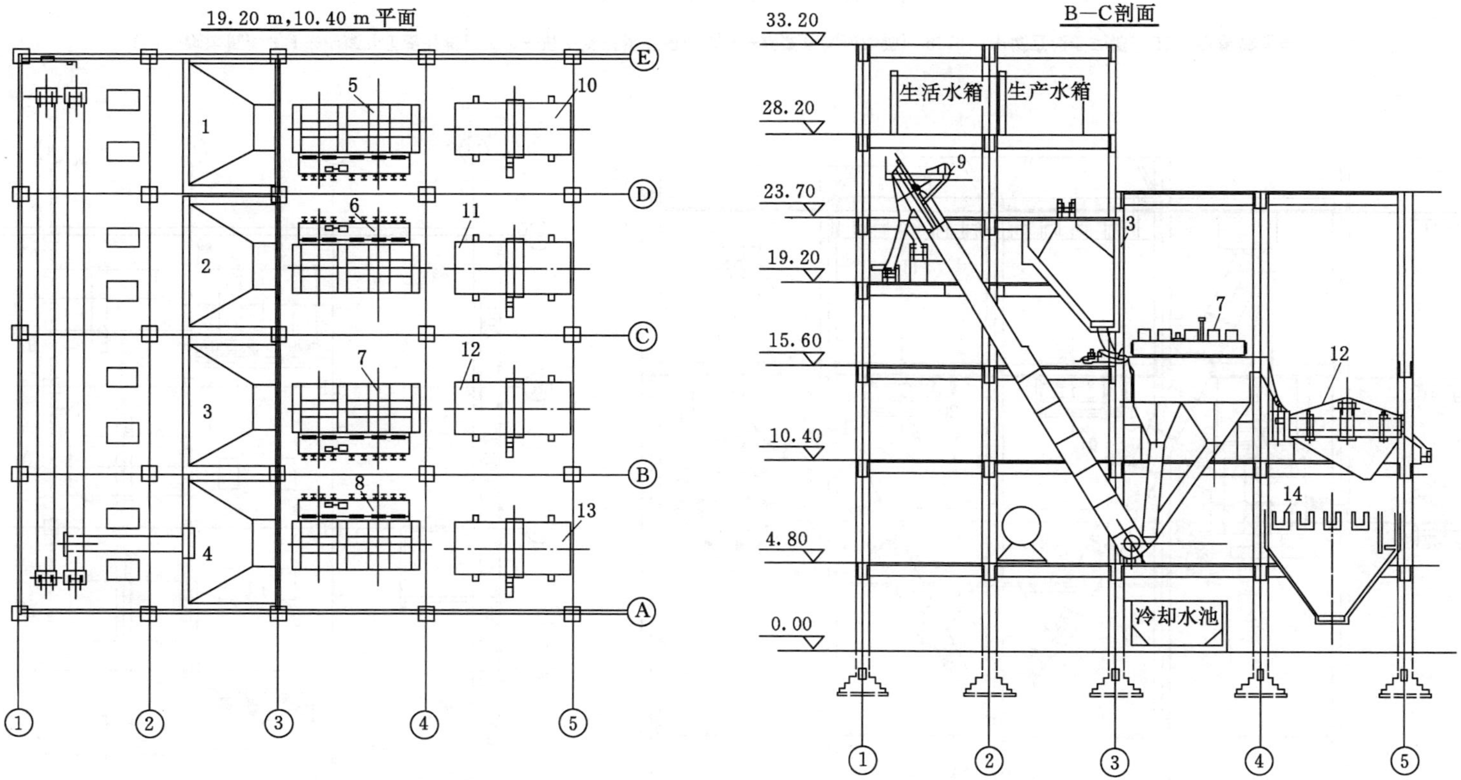

(a) 跳汰车间布置平面　　(b) 跳汰车间布置剖面

1,2,3,4—缓冲仓；5,6,7,8—跳汰机；9—斗子提升机；10,11,12,13—脱泥筛；14—角锥沉淀池。

图 8-29　多台跳汰机且可有再选跳汰机的布置方式

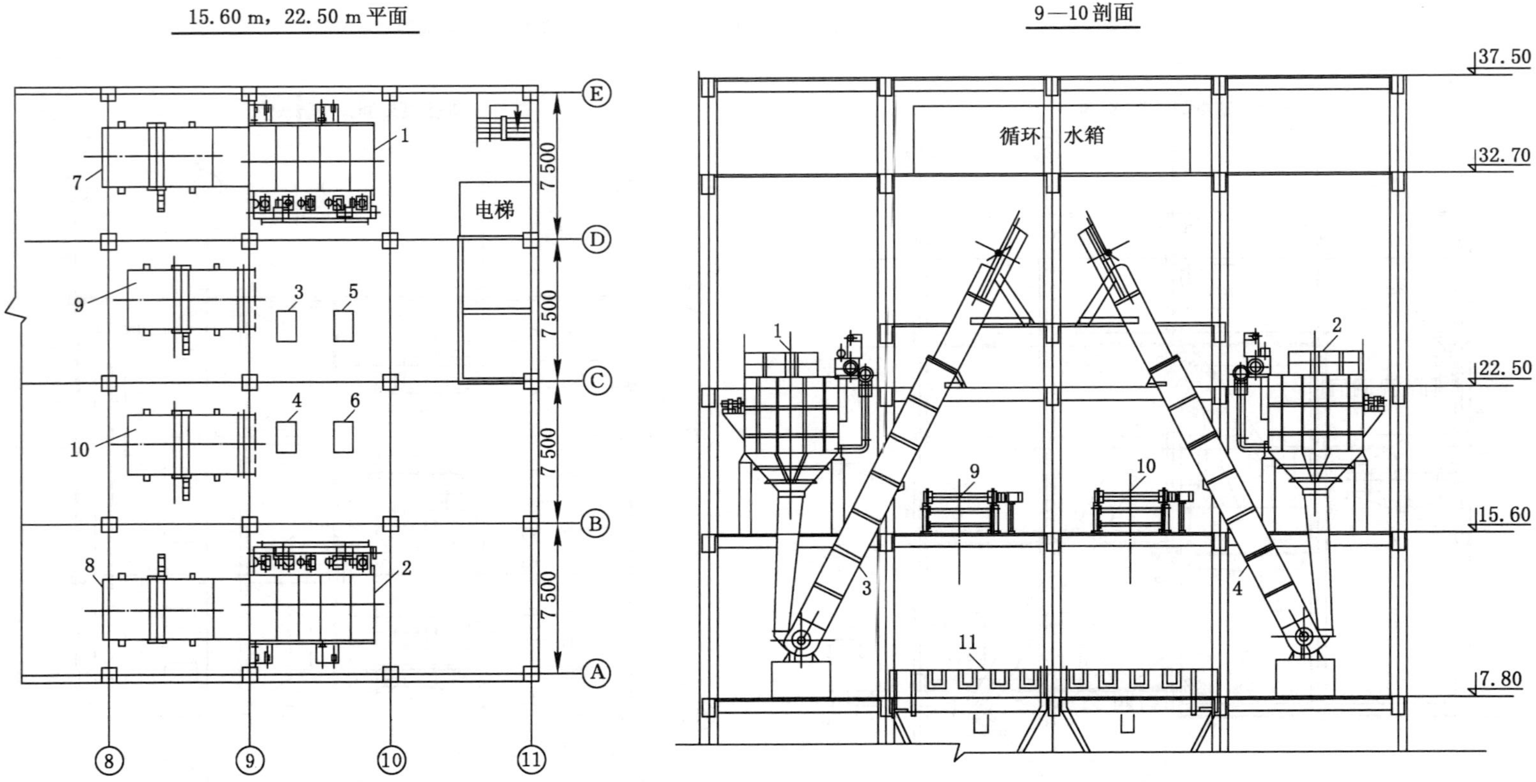

1,2—跳汰机；3,4—中煤斗子提升机；5,6—矸石斗子提升机；7,8—精煤直线振动筛；9,10—中煤直线振动筛；11—刮板输送机。

图8-30 两台跳汰机的布置方式

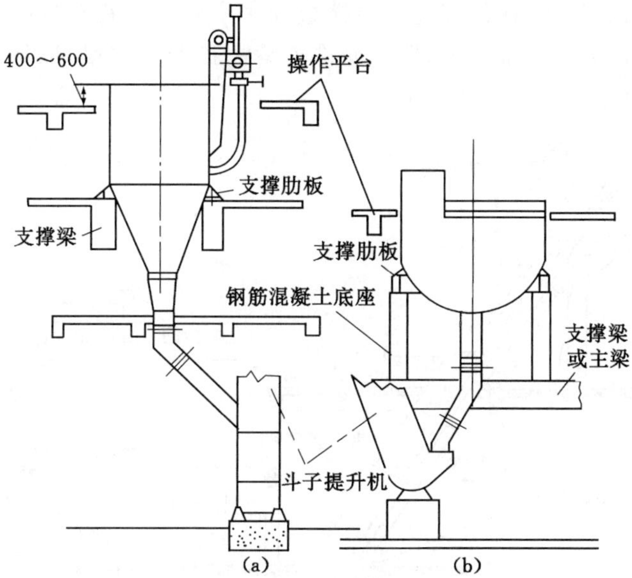

图 8-31　跳汰机的支撑

表 8-8　脱水斗子的有效脱水长度

脱水产品		有效脱水长度(斜长)/m		
名称	粒度/mm	作为最终产品时	去二次脱水时	去输送机或经输送机转载去二次脱水时
跳汰机的中煤或矸石	50～0.5	5～6	3～4	4～5
	13～0.5	6～7	4～5	5～6
捞坑精煤	50～0.5	6～7	4～5	5～6
	13～0.5			
	1～0.5	8～10	5～6	7～8

脱水斗子提升机安装检修工作量较大，占用厂房很大空间，因此，布置时要周密考虑。脱水斗子提升机由机头、机尾、中间节段三部分组成。机头又由头部节段、头部组件、传动系统及传动支架四个部分组成。为了便于头部拉紧装置的调节、机头溜槽安装以及头部节段同中间段的连接，机头部应布置在楼板面以上。脱水斗子提升机机头部中心线要高出楼板面 1.5 m 为宜。传动系统最好放在传动支架上。如果层高受限不便起重检修时，特别是大型斗子提升机的减速器与电动机较重时，可将传动系统放在楼板面上(不设传动支架)。

脱水斗子提升机机尾支架布置在楼板面上，在尾部节段的事故排放口附近应设置排水沟(多台跳汰机时应统一考虑)，地面应有一定的坡度，便于排放煤泥水和冲刷堆积物。两台脱水斗子提升机机尾之间应留有检修距离(根据斗子型号和斗子整体布置考虑尺寸)。

脱水斗子提升机密封节段转为敞开节段时(密封段上口)，要高出跳汰机内水面 500～700 mm，既防止水溢出，又便于观察斗子内的物料；为了布置方便，也可与跳汰机操作台侧的机壳高度相等。

脱水斗子提升机斜长大，往往穿过多层楼板和多个跨间。在布置时容易碰建筑结构的主梁，在必要时可允许去掉一根主梁，但不允许连续去掉两根主梁，以保证厂房建筑整体强度。脱水斗子提升机布置可参考图 8-32。

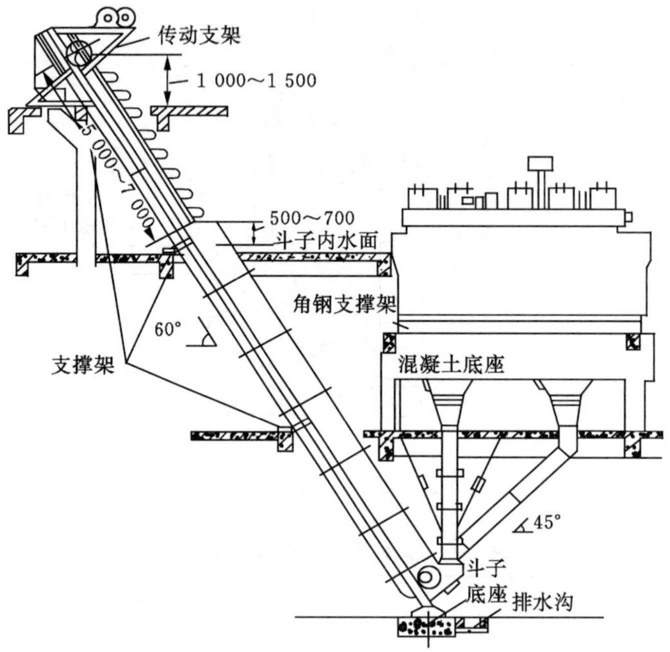

图 8-32　脱水斗子提升机布置

8.4.3　脱水、分级、沉淀设备的布置

跳汰机选后的矸石或中煤，对其质量、粒度、水分无进一步要求时，经斗子提升机一次脱水后，即可装仓作为最终产品。如果对质量有要求，可以进一步处理。如对粒度有要求可以进行分级或分级破碎。要求进一步降低水分可以使用脱水或离心机(中煤)二次脱水。精煤产品通常经脱水筛脱水分级后，块精煤可以作为最终产品。末精煤需经离心机二次脱水后才能满足水分的要求，必要时末精煤还需干燥。筛下水中的粗粒煤泥(已经过分选)需及时回收，掺入精煤中，以便提高精煤产率。所以煤泥水需要沉淀、分级回收粗粒煤泥。回收方法和设施可采用多种方案。

8.4.3.1　脱水筛的布置

脱水筛的布置与分选机布置密切相关，当分选机的位置确定后，精煤脱水筛一般布置在分选机溢流口的前下方的跨间里。常用的精煤脱水筛多为单层振动筛和双层振动筛。在布置时应注意脱水筛结构、安装形式、面积和高度以及是否设置工作台。筛子附近或某侧应有较宽的通道或检修场地(特别是侧面抽轴检修的脱水筛要预留检修的位置)。筛下收集漏斗的排料口位置应靠近筛上物料排出口一端，该端的倾角不小于 50°，以免物料堆积。布置筛子时尽量不跨主梁，以免影响筛下收集漏斗的安装。为了便于筛下水取样，沿筛框两侧应留有取样孔洞。为了减轻脱水筛的负荷，增大处理量，提高脱水效率，防止跑水，脱水筛可设置弧形筛或固定筛预先泄出大量煤泥水(单层块煤脱水筛因筛孔较大可不设)。当采用弧形筛时,其弧度及曲率半径可参考表 8-9。

表 8-9　弧形筛的弧度及曲率半径

弧度/(°)	曲率半径/mm					
45,60	500	750	1 000	1 500	2 000	2 500

采用平面固定筛时,可将其设置在跳汰机溢流至脱水筛之间水运溜槽底部,其宽度一般与溜槽宽度相同,为 600～1 000 mm,长度为 2 000 mm 左右,筛孔为 1～0.5 mm,泄水能力为 200～300 $m^3/(h \cdot m^2)$。固定筛的坡度可参考表 8-10。

表 8-10　固定筛的坡度

物料名称	处理不同粒度的固定筛坡度/(°)		
	13～0 mm	50～0 mm	100～0 mm
跳汰机溢流,液固比 R=5～6	4～5	5～6	6～7

注:液固比 R 大时取小值,反之取大值。

固定筛至脱水筛之间往往有一段水运溜槽,该溜槽的坡度与固定筛筛上物粒度有关,布置时可参考表 8-11。

表 8-11　处理不同粒度的水运溜槽坡度

物 料 名 称	筛缝间隙/mm	处理不同粒度的水运溜槽坡度/(°)		
		13～0 mm	50～0 mm	100～0 mm
固定筛筛上物	0.5	4～6	6～8	8～10
	1	6～8	8～10	10～12

8.4.3.2　离心脱水机的布置

经过脱水筛脱水后的块精煤的水分已经合格,但末精煤及掺入精煤中的粗粒煤泥还需进行二次脱水才能达到水分指标的要求。有些流程中设计有二号精煤、混煤或中煤也考虑二次脱水。因此,经常采用离心脱水机这一有效设备。

离心脱水机一般布置在末精煤脱水筛下层楼板上。同一种产品的离心脱水机应布置在同一轴线上(包括备用离心脱水机),如果台数多时分成两列布置。在布置时根据离心脱水机的结构特点,合理布置给料、排料溜槽以及离心液接管等,并符合安装检修要求。多台离心脱水机要用刮板分配入料。

图 8-33 为筛分机、离心脱水机系统布置图。3 台筛分机布置在同层。筛分机比较特殊,其前 3/4 脱水,后 1/4 分级,避免了使用双层筛时下层筛板不易检修的弊端。分级筛筛上物直接进入产品胶带,筛下物分配至离心脱水机脱水。待脱水的物料经过一台双层配料刮板,将物料分配给左面 3 台立式刮刀卸料离心脱水机。离心液经离心液筒自流进入离心

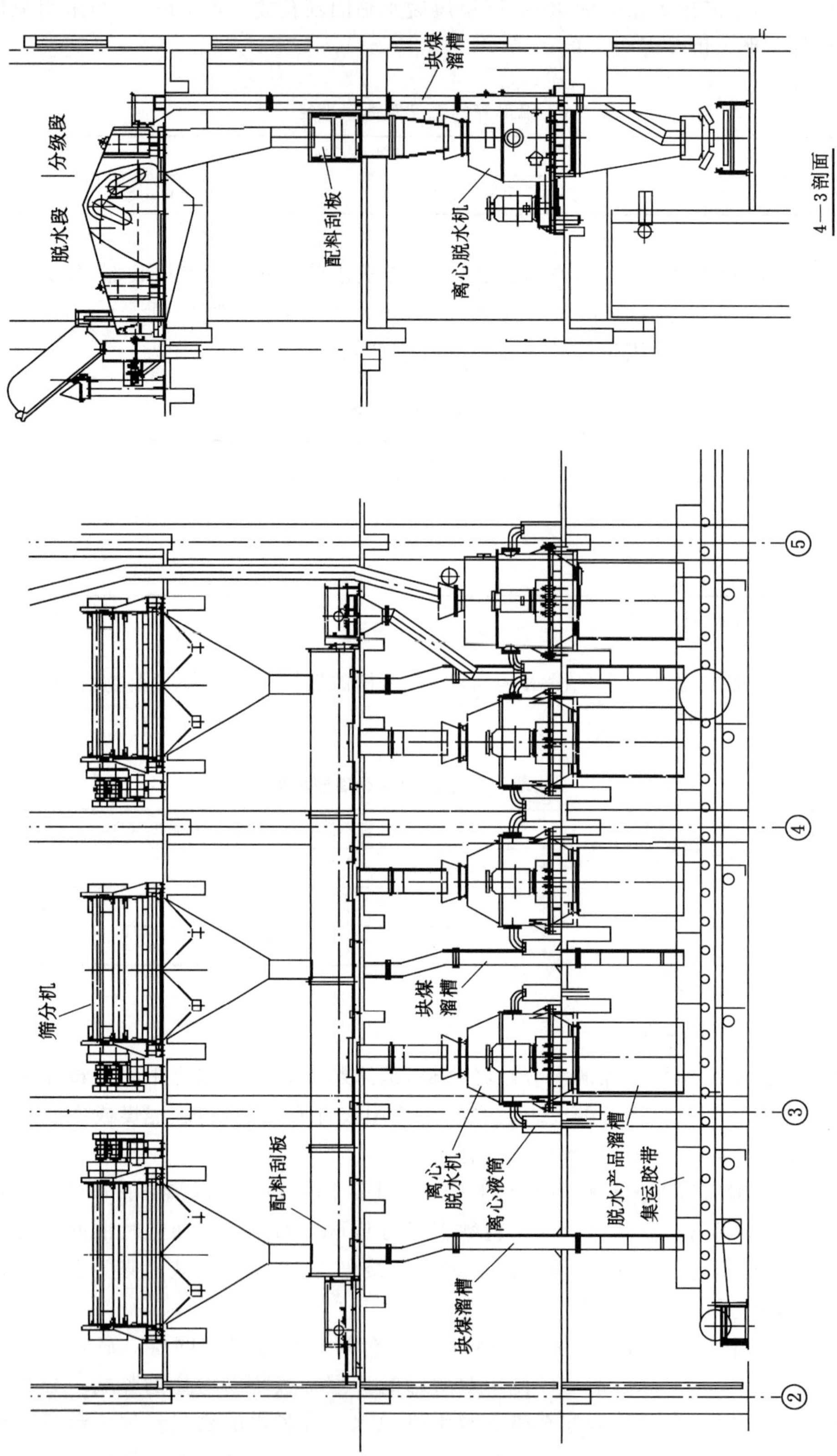

图8-33　筛分机、离心脱水机系统布置图

液池，脱水后的产品由胶带运出。在配料刮板上，除在各离心脱水机上方设有卸料孔外，在刮板的头部设也有卸料孔，以便清除链板黏挂的物料。

图 8-34 为离心脱水机布置图。2 两台以上的离心脱水机入料应加分配入料的刮板输送机。

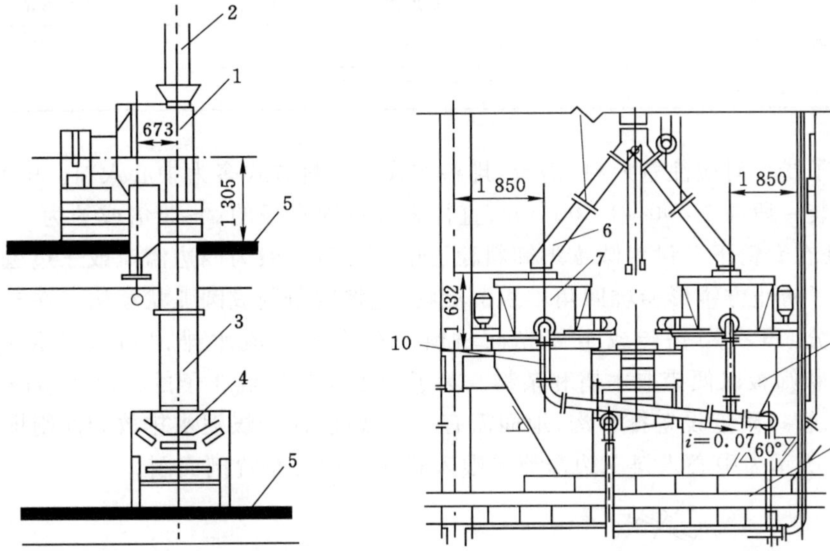

(a) WZL-1000型离心脱水机布置图　　(b) TZ-12型离心脱水机布置图

1—卧式离心脱水机；2，6—给料溜槽；3，8—排料溜槽；4，9—带式输送机；
5—模板及梁；7—立式离心脱水机；10—离心液管。

图 8-34　离心脱水机布置图

8.4.3.3　斗子捞坑的布置

斗子捞坑属自然沉淀设备的一种，通常采用钢筋混凝土结构建造，主要用于末精煤和粗粒煤泥沉淀回收和脱水，其几何形状分为方锥形和圆锥形两种。其中方锥形被广泛采用。

根据斗子捞坑提升机的安装位置不同，其布置形式可分为喂入式[图 8-35(a)]、半喂入式[图 8-35(b)]、挖入式[图 8-35(c)]三种。

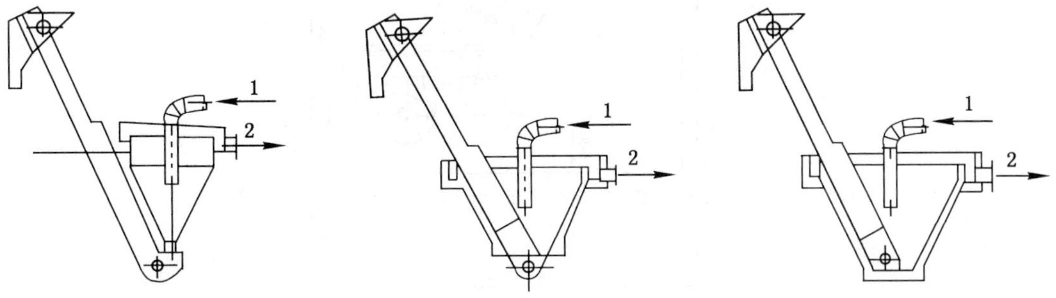

(a) 喂入式　　(b) 半喂入式　　(c) 挖入式

1—入料；2—溢流。

图 8-35　斗子捞坑布置形式

捞坑锥壁倾角一般为 60°～70°，视具体情况选定。表 8-12 所列为捞坑锥壁倾角参考值。

表 8-12 捞坑锥壁倾角参考值

捞坑类别	方锥形池	圆锥形池
精煤捞坑	65°～68°	60°～63°
煤泥捞坑	68°～70°	63°～65°

布置斗子捞坑时应注意入料、溢流、排料方式。入料方式多为中心入料。中心入料时在捞坑中心安装一段高 1 500～1 800 mm、直径为入料管直径的 2～3 倍或约为 1 000 mm 的稳流套筒，并在套筒下部设置圆锥形卸料稳流塔。溢流一般为四边溢流或三边溢流，周边设溢流槽。为了防止方锥形捞坑四角堆积沉淀物，应将四角制成圆弧状结构。在捞坑内壁（特别是锥角部分）设一层瓷砖或金属光面材料。在捞坑溢流水排出口处设置筛孔为 5～10 mm 的格状筛板以便捞取木屑和杂物。为了便于检修捞坑斗子的机尾和事故放水，应在检修孔、排水管口附近设置排水沟；地面需有一段坡度，便于煤泥水排放和冲刷堆积物。

图 8-36 所示为中心入料三边溢流半喂入式斗子捞坑布置剖面图。

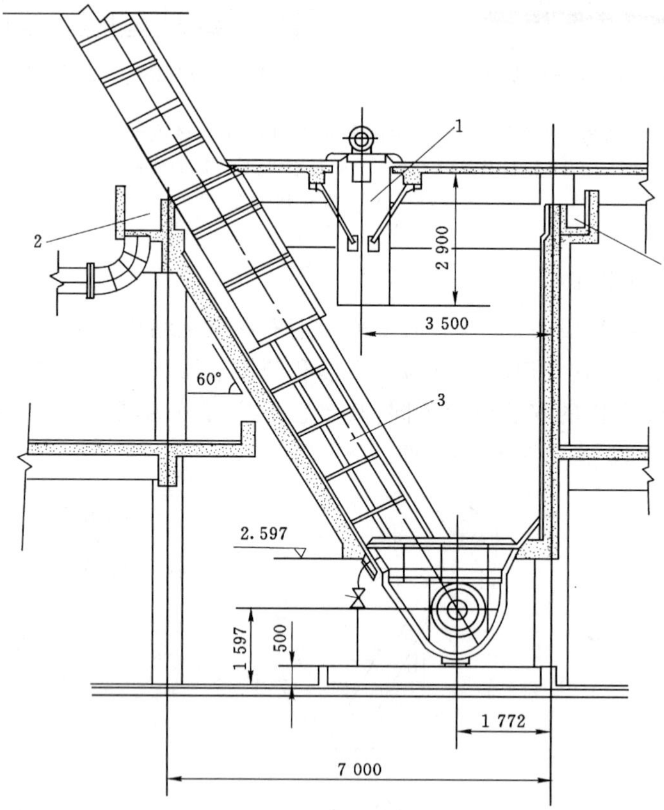

1—入料稳流筒；2—溢流水槽；3—斗子提升机。

图 8-36 半喂入式斗子捞坑布置剖面图

8.4.3.4　角锥沉淀池的布置

角锥沉淀池一般采用钢筋混凝土结构，由若干个并列的角锥体组成。一般布置在跳汰机和精煤脱水筛附近的下层，因占空间高度大，底流收集池常布置在厂房最底层（标高多取±0.00 m）。其宽度与厂房跨度相同，长度视沉淀面积需要而定，但也应取整跨长度，以利于土建结构设计。角锥沉淀池可串联或并联使用。在每个跨间里设置 4～6 个排放口，锥体倾角为 65°～70°。沉降室的锥体部分高度为跨度的 1/3～1/2。

角锥沉淀池的给料溜槽断面尺寸与来料方式有关。采用水运溜槽来料时，给料溜槽的宽度和深度与水运溜槽相同，给料溜槽一般无坡度，水运溜槽的水力坡度一般为 $i=0.030$～0.040。采用管道来料时，给料溜槽的断面尺寸可参考设计手册进行计算或用查图法求得。在一般情况下，给料溜槽的宽度和深度相等并为给料溜槽内水深的两倍。来料管道的水力坡度 $i=0.025$。给料溜槽底部根据需要开若干个方孔或圆孔（单、双排或三排），其孔口大小及数量根据总流量计算。角锥沉淀池内澄清水层高度不应小于 1.5 m，以防止溢流中混入粗粒（≥0.5 mm）煤泥。溢流槽的断面尺寸的确定方法与给料溜槽相同，但流量计算时应减掉底流排出的量。溢流槽坡度 $i=0.010$～0.020。角锥沉淀池底流接料槽或管路的坡度不小于 7°～8°。角锥沉淀池底流应设底流缓冲池，其容积按 5 min 左右的入料量计算。底流缓冲池布置在角锥沉淀池入料端下面。缓冲池底流选用耐磨泵抽送粗粒煤泥至粗煤泥回收筛回收。当输送浓度较高的煤泥水时，在泵的入料处（闸门后）设清水冲管，以便清理堵塞物。如果采用圆形角锥沉淀池或角锥形沉淀池角锥个数少时，可直接用泵抽送底流，不设底流接料槽和缓冲池。图 8-37 为串联使用的角锥沉淀池布置实例。

8.4.3.5　倾斜板沉淀槽的布置

倾斜板沉淀槽是另一种分级沉淀设备，在选煤厂中用于煤泥水沉淀分级、回收粗粒低灰煤泥。倾斜板沉淀槽体积小，为金属结构；里面有倾斜布置的波纹板，一般使用次梁架设在楼板上，周边设操作台。倾斜板沉淀槽占地面积小，可以按照要求控制溢流的粒度，单位处理能力大。它的缺点是，底流口易被杂物及小块煤堵塞，所以需严格控制杂物及小块煤的混入，严格操作管理，及时排放底流。在布置时应注意底流口的操作检修方便。图 8-38 所示为圆锥形倾斜板沉淀槽布置图。倾斜板使用圆形次梁架设在楼板上。入料由中心给料管给入，底流用泵抽出，溢流经溢流槽流出。倾斜板上方设有起吊装置，便于设备安装和检修。该设备安装时，是分体的圆环，吊装后焊接而成。检修时主要更换破损的倾斜板。

8.4.3.6　永田式沉淀池的布置

永田式沉淀池结构特点与角锥沉淀池不同，虽然也是方形（或圆形），但在池的上部增设多个狭小均等间隔的溢流槽。煤泥水来料从一端给入，有导流板将其导入池的下部，垂直下降有利于沉淀，澄清水则徐徐上升，由溢流槽排出。底流用泵自动控制抽送回收粗粒低灰分煤泥，分级效果较好。永田式沉淀池通常采用钢筋混凝土结构，在日本有系列设计和多种规格。最小面积为 2.60 m^2/个，最大达 28.40 m^2/个。可选择几个分区布置使用。淮北矿业（集团）有限责任公司临涣选煤厂采用方形 4 个 13.80 m^2/个永田式沉淀池分两区布置。图 8-39 所示为该厂永田式沉淀池的布置图。

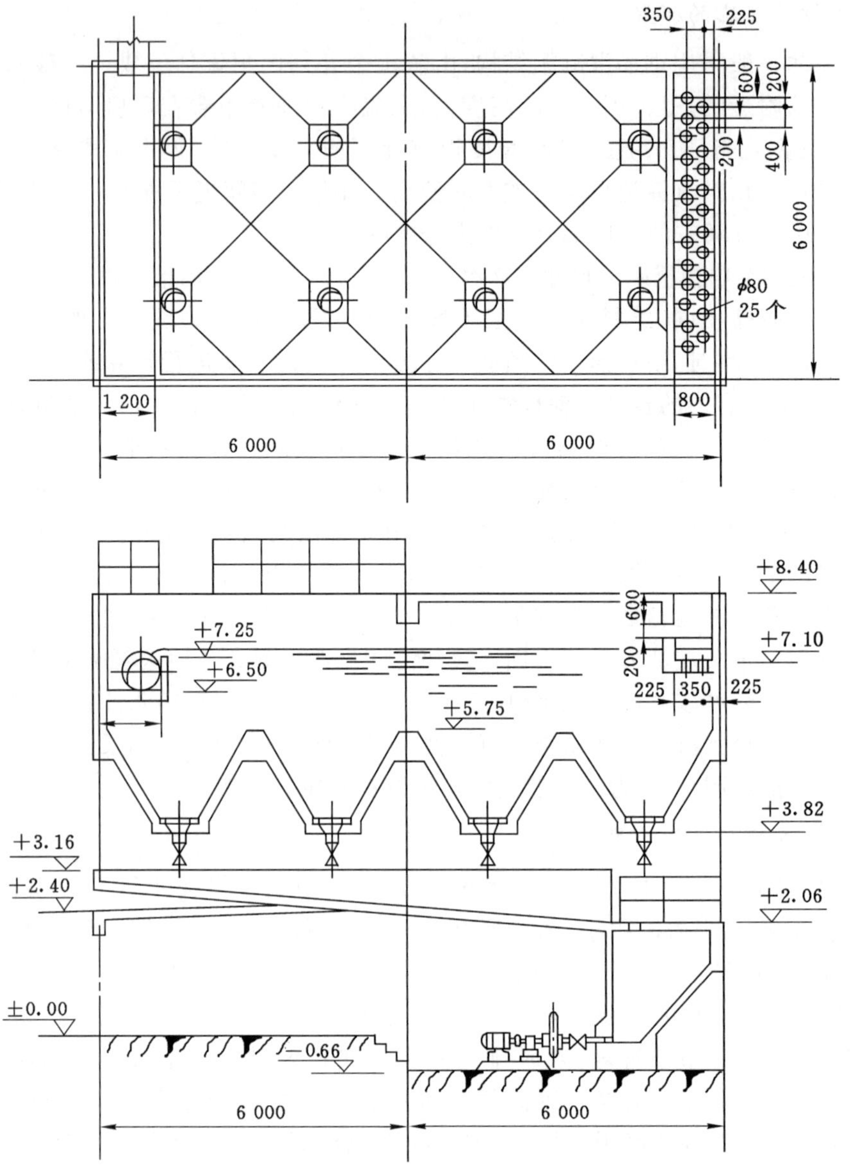

图 8-37　串联使用的角锥沉淀池布置实例

8.4.3.7　分级旋流器与弧形筛系统

粗粒煤泥回收设备除了上述产品之外，最近几年还有用分级旋流器和弧形筛组成的系统。图 8-40 所示为分级旋流器组和振动弧形筛的布置图。旋流器组中旋流器的个数可根据处理量确定。旋流器的溢流和底流分别收集在溢流槽和底流槽中，底流进入设在下层的弧形筛进行脱水。弧形筛的筛上物可用煤泥离心脱水机进一步脱水。

8.4.4　跳汰机供风、给水定压设施的布置

适用于跳汰机供风的鼓风机有离心式和回转式（转子式或罗茨式）两种类型，均有系列

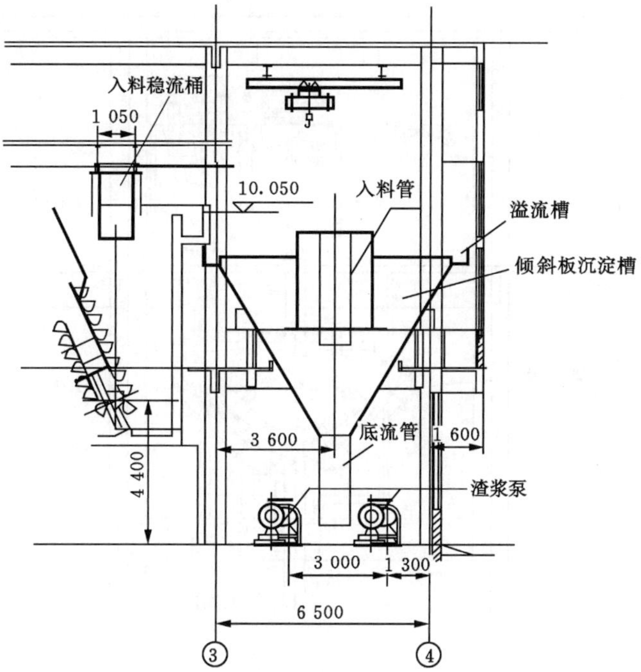

图 8-38　圆锥形倾斜板沉淀槽布置图

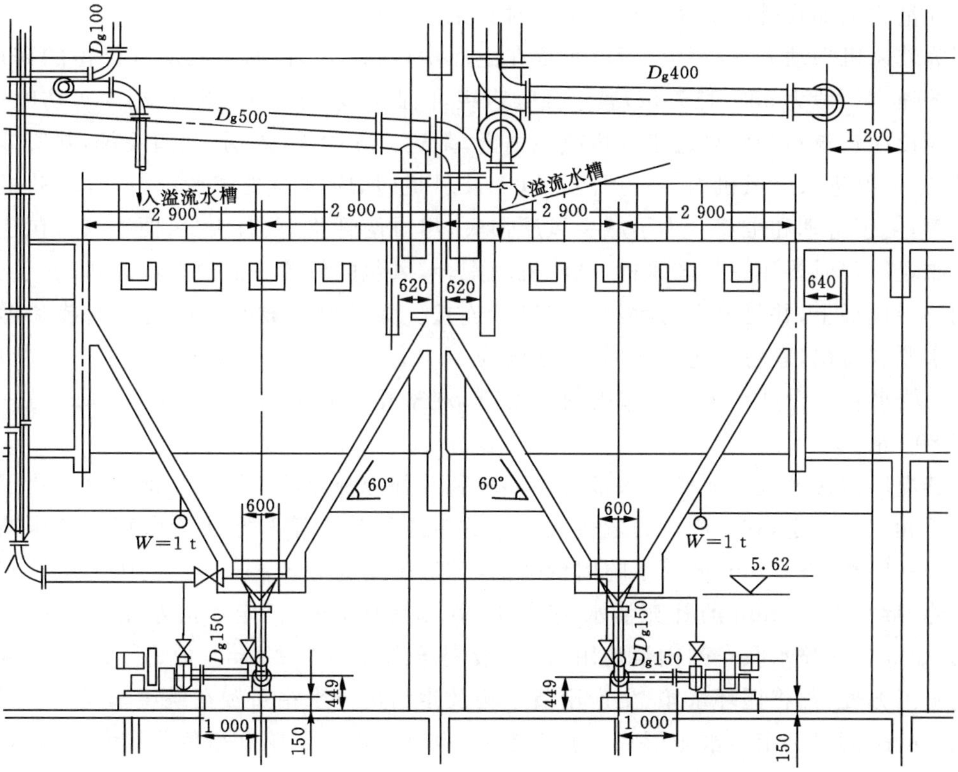

图 8-39　永田式沉淀池布置图

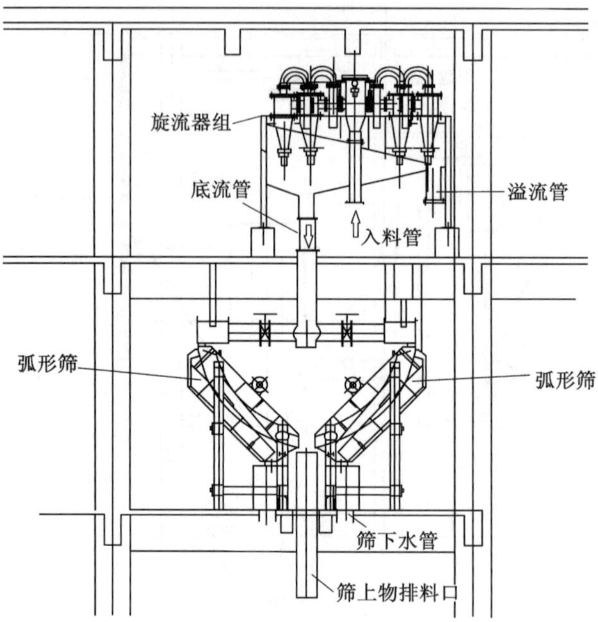

图 8-40　分级旋流器组与振动弧形筛布置图

产品。和跳汰机配套的鼓风机，选型指标与跳汰机类型有关，筛下空气室的跳汰机单位面积空气消耗量比筛侧式跳汰机大。选择指标时参见第 6 章。

因为鼓风机振动大、噪声大，所以布置在主厂房（跳汰车间）的最底层靠外窗的跨间里。鼓风机的噪声一般为 95～115 dB，属于强噪声级，因此应采用隔声、吸声、消声等防噪设施。进风口应设在建筑物外墙靠近梁底边或屋檐下，附近应无尘土、木屑、铁屑飞扬，并安装滤清设施，防止杂物进入鼓风机内。选用两台以上鼓风机时，应以轴线作平行布置，电动机布置在同一侧，便于管理和维修。为了减少风压损失，尽量使管路短、弯头少，便于与风包连接。

在布置风包时要注意与鼓风机、跳汰机的配合，风包的位置一般放在鼓风机的上层楼板上或同一层地板上，并且便于与跳汰机进风管连接。为了便于放水管堵头的安装和拆卸及内部积水顺利排出，宜将风包支座斜置，坡度为 15%。放水管一端的基础高度一般为 150～200 mm，放水管下设排水沟。风包周围有通道，观察孔一侧宽不小于 1 000 mm，另一侧宽不小于 800 mm。

在选煤厂湿法分选中要使用大量的循环水和一部分补充清水以及生活用水。为了保证供水定压和水量稳定，在车间内设置较大容量的定压循环水箱和定压清水箱。定压循环水箱的容积一般按 3～5 min 循环水的用量确定，其定压高度为 8～10 m。定压清水箱有效容积要求能容纳 5～15 min 的补充清水用量（厂型大者取小值）。定压清水箱主要用于脱泥筛、脱介筛等有压喷水及车间内消防用水，一般定压高度为 5～7 m。但为了厂房布置和土建结构施工方便，都将循环水箱、生产用清水箱及生活用清水箱布置在跳汰车间最高层同一跨或相邻的跨间里。定压水箱形状一般为矩形，也有圆形。定压水箱负荷较大，在布置时注意不要偏置厂房边侧，应布置在适中位置。要妥善安排进、出水管和溢流管的位置。定压水箱底部应有 $i=0.005\sim0.010$ 的坡度，倾斜向排水管底口。循环水箱的溢流管上口应低于水箱顶面500 mm，防止水流溢出(清水箱的溢流管上口也应低于水箱顶面 300 mm)。为了防止杂物进入水箱，可设轻型盖板。如溢流管放在水箱内时，管口上部应设计成漏斗状，其漏斗上口直径要大于溢流管 300～400 mm，漏斗的高度为 150～200 mm。为了观察和检修方便，在定压水箱外壁设置水位指示器和爬梯。

8.5　重介车间的工艺布置

重介质分选法在我国使用越来越广泛。重介质选煤的分选效率和分选精度高，数量效率 η 可达到 95%以上，分选块煤时可能偏差 E_p 值达 0.02～0.04，分选末煤时 E_p 值为 0.03～0.07。重介质选煤法分选密度的调节比跳汰选煤法灵活而且范围宽。跳汰机分选密度一般控制在 1.45～1.90 g/cm^3；而块煤重介质分选机分选密度一般控制在 1.35～1.90 g/cm^3，末煤重介质旋流器分选密度控制在 1.30～2.00 g/cm^3。重介质选煤法分选粒度范围宽。块煤重介质分选机一般为 1 000～13 mm，末煤重介质旋流器目前在 50～0 mm(选别深度可达 0.1～0.15 mm)。重介质分选时，原煤给入量及原煤性质改变时，其受影响不大，当精煤质量要求有变动时，精煤灰分可按要求予以改变，因此，重介质选煤的灵活性和适应性很强。此外，重介质旋流器对脱除黄铁矿硫效果良好。

重介质分选法加工费用较高，但精煤损失少，精煤产率高。对稀缺煤种、难选煤、极难选煤和要求生产低灰分精煤采用重介质分选法时，技术经济效果是显著的。随着先进重介质工艺和设备[如三产品斜(立)轮重介质分选机和重介质旋流器等]的发展，工艺流程和介质回收复用系统的进一步简化，设备耐磨性的逐渐增强，重介质选煤在我国会得到进一步发展。

8.5.1　块煤重介质分选系统的设备布置

块煤重介质系统作为分选系统使用时，比排矸作业系统要复杂，主要差别是设主、再选，以便出合格精煤；入选下限低，一般是 13(6) mm，而排矸一般入选下限为 50 mm。块煤重介质系统的入料方式和布置，参见本章第 3 节中重介质排矸车间的布置内容，此处重点说明块煤重介质主、再选的布置。

在块煤重介质流程中设立主、再选工艺并采用二产品分选机时，一般有两种布置方案：一种是主选机与再选机互相垂直布置；另一种是主选机与再选机平行布置。主选机与再选机垂直布置在同一层楼板上的方案见图 8-41(a)。从图 8-41(a)中可以看出，该块煤重介车间布置的特点是原料煤由带式输送机输送，采用容量不大的(4 t)缓冲仓给料，主、再选机布置于两个跨间且在同一层楼板上，为了保证自流给料角度，主选机支承高度高于再选机 1.4 m。

这种布置方案的优点是看管方便，缺点是主选机要架设在较高的位置上，否则主选产品不能自流进入再选机(倾角不能满足要求)，必要时需用介质冲送。这种布置方案适用于一台主选机对应一台再选机、生产量不大的情况。主选机与再选机互相平行的布置方案见图 8-41(b)。

该方案是再选机布置在标高比主选机低 3 m 左右的下层楼板上。这种布置方案优点是主选产品自流进入再选机，其运输方便。可以一台主选机对应一台再选机，也可以两台主

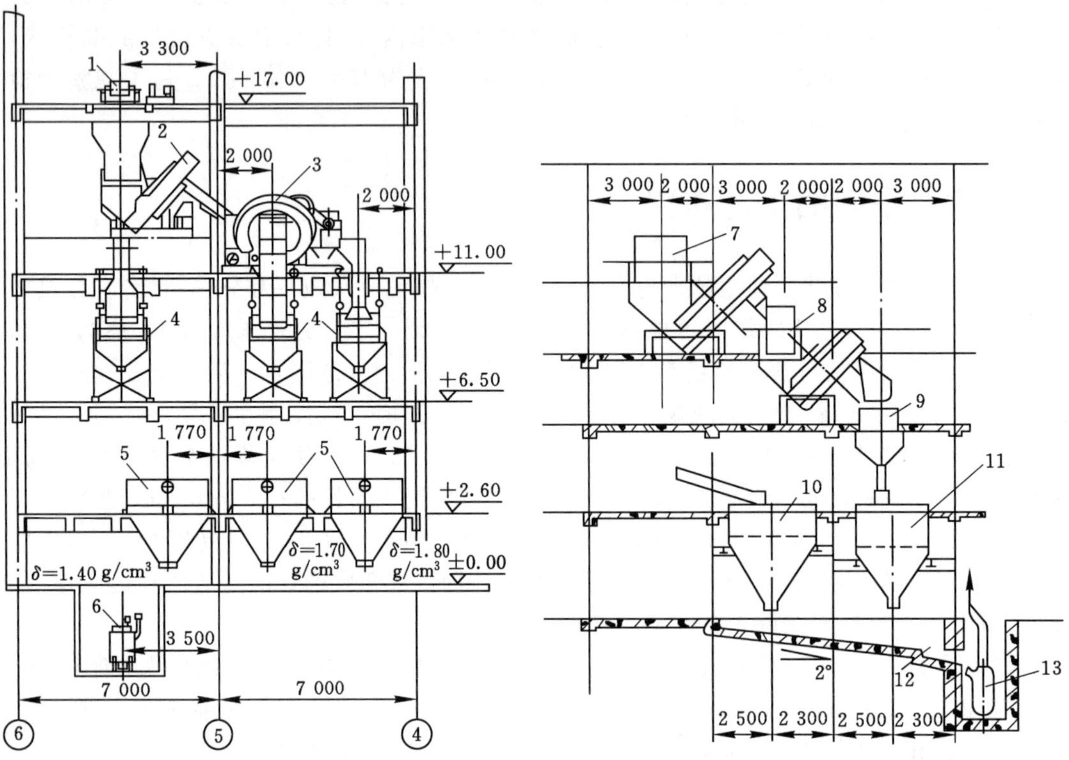

(a) 二产品重介质斜轮主、再选机垂直布置实例

(b) 一台主选斜轮分选机对应一台再选斜轮分选机平行布置在不同平面上的方案

1—带式输送机；2，7—主选斜轮分选机；3，8—再选斜轮分选机；4—精煤脱介筛；5—介质桶；6—空气提升器；9—脱介筛；10—高密度介质桶；11—低密度介质桶；12—介质收集池；13—介质收集桶。

图 8-41 重介车间设备布置实例

选机对应一台再选机。当采用两台主选机对应一台再选机工艺时，应特别注意加强管理，做好设备检修计划，否则两台主选机中某一台停机时，再选机在轻负荷情况下运转，造成动能损失。如果再选机停机时，两台主选机也必然停产，又造成生产损失。

图 8-42 所示为斜轮重介质分选机两台主选机对应一台再选机垂直布置实例。

图 8-43 为刮板（浅槽）重介质主再选分选机的布置图。分级筛筛上物通过溜槽进入主选刮板重介质分选机，分选机内刮板的上下链将轻、重产物分别刮出分选槽，重产物可以经固定筛脱介后进入再选分选机，也可以直接作为产品进入下层的脱介筛。

图 8-44 为浅槽重介质分选机三维布置图。分级筛筛上物进入浅槽重介质分选机进行分选，轻产物为精煤，重产物为矸石。

8.5.2 重介质旋流器系统的布置

重介质旋流器分选精度高，分选粒度下限低，适用于各种可选性的原煤分选。目前在我国，重介质旋流器已经成为相当成熟的选煤设备。随着配套设备的健全与完善，重介质旋流器选煤技术得到空前的发展。到目前为止，二产品重介质旋流器、三产品重介质旋流器都已

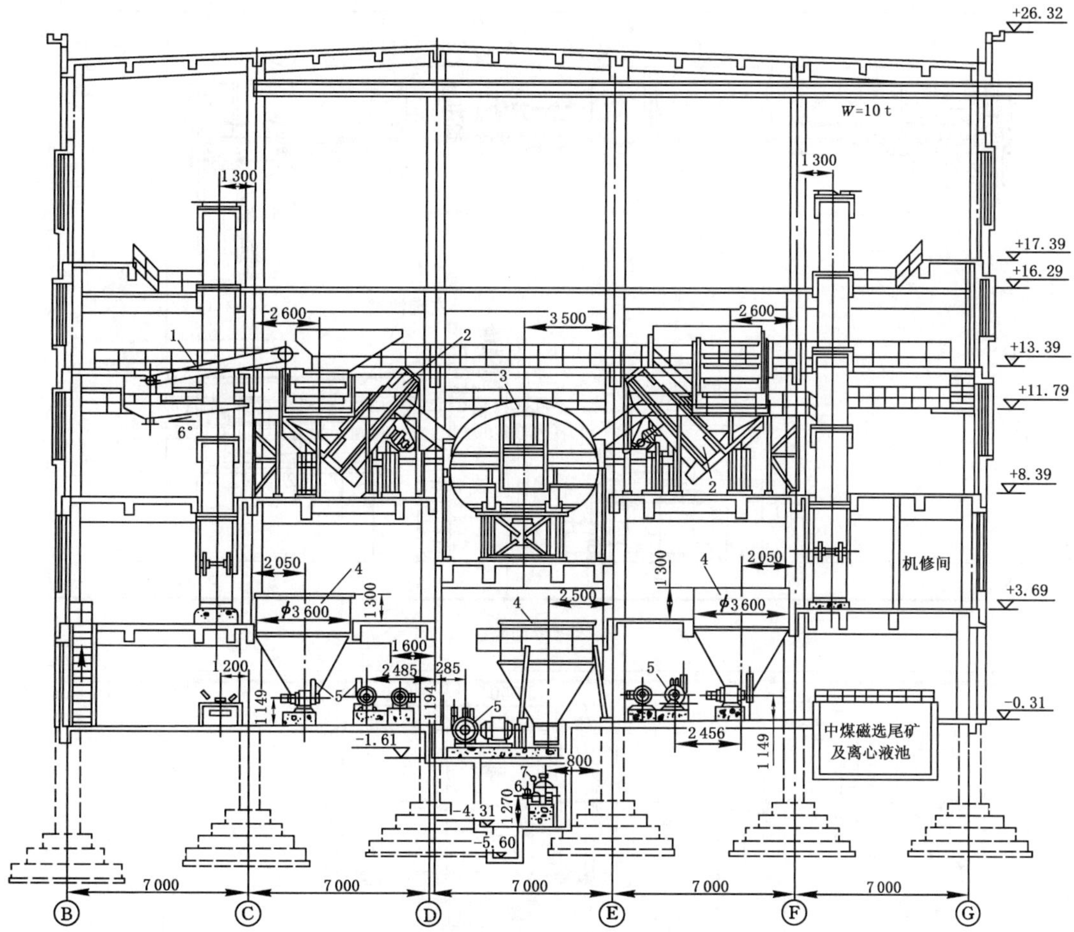

1—带式输送机；2—主选斜轮分选机；3—再选斜轮分选机；
4—介质桶；5—介质泵；6—排污泵；7—空气提升器。

图 8-42 斜轮重介质分选机两台主选机对应一台再选机垂直布置实例

经系列化。大直径重介质旋流器的出现，使其入料粒度上限可达 80～100 mm，最大单机处理量达 350 t/h 以上。与此同时，相关配套用渣浆泵、脱介筛、磁选机以及耐磨材质都已经系列化，且相当成熟。由于大直径重介质旋流器、有压给料与无压给料三产品重介质旋流器和煤泥重介质旋流器的出现，重介质旋流器选煤技术已成为主要的选煤技术之一。重介质旋流器种类很多，各有不同特点，从外形上分为圆锥形与圆筒形两种，从给料方式上分为有压给料和无压给料两种，从生产产品数量上分为二产品和三产品两种。随着原煤质量的变坏和细粒物料的比例增多以及市场经济的发展对精煤质量的要求提高，重介质旋流器选煤工艺会得到更广泛的应用。在选煤厂设计工艺布置上，则对入料粒度、入料量的均匀性、入料压力的稳定性等方面有更高的要求。

8.5.2.1 重介质旋流器的给料方式

重介质旋流器的给料方式分为有压给料和无压给料两种。有压给料通常将悬浮液和原煤均匀混合，利用泵或定压漏斗的压力压入旋流器的筒体。无压给料是将分选物料与悬浮

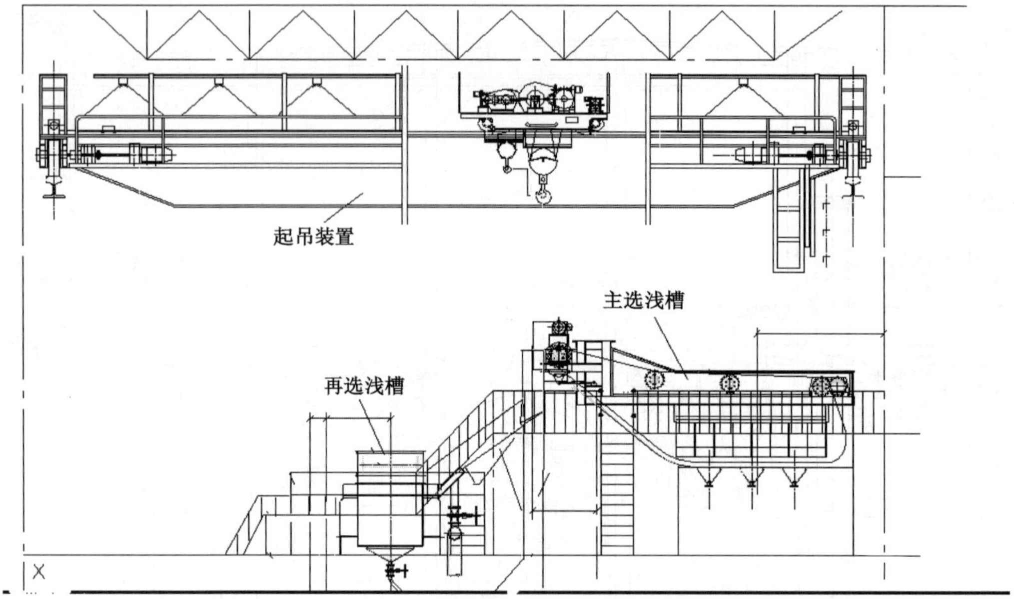

(a) 纵剖图

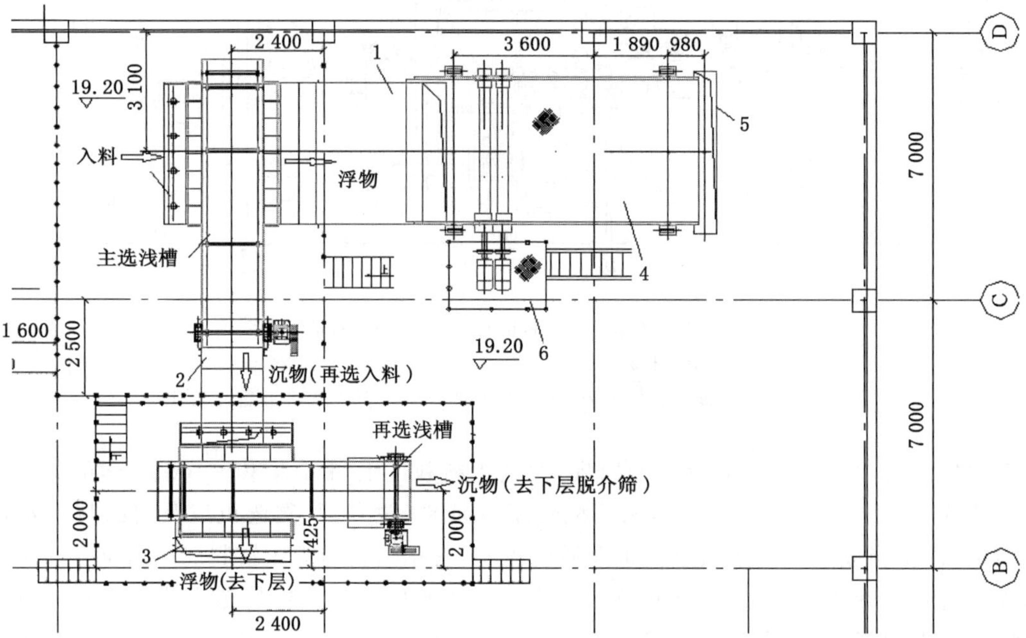

(b) 平面图

1,2,3—溜槽;4—脱介筛;5—脱介筛下料溜槽;6—脱介筛传动装置。

图 8-43 刮板(浅槽)重介质主再选分选机布置图

液分开,悬浮液逆物料方向由泵沿切线给入旋流器底部,而物料由旋流器上部给入料箱(加少量悬浮液),靠自流进入(有空气柱吸入)旋流器。

1. 无压给料

无压给料方式用于圆筒形旋流器。在布置时应分别考虑原煤和介质两部分料流。

(a) 浅槽重介质分选机三维主视图

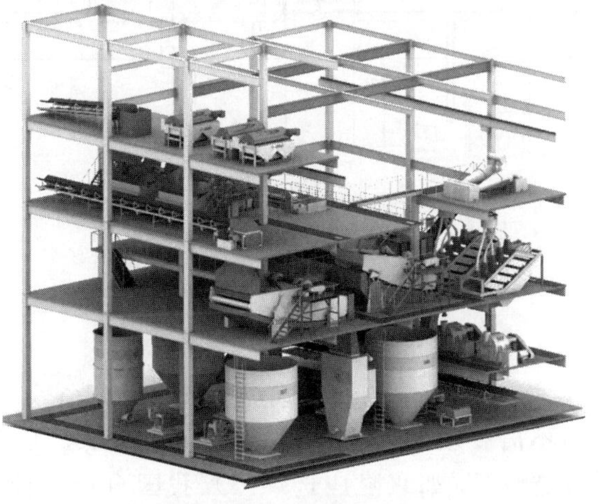

(b) 浅槽重介质分选系统全景图

图 8-44　浅槽重介质分选机三维布置图

在旋流器给料端上方，一般设有容积很小的缓冲料斗，原煤经带式输送机或分级筛直接给入缓冲料斗，自流进入旋流器。缓冲料斗的容积不必很大，但要有一定的高度，一般根据现场经验高度宜为 2～4 m，以防止入料受旋流器上升旋流的干扰。

介质用介质泵分两路打入旋流器，少部分随原煤进入，起润湿作用，大部分由旋流器的另一端切线给入，在旋流器内部产生分选旋流。

无压给料旋流器布置示意图见图 8-45。

无压给料方式布置简单，给料稳定，物料不经泵的叶轮冲击，破碎率低。相对有压给料方式，无压给料方式也有不足之处：重悬浮液循环量大，进入旋流器的重悬浮液与入选煤量的比值有的高达 8∶1；旋流器的重悬浮液入口压力高，动力消耗大。按照传统经验，重介质旋流器的重悬浮液入口压力一般为 $p=(9\sim12)\delta_i D_i/10^5$。其中，$p$ 为悬浮液入口压力，MPa；δ_i 为重悬浮液密度，kg/m^3；D_i 为三产品重介质旋流器第一段旋流器直径，m。

例如：当一段旋流器直径为 1.2 m，重悬浮液密度 $\delta=1\ 450$ kg/m^3 时，要求悬浮液的入口压力应为：$p=(9\sim12)\times1\ 450\times1.2/10^5=0.157\sim0.209$ MPa。但在一些选煤厂，重悬浮液的入口压力只有提高至 0.25 MPa 以上才能保证正常分选。入选物料越细，需要压力越高，选择泵的时候要充分注意。

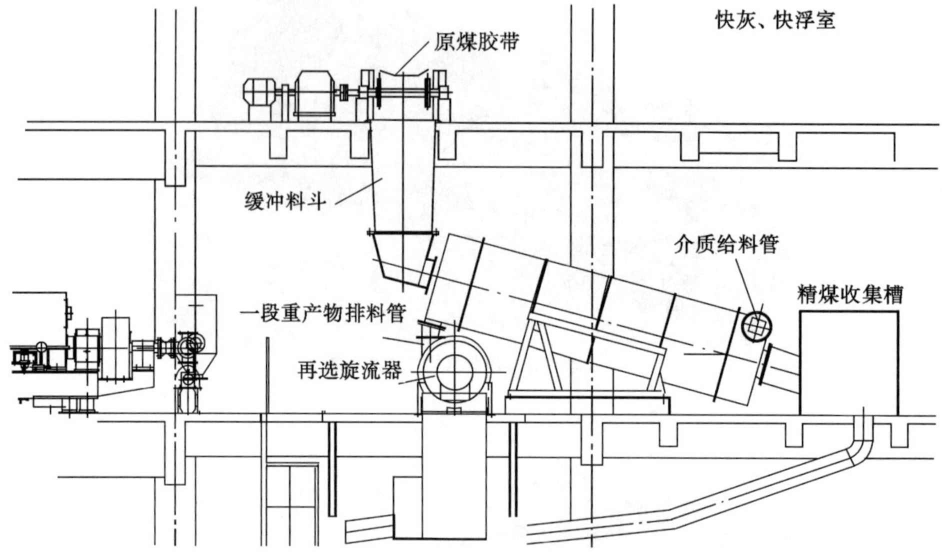

图 8-45　无压给料旋流器布置示意图

2. 有压给料

(1) 混合桶、泵给料

由于泵输送物料的技术进步,用泵给料方式优点较为突出,它可以一次将物料和介质同时送入旋流器,给料稳定,不需要缓冲仓或定压设施,可以降低厂房高度。20 世纪 80 年代由中外设计院共同设计的选煤厂(如兴隆庄选煤厂)、我国自行设计的选煤厂(如临涣选煤厂)以及改扩建的选煤厂,都采用了泵给料方式。用泵给料方式除要有性能好的泵外,关键还与入料混合桶的构造有关。

图 8-46 所示为兴隆庄选煤厂使用的重介质旋流器入料混合桶构造示意图。

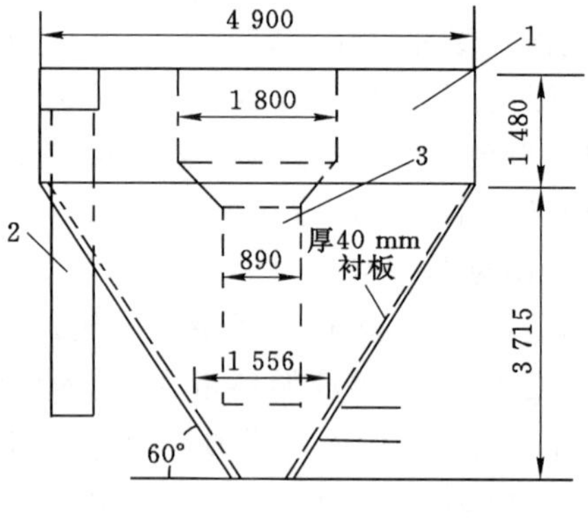

1—锥形混合桶;2—溢流管;3—中心给料管(入料量可达 347 t/h)。

图 8-46　兴隆庄选煤厂重介质旋流器入料混合桶构造示意图

在布置混合桶时,要注意混合桶的下部结构,正确连接吸入阀、节流阀和泄水阀门,泵出口管路应尽量垂直于旋流器给料管或分配桶(环形布置旋流器时)。

当物料易碎，或要求尽量减少块煤破碎时，应尽量避免使用此给料方式。

(2) 定压漏斗给料

定压漏斗给料方式是入选物料采用斗子提升机或带式输送机提升到厂房的适当高度，再经刮板输送机均匀地分配到缓冲仓，通过给料机给入定压漏斗。同时，用泵将合格悬浮液打入定压漏斗中，与物料混合均匀，再给入重介质旋流器中进行分选。这种给料方式在早期设计的选煤厂重介质旋流器工艺中普遍采用。它的优点是稳定性能好，原料煤不易粉碎，适用于对产品粒度要求较高的煤种。这种给料方式的缺点是厂房布置困难，增加运输设备及厂房高度和体积，同时也给管理工作带来不便并加大工作量，厂房土建结构也比较复杂，增加基建投资和经营费用。采用这种给料方式时对旋流器布置有一定的要求，通常多台旋流器需平行排列布置。

采用定压漏斗给料方式的设备布置如下。

① 缓冲仓的布置

缓冲仓布置在刮板输送机下层楼板上，其容量为旋流器 5～10 min 的处理量。缓冲仓可采用钢筋混凝土或金属结构。缓冲仓内的斜壁上应铺设铸石板或瓷砖，防止仓壁磨损。缓冲仓的倾角应不小于 60°。缓冲仓上的配料设备应根据仓的数量、仓的排列方式等具体情况而定。如仓的个数较多，可采用刮板输送机配料，仓少时可采用溜槽或分岔溜槽给料。在布置时要注意缓冲仓排料口应正对定压漏斗入料口的中心线。

② 定压漏斗的布置

定压漏斗给料的高度视旋流器直径而定，一般为 5～7 m。定压漏斗的容量一般为 0.3 min 左右的介质循环量。定压漏斗的结构形式有两种：一种是上部圆柱形下部圆锥形，另一种是上部方柱形下部方锥形，通常采用金属制作。定压漏斗的尺寸一般是锥体部分的高度为柱体高度的 2/5，溢流箱的高度在 500 mm 左右。

圆柱体的直径或方柱体的边长可按经验公式(8-9)计算：

$$D \text{ 或 } L = 37.5\sqrt{Q} \tag{8-9}$$

式中　D——圆柱体直径，mm；

L——方柱体边长，mm；

Q——介质循环量，m^3/h。

定压漏斗的排料管直径按经验公式(8-10)计算：

$$d = 17.5\sqrt{\frac{Q}{n}} \tag{8-10}$$

式中　d——排料管直径，mm；

Q——介质循环量，m^3/h；

n——每组旋流器的个数，个。

定压漏斗的溢流管直径，一般按大于排料管直径一级进行选择。

缓冲仓与定压漏斗之间给料方式有给料机给料或介质溜槽给料。无论采用哪种给料方式，都需要在缓冲仓出口下设置闸门，以便控制给料量。若采用介质溜槽给料时，溜槽倾角为 4°～6°。介质溜槽的断面尺寸应进行计算确定。在布置介质溜槽或给料机时应将溜槽或给料机伸进定压漏斗 100～150 mm，以防洒落。为了便于安装、检修、操作，要考虑闸门、手把的转动半径及操作检修空间。

定压漏斗与旋流器安装关系如图 8-47 所示。

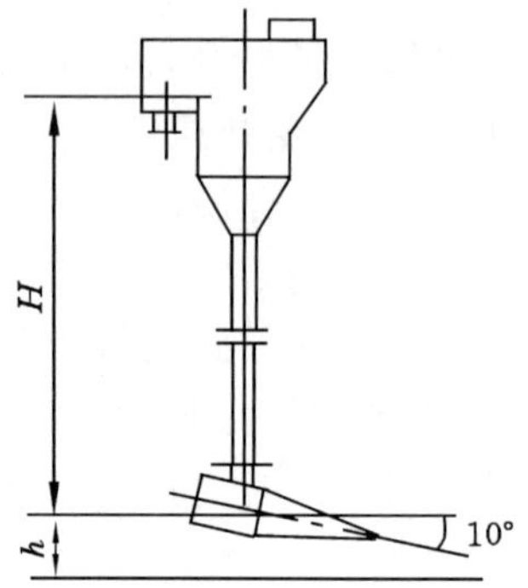

图 8-47　定压漏斗与旋流器安装关系

图中，H 为定压高度；h 为旋流器中心线相对楼板面的安装高度，一般为 700～1 000 mm。安装倾角 α 一般为 10°。在布置时理想的情况是一台定压漏斗供一台旋流器或供两台旋流器。定压高度一般为 5～7 m 的液柱高度，它与旋流器直径有关，通常为旋流器直径的 9 倍，如直径为 650 mm 的重介质旋流器，定压高度为 6 m，以此来保持稳定固液比和入料压力，以达到好的分选效果。

定压高度可根据经验公式(8-11)计算：

$$H = \frac{D}{1\,000}K \tag{8-11}$$

式中　H——定压漏斗溢流液面至旋流器中心线交点高度，即定压高度，m；

　　　D——旋流器直径，mm；

　　　K——系数，一般取 9～12。

8.5.2.2　重介质旋流器与重介质旋流器组的布置

随着旋流器的大型化，使用设备台数减少。目前，一台直径为 1 200～1 400 mm 的三产品重介质旋流器即可满足生产能力为 1.2～1.8 Mt/a 厂型的生产。因此，单台旋流器的布置比较简单。

当采用多台重介质旋流器时，可以布置成单列、双列或环形，视台数及给料方式而定。采用定压漏斗给料方式时多采用平行布置，采用泵给料方式时应成环形布置。

1. 单台三产品重介质旋流器的布置

三产品重介质旋流器的两段旋流器有各种组合形式。有压三产品重介质旋流器有筒-锥、锥-锥组合，无压三产品重介质旋流器有筒-锥、筒-筒组合。

除了外形形式的组合，三产品重介质旋流器的两段旋流器布置位置也有不同组合，视厂房条件和后续脱介筛的位置而定。两段旋流器布置位置主要有主再选上下垂直、上下平行、左右平行等。图 8-48 为两段旋流器上下平行布置示意图。两段旋流器一上一下、长轴线在一个平面内布置。图 8-49 为两段旋流器上下垂直布置示意图。两段旋流器一上一下、长轴线在相互垂直面上布置。旋流器安装角度为一段 15°，二段水平。

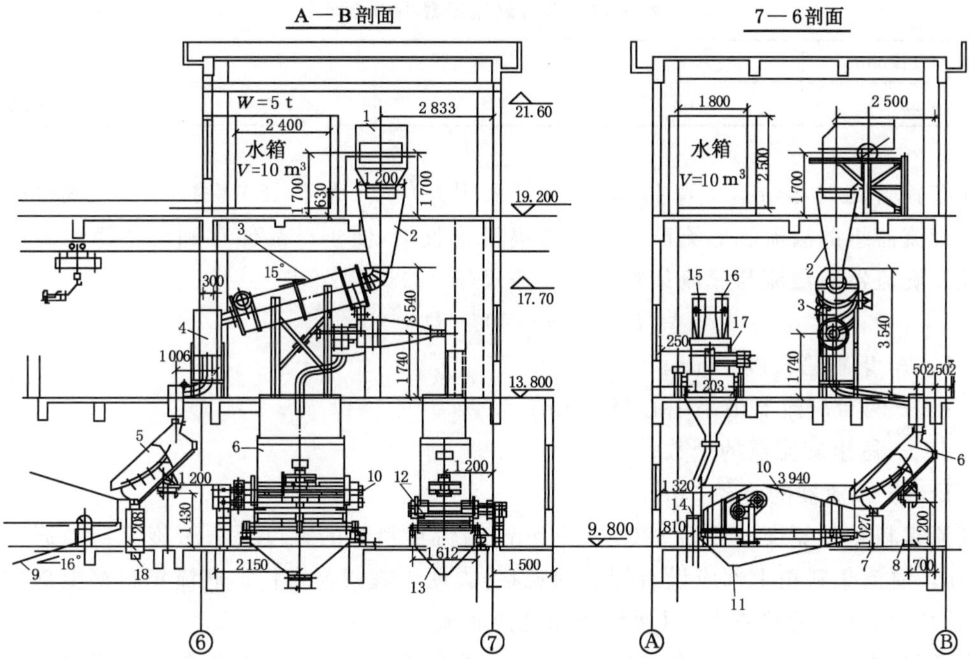

1—刮板输送机；2—缓冲仓；3—三产品重介质旋流器；4—精煤收集箱；5—精煤脱介筛；6—中煤脱介筛；7—弧形筛支架；8,18—合格介质管；9—合格介质收集漏斗；10—中煤脱介筛；11—稀介收集漏斗；12—矸石脱介筛；13—矸石溜槽；14—精煤收集槽；15,16—旋流器组；17—粗煤泥收集箱。

图 8-48　两段旋流器上下平行布置示意图

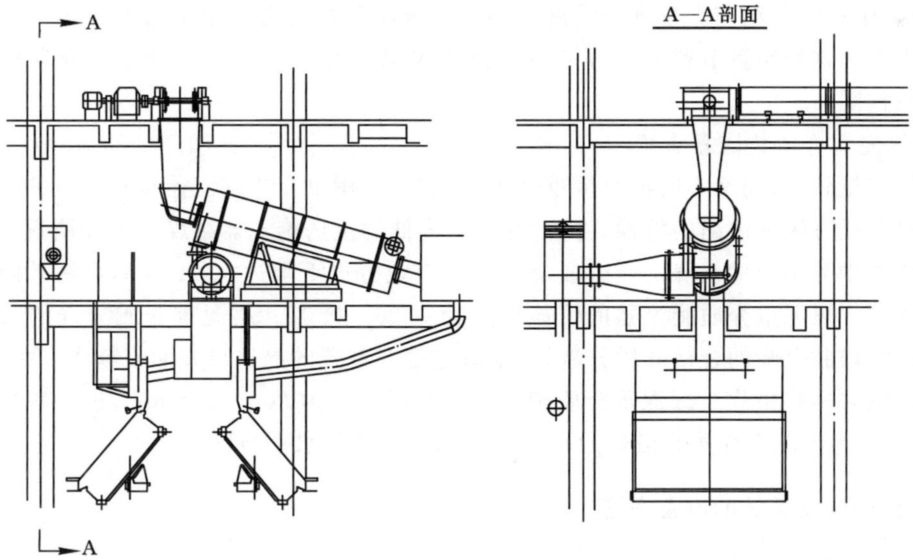

图 8-49　两段旋流器上下垂直布置示意图

2. 多台旋流器平行布置

使用多台旋流器平行布置时，为了便于操作和检修，两台旋流器间的最小中心距 s 可参考表 8-13。

表 8-13　两台旋流器最小中心距

旋流器直径/mm	500	600	700	1 000～1 500
s/mm	1 200	1 300	1 400	可按单跨间布置

在布置管路时尽量避免弯曲，必要时可采用大角度(大于 120°)的弯曲，以减少磨损和堵塞。旋流器组的溢流和底流产品应设置集料箱收集，便于产品储存和流体稳定地进入脱介作业。旋流器组溢流与底流集料箱长度按式(8-12)计算：

$$L = s(n-1) + D + 200 \tag{8-12}$$

式中　L——集料箱长度，mm；

s——两台旋流器最小中心距，mm；

n——每组旋流器的个数；

D——旋流器的直径，mm。

底流集料箱的宽度一般为 800～900 mm，溢流集料箱的宽度要大于旋流器溢流管管径 200 mm。溢流集料箱上部应设有带盖的观察孔，便于观察与操作。底流集料箱上部应设有 800 mm×800 mm 的检查孔，以便检修和更换底流口。

图 8-50 所示为采用缓冲仓、定压漏斗给料重介质旋流器平行对称布置剖面图。

3. 多台旋流器环形布置

当用泵给料时，重介质旋流器宜采用环形布置。混合桶布置在厂房最底层，与顶层的重介质旋流器位置基本保持垂直，入料管不拐弯或仅拐一个弯即可给入分配箱。管道垂直提升减少了管道的阻力。进入分配箱的物料再由分出支管与旋流器切线入料口相接，因为是有压输送，中心分配箱与支管都是满流，因此，各旋流器都能得到稳定的入料压力和一定固液比的入料。这种布置节省了厂房许多面积和体积。图 8-51 所示为两组重介质旋流器对称环形布置图。

4. 煤泥重介质旋流器布置

当煤泥量较大，而又不脱泥直接重介质分选时，利用重介质旋流器自身固有的既对煤炭分选又对介质分级和浓缩的特性，将粒度细、密度低的主选旋流器精煤合格介质送入煤泥重介质旋流器中分选煤泥。煤泥重介质旋流器的有效分选下限达 0.04 mm，可有效降低浮选机的入浮量。煤泥重介质旋流器的可能偏差为 0.06～0.07。煤泥重介质分选的入料是主选旋流器精煤脱介筛的合格介质分流物，溢流进精煤系统的磁选机并回收精煤，底流去中煤系统磁选机并回收中煤。煤泥重介质旋流器的直径一般为 200～400 mm，视系统处理量而定。图 8-52 为煤泥重介质旋流器的布置示意图。旋流器水平布置。

8.5.3　介质回收系统的设备布置

重介质选煤的介质回收系统比较复杂，设备磨损较为严重，尤其是介质回收与再生系统中的介质桶、介质泵、管路及弯头的磨损问题更为突出。为了克服和减少设备磨损，通常采取简化工艺流程、采用细粒加重质、选用优质耐磨材料制造的设备或做衬里等措施。此外，合理地布置设备、管路及弯头也是减少磨损的一项重要措施。介质回收系统所用的主要设备有介质桶、介质泵、浓缩机、磁选机等。

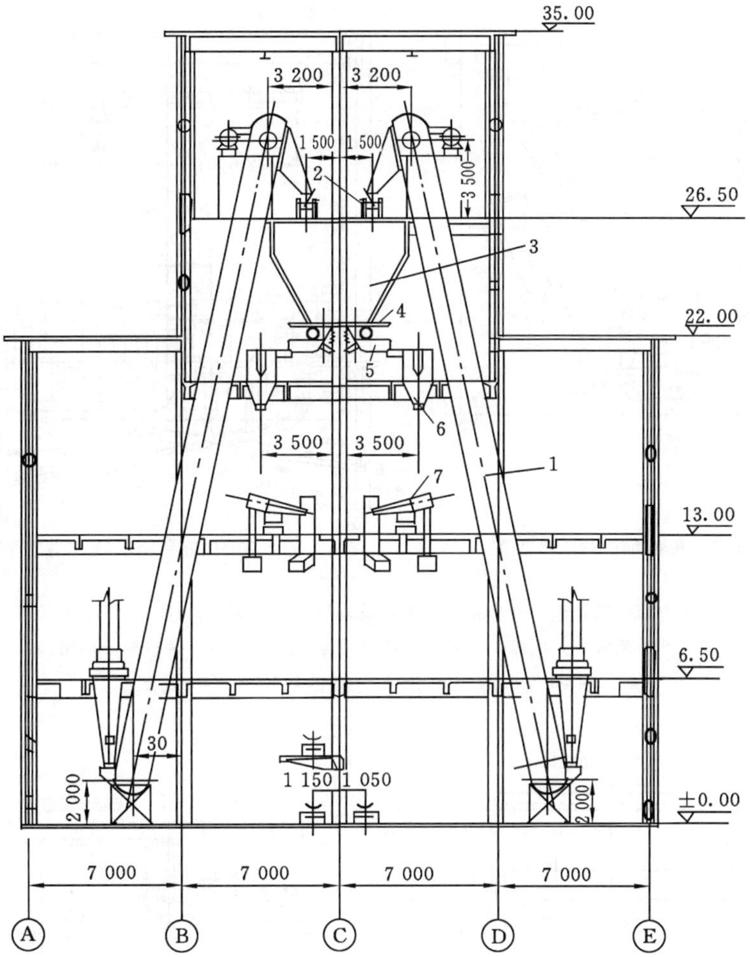

1—斗子提升机；2—分配刮板输送机；3—缓冲仓；4—闸门；5—电振给煤机；6—定压漏斗（ϕ1 000）；7—重介质旋流器。

图 8-50　缓冲仓、定压漏斗给料重介质旋流器平行对称布置剖面图

8.5.3.1　脱介筛的布置

为了减少介质损失，通常将分选后的产品进行两次脱介，第一次采用固定筛（末煤采用弧形筛）预先泄出大量的浓介质，第二次采用单层或双层振动筛（或其他形式筛）回收剩余的浓介质和稀介质。脱介筛的布置与前述脱水筛的布置相同，其不同点是脱介筛下部的收集漏斗要分成两段，第一段（前段）不加喷水收集浓介质（合格介质），第二段加喷水收集稀介质。合格介质段下部漏斗的长度一般为筛长的 1/3，稀介段漏斗长度为筛长的 2/3。筛下漏斗的总长度和宽度都要大于筛框尺寸，以防筛下介质洒落在漏斗外造成介质损失和影响环境卫生。漏斗沿长轴方向在靠近入料端要求有一定的倾角，倾角应不小于 15°，以保证筛下介质流畅不堵，排料端角度则应根据物料的粒度与含水量确定。当选用大型分选机和筛分机时应注意最大部件的尺寸，要留有相应的起吊空间、检修场地、运输通道以及提升孔和安装门。还应考虑自然光，有利于生产操作和管理。

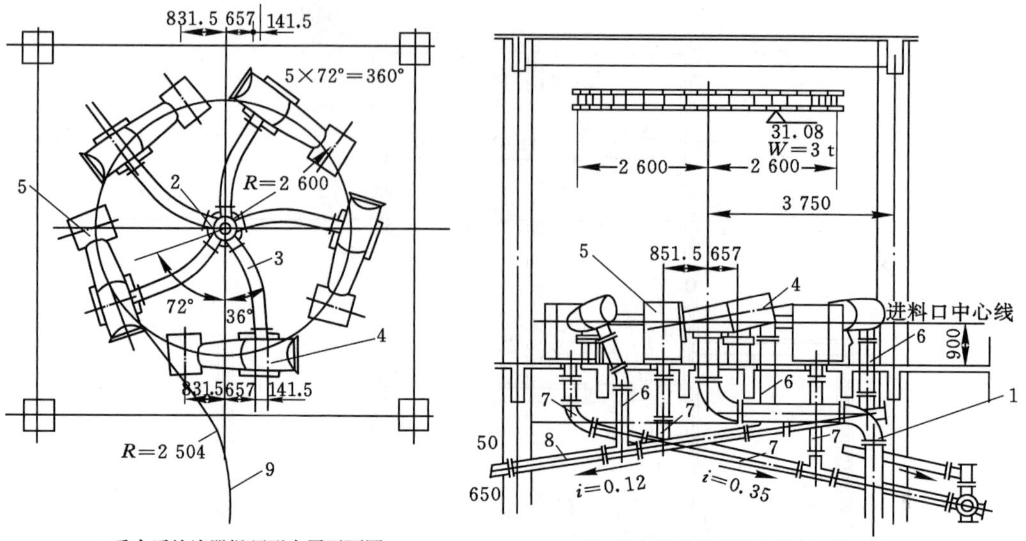

(a) 重介质旋流器组环形布置平面图　　(b) 重介质旋流器组环形布置立面图

1—中心给料管；2—分配箱；3—旋流器入料管；4—旋流器；5—底流收集箱；
6—溢流管；7—底流汇集管；8—溢流汇集管；9—起重安装检修环形梁。

图 8-51　两组重介质旋流器对称环形布置图

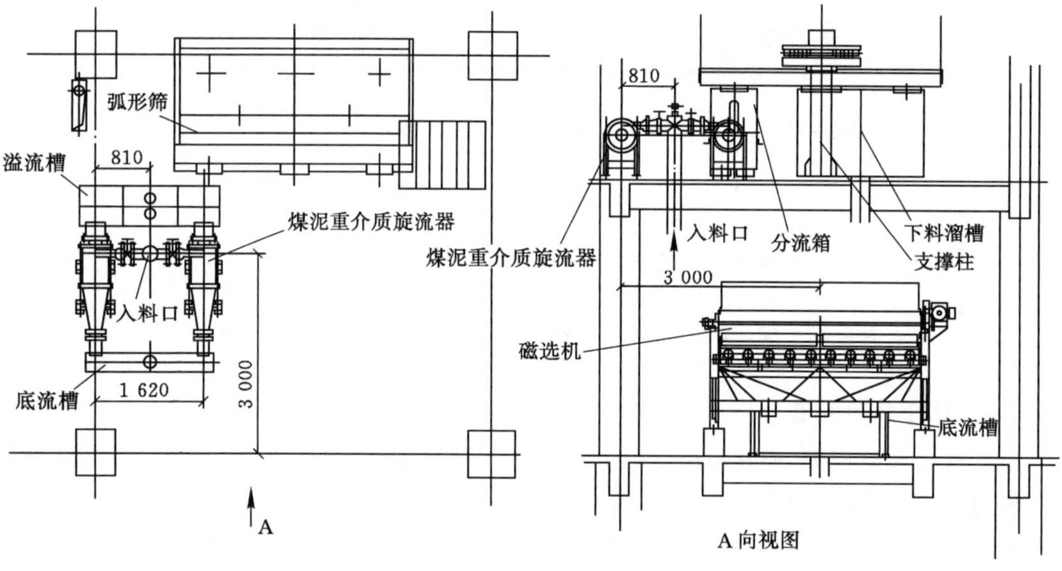

图 8-52　煤泥重介质旋流器的布置图

8.5.3.2　介质桶(混合桶)与介质泵的布置

介质桶(混合桶)主要作为介质的储存与调配之用。选煤厂通常设有合格介质桶(含混合桶)和稀介质桶,有的还专门设置配制高密度悬浮液的介质桶。介质桶分为机械搅拌式和压缩空气搅拌式两种,现场多采用后一种。

介质桶的容积对工作悬浮液密度的稳定有一定影响，容积大、储量大密度容易稳定，但是调节悬浮液密度需要的时间较长。因此，当煤质变化大、需经常调节悬浮液密度时，应选用较小的介质桶。

选择合格介质桶时，理想情况是与分选设备、脱介筛一对一的独立系统，这样可以在一个垂直面进行上下布置，使介质系统管路不拐弯和少拐弯，可缩短管路，减少管路堵塞和磨损，更重要的是可以保持系统稳定。合格介质桶（或混合桶）尽量布置在固定脱介筛（弧形筛）下边或者脱介筛浓介段下边的同跨间底层地板上。稀介质桶或磁选机布置在靠近脱介筛稀介段下方底层地板上，这样可以缩短管路并保证自流。如果选用高密度介质桶，其位置以添加介质方便为原则，一般布置在合格介质桶同一地板上。高密度介质必须采用砂泵输送（采用设在厂房外部耙式浓缩机储存高密度介质时同样使用砂泵输送）。在布置介质桶时，如桶顶部高出楼板面 1.4 m 以上时，应设置观察台和保护栏杆。介质桶下部排料管中心线距楼（地）板的高度一般为 300～500 mm，以便于排料和检修。

介质泵的布置，应与介质桶配套，按照流量和扬程选择泵的型号和台数。由于我国的渣浆泵质量过关，故障率低，平均统计寿命超过 3 年，新的规范规定可采用库内备用，定期更换，不再就地备用。这样简化了管路、溜槽，缩小了厂房体积。在布置介质泵时要注意下列几点。

（1）介质泵与介质桶的连接管不要有弯头。

（2）介质泵与介质泵之间应留有比较大的检修、安装空间，如果用两台泵，其轴线应一致或垂直布置。

（3）介质泵的入料口至介质桶的出料口的距离应为：

$$s = s_1 + s_2 + s_3 + 200 \tag{8-13}$$

式中　s_1，s_2——两道闸阀长度，mm；

s_3——异径管长度，mm。

式(8-13)中 200 指 200 mm 的短管，它是为了更换闸阀方便设置的。同时可以将介质泵的放水管设在 200 mm 的短管上，以便介质泵的检修。第一道闸阀应尽量靠近介质桶出料口。

8.5.3.3　流失介质回收设备的布置

在介质桶、泵的区域内，经常洒漏介质，因此，要合理布置流失介质的收集地沟、收集池和提升流失介质的排污泵或空气提升器。一般收集池布置在介质桶附近的地下室内。收集流失介质的地沟底面向收集池方向倾斜坡度 $i \geqslant 0.04$，介质泵所在区域的地面向介质沟倾斜坡度 $i \geqslant 0.03$。如果使用空气提升器扬送收集介质，收集池地下室尺寸一般为 2.5 m×2.5 m；如果同一地下室放两台空气提升器，地下室尺寸可为 4.0 m×4.0 m。地下室的一角应设置集水池，其容积为 1～1.5 m^3。排污泵可采用 B-L 型和 BA 型吸入式泵。地下室 ±0.00 m 标高应设置保护栏杆和通入地下的维检方便钢梯。有关空气提升器参数计算参阅《选煤设计手册》。

8.5.3.4　分级设备、磁选机的布置

常用分级设备为分级旋流器。介质回收采用磁选机，磁选机的位置根据采用的流程确定。例如，稀介质不经浓缩，直接磁选机回收，则磁选机布置在脱介筛下方，稀介质自流进入

磁选机。磁选精矿应自流进入介质桶，磁选尾矿可进入稀介桶，用泵打入分级设备，回收粗煤泥。如果稀介质用于脱介筛喷水，定压高度不应小于 8 m，以保证脱介筛的喷水压力。

8.5.3.5　磁铁矿加工设备——球磨机系统的布置

用于块煤重介质分选系统的磁铁矿粉粒度要求小于 0.074 mm 的含量占 70%以上，用于重介质旋流器的磁铁矿粉粒度要求小于 0.045 mm 的含量占 85%以上。如果粒度较粗的磁铁矿粉直接用来配制悬浮液会给整个分选过程带来一系列问题，如悬浮液稳定性差，分选密度波动大，分选精度受到影响，脱介效果不好，磁选效率低，磁铁矿粉损失多，设备管路磨损严重等。因此，必要时可在选煤厂设置球磨机系统，对粒度较粗的磁铁矿粉进一步加工磨细。

8.5.3.6　悬浮液密度控制系统的布置

在重介质选煤生产中，除保证悬浮液黏度小、稳定性好、循环量稳定外，还必须保证悬浮液密度的稳定。为了提高选煤效率，减少实际分选密度的波动，要求进入分选机中的悬浮液密度波动范围应小于±0.01 g/cm^3。

悬浮液密度控制系统设有密度测量装置和密度调整设施。我国在重介质分选系统中采用的密度计有 γ 射线密度计、双管压差计、浮子式密度计和水柱平衡密度计。近年来，新设计、改造的重介质选煤系统，一般都采用非接触式的 γ 射线密度计检测悬浮液的密度。系统中还应设有磁性物检测仪、显示设施、执行机构等。

8.5.4　重介质旋流器布置实例

8.5.4.1　三产品重介质旋流器车间布置实例

（1）无压三产品重介质旋流器布置实例

图 8-53 为无压三产品重介质旋流器系统布置实例。

图 8-53(a)所示为 4—3 剖面图。从厂房最高处向下可以看到给料胶带机头、主选旋流器的主视图、再选旋流器的侧视图、精煤产品脱介筛、中煤产品脱介筛、磁选机、精煤离心脱水机等设备。此图比较完整地表现了一套重介质旋流器工艺系统的布置情况。

图 8-53(b)所示为是 B—C 剖面图。从图中可看到主选旋流器的侧视图、再选旋流器的主视图、脱介筛的侧视图、弧形筛和磁选机的主视图等。旋流器的三个产品都由集料箱收集后送入弧形筛和振动脱介筛，进行两段脱介。

（2）有压三产品重介质旋流器布置实例

图 8-54 为有压三产品重介质旋流器系统布置实例。在图 8-54(a)和图 8-54(b)的上层，分别为有压三产品重介质旋流器的侧视图和主视图，此处使用的主选旋流器为圆筒形的，再选旋流器为圆锥形的。

有关工程设计人员从生产实际中得出结论，认为有压旋流器可以水平布置，以减少浓缩作用的影响，图 8-54 所示的旋流器就是水平布置的。振动脱介筛前面都设有弧形筛，进行预先脱介。

8.5.4.2　二产品重介质旋流器车间布置实例

图 8-55 为泵给料的有压二产品重介质旋流器系统布置图。图中旋流器为圆锥形的。脱介筛采用双通道等厚筛，处理能力大，系统简捷。精煤用卧式振动离心脱水机脱水。

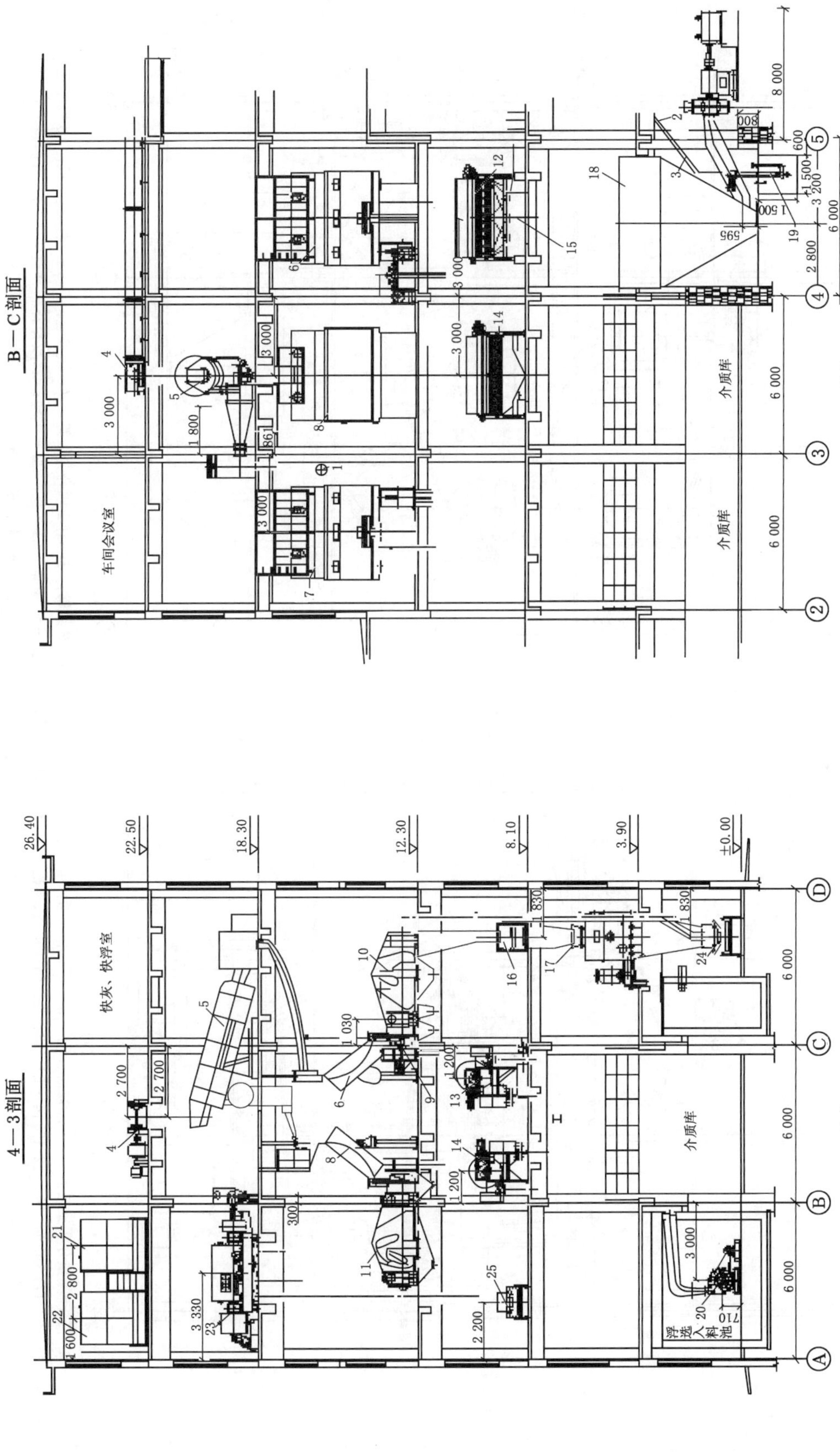

1—水管；2—介质泵；3—介质管；4—刮板输送机；5—三产品重介质旋流器；6—精煤脱介筛；7—矸石脱介筛；8—中煤脱介筛；9—合格介质管；10—精煤脱介分级筛；11—矸石脱介分级筛；12，13，14—磁选机；15—磁选尾矿槽；16—末煤输送机；17—离心机；18—介质桶；19—介质收集泵；20—煤泥泵；21，22—水池；23—卧式离心脱水机；24—精煤带式输送机；25—矸石带式输送机。

图 8-53　无压三产品重介质旋流器系统布置实例

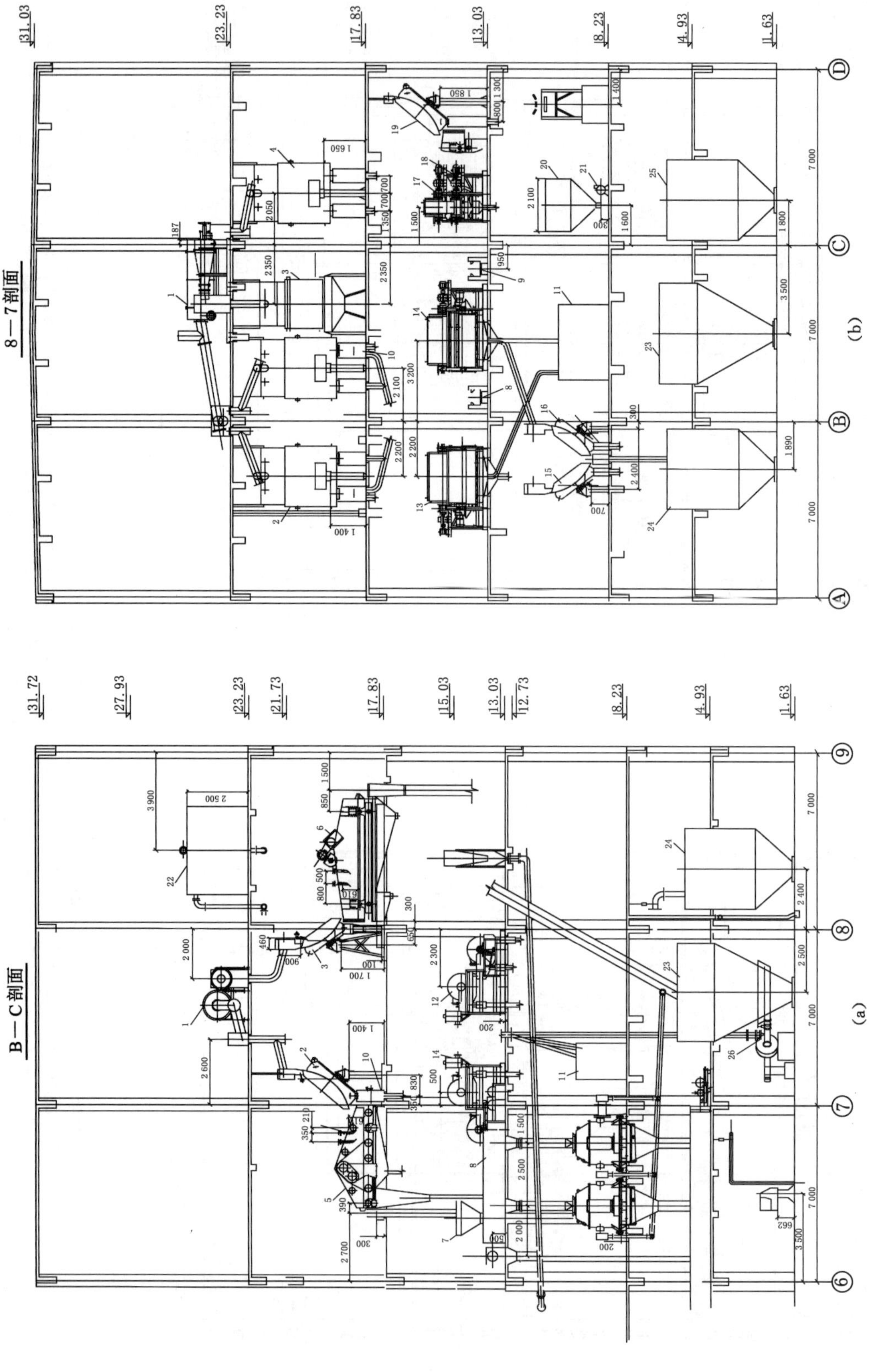

1—三产品重介质旋流器；2—精煤脱介筛；3—矸石脱介筛；4—中煤脱介筛；5—精煤脱介分级筛；6—矸石脱介分级筛；7—缓冲仓；8,9—刮板输送机；10—分流箱；11—精煤泥桶；12,13,14—磁选机；15,16,19—弧形筛；17,18—煤泥旋流器组；20—缓冲桶；21—泵；22—水池；23,24,25—介质桶；26—介质泵。

图 8-54　有压三产品重介质旋流器系统布置实例

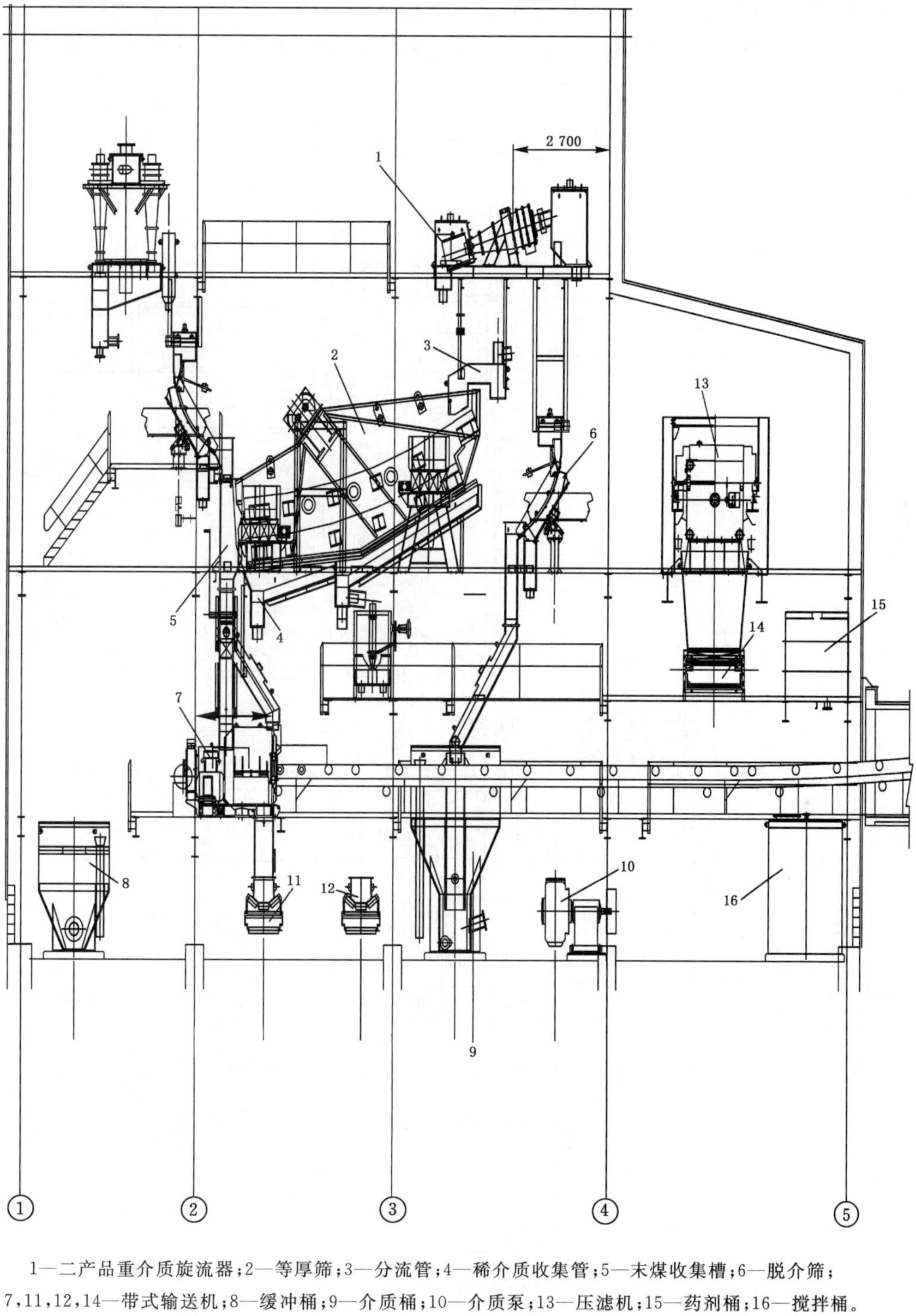

1—二产品重介质旋流器；2—等厚筛；3—分流管；4—稀介质收集管；5—末煤收集槽；6—脱介筛；7，11，12，14—带式输送机；8—缓冲桶；9—介质桶；10—介质泵；13—压滤机；15—药剂桶；16—搅拌桶。

图 8-55　泵给料的有压二产品重介质旋流器系统布置图

图 8-56 所示为某选煤厂末煤重介质车间主要设备布置剖面图。其特点是采用定压漏斗给料，旋流器分组平行布置，稀介质采用耙式浓缩机（布置在厂房最高层）浓缩、磁选机（布置在浓缩机下层楼板上）回收。磁选精矿自流进入介质桶，浓缩机溢流自流入定压洗涤水箱

即澄清水箱(布置在浓缩机下方、脱介筛上方楼板上),以保证喷水压力。密度控制器布置在脱介筛下工作介质桶上层楼板上。流失介质回收采用空气提升器(布置在介质桶区域中心−3.5 m标高上)。

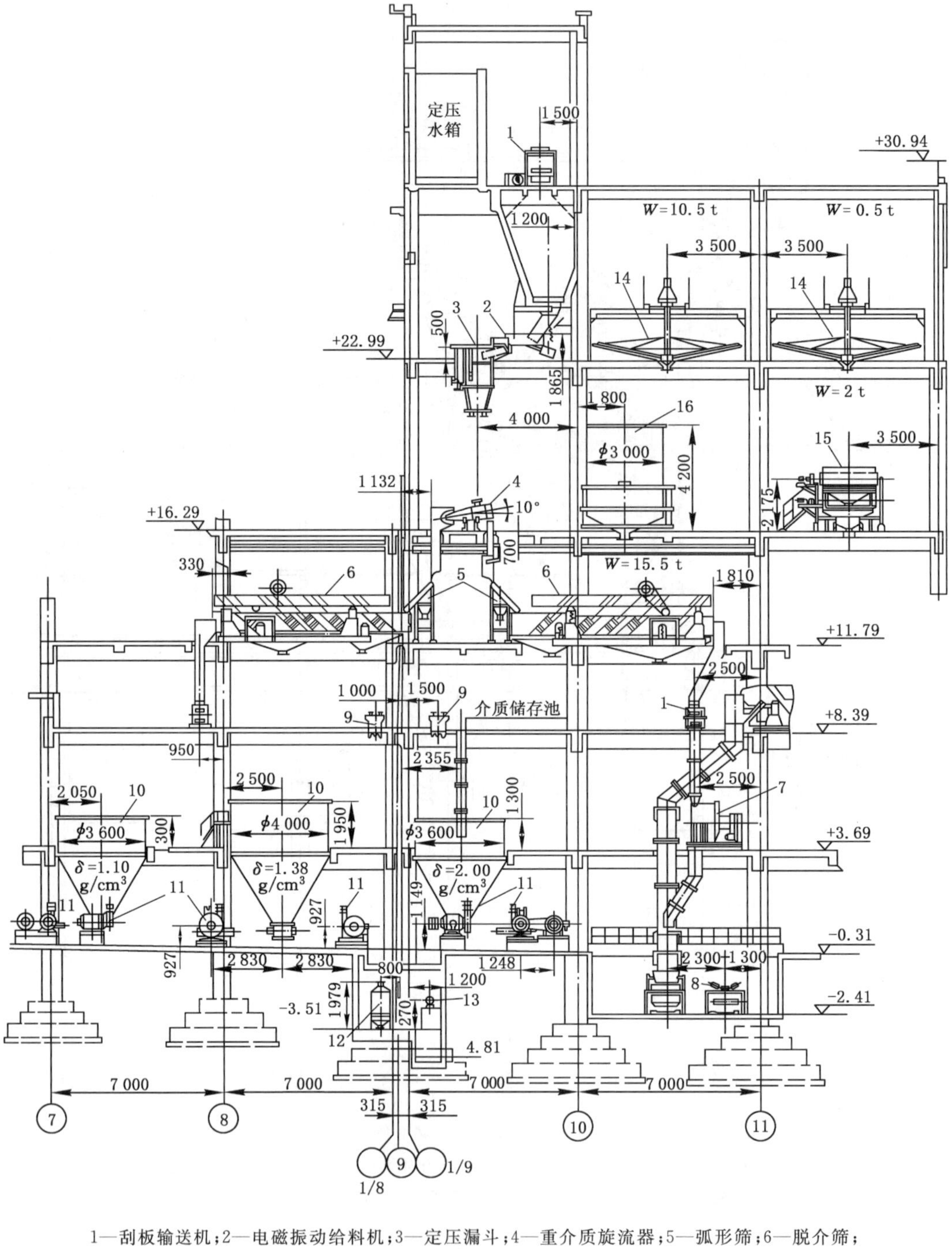

1—刮板输送机;2—电磁振动给料机;3—定压漏斗;4—重介质旋流器;5—弧形筛;6—脱介筛;
7—离心脱水机;8—带式输送机;9—密度控制器;10—介质桶;11—介质泵;12—空气提升器;
13—排污泵;14—ϕ6 m浓缩机;15—磁选机;16—澄清水箱。

图8-56 某选煤厂的末煤重介质车间主要设备布置剖面图

8.5.4.3　模块化选煤厂布置实例

模块化选煤厂以设计成套、施工快捷、布置简练著称。

图 8-57 所示为动力煤选煤厂重介浅槽分选机厂房模块化布置实例。

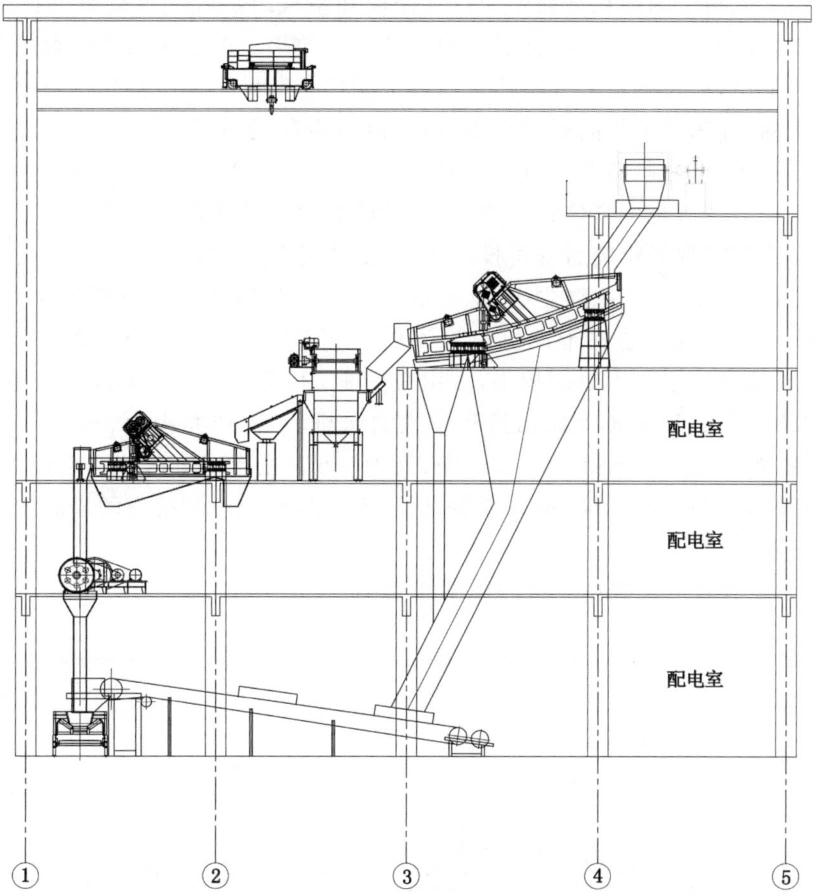

图 8-57　动力煤选煤厂重介浅槽分选机厂房模块化布置实例

全厂用一台分级筛、一台重介浅槽分选机、一台脱介筛、一台脱水筛、一台破碎机。厂房用全钢结构，所有设备一目了然。模块化选煤厂厂房的全钢结构，是专用成套设计的，整个厂房的钢结构的每一个钢制构件都是专门设计的，用螺栓固定在特定的位置上。厂房内部的建设就是钢制结构件的安装，设备与钢制结构件浑然一体。当设备检修更换时，就把上方的结构件拆除。所以，模块化选煤厂设备布置的紧凑程度是一般选煤厂厂房达不到的，与一般厂房布置的要求有较大的差别。

8.6　其他重选系统布置

8.6.1　复合式干法分选系统布置

风力干法分选机由分选床、振动源、风室、机架、调坡装置等组成。入选物料经振动给料机给入具有一定纵向和横向倾角的分选床，振动源带动分选床振动，床面有若干个可控制风量的风室，空气由离心通风机供入风室，通过床面上的风孔，气流向上作用于被分选物料；在振动力和风力的共同作用下，物料松散并按密度分层，轻物料在上，重物料在下。风力干法分选机还利用了入料中的细粒物料作为自生介质和空气组成气固混合悬浮体，在一定程度上相当于空气煤泥介质分选机，改善了粗粒级的分选效果。由于床面横向有倾角，低密度物料从床层表面下滑，通过侧边的排料挡板使最上层煤不断排出进入精煤排料槽；高密度物料聚集于床层底部，在床面上导向板的作用下，向矸石端移动，最终进入尾矿溜槽。根据用户对产品的不同要求，可分段截取，生产多种产品。

复合式干法分选系统为整体钢结构，除振动筛和移动带式输送机外，所有设备都安装在机架上。整套系统在现场组装后即可投入生产，成为可装配、可移动式选煤厂。由于分选原理独特，因此所需风量小，产生煤尘少，配套的除尘系统规格小。俄罗斯的风力摇床风量为 13 600 $m^3/(h \cdot m^2)$，而复合式干选机仅为 4 000 $m^3/(h \cdot m^2)$，相当于俄罗斯风力摇床的 1/3。复合式干法分选系统占地面积小，占用空间少，不需要厂房。干选系统本身外形尺寸为 6.7 m×3.3 m×6.1 m，加上振动筛和带式输送机后，占地面积为 400 m^2。干选系统的设备都在地面，最高点为二次除尘排气烟囱，高为 6 m。复合式干法分选系统适合动力煤排矸，可得到大块煤、中块煤、粉煤、低热值煤、矸石等多种产品。系统设两段除尘工艺，保证大气环境不受污染。

图 8-58 为复合式干法分选系统的纵剖布置图。

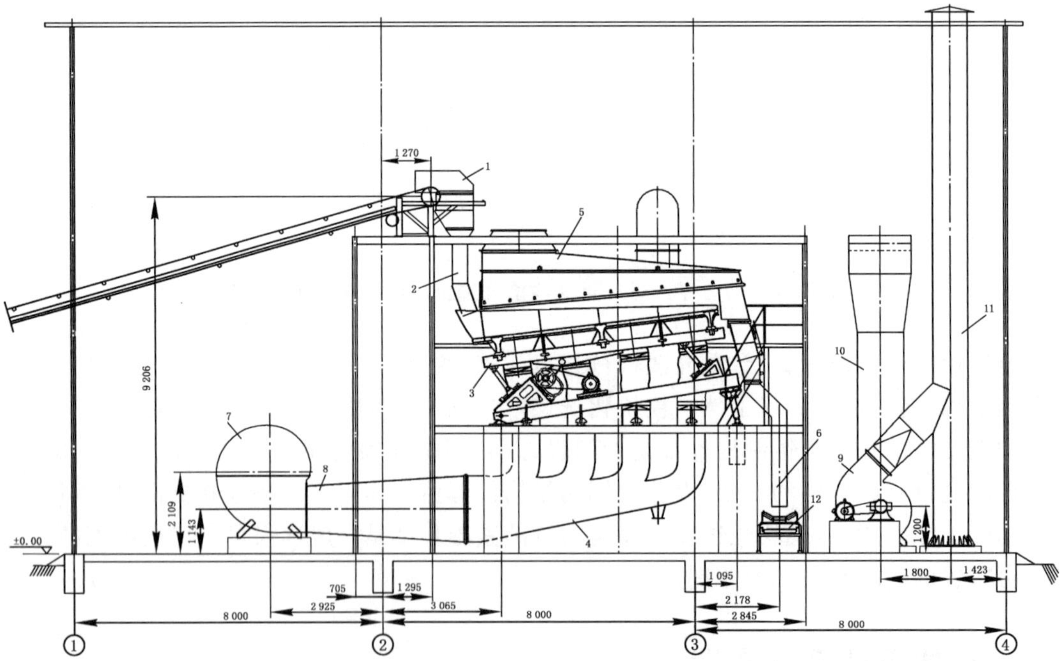

1—给料机；2—给料溜槽；3—复合式干法分选机；4—风室；5—振动架；6—精煤收集槽；
7—鼓风机；8—风管；9—除尘器；10—集尘袋；11—尾气管；12—带式输送机。

图 8-58 复合式干法分选系统纵剖布置图

8.6.2　空气重介流化床干法分选机组的布置

中国矿业大学于 1984 年初开始空气重介流化床干法分选技术的研究，经过实验室基础研究、模型试验和中间试验取得了突破性的进展。中间试验厂的分选结果令人满意，在分选 50～6 mm 块煤时 E 值为 0.05～0.08，介耗≤1 kg/t(原煤)。这项技术属我国首创，在国际上处于领先地位，为我国缺水地区、高寒地区和遇水易泥化的煤种的煤炭分选开辟了一条新途径。第一座 50 t/h 的空气重介示范选煤厂，分选 50～6 mm 原煤投入工业性生产。该厂采用筛分与分选联合流程。原煤经分级筛分后，筛下产品为低灰分优质煤，筛上 50～6 mm 粒级采用空气重介分选机分选，得到精煤和尾煤(中煤)两种产品。采用罗茨鼓风机供风，采用干式磁选机回收净化磁铁矿粉。空气重介示范厂选煤车间剖面布置如图 8-59 所示。

该车间设计的特点是：

(1) 工艺先进，设备选型适当，厂房和设备布置紧凑合理。溜槽、管线距离缩短，占地面积小，厂房高度低。鼓风机布置在最底层并加消音防噪措施。

(2) 煤流走向合理。原煤一次运输到 25.80 m 平面以后，物料和产品全部自流，使运输尽量减少。

(3) 经济效益和社会效益显著。各种消耗指标低，经济效益好。此外，没有产品冻结问题，方便运输；不存在煤泥水问题，有利于环保。

8.6.3　粗煤泥分选系统布置

粗煤泥分选是近年来发展起来的分选工艺，旨在将常规的宽粒级重选和浮选处理效果都不理想的物料进行精细分选。粗煤泥通常指粒度在 3(2)～0.3(0.25) mm 范围内的物料。典型粗煤泥分选设备有螺旋分选机、干扰床分选机、小直径煤泥重介质旋流器、水介质旋流器、摇床和离心分选机等。旋流器的布置类似重介质旋流器，此处不再赘述。

8.6.3.1　螺旋分选机

螺旋分选机的布置主要考虑入料、调节、排料与支撑。螺旋分选机的布置如图 8-60 所示。螺旋分选机的给料系统由分配器和分流管组成，可以将矿浆分配给多组、多头螺旋分选槽[见图 8-60(a)]。螺旋分选机的入料是相对无压的，可以由分级旋流器底流自流进入分配器。给料系统布置时，应留有足够的空间，使得分流管的角度布置合理，物料流动顺畅。螺旋分选机的产品质量调节靠调整螺旋溜槽上塞尺的插入深度，以及调节排料口的挡板方向，因此，设备布置时，应留有操作的空间。

8.6.3.2　干扰床分选机

干扰床分选机的布置主要考虑入料、排料、检测与控制装置、支撑，如图 8-61 所示。干扰床分选机入料可以由分级旋流器底流直接给入入料管，沿切线方向给到入料井，到达干扰床分选机桶体的中部。精矿溢流槽要布置管路，尾矿可直接从三个尾矿管排入集料槽中。干扰床分选机需要一定压力和流速的上升水流，注意布置相应的水管。干扰床分选机的支撑可以用钢筋混凝土柱墩，也可以用钢结构支架。

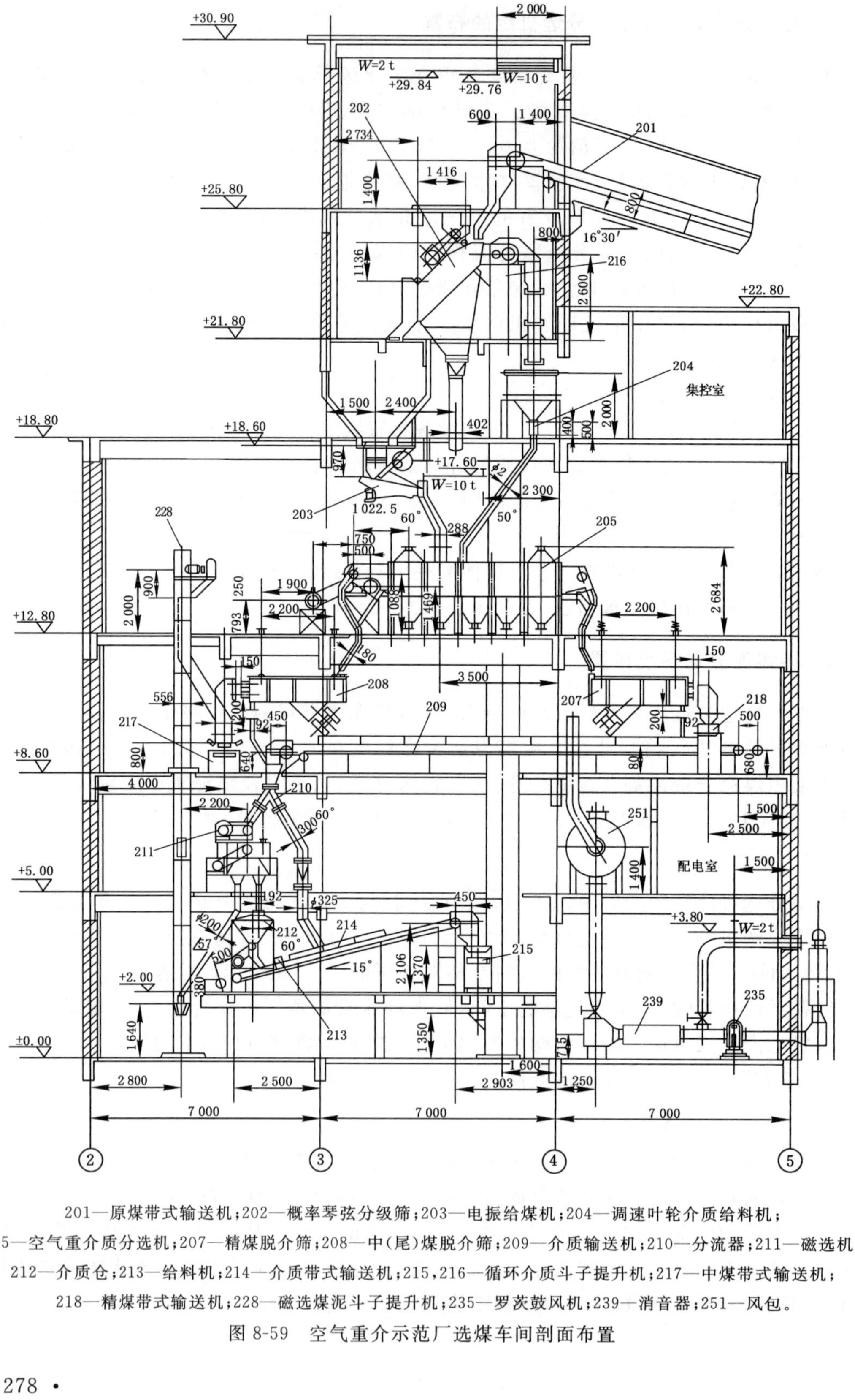

201—原煤带式输送机；202—概率琴弦分级筛；203—电振给煤机；204—调速叶轮介质给料机；

205—空气重介质分选机；207—精煤脱介筛；208—中(尾)煤脱介筛；209—介质输送机；210—分流器；211—磁选机；

212—介质仓；213—给料机；214—介质带式输送机；215，216—循环介质斗子提升机；217—中煤带式输送机；

218—精煤带式输送机；228—磁选煤泥斗子提升机；235—罗茨鼓风机；239—消音器；251—风包。

图 8-59　空气重介示范厂选煤车间剖面布置

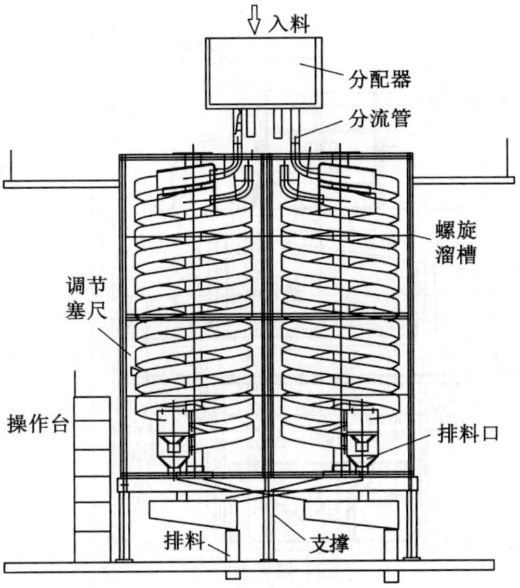

(a) 螺旋分选机布置剖面图

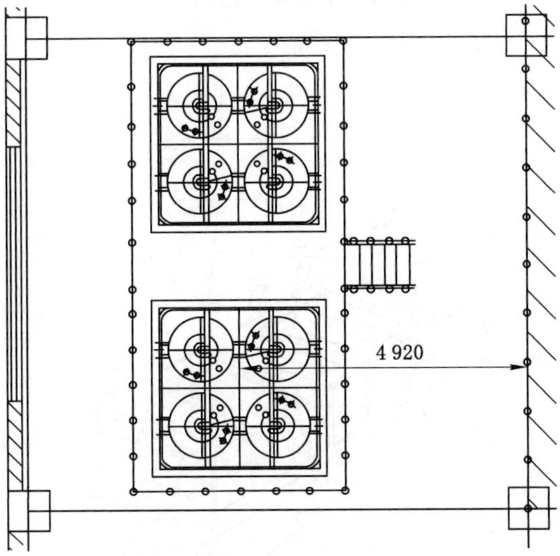

(b) 8 台（2 组）螺旋分选机布置平面图

图 8-60　螺旋分选机布置图

8.6.3.3　粗煤泥脱水设备布置

粗煤泥分选后的产品脱水设备有弧形筛或德瑞克高频振动细筛＋煤泥离心机、弧形筛＋高频筛等，前者常用于粗精煤脱水，后者常用于尾煤脱水。

德瑞克高频振动细筛有三路和五路之分。型号为 2SG48-60W-5STK 的振动细筛各数字字母代表的含义为 2 代表 2 个，SG 代表激振器，48、60 代表宽度、长度，W 代表湿式筛分，5 代表五路，STK 代表重叠细筛。该设备由矿浆分配器、给矿箱、振动电机、筛架、筛网、支撑平台组成。图 8-62 为德瑞克高频振动细筛的结构示意图。

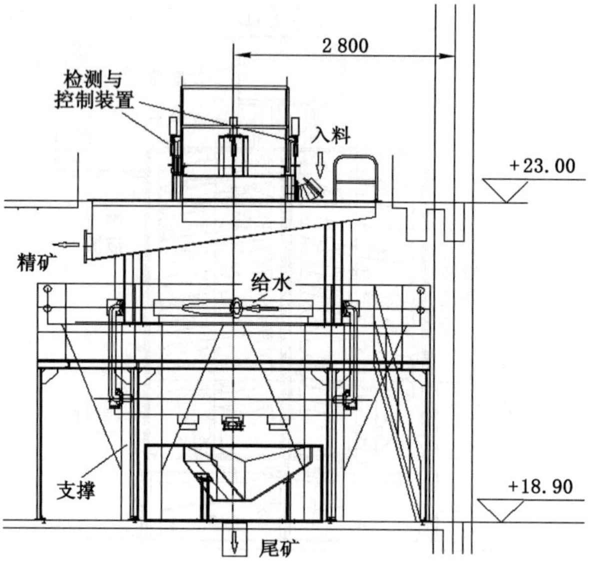

图 8-61　干扰床分选机布置图

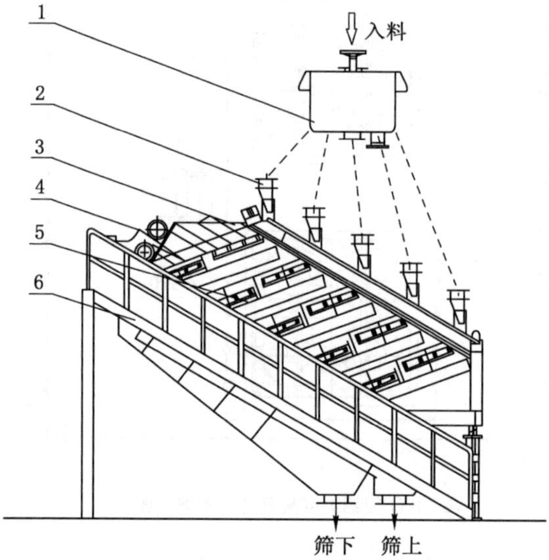

1—矿浆分配器；2—给矿箱；3—机体；4—振动电机；5—筛网；6—支撑平台。

图 8-62　德瑞克高频振动细筛结构示意

德瑞克高频振动细筛有利于脱出高灰细泥，故适用于粗煤泥分选后的精煤脱水。图 8-63 为粗煤泥分选与脱水系统布置图。将德瑞克高频振动细筛与煤泥离心机配套用于精煤脱水，弧形筛与高频筛配套用于尾矿脱水。后者更利于细粒固体的回收。图 8-63 中的干扰床分选机换成螺旋分选机，便可作为螺旋分选系统的布置图。

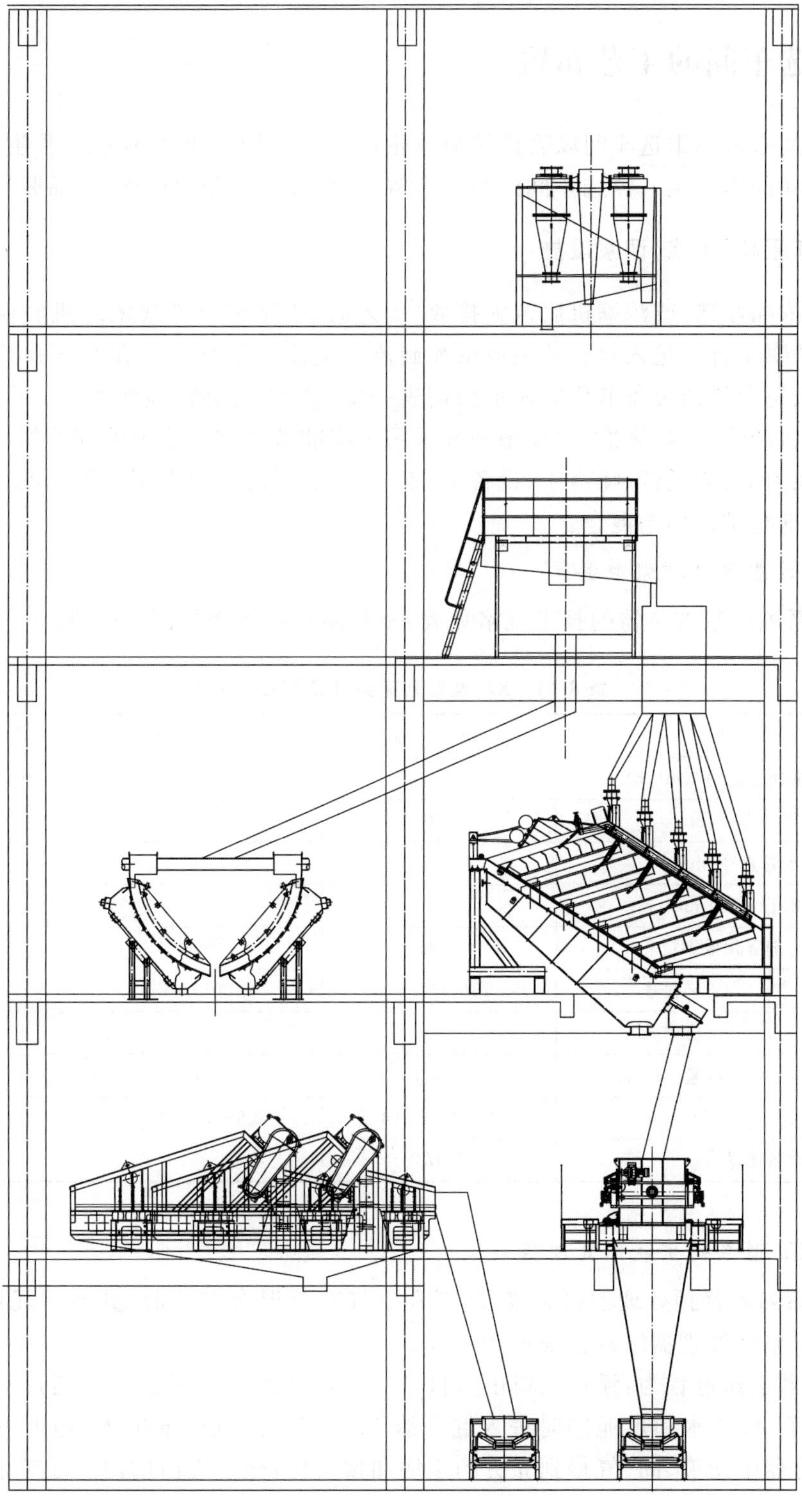

图 8-63　粗煤泥分选与脱水系统布置图

8.7 浮选车间的工艺布置

浮选车间通常与重选车间联合建筑组成主厂房。个别厂由于场地原因独立建筑，有的厂与干燥车间同体建筑。浮选车间的布置应解决原料准备、药剂业务、产品脱水等问题。

8.7.1 浮选原料(矿浆)调浆设施

当采用浓缩浮选(或浓缩机底流大排放)工艺时，矿浆来自耙式浓缩机底流。当采用直接浮选时，矿浆来自浮选入料缓冲池或浓缩旋流器溢流。虽然已经在浓度和粒度方面做了准备，但进入每台浮选设备前仍需添加药剂进一步采用设备进行预处理。

浮选入料调浆(或矿浆准备)设施一般采用矿浆准备器和矿浆预处理器等。它们具有体积小、生产能力大、能耗低、噪声小、设备少、工艺简化、厂房空间占用少等优点。它们的作用是将浮选药剂与矿浆均匀混合。

8.7.1.1 XK 型系列矿浆准备器

XK 型系列矿浆准备器的技术规格见表 8-14，结构示意图如图 8-64 所示。

表 8-14 XK 型系列矿浆准备器技术规格

项　目		XK-400 型	XK-800 型	XK-1600 型
设计煤浆通过能力/(m^3/h)		300～400	600～800	1 200～1 600
煤浆管直径/mm		250	300	400
清水管直径/mm		150	200	300
排料管直径/mm		200	300	400
浮选药剂雾化效率/%		>95	>95	>95
电动机	型号	Y100L-2-V_1	Y100L-2-V_1	Y100L-2-V_1
	功率/kW	3	3	3
	转速/(r/min)	2 880	2 880	2 880
外形尺寸($\phi \times H$)/mm		2 000×2 184	2 500×2 398	3 000×2 838
设备质量/kg		3 373	4 914	6 950

8.7.1.2 XY 型系列矿浆预处理器

XY 型系列矿浆预处理器将矿浆、药剂和空气充分混合在一起，其技术规格见表 8-15，XY-3.0 型矿浆预处理器结构特征见图 8-65。

该处理器工作过程为：浮选入料由入料口 1 进入槽体 3，滤液或清水通过稀释水管 2 进入锥形混流管 4；清水和煤泥同时进入混合器 5；空气由进气管 6 吸入，药剂由加药管 7 加入，并在混合器中使液、固、气得到充分的接触和预矿化，然后甩出槽内。预矿化的矿浆由上部溢流经排料口到浮选设备，未矿化的物料由桶底再次通过锥形混流管进入混合器重新和新鲜煤浆、药剂、空气进行搅拌、接触和预矿化。

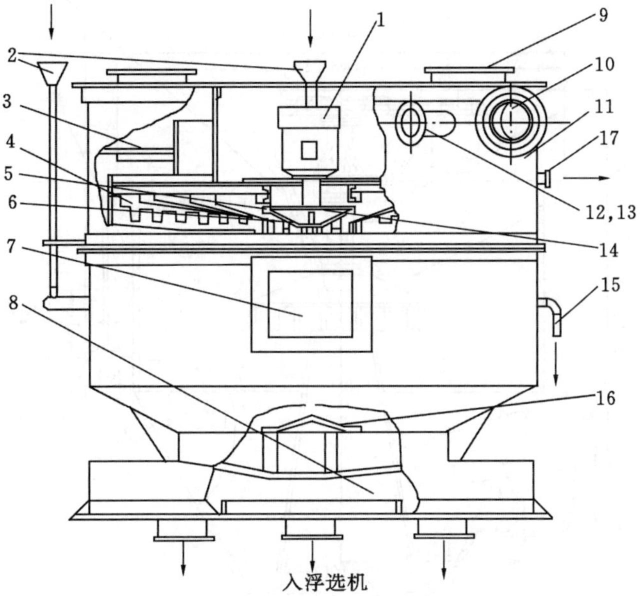

1—雾化机构；2—加药漏斗；3—混合桶；4—扇形分散槽；5—喷雾盘；6—回药盘；7—检修孔；8—排料箱；9—观察孔；10—入料口；11—桶体；12,13—清水及滤液口；14—给药管喷嘴；15—回药管；16—分配盘；17—采样管。

图 8-64　XK 型系列矿浆准备器结构示意

表 8-15　XY 型系列矿浆预处理器技术规格

项　　目	XY-1.6 型	XY-2.0 型	XY-3.0 型
矿浆处理量/(m^3/h)	200	400	1 000
有效容积/m^3	2.04	4	13
叶轮直径/mm	400	500	750
叶轮线速度/(m/s)	8	8	8
电动机型号	Y132S-6V_6	Y132M2-6V_6	Y160L-8V_6
电动机转速/(r/min)	960	960	750
电动机功率/kW	3	5.5	7.5
外形尺寸($L\times B\times H$)/m	2.128×1.766×2.501	2.172×2.84×2.5	3.216×3.805×3.907
设备质量/kg	1 052.53	2 500	3 907

8.7.2　药剂业务

浮选药剂一般采用油罐车定期运至选煤厂装入药剂库(罐)储存。使用时经药剂泵扬送至浮选车间药剂桶(箱)中，再经给药管给入矿浆准备器(或矿浆预处理器)和浮选机中。浮选药剂库(站)的储存容量宜不小于 15 d 的药剂消耗量，当用标准轨距车辆运输时，总容量应大于两辆油罐车的容量。车间里的药剂桶(箱)容量按 0.5～1.0 d 的药剂消耗量确定。

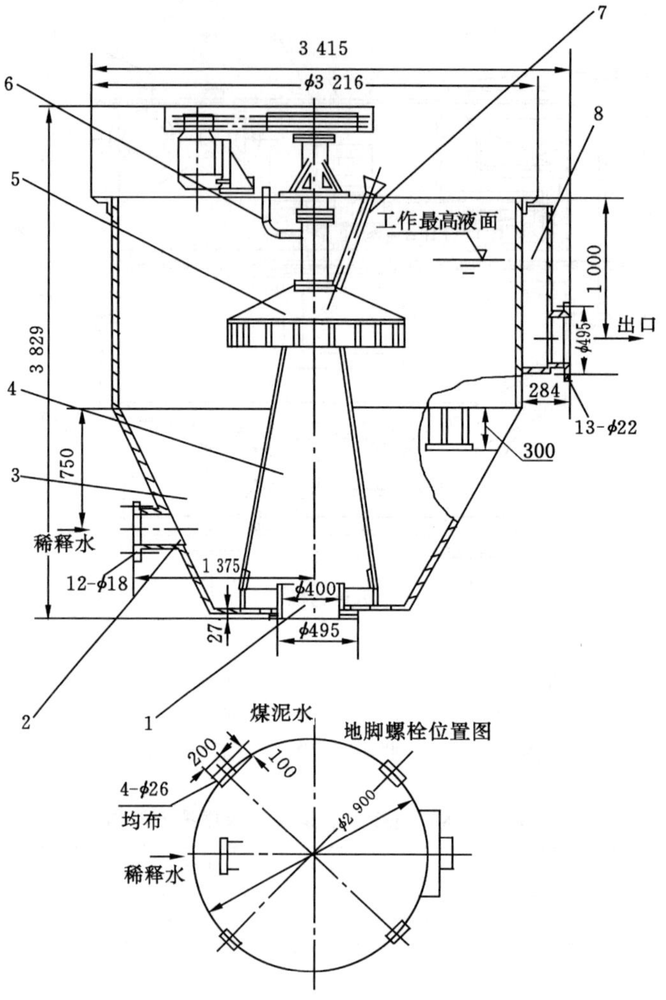

1—矿浆入料口;2—稀释水管(滤液或清水);3—槽体;4—锥形混流管;
5—混合器;6—进气管;7—加药管;8—排料箱。

图 8-65　XY-3.0 型矿浆预处理器结构

浮选用药量和品种在有条件时,可按照实验室浮选药剂配比试验结果选定,也可参照类似选煤厂实际生产用量选取。根据浮选生产经验,一般 1 t 干煤泥的捕集剂和起泡剂的混合用量为 1.0～1.5 kg。药剂桶(箱)应布置在浮选车间顶层,药剂自流给入矿浆调浆装置中。车间内应设置监测药剂耗量的装置。

为了提高浮选药剂的作用效率,可以采用药剂乳化的方式改善浮选过程,提高精煤回收率和减少药剂消耗。药剂乳化站主要由水箱、药剂箱、增压泵、乳化器、调节显示装置、液位控制装置和操作面板等组成。药剂乳化站一般安装在浮选机操作平面的空闲地方,距矿浆预处理器和浮选机均较近,便于输送乳浊液,另外也兼顾浮选药剂能自流到乳化站,避免乳化泵从开式给药管路中吸进过多的空气而降低真空度。图 8-66 为乳化器使用前(虚线)、后工艺流程图。

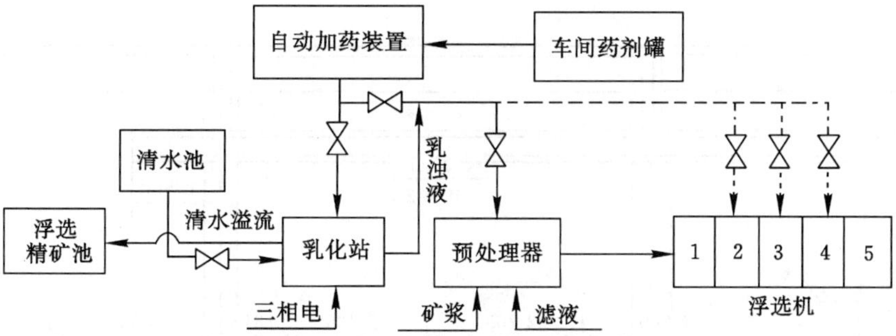

图 8-66 乳化器使用前(虚线)、后工艺流程图

8.7.3 浮选设备与矿浆准备器、矿浆预处理器的布置

8.7.3.1 浮选机与调浆设备的布置

矿浆准备器、矿浆预处理器与浮选设备通常布置在同一层楼板上。为了便于矿浆槽的管路布置和检修,两者都采用柱墩式支承,支承高度一般为 1 000～1 500 mm。压入式浮选机要求矿浆准备器、矿浆预处理器中的矿浆液面高于浮选机室内液面 700 mm 以上,以保证给料畅通。浮选机与矿浆准备器、矿浆预处理器的操作台一般为同一标高整体结构(水泥地板或钢板)。当矿浆准备器布置较高时,应单独设置联系楼梯工作台和保护栏杆。

浮选机操作台的宽度一般不小于 1 500 mm,操作台平面到浮选机精矿溢流口的距离为 500～800 mm。精矿接料槽的宽度一般为 300～500 mm,槽深不小于 500 mm,槽底坡度 $i \geqslant 0.07 \sim 0.11$。槽底排矿口的位置视具体情况而定,但应设在精矿排出量多的部位。浮选机所在楼层高度应根据浮选机等设备部件检修提升高度、起吊设备及钢丝绳需要的高度确定,还需保证自然采光和通风,因此,一般为 6～7 m 或更高些。

浮选精矿在过滤前设有精矿缓冲池(同时起消泡作用),布置在浮选机操作台下方,其容量按 5～10 min 的精矿量确定,其几何形状及个数取决于浮选机、过滤机的台数和布置情况。精矿缓冲池底部向排料口的倾斜坡度 $i \geqslant 0.05 \sim 0.07$。同时,在精矿缓冲池同层要布置尾矿槽。浮选机操作台下至楼板底面(夹层)高度应考虑工人管理、检修及打扫卫生的要求,一般为 2 000～2 500 mm。图 8-67、图 8-68、图 8-69 分别为压入式浮选机与矿浆准备器布置图、压入式浮选机与矿浆预处理器布置图、喷射式浮选机布置图。

8.7.3.2 浮选柱的布置

浮选柱可以用矿浆准备器或矿浆预处理器作为给料设备,其布置方式同浮选机入料。

浮选柱比较高,一般要占用三个楼层高度。浮选柱上方需要设操作台。图 8-70 为 FCMC 型浮选柱和浮选床的布置图。FCMC 型浮选柱主要由柱体、微泡发生器和尾矿箱三部分组成。柱体又分为精选段、粗选段和扫选段。柱体的顶部设有精矿收集槽;柱体的外侧装有微泡发生器组;位于柱体上部 2/3 处设有给矿管、尾矿箱和液位调节装置。矿浆由柱体上部 2/3 处的给矿管给入浮选柱,尾矿从柱体底部的尾矿管排出。运行过程中,利用循环泵

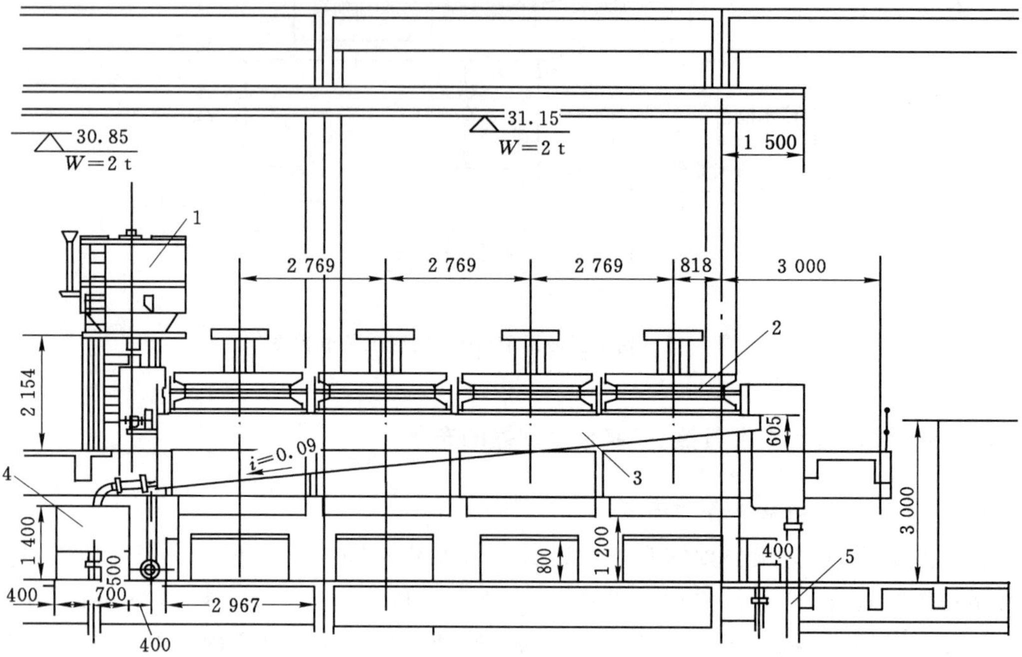

1—ϕ2 000 mm 矿浆准备器；2—V＝14 m^3浮选机；3—泡沫溜槽；4—精矿槽；5—尾矿排出管。

图 8-67　压入式浮选机与矿浆准备器布置图

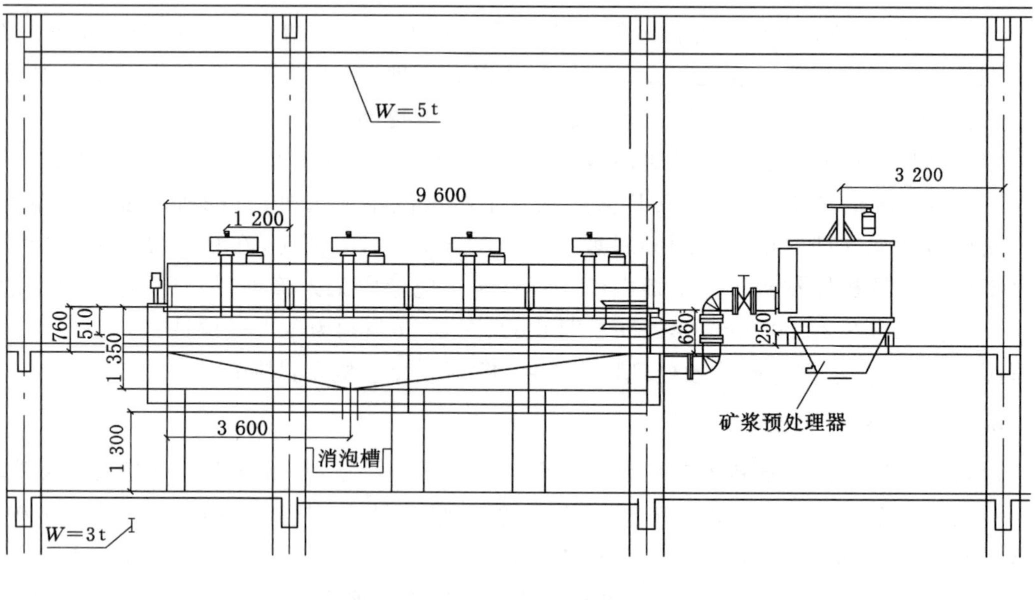

图 8-68　压入式浮选机与矿浆预处理器布置图

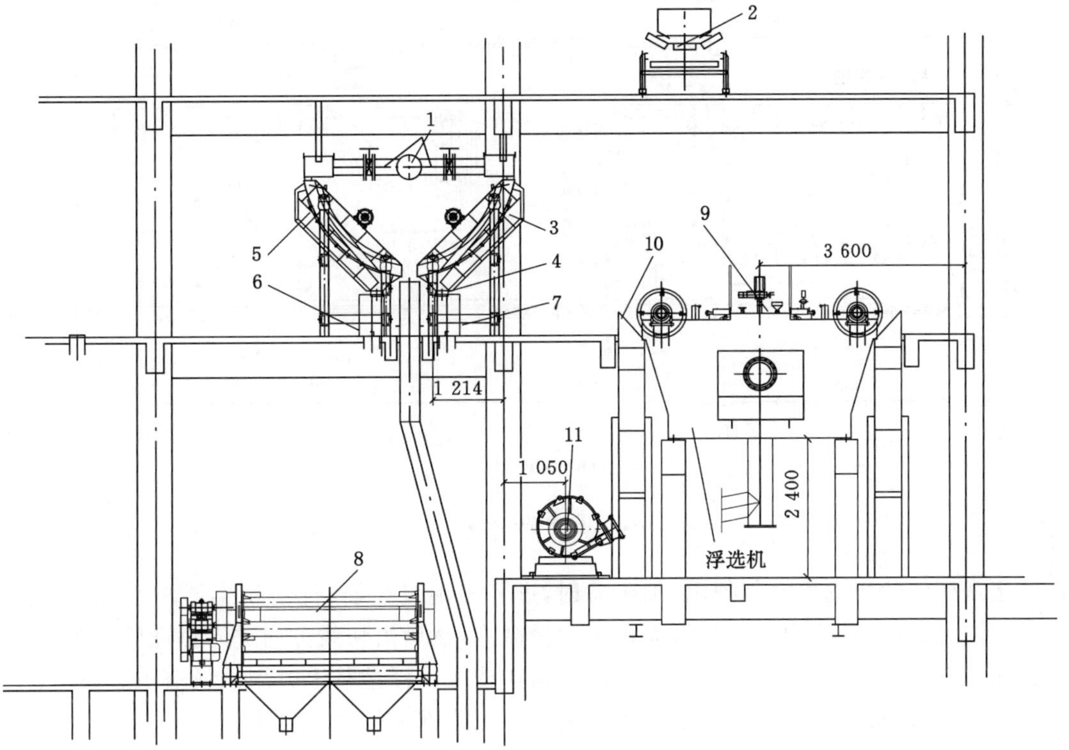

1—流量计；2—带式输送机；3，5—弧形筛；4—粗煤泥溜槽；6，7—筛下排料管；
8—脱泥筛；9—浮选机；10—溢流槽；11—矿浆泵。

图 8-69　喷射式浮选机布置图

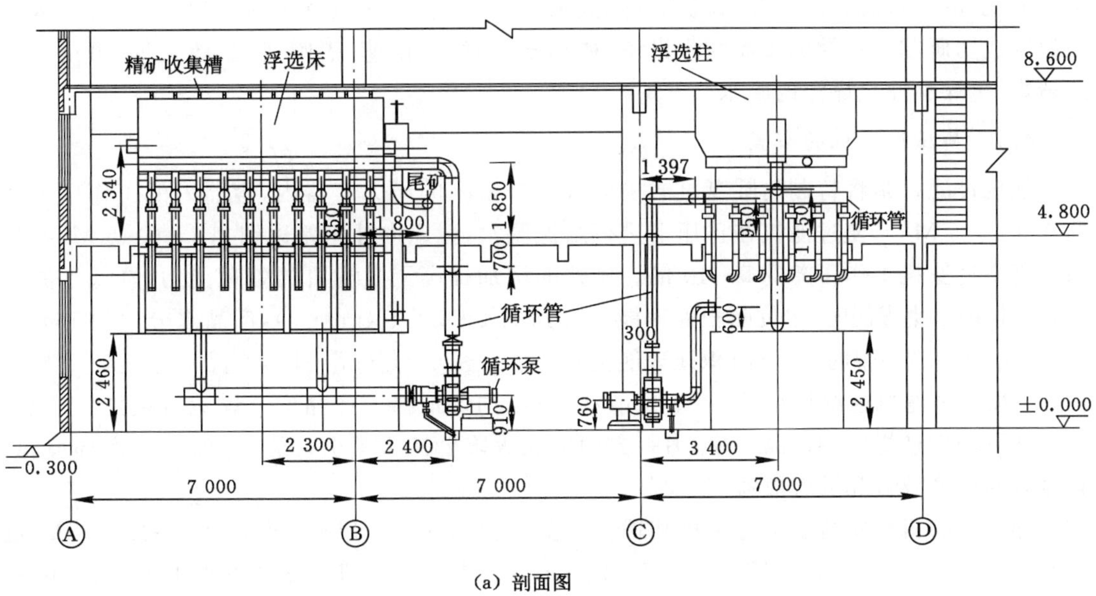

(a) 剖面图

图 8-70　FCMC 型浮选柱和浮选床布置图

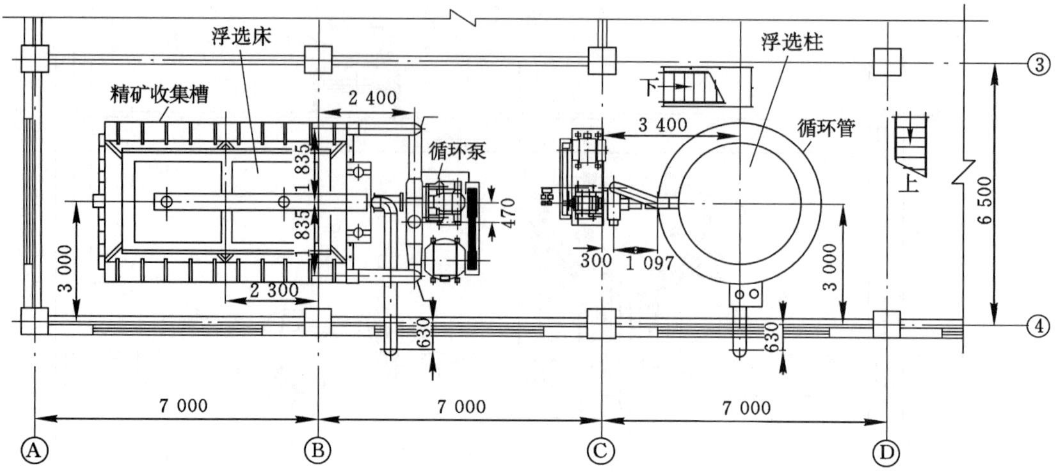

(b) 平面图

图 8-70(续)

将矿浆从柱体的粗选段底部抽出,加压喷射,进入气泡发生器;气泡发生器将空气吸入并粉碎成气泡,同时由于压力突然降低而析出大量微泡,然后沿切线方向进入扫选段。上浮的矿浆进入精选段,产生的精矿通过周边溢流到精矿槽中。浮选柱上方周边设清水管喷嘴,用以喷淋精矿泡沫,形成二次富集。最终尾矿由槽体上半部的尾矿口排出。

精矿池布置在浮选柱精矿收集槽正下方,经过泵或高压风给料罐给入脱水设备。

8.7.4 浮选产品脱水设备的布置

浮选产品水分对最终产品水分影响较大。传统的浮选产品和煤泥脱水设备有圆盘式真空过滤机、沉降过滤式离心脱水机或沉降式离心脱水机、厢式压滤机、带式挤压机等。近年来我国成功研制了有效的煤泥脱水设备,如加压过滤机、快速(隔膜式)压滤机等,可用于浮选精煤、尾煤和原生煤泥的脱水。

8.7.4.1 加压过滤机的布置

加压过滤机是将特制的圆盘过滤机放入一个密闭的压力容器内,容器内的工作压力达到 0.3~0.5 MPa,使过滤机在正压下进行煤泥脱水,滤扇内外压差达到 0.2~0.45 MPa,是圆盘真空过滤机工作压差的 5~10 倍。压差的增加提高了过滤机的处理能力,降低了滤饼水分。处理原生煤泥时,单位面积处理能力达到 0.4~0.6 $t/(m^2 \cdot h)$,产品水分达到 16%~20%。处理浮选精煤时,单位面积处理能力达到 0.4~0.8 $t/(m^2 \cdot h)$,产品水分达到 16%~18%。加压过滤机连续排料,滤饼呈松散状,可以均匀地掺入产品中。煤泥直接掺入产品,一方面可增加选煤厂的产品产率,另一方面可大大降低工人的劳动强度,改善生产环境,具有显著的经济效益和社会效益。

加压过滤机的安装要考虑主机和辅机。配套辅机有高压风机,风压为 1~1.5 MPa;低压风机,风压为 0.5~0.7 MPa;给料机,ϕ2 000 mm 圆盘给料机或宽度不小于 1 200 mm 的铸石槽刮板机;渣浆泵,自动控制用各种自动、手动阀门等。加压过滤机的加压仓外壳直径很大,排料装置又很高,布置时一般将两者分层放置,加压仓一层高度可视其直径设置,上方留出 1～1.5 m 净空，供安装起吊用。加压过滤机的排料装置有两道闸门，分别由液压驱动，交替开闭，布置时需注意留有闸板抽出的空间。闸门的密封胶垫是检修较为频繁之处，应在该处架设检修平台。滤饼从排料装置排出后，进入小料斗，料斗下应设置圆盘给料机将物料给入运输胶带，或直接用 1 200 mm 的刮板输送机运输。图 8-71 为加压过滤机布置示意图。

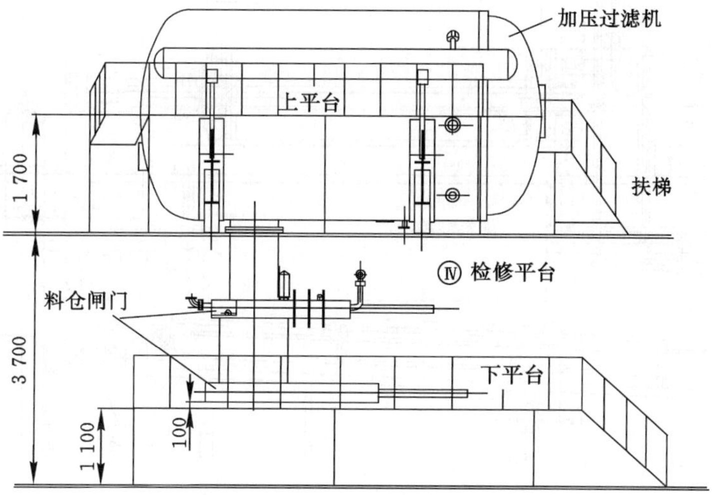

图 8-71　加压过滤机布置示意

8.7.4.2　精煤快速压滤机的布置

精煤快速压滤机对细粒精煤脱水效率高，在相同入料条件下，精煤快速压滤机的滤饼水分比真空过滤机下降 6%～9%，比相同处理能力的真空过滤机可节能 60%～70%。

精煤快速压滤机的入料采用自流与风压给料，可克服因精矿浓度低且含有大量泡沫导致泵压给料的困难。精煤快速压滤机工艺系统见图 8-72。浮选精矿从精矿槽自流进入料罐，装满之后，阀 1 关闭。压风机产生的高压风经风包进入料罐，矿浆经过阀 2 压入压滤机。当压滤到一定程度时，高压风经过阀 5 进入压滤机，推动隔膜挤压滤饼，另外有风直接穿过滤饼。精煤快速压滤机实际布置图见图 8-73。

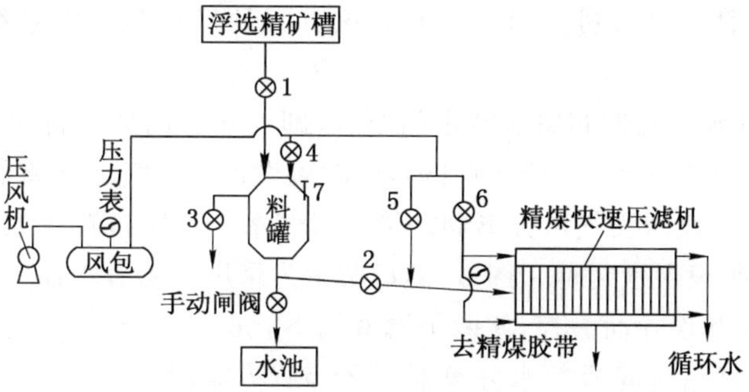

1，2，3—气动蝶阀；4，5，6—电磁截止阀；7—料位计。

图 8-72　精煤快速压滤机工艺系统

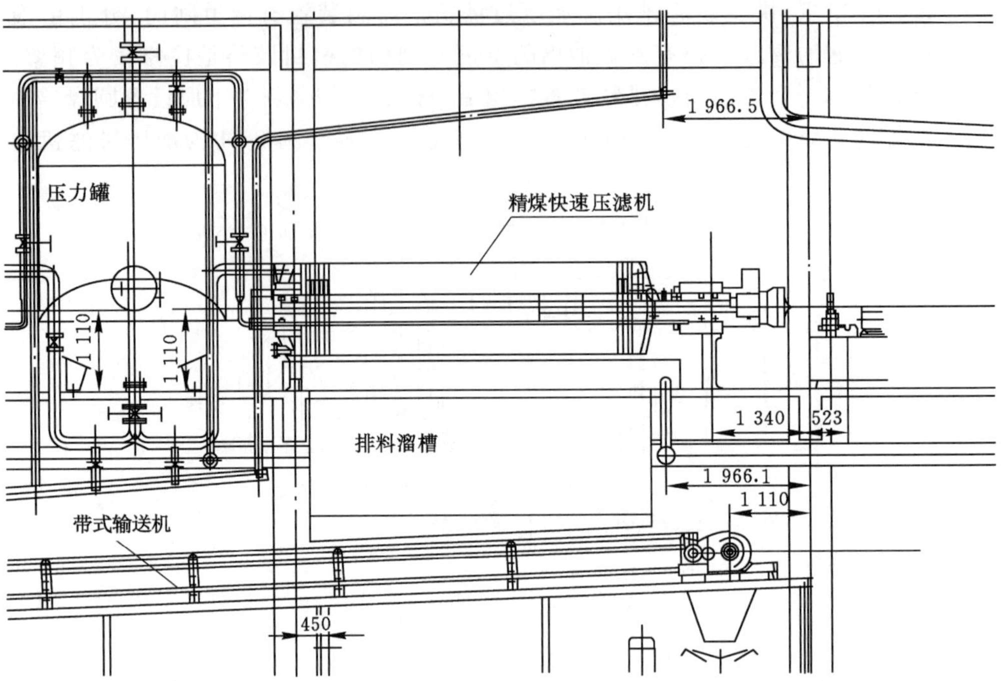

图 8-73　精煤快速压滤机实际布置图

高压风给料速度快，避免泵打泡沫效率低且易气蚀现象。精矿池布置在浮选精矿收集槽正下方，精煤快速压滤机入料罐布置在精矿池正下方，这样精矿就可以直接从浮选机(柱)流入精矿池，再流入压滤机入料罐，避免精矿先流入布置在一层的精矿池，然后用泵打入压滤机给料罐，减少了空间占用和功耗。精煤快速压滤机用风压给料，一般用 5～7 min 即可完成给料，大大降低了给料时间，无形中增大了压滤机的单位时间处理量。

8.7.4.3　圆盘真空过滤机的布置

当浮选精煤产品占总精煤比例不高、不影响整体水分时，可采用圆盘真空过滤机脱水。浮选精煤过滤脱水设备通常布置在浮选机下层楼板上，这种方式可以使精煤自流进入过滤设备，是常用的布置方式。也可以将过滤机布置在浮选机上层楼板上，这种方式需增加泵提升系统，用泵将浮选精煤打入过滤机中脱水。该方案的优点是真空系统可采用一段气水分离器的工艺布置。

真空系统中的气水分离器布置有特定的要求，即气水分离器的排水口至下层水封池液面高差应大于 10.5 m(高于 9.806 65×10^4 Pa)，此时可设置一段气水分离器[见图 8-74(b)]。如果高差小于 10.5 m，应设两段气水分离器。第二段气水分离器布置在大于 10.5 m 楼层上，滤液靠自重泄水，但必须设置水封池。图 8-74(c)所示为采用自动泄水器方案。这种自动泄水装置电控中的电极常引起误导而失控，使两个滤液桶不能正常工作。

图 8-74 为圆盘真空过滤机气水分离器工艺布置方案图。

在布置圆盘真空过滤机时应注意：

楼层高度根据圆盘真空过滤机的圆盘及同层辅助设备(如真空泵)要求的检修高度而定。圆盘真空过滤机通常架设高度(考虑圆盘真空过滤机事故闸门操作检修等)为 500 mm，如果精

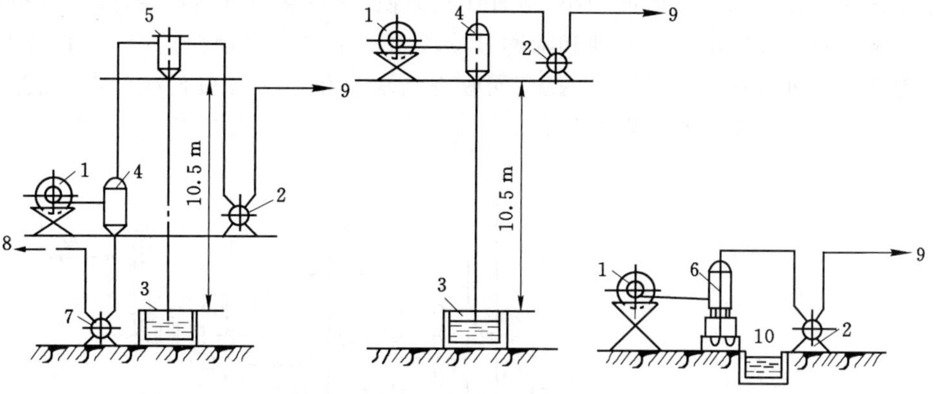

1—过滤机；2—真空泵；3—水封池；4—滤液收集桶；5—气水分离器；
6—自动泄水器；7—水泵；8—排水；9—排气；10—滤液池。
图 8-74　圆盘真空过滤机气水分离器工艺布置图

煤输送机是同层布置时，其架设高度需 1 000～1 500 mm。因此，楼层高度需 7 000 mm 以上。

圆盘真空过滤机操作台平面距矿浆箱口应为 800 mm 左右，台宽为 700 mm 左右。操作台应设联系用的上、下楼梯和保护栏杆。过滤机精煤产品溜槽倾角尽量接近 90°（需大于 80°），溜槽不要跨主梁，防止堵塞。

真空泵应与圆盘真空过滤机同层布置，这样有利于缩短管路长度，降低厂房高度；同时应注意防噪，如果是特大型真空泵，可以布置在厂房最底层的单独真空泵室。配套压风机或水泵可布置在下层楼板上。真空泵、压风机机架的高度应根据设备型号等具体情况确定。滤液收集桶的架设高度要考虑过滤机的滤液能自流进入桶中。

8.7.4.4　沉降过滤式离心脱水机的布置

沉降过滤式离心脱水机是一种细粒煤泥的脱水设备。该设备要求制造技术水平高、材质好、安装精确。此外，该设备要求入料中＜0.044 mm（＜325 网目）含量在 35％以下，否则容易造成筛网堵塞，回收率显著降低，产品水分增高，不能正常生产。根据有关资料，入料中＜0.044 mm 含量与脱水后的产品水分、回收率关系见表 8-16。

表 8-16　入料中＜0.044 mm 含量与脱水后产品水分、回收率关系

入料中＜0.044 mm 含量/％	回收率/％	产品水分/％
15	97～99	13～14
25	85～93	13～20
35	69～78	15～20

如果浮选入料中含泥量大，＜0.044 mm 含量超过 35％时，可以将入料事先脱泥，一方面为浮选创造好的条件，另一方面为沉降过滤式离心脱水机高效工作奠定良好基础。在设备选型时，浮选精煤脱水宜采用长筒型沉降过滤式离心脱水机，尾煤可采用短筒型沉降过滤式离心脱水机。

沉降过滤式离心脱水机占地面积小，布置比较方便，应注意设置定压缓冲漏斗（箱）或矿浆分配器。还需分别设置沉降段水池和筛网过滤段水池及泵，并应将过滤段离心液返回沉降过滤式离心脱水机入料中，这样可以提高回收率。水池和泵通常布置在厂房最底层。沉降过滤式离心脱水机布置可参考图 8-75。

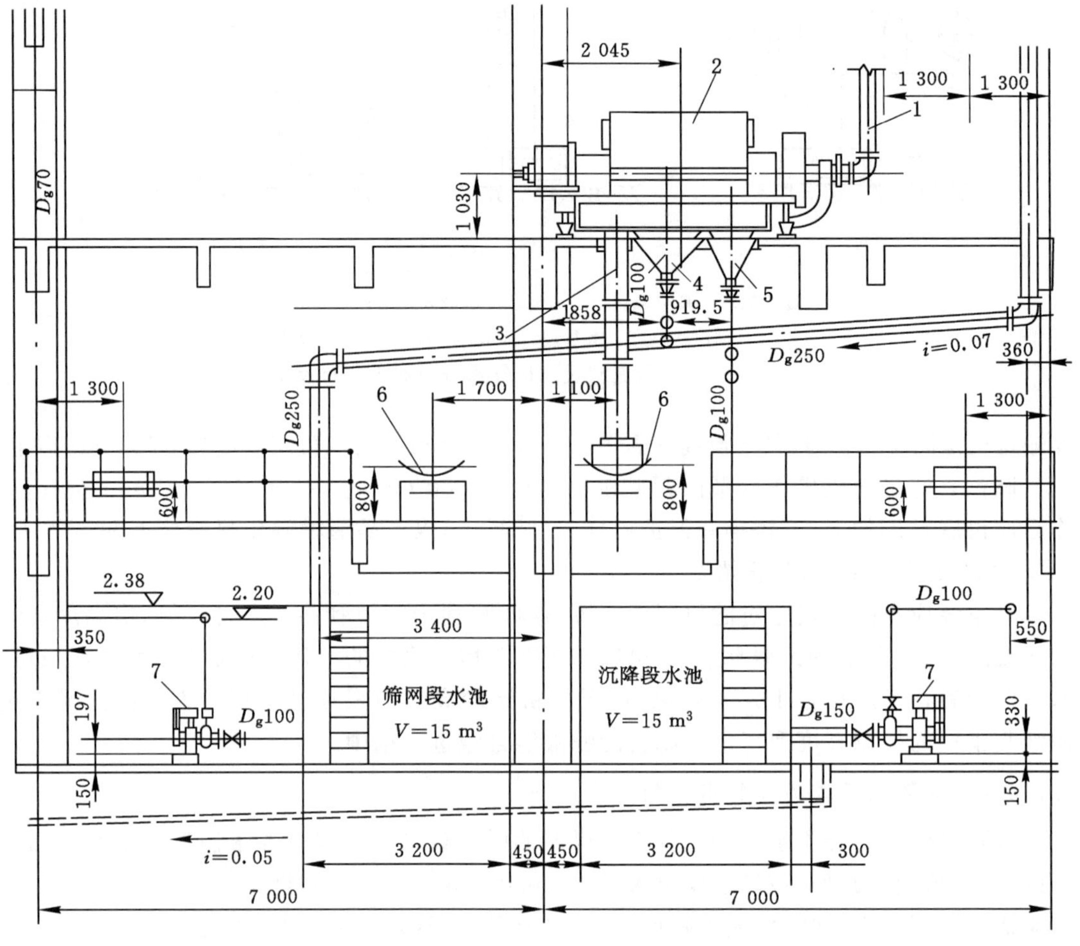

1—入料管；2—沉降过滤式离心脱水机；3—排料溜槽；4—筛网段漏斗；

5—沉降段漏斗；6—产品带式输送机；7—水泵。

图 8-75 沉降过滤式离心脱水机布置图

8.7.4.5 各种水池的布置

为了满足储存、转运、事故处理及卫生等方面的要求，在浮选车间的最底层（或地下室）应布置各种类型的水池，如浮选入料缓冲池（直接浮选用）、滤液池、水封池、精矿溢流池、冷却水池、离心液池（末煤离心脱水机离心液池应放在重选车间底层）、事故放料池、事故捞坑以及多条排水沟等。大型选煤厂一般单独设置这些水池，而中型或小型选煤厂可将滤液池、精矿溢流池合并。各种水池的容量可按 3～5 min 的入料量计算，或者按泵 2～3 min 的正常扬量计算。水池通常采用钢筋混凝土结构。水池的溢流管直接通入排水沟进入事故捞坑或集中水池进一步处理。

各种水池底部应有适当的坡度倾向排料管进入泵中。一般水池底面的倾角可参考表 8-17。

表 8-17　各种水池底面倾角参考值

水池名称	倾角/(°)	水池名称	倾角/(°)
清水池、冷却水池	3～5	离心液池	20～30
滤液池	5	角锥池、底流收集池	20～30
浮选入料缓冲池	20～30	倾斜板底流收集池	20～30
过滤机溢流池	20～30	尾矿池(磁选尾矿池)	>30

8.7.5　浮选车间的布置实例

图 8-76 为大型浮选车间布置示意图。该车间布置特点：为脱泥浓缩浮选工艺，采用 12 台单槽容积 20 m^3 的浮选机。矿浆准备器与浮选机一对一布置。浮选精煤采用 10 台加压过滤机脱水，脱水后的精煤通过圆盘给料机给入带式输送机运出厂房。主要设备分层布置，简单明了。各种水池布置在最底层，药剂罐布置在室内，便于操作与管理。整个车间布置较紧凑、合理，操作、检修、管理方便。

图 8-77 为浮选柱和快速精煤压滤机配套布置图。图 8-78 为主再选浮选机及真空泵、自动泄水仪布置图。浮选主再选适用于难选煤泥。

8.7.6　压滤车间的布置

选煤厂的浮选尾煤，因含黏土物质多、粒度细、黏度大(特别是直接浮选时)等，很难脱水回收。目前比较有效可靠的方法是采用压滤机处理。生产实践证明，压滤机的滤饼水分可达 20%～25%，滤饼可单独运输。滤液为清水，比较容易实现洗水闭路循环，可避免对环境的污染。

浮选尾煤是一种复杂的多分散系。因此，不同性质的尾煤，采用相同的压滤机处理时，其效果是不完全相同的(如压滤时间、处理能力、滤饼厚度等)。故应当结合具体情况选择压滤机、供料方式、供料设备以及布置方式。

目前我国生产供应选煤厂使用的压滤机有 340 m^2、500 m^2、750 m^2、800 m^2、1 050 m^2 等规格。

8.7.6.1　压滤机的供料设备及供料方式

压滤机供料设备的工作性能对压滤机的效果有直接影响。在压滤初期，煤浆充满滤室并开始形成薄层滤饼，供料时阻力较小，压滤速度较快，需要低压力大流量供料。但在压滤的中、后期，随着滤饼的增厚，压滤阻力增大，压滤速度降低，需要高压力小流量供料。因此，供料设备应满足压滤机工作性能的要求。供料用泵可采用污水泵、灰渣泵等。供料方式分为单段泵供料、两段泵供料、泵与压缩空气机联合供料三种。我国大多数选煤厂采用单段泵供料方式。

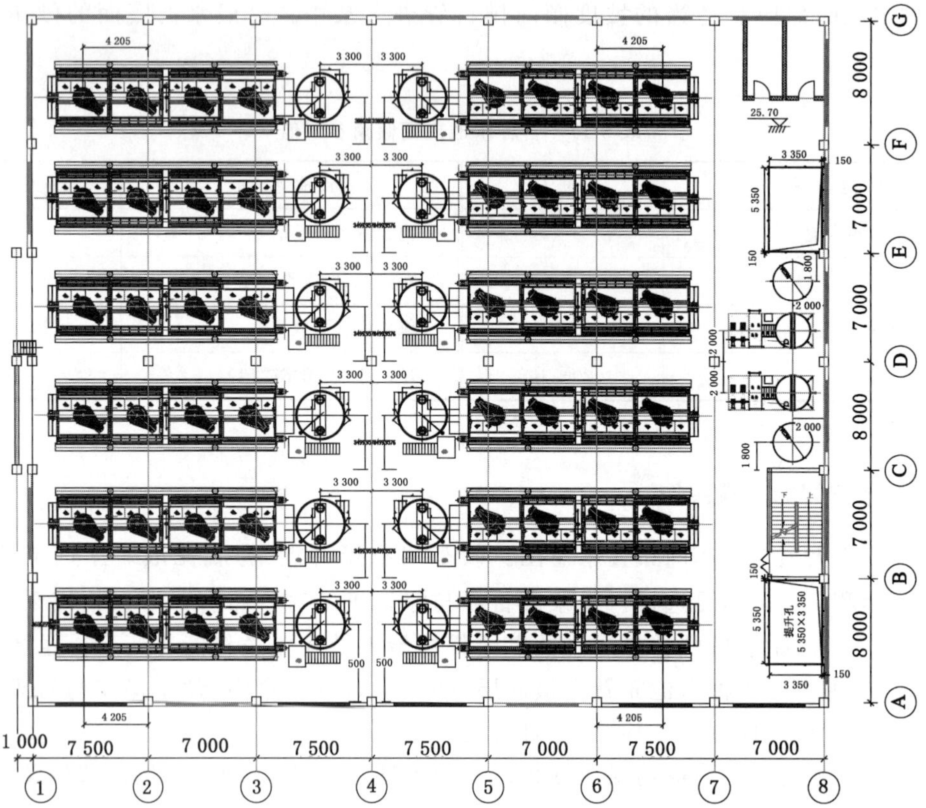

(a) 平面图

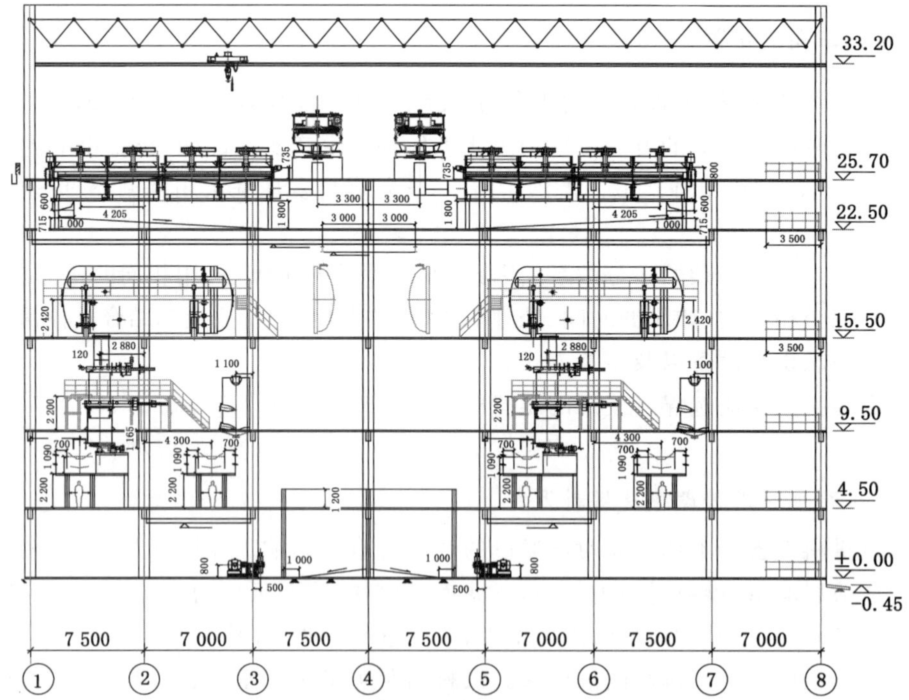

(b) 剖面图

图 8-76　浮选车间布置示意

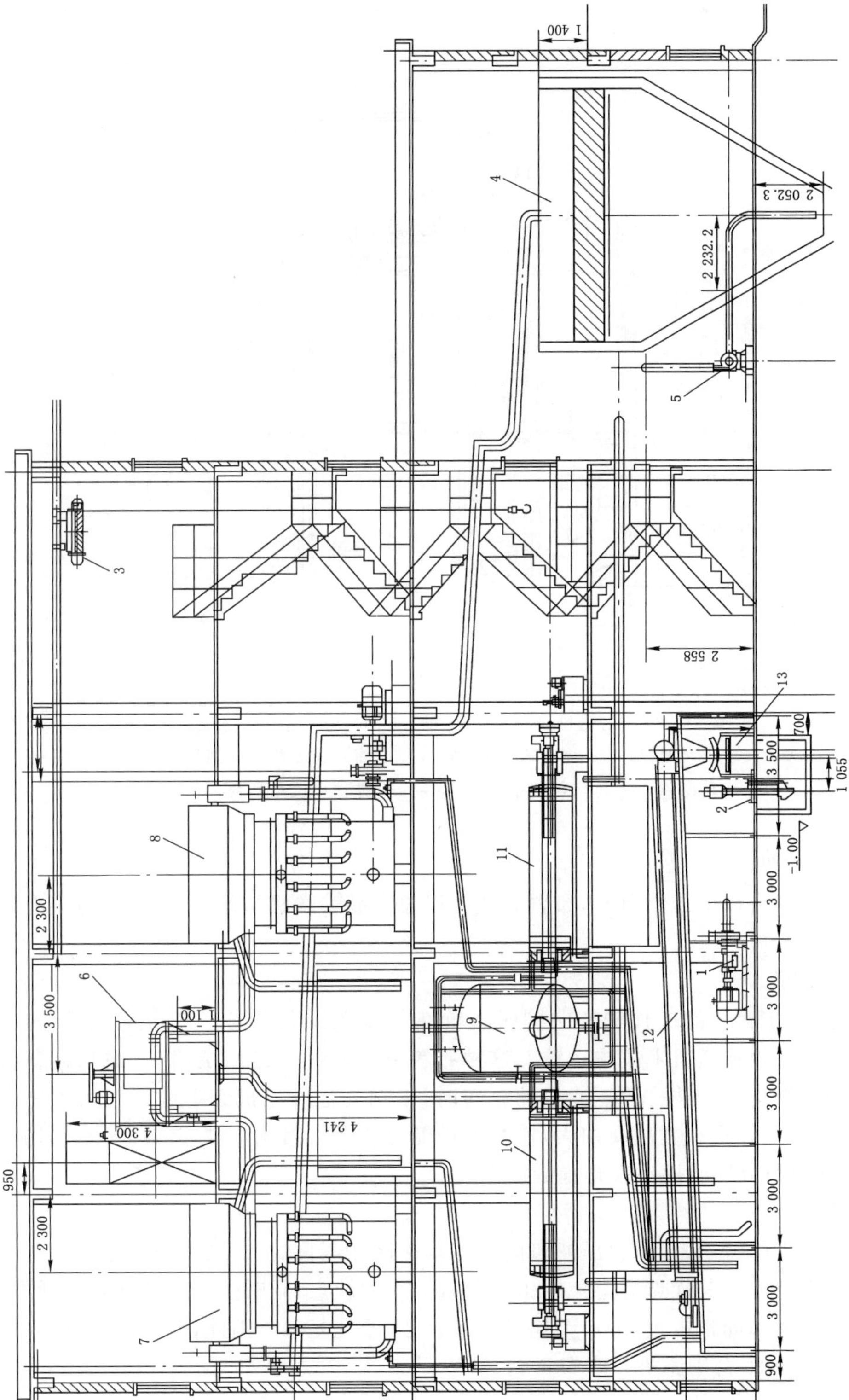

1—压风机；2—煤泥收集池；3—电动葫芦；4—煤泥桶；5—煤泥泵；6—搅拌桶；7,8—浮选柱；9—压力罐；10,11—快速精煤压滤机；12—带式输送机；13—精矿收集胶带。

图8-77　浮选柱和快速精煤压滤机配套布置图

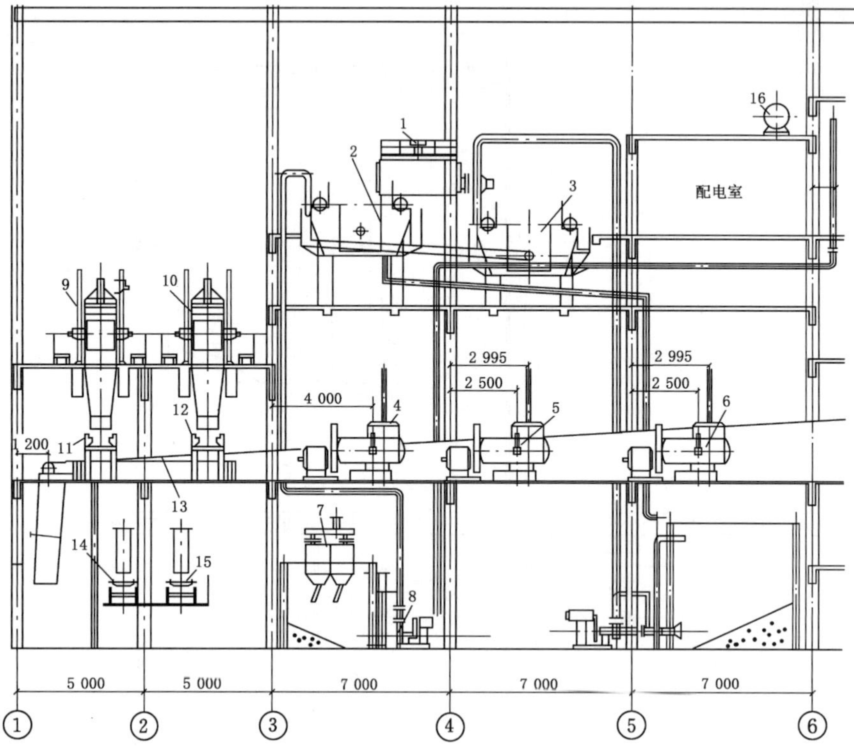

1—搅拌桶;2,3—浮选机;4,5,6—真空泵;7—自动泄水仪;8—水泵;
9,10—压滤机;11,12—刮板输送机;13,14,15—带式输送机;16—风机。

图 8-78　主再选浮选机及真空泵、自动泄水仪布置图

8.7.6.2　压滤机的工艺布置

采用两台或两台以上压滤机时,布置方式应以总产品输送机为基准,其布置方案有以下两种。

(1) 串联布置

串联布置,即多台压滤机长轴方向同时布置在总输送机上层同一跨间里,它们的产品(滤饼)均垂直卸在该输送机上集中运输。这种布置方案的优点是系统简单、输送设备台数少、厂房宽度小;缺点是冲洗一台压滤机的滤布时,影响其他压滤机卸下滤饼。为了适应卸滤饼的需要,总产品输送机宽度要加大,使之输送能力富余。因此,台数多时,不宜采用这种方案。图 8-79 为两台压滤机串联布置剖面图。

(2) 并联布置

并联布置方案的特点是,每台压滤机的滤饼均先卸在各自的产品输送机上,然后转载到总产品输送机上外运。其优点是避免了串联布置方式的缺点,同时生产管理比较灵活方便;缺点是占厂房宽度和面积较大,增加了输送设备台数,系统复杂。因此,台数多时,应采用这种方式。图 8-80 为多台压滤机并联布置图。

图 8-81 为压滤车间布置图。

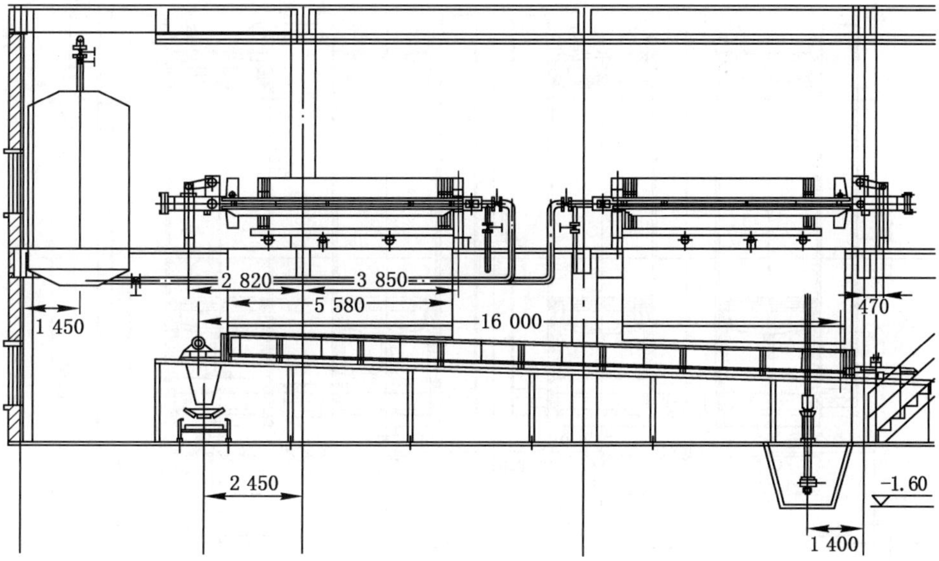

图 8-79　两台压滤机串联布置剖面图

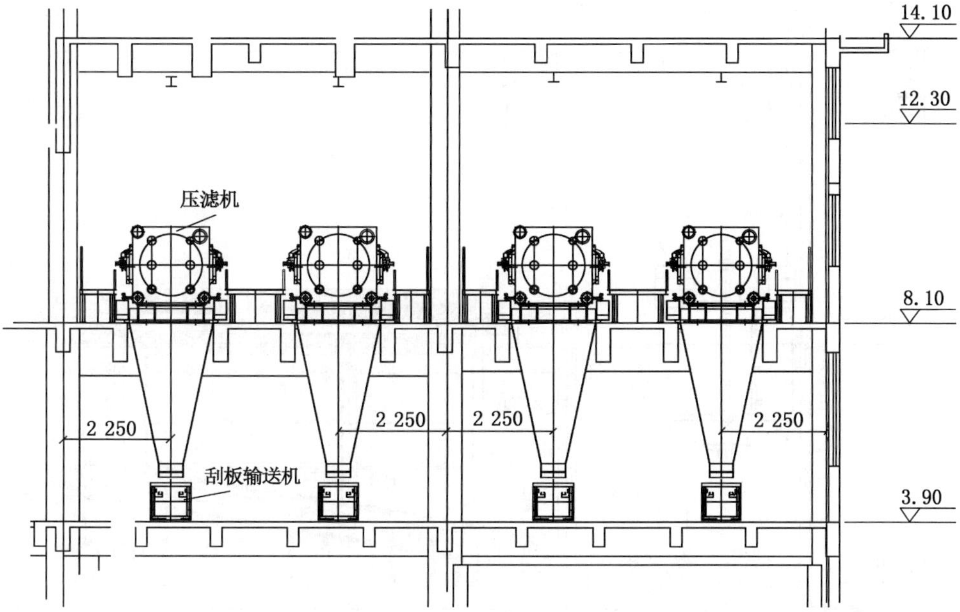

(a) 剖面图

图 8-80　多台压滤机并联布置图

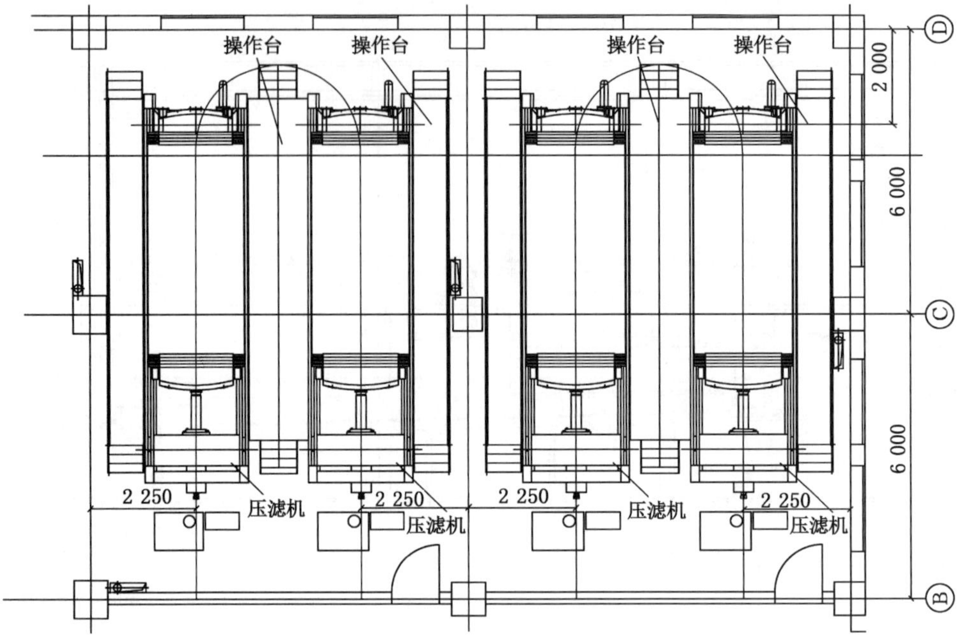

(b) 平面图

图 8-80(续)

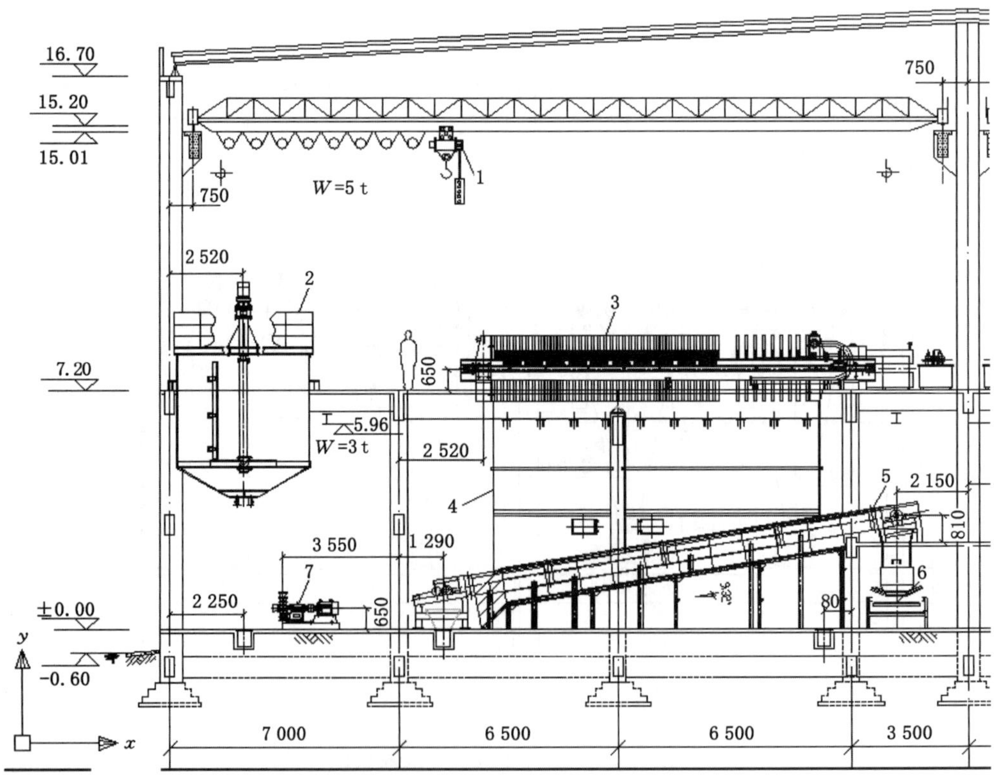

1—起吊装置;2—搅拌桶;3—压滤机;4—收集槽;5—刮板输送机;6—带式输送机;7—泵。

图 8-81 压滤车间布置图

8.8　干燥车间的工艺布置

火力干燥是防冻和降低精煤水分的根本方法，当外在水分大于 8%，室外计算温度在 −14 ℃以下时，大、中型选煤厂应设置干燥车间。如室外温度在 −14 ℃以上，有防冻或进一步降低精煤水分的要求，也可以考虑设置干燥车间。设置干燥车间时，每年干燥时间的长短与干燥的目的有关。防冻干燥（东北、西北地区）时间一般为半年左右。为了降低炼焦煤入炉水分，缩短炼焦时间，延长焦炉寿命，提高焦炉生产能力时，应全年进行干燥。

最近几年，一些动力煤选煤厂采用干燥设施处理未经浮选的煤泥。这些煤泥原来经过压滤后地销，价格较低，而经过干燥后，掺入电煤销往电厂，价格可成倍提高。

8.8.1　干燥方式

一般块精煤经过机械脱水后即可以满足防冻和水分要求。所以干燥的主要对象是末精煤和浮选精煤。如果末精煤经高效离心脱水机脱水，也能达到水分和防冻要求时，干燥的对象只是浮选精煤。因此，干燥方式分为末精煤与浮选精煤混合干燥和浮选精煤独立干燥两种。

当前我国采用的干燥机种类较多，如滚筒式干燥机、沸腾床层式干燥机、螺旋干燥机等。

8.8.2　滚筒式干燥机的布置

在我国广泛采用滚筒式干燥机单独干燥浮选精煤、煤泥等。

滚筒式干燥机为卧式的。其布置形式有两种，即顺流式与逆流式（见图 8-82）。当入料与介质（热烟道气）流动方向一致，即燃烧炉位于入料端布置时为顺流式；入料与介质流动方向相反，即燃烧炉位于排料端布置时为逆流式。

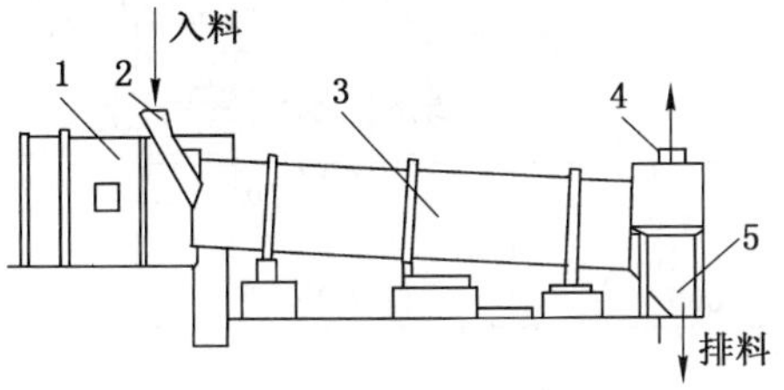

(a) 顺流式

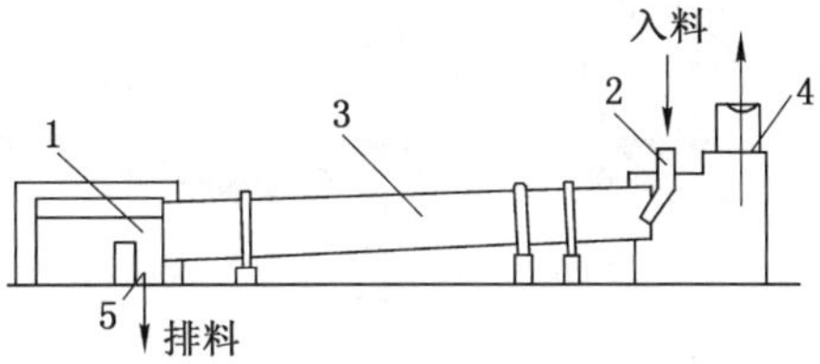

(b) 逆流式

1—燃烧炉；2—入料溜槽；3—滚筒式干燥机；4—排气管；5—排料箱底口。

图 8-82　滚筒式干燥机布置形式

布置滚筒式干燥机时应当注意：

滚筒式干燥机的入料溜槽应插入给料箱，并伸入滚筒内 100 mm 左右。入料溜槽的倾角与干燥物料粒度有关，对于 13～0(6～0) mm 的混合精煤倾角应不小于 70°；对于浮选精煤倾角应接近 90°，以防止堵塞。为了延长入料溜槽的使用寿命，在溜槽底部铺设铸石等耐磨衬板。滚筒式干燥机的给料（精煤和燃料煤）应设置缓冲仓，仓下设置给料机，被干燥的物料仓下选用圆盘给料机，干燥用的燃料仓下可选用回转式给料机。

滚筒式干燥机是在负压下工作的，为了防止漏气，各连接口都应密封。密封的形式常用的有摩擦式、迷宫式、罩式三种。干燥好的产品从排料箱体下部锥体部分排出。锥体倾角要求如下：如果干燥 13～0 mm 混合物料时应不小于 55°；单独干燥浮选精煤时，应不小于 70°。排料箱底部设密封式排料闸门，通常采用圆盘给料机。排料箱上部设介质排出口，并设置引风机和集尘器(根据集尘次数选型)。滚筒式干燥机滚筒安装倾角一般为 5°左右。滚筒式干燥机车间布置可参考图 8-83。

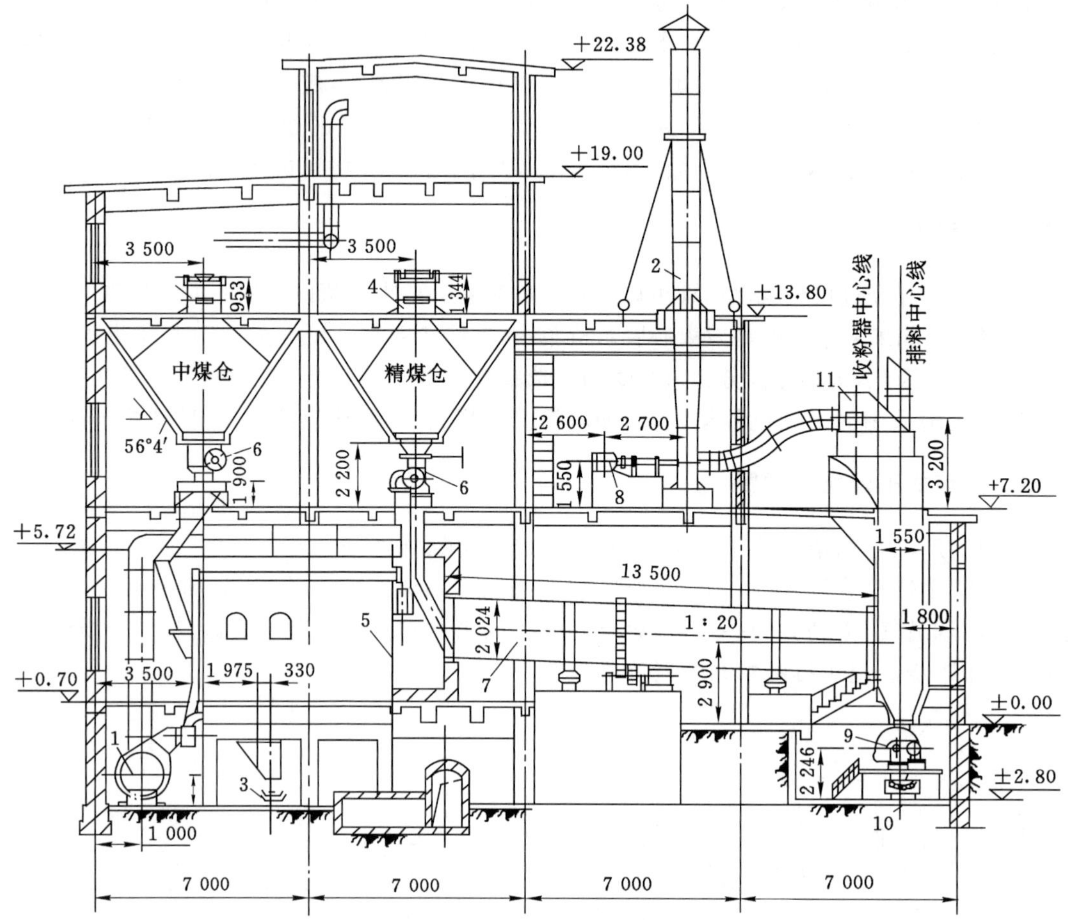

1—鼓风机；2—烟囱；3—除灰输送机；4—来料刮板输送机；5—燃烧炉；6—燃料给料机；7—滚筒式干燥机；8—引风机；9—出料圆盘给料机；10—出料输送机；11—集尘器。

图 8-83 滚筒式干燥机的布置

8.9 沉淀浓缩车间的工艺布置

用于煤泥沉淀浓缩回收煤泥水的主要设备有耙式浓缩机、沉淀塔、深锥浓缩机及厂外煤泥沉淀池等。耙式浓缩机应用最为广泛，沉淀塔、深锥浓缩机也有应用。现代化选煤厂，除了工艺的原因选用耙式浓缩机外，还首选其作为事故放水用。此外，重介质选煤厂采用耙式浓缩机浓缩磁铁矿粉。

耙式浓缩机、沉淀塔、深锥浓缩机一般都布置在主厂房外与煤泥水系统联系方便的位置。小型耙式浓缩机($\phi \leqslant 6$ m)也可根据需要布置在主厂房内顶部。

8.9.1 耙式浓缩机的工艺布置

耙式浓缩机属于大负荷建筑物、结构物,除满足工艺要求外,还应重视建筑上的要求,根据工程地质、水文地质、气候及地势高低等情况进行布置。新设计的选煤厂,应选择新研制的高效耙式浓缩机。图 8-84 为新研制的 XGN 系列高效自动耙式浓缩机的结构图。它具有搅拌絮凝给料井、上流式层流倾斜板等新装置新结构,效率提高 3～5 倍。

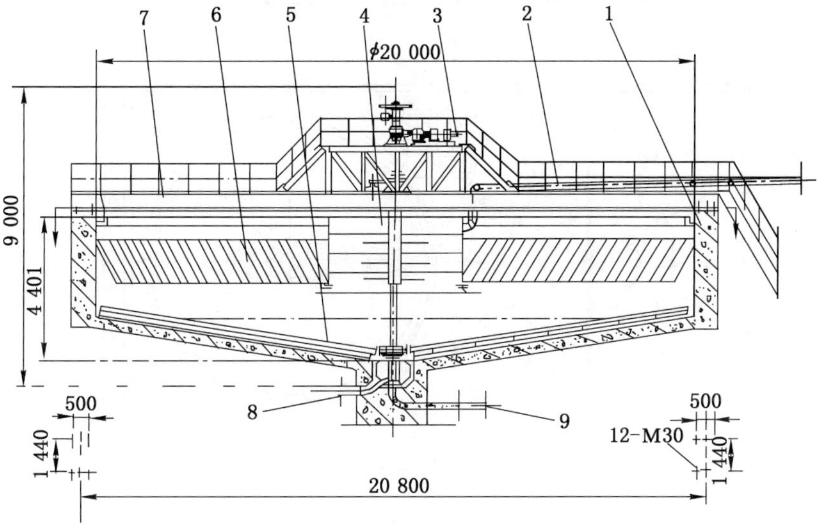

1—浓缩机;2—原料矿浆入料管;3—传动系统;4—搅拌絮凝给料井;5—耙架;6—上流式层流倾斜板;7—钢架;8—底流排放管;9—密封高压水胶管。

图 8-84　XGN 系列高效自动耙式浓缩机结构图

耙式浓缩机可以布置成架空式(地上式)、地下式或半架空式。如果是严寒地区或风沙严重地区,应建成有屋顶的浓缩机房。

图 8-85 为地上式加盖周边传动浓缩机布置图。图 8-86 为半架空式周边传动浓缩机布置图。

浓缩车间通常由来料管桥、浓缩机、循环水池及泵房组成。主厂房内的煤泥水(入浮原料、浮选尾煤或其他煤泥水等)首先经过来料管桥(来料管桥上铺设水槽或水管)输送到浓缩机内。

水槽多采用钢筋混凝土制造,水管多采用钢管。浓缩机布置的位置应尽量靠近主厂房来料处。布置高度要注意与来料标高和底流产品处理标高有机地配合。泵站布置是浓缩机房的重要问题,因为泵站的泵台数较多(易磨损,需备用),若布置得不合理,将给全厂工作带来不利影响。泵站(或泵房)不管是单独泵房或联合泵房,其位置一定靠主厂房一侧,以便联系方便,缩短管路。耙式浓缩机的底流泵备用系数为 100%,循环水泵备用系数为 50%。

泵房和循环水池的布置与主厂房、厂外事故水池(或事故浓缩机)的位置及浓缩机的建筑结构形式有关,应全面综合考虑进行布置。单台浓缩机的泵房和循环水池可以布置在浓缩机的某一侧,也可以布置成中间同体式,此外,还可以布置成联合泵房。

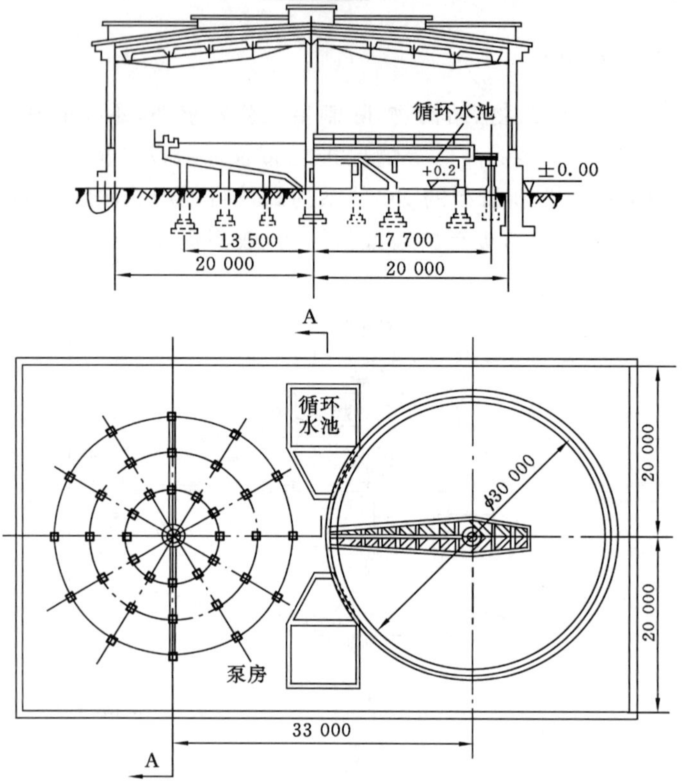

图 8-85 地上式加盖周边传动浓缩机布置图

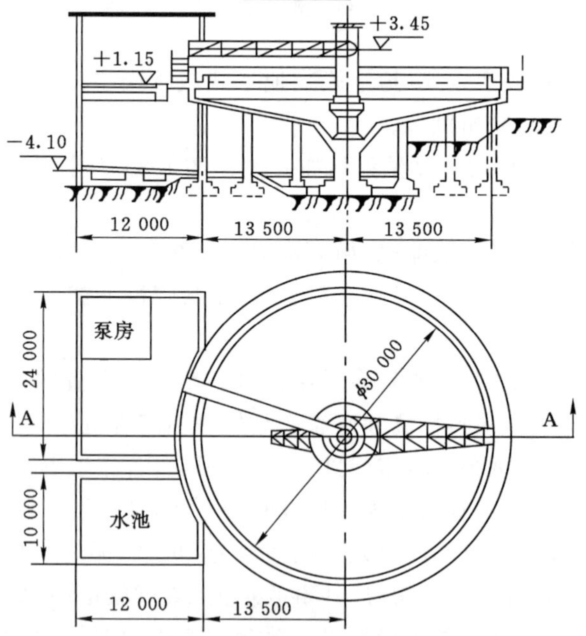

图 8-86 半架空式周边传动浓缩机布置图

8.9.2　事故浓缩机和事故煤泥沉淀池的布置

在浮选尾煤或煤泥能全部厂内回收的条件下，工艺流程中不再设置作为煤泥回收手段的煤泥沉淀池，而设置能容纳厂内最大一台设备容积的 1.2～1.5 倍的事故浓缩机或事故煤泥沉淀池，作为处理事故或检修时容纳煤泥水之用，使选煤厂生产用水或其他用水尽可能不排出厂外。事故浓缩机和事故煤泥沉淀池的选用应根据选煤工艺流程、环保要求等因素确定，一般情况下，宜选用事故浓缩机。事故浓缩机的布置与一般的耙式浓缩机相同，此处不再重复。

事故煤泥沉淀池根据地形及工艺要求可建成地上式、半地上式或地下式。地上式事故煤泥沉淀池有利于排水、挖煤泥和运输，土方工程小，但消耗建材多，投资也大。地下式事故煤泥沉淀池上端与地面平齐，土方工程最大，投资也大，但土建工程多在地下，因而节省。半地上式的利弊介于地上式和地下式两者之间。

机械化挖取、晾干、装运煤泥时，可采用门式抓斗起重机或桥式电动抓斗起重机完成。图 8-87 为桥式抓斗煤泥沉淀池布置图。

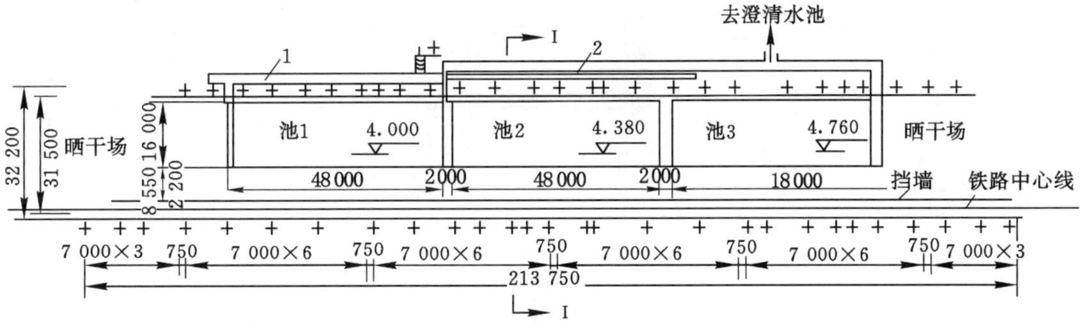

(a) 平面图

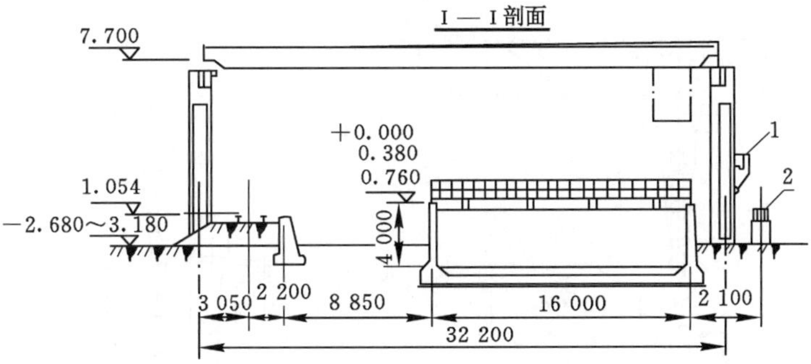

(b) 剖面图

1—进水沟；2—溢水沟。

图 8-87　桥式抓斗煤泥沉淀池布置图

桥式电动抓斗起重机主要由带行走滚轮的桥架、能提升抓斗的小车(可沿桥梁横向移动)以及桥架的移动结构、抓斗等主要部件组成。在桥架上吊有驾驶室，起重工人可在室内操作。桥架和小车运行的轨道都有行程开关，当运行到极限位置时均可自动停机。该起重机械可以提升，其横向和纵向移动非常灵活。因此，在池内和晒干场各点均能挖取和装运煤泥(由汽车和火车装运)，机械化程度高，操作方便。桥式电动抓斗起重机的选型，主要根据需要的跨距而定。我国常用的桥式电动抓斗起重机的跨距有 10.5～31.5 m。每隔 3 m 就有一种规格，选煤厂常用的为 19.5～31.5 m。桥式电动抓斗起重机在选煤厂应用较为广泛。

门式抓斗起重机是另一种起重设备。它在地面设立轨道，轨道基础采用钢筋混凝土结构，运行轨道的尽头设立限位开关和阻车器。在大风地区采用该设备时，应向厂家提供最大风速资料，以便采取安全措施。轨两侧要有 15‰的排水坡度，防止雨水损害路基和妨碍起重机正常运行。门式抓斗起重机设备耗钢多，电机总功率比桥式电动抓斗起重机大。它的跨度大，有 27.68 m、30 m、40 m、46 m、58 m、76.2 m 等。由于煤泥在室内回收，洗水闭路循环，该起重机应用较少。图 8-88 为门式抓斗起重机煤泥沉淀池布置图。

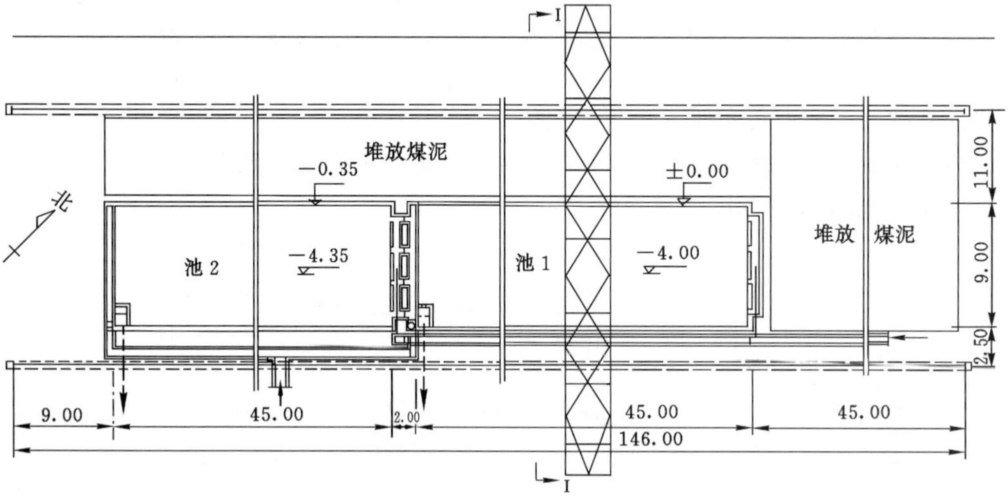

(a) 门式抓斗起重机煤泥沉淀池平面布置图

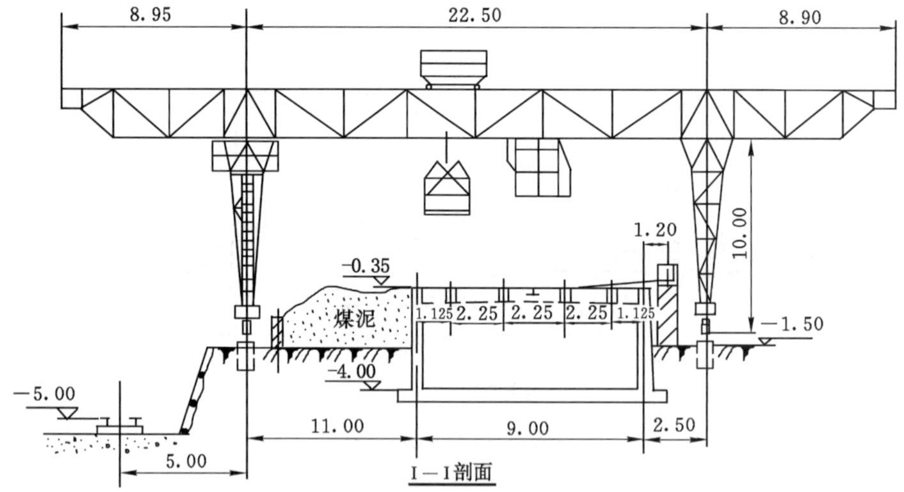

(b) 门式抓斗起重机煤泥沉淀池剖面图

注：图中尺寸单位为 m。

图 8-88　门式抓斗起重机煤泥沉淀布置图

抓斗的容量应与起重量相配合。抓斗容量与起重量的配合参数可参考表 8-18。

表 8-18　抓斗容量与起重量的配合参数

抓斗类型	轻型抓斗					中型抓斗				重型抓斗		
起重量/t	3	5	5	10		5	5	5	10	5	5	10
抓斗容量/m^3	1.5	2.5	3	5	6	1.5	1.5	1.5	3	1	1	2
抓斗自重/t	1.43	2.49	2.42	5.26	3.96	2.30	2.30	2.20	4.00	2.12	2.38	3.83
抓取物料堆密度/(t/m^3)	0.7～1.0					1.1～1.8				2.1～2.5		
来源	天津	洛阳	大连	洛阳、上海	大连	洛阳、上海		大连		大连	洛阳、上海	大连
备注	单轨抓斗	桥式抓斗	回绳抓斗	桥式抓斗	回绳抓斗	桥式抓斗				回绳抓斗	桥式抓斗	回绳抓斗

事故煤泥沉淀池的深度一般为 3～4 m，长宽比一般为 4 左右。沉淀池首端进水沟坡度 $i \geqslant 0.015$，末端沿池宽的集水槽坡度 $i=0.01$，底部向溢流方向的坡度 $i=0.001$，便于排出池内积水。

由波兰设计的钱家营矿业分公司选煤厂工艺系统中，事故煤泥沉淀池的煤泥水的返回方式采用一种新的处理方案，即采用高压水枪将煤泥水搅拌均匀后打回正常工作的耙式浓缩机中。

8.10　产品装车仓的工艺布置

原煤储煤仓(场)对调节矿井与选煤厂正常生产起着重要作用。产品装车仓对选煤厂与铁路运输正常生产起到重要的调节作用。尤其是在市场经济条件下，产品销售受市场制约严重，因此，选煤厂修建一定容量的产品装车仓是非常必要的。过去，一些选煤厂为了减少基建投资修建容量较小的装车仓，然而小的装车仓已不适应当前生产要求，因此，这些选煤厂先后扩建了装车仓。有的厂除采用小容量的装车仓外，另设立较大的产品储煤场，但这种方案存在一些问题，如露天储存产品受到一定程度的污染和粉碎并且对环境造成污染，经营管理也不方便。因此，现代化的选煤厂都要修建较大容量的装车仓或封闭式产品储煤场(尤其是精煤储煤场)。

产品装车仓的容量应根据铁路车辆供应、周转情况而定。设计规范规定，大、中型选煤厂的产品装车仓容量宜采用 1.0 d 的选后产品量，特大型选煤厂的产品装车仓容量宜采用 0.5～1.0 d 的选后产品量，在交通运输不便的地区宜采用 1.0～2.0 d 的选后产品量，产品煤仓、封闭式储煤场的有效总容量应满足 1.2～1.5 倍设计车组的净载量。

有人认为，装车仓容量应有余地，特别是精煤装车仓容量应大一些，以防止车辆供应不及时和满足产品变化的需要。中煤、混煤等装车仓容量应在精煤产品装车仓容量确定后，考虑用户、运输距离和装车仓结构等因素，尽量与精煤仓结构保持一致(个数可少)。矸石仓的容量和位置与矸石处理方法关系密切。如矸石综合利用但场地较远时，可建立矿区专用铁路线用火车运输，设立落地仓和装车点，定期外运。矸石仓的容量不宜小于选煤厂 8.0 h 矸石产量。

现代化选煤厂的装车仓广泛采用大型圆筒仓。我国常用圆筒仓直径一般为 10～25 m，容量可在 1 000～15 000 t/个。圆筒仓优于方形仓之处在于容量大、三材消耗少、施工期短、施工质量高、总投资省、存煤易下落，施工时采用滑动模板连续浇注，仓表面光滑美观不留施工缝，垂直准确度高，如果模板定型可以多次重复使用，施工效率提高 2 倍以上。从经济上考虑，圆柱体部分越高越合理，国外选煤厂采用的圆筒仓有的高达 75 m（通常径高比 1∶1.5～1∶2 比较适宜）。如果装车产品为块精煤时，最好不用较高的圆筒仓。

选煤产品通常采用大火车运输，装车仓直接建筑在铁路站线上，这种类型的装车仓称为跨线式装车仓。另一种是落地式装车仓，即装车仓不直接建在铁路站线上，而是建筑在选煤厂地坪上，仓中产品排放至仓下输送机内，转载到铁路线上装车点装入车辆。采用落地式装车仓的原因多是装车点处工程地质条件不好不宜建跨线式装车仓，或者装车点处的标高比工业场地高或总体布置方面不允许建跨线式装车仓。落地式装车仓在装车精确计量方面有困难，在装完中煤后改装精煤容易产生污染，所以在条件允许时，应尽量采用跨线式装车仓。

装车方式分为单点装车和多点装车两种。多点装车就是一股道上同时有几个落煤点，几个车皮可同时装车，装车设备简单，投资少。单点装车就是将仓内产品通过输送机集中到一点，在固定点装车，所以也叫集中单点装车，车皮直接停在仓下轨道衡上。单点装车的优点是计量准确方便、产品分配均匀、质量稳定、装车称量及调车简便、便于集中控制、自动化程度高、节省人力、劳动强度低。因此，一般应采用集中单点装车方式。寒冷地区采用集中单点装车应满足在规定时间内装完一组车皮的要求，即从空车对准货位至一组车皮全部装载、计量完毕所需时间一般不超过 2 h。

布置装车仓时，首先确定装车仓的形状、仓的容量、装车方式。当采用方形仓时，需根据品种、数量及装车点数确定装车仓的排数。方形仓的边长一般为 6 m×6 m 或 7 m×7 m，其方柱体高度一般为 5～6 m，容量较小，一般为 200 t/个左右。大中型选煤厂采用方形仓时，需要仓的个数很多，相应排数也多，因此大中型选煤厂宜采用圆筒仓。圆筒仓容量大、个数少，布置成一排或两排即可满足要求。装车仓锥体部分倾角视产品粒度而定，如产品粒度为 50～0 mm，倾角应≥60°。若浮选产品（粒度小于 0.5 mm）单独装车，倾角应＞80°且锥体应采用钢结构，否则容易堵塞。单独装块煤的仓，应设置防碎措施（常用于动力煤）。在布置时，根据产品情况选择仓下排料闸门与给煤机。多点装车一般采用溜槽装车，一点装车时多用煤斗装车（也可通过带式输送机机头溜槽直接装车）；煤斗的容量一般为 15～20 t，也可以视仓下产品煤至装车点带式输送机上的煤量为煤斗最小容量。装车仓产品的品种及仓的个数较多时，还需要在仓上设置产品配煤设备（如可逆带式输送机、铸石链板输送机等）。采用带式输送机卸料装仓时，一般常用电动卸料车或犁式卸料车，此时仓上应开长形装料孔，其布置尺寸可参考表 8-19。

表 8-19　长形装料孔布置尺寸参考表

带式输送机宽度/mm	500	650	800	1 000	1 200	1 400
长形装料孔宽度/mm	700	850	1 140	1 360	1 600	1 800
孔口防护箅条间距/mm	200					
带式输送机机头中心线与墙间距/mm	2 300～2 400					
带式输送机机尾中心线与墙间距/mm	2 400～2 700					

采用铸石链板输送机卸料装仓时，可降低厂房高度。头轮轴中心线与墙间距不小于 1 300 mm，尾轮轴中心线与墙间距不小于 1 700 mm，作为通道维修空间。常用的铸石链板输送机的规格有 600 mm、800 mm、1 000 mm、1 200 mm 等。

为了保证仓下机车安全通行，必须严格执行国家铁路设计规范所确定界限尺寸。仓下至轨面高度应留有足够的空间。当采用蒸汽机车和内燃机车牵引时，仓下楼板梁底边至轨面高度，或仓下装车溜槽提起时底边至轨面净空高度为 5 500 mm。当采用电力机车牵引时，其净空高度为 6 550 mm（在条件困难时，最小高度为 6 200 mm），铁路两侧界为 2 000 mm 和 2 440 mm。

为了产品计量准确，装车仓下重车出口处（或装车点下）应设立轨道衡。轨道衡分杠杆式（老式）和电子式两种，后者应用更为广泛。常用称量范围为 100 t，秤台长有 12 m、13 m 和 14 m 三种，根据所用车辆长度和是否允许机车通过轨道衡来选定。称量室的位置与装车形式有关，单点装车时，一般设在操作平台上；多点装车时，一般布置在 ±0.00 mm 平面上，也可以设在操作平台上。

轨道衡的四周地面应向外倾斜，并设立排水设施（可以与装车仓滴水排放统一考虑）。当采用溜槽装车时，车辆中心线与轨道衡中心线重合，溜槽应与车辆后壁距离 1 500 mm。装车仓布置时还应根据产品粒度、水分设置防尘、防寒措施。根据操作和检修要求设置楼梯、安装门及起重梁等设施。图 8-89 为大型选煤厂圆形跨双线单点装车仓布置剖面图。其布置特点是装车点处于两产品仓中间。仓的直径为 15 m，高度为 26.2 m。

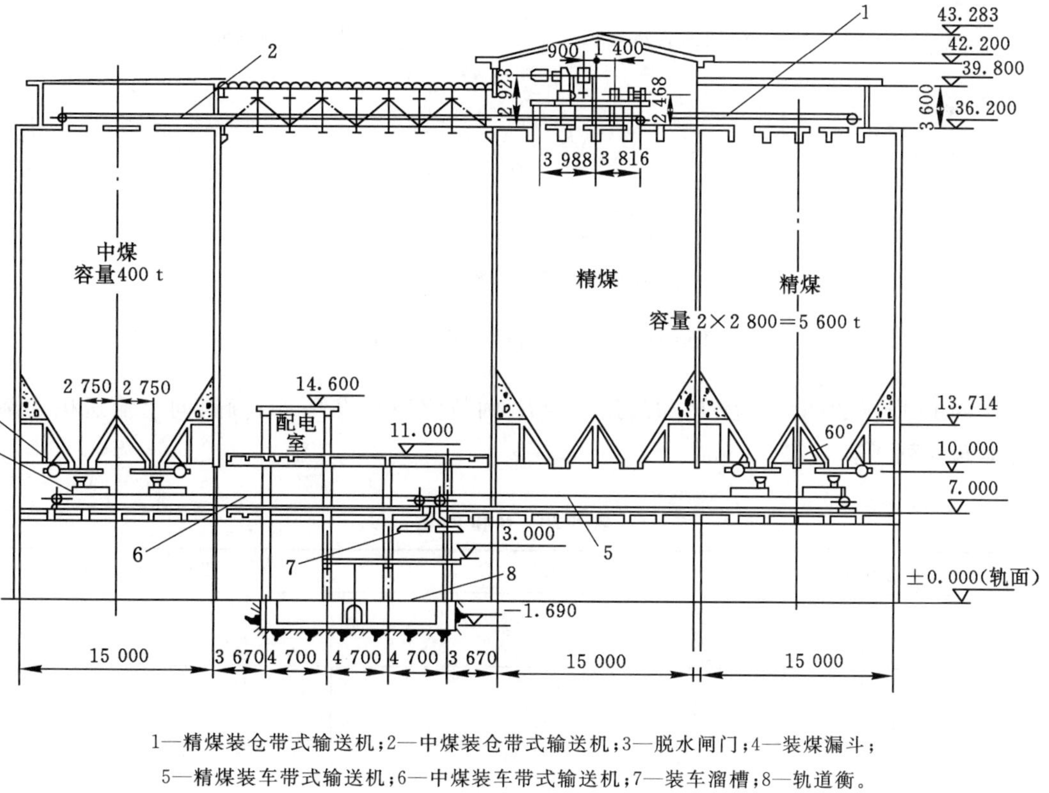

1—精煤装仓带式输送机；2—中煤装仓带式输送机；3—脱水闸门；4—装煤漏斗；
5—精煤装车带式输送机；6—中煤装车带式输送机；7—装车溜槽；8—轨道衡。

图 8-89　圆形跨双线单点装车仓布置剖面图

8.11 带式输送机及走廊布置

8.11.1 普通带式输送机

8.11.1.1 用途和布置形式

带式输送机在选煤厂的用途主要有三种，即输送、手选和活动配仓。

作为输送用的带式输送机有五种基本布置形式(见图 8-90)。

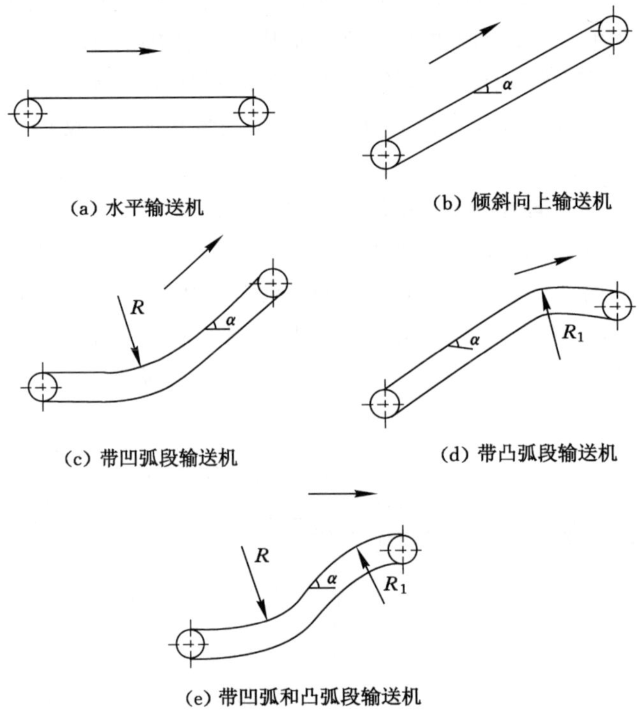

图 8-90 带式输送机的基本布置形式

图 8-90 所示的凹弧半径 R 和凸弧半径 R_1 的数值列于表 8-20；倾斜向上输送机的最大许用倾角 α 列于表 8-21。

表 8-20 R 和 R_1 值

带宽 B/mm	凸弧半径 R_1/m	凹弧半径 R/m
500 650	12	80
800 1 000	18	100
1 200 1 400	22 26	120

表 8-21　最大许用倾角 α

输送物料名称	最大许用倾角 α/(°)	
	普通胶带	花纹胶带
大于 13 mm 的块煤	16	
原煤	18	24
50 mm 以下的含粉煤	20	28
浮选精煤及尾煤	21	

8.11.1.2　布置注意事项

(1) 给料应给到输送机的中心位置，以免输送带因偏载而跑偏；

(2) 不应在垂直拉紧装置的上方装料或卸料；

(3) 不应在输送机的曲线段上(凸弧或凹弧)装料或卸料，导料槽不应伸展到曲线段上；

(4) 输送机的倾角较大、输送物料中大颗粒较多时，给料应连续均匀，防止大颗粒向下滚落；

(5) 驱动装置一般都设在输送机头部，如工艺布置上确实需要，对于短输送机，驱动装置也可设在尾部；

(6) 头部卸料滚筒的中心位置应根据与其相衔接的设备入料口的高度及溜槽的倾角详细计算确定；

(7) 为使输送机运转可靠、减少振动，头部传动滚筒及驱动装置应尽量避免使用高架子；

(8) 输送机穿过楼板，或与上层建筑物距离较小时，应计算梁与带面间的距离，使其不小于导料槽的高度；

(9) 应注意输送机本身及邻近设备的安装、操作和维修的方便。

8.11.1.3　布置有关尺寸

(1) 头架尺寸

头架分低式头架、中式头架和高式头架三种，其高度按 100 mm 晋级。如头架高度介于两标准高度之间，可用在头架下垫混凝土垫的方法调整。倾斜向上输送机[见图 8-90(b)]头架的高度应与输送机的倾角相适应。头架的外形如图 8-91 所示，尺寸列于表 8-22，一定头架高度的输送机许用倾角列于表 8-23。

(2) 中间架断面尺寸

带式输送机的中间架断面尺寸见表 8-24。

(3) 带式输送机同层垂直转载关系尺寸

图 8-92 是带式输送机同层垂直转载图。

① $G\tan\alpha \leqslant 100$ mm 时[见图 8-92(a)]

$$L=\frac{G}{2}+L_1\cos\alpha-\left(\frac{D_1}{2}+C\right)\sin\alpha \tag{8-14}$$

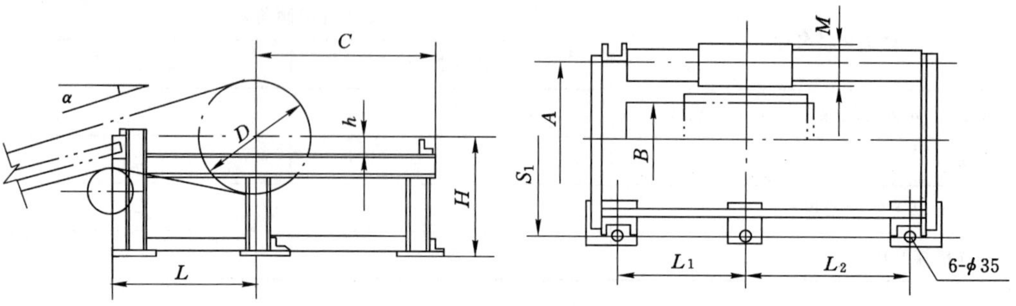

(a) 低式头架

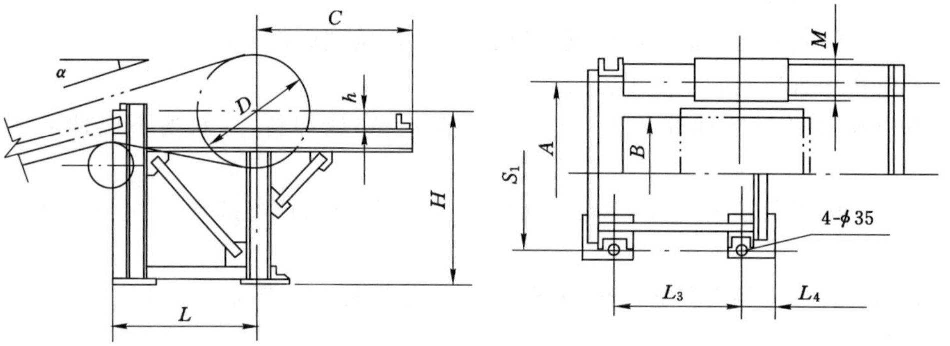

(b) 中式头架

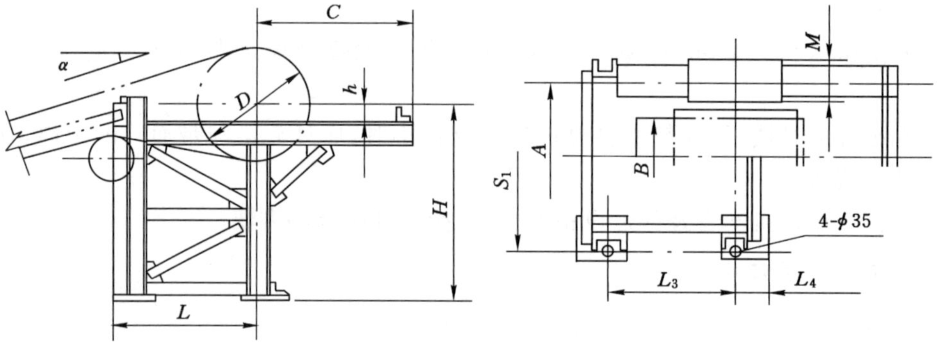

(c) 高式头架

图 8-91　带式输送机头架外形

② $G\tan\alpha > 100$ mm 时[见图 8-92(b)]

$$H_0 = H + P + l\tan\theta + L_1\sin\alpha + (\frac{D_1}{2} + C)\cos\alpha + \frac{\sin\theta(G\sin\alpha + 60)}{\sin(\theta+\alpha)} + \cdots \tag{8-15}$$

在式中,根据尾轮直径 D_1、倾角 α 和拉紧装置形式,选取图中 H 值和其他参数值。具体参数值参见《选煤厂设计手册》。

表 8-22　带式输送机的头架尺寸

B /mm	D /mm	适应高度范围 H/mm			A /mm	C /mm	L /mm	L_1 /mm	L_2 /mm	L_3/mm	L_4/mm		S_1/mm		h /mm	M /mm
		低式	中式	高式						中、高式	中式	高式	低式	中、高式		
500	500	600～1 000	1 100～1 500	1 600～2 000	850	1 000	990	840	950	830	120	135	1 000	1 010	110	80
650	500 630	600～1 000 600～1 000	1 100～1 500	1 600～2 000	1 000	1 100 1 200	990 1 280	840 1 130	1 050 1 150	830 1 120	120 120	135 135	1 150 1 150	1 160 1 160	130 130	100 100
800	500 630 800	700～1 000 600～1 000 600～1 000	1 100～1 500	1 600～2 000	1 300	1 400 1 400 1 450	1 000 1 290 1 410	330 1 120 1 240	1 340 1 340 1 390	820 1 110 1 230	130 130 130	145 145 145	1 460 1 410 1 410	1 470 1 420 1 420	130 150 150	100 140 140
1 000	630 800 1 000	700～1 000 600～1 000 700～1 000	1 100～1 500	1 600～2 000	1 500	1 450 1 500 1 550	1 290 1 410 1 610	1 120 1 240 1 430	1 390 1 440 1 480	1 110 1 230 1 420	130 130 140	145 145 155	1 610 1 610 1 620	1 620 1 620 1 630	150 170 190	140 170 190
1 200	630 800 1 000	700～1 000 600～1 000 700～1 000	1 100～1 500	1 600～2 000	1 750	1 500 1 500 1 550	1 200 1 410 1 610	1 120 1 240 1 430	1 440 1 440 1 480	1 110 1 230 1 420	130 130 140	145 145 155	1 860 1 860 1 870	1 870 1 870 1 880	170 170 190	170 170 190
1 400	800 1 000	600～1 000 700～1 000	1 100～1 150	1 600～2 000	2 000	1 550 1 600	1 410 1 610	1 230 1 420	1 480 1 520	1 220 1 420	140 140	155 155	2 120 2 130	2 120 2 130	170 210	170 180

表 8-23　一定头架高度 *H* 的输送机许用倾角 *α* 范围

H/mm	α/(°)													
	B=500 mm	B=650 mm		B=800 mm			B=1 000 mm			B=1 200 mm			B=1 400 mm	
	D=500 mm	D=500 mm	D=630 mm	D=500 mm	D=630 mm	D=800 mm	D=630 mm	D=800 mm	D=1 000 mm	D=630 mm	D=800 mm	D=1 000 mm	D=800 mm	D=1 000 mm
600	0～1	0	0～3		0～2	0～5		0～2			0		0	
700	0～6	0～5	0～7	0～5	0～6	0～9	0～3	0～6	0～8	0～1	0～4	0～7	0～4	0～7
800	0～12	0～11	0～11	0～10	0～11	0～13	0～7	0～9	0～12	0～5	0～8	0～11	0～8	0～10
900	0～17	0～16	0～15	0～15	0～15	0～17	0～11	0～13	0～15	0～10	0～12	0～14	0～11	0～13
1 000	0～20	0～20	0～19	0～20	0～18	0～20	0～15	0～17	0～18	0～14	0～16	0～17	0～15	0～17
1 100	0～20	0～20	0～20	0～20	0～20	0～20	0～19	0～20	0～20	0～18	0～19	0～20	0～19	0～20
1 200～2 000	0～20	0～20	0～20	0～20	0～20	0～20	0～20	0～20	0～20	0～20	0～20	0～20	0～20	0～20

表 8-24　中间架断面尺寸

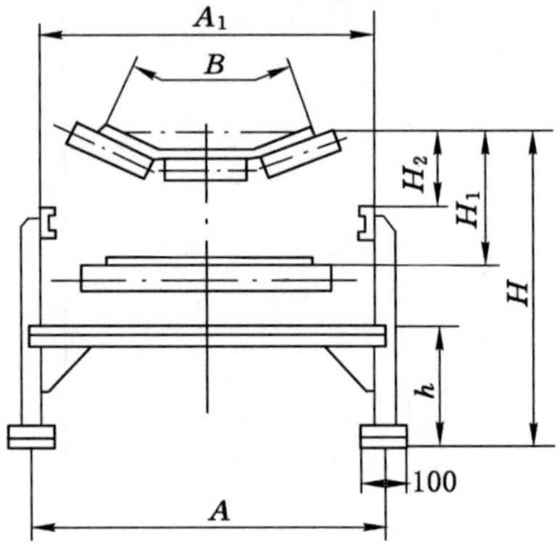

带宽 B/mm	H/mm	H_1/mm	H_2/mm	h/mm	A/mm	A_1/mm
500 650 800	800	365 385 395	210 230 240	300	870 1 020 1 220	800 950 1 150
1 000 1 200 1 400	1 000	446 476 496	300 330 350	400	1 440 1 690 1 800	1 360 1 610 1 810

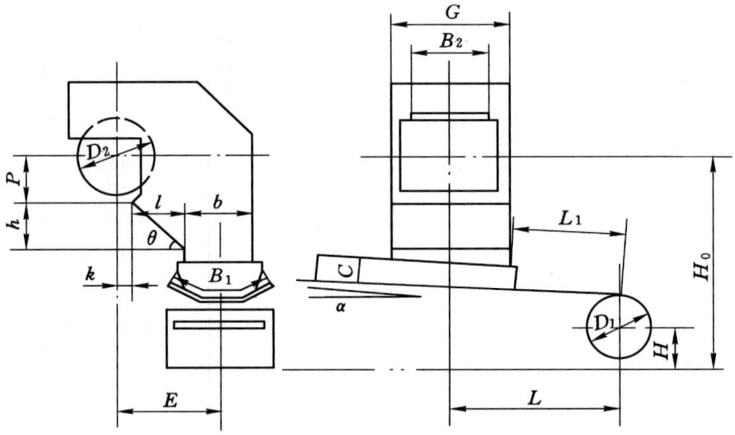

(a)

图 8-92　带式输送机同层垂直转载图

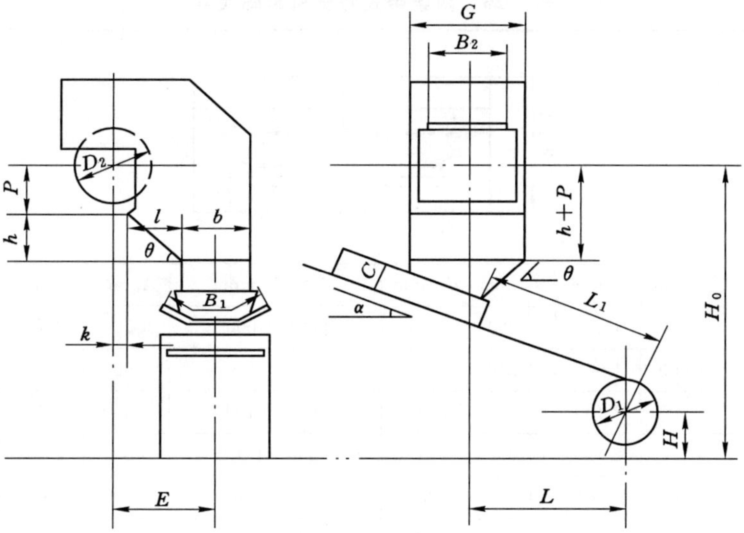

(b)

图 8-92(续)

8.11.1.4　带式输送机走廊布置

在受煤设施、车间、产品仓等构筑物之间,煤流通过带式输送机输送,而带式输送机通常布置在带式输送机走廊里。一条走廊中可以布置不同数量的带式输送机,最常见的是布置 1～3 条。

一条带式输送机走廊尺寸见表 8-25。两条带式输送机走廊尺寸见表 8-26。地下走廊尺寸见表 8-27。

表 8-25　一条带式输送机走廊尺寸

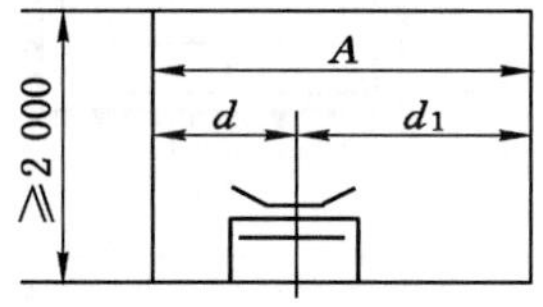

带宽 B/mm	500	650	800	1 000	1 200	1 400
A/mm	2 500	2 500	3 000	3 000	3 500	3 500
d/mm	1 000	1 050	1 250	1 300	1 500	1 550
d_1/mm	1 500	1 450	1 750	1 700	2 000	1 950

表 8-26 两条带式输送机走廊尺寸

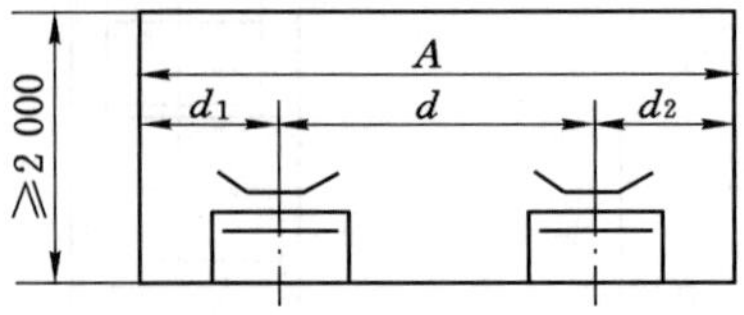

带宽 B/mm	A/mm	d/mm	d_1/mm	d_2/mm	带宽 B/mm	A/mm	d/mm	d_1/mm	d_2/mm
500+500	4 000	1 900	1 050	1 050	800+1 000	5 000	2 400	1 250	1 350
500+650	4 000	1 900	1 000	1 100	800+1 200	5 500	2 700	1 250	1 550
500+800	4 500	2 100	1 100	1 300	800+1 400	5 500	2 600	1 250	1 650
500+1 000	4 500	2 200	1 000	1 300	1 000+1 000	5 000	2 500	1 250	1 250
500+1 200	5 000	2 400	1 100	1 500	1 000+1 200	5 500	2 650	1 350	1 500
500+1 400	5 000	2 430	1 000	1 550	1 000+1 400	6 000	2 950	1 400	1 650
650+650	4 000	1 900	1 050	1 030	1 000+1 400	6 500	3 200	1 500	1 800
650+800	4 500	2 200	1 100	1 200	1 200+1 200	6 000	3 000	1 500	1 500
650+1 000	5 000	2 400	1 100	1 500	1 200+1 200	6 500	3 100	1 700	1 700
650+1 200	5 000	2 400	1 100	1 500	1 200+1 400	6 000	2 900	1 500	1 600
650+1 400	5 500	2 600	1 200	1 700	1 200+1 400	6 500	3 300	1 550	1 650
800+800	5 000	2 400	1 300	1 300	1 400+1 400	6 500	3 200	1 650	1 650

表 8-27 地下走廊尺寸

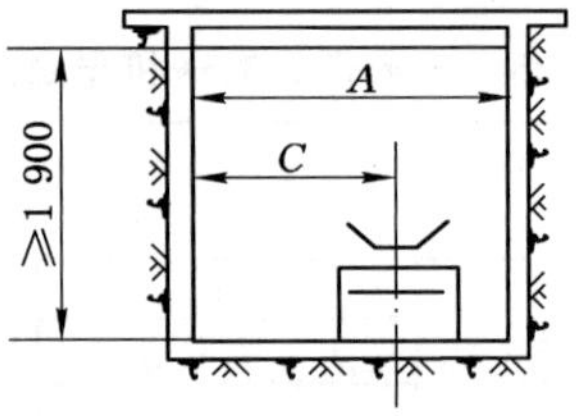

带宽 B/mm	500	650	800
A/mm	1 800	2 000	2 300
C/mm	1 200	1 300	1 400

注:① 对于不走人的一边净空留 200 mm。

② 双带式输送机地下走廊,两条输送机间的人行道净空留 800~1 000 mm。在走廊内如设有驱动装置、中间卸料装置等,表内尺寸应适当加大,人员通行处一般应留 700 mm 净空。

8.11.1.5 拉紧装置

带式输送机拉紧装置有螺旋式、车式和垂直式三种。

(1) 螺旋式拉紧装置的拉紧行程有 500 mm 和 800 mm 两种。500 mm 行程用于输送机长度在 30 m 以下的输送机，800 mm 行程用于输送机长度在 30～60 m 间的输送机。

(2) 车式拉紧装置用于输送机长度为 60～120 m 的输送机。

(3) 垂直式拉紧装置用于输送机长度在 120 m 以上的输送机，或用于机尾无法布置车式拉紧装置的地方。为防止输送带在传动滚筒上打滑，垂直式拉紧装置应尽量布置在靠近传动滚筒的地方。输送浮选尾煤等黏性较大的物料时，不宜采用垂直式拉紧装置。

拉紧装置的具体布置参考有关手册。

8.11.2 异形带式输送机

8.11.2.1 管状带式输送机

管状带式输送机是一种新型带式输送机，在装料区和卸料区，胶带打开呈槽形，装料或卸料后，胶带被指压托辊卷成圆形，管状形成后，呈六边形布置的托辊保持其管状。由于胶带在输送线路上呈管形，物料不会洒落，物料也不会因刮风、下雨而受外部环境的影响，这样既可避免因物料的洒落而污染环境，也可避免外部环境对物料的污染，达到无泄漏密闭输送。

(1) 管状带式输送机的结构

管状带式输送机的具体结构如图 8-93 所示。它由驱动装置及传动滚筒、尾架、螺旋式拉紧装置、改向滚筒、过渡机架、胶带、支柱、桁架、托辊、走道、六边形托辊组、水平翻带装置、中间机架、塔架等组成。输送带在尾部过渡段受料后，逐渐将其卷成圆管状进行物料密闭输送，到头部过渡段再逐渐展开直至卸料。

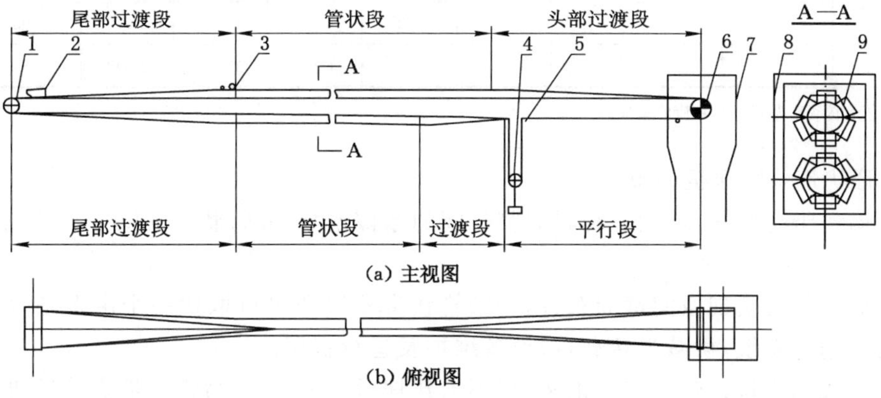

(a) 主视图

(b) 俯视图

1—尾部滚筒；2—导料槽；3—压轮；4—拉紧装置；5—地面滚筒；
6—头部驱动滚筒；7—头部漏斗；8—窗式托辊架；9—托辊。

图 8-93　管状带式输送机结构

图中过渡段长度 L_g 根据输送带的材料不同而异。

① 尼龙帆布输送带：$L_g \geqslant$ 管径 $\times 25$。

② 钢绳芯输送带：$L_g \geqslant$ 管径 $\times 50$。

管状带式输送机的管径对应的带宽、断面积和许用块度等参数见表 8-28。不同管径和带速对应的输送能力见表 8-29。

表 8-28 管状带式输送机的管径对应的带宽、断面积和许用块度

管径/mm	100	150	200	250	300	350	400	500	600	700	850
带宽/mm	400	600	780	1 000	1 150	1 300	1 530	1 900	2 250	2 650	3 150
断面积 100%/m^2	0.007 9	0.018	0.031	0.053	0.064	0.09	0.147	0.21	0.291	0.378 9	0.544 2
断面积 75%/m^2	0.005 9	0.013	0.023	0.04	0.048	0.068	0.11	0.157	0.218	0.284 2	0.408 1
许用块度/mm	30	30～50	50～70	70～90	90～100	100～120	120～150	150～200	200～250	250～300	300～400
普通输送机对应宽度/mm		300～400	500～600	600～750	750～900	900～1 050	1 050～1 200	1 200～1 500	1 500～1 800	1 800～2 000	2 000～2 400

表 8-29 不同管径和带速对应的输送能力

带速/(m/s)	输送能力/(m^3/h)										
	管径=100 mm	管径=150 mm	管径=200 mm	管径=250 mm	管径=300 mm	管径=350 mm	管径=400 mm	管径=500 mm	管径=600 mm	管径=700 mm	管径=850 mm
0.8	17	38	68	106	152						
1.0	21	48	85	133	190	257					
1.25	27	59	106	166	238	321	428	667			
1.6	34	76	136	212	304	411	548	853	1 228	1 642	2 448
2.0	43	95	170	266	380	514	684	1 067	1 535	2 052	3 060
2.5			212	332	475	642	856	1 333	1 919	2 566	3 825
3.15				418	599	809	1 078	1 680	2 420	3 233	4 820
4.0						1 027	1 369	2 133	3 070	4 105	6 120
5.0							1 711	2 666	3 838	5 131	7 650

注：此表为充填系数为 75%时对应的参数。

(2) 管状带式输送机的布置

管状输送带呈管状，增大了物料与胶带间的摩擦系数，故管状带式输送机的输送最大倾角可达 45°。

管状输送带可实现空间弯曲布置，一条管状带式输送机可取代一个由多条普通带式输送机组成的输送系统，可减少转载点、设备维护及运行费用。

管状带式输送机自带走道和桁架，可不另建栈桥。图 8-94 为管状带式输送机截面布置形式。

运输能力相同时，管状带式输送机的横截面积小，占用空间小，为普通带式输送机截面的 1/3，可减少占地和费用。

管状带式输送机的管带具有较大刚性，托辊间距可增大。

8.11.2.2 大倾角带式输送机

大倾角带式输送机具有通用带式输送机结构简单、运行可靠、维修方便等优点，并具有大倾角输送、结构紧凑、占地少等特点，因而是大倾角输送和垂直提升物料的理想设备，广泛用于煤炭、粮食、建材、建筑、冶金、电力、化工和轻工等行业。

大倾角带式输送机的最大特点是采用波状挡边输送带取代普通输送带，至于它的工作

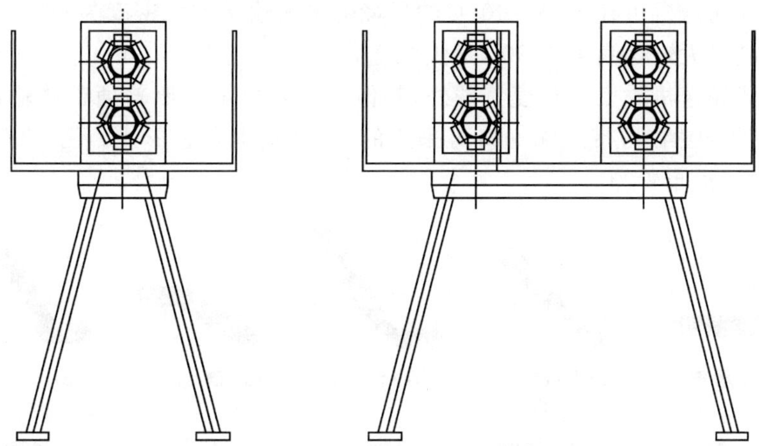

(a) 单路布置管状带式输送机　　(b) 双路布置管状带式输送机

图 8-94　管状带式输送机截面布置形式

原理和结构组成,则与普通带式输送机相同。因此,像传动滚筒、托辊、拉紧装置、中间机、中间架支腿、尾架、卸料漏斗、头部护罩、空段清扫器、保护装置等部件,都可以与通用带式输送机的相应部件通用。大倾角(波状挡边)带式输送机参数见表 8-30。

表 8-30　大倾角(波状挡边)带式输送机参数

带宽 B/mm		300		400		500		650		800				
挡边高/mm		40	60	60	80	80	120	120	160	120	160	200		240
部分输送倾角输送量/(m^3/h)	30°	15	14	20	34	46	71	104	120	128	157	195		235
	45°	11	10	14	26	35	57	83	97	102	127	157		195
	60°	8	7	10	18	25	40	58	69	72	90	112		142
	90°	4	4	5	10	13	21	31	37	38	48	60		76
外形尺寸	头轮中心高/mm	350～100				1 100～2 000		1 300～2 000		1 300～2 000				
	尾轮中心高/mm	335		330～490		600		600		600～800				
	中间段带面高/mm	450		500～700		760～800		800～850		800～1 115				
	中间段地脚宽/mm	480		580		870		1 020		1 220				
带宽 B/mm		1 000				1 200				1 500				
挡边高/mm		120	160	200	240	160	200	240	300	160	200	240	300	400
部分输送倾角输送量/(m^3/h)	30°	172	216	267	327	275	331	419	466	319	395	500	564	794
	45°	137	175	216	271	222	267	347	384	258	318	414	465	680
	60°	96	124	153	197	158	190	253	178	184	226	302	337	524
	90°	51	66	83	106	85	102	136	149	98	121	162	180	281
外形尺寸	头轮中心高/mm	1 400～2 000						1 600～2 000						
	尾轮中心高/mm	600～800				800～1 000				800～1 200				
	中间段带面高/mm	800～1 200				1 050～1 500				1 040～1 700				
	中间段地脚宽/mm	1 400				1 690				1 890				

大倾角带式输送机可在−25～40 ℃的环境范围内输送堆积密度为0.5～2.5 t/m³的各种散装物料。其最大输送角度为90°,最大输送物料的块度为550 mm。

大倾角带式输送机除安装角度特殊外,其他布置参数可参照普通带式输送机。图8-95给出了大倾角(波状挡边)带式输送机可采用的10种基本布置形式。图8-96为大倾角(波状挡边)带式输送机布置图。

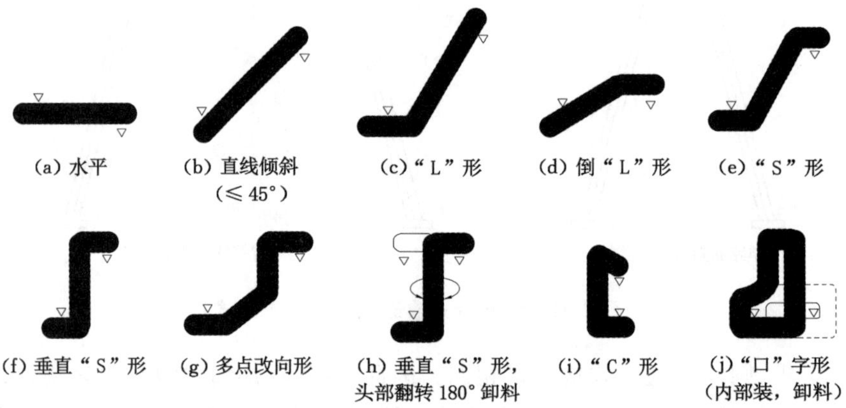

图8-95　大倾角(波状挡边)带式输送机可采用的10种基本布置形式

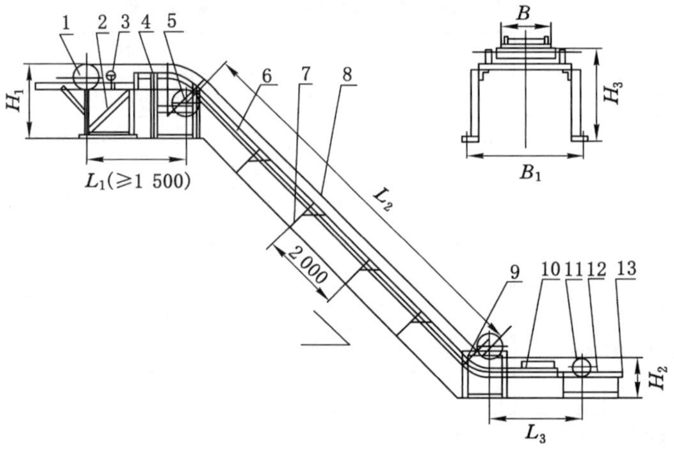

1—电动滚筒;2—头架;3—拍打装置;4—凸弧中间段;5—压带轮;6—中间架;7—中间架支腿;8—波状挡边胶带;9—凹弧中间架;10—加料段;11—改向滚筒;12—尾架;13—张紧装置。

图8-96　大倾角(波状挡边)带式输送机布置图

8.12　安装、检修用起重设备布置

设备检修是选煤厂的重要工作之一,在设计时应合理配备起吊设备与设施。由于选煤厂设备,甚至零部件的质量都很大,需要考虑设备的起吊空间、检修部位、起重设备布置等问题。

8.12.1　常用设备的起吊空间与检修部位

8.12.1.1　起吊空间

设备上方的起吊空间要根据设备的检修部件尺寸、使用的起重设备种类确定，同一层不同设备的起吊高度以要求最高的设备为基准。起吊空间一般可以这样估算：

$$H_q = h + c + v + L \tag{8-16}$$

式中，H_q为设备上方起吊高度，mm；h 为单梁起重机的梁高，mm；c 为起吊葫芦轨轮与下吊钩之间的高度，mm；v 为设备的检修部件高度，与设备类型有关，mm；L 为起吊钢丝绳的最小长度，mm。其中 h、c 的含义见图 8-97，其参考取值范围见表 8-31，具体尺寸由起重设备厂家提供。

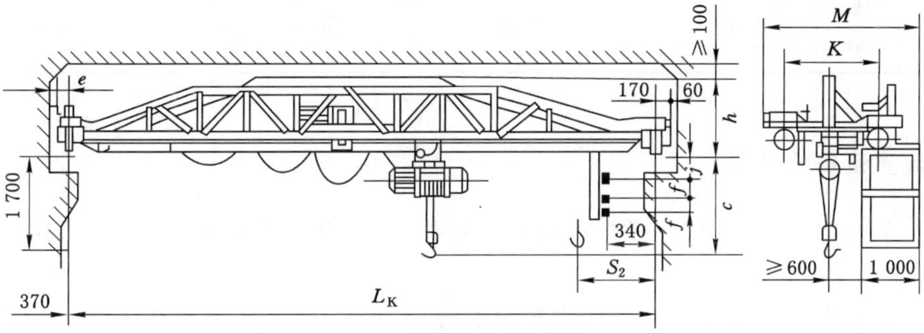

(a) 电动单梁起重机

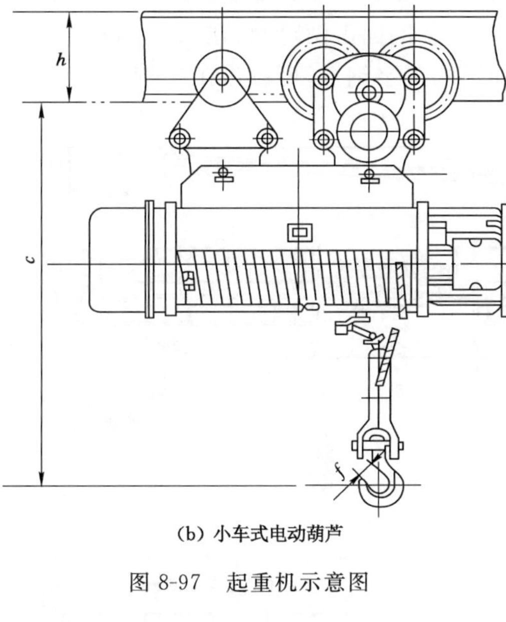

(b) 小车式电动葫芦

图 8-97　起重机示意图

表 8-31　起重设备的相关参数(参考值)

电动单梁起重机			电动葫芦		
起重吨位/t	h/mm	c/mm	起重吨位/t	h/mm	c/mm
1～5	1 000～1 300	1 100～2 000	1～5	工字钢的厚度	800～1 300

8.12.1.2 检修部位

设备的检修部位情况比较复杂,需要更多地学习设备的相关知识。此处根据选煤厂日常检修的情况,列举部分常用设备与起吊高度相关的主要检修部位,见表 8-32。式(8-16)中的 v 可根据具体设备的检修部位大致确定。

表 8-32 常用设备与起吊高度相关的主要检修部位

设备名称	相关检修部位	设备名称	相关检修部位
斜轮	驱动装置、排煤轮	筛分设备	筛板、驱动装置、激振器
浅槽	刮板、链条、驱动装置	带式输送机	机头辊、电机
旋流器	底流口	电机	整体起吊更换
跳汰机	筛板、排矸机构、风阀	泵	整体起吊更换
离心机	筛篮(卧式要水平抽出)、电机	压滤机	筛板、液压装置

8.12.2 起重设备的布置

选煤厂车间内部的常用起重设备、设施大致有三种:电动单梁起重机、电动葫芦及起吊工字钢(可配手动滑轮)。

电动单梁起重机一般布置在大厅式布置的楼层,可同时兼顾多台设备的起吊。在起重机行走的范围内,不能有柱子存在。图 8-98 所示为一台电动单梁起重机在不同剖面的布置图。该电动单梁起重机在 3—2 剖面占两跨间,在 A—B 剖面可以跨多个跨间,使用方便。

电动葫芦一般挂在固定的工字钢上,可以沿工字钢来回移动。在较大型主要设备的上方可以设置电动葫芦。

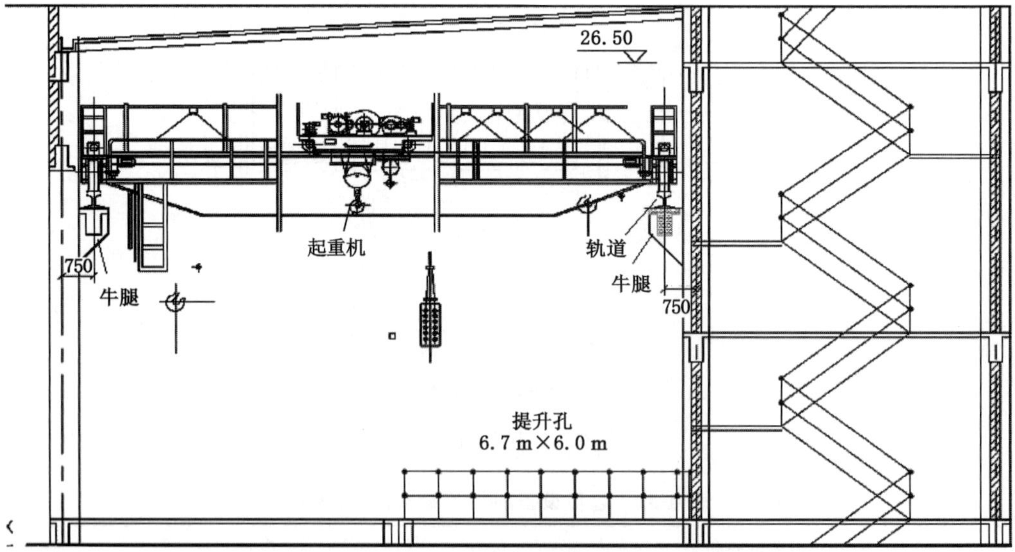

(a) 单梁电动起重机布置 3— 2横剖面

图 8-98 单梁电动起重机布置图

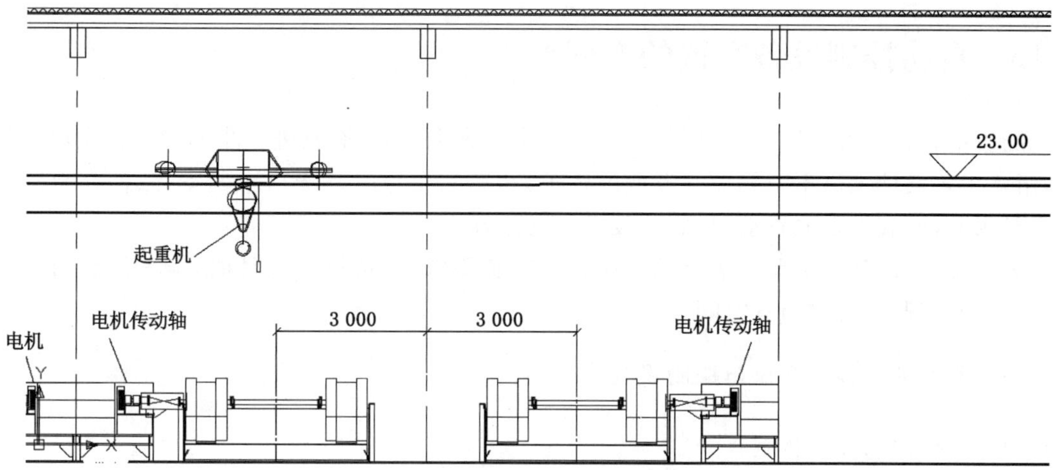

(b) 单梁电动起重机布置 A—B纵剖面

图 8-98(续)

更简易一点的是在单台设备上方仅设工字钢，当检修时挂上手动葫芦或钢丝绳，便可用来起吊。图 8-99 为电动葫芦与工字钢的布置。

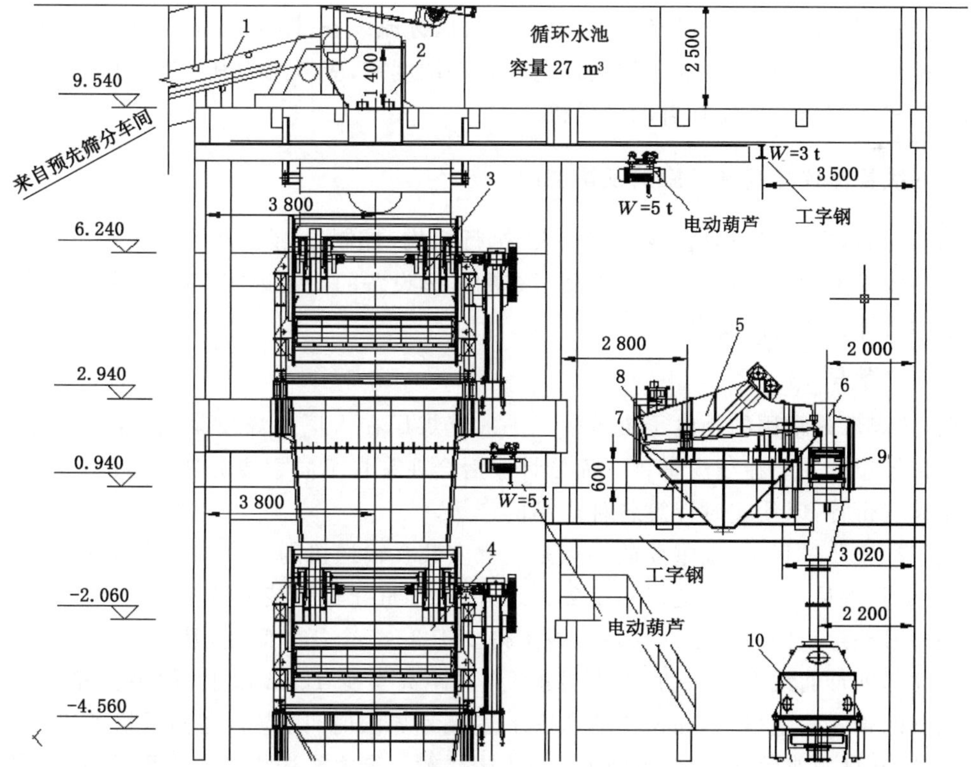

1—给料机；2—溜槽；3，4—筛分机；5—直线振动筛；6—溜槽；
7—筛下物溜槽；8—筛框；9—刮板输送机；10—离心机。

图 8-99　电动葫芦与工字钢的布置

8.13 自动控制设备布置的空间要求

随着信息技术的发展，选煤厂的自动控制水平越来越高，而且进一步向智能化发展。但是，由于工艺设计人员不了解控制专业的要求，在车间布置时一味追求紧凑，致使在自动化装备布局时，没有设备放置空间，影响技术发展进程。

因此，工艺设计人员要了解自动化设备的安装要求，在选煤厂设计时，应考虑预留在线检测装置与控制设备的布置空间。

8.13.1 常用的在线检测仪与控制设施

8.13.1.1 常用的在线检测仪

选煤厂常用的在线检测仪有皮带秤、灰分仪、密度计、流量计、浓度计、料位计、液位计、压力计、水分仪、磁性物含量仪等。

各种仪表都分为传感器和二次仪表两部分，传感器是安装在现场的传感元件，二次仪表一般都安装在控制室。

8.13.1.2 常用的控制设施

选煤厂常用的控制设施有控制下位机、上位机、分流设备、操作箱(台)、执行机构等。除现场执行机构与操作箱外，大部分控制设备布置在调度室，应考虑为其留有空间。

选煤厂其他控制设备还有自动采样机。

8.13.2 在线检测仪与控制设施的预留空间

车间布置时，主要应考虑在线检测仪表、执行机构、控制箱(台)等的安装预留空间。由于不同设备要求条件不同，更详细的数据可查阅具体设备的安装说明，此处只给出几件主要检测仪表的大体预留空间要求。

8.13.2.1 皮带秤

目前，选煤厂最常用的是电子皮带秤。一般选煤厂在入厂原煤皮带、精煤出厂皮带、仓下配煤皮带等位置安装在线皮带秤。而预计今后会在来自不同主要分选设备的各产品皮带上分别设置皮带秤，以便实时计算各种产品的产量。

在皮带秤安装过程中，很重要的一点是把秤安装在输送机的张力和张力变化最小地点，基于这种原因，秤最好装在输送机靠尾部的地方，且称重托辊距装料点不小于 5～9 m(根据皮带秤的型号确定)，同时距尾部导料栏板不得少于 3～5 个托辊间距，从而减少导料栏板的影响。秤体与凹形曲线部分相切(向上升的)点的距离至少 12 m 以上，如果秤安装在带有凹形曲线段的带式输送机上，而又不能考虑上述尺寸界限时，则应装在输送机的直线段，并在装料区外，在秤的前后侧，至少四组托辊与皮带接触。带式输送机的水平段称重条件较好，但如果秤体一定要在曲线段上，弧形段必须在称重段托辊之外 6 m 或 5 倍托辊间距的地方。

皮带秤本身还有一段长度，应根据所选设备型号确定。图 8-100 为一种型号皮带秤的安装图。

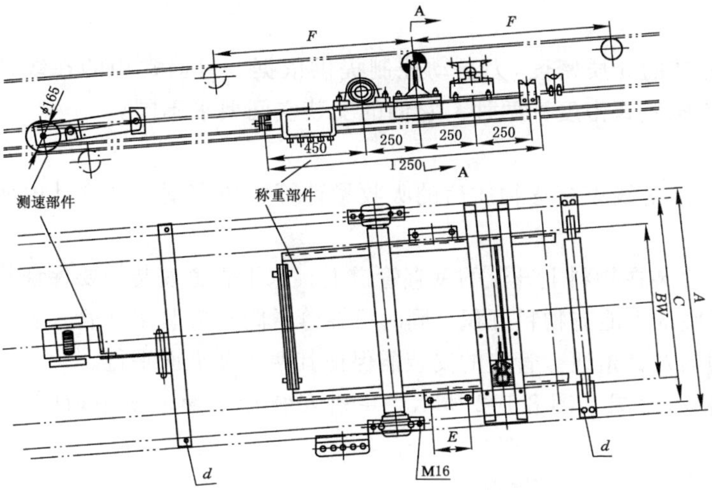

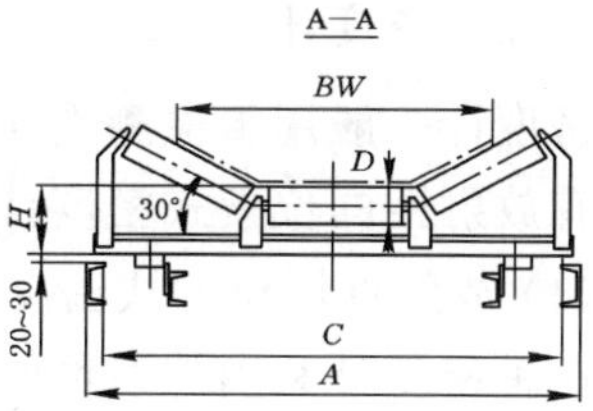

BW	A	C	D	d	E	F	H	有效称重按长度
500	800	720	ϕ89	M12	130	800	170	800
650	950	870	ϕ89	M12	130	800	170	800
800	1 150	1 070	ϕ89	M12	130	800	170	800
1 000	1 360	1 300	ϕ108	M16	170	1 000	210	1 000
1 200	1 610	1 550	ϕ108	M16	200	1 200	230	1 200
1 400	1 810	1 750	ϕ108	M16	200	1 200	230	1 200

图 8-100　一种型号皮带秤的安装图

8.13.2.2　灰分仪

γ 射线在线灰分仪是目前选煤厂使用最多的在线分析设备之一，通常布置在带式输送机上。一般选煤厂在入厂原煤皮带、精煤出厂皮带、仓下配煤皮带等位置安装在线灰分仪。而预计今后会在来自不同主要分选设备的各产品皮带上分别设置在线灰分仪，以便实时监测各种分选设备的分选效果。

图 8-101 是在线灰分仪的安装图和部分安装尺寸。在线灰分仪在带式输送机上的安装位置与皮带秤类似。

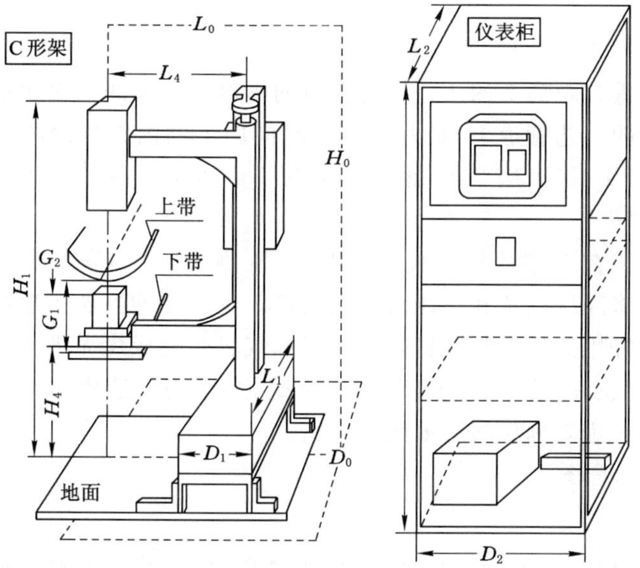

相互关系尺寸/mm

G_1	上带与下带的间距	＞320
H_4	C 形架下臂距地面距离	620
L_4	旋转轴与 γ 束间距	800

C 形架安装尺寸/mm

H_0	C 形架安装高度	＞2 000
L_0	皮带中心离墙壁距离	＞1 500
D_0	C 形架安装长度	1 300

图 8-101　在线灰分仪安装图和部分安装尺寸

8.13.2.3 密度计

密度计一般用于检测重介分选的介质密度,为自动控制提供依据。目前常用的在线密度计有放射性同位素式密度计和压差式密度计两种。它们的安装空间要求不同。

(1) 放射性同位素式密度计

这种密度计利用放射性同位素射线束穿透物质后的吸收量计算物质密度。密度计由放射源室、探测器、主机构成。

放射性同位素式密度计推荐安装在物料上升流的垂直管道上。水平管道安装需要保证物料满管,且无气泡,但需注意管道底部可能有物料沉积。同时可在管道附近安装采样管。安装点和铠装电缆的走线需远离变频器及其走线。管夹的安装需保证其两个装夹面平行。

放射性同位素式密度计安装示意图如图 8-102 所示。主机安装在干燥环境中,且与探测器距离 3～15 m。

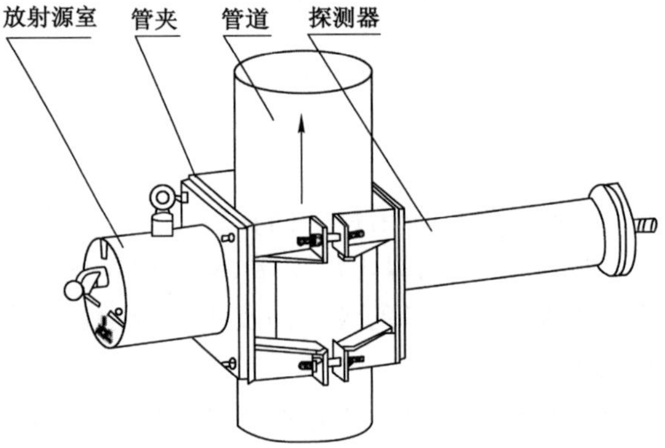

图 8-102 放射性同位素式密度计安装示意

(2) 压差式密度计

压差式密度计根据介质在一定垂直距离上的压差算出介质的密度。仪表的一次测量传感器要安装在生产时料液能够充满的工艺管道上,最好是料液流向向上的内部光滑的竖直管道,两个缓冲器之间最好不要有弯头、接头法兰等,距离弯头 0.5 m 以上。尽量远离物料输送泵,以减少振动的影响。

将传感器的高压侧法兰(H)安装在下侧的气压缓冲器上,低压侧法兰(L)安装在上侧的气压缓冲器上,注意,安装时不可将高压法兰和低压法兰安装错。气压缓冲器与传感器的法兰要密封严密,千万不能漏气,最好用优质密封胶密封。如果漏气将会造成煤泥进入气压缓冲器,堵塞传感器法兰的压力传递膜片,使仪表密度显示不正确,严重的将造成压力膜片损坏和传感器损坏。所以,安装时,一定要确保接口处密封严密。

图 8-103 为压差式密度计安装示意图。

8.13.2.4 流量计

选煤厂常用的流量计有电磁流量计、超声波流量计等,用于检测浮选入料、煤泥浓缩机入料等。

流量计的安装主要考虑管长、是否有压力管道等。一般要求安装在满管的压力管道且没有弯头、阀门、三通的位置,尤其注意传感器不能安装在管道最高位置,防止积聚气泡。安

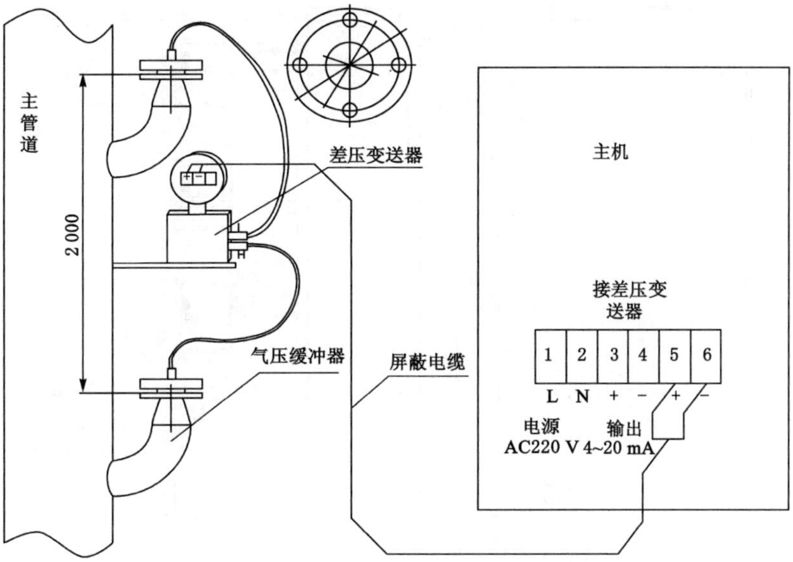

图 8-103　压差式密度计安装示意

装点上游直管段长度必须要大于 $10D$(D 为管道直径)，下游要大于 $5D$；安装点上游距水泵应有 $30D$ 距离；管道周围要有足够的空间便于现场人员操作。图 8-104 为流量计的安装位置示意图。

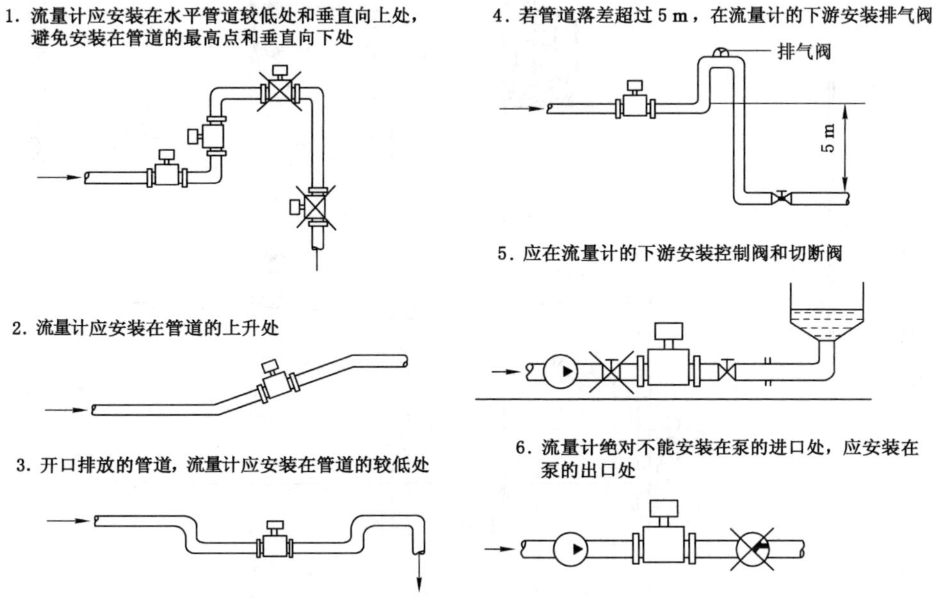

图 8-104　流量计的安装位置示意

8.14　选煤厂主厂房布置实例

选煤厂主厂房布置实例见图 8-105、图 8-106、图 8-107 和图 8-108。

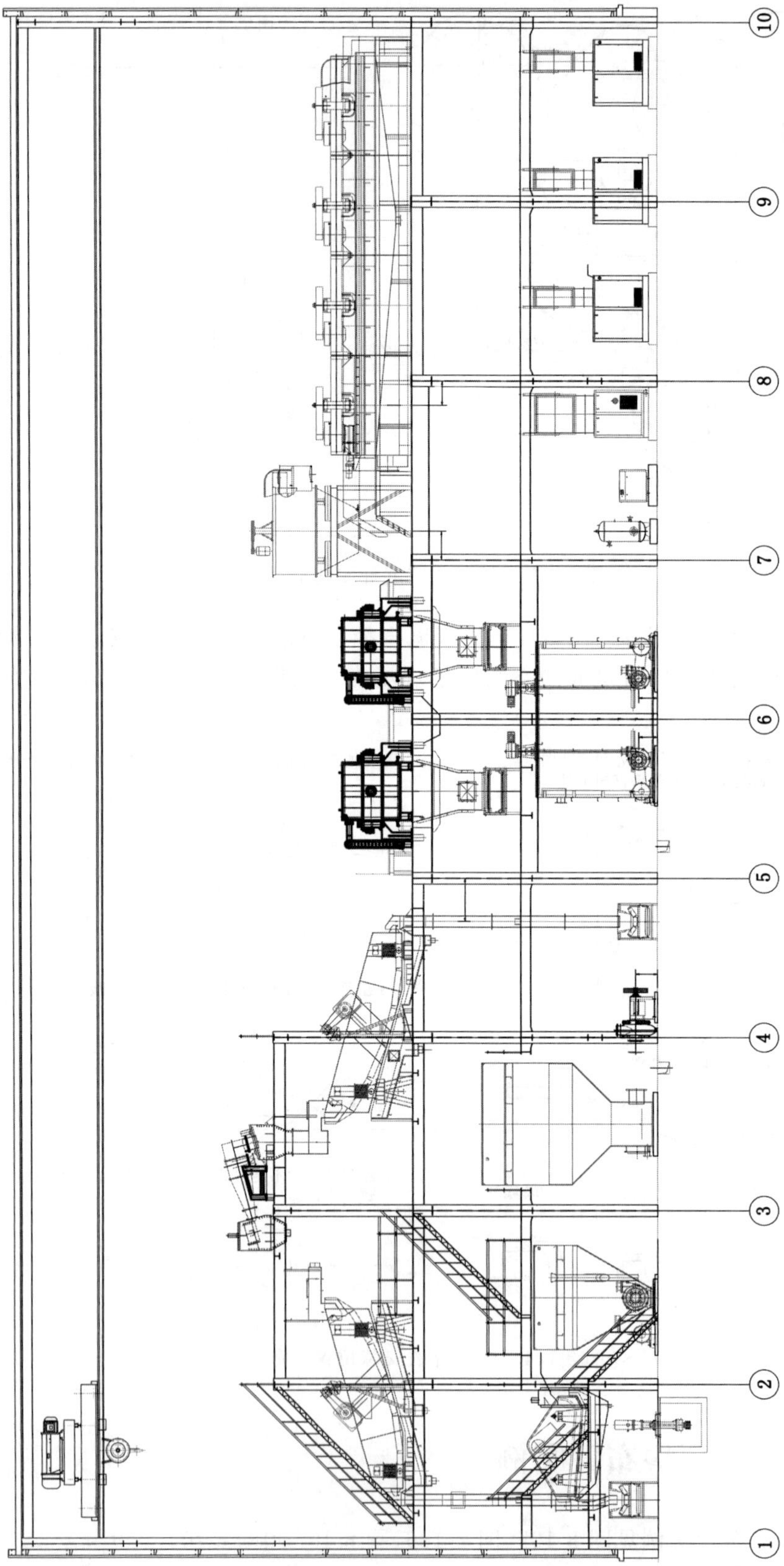

图8-105　选煤厂主厂房布置实例一

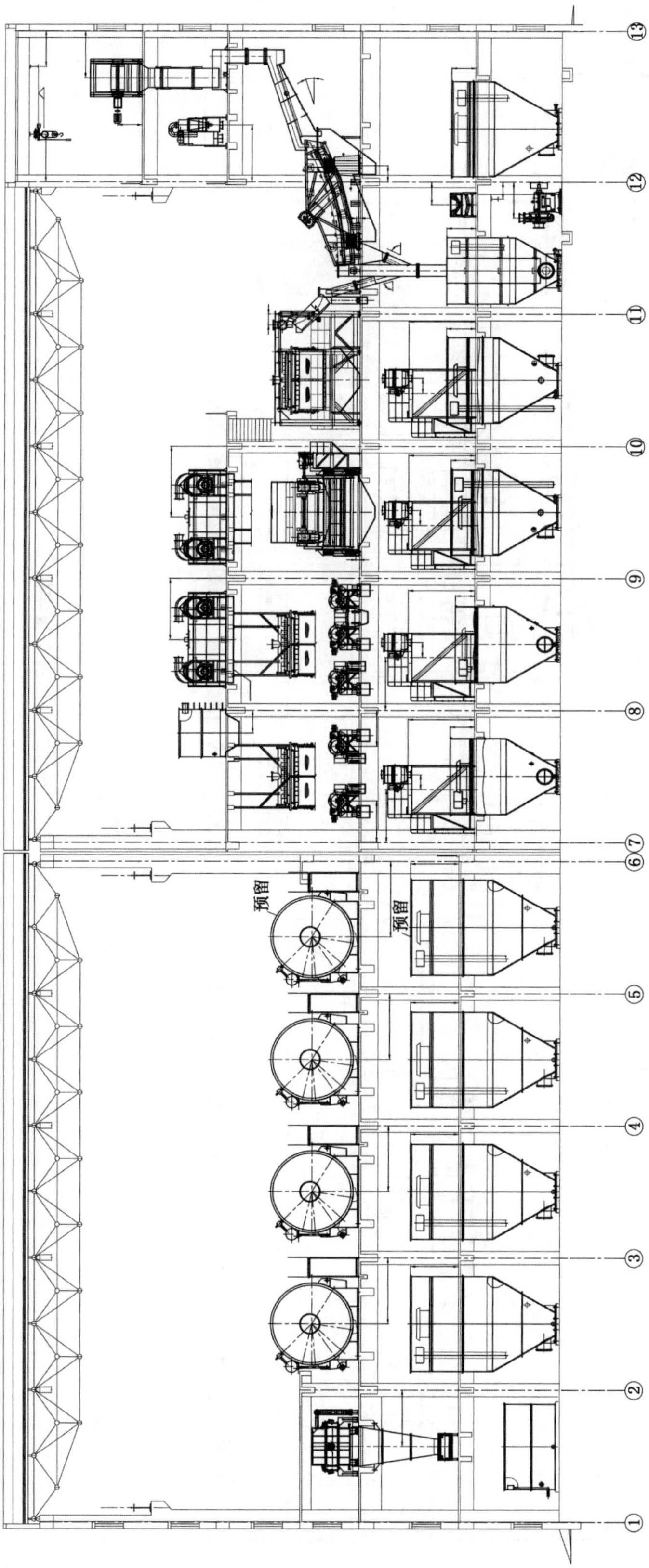

图8-106　选煤厂主厂房布置实例二

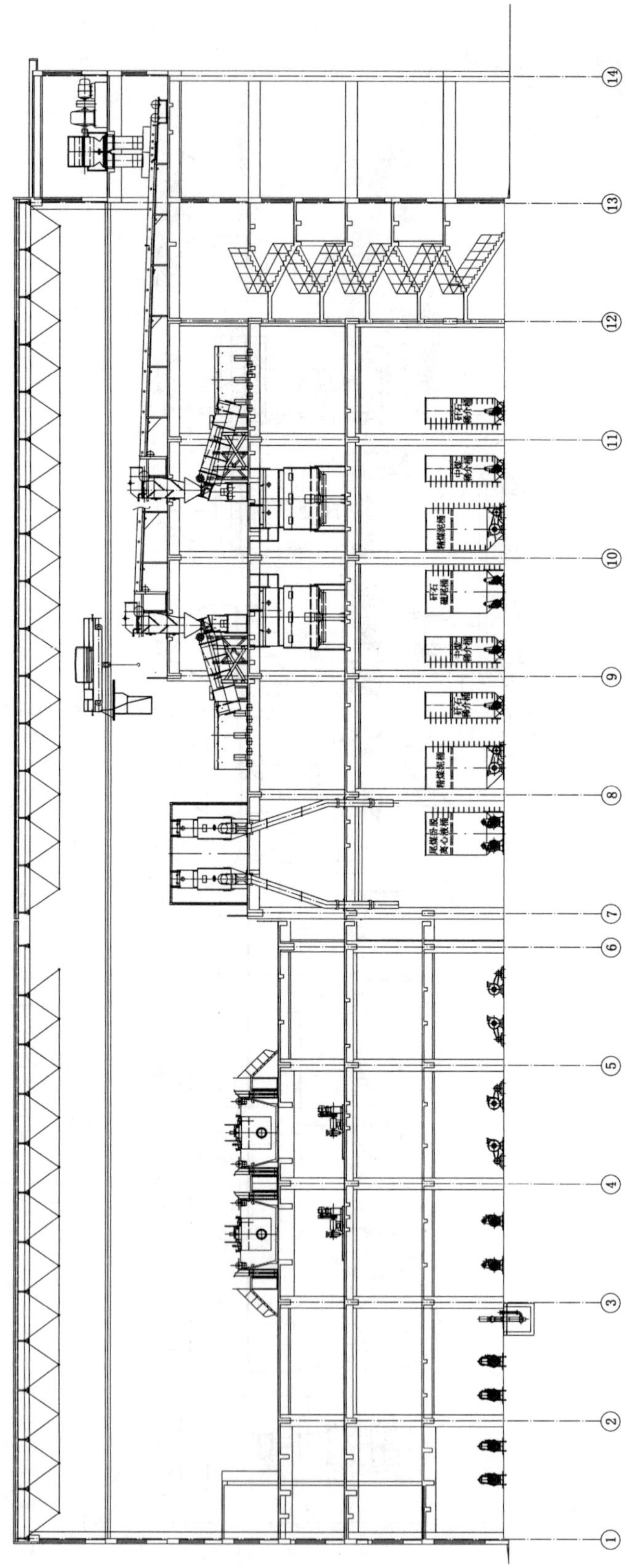

图8-107　选煤厂主厂房布置实例三

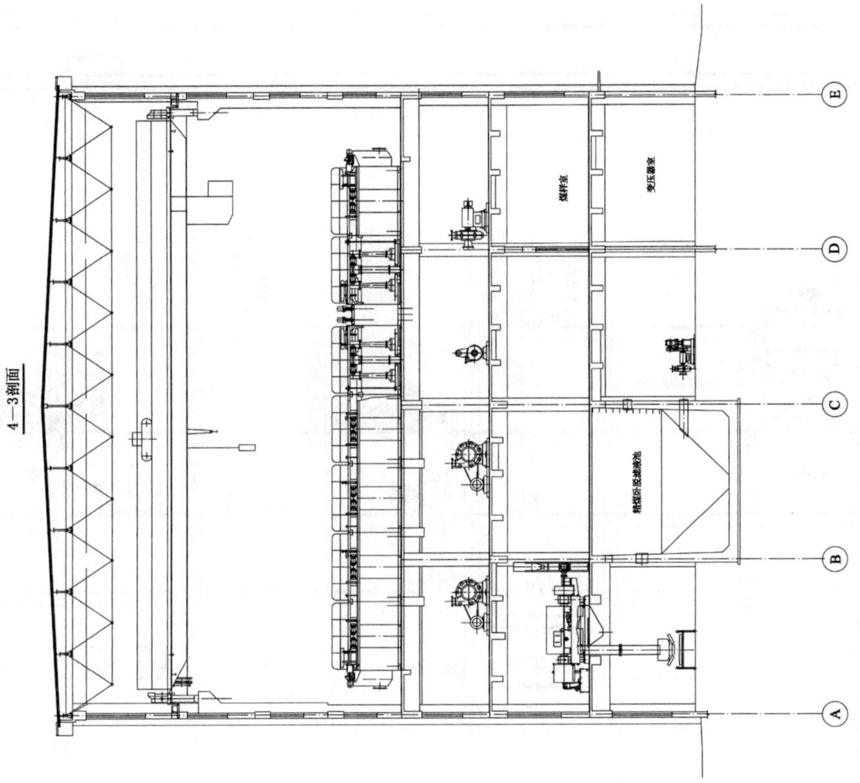

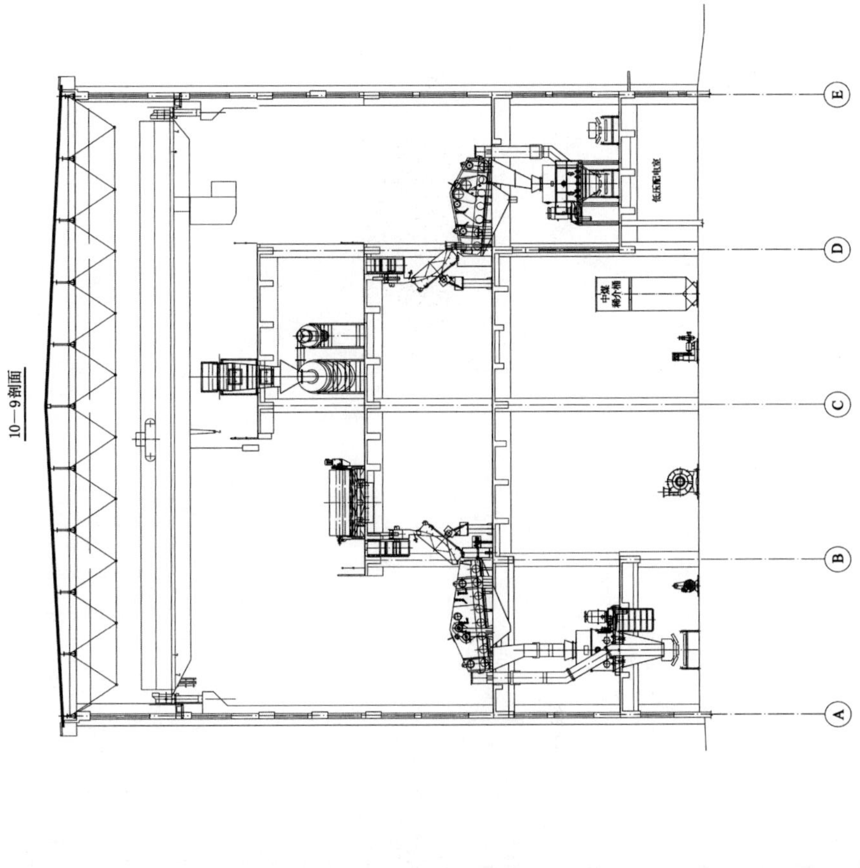

图8-107(续)

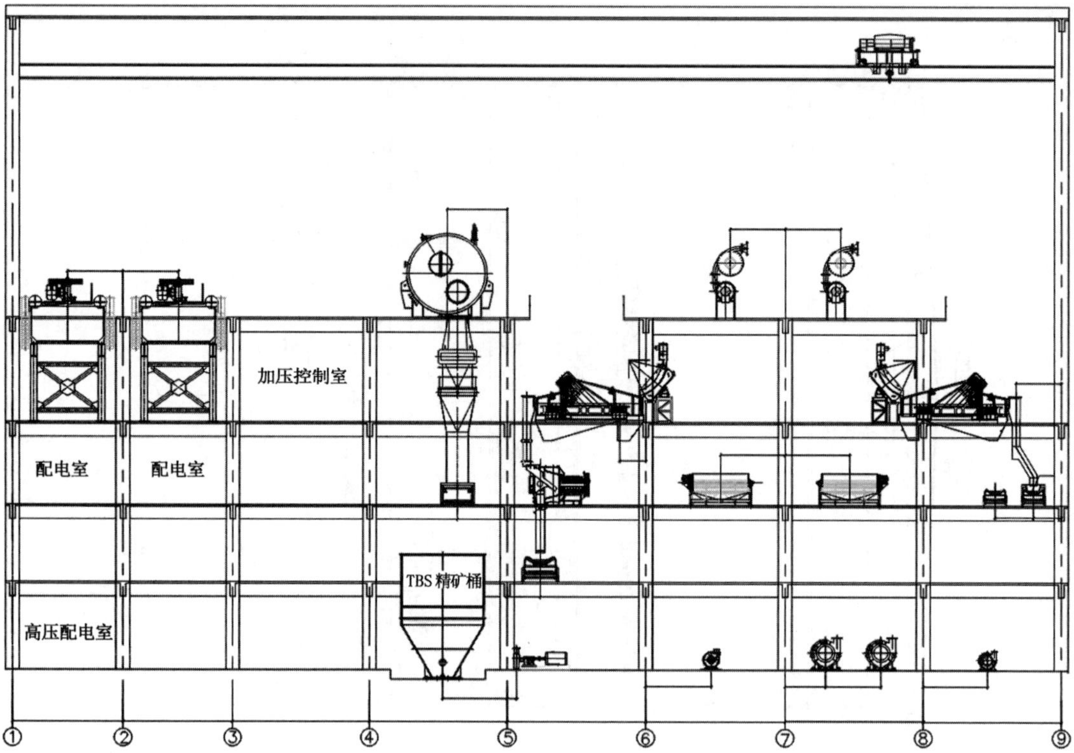

图 8-108　选煤厂主厂房布置实例四

第 9 章　选煤厂绘图规范

选煤工艺制图应严格遵守国家标准《选煤工艺制图标准》(GB/T 50748—2011)和《选煤厂用图形符号》(GB/T 16660—2008)的相关规定。选煤工艺在制图时应做到图面清晰、简明,符合设计、施工和存档的要求。

9.1　一般规定

9.1.1　图纸比例

图纸比例应根据图幅大小、图形复杂程度及清晰度选用表 9-1 中的比例。在同一幅图纸上采用一种比例绘制图形时,可只在标题栏的比例栏中注出所采用的比例。在同一幅图纸上采用两种或两种以上的比例绘制图形时,应在标题栏的比例栏内注出"见图",并应在各图名下方分别注出所采用的比例。示意图、工艺流程图、设备联系图不按比例绘制,但应在图幅中做到适当匀称。

表 9-1　选煤专业制图常用比例

比例	适用范围
1∶5,1∶20,1∶50	道路断面及零件
1∶100,1∶200	车间布置图及栈桥布置图
1∶500,1∶1 000	工艺总平面
1∶2 000,1∶5 000	

9.1.2　图纸线型

选煤工艺绘图的线型分为基本线型和特殊线型两类。常用基本线型如表 9-2 所示。表 9-2 中图线的基本宽度 b 应从线宽系列 2.0 mm、1.4 mm、1.0 mm、0.7 mm、0.5 mm、0.35 mm 中选取。根据图形的复杂程度和比例大小,先选定基本线宽 b,再选线宽组,选煤工艺制图最常用的线宽组为 0.7 mm、0.35 mm、0.18 mm,图样较简单的,也可用 1.0 mm、0.5 mm、0.25 mm 线宽组。1.4 mm 线宽多用于图框绘制,2.0 mm 线宽可用于铁路线的绘制。

9.1.3　图纸字体

图形中的文字、数字和符号所选用的字体高度系列、字体的选用范围和对书写的基本要求应符合现行国家标准的有关要求。在同一幅图纸上,宜选用一种形式的字体。

表 9-2 常用基本线型

序号	名称	图线宽度	线型	一般用途
1	粗实线	b		可见轮廓线、剖切线
2	细实线	$0.25b$		尺寸线、尺寸界线、引出线、辅助线
3	虚线	$0.25b$		不可见轮廓线
4	点划线	$0.25b$		中心线、建(构)筑物轴线
5	双点划线	$0.25b$		假想轮廓线
6	折断线	$0.25b$		长断开线
7	波浪线	$0.25b$		断开线
8	粗双点划线	b		移动检修物件轮廓线、起重梁平面投影

9.1.4 定位轴线

厂房及建(构)筑物柱子轴心用定位轴线标出,如图 9-1 所示。定位轴线采用点划线绘制,轴线编号的圆圈用细实线绘制,圆圈直径为 8～10 mm,圆心应在定位轴线的延长线或延长线的折线上。平面图上定位轴线的编号注在图样的下方和右侧,标注在右侧的轴线编号的字头向左。水平方向的编号用阿拉伯数字从左向右依次编注,垂直方向的编号用大写的英文字母由下向上编注。其中,英文字母 I、O、Z 三个字母不得采用。

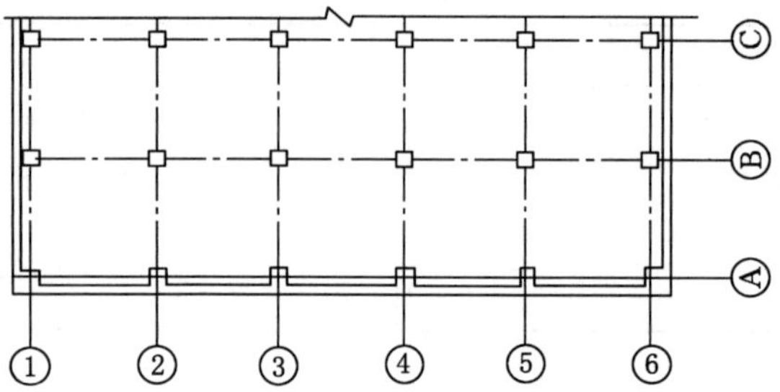

图 9-1 定位轴线编号及标注

9.1.5 图名及位置号

图形名称应与标题栏"图名区"中的图名相对应,标注在图形上方或下方中心位置。图名下应加一条横粗实线,如图 9-2(a)所示。剖面图图名要标明剖面所处轴线间的位置关系以及所视的方向,如图 9-2(b)所示。

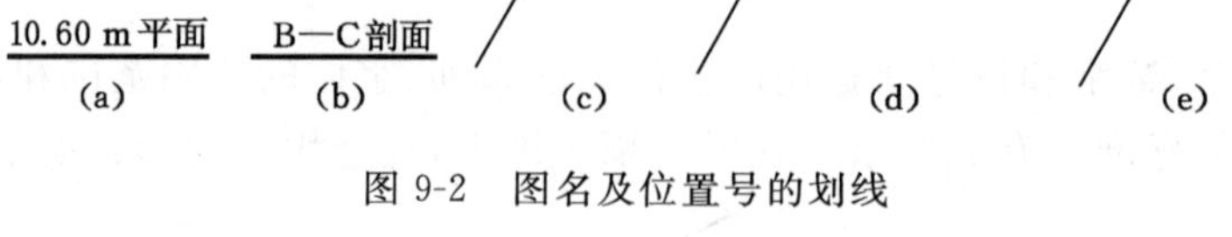

图 9-2 图名及位置号的划线

设备的位置号标注在图形轮廓线外、由图形引出的横线符号上面，如图 9-2(c)所示。位置号按顺煤流方向用阿拉伯数字编写，字高较尺寸标注略大。当设备较多，出现重叠、拥挤时，用公用引出线表示，如图 9-2(d)和图 9-2(e)所示。设备位置号用 3 位数表示，按表 9-3 中的规定进行编号。

表 9-3　设备位置编号方法

序号	车间名称	车间代号（首位）	设备代号（后 2 位）	说明
1	受煤车间	1	01～99	如 101、102、…
2	原煤准备车间	2	01～99	如 201、202、…
3	重选车间（主厂房）	3	01～99	如 301、302、…
4	浮选车间	4	01～40	如 401、402、…
5	药剂站、油脂库		41～60	如 441、442、…
6	介质制备车间（介质库）		61～80	如 461、462、…
7	空气压缩机房		81～99	如 481、499、…
8	浓缩车间、事故煤泥水池及泵房	5	01～50	如 501、502、…
9	生产清水、生活消防水泵房		51～70	如 551、552、…
10	生活污水处理系统		71～99	如 571、572、…
11	压滤车间及煤泥储存场	6	01～99	如 601、602、…
12	干燥车间	7	01～99	如 701、702、…
13	产品仓及装车站点	8	01～99	如 801、802、…
14	矸石系统（仓）	9	01～99	如 901、902、…
15	原煤储煤场（仓）	1	—	在原煤准备车间之前时用“受煤车间”代号
		2	—	在原煤准备车间之后时用“原煤准备车间”代号

9.1.6　尺寸及标高

图面的尺寸以 mm 为单位。标注建(构)筑物的尺寸以轴线为基准，建(构)筑物相互间的关系尺寸用轴线间的距离表示。栈桥、地道等需标注净高、净宽尺寸。当设备中心线可明确表示时，以设备中心线与建(构)筑物轴线或楼板(地板)的距离表示。当设备中心线不易表示时，用设备地脚中心线或外形轮廓线标注。在某一台设备位置确定后，其他设备则以此设备为基准标注其位置尺寸。车间剖面或平面图轴线间的尺寸线标注在建(构)筑物边线外，距边线 30 mm，距轴线号圈边线 5 mm 处，如图 9-3 所示。

如图 9-4 所示，标高符号用细实线绘制的等腰三角形表示，三角形的尖端应指至被标注点，尖端可向上，也可向下；三角形高可采用 3 mm，底角可采用 45°。标高为相对标高，如需在图纸中说明相对标高和绝对标高的关系，可在标注的“±0.00”标高后用括号注出绝对标高数值，标高值以 m 为单位(可不加注计量单位)，数字可取至小数点后两位。零点标高在数

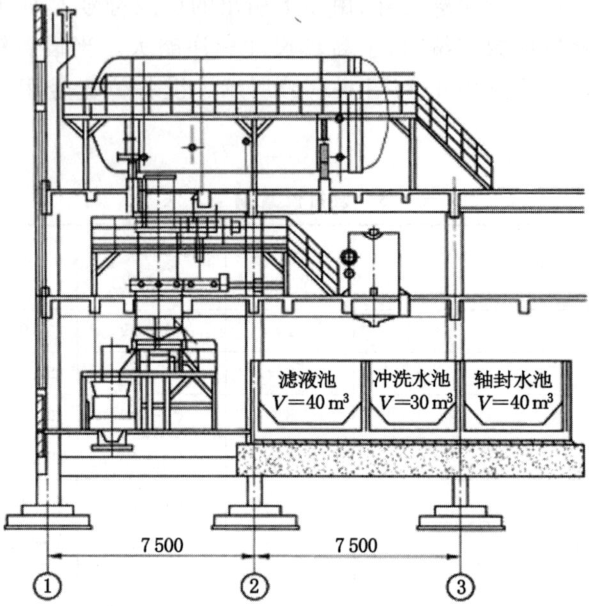

图 9-3　车间剖面或平面图轴线间尺寸标注

字前加注“±”号，负数标高在数字前加注“－”号，正数标高在数字前不加符号。

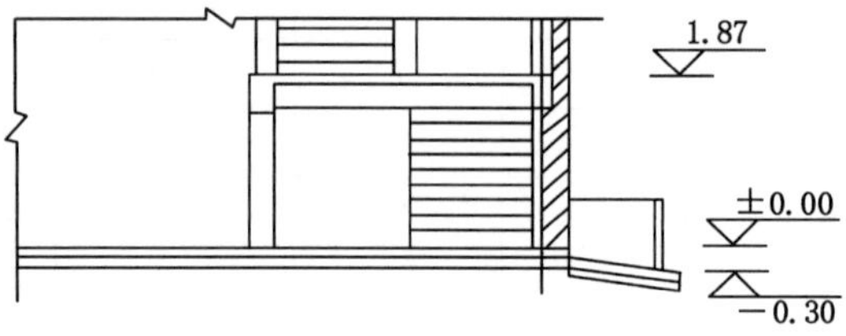

图 9-4　标高标注方法示例

9.2　流程图绘制

流程图按照不同设计阶段对图纸深度的要求，分为原则流程图和工艺流程图。

原则流程图只按原料加工顺序表示出工艺过程中各作业间的相互关系，可只标注作业名称，无须标注数量、质量，见图 4-28。工艺流程图应将数量、质量、水量、介质都标注出来。图中应标注作业环节和作业名称。标注各作业入料及产品名称，并注明产率、产量、灰分、水量、液固比等指标。重介质选煤流程还要注明悬浮液体积、悬浮液中的固体量、悬浮液中的磁性物数量、悬浮液中的非磁性物数量，以及悬浮液密度等。

工艺流程图中的破碎、筛分、分级作业要注明粒度变化指标，在粒度数字前应加“＋”和“－”符号表示大于和小于该粒度。图 4-28 所示为无压三产品重介质旋流器典型原则流程。

工艺流程图需绘出最终产品平衡表、图例、符号和说明。此外，工艺流程图中的作业用一粗一细的双横线符号表示，表示可能和预留作业时用虚线符号表示。

9.3　设备流程图

设备流程图以图形符号表明工艺过程所使用的全部设备、设施及其相互联系方式。设备流程图按煤流顺序和作业顺序，从原煤受煤、储存、筛分破碎、分选、产品储存到产品装车等依次绘制，同一作业的设备要如数绘出，并在图纸上由左至右绘制，功能联系紧密的设备应集中布置。

设备图形按国家标准《选煤厂用图形符号》(GB/T 16660—2008)规定的图形符号绘制，对无规定的设备或设施，其图形可自行绘制。

各种煤仓、储煤场及受煤漏斗等设施，要标示出其容量和所存物料的品种、粒度。各种水池、水箱及料槽要标出名称和容积。

设备和有关建筑设施用细实线绘制，主要流程线用粗实线绘制。设备及附属件要标出位置号，并与车间布置图中标注的位置号一致。

改造厂新设备、旧设备及分期建设或预留设备，用不同线型和位置号表示。

选煤厂用图形符号如表 9-4 所示，流程线表示方法如表 9-5 所示。

表 9-4　选煤厂用图形符号

名称	符号	名称	符号
破碎机		固定筛	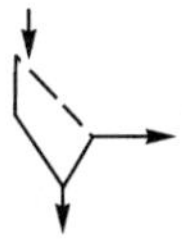
磨碎机		筛分机（单层）	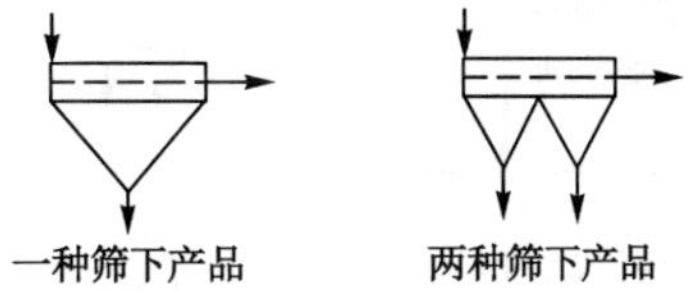
滚筒碎选机	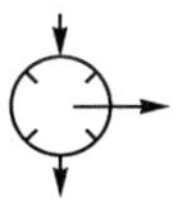	筛分机（双层）	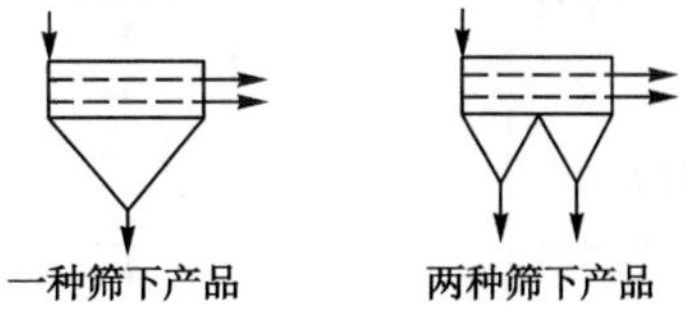
弧形筛	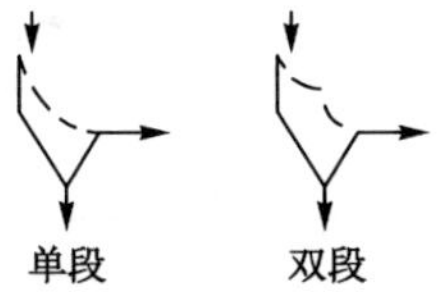	跳汰机	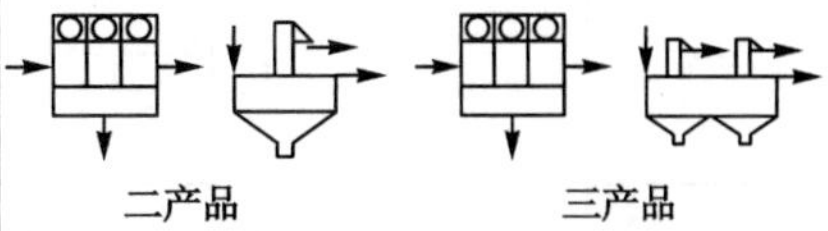
重介质分选机	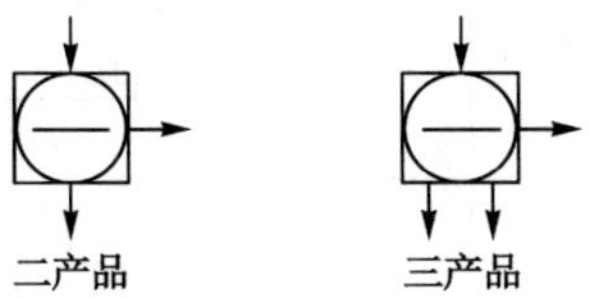	圆筒式过滤机	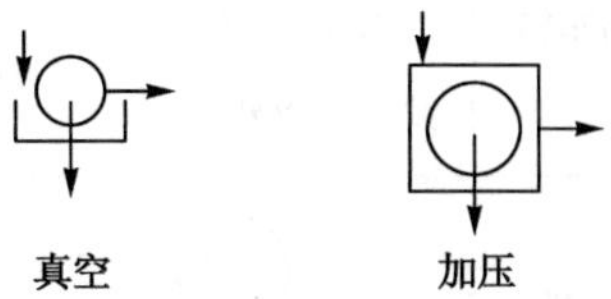

表 9-4(续)

名称	符号	名称	符号
浮选机	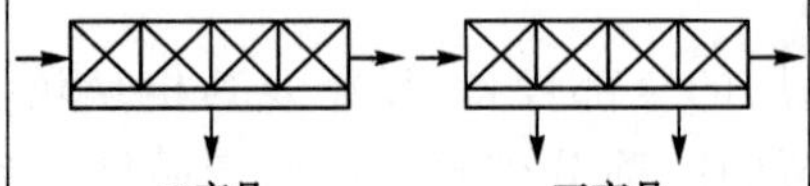 二产品 三产品	泵	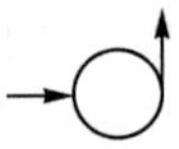
浮选柱	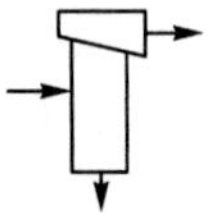	压风机	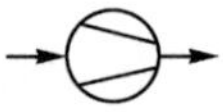
摇床	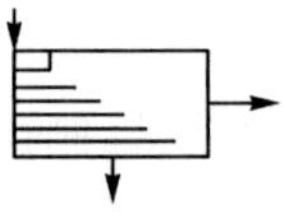	带式压滤机	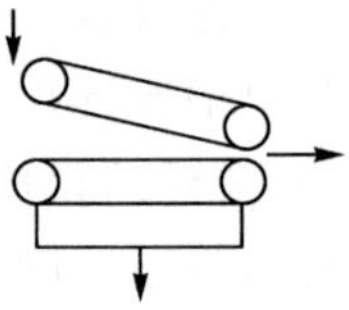
捞坑	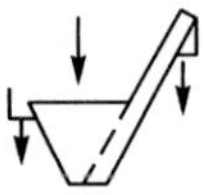	机械分级机	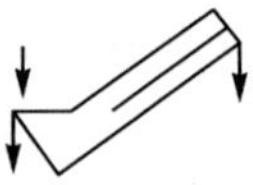
斗式提升机	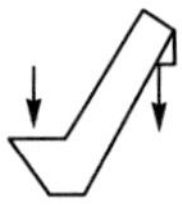	分级旋流器	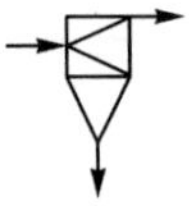
沉降过滤式离心脱水机	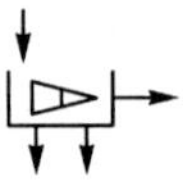	浓缩旋流器	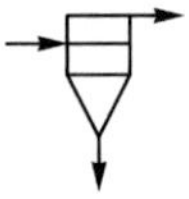
沉降式离心脱水机	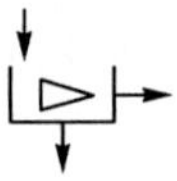	绞车	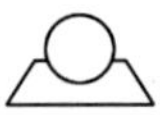
过滤式离心脱水机	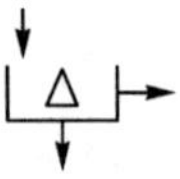	架空索道	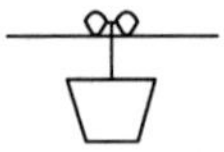
卡车		取料机	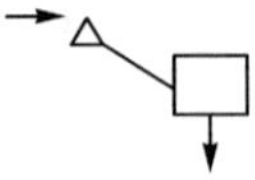
铁路车辆	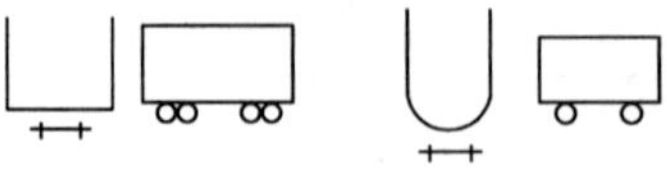 准轨 窄轨	药剂桶	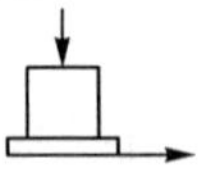
翻车机	 准轨 窄轨	介质桶	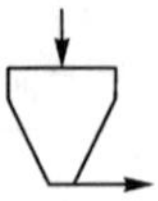

表 9-4(续)

名称	符号	名称	符号
带式输送机	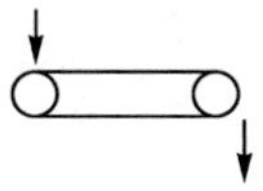	混料桶	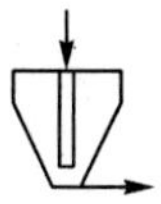
手选带式输送机	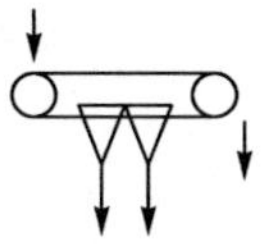	仓	
犁式卸料器	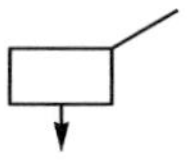	储煤场	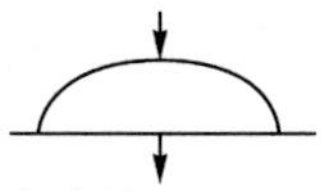
刮板输送机	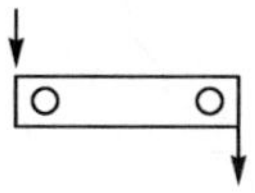 单点卸料 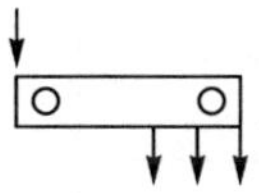 多点卸料	层状储煤场	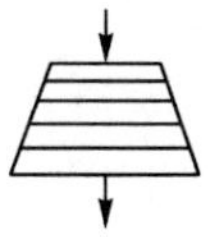
卸料小车(固定或移动)	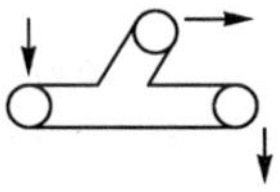	机械取样器	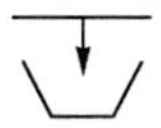
螺旋输送机	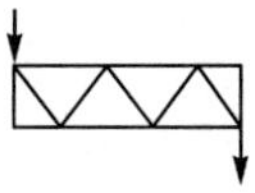	槽选机	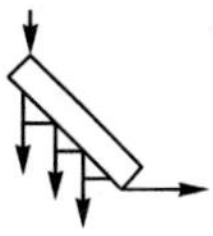
重介质旋流器	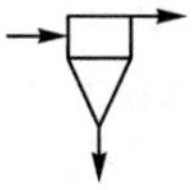 二产品(无压) 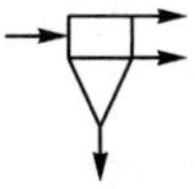 三产品(无压) 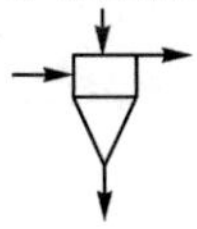 二产品(有压) 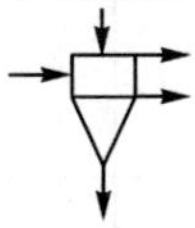 三产品(有压)	角锥沉淀池	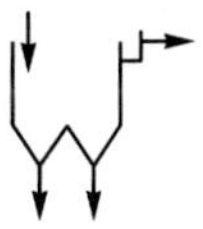
水介质旋流器	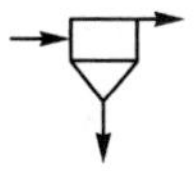	浓缩机	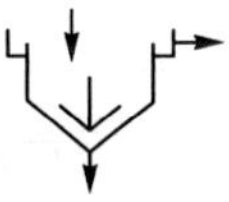 耙式 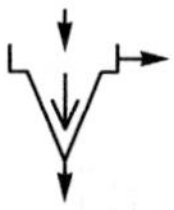 深锥
干选机	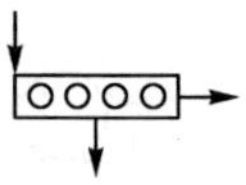 二产品 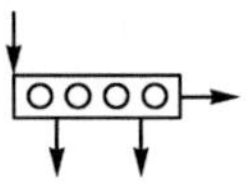 三产品	混料机	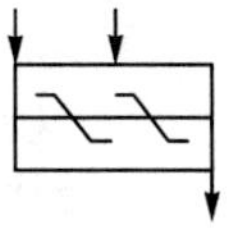

表 9-4(续)

名称	符号	名称	符号
滚筒分选机	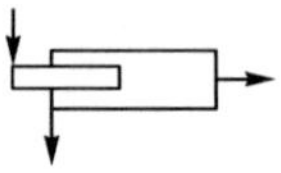	干燥机	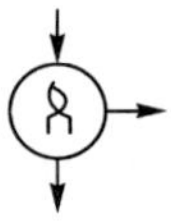
螺旋分选机	 二产品 三产品	集尘器	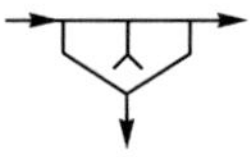
磁选机	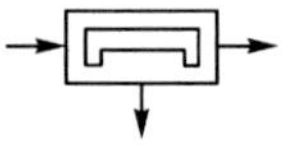	除尘器	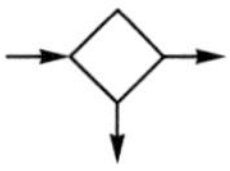
沉淀池	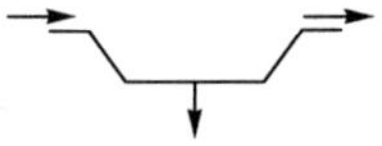	吸尘点	
斜板沉淀槽	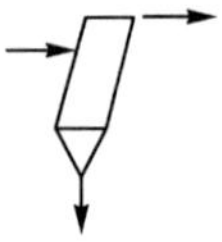	圆盘式过滤机	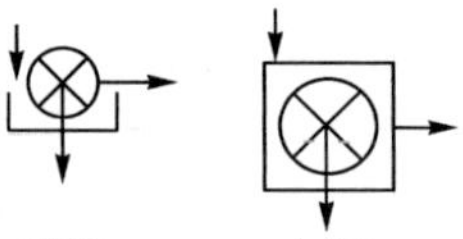 真空 加压
沉淀塔	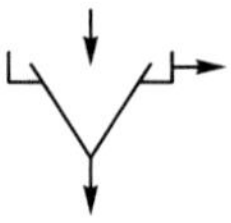	真空泵	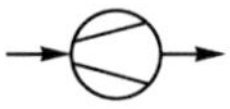
风机	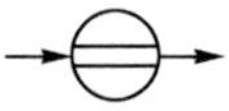	箕斗	 垂直提升 斜坡提升
压滤机	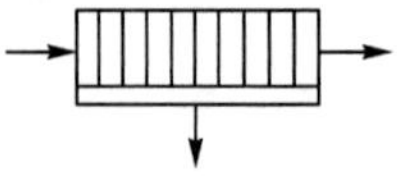	卸矸架	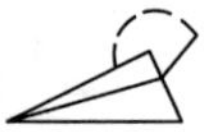
电动葫芦		推土机	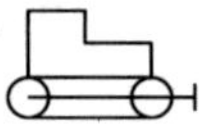
单梁起重机		装载机	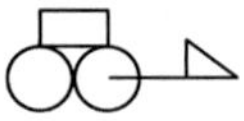
抓斗起重机	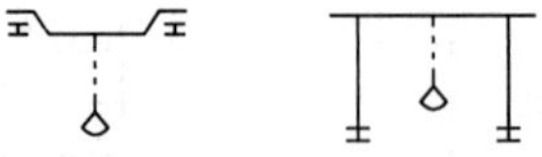 桥式 门式	喷水	

表 9-4(续)

名称	符号	名称	符号
堆料机	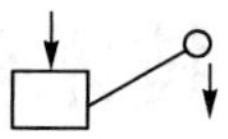	泵池	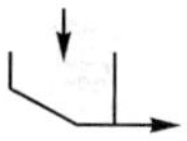
堆取料机	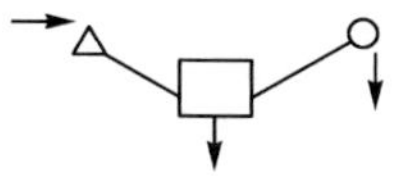	分配器	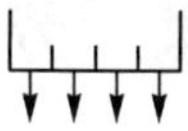
给料机	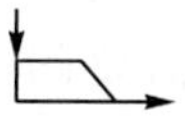	搅拌桶	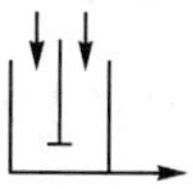
闸门	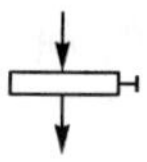 平板　 插板或扇形	风包	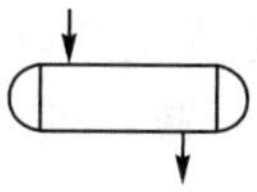
准备器	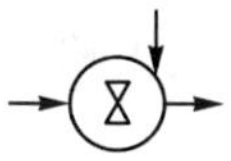	给药机	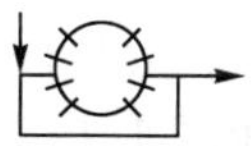
分流箱	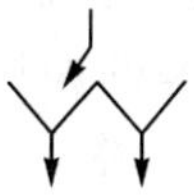	气水分离器	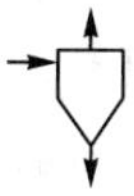
磁力吸铁器	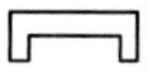 悬挂式　 滚筒式	称重	

表 9-5　流程线表示方法

名称	符号	名称	符号
主要煤流线	━━━━━━━━	可能煤流线	– – – – – – – – – – –
清水线	——·——·——·——	循环水线	——··——··——··——
煤泥水线	—— M —— M ——	滴水、放水、溢水线	—— D —— D ——
矸石线	—— G —— G ——	空气线	—— K —— K ——
浮选药剂线、输油线	—— Y —— Y ——	合格介质、磁选精矿线	—— H —— H ——
稀介质线	—— X —— X ——	磁选尾矿线	—— C —— C ——
絮凝剂线	—— N —— N ——	硫化铁线	—— L —— L ——
流程线汇集、分叉	┬　┴　┤　├	流程线通过而不汇交	┼

第10章　选煤厂工程的技术经济

10.1　选煤厂劳动定员

10.1.1　劳动定员

选煤厂设计的劳动定员是指为了达到设计生产能力所需要的全部生产人员、服务人员和其他人员。

(1) 生产人员是指选煤厂生产过程中的全部生产工人和管理人员。其中，生产工人是指直接从事选煤生产以及为选煤生产服务的辅助环节的全部工人，管理人员是指从事选煤厂生产管理、行政管理、党政工作和工程技术的全部人员。

(2) 服务人员是指服务于选煤厂职工生活及间接服务于生产的人员，包括食堂、浴室、文教、卫生、保健、消防、保安、托儿所、住宅管理维修和勤杂人员。

(3) 其他人员是指从事厂外铁路专用线的维修、房屋建筑大修理、地销煤、环境保护、小型综合利用等的工人及管理人员。

选煤厂劳动定员的确定，应根据选煤厂的类型、厂型、选煤方法、工艺系统以及机械化、自动化程度等因素，本着充分发挥职工积极性，提高劳动效率的原则，按生产岗位及工种配备。在保证生产的前提下尽量减少劳动定员数，提高劳动生产率。

劳动定员的范围应为达到选煤厂设计处理原煤能力时所需的全部在籍人数。表10-1为选煤厂生产工人劳动定员明细表。

表10-1　选煤厂生产工人劳动定员明细表

序号	工种名称	出勤人数			合计人数	在籍系数①	在籍人数②	备注
		一班	二班	三班				
1	2	3	4	5	6	7	8	9
	1. 原煤准备车间 胶带运转工 原煤筛运转工 拣矸工 破碎机工 检修工 合计 2. 主厂房 …… 合计 …… 生产工人合计							

注：① 在籍系数 $=\dfrac{\text{全年工作日总数}}{\text{每个职工全年实际出勤日数}}$；

② 在籍人数＝出勤人数×在籍系数。

在籍系数是根据所采用的工作制度和职工的正常出勤率来确定的，与采用的工作班次无关。选煤厂的工作制度一般为全年连续生产，生产工人的在籍系数按 1.4～1.5 选取，管理人员的在籍系数按 1.0 选取。管理人员占生产工人在籍人数的 8%～14%，服务人员占生产工人在籍人数的 6%～9%，其他人员占生产工人在籍人数的 1%。

10.1.2　劳动生产率

劳动生产率是指劳动者在一定时间内创造出一定数量的合格产品的能力，即产品数量与所消耗的劳动时间的比例，通称效率。效率越高，经济效益越好。劳动生产率能全面反映企业的生产技术水平和管理水平，是一个综合性指标。

选煤厂劳动生产率有实物劳动生产率和货币劳动生产率。

（1）实物劳动生产率

$$\text{选煤厂全员效率} = \frac{\text{日入选原煤总量}}{\text{选煤厂每日生产人员出勤人数}}(\text{t/人})$$

$$\text{生产工人效率} = \frac{\text{日入选原煤总量}}{\text{每日生产工人出勤人数}}(\text{t/人})$$

（2）货币劳动生产率

$$\text{选煤厂全员货币劳动生产率} = \frac{\text{年选煤厂产品总值}}{\text{选煤厂全部在册人数}}[\text{元/(人·年)}]$$

$$\text{生产工人货币劳动生产率} = \frac{\text{年选煤厂产品总值}}{\text{生产工人在册人数} \times \text{工作日数}}[\text{元/(人·日)}]$$

劳动生产率是由选煤厂生产规模、工艺特点、工序繁简、自动化程度、操作和管理水平等各种因素综合决定的。新设计的选煤厂应该与类似的选煤厂劳动生产率进行对比分析，说明其高低的原因，提出提高劳动生产率的具体措施和有效途径。表 10-2 列出选煤厂全员效率指标。

表 10-2　选煤厂全员效率指标

厂　型	年处理原煤/Mt	类型	全员效率指标/(t/人)
特大型厂	10.00 及以上	矿井及群矿	≥100
		矿区	≥80
大型厂	3.00 及以上	矿井及群矿	≥80
		矿区	≥60
	1.20～2.40	矿井及群矿	≥60
		矿区	≥45
中型厂	0.45～0.90	矿井及群矿	≥50
		矿区	≥35
小型厂	0.30 及以下	矿井及群矿	≥20

注：《选煤厂设计规范》规定，选煤厂设计全员效率不低于表 10-2 中的控制指标。

例 10-1　某矿井型炼焦煤选煤厂，设计年处理能力为 5.00 Mt，工作制度为年生产

330 d，每天生产 16 h，两班生产一班检修，试计算该厂需要控制的劳动定员数，并绘制劳动定员汇总表。（注：全员效率指标取 100 t/人，生产工人在籍系数取 1.45，管理人员取生产工人在籍人数的 8%，服务人员取生产工人在籍人数的 6%，其他人员取生产工人在籍人数的 1%）

解 日处理原煤量$=\frac{5.00\times10^6}{330}=15\ 152(\text{t})$

每日生产人员出勤人数$=\frac{15\ 152}{100}=152$(人)

每日生产人员出勤人数＝每日生产工人出勤人数＋每日管理人员出勤人数

每日生产工人出勤人数＋每日生产工人出勤人数×1.45×8%＝152 人

每日生产工人出勤人数$=\frac{152}{1.116}=137$(人)

每日管理人员出勤人数＝152－137＝15(人)

生产工人在籍人数＝137×1.45＝199(人)

服务人员人数＝199×6%＝12(人)

其他人员人数＝199×1%＝2(人)

全厂在籍人数＝199＋15＋12＋2＝228(人)

随着国家人事制度和劳动用工制度的改革，企业的用人机制越来越灵活。新设计的选煤厂在确定劳动定员时，可以参考《选煤厂设计规范》中的指标进行确定，也可以根据选煤厂的所有制形式、隶属关系、经营方式等具体因素，依照实际需要确定。表 10-3 举例列出劳动定员汇总表。

表 10-3 劳动定员汇总表(举例)

定员名称	出勤人数/人				在籍人数/人
	一班	二班	三班	合计	
生产工人	45	46	46	137	199
管理人员	15			15	15
服务人员	12			12	12
其他人员	2			2	2
合计	74	46	46	166	228

10.2 设计成本计算

选煤厂设计时，预计将来投产后各类费用的总和称为设计成本。它是反映设计方案或设计项目技术经济效果的一项综合性指标，也是评价设计经济合理性的一项主要指标。

10.2.1 总成本

设计总成本，包括材料费、工资、电费、折旧费及其他支出。成本的各项费用，以设计时所收集的资料为准，或者参考同类型选煤厂的实际资料，考虑将来可能的变化可以作适当的调整，用于设计成本计算。

- 总成本
  - 工厂成本
    - 经营成本
      - 车间成本
      - 行政管理费
    - 折旧费
  - 销售费

10.2.2　分离后成本

将总成本经过比率、折合量的计算，得出分离后精煤、中煤（或混煤）、煤泥产品的分别成本，将各产品分离后的成本总和起来仍等于分离前的总成本。还可以计算出分离后的单位成本销售收入和年积累。

比率是指某种产品与精煤产品价格之比。折合量是指选煤产品产量乘以比率，也就是将各种产品均折合成为单一品种产品，一般折合成为单一假定的精煤产品。

$$\text{精煤比率}=\frac{\text{精煤价格}}{\text{精煤价格}}$$

$$\text{中煤比率}=\frac{\text{中煤价格}}{\text{精煤价格}}$$

$$\text{煤泥比率}=\frac{\text{煤泥价格}}{\text{精煤价格}}$$

$$\text{精煤折合量}=\text{精煤产量}\times\text{精煤比率}$$

$$\text{中煤折合量}=\text{中煤产量}\times\text{中煤比率}$$

$$\text{煤泥折合量}=\text{煤泥产量}\times\text{煤泥比率}$$

通过比率和折合量的计算，可以求出分离前的单位成本，进而求出各种产品的成本和各种产品的单位成本。

$$\text{分离前单位成本}=\frac{\text{分离前总成本}}{\text{总折合量}}$$

分离后各种产品的成本为：

$$\text{精煤成本}=\text{精煤折合量}\times\text{分离前单位成本}$$

$$\text{中煤成本}=\text{中煤折合量}\times\text{分离前单位成本}$$

$$\text{煤泥成本}=\text{煤泥折合量}\times\text{分离前单位成本}$$

分离后各种产品的单位成本为：

$$\text{分离后精煤单位成本}=\frac{\text{分离后精煤成本}}{\text{精煤产量}}$$

$$\text{分离后中煤单位成本}=\frac{\text{分离后中煤成本}}{\text{中煤产量}}$$

$$\text{分离后煤泥单位成本}=\frac{\text{分离后煤泥成本}}{\text{煤泥产量}}$$

例 10-2　某炼焦煤选煤厂年处理原煤 1.20 Mt，50～0.5 mm 粒级采用重介质选煤工艺，某月（处理原煤 0.954 Mt）生产成本构成见表 10-4，分离后成本见表 10-5。

表 10-4　总成本费用估算表

序号	成本项目	总成本/万元	单位成本/(元/t)
1	一、入洗原料煤	4 181.86	438.35
2	二、加工费	302.70	31.73
3	1. 材料	100.35	10.52
4	(1) 配件	88.89	9.32
5	(2) 油脂	6.94	0.73
6	(3) 其他材料	3.36	0.35
7	(4) 材料成本差异	1.16	0.12
8	2. 人工成本	117.70	12.34
9	其中:工资总额	82.95	8.69
10	职工福利	9.36	0.98
11	五险一金	25.39	2.66
12	3. 电费	61.25	6.42
13	4. 折旧费	15.68	1.64
14	5. 修理费	5.50	0.58
15	6. 其他	2.22	0.23
16	合计	4 484.56	470.08

表 10-5　分离后成本计算表

产品名称	产量/万 t	价格/(元/t)	比率	折合量		分离后成本/万元	单位成本/(元/t)
				%	万 t		
1	2	3	4	5	6	7	8
精煤	4.60	1 225.00	1.00	80.56	4.60	3 612.79	785.39
洗混煤	2.50	540.00	0.44	19.26	1.10	863.92	345.57
煤泥	1.43	10.00	0.01	0.18	0.01	7.85	5.49
合计	8.53			100.00	5.71	4 484.56	785.39

本例中,根据表 10-4 和表 10-5 计算结果,该厂某月经营成本为 4 484.56 万元,吨煤加工费为:470.08－438.35＝31.73(元)。

探讨成本时,不仅仅预计将来的产品设计成本,也可将设计项目的工程投资作为“成本”看待。预计投资的经济效益时,可估算成本与效益两个方面。这种扩大的成本概念,在基本建设项目投资的评价和决策分析中有广泛的用途。

10.3　工程概算

工程概算是控制建设项目基建投资、提供投资效果评价、编制固定资产投资计划、筹措资金、施工及设备招标和实行投资大包干的主要依据,也是作为控制施工图预算的主要基础。根据有关规定，初步设计编制概算，施工图设计编制预算，施工结束后编制决算。概算和预算由设计单位编制；决算由生产单位编制，设计单位参加。编制工程概算要严格执行国家有关方针政策，如实反映工程所在地的建设条件和施工条件，正确选用材料单价、概算指标、设备价格和各种费率。

选煤厂初步可行性研究估算的项目总投资准确率应控制在±20%以内。其投资估算应按生产系统或环节作出投资估算汇总表，必要时应对投资的合理性作出分析。可行性研究估算的项目总投资准确率应控制在±10%以内。可行性研究估算的总投资一经批准，应作为工程造价的限额依据（按可比价格计算）。如遇特殊情况，应对可行性研究投资估算进行调整，并重新评估批准。

选煤厂初步设计概算的编制应按照设计工程量计算。概算书中应给出主要价格依据，必要时应对投资进行分析。初步设计概算应作为控制工程造价的基准。选煤厂建设过程中，如因工程建设条件变化需要进行概算调整，已完工程应按实际结算计，未完工程按概算要求编制，并应进行投资对比分析。

10.3.1　工程概算结构形式与组成

工程概算的结构形式见图 10-1。根据工程概算的结构形式和功能范围不同，工程概算由单位工程概算、综合概算和总概算等三部分组成。

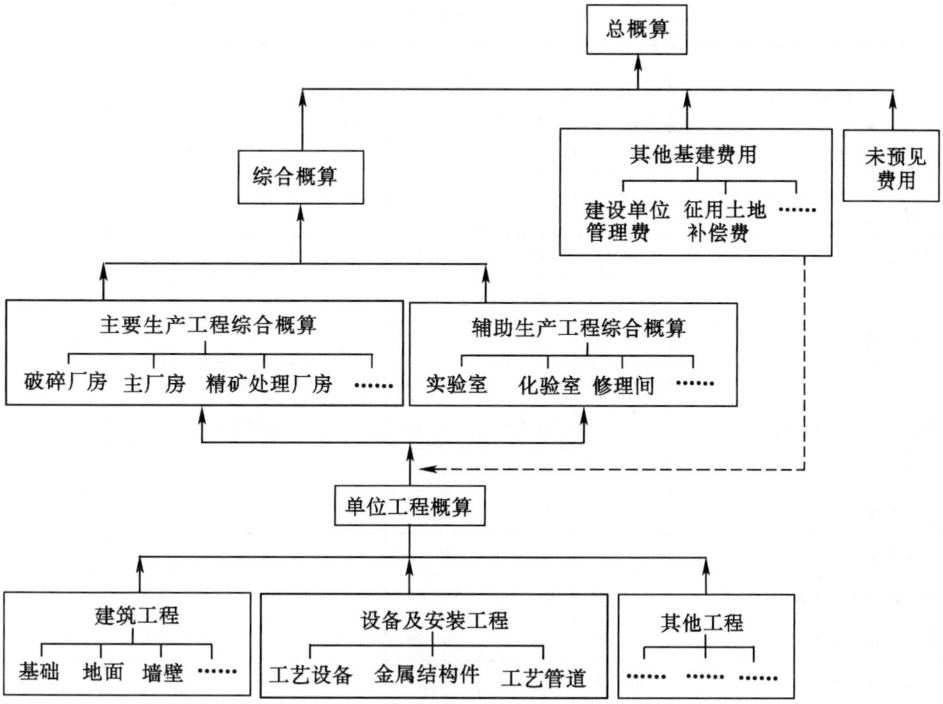

图 10-1　工程概算结构形式

10.3.1.1　单位工程概算

由工程概算结构形式可看出，单位工程概算是单项（即子项）工程概算的组成部分，是编制综合概算的原始资料。根据概算编制要求，单项工程设计者单独编制本专业的单位工程概算，然后送交概算专业人员汇总。选煤专业人员只编制选煤专业的单位工程概算。

10.3.1.2　综合概算

综合概算是编制总概算的基础，是选煤、土建、给排水、供配电等专业单位工程概算的汇总。由于综合概算的项目编制齐全、费用开列详细，便于投资决策者查阅和分析各项基建投资的组合情况。独立设计的建设项目，必须由概算专业人员编制综合概算。

10.3.1.3　总概算

总概算包括从项目筹建到竣工验收的全部费用，它是按照基建费用的性质和用途分项汇总的工程概算价值表。总概算项目简明扼要，费用用途清楚，便于投资决策者掌握基建工程投资去向。独立设计的建设项目，由概算专业人员编制总概算。

10.3.2　总概算

总概算由单位工程概算及其他工程费用汇总而成，包括各项工程的全部建设费用。总概算表中包括工程或费用名称、建筑费用、设备费用、安装费用，还包括未能预见费用、费用合计、吨煤投资、占总投资百分率。选煤厂总概算表见表 10-6。

表 10-6　选煤厂总概算表

序号	费用构成及名称	概算价值/万元					吨煤投资/(元/t)	占总投资百分率/%	其中:引进设备投资/万元
		土建工程	设备购置	安装工程	其他费用	合计			
1	受煤系统	957.23	209.49	54.13		1 220.85	2.03	3.18	
2	储煤系统	2 250.50	324.46	72.22		2 647.18	4.41	6.89	
3	筛分破碎车间	438.14	1 488.92	128.15		2 055.21	3.43	5.35	1 303.29
4	主厂房	2 604.21	6 137.66	1 098.75		9 840.62	16.40	25.61	4 446.64
5	浓缩车间	594.84	354.37	147.04		1 096.25	1.83	2.85	
7	装车系统	1 056.26	404.33	78.02		1 538.61	2.56	4.00	
8	带式输送机栈桥及转载点	1 744.82	1 659.85	293.28		3 697.95	6.16	9.62	
9	排矸系统	369.41	26.26	3.59		399.26	0.67	1.04	
10	控制系统	0	608.95	320.46		929.41	1.55	2.42	
11	配电系统	310.56	1 793.38	1 482.07		3 586.01	5.98	9.33	
12	室外给排水及供热	734.82	525.63	352.01		1 612.46	2.69	4.20	
13	辅助厂房及仓库	576.49	494.13	360.29		1 430.91	2.38	3.72	
14	行政福利设施	929.05	8.05	0.71		937.81	1.56	2.44	
15	场区设施	1 684.68				1 684.68	2.81	4.38	
	小计	14 251.01	14 035.48	4 390.72	0	32 677.21	54.46	85.05	5 749.93
16	其他费用				2 830.46	2 830.46	4.72	7.37	
	小计	14 251.01	14 035.48	4 390.72	2 830.46	35 507.67	59.18	92.42	

表 10-6(续)

序号	费用构成及名称	概算价值/万元					吨煤投资/(元/t)	占总投资百分率/%	其中:引进设备投资/万元
		土建工程	设备购置	安装工程	其他费用	合计			
17	工程预备费 6%				2 130.46	2 130.46	3.55	5.55	
	合计	14 251.01	14 035.48	4 390.72	4 960.92	37 638.13	62.73	97.96	
18	建设期贷款利息 5.94%				782.50	782.50	1.30	2.04	
	建设项目总造价	14 251.01	14 035.48	4 390.72	5 743.42	38 420.63	64.03	100.00	5 749.93
	吨煤投资/(元/t)	23.75	23.39	7.32	9.57	64.03			
	占总投资比例/%	37.09	36.53	11.43	14.95	100.00			
19	铺底流动资金				632.40	632.40			
	建设项目总资金	14 251.01	14 035.48	4 390.72	6 375.82	39 053.03			

10.3.3　单位工程概算

单位工程概算分为土建工程概算、设备及安装工程概算。对于每一个单位工程,如受煤系统、筛分破碎车间、主厂房、产品仓等,都应分别进行土建工程、设备及安装工程的费用概算,然后分别列表。

10.3.3.1　土建工程概算

土建工程概算应根据设计图纸、工程量、工程技术特征,选取相应的概算指标和施工管理费定额进行计算。土建工程概算见表 10-7。

表 10-7　土建工程概算表

序号	单位工程名称及简要说明	单 位	数 量	单价/元	总价/万元		
					直接费用	施工管理费	合计
1	筛分破碎车间(钢筋混凝土结构)	m^3					
2	主厂房(钢筋混凝土框架结构)	m^3					
3	耙式浓缩机(ϕ30 m 半地下式)(钢筋混凝土结构)	台					
4	装车仓(ϕ12 m)(钢筋混凝土结构)	个					
	……						

注:施工管理费=直接费用×施工管理费定额。

10.3.3.2　设备及安装工程概算

设备购置费指生产设备、备品备件、进口及大型设备的购置费。设备购置费计算方法如下:

$$设备购置费=设备原价+运保费+成套设备业务费$$

现在新设计或技术改造的选煤厂,一般都采用公开招标的方式购置设备,因此,设备购置费实际上就是设备的中标价格。投标报价有两种方式:一种是只报设备原价;另一种是报设备总价(设备原价+运保费+成套设备业务费)。进口设备投标报价可分为离岸价(FOB价)和到岸价(CIF价),CIF价=FOB价+运保费+业务费。

设备及安装工程概算表(见表10-8),包括全部需要安装和不需要安装的机械电气设备、运输设备和非标准设备的购置(制作)费等,以及设备、管路安装工程的安装费。

表 10-8 设备及安装工程概算表

序号	设备及安装工程名称	单位	数量	单价/元				总价/万元			
				设备	主要材料	安装		设备	主要材料	安装	
						计	其中:工资			计	其中:工资
1	2	3	4	5	6	7	8	9	10	11	12

10.3.3.3 工程建设其他费用

工程建设其他费用包括下列内容:土地征用补偿安置费、建设单位管理费、冬雨季施工增加费、生产筹备费、生产人员培训费、联合试运转费等。工程建设其他费用概算见表10-9。

表 10-9 工程建设其他费用概算表

序号	工程及费用名称	计算依据	单位	数量	单价/元	总价/万元
1	2	3	4	5	6	7
1	土地征购费	当地规定	亩			
2	场地完工清理费					
	工业建筑		m^2			
	民用建筑		m^2			
3	冬雨季施工增加费					
	冬季施工增加费					
	雨季施工增加费					
4	生产人员培训费					
5	……					
6	……					

10.3.4 施工图预算的编制

10.3.4.1 预算编制的主要依据

施工图预算编制的主要依据包括批准的初步设计和概算书、施工图及说明、批准的施工组织设计或施工技术要求措施、单位工程统一名称表等。

10.3.4.2　预算的编制

预算由设计部门按单位工程进行编制，并在单位工程施工前提交预算。预算书由单位工程预算总表（表10-10）、建筑安装工程预算表（表10-11）、定额外材料预算表、工程量计算表、人工及主要材料消耗量汇总表等组成。

表10-10　单位工程预算总表

序号	费用名称	计算基础	金额/元	编制说明
1	一、直接费			
2	1. 基本直接费			
3	(1) 直接定额费			
4	其中：人工费			
5	材料费			
6	机械费			
7	(2) 安装工程定额外材料费			
8	2. 其他直接费			
9	二、间接费			
10	其中：临时设施及劳保支出			
11	三、计划利润			
12	四、税金			
13	工程造价			
14	工程数量			
15	技术经济指标			

表10-11　建筑安装工程预算表

估价表号	分项部分名称	单位	数量	单价/元				总价/万元			
				工资	材料	施工机械	小计	工资	材料	施工机械	小计

10.3.5　参考指标

学生毕业设计进行选煤厂经济概算和预算时，可参考表10-12至表10-14所列指标进行计算。

表10-12　机械、电气设备安装费百分率

项目名称	安装费百分率/%	
	合　计	其中工资占比(%)
机械设备	4.4	33
电气设备	16	30

注：① 机电设备安装费百分率是指占设备价格的百分率；
② 电气设备价格应包括设备及电缆电线价格。

表 10-13　电气设备占机械设备投资百分率

序　　号	项目名称	电气设备占机械设备投资百分率/%
1	矿区或中心选煤厂	17
2	矿井或群矿选煤厂	10

表 10-14　非标准设备占机械设备投资百分率

名　　称	受煤坑	准备车间	跳汰车间	重介车间	浮选车间	装车仓
非标准设备占机械设备投资百分率/%	13.5	10.5	10.5	6.0	4.6	10

10.4　经济评价和技术经济指标

10.4.1　主要技术经济指标

初步设计说明书中附有技术经济指标表，表格形式和内容见表 10-15。

表 10-15　主要技术经济指标

序号	名　　称	单 位	数 量	备 注	序号	名　　称	单 位	数 量	备 注
1	2	3	4	5	1	2	3	4	5
1	原煤入选量	万 t/a			14	机械设备总质量	t		
2	原煤灰分	%			15	三材消耗			
3	选后产品质量(灰分、水分、硫分、发热量)	% MJ/kg				钢材 木材	t m^3		
4	选后产品数量(各种产品年产量和回收率)	万 t/a %			 16	水泥 劳动定员	t 人		
5	原煤及产品仓容量	t			17	生产工效率	t/工		
6	建筑物总体积	m^3			18	全员效率	t/工		
	其中:主厂房	m^3			19	基建投资	万元		
7	建筑总面积	m^2				其中:建筑工程	万元		
8	工业场地占地面积	亩				设备及安装工程	万元		
9	运输机总长度	m				其他费用	万元		
10	吨煤用循环水量	m^3/t			20	吨原煤基建投资	元/t		
	吨煤消耗水量	m^3/t			21	吨原煤加工费	元/t		
11	变压器总容量	kV·A			22	选后产品单位成本	元		
12	电动机总设备容量	kW			23	投资利润率	%		
13	年耗电量	kW·h			24	投资回收期	年		
	入选吨原煤耗电量	kW·h/t			25	财务内部收益率	%		

10.4.2　经济评价

建设项目经济评价就是在完成市场需求预测、厂址选择、技术方案选择等工程技术研究的基础上，计算项目投入和产出效益，经多方案比较，对拟建项目的经济合理性进行分析论证，进而作出全面经济分析和评价。经济评价是项目可行性研究的重要组成部分。

10.4.2.1　经济评价方法

企业经济评价(财务评价)是对建设项目未来的经济效益在财务上进行评价，实际上就是对项目进行盈利性分析。评价的方法可分为静态评价法和动态评价法两种，评价时常用的指标体系如图 10-2 所示。

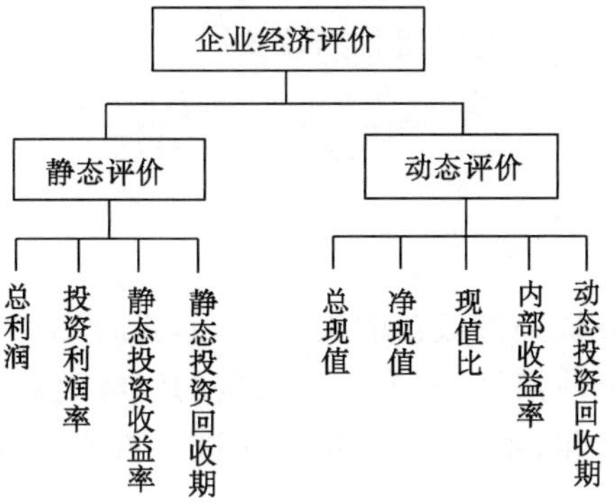

图 10-2　企业经济评价指标体系

(1) 静态评价法

静态评价法是在满足产品销售和环境保护等前提下，假定资金没有利息、没有通货膨胀，计算静态可能获得的经济效益的一种评价方法，也称为不计时评价法。

① 总利润

所谓总利润就是总收入扣除生产总成本和税金之后的余额，可用下式进行计算：

总利润＝总收入－总成本－税金

＝(产品价格×产量)－总成本－(总成本×税率)

② 投资利润率

投资利润率是指年净利润与总投资的比值，它表示单位投资所创造的利润，是衡量投资利润水平的主要指标之一，可用式(10-1)计算：

$$PR = \frac{P_r}{J} \times 100\% \tag{10-1}$$

式中　PR——投资利润率，%；

P_r——年净利润，元；

J——总投资，元。

③ 静态投资收益率

静态投资收益率是指单位投资能获得的收益，它反映项目投资所能获得的盈利水平，投资收益率越大，投资的经济效益越好。静态投资收益率有一个额定标准，这个标准称为标准投资收益率。一般来说，工业企业的静态投资收益率不低于 15%～30%。静态投资收益率按式(10-2)进行计算：

$$RR = \frac{P_r + DE}{J} \times 100\% \tag{10-2}$$

式中 RR——静态投资收益率，%；

DE——年基本折旧(留给企业的部分)，元；

其余符号意义同前。

对建设项目进行经济评价，经计算，如果静态投资收益率大于或等于标准投资收益率，则该项目在经济上是可行的，否则该项目在经济上是不可行的。

④ 静态投资回收期

静态投资回收期也称为返本期，它是静态投资收益率的倒数，表示每年的净收入能偿还全部原始投资所需的年限。静态投资回收期按式(10-3)进行计算：

$$T' = \frac{1}{\mathrm{RR}} = \frac{J}{P_r + \mathrm{DE}} \tag{10-3}$$

式中 T'——投资回收期，年；

其余符号意义同前。

投资回收期也是反映投资经济效益的指标之一，投资回收期越短，投资经济效益越好。若投资回收期比标准投资回收期短，则该项目投资的经济效益好，经济上是可行的。国家规定投资回收期一般为8～10年，不超过15年。在进行方案比较时，以投资回收期年限最短的方案为最佳。

(2) 动态评价法

动态评价法是静态评价法的发展。动态评价法中引入了资金的时间价值原理，评价时考虑了时间因素对资金价值的影响，也称为计时评价。动态评价法的实质就是将选煤厂各年获得的利润折算到评价时的现值，以此为基础评价选煤厂建设的经济价值和经济效益。动态评价法也叫作“贴现法”。

① 总现值

总现值是把选煤厂各年期望利润逐一贴现成投产之日或某一规定时间的现值，然后将各分年现值累加所得的值。总现值一般按选煤厂每年获得的实际利润，而不是按净利润来贴现计算。

② 净现值

净现值就是总现值与基建投资现值的差值。如果拟建选煤厂的净现值大于零，则该选煤厂能取得大于基准收益率的良好经济效益，即有超额利润，证明该选煤厂建设项目在经济上是可行的。如果进行两个方案比较，则应该选择净现值大的方案为较优方案。

③ 现值比

现值比就是选煤厂服务年限内总利润现值与基建期间总投资的比。

④ 净现值比

净现值比就是净现值与全部投资额现值的比，它表示单位投资的现值所能获得的净现值收益。净现值比越大，说明单位投资现值所取得的经济效益越好。由于净现值比没有一个衡量尺度，在进行经济评价时，多用于方案比较和方案选优时的评价指标。

⑤ 内部收益率

内部收益率就是累计净现值等于零时的收益率。也就是要求出这样一个收益率，它在选煤厂评价期内，逐年现金流入的现值之和等于逐年现金流出的现值之和。

⑥ 动态投资回收期

动态投资回收期指按现值计算的投资回收期，即考虑时间因素对货币价值的影响，使投资指标与利润指标在时间上具有可比性条件下，计算出的投资回收期。

10.4.2.2　不确定性分析

不确定性分析是选煤厂设计过程中，为了研究方案中的不确定因素对经济效益的影响程度而进行的一种经济分析方法。选煤厂设计过程中所采用的一些数据或指标，如产品价格、产量、销量、生产成本、投资、煤炭储量、煤质变化情况等都是预测和估算的，都具有不确定性。这些因素的不确定性，将使评价的结果也不可避免地存在不确定性。为了尽量查明和减少不确定性因素对评价的影响，使评价的结果更好地为决策服务，必须进行不确定性分析。

不确定性分析的方法有盈亏平衡点分析、敏感性分析和风险分析。

(1) 盈亏平衡点分析

盈亏平衡是指选煤厂的收入和支出相等。盈亏平衡点是选煤厂盈亏的分界点，此时选煤厂的经济效益为零。影响选煤厂经济效益的因素有很多，但主要因素是产品的销售价格、生产成本和产品产量。盈亏平衡点分析通过改变销售价格、生产成本和产品产量等因素，引起盈亏平衡点移动的方法来分析其不确定性。这样可以确定选煤厂在某一生产力水平时的盈利情况。

(2) 敏感性分析

敏感性分析也称敏感度分析或灵敏度分析，用于研究对选煤厂经济评价起作用的各个因素(如固定资产投资、生产成本、产品的销售价格等)发生变化时，选煤厂的经济效益(财务内部收益率、投资回收期等)如何相应地发生变化。敏感性的强弱，是指经济效益指标对其影响因素的敏感程度。如果某种影响因素有较小的波动，就会使经济效益指标发生较大的变化，则说明该指标对这种因素敏感性强。

通过敏感性分析，可以掌握每个因素的变化与经济效益的关系，了解相互变化的规律和数量关系，找出影响选煤厂经济效益的有利因素和不利因素，特别是最关键的影响因素，为决策者和经营者提供科学依据。

影响选煤厂经济效益的因素有很多，一般来说，凡是被认为关键性的因素，都应该对其进行敏感性分析。所谓关键性因素，是指具有高度不确定性，而且它一发生变化，就会引起经济效益指标较大变化的因素。分析时往往更侧重对不利因素及其影响程度的分析。

(3) 风险分析

敏感性分析对不确定性因素造成的风险难以作出定量的分析，对风险的定量分析有赖于不确定性因素的概率分析，即风险分析。风险分析可以定量地预测投资方案在经济效益方面成功或失败的可能性，或者是在多个方案选择比较中，确定一个概率估计方案被采用的可能性。

风险分析实际上也是一种决策方法，属于这类决策方法的有优势准则、热望水平准则、最可能前景准则和期望值准则等。一般来说，方案的确定与实现和具体条件的概率有关，所以都存在着一定程度的风险。

第11章　选煤厂设计的相关知识

11.1　土建基本知识

工艺设计人员在进行工艺布置时,必须考虑建筑物、构筑物的构造、结构和性能,如厂房的柱、主次梁、楼板、楼梯及电梯、门窗、提升孔、安装门、检修梁、设备的基础及吊挂支撑,构筑物的位置、结构形式,构筑物附属机电设备的安装等。

11.1.1　建筑物的分类

11.1.1.1　按使用性质分

(1) 民用建筑

民用建筑指的是供人们工作、学习、生活、居住等使用的建筑物。

(2) 工业建筑

工业建筑指的是各类生产用建筑和为生产服务的附属建筑。这类建筑包括单层工业厂房、多层工业厂房和层次混合的工业厂房等。

11.1.1.2　按结构类型分

结构类型是根据承重构件的选用材料与制作方式、传力方法的不同进行划分的,一般分为以下几种:

(1) 砌体结构

砌体结构的竖向承重构件是采用黏土实心砖、黏土多孔砖或承重钢筋混凝土小砌块砌筑的墙体,水平承重构件为钢筋混凝土楼板及屋顶板,该结构一般用于多层建筑中。

(2) 框架结构

框架结构的承重部分是由钢筋混凝土或钢材制作的梁、板、柱形成的骨架,墙体只起围护和分隔作用,这种结构一般用于多层或高层建筑以及多层工业厂房中。

(3) 钢筋混凝土板墙结构

钢筋混凝土板墙结构的竖向承重构件和水平承重构件均采用钢筋混凝土制作,施工时可以现场浇注或在工厂预制,现场吊装,这种结构可以用于多层和高层建筑中。

(4) 特种结构

特种结构又称为空间结构,它包括悬索、网架、拱、壳体等结构形式,多用于大跨度的公共建筑中。

11.1.1.3　按施工方法分

施工方法是指建筑房屋所采用的方法,分为以下几类:

(1) 现浇、现砌式

这种施工方法是指主要构件均在施工现场浇注或砌筑,如钢筋混凝土构件、砖墙等。

(2) 预制、装配式

这种施工方法是指主要构件在加工厂预制，在施工现场进行装配。

(3) 部分现浇现砌、部分装配式

这种施工方法是一部分构件在现场浇注或砌筑(大多为竖向构件)，一部分构件预制吊装(大多为水平构件)。

11.1.2 建筑模数及建筑标准化

为了使建筑制品、建筑构配件及其组合件实现工业化大规模生产，使不同形式和不同制造方法的建筑构配件、组合件符合模数并具有较强的通用性和互换性，采用建筑统一模数制作为设计、施工、构件制作、科研的尺寸依据。建筑模数协调统一标准包括基本模数、扩大模数和分模数。基本模数 $M=100$ mm，扩大模数按 $3M$、$6M$、$12M$、$15M$、$30M$、$60M$ 取用，用于竖向尺寸的扩大模数仅为 $3M$ 和 $6M$ 两个。分模数为基本模数的分数倍，为了满足细小尺寸的需要，分模数按 $\frac{1}{2}M$(50 mm)、$\frac{1}{5}M$(20 mm)、$\frac{1}{10}M$(10 mm)取用。

建筑标准化包括标准构件与标准配件、标准设计和标准工业化建筑体系。标准构件是房屋的受力构件，如楼板、梁、楼梯等；标准配件是房屋的非受力构件，如门窗、装修做法等。

11.1.3 建筑物的构造组成

建筑物的种类很多，无论是民用建筑还是工业建筑，其基本组成部分都包括基础、柱、梁、墙体、楼板、楼梯(电梯)、门窗、屋顶等(见图 11-1)。

选煤厂厂房中布置有各种机电设备，厂房不仅要承受设备的静载荷，而且还要承受设备工作时的动载荷，如振动筛、离心机、破碎机等设备在工作时都会产生强烈的振动，要求厂房要牢固，因此，选煤厂的生产厂房一般都采用整体现浇钢筋混凝土框架结构，也有部分选煤厂的厂房采用钢结构。

11.1.4 基础与地基

基础是建筑物地面以下的承重构件。基础承受建筑物上部构件传下来的载荷，并把这些载荷连同本身的自重一起传给地基。地基是承受由基础传下来的载荷的土层，地基承受建筑物载荷而产生的应力和应变随着土层深度的增加而减小，在达到一定深度以后就可以忽略不计。直接承受建筑物载荷的土层称为持力层，持力层以下的土层为下卧层。基础的结构尺寸根据载荷的大小经计算确定。基础与地基的关系见图 11-2。

11.1.4.1 柱和柱基础

柱是厂房的主要承重部件。厂房中的载荷通过梁传给柱，再通过柱传给基础，由基础传给地基。柱的断面形状多为方形或矩形，因为下部承受的载荷大，所以柱的断面尺寸一般基部大而顶部小，具体尺寸根据载荷大小经计算确定。一般情况下，选煤厂主厂房内柱的断面尺寸为：宽 500～800 mm，长 600～1 200 mm。

柱基础是厂房结构的重要组成部分，承受着整个厂房的全部载荷。柱基础的结构形式很多，采用哪种结构形式的柱基础，应该根据载荷大小和工程地质条件确定。基础的结构形

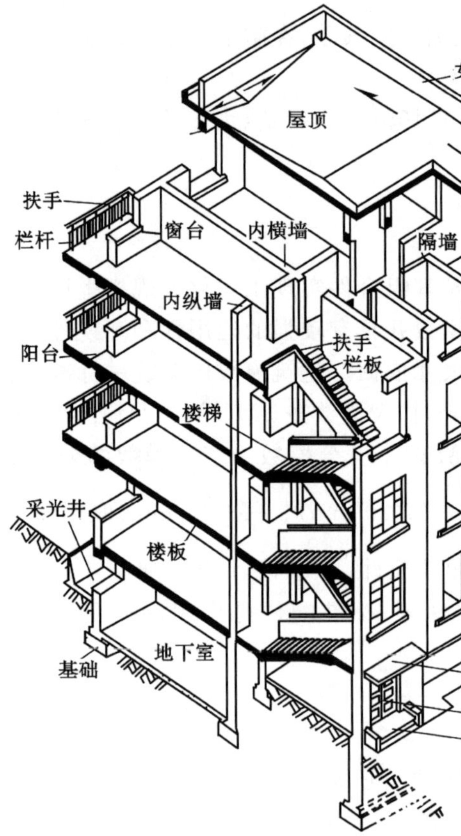

图 11-1 建筑物的构造组成

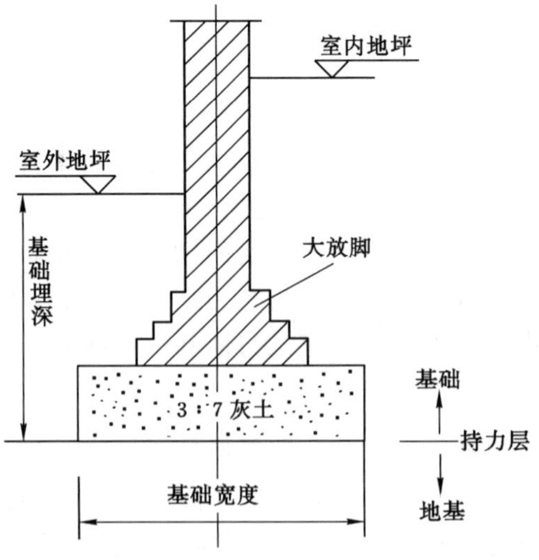

图 11-2 基础与地基的关系

式见图 11-3。

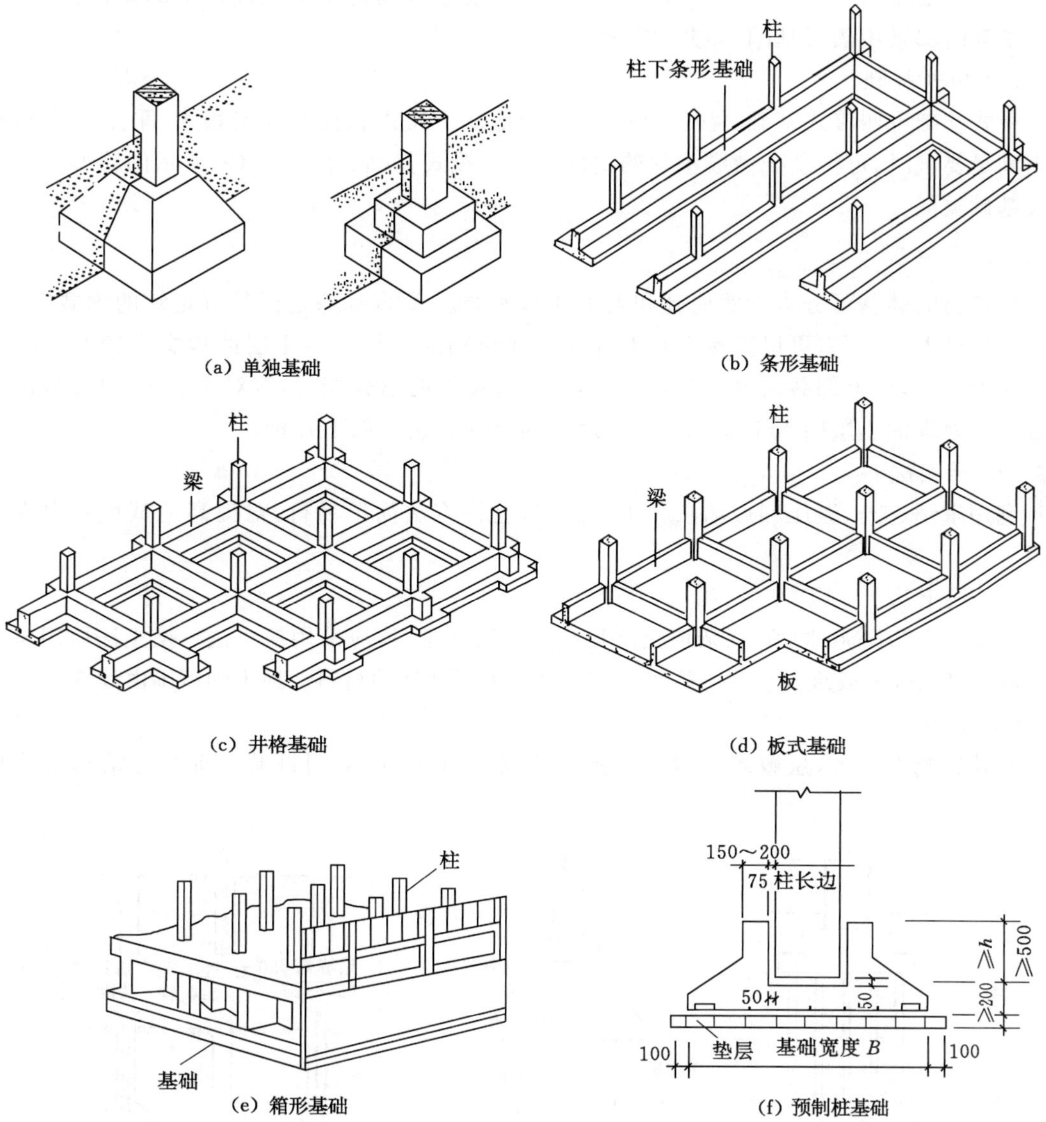

图 11-3　基础的结构形式

(1) 单独基础

单独基础见图 11-3(a)。每根柱下独立设置一个基础,这种基础与地基的接触面积小,受力集中,所以地基承载力大时适合采用此基础。

(2) 条形基础

条形基础见图 11-3(b)。沿着厂房的纵向或横向将各柱下的基础用钢筋混凝土单向联合起来,做成柱下钢筋混凝土条形基础。这种基础与地基的接触面积比单独基础大,地基承载力较小时适合采用此基础。图 11-3(f)所示的预制桩基础与条形基础类似。

(3) 井格基础

井格基础见图 11-3(c)。如果地基土质更软,条形基础也无法保证厂房的整体性时,可将纵横双向都采用条形基础,即井格基础。

(4) 板式基础

板式基础也叫筏式基础,见图 11-3(d)。当地基土质很软而载荷又很大,采用井格基础仍不满足要求时,可将基础做成整片的钢筋混凝土筏式基础。图 11-3(e)所示的箱形基础与筏式基础类似。

11.1.4.2　地基

建筑物的地基可分为天然地基和人工地基两类。天然地基是指具有足够的承载能力,不需要经过人工加固,可以直接在其上部建造建筑物的土层。当土层的承载力较差或虽然土层质地较好,但上部载荷过大时,为使地基具有足够的承载能力,应对土层进行加固,这种经过人工处理的土层叫人工地基。人工地基的处理方法有如下几种。

(1) 压实法

利用重锤(夯)、碾压和振动法将土层压实,这种方法简单易行,对提高地基承载力收效较大。

(2) 换土法

当地基土为淤泥、冲填土、杂填土及其他高压缩性土时,应采用换土法。换土法所用材料为中砂、粗砂、碎石或级配石等空隙大、压缩性低、无侵蚀性的材料。换土的范围由计算确定。

(3) 桩基

在建筑物载荷大、层数多、高度高、地基土又松软时,可采用桩基。桩基的结构形式见图 11-4。

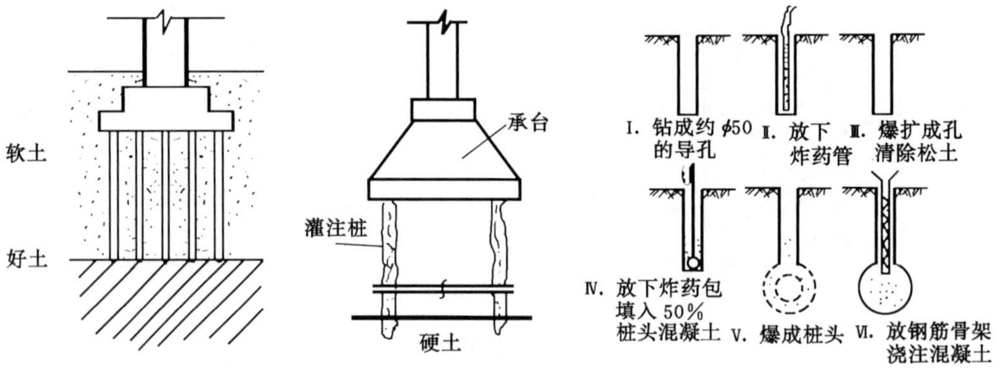

图 11-4　桩基的结构形式

① 支撑桩

支撑桩也叫柱桩,见图 11-4(a)。这种桩为钢筋混凝土预制桩,借助打桩机打入土中。桩的长度视需要而定,一般在 6～12 m 之间,桩端应有桩靴,保证支撑桩能顺利地打入土层中。

② 钻孔桩

钻孔桩也叫灌注桩,见图 11-4(b)。这种桩是先利用钻孔机钻孔,然后放入钢筋骨架,最后浇注混凝土而成的。钻孔直径一般为 300～500 mm,桩长不超过 12 m。钻孔桩内也可填砂石、碎石等。

③ 爆扩桩

爆扩桩见图 11-4(c)。这种桩由钻孔、引爆、浇注混凝土而成。引爆的作用是将桩端扩大,以提高承载力。

④ 振动桩

这种桩是先利用打桩机把钢管打入地下,然后将钢管取出,最后放入钢筋骨架并浇注混凝土而成的。其直径、桩长与钻孔桩相同。

采用桩基时,应在桩顶加设承台梁或承台板,以承托基础。

11.1.4.3　基础与地基的特殊处理

为了防止建筑物特别是比较长或比较宽的建筑物出现不均匀沉降,在设计时,应对地基进行一些特殊处理,处理的方法有以下几种。

(1) 做刚性墙基础

采用一定高度和厚度的钢筋混凝土墙与基础共同作用,能均匀地传递载荷,调整不均匀沉降。

(2) 加设基础圈梁

在条形基础的上部设置连续的、封闭的圈梁,可以保证建筑物的整体性,防止不均匀下沉。

(3) 设置沉降缝

凡属下列情况者均应设置沉降缝:当建筑物布置在不同地基土壤上时;当同体建筑物的相邻部分高度相差两层以上或部分高差超过 10 m 时;当建筑物的基础底部压力差别很大时;原有建筑物和扩建新建筑物之间;当相邻的基础宽度和埋深相差悬殊时;当在平面形状较复杂的建筑物中分几部分建筑时。框架承重基础沉降缝见图 11-5。

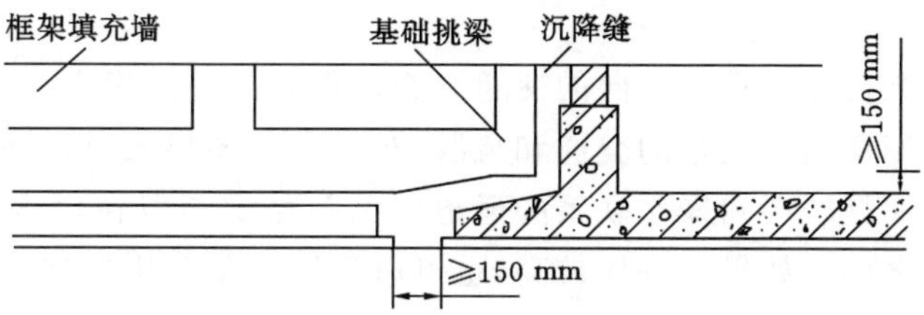

图 11-5　框架承重基础沉降缝

11.1.5　梁与楼板

选煤厂的厂房大多采用整体刚性好的现浇钢筋混凝土梁板结构。钢筋混凝土梁板楼层由主梁、次梁、楼板组成,见图 11-6。

主梁是连接柱与柱之间的梁,主梁的两端直接支撑在柱子上。主梁的长度就是柱间距,即跨度。常用的主梁跨度为 6 m、6.5 m、7 m、7.5 m,有特殊需要时可以采用 8 m 或 8.5 m,主梁的高度为跨度的 1/14～1/8,主梁宽度为高度的 1/3～1/2。

次梁是连接梁与梁之间的梁,次梁的两端支撑在两根主梁上,次梁的高度为跨度的 1/16～1/12,宽度为高度的 1/3～1/2。厂房中的次梁可根据设备布置情况设置,一般设备

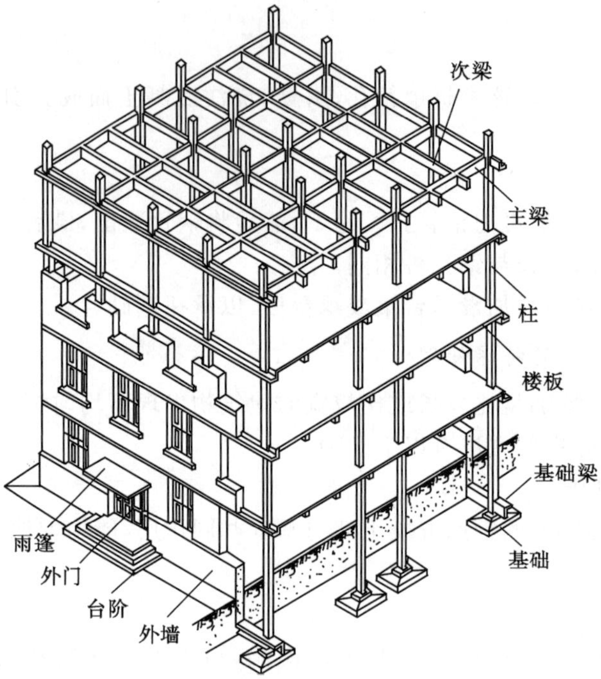

图 11-6 整体框架结构

的载荷由次梁承载，通过次梁传给主梁，再由主梁传给柱。

为了保证厂房的整体刚性，厂房中的楼板采用钢筋混凝土结构，与梁、柱一起整体浇注，楼板不承重，厚度一般为 100 mm，厂房中的设备不能直接安装在楼板上。

11.1.6 楼梯与电梯

楼梯是多层建筑楼层间垂直方向的交通设施。选煤厂主厂房中，一般有主楼梯、辅助楼梯和检修通道。主楼梯用于正常的交通和疏散，布置在主要出入口，并常与提升孔布置在同一跨间内。辅助楼梯是楼层间操作联系的通道。消防楼梯布置在厂房外面并通向楼顶，以便救火和疏散人员之用。如果厂房比较高，也可以设置人货两用电梯，小型设备及配件用电梯提运，大型设备用提升孔提升。楼梯的组成见图 11-7，电梯的组成见图 11-8。

楼梯的宽度应满足使用要求，选煤厂的主要楼梯宽度一般为 1.2～2.0 m，辅助楼梯宽度为 0.8 m 左右，休息平台的宽度应不小于楼梯段宽度。主楼梯的坡度一般为 26°～35°，辅助楼梯的坡度一般在 45°～60°之内。楼梯每一个踏步的高度通常为 150～180 mm，相应的宽度为 250～300 mm。保护栏杆扶手高度一般为 900 mm。

11.1.7 建筑施工

11.1.7.1 *施工方法*

建筑施工方法很多，根据建筑物及构筑物的不同，可采用不同的施工方法。

(1) 大模板施工

施工时采用工具式大模板现场浇注钢筋混凝土，大模建筑的模板多采用钢材制作，有平

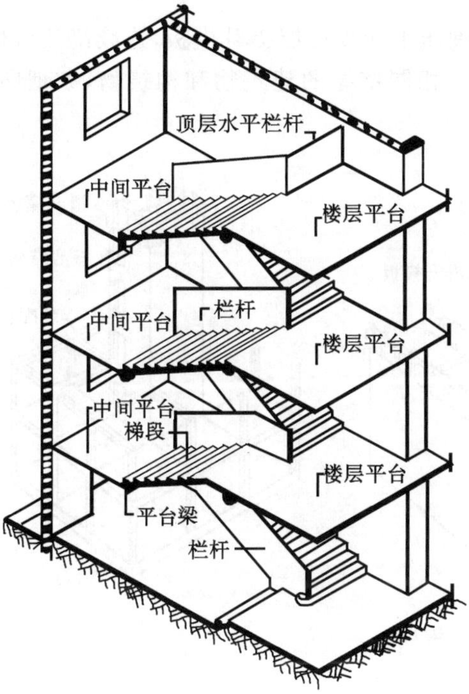

图 11-7　楼梯的组成

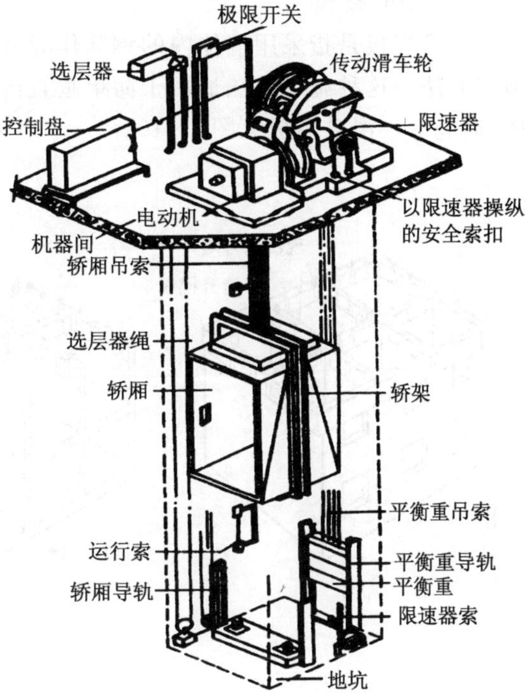

图 11-8　电梯的组成

模、筒模等多种类型。一般面积比较大的钢筋混凝土板墙采用此方法。

(2) 台模施工

台模也叫作“飞模”，一般与大模共同使用。它是在采用大模板浇注的墙体达到一定强度时，拆去大模，放入台模，在台模上放置楼板钢筋网，再浇注楼板。台模施工见图 11-9。

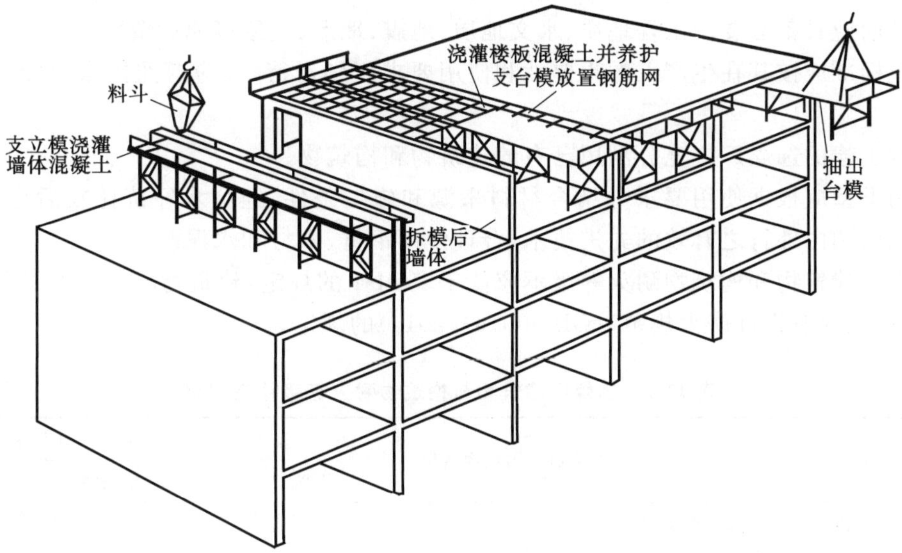

图 11-9　台模施工

（3）滑升模板

滑升模板是指采用墙体内的钢筋作导杆，用油压千斤顶逐层提升模板，连续浇注墙体的施工方法。这种施工方法适用于简单垂直体、上下相同壁厚的建筑物和构筑物，如烟囱、水塔、筒仓等。滑升模板见图 11-10。

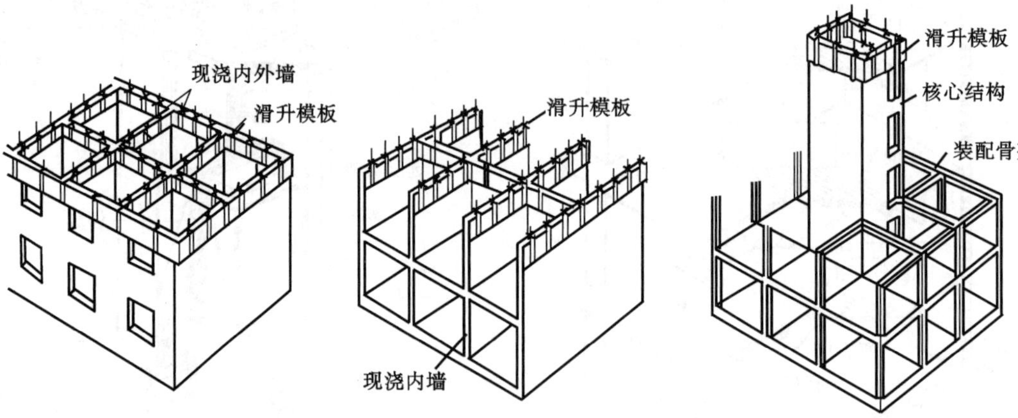

图 11-10　滑升模板

11.1.7.2　选煤厂厂房施工

选煤厂的厂房属于多层纵横相交的全框架结构整体现浇工业厂房，施工比较复杂。新建厂房，一般情况下，土建工程和大型设备安装同时进行，如跳汰机、大型振动筛等设备，当其安装基础完成后，就进行设备吊装，然后继续进行上部的土建工程。

11.1.8　选煤厂建筑物及构筑物设计的相关规定

建筑设计必须全面贯彻适用、安全、经济、美观的方针。

设计前应具备必要的工程地质、水文地质、地震、地形、气象等原始资料。

建筑标准应按其在生产上的重要性和使用要求区别对待，并应遵照国家及相关部门的规定。

对改扩建的选煤厂应充分利用已有的建筑物和构筑物。

结构类型应根据使用要求并结合材料来源和施工条件，经技术经济比较后合理选择。应积极选用国内外行之有效的先进技术，合理使用钢材、木材和水泥。

选煤厂建筑物和构筑物耐火等级不应低于表 11-1 的规定，建筑物与构筑物的其他防火要求应符合《建筑设计防火规范》(GB 50016—2014)的规定。

表 11-1　选煤厂建筑物与构筑物耐火等级补充规定

生产类别	建筑物与构筑物名称	耐火等级	
		大、中型厂	小型厂
甲	汽油库、油脂库、水泵房	二	三
	蓄电池充电间	二	三
乙	浮选药剂站	二	三

表 11-1(续)

生产类别	建筑物与构筑物名称	耐火等级	
		大、中型厂	小型厂
丙	原煤暗道、受煤坑、浮选车间	二	二
	煤仓、装车仓、准备车间、原煤输送机栈桥、卸煤栈桥、转载点、半地下式煤仓、储煤厂及受煤坑	二	二
	材料库(综合材料)	三	三
丁	锅炉房、干燥车间	二	二
	煤样化验室	三	三
	汽车库、消防车库	三	四
戊	消防泵房	二	二
	主厂房、压滤车间、浓缩车间、选后产品输送机栈桥	二	二
	水塔	三	三
	空气压缩机房、办公室、浴室	三	四
	人行走廊、水源、水处理建筑物	三	三

注:凡本表中未列出的厂房、库房、民用建筑均按《建筑设计防火规范》确定其类别、耐火等级及其他防火要求。

选煤厂建筑物与构筑物楼面均布活载荷的标准值及其准永久值系数可按表 11-2 规定设计。

表 11-2　选煤厂建筑物与构筑物楼面均布活载荷的标准值及其准永久值系数

类　别		标准值/(kN/m²)	准永久值系数 Φ_q	备　注
标准轨距翻车机房	±0.00 楼面	10	0.85	
	翻车机楼层	10	0.85	
	其他部分	5	0.7	
窄轨翻车机房楼层		5	0.85	
矿车栈桥		5	0.8	
带式输送机栈桥、卸煤栈桥	带宽 $B \geqslant 1\ 000$ mm	2.5	0.8	包括设备及煤重,不包括头尾轮传动和拉紧装置
	带宽 $B < 1\ 000$ mm	3	0.8	
链板输送机栈桥	17 型、20 型 B	2.5	0.8	
	40 型、75 型	3.5	0.8	
标准轨距受煤坑	±0.00 楼面	10	0.85	
	其他部分	4	0.7	
选矸楼、筛分楼煤仓、装车煤仓、原煤仓、装车点、转载点、斗子提升机房、准备车间		4.5	0.8	
装车添煤平台		4.5	0.8	
主厂房、浮选车间、干燥车间		5	0.7	布置重介质分选机和其他检修场地楼面均布活载荷标准值取 10 kN/m²
装车操作平台、其他无设备操作平台		2	0.6	

表 11-2(续)

类　　别		标准值 /(kN/m²)	准永久值系数 Φ_q	备　　注
挡土墙地道顶板上的地面载荷		10	0.8	当有车辆通行或有堆煤时,应按实际载荷计
浴室、更衣室		3	0.6	包括走廊、门厅、厕所、浴室。其中如有大池,按实际载荷取
材料库		5	0.85	当存放载荷较大时,按实际载荷取
变电所		4	0.8	
锅炉房	锅炉平台	3	0.8	
	附属间	4	0.7	
	休息室、浴室	2.5	0.6	

注:① 安装孔附近楼板均布活载荷标准值取 10 kN/m²。安装孔周围小梁,在梁的跨中还应验算本层起吊设备的最大部件重力。

② 表格备注栏中未注明的设备自重、物料和冲击载荷均未包括在表内。

主要厂房、栈桥、室内通道最小宽度按第 8 章的规定设计。

建筑物安全出口的设置在现行的《建筑设计防火规范》基础上,作如下规定:

(1) 当生产系统厂房每层面积不超过 400 m²,且同一时间的生产作业人数不超过 15 人,总生产作业人数不超过 30 人时,可设一个安全出口,楼梯不封闭。

(2) 生产系统的井塔、转运站,当每层生产作业人数不超过 3 人,且总生产作业人数不超过 10 人时,可用宽度不小于 800 mm、坡度不大于 60°的金属工作梯兼作疏散梯用。煤仓的结构类型应根据选煤厂服务年限、工艺要求、工程地质和施工条件等并经技术经济比较后确定。

(3) 当煤仓的容量较大时,宜采用钢筋混凝土圆筒仓;煤的品种或分级较多的煤仓可采用钢筋混凝土方形仓;有地形可以利用且地基适宜的,可采用滑坡式煤仓;当地基良好、工艺允许时,宜建高仓。

(4) 楼板上的配煤孔洞应加防护栏杆、箅子或活动盖板。严寒地区的煤仓应考虑防冻措施,室外楼梯宜设围护结构。跨线仓或滑坡仓应考虑地基沉陷对铁路建筑限界的影响。

(5) 选煤厂厂房宜采用钢筋混凝土框架结构,大中型选煤厂的厂房应设置楼梯间,经常有人的楼层应设厕所。年产 1.2 Mt 及以上的选煤厂宜设客、货两用电梯。

(6) 对承受动载荷的结构应进行动力学计算,但有充分根据时,可将重物或设备的载荷乘以动力系数后按静力计算。

(7) 真空泵、大型带式输送机机头等根据结构布置情况增加支撑结构的刚度。

(8) 厂房各楼面的洞孔应沿洞孔周边设凸台或采取其他措施防止废水、煤渣流入下层。

(9) 干燥车间与其他车间联合建筑时,应设防火隔断。

(10) 集中控制室的地面应采用不易起尘、防静电的材料,控制室的门、窗应为双层隔音窗和密闭门。对厂房内噪声较大的机电设备,如鼓风机等,应采取隔、消音措施。

(11) 选煤厂的浮选车间应有良好的通风措施。

(12) 标准轨距翻车机房及受煤坑应采用钢筋混凝土结构,窄轨翻车机房及浅受煤槽宜采用砌体或混凝土结构,受煤坑应设置顶盖并满足机车通过的要求,受煤坑地面两侧的围护高度宜高出地面 1.2～1.5 m，严寒地区当煤的含水量较大时，受煤坑应有保温措施。

(13) 受煤坑的地下建筑应有通风、除尘和排水措施。受煤坑或翻车机房应设工人休息室。

(14) 高架式浓缩池应采用钢筋混凝土结构，落地式浓缩池可根据具体条件采用钢筋混凝土、混凝土或砌体结构。当浓缩池直径为 30 m 及以上且温差较大时，池体应考虑温度应力或设温度缝。

(15) 煤泥沉淀池与事故池，当池壁高度大于 3 m 或地下水位较高时，宜采用钢筋混凝土结构，对浅池可采用混凝土结构或砌体结构。

(16) 煤泥沉淀池及事故池应有环境保护措施，当采用抓斗清理煤泥池时，池底应有抗冲击措施。

(17) 栈桥支撑结构高度在 10 m 及以下时，可采用砌体结构；高度在 10 m 以上时宜采用钢筋混凝土结构。

(18) 栈桥的跨间宜采用钢筋混凝土结构，当低端支架高度在 20 m 及以上且跨度在 24 m 及以上或有特殊需要时可采用钢结构。

(19) 栈桥的上部建筑，当条件允许时，可采用敞开式或半敞开式。

(20) 栈桥的支撑结构一般避免埋入煤中，如果受条件限制，必须埋入煤中时，其支撑结构不宜采用框架。栈桥、地道垂直斜面的净高不小于 2.2 m，当为拱形结构时，其拱脚高度不小于 1.8 m。

(21) 人行道和检修通道的坡度在 5°以上时，应设防滑条；在 8°以上时，应设踏步。

(22) 长栈桥、地道中部应设置入口，其间距以 100～150 m 为宜；地道设计应妥善解决通风、排水和防火等问题。

11.2　溜槽及生产管道

11.2.1　溜槽

溜槽在选煤厂中使用极为广泛。溜槽是生产设备之间、生产设备与输送设备之间以及输送设备与输送设备之间相连接的重要设备，是一种不需要动力的设备。溜槽所起的作用包括运输、密封、分配、集中、等分以及调节工艺流程。

11.2.1.1　溜槽的断面

溜槽的断面形状一般有方形、矩形、U 形、半圆形等，根据具体情况确定采用哪一种断面形状的溜槽。矩形断面溜槽常用于倾斜段，方形断面溜槽一般用于垂直段，U 形断面溜槽常用于敞口式溜槽，而半圆形断面溜槽则可用于封闭式溜槽。

溜槽断面尺寸的确定主要取决于输送物料的种类、输送量和性质。矩形溜槽的高度应大于或等于物料最大粒度的 1.5 倍，物料中最大粒度的量不能超过总量的 10%。矩形断面溜槽允许通过量和最大通过粒度见表 11-3。有些溜槽的封闭段需要设置观察孔或活动盖板。磨损严重的溜槽，内部可以加衬耐磨材料。溜槽的断面积可用式(11-1)进行计算：

$$A = \frac{Q}{3\ 600\varphi v\gamma} \tag{11-1}$$

式中 A——溜槽的断面积，m^2；

Q——输送的物料量，t/h；

φ——装满系数，断面大时取大值，煤 $\varphi=0.3\sim0.4$，矸石 $\varphi=0.2\sim0.3$；

v——物料平均流速，m/s，见表 11-4；

γ——输送物料的堆密度，t/m^3，见表 11-4。

表 11-3　矩形断面溜槽允许通过量和最大通过粒度

溜槽断面宽度 B/mm		400	500	600	700	800	1 000	1 200
溜槽断面高度 h/mm		350	350	400	500	600	700	800
允许最大通过粒度 D/mm		100	150	200	300	300	300	300
输送量/(t/h)	≥13 mm 各种分级煤	95	120	165	240	440	570	880
	原煤和精煤	200	255	350	505	940	1 360	1 870
	中煤和煤泥	295	370	500	735	1 340		
	矸石	120	150	200	300	620	900	1 240

表 11-4　物料的流速与堆密度

物 料 名 称	≥13 mm 分级煤	原 煤	中 煤	精 煤	矸 石	煤 泥
堆密度 γ/(t/m^3)	0.8～0.85	0.85～1.0	1.2～1.4	0.8～0.9	1.6	1.2～1.3
平均流速 v/(m/s)	0.75	1.5	1.5	1.5	0.75	1.5

11.2.1.2　溜槽的倾角

各种物料的粒度组成、水分、密度等性质不同，溜槽的底部衬板材料不同，物料的流动性及物料与溜槽间的摩擦力不同，在设计溜槽时应根据物料的特性选择合适的倾角。常用的溜槽倾角见表 11-5 和表 11-6。

表 11-5　溜槽倾角参考数值

烟煤和褐煤			无　烟　煤			
粒级/mm	溜槽的倾角/(°)		粒级/mm	溜槽的倾角/(°)		
	煤的水分			煤的水分		
	＜7%	≥7%		＜4%	4%～＜7%	≥7%
≥100	30～35	30～35	≥100	20～23	20～23	20～23
≥50	32～37	32～37	50～＜100	22～25	25～27	27～30
原煤	40～45	45～50	25～＜50	23～28	28～32	32～35
0～100	44～47	47～52	13～＜25	25～30	30～33	33～37
0～50	45～50	50～53	原煤	25～30	30～35	35～40
0～13	50～55	55～60	0～100	32～36	35～40	40～45
0～3	60～65	65～70	0～50	33～36	36～41	41～46
0～1	65～70	70～75	0～25	34～37	37～42	42～47
浮选精煤		75～90	0～13	35～38	38～43	43～48

表 11-6　中煤、煤泥和矸石溜槽倾角

输送物料名称	粒级/mm	溜槽的倾角/(°)	输送物料名称	粒级/mm	溜槽的倾角/(°)
洗中煤	13～50	37～40	洗矸石	13～50	38～40
	0～13	50～60		0～13	50～40
	0～50	48～52		0～50	48～52
粗粒煤泥	≥0.5	65～75		≥100	30
细粒煤泥	0～0.5	75～90	手选矸石	≥50	30～35

在设计溜槽时应该注意，筛下溜槽倾角应比一般溜槽倾角加大 5°；水分较大时，对于以零为下限的含粉煤溜槽倾角宜大不宜小；如果块煤的含量远小于粉煤的含量，溜槽的倾角应按相近的粉煤粒级选取。

11.2.1.3　溜槽的衬板

溜槽衬板常用的材料有铸石、瓷砖和钢板。铸石和瓷砖的耐冲击能力差，不宜用在受冲击较大的部位。由于铸石的制造工艺简单、取材方便、成本低、耐磨损、使用寿命长，所以应用较多。

11.2.1.4　溜槽的布置

布置溜槽时应遵循下列原则：

(1) 溜槽要布置得尽可能短；

(2) 溜槽的形状应力求简单，少拐弯，收口要缓慢，空间角度要大于或等于溜槽所要求的角度；

(3) 溜槽的排料状况应符合受料设备的性能要求，避免偏载或受料不均；

(4) 溜槽出现大的拐折时，对于大粒度分级煤和手选矸石，在拐折处应该用螺旋段连接；

(5) 应尽量避免输送物料垂直下落，如果避免不了，要尽量减小垂直落差；

(6) 溜槽穿过人行道时，应有不小于 2 m 的净高；

(7) 应注意溜槽本身和邻近设备的安装和检修方便。

11.2.1.5　常用的溜槽节段

(1) 带式输送机机头溜槽

带式输送机机头溜槽的结构形式见图 11-11。图中的几何尺寸是根据头轮落煤轨迹经计算确定的。设计机头溜槽时也可查手册获得几何尺寸。

(2) 斗式提升机头部溜槽

斗式提升机头部溜槽的结构形式见图 11-12。图中的几何尺寸可查手册获得。

(3) 溜槽的螺旋节段

在布置工艺设备时，经常会出现物料给入下一输送设备时，因高差较大而产生冲击及厂房噪声很大，同时加剧溜槽和输送设备的磨损的情况，落差过大也会使输送的物料产生破碎和泥化现象。因此，在布置溜槽时常采用螺旋段溜槽或通过改变溜槽倾角进行缓冲。

当溜槽出现大的拐折时，在溜槽的拐折处也常采用螺旋段连接，这样可以减轻拐折处的磨损和减少噪声。

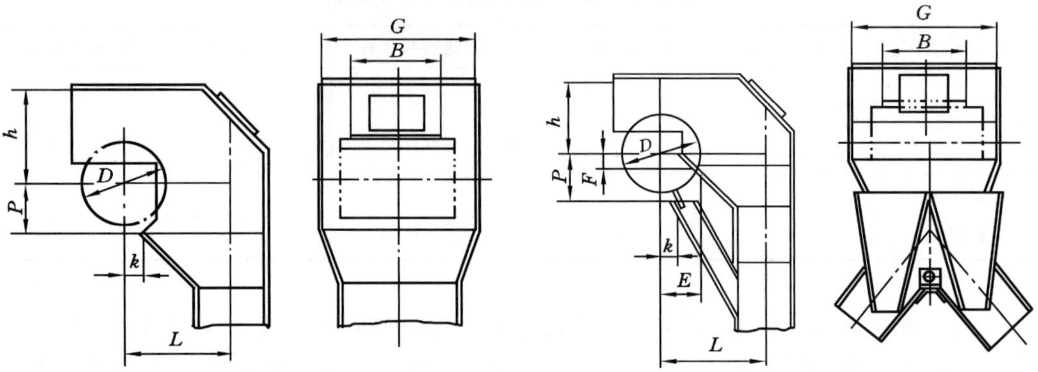

(a) 整体下料形式　　(b) 等分下料形式

图 11-11　带式输送机机头溜槽

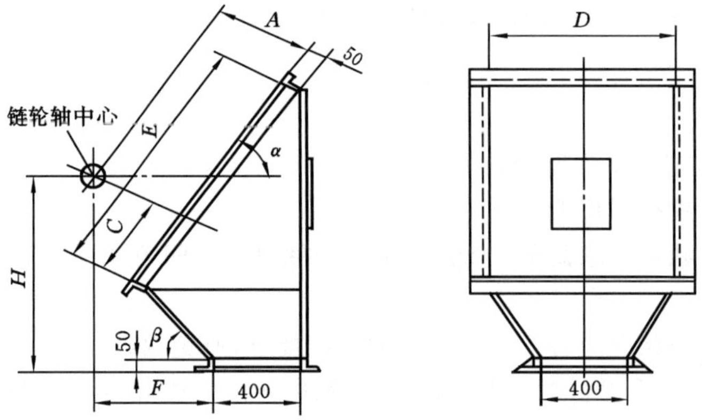

图 11-12　斗式提升机头部溜槽

螺旋溜槽在动力煤和分级煤的运输和装仓时使用较多，主要是防止块煤跌落破碎。螺旋溜槽的给料应沿着螺旋溜槽的切线方向给入。溜槽的螺旋节段的形式见图 11-13。图中的几何尺寸可通过查手册获得。

(4) 溜槽的分岔和拐折

工艺上经常需要改变物料的流向、分配物料等，所以在溜槽输送中往往设有分岔和拐折。根据工艺上的需要不同，选用的分岔和拐折形式也不同，常用的形式见图 11-14，图中的几何尺寸可通过查手册获得。

11.2.1.6　水运溜槽

水运溜槽在选煤厂中主要用于跳汰机的溢流、中煤再选给料及煤泥水的输送等。

当输送大颗粒、含水量少的物料时，其倾角与冲水量有关。一般情况下，尽量将溜槽的倾角选得大一些，以减少冲水量。

当水运溜槽运送煤泥水时，溜槽的坡度应根据矿浆流量、矿浆浓度、颗粒粒度、颗粒密度等因素来确定。

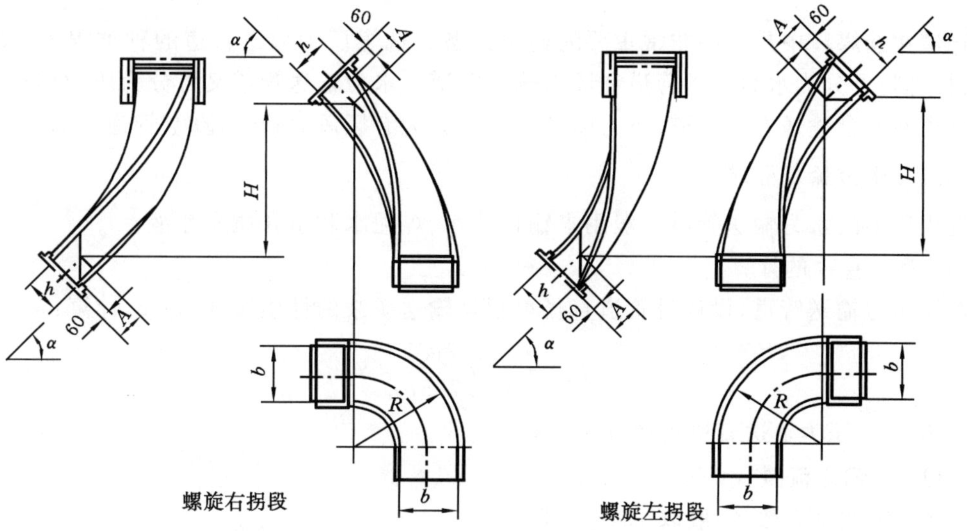

图 11-13　溜槽的螺旋节段

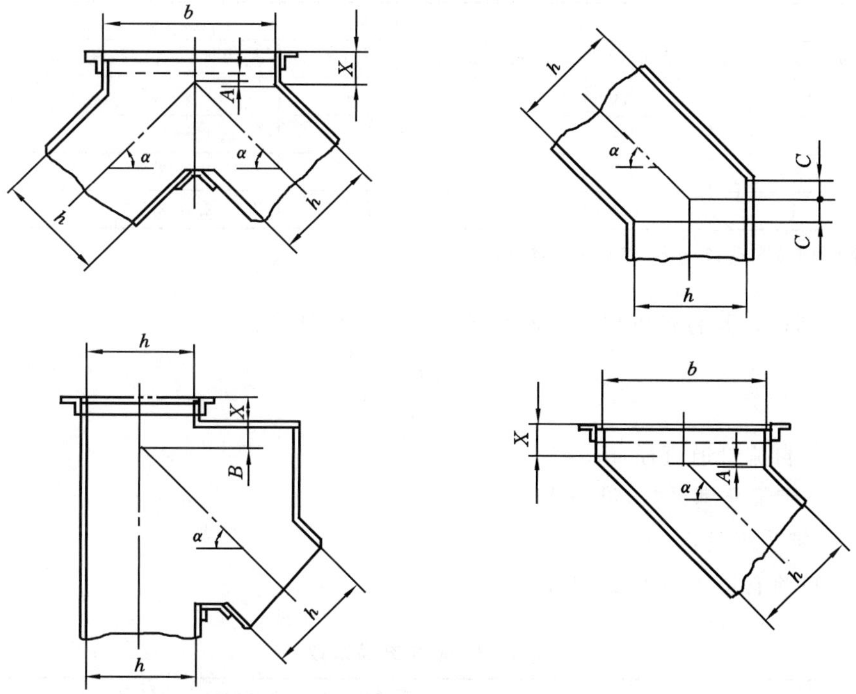

图 11-14　溜槽的分岔和拐折

11.2.2 生产管道

管道在选煤厂中是一种非常重要的输送设备。选煤厂中输送管道的种类很多，按输送的物料不同，可分为水力输送管道和风力输送管道。水力输送管道又可分为压力输送管道、自流管道和混合输送方式管道；风力输送管道可分为有压风力管道、真空管道和通风管道。

11.2.2.1 水力输送管道

选煤厂中的水力输送管道一般用来输送清水、煤泥水和重介质悬浮液。

(1) 管道直径的计算

对于压力输送管道，设计时管道直径可根据输送矿浆的性质按式(11-2)计算：

$$d_{压} = \sqrt{\frac{QK}{0.785 v_{KP}}} \tag{11-2}$$

式中 $d_{压}$——压力输送管道直径，m；

Q——输送流量，m^3/s；

K——波动系数，一般取 1.1～1.2；

v_{KP}——矿浆临界流速，m/s。

矿浆临界流速是指为了避免颗粒在输送管道内发生沉淀而允许的矿浆最小流速，见表 11-7。

表 11-7 压力输送管道内矿浆临界流速

矿浆浓度 /%	v_{KP}/(m/s)				
	$d_{cp}<0.074$ mm	d_{cp}为 0.074～<0.15 mm	d_{cp}为 0.15～<0.4 mm	d_{cp}为 0.4～<1.5 mm	d_{cp}为 1.5～3.0 mm
1～<20	1.0	1.0～1.2	1.2～1.4	1.4～1.6	1.6～2.2
20～<40	1.0～1.2	1.2～1.4	1.4～1.6	1.6～2.1	2.1～2.3
40～<60	1.2～1.4	1.4～1.6	1.6～1.8	1.8～2.2	2.2～2.5
60～80	1.6	1.6～1.8	1.8～2.0	2.0～2.5	—

注：d_{cp}为密度小于或等于 2.70 g/cm^3 的矿石平均粒径。

对于自流管道，其直径可根据经验公式(11-3)进行计算：

$$d_{自} = \left(\frac{K_i Q}{\sqrt{i}}\right)^{\frac{3}{8}} \tag{11-3}$$

式中 $d_{自}$——自流管道直径，m；

K_i——矿浆充满系数，见表 11-8；

Q——矿浆流量，m^3/s；

i——自流管道水力坡度，见表 11-9。

表 11-8 矿浆充满系数

管材类别	粗糙系数 n	管道内液位高度与内径之比(h/D)				
		满管 1	0.95	0.6	0.5	0.4
钢　管	0.012 5	0.040 0	0.037 3	0.059 8	0.084 0	0.119 2
铸 铁 管	0.013	0.041 7	0.038 8	0.062 5	0.083 8	0.125 8
混凝土管	0.015	0.048 0	0.044 8	0.073 4	0.098 5	0.146 2

表 11-9　各种管道水力坡度参考表

序号	名称		煤泥水浓度（固：液）	最小坡度 (°)	最小坡度 i 值
（一）压力管道					
1	清水、澄清水、循环水管等				0.005
2	煤泥水管				0.01～0.015
（二）自流管道（或槽）					
1	循环水溢流管		1：25～1：8	0°35′～1°10′	0.01～0.02
2	弧形筛或固定筛筛下水管			1°10′～1°40′	0.02～0.03
3	精煤脱水筛筛下水管		1：55～1：20	1°40′～2°8′	0.03～0.04
4	煤泥脱水筛筛下水管		1：25～1：8	2°18′～2°50′	0.04～0.05
5	筛网式离心机离心液管		1：3～1：2	4°30′～5°30′	0.08～0.1
6	沉降式离心机离心液管		约 1：3	4°～5°10′	0.07～0.09
7	浓缩机底流	粗粒煤泥水管	1：4～1：1	4°～6°5′	0.07～0.11
		细粒煤泥水管	1：4～1：2	2°50′～4°	0.05～0.07
8	矿浆分配器	排料管	1：4～1：2	2°50′～4°	0.05～0.07
		溢流管	1：55～1：50	1°42′～2°50′	0.03～0.05
		入料管	1：4～1：2	2°50′～4°	0.05～0.07
9	搅拌桶	事故放料管	约 1：2	1°40′～2°18′	0.03～0.04
		溢流管		2°19′～2°50′	0.04～0.05
10	浮选机	入料管	1：6～1：4	2°18′～2°50′	0.04～0.05
		精矿管	1：2～1：1	4°～5°10′	0.07～0.09
		尾矿管（不含黄铁矿）	1：55～1：20	1°40′～2°19′	0.03～0.04
		尾矿管（含黄铁矿）		4°～6°15′	0.07～0.11
		事故放料管		2°18′～2°50′	0.04～0.05
11	过滤机	入料管	1：4～1：2	4°～5°10′	0.07～0.09
		溢流管		4°～5°10′	0.07～0.09
		事故放料管		2°50′～4°	0.03～0.07
12	浮选药剂管			1°40′	0.03
13	室内煤泥水沟（或污水沟）				0.015
14	室外煤泥水沟（或污水沟）				0.015～0.020
（三）重介质悬浮液管道					
1	斜轮分选机放料管			5°10′～6°15′	0.09～0.11
2	磁力脱水槽	溢流管		1°40′～2°50′	0.03～0.04
		底流管		4°～6°15′	0.07～0.11
3	磁选机	精矿管		约 10°12′	约 0.18
		尾矿管		2°50′～4°	0.05～0.07
4	悬浮液	δ=2.00 g/cm³ 介质管		＜10°20′	＞0.18
		δ=1.80 g/cm³ 介质管		8°～10°12′	0.14～0.18
		δ=1.45 g/cm³ 介质管		5°10′～6°	0.09～0.12
		δ=1.10 g/cm³ 介质管		2°18′～2°50′	0.04～0.05
5	介质桶溢流管			2°18′～2°50′	0.03～0.04
6	地板介质回收坡度			1°40′	0.03

(2) 管材的选择

选煤厂常用的管材有无缝钢管、卷焊钢管、铸铁管等。厂内工艺生产管道常用无缝钢管和卷焊钢管。铸铁管常用于地下埋设管道及排污管道。对于直径大于 100 mm 的易磨损管件,最好作内衬耐磨处理。风力输送管道多采用卷焊钢管。

(3) 管道的布置

选煤厂内的管道种类很多,最理想的布置方式是多种管道能并行排列布置在梁下、柱边并走直线。在矿浆管道的汇合处或分流处应顺着矿浆流动方向连接。当管道与电缆平行布置时,管道应布置在电缆的下方。管道应避免穿过变电所、配电室、集中控制室。管道安装后应有防腐措施并进行压力试验。

布置管道时,根据管道的强度和刚度条件,合理布置支架吊架点,一般支架吊架点设在柱边或梁下,管径及负荷较大的横向管道可采用固定式支架。管道与梁、柱的关系见图 11-15 至图 11-17。图中标注的几何尺寸见表 11-10 至表 11-13。

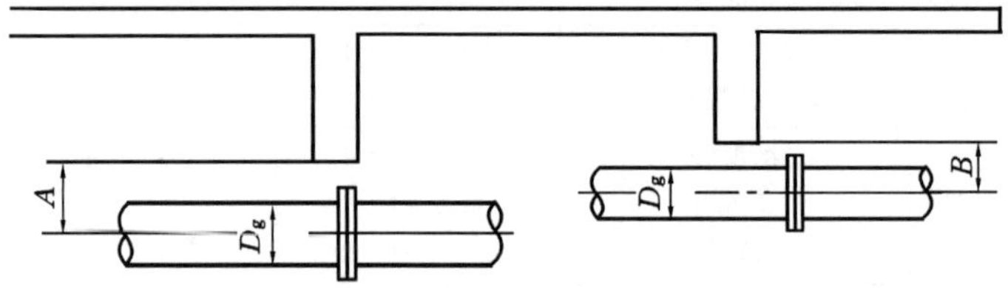

图 11-15　横管与梁的关系

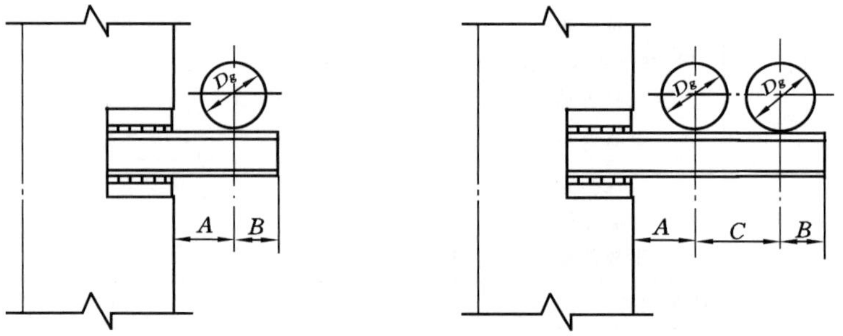

图 11-16　横管与柱的关系

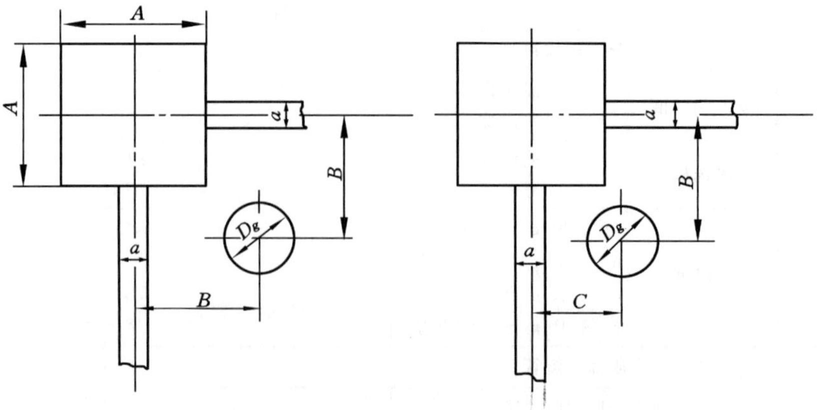

图 11-17　立管与梁、柱的关系

表 11-10 横管与梁的关系尺寸 单位:mm

管径 D_g	100	125	150	200	250	300	350	400	450	500	600	700	800
A 法兰盘在梁下	150	160	170	200	230	260	290	320	350	380	430	490	540
B 法兰盘不在梁下	90	110	120	140	170	200	220	250	270	300	350	400	450

注:表中数据是按不保温管考虑的。

表 11-11 横管与柱的关系尺寸 单位:mm

管径 D_g	50	70	80	100	125	150	200	250	300	350	400	450	500	600	700	800
A	80	90	100	110	120	140	160	190	210	240	260	290	310	360	400	450
B	50	60	60	80	100	110	160	190	220	240	260	290	320	350	400	450
C	150	170	190	210	240	270	320	370	440	480	530	590	650	750	850	960

注:表中数据是按不保温管的双管和钢筋混凝土柱预埋钢板式支架考虑的。

表 11-12 立管与梁、柱的关系尺寸 单位:mm

管径 D_g		100	125	150	200	250	300	350	400	450	500	600	700	800
C		300	320	330	350	380	400	430	450	480	500	550	600	650
B	$A=500$	400	420	430	450	480	500	530	550	580	600	650	700	750
	$A=600$	450	470	480	500	530	550	580	600	630	650	700	750	800
	$A=700$	500	520	530	550	580	600	630	650	680	700	750	800	850
	$A=800$	550	570	580	600	630	650	680	700	730	750	800	850	900
	$A=900$	600	620	630	650	680	700	730	750	780	800	850	900	950

注:表中尺寸是按梁宽 $a=300$ mm、管座边长 $L=D_g+200$ 计算确定的。

表 11-13 立管直径与楼板洞孔及管座边长关系尺寸 单位:mm

立管直径 D_g	100	125	150	200	250	300	350	400	450	500	600	700	800
洞孔尺寸 ϕ	200	225	250	300	350	400	450	500	550	600	700	800	900
管座边长 L	300	325	350	400	450	500	550	600	650	700	800	900	1 000

注:① 对于直径 $D_g<100$ mm 的管子,楼板洞孔及管座边长所加的附加量可适当减小。

② 对于直径 $D_g<50$ mm 的管子,可不设管座,但在管道安装完毕后,应将洞孔用水泥砂浆填塞并抹平;

③ 对于两管并排的管道,两管中心距离应考虑其中一根带法兰(指等径的)或一根大管带法兰(指不等径的)。

洞孔尺寸为:$\frac{D_{g1}}{2}$+两管中心距+$\frac{D_{g2}}{2}+100$。

(4) 管道的连接

生产管道与管件(弯头、三通、阀门等)及设备的连接,通常采用的方法有管螺纹连接、焊接、法兰连接和承插连接等。管道连接示例见图 11-18。

管螺纹连接主要用于直径不大于 80 mm、介质工作压力小于 10 个表压、温度在 100 ℃以内且便于检查和修理的钢管的连接以及钢管与带有管螺纹阀件的连接等。

焊接可用于各种管径和管壁厚度较大的钢管的连接。焊接一般分为电焊和气焊两种,电焊比气焊经济而且强度高,手工气焊只适用于直径不大于 80 mm、壁厚不大于 3.5 mm 的

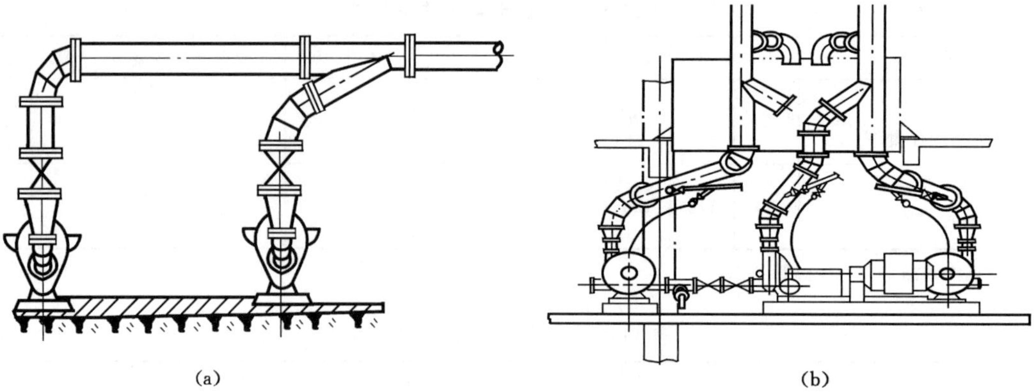

图 11-18　管道连接示例

管子。

法兰连接用于管道与管件、阀门或设备的连接。为了使法兰连接处密封，根据法兰的形式、管道输送介质的压力和温度，在法兰密封面之间应安装软垫。生产管道直线上的法兰间距应按安装检修拆卸方便的要求来确定。一般管径 $D_g \leqslant 200$ mm 时，法兰盘最大间距为 8 m 左右；管径 $D_g > 200$ mm 时，法兰盘最大间距以 9～12 m 为宜。

承插连接主要用于铸铁管连接。采用承插连接时常用石棉水泥接口和铅接口，也有用沥青水泥砂浆接口和水泥砂浆接口连接的。

(5) 单机管道布置

① 跳汰机管道布置

跳汰机应配有水管和风管。水管分为顶水管和冲(喷)水管，顶水管由跳汰机自配，冲水管布置与跳汰机的给料机有关，电磁振动给料机和链式给料机的冲水管一般设在给料机的中部或前端。冲水管的直径根据喷水量和喷水压力确定。

跳汰机总风管通常有两种布置形式(图 11-19)。一是非对称布置，这种布置使各台跳汰机的风压损失差值较大，严重时影响最后一台跳汰机的工作效果，风量不足时影响更为显著，所以这种形式很少采用；二是对称布置，它没有上述缺点，一般都采用这种形式。跳汰机的进风管应设置阀门。

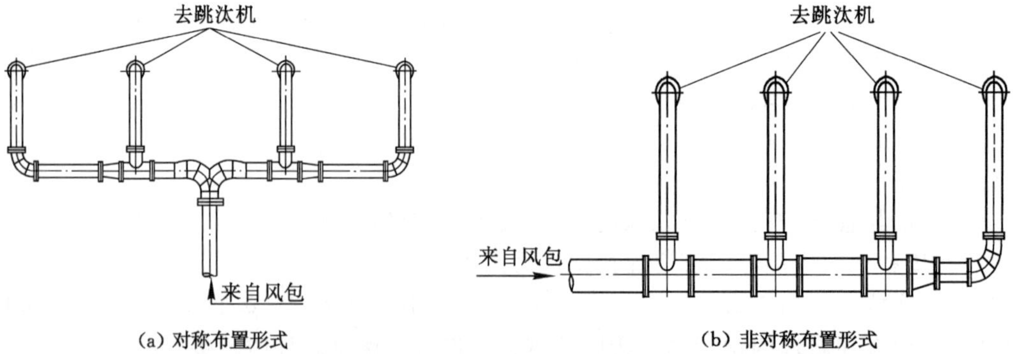

图 11-19　跳汰机总风管布置形式

② 脱水筛和脱介筛管道布置

脱水筛包括产品脱水筛、原煤脱泥筛和煤泥回收筛等。这些筛子均配有筛下泄水管和筛上喷水管(中煤脱水筛可不加喷水)。脱水筛的筛上喷水管一般布置在筛子前段，根据工艺上的要求，喷水管可以用单排管，也可以用多排管。脱水筛筛下泄水管的布置应满足下料要求的水力坡度，管径经过计算确定，实际所采用的管径往往比计算的大。

脱介筛也有筛上喷水管和筛下泄水管。筛上喷水管一般布置在筛子的中部，与筛下溜槽的分接处相对应，喷水管前脱下的是合格介质，喷水管后脱下的是稀介质。筛下泄水管分为合格介质管和稀介质管，筛下泄水管的弯头宜做成“斜三通”形，其他要求与脱水筛相同。筛上喷水管的布置见图 11-20。

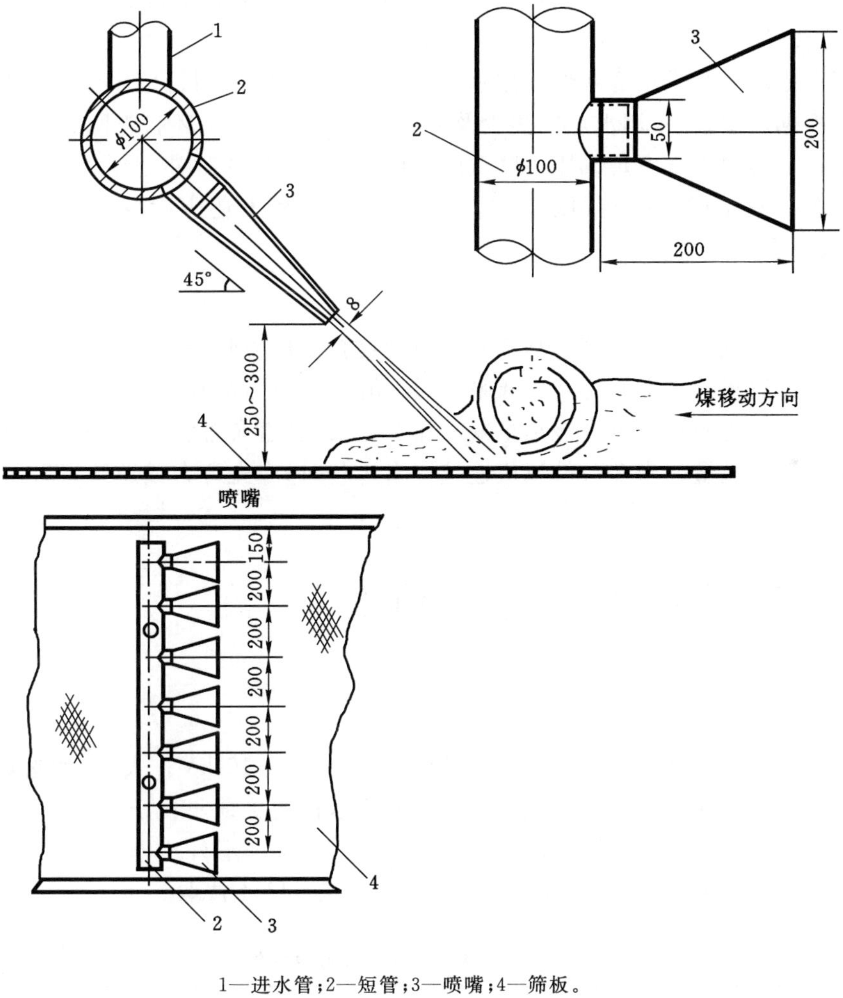

1—进水管；2—短管；3—喷嘴；4—筛板。

图 11-20　筛上喷水管的布置

③ 浮选机管道布置

浮选机应配有入料管、浮选精矿管、浮选尾矿管、事故放料管、精矿槽的冲水管和浮选药剂管。浮选机配置的各类管道的布置依浮选机类型不同而略有差异。浮选机事故放料一般用事故放料槽子收集后再用管子接出，槽底孔径为 200～250 mm，槽底两端向孔位的水力

坡度 $i=0.015$。浮选机入料管是连接浮选机与矿浆准备器的通道，入料管应设置截止阀，用以调节浮选机的给料量。精矿槽的冲水管布置形式有一点冲水和淋式洒水两种，由于浮选精矿加冲水后浓度会降低，影响过滤脱水效果，所以冲水管应设置截止阀，需要时才加冲水。浮选药剂管直径 D_g 一般为 40～50 mm，设给药泵或截止阀调节给药量，给药点的设定由操作制度决定，一般浮选机各室均设有给药管。

④ 介质系统管道布置

介质对管道的磨损严重，在设计中应选用材质较好的管道，最好是加衬耐磨材料的管道。布置时一般不采用水平布置，防止介质在管道中沉降而堵塞管道，管道拐弯处不宜采用90°的弯头，有特殊需要时，曲率半径最好取 $R \geqslant 4D_g$。$D_g \leqslant 200$ mm 的管道弯头最好采用热弯管。介质设备的底流排料弯头不宜采用 90°弯头，最好做成“斜三通”形。

⑤ 供水管网布置

为了保证厂房各需用清水作业用水量的稳定性，一般采用管网供水。供水管网的布置形式主要根据厂型大小、用水点的多少及分布确定。通常采用环状管网或主干线管网，然后去定压水箱。管网用水不足或压力降低时，则由定压水箱及时补充到管网中。管网中除设置足够数量的调量或分配闸阀之外，在定压水箱底流管上还应设置止回阀，同闸门串联使用，止回阀设在闸门之前。

11.2.2.2　风力输送管道

选煤厂中的风力输送管道包括介质桶风力搅拌用风力管道、跳汰机的鼓风系统、真空过滤机和加压过滤机的真空系统及压风系统、风动阀门、风力清仓等。

风力输送管道的布置也应该尽量减小压头损失，管道布置宜对称，使风压平衡。在管道中利用闸阀调整风量。当多台鼓风机连接一台风包时，应先汇合成总管然后再接风包，并应在风机出口处设置闸阀。

11.3　选煤厂供配电及综合自动化

11.3.1　供电

选煤厂一般为二级用电户，供电电压宜采用 6 kV 或 10 kV。大、中型选煤厂的供电电源应采用双回路，并引自不同母线段，每回线所能承担的负荷不低于全厂计算负荷的 75%。小型选煤厂的供电电源可采用单回路。供电设计一般不考虑外用电。

电力负荷计算采用需用系数法，需用系数可按表 11-14 选取。

表 11-14　电力负荷需用系数

序号	设备名称	计算数据	
		电力负荷需用系数 K_c	功率因数 $\cos\varphi$
1	受煤系统	0.55	0.70
2	原煤筛分破碎系统	0.60	0.70
3	重选、脱水、装车系统	0.60～0.65	0.72

表 11-14(续)

序号	设备名称		计算数据	
			电力负荷需用系数 K_c	功率因数 $\cos\varphi$
4	浮选系统		0.70～0.75	0.75
5	干燥系统		0.60～0.65	0.72
6	风机、水泵、空压机		0.70～0.80	0.80
7	铁路装车系统		0.45	0.72
8	压滤系统		0.55	0.72
9	煤样室设备		0.40	0.75
10	化验室设备		0.35	0.85
11	翻车机		0.30	0.50
12	起重机		0.35	0.50
13	机修车辆		0.25	0.50
14	照明	白炽灯	0.85	1.00
		荧光灯	0.90	0.55～0.60

60 kV 及以上供电线路的截面选择，应该符合安全截流量和允许电压降的要求。年最大负荷利用小时数在 3 000 h 以上的线路，其截面应按经济电流密度选择，电缆应按短路热稳定校验。

电力负荷无功功率补偿一般宜采用低压静电电容器组自动补偿装置，补偿后，6 kV 母线 $\cos\varphi$ 不低于 0.90。

电源为双回路进线的变电所或配电室的主母线应采用分段单母线。6 kV 或 10 kV 配电室应预留开关柜安装台数的 10%～15%的备用位置，并且不少于 2 个。

变压器的容量等级应尽量减小，其设计负荷率不高于 85%，并应选择低损耗变压器。同一工艺流程的负荷宜由同一台变压器供电。

11.3.2 配电

电压等级：6 kV 或 10 kV 用于高压配电；6 kV 用于高压电动机；380 V、660 V(有条件时采用)用于动力配电；220 V 用于照明及控制电源。

直接影响煤矿生产的原煤系统和铁路运输的装车系统，宜设两回路电源，母线可分段。浓缩机和消防水泵应有一回路备用电源。选煤厂供配电原则流程图见图 11-21。

车间变电所变压器二次侧宜采用母线引至各主要配电室，裸母线不宜进入生产车间。主要配电室的配电设备应有 10%～15%的备用回路，并预留 1～2 个盘的位置。

电缆在厂房内明铺或沿电缆沟铺设时，可采用全塑电缆；在室外埋地铺设时，宜采用钢带铠甲全塑电缆。

有瓦斯和煤尘聚集且无任何排放措施的场所，必须选用隔爆型电气设备。采取排放措施后，可选用防尘型或封闭型电气设备。重选、浮选等较潮湿的车间，应采用封闭型或防水型电气设备。

高压电机配电装置宜选用带真空接触器的开关柜。容量在 100 kW 以上的水泵、风机

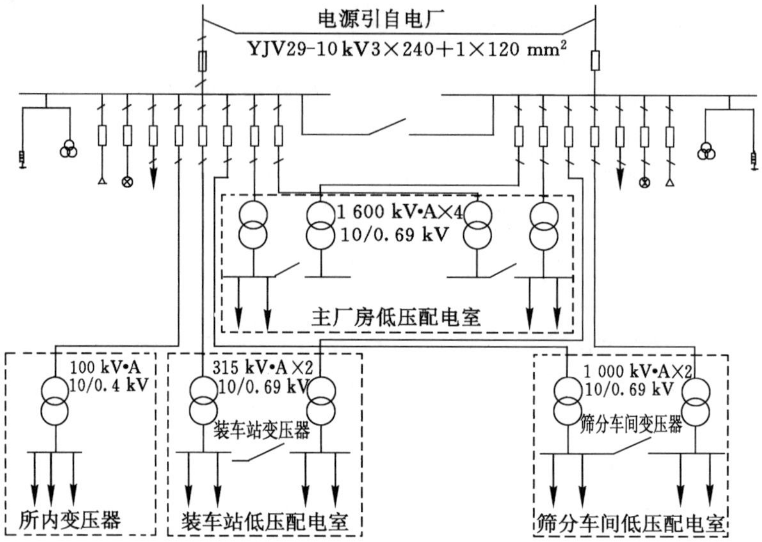

图 11-21　选煤厂供配电原则流程图

等，经技术经济比较，可设调速装置。

车间变电所、配电室位置的选择应符合下列要求：

(1) 尽量靠近负荷中心；

(2) 远离振动源；

(3) 不应设置在水池附近或多水地点；

(4) 进出线方便；

(5) 严禁与变、配电室无关的管道通过；

(6) 不跨沉降缝；

(7) 避开西晒。

11.3.3　照明

照明和动力电可由同一台变压器供电，线路分开。距离较远的分散用户，可合用一回线供电。主要生产车间的照明应设两个独立电源交叉供电。控制室和车间的主要通道应设事故照明。

11.3.4　防雷和接地

下列建筑物、构筑物应设直击雷防护：

(1) 高度超过 15 m 的建筑物或构筑物；

(2) 全年雷电日超过 30 d，高度超过 12 m 的建筑物或构筑物；

(3) 油库；

(4) 室外变电站。

装设雷电保护的建筑物或构筑物，应尽量利用钢筋混凝土柱和基础内的钢筋作为引下线和接地装置，各构件之间必须连成电气通路。输油管道及储油罐应有良好接地。

11.3.5 综合自动化

11.3.5.1 概述

目前国内绝大多数选煤厂采用重介质选煤生产工艺，因此对生产控制及管理系统的自动化程度要求非常高。在选煤厂设计过程中，一般根据选煤厂的工艺系统特点及厂房布局，综合自动控制系统应该包括重介质选煤过程自动测控系统、全厂设备集中控制系统、工业电视监视系统、选煤信息管理系统和大屏幕电视墙显示系统。综合自动控制系统使选煤厂生产与管理系统建立在一个高度信息化的平台上，为选煤厂实现高产高效、节能降耗提供了有力的保证，必将为选煤厂带来巨大的经济效益和社会效益。

选煤厂综合自动化系统设计的原则是在充分考虑选煤厂目前的设备及电气设施的基础上做到：

(1) 系统性能可靠、技术成熟，能长期、稳定、连续运行。

(2) 技术先进、配置合理。

(3) 设计、选型的兼容性及可扩展性。

(4) 经济、实用性。

选煤厂综合自动化系统的设计主要依据有《煤炭洗选工程设计规范》《选煤厂集控装置选择的技术规定》《煤炭工业调度信息化建设总体规划纲要》《煤炭调度信息化装备技术规范》《工业电视系统工程设计标准》等。

11.3.5.2 选煤厂综合自动控制系统结构配置

选煤厂综合自动控制系统结构配置主要包括以下几部分内容：

(1) 重介质选煤过程自动测控系统。该系统一般由悬浮液密度检测装置、磁性物含量检测与循环悬浮液电动分流装置、液位检测与电动加水装置、PLC控制系统以及手/自动控制操作台等部分组成。如果是重介质旋流器分选工艺，还应该设置旋流器入口压力检测装置。密度控制系统为PLC分站，通过现场网络总线与主站连接。

(2) 基于PLC远程分布式I/O的选煤厂动力生产设备的启/停联锁集中控制、保护和检测仪表的数据采集系统。根据参控设备的分布情况，系统由集控PLC主站、多个I/O分站及若干检测仪表组成。主站设在调度室，各分站设置在各车间，负责各自区域的设备控制和工艺参数的数据采集。

(3) 基于现场网络总线的上位计算机监控系统。上位计算机监控系统一般安装在调度控制室，基于现场网络总线连接PLC系统。监控系统可设两台(多台)互为热备的上位管理计算机，监控计算机既是集控系统操作台，用键盘和鼠标操作，取代了传统的硬操作台，又是调度级管理系统，并与厂级管理网络系统联网。

(4) 工业电视监视系统。为了减少车间操作人员，便于管理人员监视主要设备的运行情况，一般在全厂重要工艺环节安装若干台全方位工业摄像机，并在调度室电视监视墙上设置相同台数的监视器，与摄像机一一对应，将选煤厂重要生产环节纳入工业电视监视范围，形成覆盖生产区域的完整监视体系。网络上合法用户能浏览实时图像，查阅以前时段录像等。

(5) 大屏幕电视墙显示系统。大屏幕电视墙显示系统一般设置在总调度室，可以与工业电视监视墙一体设计。该电视墙显示系统可以接收工业电视监视信号、上位管理计算机图像信号等，其上可以显示工艺流程图等上位管理计算机各个画面、各摄像机图像及其他信息。电视墙一般采用超大、高分辨率屏幕系统，可进行多模式组合显示，画面色彩丰富、亮度高、生动活泼，显示效果理想。

11.3.5.3 选煤厂综合自动化系统功能及特点

选煤厂综合自动化系统最有代表性的是重介质选煤过程自动测控系统，因此以重介质旋流器分选系统为例介绍其功能和特点。

(1) 重介质选煤过程自动测控系统

在重介质选煤过程中，重介质悬浮液参数的变化对重介质选煤效果有显著的影响。因而，保持重介质悬浮液参数稳定在最佳的设计值，对于稳定产品质量、提高分选效率是十分必要的。设计时根据重介质选煤过程的工艺特点，系统对旋流器分选过程中悬浮液的密度、煤泥含量、合格介质桶液位、旋流器入口压力等参数进行在线自动测控。

系统的基本功能和主要技术指标：实现重介质悬浮液密度的在线检测与控制，在正常生产时，悬浮液密度控制精度(设定值)为$\pm 0.01\ g/cm^3$；实现重介质悬浮液中磁性物含量的在线检测及煤泥含量自动控制，煤泥含量的控制满足工艺过程分选的要求；实现合格介质桶液位的实时检测与超限控制，对异常液位具有报警功能；保证重介系统正常生产；实现旋流器入口压力的在线检测；每个控制回路均具有“手动/自动”控制功能。

(2) 基于 PLC 主站的选煤厂集中控制、数据采集子系统

控制原则：

① 集中控制系统控制范围一般从原煤胶带至产品运输系统，对纳入集中控制的动力驱动设备采用集中和就地两种控制方式，转换方式为就地选择。

② 对其他未参与集中控制的动力驱动设备采用人工就地控制。

③ 纳入集中联锁控制的设备，按工艺要求设置软件或硬件电气联锁，就地控制的设备不设置电气联锁。

④ 纳入集中控制的设备，按逆煤流方向启车，顺煤流方向停车，其中一些设备需要具有临时启/停功能，该部分设备具有集中状态下的启动功能。

⑤ 集中启动采用允启制。即启车前集中控制室预先发出启动预告信号，允启点设在设备相对集中或较为重要的部分岗位，允启点均回答允许启动信号时才能启车，否则系统不能启车。

⑥ 系统处在集中控制状态时，纳入集中控制的设备不能就地启动，但可就地停车。

⑦ 集中启动时，任一设备因故未能启动时，可无扰动由集中操作方式切换就地操作方式进行故障处理，故障处理完毕后，可就地继续手动启车或无扰动由就地操作方式转换到集中操作方式，继续设备联锁启车。

⑧ 运行过程中，全厂分选系统任一台设备发生异常，均能就地紧急停车。纳入集中控制的设备发生异常，操作现场及集中控制室均能紧急停车，并由该设备开始，处于逆煤流方向的所有设备均紧急自动联锁停车。

集中控制系统控制信号：

① 启动预告声光信号，由集控室向全厂各信号箱发出。

② 允许启动回答信号，由允启信号箱向集控室发出。

③ 设备运行与停车模拟显示信号(声、光)。

④ 启动及运行故障报警信号(声、光)。

⑤ 联锁停车报警信号(声、光)。

⑥ 岗位局部联络信号。

数据采集内容:

为保证安全生产及管理人员及时了解生产运行情况,应及时采集生产工艺参数和检测信息,一般将下列信号纳入系统中。

① 液位信号若干个。

② 胶带综合保护信号。

③ 预告、报警等公共信号。

④ 堵料检测信号。

⑤ 空开、热继信号,电机保护检测信号。

⑥ 皮带秤信号等。

集中控制系统实现功能:

① 系统一般采用集中联锁和就地解锁的控制方式。设计时可根据生产工艺流程,对大部分设备进行集中联锁控制,对少数不参控设备进行就地解锁控制,不参控设备运行状态信息纳入上位机进行监视。

② 控制方式由各岗位通过选择开关进行选择。

③ 具有预告和设备允启功能。

④ 参控设备逆煤流启,顺煤流停。备用设备可实现在线启、停,所有设备均具有现场紧急停车功能。集中运行时,岗位司机只能就地停车,不能启车。

⑤ 事故处理功能,包括预告故障,启、停车故障,运行故障以及检测信号等故障的处理和声光报警。

⑥ 在集中控制方式下,如某台设备故障,将引起自该设备起逆煤流设备故障联锁停车,集中控制系统应以醒目方式给出故障点,故障处理结束后,可视具体情况从该设备起进行联锁启/停车操作。

⑦ 系统具有禁起控制功能,任一台参控设备发生异常均可在现场就近按禁起按钮禁止系统启车或停止设备运行。

⑧ 系统具有空开、热继检测功能,便于系统故障检查及维护。

⑨ 系统应该具有长胶带保护功能,对长度超过 30 m 的主要胶带增设安全运行综合保护装置,设置跑偏开关、拉绳开关。

⑩ 设置堵料检测功能,预留电机保护检测功能。

(3) 基于网络总线的上位计算机监控系统

计算机监控系统应该具有以下功能:

① 操作、控制功能。计算机监控系统具有多重功能。作为集控系统指令操作终端,所有控制指令的下达,如集中控制预告,系统启停,控制方式转换,单、双设备的选择等均通过键盘或鼠标完成;作为重介质选煤过程自动测控系统的管理上位机,实时采集、显示、记录重介质选煤过程中各种工艺参数,便于历史生产数据查询、报表打印、工艺参数趋势曲线查询及参数报警等;对各类生产数据、开关量(设备的运行、停止、故障信号,胶带、电机的保护信

号等)、模拟量(各桶、池液位,皮带秤等)集中管理,建立数据库,作为生产管理的数据来源,便于维护及管理。

② 图形显示功能。上位机系统具有实时采集和显示重介质选煤过程中各种工艺参数的功能,具有历史生产数据查询、报表打印功能,具有工艺参数趋势曲线查询及参数报警和报警记录功能;并动态显示全厂生产工艺流程;动态显示全厂设备运行状态及各种模拟量数据;直观显示集中控制系统设备闭锁关系图及设备故障图等。

③ 与计算机管理网络通信功能。上位监控计算机可将生产系统中的工艺参数、生产数据、设备运行状况等生产信息进行加工处理和筛选,将重要信息送到计算机管理网络上,以实现生产信息全厂共享。

④ 对大屏幕电视墙显示系统控制功能。

11.3.6 监测

选煤厂应设监测装置对下列指标进行监测:原煤和产品煤的数量、质量;工业用电量及民用电量;工业用水量及民用水量;耗油量;主要工艺设备运行状态等。

监测装置可按下列原则设置:装备水平较高的选煤厂,应设置自动监测系统,有条件时,可设原煤和产品煤的在线灰分检测装置;装备水平一般的选煤厂,可设置自动监测系统;装备水平较差的选煤厂,一般用常规仪表监测。

11.4 矿物加工工程专业委托有关专业的资料提纲

在选煤厂设计过程中,矿物加工工程专业需向有关配合专业提供必要的设计条件。按照我国设计单位的专业业务分工习俗,在设计中,矿物加工工程专业一般需要向下述有关专业提交委托资料(亦可供可行性研究工作阶段参考)。

11.4.1 公用性委托资料

提供给各有关专业的公用性委托资料有:

(1) 建厂规模情况,见表 11-15。

表 11-15 建厂规模情况

规模/(t/a)	服务年限/a	发展远景	逐年投产情况	分期建设情况	备注

(2) 工作制度,见表 11-16。

表 11-16 工作制度

厂房名称	年工作天数/d	每天工作班数/班	每班工作小时数/h	设备作业率/%	备注

11.4.2　土建专业

（1）工艺建（构）筑物联系图。图中应表示各厂房（间、室、站）、通廊、栈桥、辅助建（构）筑物的高度、面积、标高、位置及连接关系；分期建设时预留场地的大致位置和尺寸；等等。

（2）主要厂房的设备配置图。图中应表示要求的厂房平面尺寸和高度、多层厂房中各层楼面和操作平台的面积及标高、各部分单间房屋的名称和用途、各柱列线编号；设备名称、型号、规格、数量、质量，设备之间相互的关系尺寸及与厂房的定位尺寸；起重机的类型、跨度、起重量、轨道标高、活动范围；各层楼面或操作平台检修设备最大及最重件的尺寸、质量；各层楼面或操作平台上预留主要孔洞的大致尺寸和位置；对厂房开门设窗的要求；等等。

（3）各种矿仓条件，见表 11-17。若图纸中已注明的可不另提出。

表 11-17　各种矿仓条件

矿仓名称	形式	容积/m^3		储矿		矿石性质					装卸矿方式	备注
		几何	有效	储量/t	时间/h	粒度/mm	水分/%	松散密度/(t/m^3)	安息角/(°)	硬度		

（4）厂房特殊要求，参考表 11-18 提出。

表 11-18　厂房特殊要求

厂房	采暖要求	保温（含降温）要求	防水（防潮）要求	防腐要求	隔音要求	采光要求	其他	备注

（5）厂房各层面设备质量及动力系数，见表 11-19。

表 11-19　厂房各层面设备质量及动力系数

位置号	设备名称	台数/台	设备质量及负荷参数	动力系数

11.4.3　总图运输专业

（1）原矿运输条件：应提供原矿受矿仓卸车条件，见表 11-20。

表 11-20　原矿运输条件

矿石名称	运输量/（万 t/a）	卸车方式	矿仓长度/m	允许同时卸车数/辆	备注

（2）产品运输及产品矿仓条件。

① 产品运输条件，见表 11-21。

表 11-21　产品运输条件

产品名称	运输量/(t/d)	松散密度/(t/m^3)	水分/%	粒度/mm	包装情况	备注

② 产品矿仓条件，见表 11-22。

表 11-22　产品矿仓条件

产品名称	运输量/(t/d)	装车方式	该种产品的矿仓长度/m	允许同时装车的车厢数/个	装一节车厢所需时间/min	备注

(3) 设备运输条件，见表 11-23。

表 11-23　设备运输条件

厂房名称	最大或最重设备名称	质量/t	外形尺寸/mm	最重件		最大件		备注
				外形尺寸/mm	质量/t	外形尺寸/mm	质量/t	

此外，还应提出对设备运输、堆放的技术要求，某些设备的检修周期及一次检修量。

(4) 材料运输条件：若需运输材料(如钢球、钢棒、衬板、油脂、滤布、药剂、胶带、筛网、耐火砖等)、燃料(如煤、焦炭、燃油等)、地方材料(如石灰等)，均应说明单位消耗量、年消耗量、供货地点、运输量不均衡情况、储存量或储存时间、材料性质(如属固体、液体、有毒与否、是否有腐蚀性等)、包装方式、对堆场或专用仓库的要求。

(5) 图纸条件：提交工艺建(构)筑物联系图和有关的主要厂房的设备配置图。图中应标明进入厂房的铁路、公路和厂房附近便道的要求，各厂房扩建或预留发展场地要求。

(6) 其他资料：

① 原矿及产品计量衡器的大致位置和要求；

② 厂区工艺管线(栈桥或管沟敷设)的线路布置；

③ 化验室如有精密天平时，应提出化验室的位置要求；

④ 职工通勤人数、最大班人数、通勤地点。

11.4.4　给排水专业

(1) 生产工艺用水：按厂房提出各作业水质、水量等要求(见表 11-24)。

表 11-24　生产工艺用水情况

厂房名称	作业名称	用水性质	用水量/(m^3/h)				水温/℃	水压/kPa	水质	备注
			最大	最小	平均	波动系数				

(2) 设备冷却、水封用水：按厂房提出各用水设备对水质、水量等的要求（见表 11-25）。

表 11-25　设备冷却、水封用水情况

厂房名称	设备名称	设备数量/台	用水性质	用水量/(m^3/h)		水温/℃	水压/kPa	水质	备注
				单台用水量	合计用水量				

(3) 对厂房地坪冲洗用水、其他卫生用水提出大致要求，由给排水专业统一安排设计。

(4) 提出实验室用水的水量、水质、水压要求。

(5) 按厂房分别提出每班人数以便安排生活用水。

(6) 提交工艺矿浆流程图、工艺建(构)筑物联系图、主要厂房的设备配置图。

(7) 排水条件，可参考表 11-26 提出。

表 11-26　工艺排水条件

污水点位置	污水点标高/m	污水量/(m^3/h)	污水浓度/%	粒度组成	污水性质	回收或排放要求	备注

选煤厂用水、排水的水质资料，可以根据选煤试验报告提出。

11.4.5　电力专业

(1) 各厂房用电设备条件，参见表 11-27。除表中内容外，还应说明要求调速、正逆转、直流供电或多路电源供电的设备、起重机的工作制度。对于大功率电动机(200 kW 以上)及特殊要求的电动机的选定，应事先与电力专业商量。对于分期建设的工程要说明由此而引起用电设备功率的变化情况。

表 11-27　用电设备条件

序号	厂房名称	设备名称	数量/台		电动机				备注
			生产	备用	型号	功率/kW	电压/V	转速/(r/min)	

(2) 厂房生产、检修、安全(或事故)照明的条件、范围及其他要求。

(3) 厂房内环境情况，如粉尘浓度、环境温度。

(4) 提供工艺建(构)筑物联系图、设备形象联系图、主要厂房的设备配置图。设备形象联系图应注明设备启动、加速、停车、控制与联锁等方面的要求；设备配置图应标明与电力专业协商的变电所、配电室、电工间的位置及大小。

(5) 除铁装置及要求。

11.4.6　自动化仪表专业

(1) 自动控制、调节、显示的项目及内容，可参考表 11-28 提出。

表 11-28　自动化项目、内容参数表

序号	项目名称	测控地点	测控内容	技术条件	备注

近年来，物料粒度、品位的在线分析和电子计算机在选煤过程中的应用日益广泛，设计中可以根据实际情况逐步采用。在提出资料前，应与自动化仪表专业协商，共同研究决定自动化项目的内容及水平。

(2) 自动调节、自动控制项目的技术要求，可参考下述内容提出。

① 提出采用集中控制方式还是分散控制方式的建议并说明理由；

② 需要检测、控制或调节流量时，应提供被测介质的名称、流量、流速、压力、温度、介质浓度、密度、pH 值、需要检测的具体位置等资料；

③ 采用料位装置时，需提供物料名称、粒度、水分以及储矿仓或储浆槽的形式、容积、储存量等资料；

④ 采用液位装置时，需提供液体名称与性质、液池容积、输出及输入速度等资料；

⑤ 采用皮带秤计量时，需要提出物料名称、粒度、水分以及带式输送机的运输量、单位长度胶带上矿石载荷及波动情况、带宽、带速、安装角度、最大单块物料质量等资料；

⑥ 采用自动分析装置时，应按专门格式要求提供资料；

⑦ 采用无人操作泵时，应提出自动控制的要求、泵的有关技术性能等资料；

⑧ 生产过程需要程序控制时，应提出设备动作顺序表；

⑨ 在提供各种工艺参数时，应包括正常使用值及最大值和最小值、要求控制(或检测)的精度，并说明是否要求自动记录等。

(3) 提供工艺流程图、设备形象联系图、工艺建(构)筑物联系图、主要厂房的设备配置图。必要时，还应在配置图中注明仪表安装的示意位置。

11.4.7　电信专业

(1) 要求安设电信项目的地点及数量，参考表 11-29 提出。

表 11-29　电信项目

序号	用户名称	台数/台								备注
		电话				对讲机	扩音器	工业电视	电钟	
		行政	调度	直通	载波					

(2) 提供工艺流程图、设备形象联系图、工艺建(构)筑物联系图、主要厂房的设备配置图。

11.4.8　采暖通风专业

(1) 对需要采暖的选煤厂，应提供下列资料：

① 采暖季节，厂房和岗位应保持的正常温度及应保证的最低温度。

② 厂房的潮湿地表面积。

③ 矿浆的暴露面积(或者矿石量及水分)。

④ 散热设备及散热作业(如干燥、焙烧、加温浮选等)的散热量(或表面温度、散热面积)。

⑤ 工艺建(构)筑物联系图和主要厂房的设备配置图。在有关图纸中标明用电设备的功率、热平衡计算所需资料、进出厂房车辆情况(车辆品种、型号、停留时间、运输频率及材料质量等)。

(2) 通风除尘条件:

① 厂房或岗位通风、降温要求。

② 设备本身的通风要求。

③ 产生粉尘的厂房的净化要求,如破碎、筛分、干选、焙烧、干燥等厂房。

④ 对除尘点,要提供物料性质(如粒度、密度、松散密度、湿度及允许湿度、二氧化硅含量等)及料位落差等资料。

⑤ 对焙烧、干燥厂房还应提出生产过程中产生的废气量、废气温度、废气中粉尘含量等资料。

⑥ 对浮选厂房、给药室、药剂制备间、药剂仓库、煤粉制备间及产生有害气体的其他厂房,应提出保护生产环境的通风要求。

⑦ 提供工艺建(构)筑物联系图、主要厂房的设备配置图。设备配置图中注明通风机、除尘器安装的建议位置。

11.4.9　机械专业

(1) 设备资料:提供全厂工艺设备表。设备配置图及其他图纸已经表示清楚的可不提供。

(2) 材料消耗情况(可参考表 11-30 提出)。

表 11-30　材料消耗情况

序号	材料名称	单位	每吨原矿耗量	年耗量	备注

(3) 各厂房最重、最大检修件资料(可参考表 11-31 提出)。

表 11-31　最重、最大检修件资料

厂房名称	最大、最重件设备名称	最重件		最大件		备注
		外形尺寸/mm	质量/t	外形尺寸/mm	质量/t	

(4) 设备及金属结构件总质量。

11.4.10　环境保护专业

(1) 选煤工艺过程排放的废水、废气、废渣、废石等废弃物的名称、种类、数量及化学分析结果。

(2) 选煤噪声源及危害情况。
(3) 设计中对环保的建议或要求。

11.4.11 技术经济专业

(1) 选煤厂生产岗位劳动定员(见表 11-32)。

表 11-32 选煤厂生产岗位劳动定员

序号	厂房名称	工种(或职务)名称	人数/人				备注
			一班	二班	三班	合计	

(2) 生产消耗指标(见表 11-33)。

表 11-33 生产消耗指标

序号	材料名称	单位	每吨原矿消耗量	备注

(3) 选别方法及工艺流程。
(4) 选别指标(见表 11-34 或提供选煤工艺数、质量流程图)。

表 11-34 选别指标

产品名称	产量/(t/a)	产率/%	品位/%	回收率/%	水分/%	备注

(5) 设备质量及装机容量、主要设备的处理量、作业率。
(6) 提供初步设计过程中方案比较用的资料,如各方案的主要技术条件、工程量估算、材料消耗、劳动定员、选煤技术经济指标、设备配置方案图纸以及其他可比资料。
(7) 提供选煤工艺流程图、工艺建(构)筑物联系图等图纸。

11.4.12 概算专业

选煤工艺部分的单位工程概算一般由矿物加工工程专业编制。如果由概算专业承担时,矿物加工工程专业应向概算专业提供下述主要资料:

(1) 设备(包括设计中给出的备品、备件)表(可参考表 11-35 提出)。利用库存设备或旧有设备时,要注明修复项目的内容及技术条件;采用非标设备时要说明加工复杂程度。
(2) 金属结构件、工艺管道及材料的种类、规格、数量。
(3) 当采用新工艺、新设备、新材料时,应提供有关的技术内容,并协助概算专业编制补充指标及单价。

表 11-35　设备表

序号	厂房名称	设备名称	性能及规格	单位	数量	质量/t		电动机				制造厂家	备注
						单台质量	总质量	型号	数量	单台功率/kW	合计功率/kW		

第12章 选煤厂节能安全职业病防护

12.1 节能评估

节能评估是指根据节能法规、标准，对投资项目的能源利用是否科学合理进行分析评估。节能评估报告是指在项目节能评估的基础上，由有资质单位出具的节能评估报告书或节能评估报告表。

12.1.1 评估类型

12.1.1.1 节能技术措施评估

(1) 根据项目用能方案，综述生产工艺、动力、建筑、给排水、暖通与空调、照明、控制、电气等方面的具体措施，包括：节能新技术、新工艺、新设备应用；能源的回收利用，如余热、余压、可燃气体回收利用；资源综合利用，新能源和可再生能源利用；等等。

(2) 分析节能技术措施的可行性和合理性。如生产强度对节能措施有较大影响，可针对不同的生产强度分别评估可行性和合理性。

12.1.1.2 节能管理措施评估

(1) 按照《能源管理体系 要求及使用指南》(GB/T 23331—2020)、《工业企业能源管理导则》(GB/T 15587—2008)等标准的要求，评价项目的节能管理制度和措施，包括节能管理机构和人员的设置情况。

(2) 按照《用能单位能源计量器具配备和管理通则》(GB 17167—2006)等标准要求，编制能源计量器具一览表、能源计量网络图等，评价项目能源计量制度建设情况，包括能源统计及监测、计量器具配备、专业人员配置等情况。

12.1.1.3 单项节能工程评估

(1) 分析评估单项节能工程的工艺流程、设备选型、单项节能量计算方法、单位节能量投资、投资估算及投资回收期等。

(2) 分析单项节能工程的技术指标及可行性。

注：凡不能纳入建设项目主导工艺流程和拟分期建设的节能项目，应在可行性研究报告中单列节能工程。

12.1.1.4 节能措施效果评估

(1) 分析计算主要节能措施的节能量。

(2) 评价项目节能措施效果。对单位产品(运输量、建筑面积)能耗、主要工序能耗、单位投资能耗等指标进行国际国内对比分析，说明通过采取节能措施，设计指标是否达到同行业国内先进水平或国际先进水平。

12.1.1.5　节能措施经济性评估

计算节能技术和管理措施成本及经济效益，评估节能技术措施、管理措施的经济可行性。

12.1.2　评估要求

(1) 依据《中华人民共和国节约能源法》《国务院关于加强节能工作的决定》、国家发展和改革委员会《关于加强固定资产投资项目节能评估和审查工作的通知》(发改投资〔2006〕2787 号)要求，凡需国家批准的项目、省内年新增综合用能 3 000 t 标准煤及以上(或年新增用电 3.0×10^6 kW・h 及以上)新建、改建和扩建的固定资产投资和技术改造项目，未进行节能审查或未能通过节能审查的一律不得审批、核准、备案和验收。对擅自批准项目建设的，依法依规追究直接责任人责任。

(2) 国家发展和改革委员会《关于加强固定资产投资项目节能评估和审查工作的通知》要求节能分析篇(章)应包括项目应遵循的合理用能标准及节能设计规范，建设项目能源消耗种类和数量分析，项目所在地能源供应状况分析，能耗指标、节能措施和节能效果分析等内容。

12.1.3　评估程序

节能评估工作程序主要包括前期准备、选择评估方法、项目节能评估、形成评估结论、编制节能评估文件、根据评审意见对评估文件进行修改完善等。

节能评估机构在编制节能评估文件时，应与项目建设单位充分沟通。报送节能审查的节能评估文件应由节能评估机构和项目建设单位分别加盖公章。

12.1.4　节能评估报告的类型

(1) 年综合能源消费量为 3 000 t 标准煤以上(含 3 000 t 标准煤，电力折算系数按当量值，下同)，或年电力消费量为 5×10^6 kW・h 以上，或年石油消费量为 1 000 t 以上，或年天然气消费量为 1×10^6 m^3 以上的固定资产投资项目，应单独编制节能评估报告书。

(2) 年综合能源消费量为 1 000～3 000 t 标准煤(不含 3 000 t 标准煤，下同)，或年电力消费量为 $(2\sim5)\times10^6$ kW・h，或年石油消费量为 500～1 000 t，或年天然气消费量为 $(0.5\sim1)\times10^6$ m^3 的固定资产投资项目，应单独编制节能评估报告表。

12.1.5　节能评估报告的主要内容

节能评估报告必须包括以下几个方面：

(1) 评估依据；

(2) 项目概况；

(3) 能源供应情况评估，包括项目所在地能源资源条件以及项目对所在地能源消费的影响评估；

(4) 项目建设方案节能评估，包括项目选址、总平面布置、生产工艺、用能工艺和用能设备等方面的节能评估；

(5) 项目能源消耗和能效水平评估，包括能源消费量、能源消费结构、能源利用效率等方面的分析评估；

(6) 节能措施评估，包括技术措施和管理措施评估；

(7) 存在问题及建议；

(8) 结论。

12.1.6 选煤厂建设项目节能评估控制指标

12.1.6.1 吨煤电耗

目前，选煤厂建设项目中电耗控制指标有以下两种：

(1) 国家环境保护标准《清洁生产标准 煤炭采选业》(HJ 446—2008)。该标准中规定的选煤电力消耗指标见表 12-1。

表 12-1 选煤厂电力消耗指标(一)

选煤厂类型	一级/[(kW·h)/t]	二级/[(kW·h)/t]	三级/[(kW·h)/t]
动力煤选煤厂	≤5	≤6	≤8
炼焦煤选煤厂	≤7	≤8	≤10

(2) 2019 年 12 月 17 日发布，2020 年 7 月 1 日实施的国家标准《选煤电力消耗限额》(GB 29446—2019)。该标准中规定的选煤电力消耗指标见表 12-2。

表 12-2 选煤厂电力消耗指标(二)

选煤厂类型	一级/[(kW·h)/t]	二级/[(kW·h)/t]	三级/[(kW·h)/t]
动力煤选煤厂	≤2.0	≤3.0	≤4.5
炼焦煤选煤厂	≤5.0	≤7.0	≤8.5

12.1.6.2 煤耗指标

北方冬季建筑物及构筑物采暖消耗大量煤炭，目前还没有单位产品煤耗指标，但有采暖锅炉热效率指标要求，详见《煤矿在用工业锅炉节能监测方法和判定规则》(MT/T 1000—2006)。

12.2 安全评价

安全评价是利用系统工程方法对拟建或已有工程、系统可能存在的危险性及其可能产生的后果进行综合评价和预测，并根据可能导致的事故风险，提出相应的安全对策措施，以达到工程、系统安全的过程。安全评价应贯穿于工程、系统的设计、建设、运行和退役整个生命周期的各个阶段。对工程、系统进行安全评价既是政府安全监督管理的需要，也是煤炭企业、生产经营单位搞好安全生产的重要保证。

12.2.1 安全评价的分类及内容

安全预评价分为预评价、安全验收评价、安全现状评价和专项安全评价四类。

安全评价的内容包括被评价单位简介、生产工艺简介、主要危险危害因素分析、评价方法选择和评价单元划分、安全对策措施和建议、评价结论。

12.2.2　选煤厂危险源

将选煤厂的各个生产系统和辅助生产系统分门别类地按照生产工艺、工作任务进行列表分类，再对每一项生产任务按照工作过程细化为若干个工序，针对每个工序辨识风险，找出其可能产生的危险危害因素，如图 12-1 所示。

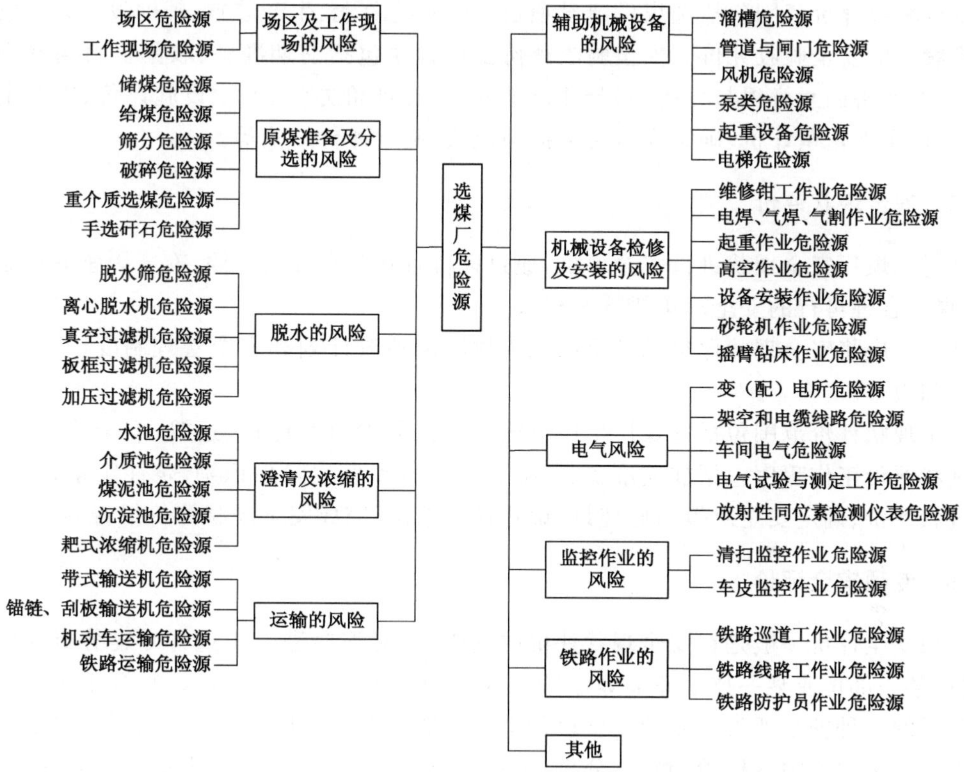

图 12-1　选煤厂危险源分类

12.2.3　安全预评价

为了贯彻“安全第一，预防为主，综合治理”的安全生产方针，根据选煤厂建设项目可行性研究报告的内容，分析和预测选煤过程中存在的危险、有害因素及可能导致的危险、危害后果和程度，提出合理可行的安全对策措施，指导危险源监控和事故预防，以达到最低事故率、最少损失和最优的安全投资效益。

(1) 评价范围

评价范围包括选煤厂选煤工艺、设备选型、工艺布置、供配电系统、消防系统等。

(2) 评价程序

安全预评价工作程序大体可分为三个阶段：第一阶段是准备阶段，主要收集有关资料，识别和分析危险、有害因素，选择评价方法；第二阶段是实施评价阶段，主要对系统安全情况进行类比调查，运用合适的评价方法进行定性及定量分析，提出安全对策措施及建议；第三阶段是报告书编制阶段，主要汇总第二阶段所得到的各种资料、数据，综合分析得出结论，完成安全预评价报告书的编制。

12.2.4 安全验收评价

为了全面检查和验证“三同时”工作，落实《中华人民共和国安全生产法》第三十一条的规定，需要对选煤厂进行安全验收评价。

安全验收评价范围包括选煤厂建设项目内的系统单元、生产装置、辅助设施以及安全生产管理状况的安全验收评价。安全验收评价工作程序包括前期准备、收集资料与现场安全调查、危险有害因素辨识与分析、划分评价单元、选择评价方法、安全设施评价、安全生产合法性评价、定性定量评价、确定安全对策措施建议、确定评价结论等。

12.2.5 安全现状评价

针对选煤厂安全现状进行安全评价，通过评价查找其存在的危险、有害因素并确定危险程度，提出合理可行的安全对策措施及建议。

选煤厂应将安全现状评价的结果纳入事故隐患整改计划和安全管理制度，并按计划加以实施和检查。

安全现状评价范围包括选煤厂生产设施、设备、装置以及储存、运输、安全管理等方面。安全现状评价工作程序包括前期准备、危险有害因素和事故隐患识别、定性定量评价、安全管理现状评价、确定安全对策措施建议、确定评价结论、完成安全现状评价报告等。

12.2.6 专项安全评价

专项安全评价一般是在安全现状评价的基础上，对需要进一步进行专题分析评估的某一设备、某一部位或某一技术环节等，采用专业技术检验、测试、分析、试验等手段进行专题安全分析的一种安全评价。专项安全评价报告一般作为安全现状评价报告的附件或补充文件。专项安全评价中的检验、测试、分析、试验，一般由评价单位与业主单位共同完成，必要时要请专业检测机构及研究单位参与完成。

12.3 职业安全与劳动卫生

12.3.1 职业病危害因素分析

12.3.1.1 职业病危害因素的种类

根据《煤矿作业场所职业病危害防治规定》《职业病危害因素分类目录》，选煤厂职业病危害因素主要包括：① 粉尘类；② 物理因素类，主要为噪声、振动、高温等；③ 化学物质类，主要为瓦斯；④ 其他职业病危害因素类，密度计、灰分仪等放射源。

12.3.1.2 职业病危害因素的产生环节

主要职业病危害因素分布情况见表 12-3。

表 12-3 职业病危害因素分布情况

生产系统	工 种	生产过程及设备	职业病危害因素名称
煤炭分选系统	带式输送机巡检工	带式输送机运行及巡检	煤尘、噪声
	脱介筛巡检工	脱介筛运行及巡检	煤尘、噪声、全身振动
	离心机巡检工	离心机运行及巡检	煤尘、噪声、全身振动
	磁选机巡检工	磁选机运行及巡检	噪声、全身振动
	刮板输送机巡检工	刮板输送机运行及巡检	煤尘、噪声
	除杂浅槽巡检工	除杂浅槽运行及巡检	噪声
	泵类巡检工	泵类运行及巡检	噪声
地面辅助生产系统	机修电焊工	设备检修焊接	电焊烟尘、紫外线辐射
	机修砂轮工	设备配件打磨	砂轮磨尘、噪声、手振动
	采样工	煤质采样	煤尘、噪声、全身振动
	巡检工	运行及设备巡检	煤尘、噪声、振动、放射

12.3.1.3 职业病危害因素接触限值及对人体健康的影响

(1) 职业病危害因素的接触限值

职业病危害因素的接触限值具体情况见表 12-4。

表 12-4 职业病危害因素的接触限值一览表

序号	危害因素名称	接触限值
一、化学物质		
1	瓦斯	
二、粉尘		
1	煤尘	4 mg/m^3(短时间允许接触浓度)
2	砂轮磨尘	8 mg/m^3(短时间允许接触浓度)
三、物理因素		
1	电焊弧光	辐照度 0.24 $\mu W/cm^2$;曝辐量 3.5 mJ/cm^2
2	噪声	85 dB(A)
3	手传振动	4 h
4	工频电场	50 Hz,5 kV/m
四、其他		
1	放射源	

(2) 粉尘类对人体健康的影响

粉尘一般为粒径 1 mm 以下的细微颗粒。粒径小于 7.07 μm 的粉尘称为呼吸性粉尘，对人体的危害性最大。

选煤厂及地面储装运系统产生的煤尘主要存在于原煤运输、筛分、破碎、产品装车和煤泥晾干等作业环节。煤尘可能导致的职业病为煤工尘肺。煤工尘肺是由于职业活动中长期吸入煤尘而引起的以肺组织弥漫性纤维化为主的全身性疾病，是对选煤厂工人身体健康危害最大的职业病之一。

电焊烟尘主要存在于选煤厂机械设备维修环节，可能导致的职业病为电焊工尘肺病。

(3) 物理因素类对人体健康的影响

① 噪声：噪声可能导致的职业病为职业性噪声聋。

② 高温：高温对工人劳动效率和身心健康有很大影响。

③ 工频电场：工频电场主要存在于各类配电室。工频电场对人体健康的危害主要为神经衰弱综合征，有头晕、头痛、乏力、记忆力减退、眨眼障碍、心悸、消瘦和脱发等，常伴有自主神经功能紊乱。

(4) 化学物质类对人体健康的影响

选煤厂及地面储装运系统化学物质类职业病危害因素主要为瓦斯，瓦斯主要存在于原煤储存仓中。

(5) 其他职业病危害因素对人体健康的影响

① 放射源危害：选煤厂带放射源的设备主要有密度计、在线灰分仪等，如果管理和使用不当可能对环境产生不利影响，甚至造成人身伤害。

② 选煤及煤泥水用药剂：在煤泥浮选过程中，为实现或促进浮选过程常使用浮选药剂；浓缩池的煤泥水要添加药剂使其加速沉淀。药剂通过吸入、食入或皮肤吸收进入人体，能引起人的疲惫、嗜睡、手脚麻木、肌肉萎缩及接触性皮炎等症状。

12.3.2 职业病防护设施设计

12.3.2.1 粉尘危害防治

(1) 粉尘危害防治总体要求

根据《煤矿作业场所职业病危害防治规定》，对煤矿作业场所粉尘采取防治措施后，应确保煤矿作业场所粉尘浓度符合表12-5的要求。

表12-5 煤矿作业场所粉尘浓度要求

粉尘种类	游离 SiO_2 含量/%	时间加权平均容许浓度/(mg/m³)	
		总粉尘	呼吸性粉尘
煤 尘	<10	4	2.5
矽 尘	10≤~≤50	1	0.7
	50<~≤80	0.7	0.3
	>80	0.5	0.2
水泥尘	<10	4	1.5

(2) 粉尘危害防治

① 煤炭分选环节防尘：在来煤水分低(水分低于6%时，煤尘飞扬严重)，产尘点没有通风除尘设备，转载点、栈桥地面和一些卫生死角煤堆积，带式输送机运行不正常(跑偏、密闭不严)造成输送带落煤的情况下，可造成系统污染严重。具体防治措施有：

a. 选煤系统均按有关规程规定选用防爆电动机。

b. 原煤带式输送机机头加防尘罩；转载点落差超过 0.5 m 时，都安装溜槽；胶带转载位置加导料槽。

c. 为了防止原煤在转运过程中产生二次扬尘，在原煤转载点设置微电脑喷雾抑尘系统。

d. 重介质选煤主厂房采用无动力屋顶通风器配合轴流式通风机进行通风。

e. 在配电室设置轴流式通风机对房间进行通风换气。

f. 所有车间及栈桥安装冲洗水装置，定期清扫设备表面、地面的浮尘。

g. 原煤、产品煤带式输送机栈桥端部装设消防水幕，并设有一定数量的消火栓。

h. 工人操作时佩戴口罩，防止煤尘吸入体内。

② 地面道路扬尘控制及个体防护：选煤厂工业场地道路扬尘采取洒水车定时洒水抑尘和绿化降尘措施。接触浮尘作业的人员，尤其原煤系统、电焊人员，必须佩戴防尘保护用品。

12.3.2.2　有害气体防治

(1) 有害气体防治总体要求

根据《煤矿作业场所职业病危害防治规定》，对煤矿作业场所有害气体采取防治措施后，应确保煤矿作业场所主要化学毒物浓度不得超过表 12-6 的要求。

表 12-6　煤矿作业场所主要化学毒物最高允许浓度

化学毒物名称	最高允许浓度/%
CO	0.002 4
H_2S	0.000 66
NO(折算成 NO_2)	0.000 25
SO_2	0.000 5

(2) 有害气体防治措施

为保障选煤厂职工的身体健康，建立清洁的工作环境，对产生余热、余湿及有害气体的工作场所，当自然通风不能满足要求时采用机械通风，即平时采用自然通风，当需要时采取机械通风。如重介质选煤主厂房、配电室等。

12.3.2.3　噪声及振动防治

根据《煤矿作业场所职业病危害防治规定》，煤矿作业场所从业人员每天连续接触噪声时间达到或者超过 8 h 的，噪声声级限值为 85 dB(A)；每天接触噪声时间不足 8 h 的，可根据实际接触噪声的时间，按照接触噪声时间减半、噪声声级限值增加 3 dB(A)的原则确定其声级限值。

选煤厂及地面储装运系统设计的基本原则是选用低噪声设备，主要措施有：

(1) 工艺设备集中的重介质选煤主厂房内可能产生较大噪声的主要设备选用国内先进设备，如水泵、筛分机等。

(2) 设备安装时采取防振、减振等措施，并注意安装精度，避免任何因安装不良而产生的噪声。

(3) 设计中尽量减少各种溜槽的落差以防治溜槽噪声。

（4）选煤厂及地面储装运系统设置先进的集中控制系统和计算机监控系统，以提高劳动生产率，减少劳动定员。

（5）在强噪声和不便于采取降噪措施的环境里，设置隔音间或个人防护措施，如佩戴耳罩、耳塞等。

（6）充分利用厂房隔音作用，重介质选煤主厂房设置密封严、隔音好的门窗，减少噪声传播。

12.3.2.4　防寒及高温危害防治

根据《选煤厂安全规程》，选煤厂室内工作地点的温度高于 35 ℃时，应当采取降温或其他防护措施；室内温度低于 5 ℃时，应当设置采暖设施。

12.3.2.5　其他职业病防治

（1）工频电场防护措施：对选煤厂及地面储装运系统配电室产生工频电场的设备采取集中控制，并采用屏蔽柜、屏蔽电缆；设置值班室，工作人员定时巡检，减少工作人员接触工频电场辐射的暴露时间；加强个体防护，当电场强度超过 25 kV/m 或需要作业时间超过标准时间时，执行穿屏蔽服的制度。

（2）防紫外线辐射设施：电焊工在进行焊接操作时，佩戴防紫外线的面具和手套。

（3）对放射源密度计、在线灰分仪等的防护措施：所使用的装有放射源的仪器必须符合放射保护要求。选煤厂安装、使用、维护、维修放射性元素检测仪表，必须遵守《放射性同位素与射线装置安全和防护条例》的规定。

（4）选煤及煤泥水用药剂安全：药剂要单间储存，避免洒落，并配有操作规程，提示操作员要穿工作服，戴口罩、眼镜、防护手套上岗，按操作规程操作。

附录　t-$F(t)$说明

近年来，国外对利用不完善度和高斯积分曲线预测选煤设备的分选效果，进行了广泛的研究，提出了许多计算方法。现介绍中煤国际工程集团北京华宇工程有限公司编译的“重力选煤产品质量的理论计算”，以近似公式和分配曲线变形法计算跳汰机和重介质分选机的 t 值，其公式如下。

跳汰机：

$$t=\frac{1.553}{I}\lg\frac{(\delta-1)}{(\delta_p-1)}$$

重介质分选机：

$$t=\frac{0.675}{E}(\delta-\delta_p)$$

式中　t——中间计算结果，根据 t 值查高斯积分表得分配指标；

E——可能偏差；

I——不完善度；

δ——平均密度，g/cm^3；

δ_p——分选密度，g/cm^3。

I 值为 0.160～0.250，E 值为 0.025～0.070，间差值为 0.005；δ_p 值为 1.30～2.00 g/cm^3；δ 值为 1.25～2.00 g/cm^3。根据近似公式算出 t 值后，查 t-$F(t)$附表，即得相应平均密度级的分配指标。为便于应用，根据不同的不完善度 I 和分选密度 δ_p 编制了若干组表格，应用时按不同密度级查得相应的分配率 ε(%)。

附：分配指标表

附表 “t”为正值的分配指标表

小数第三位的 t 值									t	0	0.01	0.02	0.03	0.04	0.05	0.06	0.07	0.08	0.09
1	2	3	4	5	6	7	8	9											
4	8	12	16	20	24	28	32	36	0	50.00	50.40	50.80	51.20	51.60	51.99	52.39	52.79	53.19	53.59
4	8	12	16	20	24	28	32	36	0.1	3.98	54.38	54.78	55.17	55.57	55.96	56.36	56.75	57.14	57.53
4	8	12	15	19	23	27	31	35	0.2	57.93	58.32	58.71	59.10	59.48	59.87	60.26	60.64	64.03	61.41
4	8	11	15	19	23	25	30	34	0.3	61.79	62.17	62.55	42.93	63.31	63.68	64.06	64.43	64.80	65.17
4	7	11	14	19	22	25	29	32	0.4	65.54	65.91	66.28	66.64	67.00	67.36	67.72	68.08	68.44	68.79
3	7	10	14	17	21	24	28	31	31	0.5	69.15	69.85	70.19	70.54	70.88	71.23	71.57	71.90	73.74
3	6	10	13	17	20	23	26	30	30	0.6	72.57	73.24	73.57	71.89	74.24	74.54	74.86	75.17	75.49
3	6	9	12	15	18	21	24	27	27	0.7	75.80	76.42	76.73	77.04	77.34	77.64	77.94	78.23	78.52
3	6	8	11	14	17	20	22	25	25	0.8	78.81	79.39	79.67	79.95	80.23	80.51	80.73	81.06	81.33
3	5	8	10	13	15	18	20	23	23	0.9	81.59	82.32	82.38	82.64	82.90	83.15	83.40	83.65	83.89
2	5	7	9	12	14	16	18	21	1.0	84.13	84.38	84.61	84.85	85.08	85.31	83.34	85.77	85.99	86.21
2	4	6	8	11	13	15	17	19	1.1	86.43	86.65	86.86	87.08	87.29	87.49	87.70	87.90	88.10	88.30
2	4	6	8	10	11	13	15	17	1.2	88.49	88.69	88.88	89.07	89.25	89.44	89.62	89.80	89.97	90.15
2	3	5	6	8	10	11	13	14	1.3	90.32	90.49	90.65	90.82	90.99	91.15	91.31	91.47	91.62	91.77
2	3	4	6	7	8	10	11	13	1.4	91.92	92.07	92.22	92.36	92.31	92.65	92.79	92.92	93.06	93.19
1	3	4	5	6	8	9	10	11	1.5	93.32	93.45	93.57	93.70	93.82	93.94	94.05	94.15	94.29	94.41
1	2	3	4	5	6	7	8	9	1.6	94.32	94.63	94.74	94.84	94.98	93.05	95.15	95.25	95.35	95.45
1	2	3	4	5	5	8	7	8	1.7	95.54	95.64	95.73	95.82	95.97	96.00	95.08	96.14	96.25	96.33
1	2	2	3	4	5	5	6	7	1.8	96.41	96.49	96.56	96.64	96.72	96.78	95.84	96.93	96.99	97.06
1	3	2		3	4	4	5	5	1.9	97.13	97.17	97.26	97.32	97.38	97.44	97.50	97.56	97.61	97.67

附表(续)

小数第三位的 t 值									t	0	0.01	0.02	0.03	0.04	0.05	0.06	0.07	0.08	0.09
1	2	3	4	5	6	7	8	9											
1	1	2	2	3	3	4	4	5	2.0	97.72	97.78	97.93	97.88	97.33	97.98	98.03	98.08	98.12	98.17
0	1	1	2	2	2	3	3	4	2.1	98.21	98.26	98.30	98.74	98.36	98.42	98.46	98.50	98.54	98.57
0	1	1	1	2	3	2	3	3	2.2	98.61	94.64	98.68	98.71	98.75	98.78	98.81	98.84	98.87	98.90
0	1	1	1	2	2	2	2	3	2.3	98.93	98.96	98.98	99.01	99.04	99.04	99.09	99.11	99.13	98.16
0	0	1	1	1	1	1	2	2	2.4	99.18	99.20	99.22	99.24	99.27	99.29	99.30	99.32	99.34	99.36
0	0	0	1	1	1	1	1	1	2.5	99.38	99.40	99.41	99.43	99.45	99.47	99.48	99.49	99.51	99.52
0	0	0	0	1	1	1	1	1	2.6	99.53	99.55	99.56	99.57	99.58	99.60	99.61	99.62	99.63	99.64
0	0	0	0	1	1	1	1	1	2.7	99.65	99.66	99.67	99.68	99.69	99.70	99.71	99.72	99.73	99.74
									2.8	99.74	99.75	99.76	99.77	99.73	99.78	99.79	99.80	99.80	99.81
									2.9	99.81	99.82	99.82	99.83	99.84	99.84	99.85	99.85	99.86	99.86
当 t 为负值时，应将由本表查得的数字用 100 来减									3.0	99.86	99.87	99.87	99.88	99.88	99.89	99.89	99.89	99.90	99.90
									3.1	99.90	99.91	99.91	99.91	99.92	99.92	99.92	99.93	99.93	99.93
									3.2	99.93	99.94	99.94	99.94	99.94	99.94	99.95	99.95	99.95	99.95
									3.3	99.93	99.95	99.96	99.96	99.96	99.96	99.96	99.96	99.96	99.97
									3.4	99.97	99.97	99.97	99.97	99.97	99.97	99.97	99.97	99.98	99.98
									3.5	99.98	99.95	99.98	99.98	99.98	99.98	99.98	99.98	99.98	99.98
									3.6	99.98	99.98	99.99	99.99	99.99	99.99	99.99	99.99	99.99	99.99
									3.7	99.99	99.99	99.99	99.99	99.99	99.99	99.99	99.99	99.99	99.99
									3.8	99.99	99.99	99.99	99.99	99.99	99.99	99.99	99.99	99.99	99.99
									3.9	100.00	100.00	100.00	100.00	100.00	100.00	100.00	100.00	100.00	100.00

参 考 文 献

[1]《选矿设计手册》编委会.选矿设计手册[M].北京:冶金工业出版社,1998.

[2]《选煤手册》编委会.选煤手册:工艺与设备[M].北京:煤炭工业出版社,1993.

[3] 陈武,唐辛,张希诚.我国煤炭资源及其开发利用研究[J].煤炭经济研究,2003,23(7):6-11.

[4] 戴少康.选煤工艺设计的思路与方法[M].北京:煤炭工业出版社,2003.

[5] 戴少康.选煤工艺设计实用技术手册[M].北京:煤炭工业出版社,2010.

[6] 戴少康,李梦昆.最大产率原则(等“λ”原则)在选煤工艺设计中的应用[J].煤炭加工与综合利用,2014(3):1-5.

[7] 段昆,肖敏,王良福.动筛跳汰系统设计中若干环节的探讨[J].煤炭加工与综合利用,2004(3):8-9.

[8] 顾飞,刘述临.高炉喷吹用煤的评价指标[J].炼铁,1999,18(5):50-52.

[9] 郭琴红.选煤厂节能措施研究[J].洁净煤技术,2013,19(5):89-91.

[10] 焦志鹏.建筑概论[M].哈尔滨:哈尔滨工业大学出版社,2002.

[11] 匡亚莉.选煤工艺设计与管理:设计篇[M].4版.徐州:中国矿业大学出版社,2016.

[12] 李娜.煤炭规划环境影响评价指标体系研究[D].西安:西安科技大学,2009.

[13] 李万亨.矿山建设项目可行性研究与经济评价[M].北京:地质出版社,1998.

[14] 李琰,靳秋梅,杨如景,等.某煤矿矿井建设项目职业病危害控制效果评价[J].中国卫生工程学,2010,9(2):110-112.

[15] 李永刚.某选煤厂新建项目职业病危害预评价[D].太原:山西医科大学,2010.

[16] 李永红.浅论风象在总图设计中的应用[J].湖南有色金属,2000,16(3):34-37.

[17] 李振起.选煤厂建设项目节能评估报告的编制[J].煤炭加工与综合利用,2014(1):69-71.

[18] 刘常诗.选矿厂设计[M].北京:冶金工业出版社,1994.

[19] 刘峰.重介质旋流器选煤技术的现状及在我国的新发展[J].选煤技术,2004(4):1-8.

[20] 刘焕胜,刘瑞芹.浮选药剂连续乳化法的研究与试验[J].煤炭加工与综合利用,2003(4):17-20.

[21] 刘顺,赵承年,路迈西.选煤厂设计[M].北京:煤炭工业出版社,1987.

[22] 刘文江,刘键全,刘焕胜.浮选药剂乳化工艺的应用及效果[J].煤炭加工与综合利用,2002(6):23-25.

[23] 刘越连,刘来有,李风琴,等.某选煤厂职业病危害因素预评价与控制效果评价对比分析[J].中国工业医学杂志,2009,22(4):301-303.

[24] 龙晓阳,吴炽,刘志武,等.高炉喷吹用煤粉粒度的研究[J].炼铁,2003,22(5):

28-30.
[25] 陆宝成,高树纯,李梦昆.GDT16/3.2G型动筛跳汰机的应用及存在问题分析[J].煤炭加工与综合利用,2003(3):19-20.
[26] 路迈西.选煤厂经营管理[M].北京:煤炭工业出版社,1991.
[27] 煤炭工业部选煤设计研究院《选煤厂设计手册》编写组.选煤厂设计手册:工艺部分[M].北京:煤炭工业出版社,1978.
[28] 裴多斐.煤炭开发生态环境影响评价研究:以窑沟乡永胜煤矿为例[D].呼和浩特:内蒙古大学,2013.
[29] 彭荣任,丛桂芝,白守义,等.重介质旋流器选煤[M].北京:冶金工业出版社,1998.
[30] 齐正义.重介质旋流器选煤评述[J].选煤技术,2003(6):19-25.
[31] 孙银辉,肖志敏.选煤厂节能减排措施[J].煤炭加工与综合利用,2012(4):58-61.
[32] 唐鑫.TBS分选粗煤泥的优越性[J].煤炭加工与综合利用,2010(4):23-25.
[33] 王淀佐,卢寿慈,陈清如,等.矿物加工学[M].徐州:中国矿业大学出版社,2003.
[34] 王敦曾.选煤新技术的研究与应用[M].北京:煤炭工业出版社,1999.
[35] 王立富,于景峰.21世纪初期焦炭生产和炼焦技术发展的展望[J].冶金能源,2000,19(4):3-11.
[36] 王兆辉.煤炭企业节能运行机制评价研究[D].青岛:山东科技大学,2011.
[37] 吴大为.浮游选煤技术[M].徐州:中国矿业大学出版社,2004.
[38] 夏邦权,闵凡飞.新型悬浮液净化回收工艺的特点及应用效果[J].煤炭加工与综合利用,2004(2):5-7.
[39] 谢广元.选矿学[M].3版.徐州:中国矿业大学出版社,2012.
[40] 邢玉梅,马杰,申克忠.关于无压给料三产品重介质旋流器几个问题的探讨[J].选煤技术,2004(6):40-42.
[41] 薛峰.主要炼焦煤对焦炭质量的影响及要求[J].煤化工,2000,28(4):51-53.
[42] 薛维东.干法分选机的应用[J].煤炭科学技术,2001,29(12):17-19.
[43] 严峰,谢锡纯.螺旋滚筒分选机选煤的方法和原理[J].煤炭加工与综合利用,1994(4):23-26.
[44] 颜芳.对工业固定资产投资项目节能评估的几点认识[J].中国能源,2008,30(2):24-26.
[45] 杨金铎.房屋建筑构造[M].2版.北京:中国建材工业出版社,2011.
[46] 杨俊利.我国重介质选煤技术创新的成就及今后重点开发方向[J].选煤技术,2003(3):1-2.
[47] 于大伟,周家铭,郁颖蕾.安全验收评价的体系构建与实践探索[J].中国安全科学学报,2009,19(10):117-120.
[48] 岳运海.选前脱粉工艺的探讨[J].煤炭加工与综合利用,2014(7):54-55.
[49] 张宏权,陈帅,蒋淑玲.选煤行业能源管理体系认证实践[J].中州煤炭,2012(10):77-79,81.
[50] 张双全.煤化学[M].徐州:中国矿业大学出版社,2004.

[51] 赵树彦,张春林,姚伟民. 1+1 模式的炼焦煤选煤厂[J]. 煤质技术,2004(1):17-22.

[52] 郑均笛,李振. 选煤厂设计[M]. 北京:煤炭工业出版社,2016.

[53] 郑水林,袁继祖. 非金属矿加工技术与应用手册[M]. 北京:冶金工业出版社,2005.

[54] 中国煤炭加工利用协会. 选煤厂煤质分析与技术检查[M]. 徐州:中国矿业大学出版社,2004.

[55] 中国煤炭加工利用协会. 选煤实用技术手册[M]. 徐州:中国矿业大学出版社,2008.

[56] 中国煤炭建设协会勘察设计委员会,中煤科工集团北京华宇工程有限公司. 煤炭洗选工程设计规范:GB 50359—2016[S]. 北京:中国计划出版社,2017.

[57] 周龙廷. 选矿厂设计[M]. 长沙:中南工业大学出版社,1999.

[58] 周志坚. 选煤厂工艺设计中的节能措施[J]. 煤炭加工与综合利用,2013(4):23-25.